人力资源和社会保障部职业能力建设司推荐

冶金行业职业教育培训规划教材

# 烧结生产节能减排

主　编　肖　扬

副主编　杨　志　汤静芳　翁得明

北　京

冶金工业出版社

2014

# 内 容 提 要

　　全书内容分为烧结节能减排基本知识、烧结节能、烧结减排、节能减排法律法规及标准四篇；系统介绍了烧结生产过程中的节能减排措施、余热利用技术和污染治理方法，具有较强的实用性。

　　本书可供烧结行业技术人员、管理人员和操作人员使用，也可供高等院校及职业学院相关专业师生参考。

**图书在版编目（CIP）数据**

　　烧结生产节能减排／肖扬主编．—北京：冶金工业
出版社，2014.8
　　冶金行业职业教育培训规划教材
　　ISBN 978-7-5024-6664-0

　　Ⅰ．①烧…　Ⅱ．①肖…　Ⅲ．①烧结—节能—职业培训
—教材　Ⅳ．①TF046.4

　　中国版本图书馆 CIP 数据核字（2014）第 177314 号

出 版 人　谭学余
地　　址　北京市东城区嵩祝院北巷 39 号　邮编　100009　电话　（010）64027926
网　　址　www.cnmip.com.cn　电子信箱　yjcbs@cnmip.com.cn
责任编辑　宋　良　美术编辑　杨　帆　版式设计　孙跃红
责任校对　卿文春　责任印制　牛晓波
ISBN 978-7-5024-6664-0
冶金工业出版社出版发行；各地新华书店经销；三河市双峰印刷装订有限公司印刷
2014 年 8 月第 1 版，2014 年 8 月第 1 次印刷
787mm×1092mm　1/16；25.5 印张；677 千字；384 页
**70.00 元**

**冶金工业出版社　投稿电话　（010）64027932　投稿信箱　tougao@cnmip.com.cn**
**冶金工业出版社营销中心　电话　（010）64044283　传真　（010）64027893**
**冶金书店　地址　北京市东四西大街 46 号（100010）　电话　（010）65289081（兼传真）**
**冶金工业出版社天猫旗舰店　yjgy.tmall.com**
（本书如有印装质量问题，本社营销中心负责退换）

# 序

　　节能减排是钢铁行业的重点和难点课题。如果把钢铁行业比作飞驰的列车，那么节能减排就是保证列车高速行驶的两个要素，节能源于企业求生存、谋发展的内在需求，减排源于企业追求社会良性综合效益，立足于为人民谋福祉的角色定位。一个负责任、有担当、守诚信的企业，理应经济效益和节能减排两手抓，两手都要硬。倘若鱼和熊掌不可兼得，也要力求顺应时代趋向，服务国计民生，服从全局利益，为国家强盛和民族振兴做出贡献。

　　国务院发布的"十二五"工业节能减排综合性方针目标，明确要求钢铁行业重点推动"烧结机脱硫工程建设"，将烧结工艺节能减排作为循环经济倡导的绿色技术，作为国家总体发展循环经济的重要途径之一。至此，钢铁行业包括烧结工艺的节能减排成为企业发展的主旋律。党的十八大报告指出，要坚持节约资源和保护环境的基本国策，坚持节约优先、保护优先、自然恢复为主的方针，着力推进绿色发展、循环发展、低碳发展，形成节约资源和保护环境的空间格局、产业结构、生产方式、生活方式，从源头上扭转生态环境恶化趋势，为人民创造良好生产生活环境，为全球生态安全做出贡献。因此，节能减排将成为行业发展的总趋势。

　　众所周知，钢铁行业是高物流、高能耗、高污染的传统产业，而烧结工序因为历史和现实、技术及工艺等诸多原因，成为能耗与污染大户。由于烧结过程存在燃料的燃烧和热交换产生的水分蒸发与冷凝，其间碳酸盐、硫化物的分解及化合、铁矿石的氧化和还原、有害杂质的去除、黏结相的生成和冷却结晶等，都需消耗大量的热能并伴之以大量的污染物排放。清洁生产，低投入、高产出、低能耗、少排放，可内部循环、可持续发展与资源节约，创造环境友好型企业，成为烧结行业遵循和追求的奋斗目标。

毋庸置疑，钢铁产能的增长，带来的环境污染日益凸显，引发全社会的广泛关注。烧结工艺的节能减排包括节能和减排两大技术领域，两者既有联系又有区别。一般来讲，节能必定减排，而减排却未必节能。为此，减排项目必须加强节能技术的推广与应用，既要避免追求减排而造成能耗激增，更要注重社会效益和环境效益的均衡，使节能和减排"双轮驱动，齐头并进"。

长期以来，武钢作为勇于负责、敢于担当、恪守诚信的国有特大型企业，坚定不移地贯彻落实党和国家节能减排的国策，坚持实施重点节能减排工程，持续多年斥资推动烧结烟气二氧化硫和粉尘排放的治理，摸索、总结并形成了一整套行之有效、切实可行的运行模式、管理制度、操作规程与技术标准。2008 年，武钢烧结厂三台 $450m^2$ 大型烧结机环冷余热发电项目投产；2009 年，三烧烟气脱硫实现在线运行，脱硫效率和同步率双达 90%，为其他烧结机技术创新和工艺模式选择起到示范引领作用。上述成果，客观、具体地展示了武钢践行国家经济发展国策的投入力度与阶段性成果。

《烧结生产节能减排》一书，以武钢烧结工艺技术的探索实践为蓝本，又兼具国内外发展水平，前瞻性专业技术引领，集烧结工序节能减排技术性与实用性于一体，是武钢烧结专业技术团队从感性认识到理性认识质的升华。《烧结生产节能减排》一书的出版，既是武钢烧结工序广大职工辛勤探索、努力创新、共同实践的经验总结，又是武钢烧结专业技术团队集体智慧的结晶。

"看似寻常最奇崛，成如容易却艰辛"，钢铁企业节能减排任重道远，烧结工艺节能减排大有可为。相信本书的出版发行，将会赢得全行业的关注与赞誉。

武汉钢铁（集团）公司党委常委、副总经理
武汉钢铁股份有限公司总经理
2014 年 5 月 26 日

# 前　言

　　钢铁工业是国民经济的支柱产业，是一个国家综合国力的体现。铁矿石烧结是钢铁生产过程中的重要工序，也是钢铁企业能源消耗和污染排放的大户。进入 21 世纪以来，我国钢铁工业的迅速发展，导致了高能耗、重污染的加剧。我国自 2012 年 10 月开始实施的《钢铁烧结球团工业大气污染物排放标准》，对烧结工序的节能减排提出了更高的要求。

　　纵观国内烧结行业的生产，工序能耗居高不下，特别是中小型烧结厂烧结烟气治理和烧结工序的余热回收利用，与国外同行业先进水平的差距较大。为促进烧结生产的技术进步和管理提升，同时，作为武汉钢铁股份有限公司烧结厂成立 55 周年的献礼，武汉钢铁股份有限公司烧结厂在广泛收集、整理国内外烧结工序节能减排的技术成果，全面总结本厂多年来生产实践经验的基础上，编写了《烧结生产节能减排》一书，将烧结生产专业特点与节能减排先进技术有机结合起来，从工艺改进、技术进步、管理提升、生产操作等方面实现烧结工序的节能减排。

　　本书分为烧结节能减排基本知识、烧结节能、烧结减排、节能减排法律法规及标准共四篇 17 章。采用理论与实际相结合的方法，从烧结原料进厂到成品烧结矿出厂，把节能减排工作贯穿于烧结生产全过程。在工序节能上全面介绍降低固体燃耗、气体燃耗、动力消耗的做法及新工艺，并将烧结工序余热利用作为重要章节进行描述；在污染减排方面不仅介绍了烧结工序中各种污染因子的产生，还详细讲述了烧结除尘和噪声治理；特别是对烧结烟气治理从国内外生产现状到其发展前景，做了回顾与展望，具有较强的普遍性、实用性、针对性和前瞻性，可供烧结行业技术人员、管理人员、操作人员参考和使用，也可供高等院校及职业学院相关专业师生学习和选用。

本书肖扬主编，杨志、汤静芳、翁得明副主编，参加编写的人员还有汪丽娟、吴英、陈云、陈明华、蒋国波、卢德剑、孙志良、张红伟、钟强、李家雄、焦艳伟、曾涛、李复元、刘君魁、张姣、王朝霞等。在编写过程中借鉴、参考了有关专著和同行业相关资料，同时得到相关单位和冶金工业出版社的大力支持，在此一并表示衷心的感谢。

由于编写工作量大，时间紧，收集的相关资料不全，加之作者水平有限，书中难免有不妥之处，恳请读者批评指正。

编　者
2014 年 5 月

# 目　录

## 第 I 篇　烧结节能减排基本知识

# 第Ⅱ篇　烧结节能

# 第Ⅲ篇　烧结减排

# 第Ⅳ篇　节能减排法律法规及标准

# 第 I 篇

# 烧结节能减排基本知识

# 1 绪 论

## 1.1 环境保护的基本概念

环境是指以人类社会为主体的外部世界的总体，主要指人类已经认识到的直接或间接影响人类生存和社会发展的周围世界。《中华人民共和国环境保护法》对环境的内涵叙述如下："本法所称环境，是指影响人类生存和发展的各种天然的和经过人工改造的自然因素的总体，包括大气、水、海洋、土地、矿藏、森林、草原、湿地、野生生物、自然遗迹、人文遗迹、自然保护区、风景名胜区、城市和乡村等。"

环境可分为自然环境和人工环境等。

自然环境是直接或间接影响人类的一切自然形成的物质、能量和自然现象的总体，是人类生存、生活和生产所必需的自然条件和资源的总称。

人工环境是由于从业活动而形成的各种事物，包括人工形成的物质、能量和精神产品以及人类活动中形成的人与人之间的关系。

### 1.1.1 环境要素和环境质量

所谓环境要素，是指构成环境整体的各个独立的、性质各异而又服从总体演化规律的基本物质组分，也称为环境基质。环境要素分自然环境要素和社会环境要素。环境要素具有一些非常重要的属性，这些属性决定了各个环境要素间的联系和作用的性质，是人们认识环境、改造环境的基本依据。

所谓环境质量，是指一处具体环境的总体或某些要素，对于人群的生存和繁衍以及社会发展的适宜程度，是反映人群对环境的要求，是对环境状况的一种描述。环境质量通常要通过选择一定的指标（环境指标）并对其量化来表达。自然灾害、资源利用、废物排放以及人群的规模和文化状态都会改变或影响一个区域的环境质量。

### 1.1.2 环境科学

所谓环境科学就是以"人类 – 环境"为对象，研究其对立统一关系的产生与发展、调节与控制以及利用与改造的科学。环境科学的目的就在于弄清人类和环境之间各种各样的演化规律，使人们能够控制人类活动给环境造成的负面影响。

　　环境科学是一门研究环境的物理、化学、生物三个部分的学科。它采用了综合、定量和跨学科的方法来研究环境系统。由于大多数环境问题涉及人类活动，因此经济、法律和社会科学知识往往也可用于环境科学研究。

　　环境科学的主体是人，与之相对应的是围绕着人的生存环境，包括自然界的大气圈、水圈、岩石圈、生物圈等。人的活动遵循社会发展规律，向自然界索取资源，产生出一些新的物质再返回给自然，而环境科学就是研究人和环境间的这样一种关系。人类给予环境的既有正面影响，也有负面影响；而环境又往往将这些影响反过来作用于人，环境科学就是因为负面影响损及人体健康才应运而生的。

### 1.1.3　环境保护

　　环境保护是一项范围广阔，综合性很强，涉及自然科学和社会科学的许多领域，又有自己独特对象的工作。即：利用现代环境科学的理论和方法，在利用自然、资源的同时，深入地了解和掌握环境污染和破坏的根源与危害，有计划地保护环境、预防环境质量的恶化，控制环境污染，促进人类与环境协调发展，不断地提高人类的环境质量和生活环境（条件），造福人民，贻惠于子孙后代。

### 1.1.4　环境保护法体系

　　环境保护法体系是指为了调整因保护和改善环境，防治污染和其他公害而产生的各种法律规范，以及由此所形成的有机联系的统一整体。所谓环境法律体系，是指由一国现行的有关保护和改善环境与自然资源，防治环境污染和其他公害的各种规范性文件所组成的相互联系、相辅相成、协调一致的法律规范的统一体，包括宪法、刑法、行业法规、地方法规及行业标准等与环境保护相关的文件。

　　环境保护法是为了协调人类与自然环境之间的关系，保护和改善环境资源，保护人民健康和保障社会经济的可持续发展，由国家制定或认可并由国家强制力保证实施的调整人们在开发利用、保护改善环境资源的活动中所产生的各种社会关系的行为规范的总称。我国主要的环境保护法有《中华人民共和国环境保护法》、《中华人民共和国环境影响评价法》、《中华人民共和国水污染防治法》、《中华人民共和国大气污染防治法》、《中华人民共和国固体废物污染环境防治法》、《中华人民共和国环境噪声污染防治法》等。

## 1.2　能源的基本知识

　　能量是物质做功的能力，能源是能够提供某种形式能量的物质或物质的运动。

　　资源是指人类生存发展和享受所需要的一切物质的和非物质的要素。资源既包括一切为人类所需要的自然物，如阳光、空气、水等，也包括以人类劳动产品形式存在的一切在用物，如房屋、设备、其他消费性商品等，还包括无形资产，如信息、知识和技术，以及人类本身的体力和智力。

　　《中华人民共和国节约能源法》中所称的能源，是指煤炭、石油、天然气、生物质能和电力、热力以及其他直接或者通过加工、转换而取得有用能的各种资源。

### 1.2.1　能源资源的分类

　　能源有多种分类形式，根据能源的形成和来源，可分为三类，一是来自太阳辐射的能量，如太阳能、煤、石油、天然气、水能、风能、生物能等；二是来自地球内部的能量，如核能、地热能等；三是来自天体的引力，如潮汐能等。

根据能源的开发利用状况分类，可分为常规能源和新能源：常规能源指当前已被人类社会广泛利用的能源，如石油、煤炭等；新能源是指在当前技术和经济条件下，尚未被人类广泛大量利用，但已经或即将被利用的能源，如太阳能、地热能、潮汐能、核能、海洋能、页岩气（以一种游离或吸附状态藏身于页岩层或泥岩层中的非常规天然气）等。

根据能源的属性可分为可再生能源和不可再生能源：可再生能源有太阳能、风能、水能、潮汐能、海洋能；不可再生能源有煤炭、天然气、石油、核能等。

根据能源的转换传递过程可分为一次能源和二次能源，直接来自自然界的能源为一次能源，如煤、石油、天然气、水能、风能、核能、海洋能、生物能等；由一次能源加工、转换后产生的能源称为二次能源，如沼气、汽油、柴油、焦炭、煤气、蒸汽、火电、水电、核电、太阳能发电、潮汐发电、波浪发电等。

由于科学技术的发展，当今很多余能回收利用技术可以将工厂排热、河流的热量、废弃物燃烧热等未被利用而舍弃的热能开发利用，因而这些未被利用的热源也应一并作为能源来考虑。

### 1.2.2 节能的概念

节约能源（以下简称节能），是指加强供能、用能管理，采取管理上保障、技术上可行、经济上合理以及环境和社会可以承受的措施，从能源生产到消费的各个环节，降低消耗，减少损失和污染物排放，制止浪费，有效、合理地利用能源。

能耗是能源消耗的简称，能耗是反映能源消耗水平和利用水平的重要技术指标。为了便于比较，能耗单位往往折算成标准煤。所谓标准煤，完全是人为规定的一种单位，即每千克发热量为29.27MJ的煤称为1kg标准煤。因此，任何具有29.27MJ能量的物质均可折合为1kg标准煤。

各种能源消耗折算标准煤参考系数见表1-1。

**表1-1　各种能耗折算标煤参考系数**

| 序号 | 品 种 | 平均低发热值 | | 折算标准煤系数 | 备 注 |
| --- | --- | --- | --- | --- | --- |
| | | 数量 | 单位 | | |
| 1 | 电力 | — | — | 0.404 | 按每发1kW·h电消耗标准煤计算 |
| 2 | 汽油、煤油 | 43.074 | MJ/kg | 1.471 | |
| 3 | 天然气 | 0.03893 | GJ/m³ | 1.330 | |
| 4 | 洗精煤 | 26.346 | MJ/kg | 0.900 | |
| 5 | 干洗精煤 | 29.691 | MJ/kg | 1.014 | |
| 6 | 洗中煤 | 8.364 | MJ/kg | 0.286 | |
| 7 | 无烟煤 | 25.090 | MJ/kg | 0.857 | |
| 8 | 焦炭 | 28.437 | MJ/kg | 0.971 | |
| 9 | 焦炉煤气 | 0.01798 | GJ/m³ | 0.614 | |
| 10 | 高炉煤气 | 0.00351 | GJ/m³ | 0.120 | |
| 11 | 蒸汽 | 0.00376 | GJ/kg | 0.129 | 蒸汽压力为0.4～1MPa的饱和蒸汽压 |
| 12 | 新水 | 7.523 | MJ/t | 0.257 | |
| 13 | 压缩空气 | 1.171 | MJ/m³ | 0.040 | |
| 14 | 鼓风 | 0.879 | MJ/m³ | 0.030 | |

### 1.2.3 综合能耗

综合能耗是指用能单位的统计报告期内实际消耗的各种能源实物量,是主要生产系统、辅助生产系统和附属生产系统的综合能耗总和。

综合能耗计算的能源指用能单位实际消耗的各种能源,包括一次能源(原煤、原油、天然气、水力、风力、太阳能、生物质能等)、二次能源(洗精煤、其他洗煤、型煤、焦炭、焦炉煤气、其他煤气、汽油、煤油、燃料油、液化石油气、热力、电力等)。

### 1.2.4 工序能耗

根据国家标准,工序能耗是指该工序内的所有生产活动,在计划统计期内对实际消耗的所有能源,进行综合计算所得的能源消耗。

烧结工序能耗是指生产1t烧结矿所消耗各种能源的总和。计算公式如下:

$$工序能耗(标准煤) = \frac{\sum(单项耗能实物量 \times 折算标煤系数)}{产量}(kg/t)$$

由于近年来各烧结厂大多采用了余热回收利用技术,因此工序能耗也可按下式计算:

$$工序能耗(标准煤) = \frac{消耗的各种能源量总和 - 回收的能源量}{烧结矿产量}(kg/t)$$

## 1.3 节能减排概述

节能减排即降低能源消耗、减少污染物排放。具体来说,是指人们以一定的理论基础为支撑,通过实施一定的技术手段、措施与方法,达到减少生产、生活过程中每一个环节的能源浪费和降低"三废"(废水、废渣、废气)的排放量,实现保护资源、能源与环境,满足人类社会的政治、经济、文化和人们生活的可持续和谐发展需要。

### 1.3.1 我国能源消耗和污染物排放的现状

改革开放以来,我国经济快速增长,各项建设取得了巨大成就,国内生产总值增长率年均在9.5%左右,但也付出了巨大的资源和环境代价。特别突出的是,工业尤其是高耗能、高污染行业增长过快。"十一五"期间,占全国工业能耗和二氧化硫排放近70%的电力、钢铁、有色、建材、石油加工、化工六大行业增长20.6%。

经济发展与资源环境的矛盾日趋尖锐,目前环境污染已相当严重,如各地PM2.5监测数据频繁爆表,人们对环境污染问题反应非常强烈。

这种状况与我国经济结构不合理、增长方式粗放直接相关。不加快调整经济结构、转变增长方式,将导致资源支撑不住,环境容纳不下,社会承受不起,经济发展难以为继。

### 1.3.2 节能的必要性

我国经济增长模式的主要特征是投资推动和高增长。在大部分时期,投资在国内生产总值中的比重为40%,现在接近50%。中国经济的主导一直是重工业,重工业占国内工业总产值的70%左右,在经济增长和城市化进程引起的大规模基础设施投资的推动下,重工业尤其是高耗能产业在近几年经历了最快速的发展。

(1)城市化进程推动了高耗能企业的快速发展。

（2）能耗需求总量与能源资源储量间存在矛盾。

（3）我国人均能源消耗也处于很低的水平，低能耗导致对高能耗需求的预期，只要人均能耗达到美国的25%，其能源总需求就会超过美国。

国内生产总值继续高速增长，带动城市化和相关基础建设持续快速增长，高能耗需求增长的状况将会延续一段较长的时间，通过技术进步，开发新能源等方法，都不足以消除人们对能源储量不足等问题的担忧，因此，中国的国情决定必须节能。

### 1.3.3 污染减排的必要性

能源开发利用是环境的主要污染源。能源的生产和消费涉及环境问题的所有领域，包括大气污染、水污染、固体废物和生态环境破坏等。事实上，许多能源问题来自于对环境的担忧。二氧化碳等产生的"温室效应"使地球变暖，全球性气候异常，海平面上升，自然灾害增多；随着二氧化硫排放量增加而形成的酸雨使生态遭到破坏，农业减产；粉尘的大量排放严重威胁到人类健康。

目前的环境污染状况很令人吃惊。全国 1/5 的城市空气污染严重，70% 江河水受到污染，1/3 的国土面积受到酸雨影响，近 1/5 的土地面积有不同程度的沙化现象，近 1/3 的土地面临水土流失，90% 以上的天然草原退化，二氧化硫和二氧化碳的排放量列居世界首位。事实上，中国经济增长有三分之二是在透支生态环境的基础上实现的。有关资料表明，地表土壤的治理需经历几十年，而地下水污染的治理则需数百年，因此不能以长期的治理为代价来换取短期的发展。

总之，近年来高能耗增长给中国环境带来了前所未有的压力，由重工业化发展支撑的经济快速增长和能源利用使中国的物质生活不断得到改善，却也加速了生态环境恶化。能源和环境对中国经济增长的威胁日益增大，直接威胁着经济发展的可持续性。

### 1.3.4 国家环保规划对节能减排的要求

国家环保部下发的"十二五"环保规划，对主要污染物的排放指标提出了要求，其中 $SO_2$ 的排放总量要求削减8%，$NO_x$ 的排放总量要求削减10%。为实现这一目标，环保部提出要加大二氧化硫和氮氧化物减排力度，推进钢铁行业二氧化硫排放总量控制，全面实施烧结机烟气脱硫，新建烧结机应配套建设脱硫脱硝设施，同时实施多种大气污染物综合控制。深化颗粒物污染控制，加强工业烟粉尘控制，钢铁行业现役烧结（球团）设备要全部采用高效除尘器，加强工艺过程除尘设施建设。

## 1.4 钢铁行业的节能减排

钢铁工业是高物流、高能耗、高污染的传统产业。目前，钢铁工业总能耗已占全国工业总能耗的15%左右，而钢铁企业生产过程中的能源效率仅为30%左右；全行业固体废弃物回收利用率仅为53%，余热、余能回收利用率不高，水资源利用率也在40%左右的低水平。在经济发展的同时，也给资源、环境带来一些负面的影响。节能减排是我国经济发展的国策，必须要落实国家节约资源和保护环境基本国策，建设低投入、高产出，低消耗、少排放，可内部循环、可持续的国民经济体系和资源节约型、环境友好型社会。

### 1.4.1 钢铁工业污染物的产生

钢铁工业的主要生产过程是煤－铁转化的火法冶金和塑性加工，在实施工艺转化过程中需要大量的天然矿物、热能、化学能和冷却水，矿物质的物理化学反应和燃烧将产生并排放大量废气、废水和固态冶炼渣、沉泥等废弃物（图 1-1 为钢铁生产工艺流程中废弃物的产生过程）。

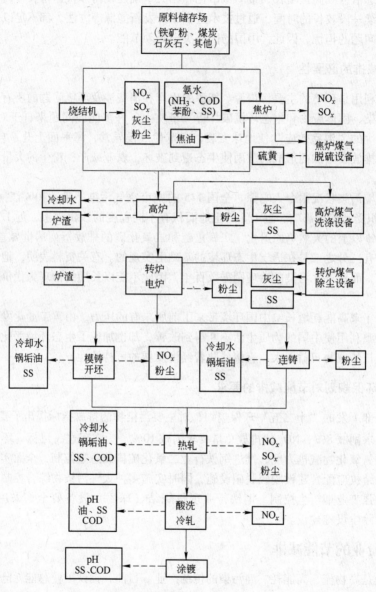

图 1-1　钢铁生产工艺流程中废弃物的产生过程
SS—固体悬浮物；COD—化学需氧量；$NO_x$—氮氧化物；$SO_x$—硫氧化物

钢铁冶炼过程中产生的废气种类有 $CO_2$、$CO$、$N_2$、$SO_2$、$H_2S$、氟化物和氮氧化物等，其中 $CO$、$SO_2$、$H_2S$ 等是局部地区污染物，$CO_2$ 是全球性污染物。冶炼过程是强度高的高温化学反应，需要冷却设备和除尘，由此产生大量的含污、含油废水。在冶炼、精炼和热加工等生产过程中，提取的金属制作成钢铁产品作为各行各业的材料使用，工艺过程中的炉渣、氧化铁皮、除尘污泥就成了固体废弃物，必须进行处理和资源再利用。

### 1.4.2　钢铁工业节能减排面临的问题

钢铁生产消耗大量的能源和资源，同时也产生大量的副产品，这些副产品如果不进行处理，将对环境产生影响。

在耗能方面，随着钢铁行业产量的增长，所消耗的能源也快速增长，虽然由于技术进步和节能减排工作的开展，吨钢综合能耗逐年降低，但消耗能源的总量是逐年增加的。

在水消耗方面，我国钢铁行业用水量仅次于电力、热力等行业，位于工业用水量的第三位。虽然很多钢铁企业通过技术革新、加强监管等方法，提高了工业水重复利用率，但由于钢铁产品产量的快速增长，其用水总量占工业用水总量的比例还是呈逐年上升趋势。

在污染物排放方面，COD、$SO_2$、$NO_x$、颗粒物以及固体废弃物等的排放均呈上升趋势，而且这种趋势是伴随着钢铁行业产量增加全过程的。投入大量的污染治理资金，减少污染物排放，这是每个钢铁企业应尽的社会责任。

> **复习思考题**

1-1　什么是环境，自然环境和人工环境的定义是什么？

1-2　什么是环境保护，什么是环境保护法？

1-3　能源的定义是什么，根据能源的形成和来源可以分为哪几类？

1-4　什么是新能源，新能源有哪些种类？

1-5　节能的定义是什么，标准煤的定义是什么？

1-6　节能减排的定义是什么？

1-7　简述钢铁工业主要生产过程中污染物的种类及其产生过程。

# 2　烧结节能减排基本内容

烧结是炼铁的原料准备工序。烧结生产过程就是将原料（铁矿粉、熔剂、燃料）进行配料、混匀、制粒后，通过布料、点火、抽风烧结，使烧结料烧结成烧结饼，经破碎、冷却、筛分得到成品烧结矿的过程。

烧结过程是复杂的物理化学反应的综合过程。在烧结过程中有燃料的燃烧和热交换、水分的蒸发和冷凝、碳酸盐和硫化物的分解及化合、铁矿石的氧化和还原反应、有害杂质的去除及黏结相的生成和冷却结晶等。因此在烧结生产过程中将消耗大量的能源和排放大量的污染物。

## 2.1　烧结行业的能源消耗及节能措施

烧结工序所用能耗是由气体燃料、固体燃料和动力组成，其中，动力包括水、电、风、空气和蒸汽等能源，烧结能源消耗指标以工序能耗来衡量。

### 2.1.1　固体燃料消耗

固体燃料在烧结工序能耗中占的比重最大，达80%左右。烧结常用的固体燃料主要为焦粉和无烟煤。焦粉是炼焦煤隔绝空气高温加热后的固体产物，主要作为炼铁原料，烧结使用的焦粉是高炉用焦的筛下物以及焦化厂焦炭破碎产生的筛下物。煤是一种复杂的混合物，主要由C、H、O、N、S五种元素组成，它的无机成分主要是水和矿物质。不同种类的煤，其密度、脆性、机械强度、光泽、热性质、结焦性及发热量等也有差异。煤分为烟煤、褐煤、无烟煤等，其中无烟煤供烧结使用，其挥发分的质量分数低，固定碳的质量分数高，发热量为31300～33440kJ/kg。

由于固体燃料消耗在工序能耗中所占比例最大，降低工序能耗首先要考虑的是降低固体燃料的消耗。

### 2.1.2　动力消耗

#### 2.1.2.1　电耗

电耗是指生产1t成品烧结矿所需的电量。在烧结工序的动力消耗中，电耗占动力成本80%以上的费用，它是烧结工序能耗中仅次于固体燃料消耗的第二大能耗，约占13%～20%。电耗指标（kW·h/t）一般有两种表达方法：一种是烧结厂总电耗与成品烧结矿总量之比，在做全厂技术经济指标分析时，多用这种方法表示；另一种是以主抽风机所耗电能与成品烧结矿总量之比，在分析风量、烧结矿产量以及电耗之间的关系时，多用这种方法表示。

由于电耗在工序能耗中所占的比例较大，因此降低电耗也是降低烧结工序能耗的重要措施。

#### 2.1.2.2　其他能耗

在烧结生产中还需使用压缩空气、水、蒸汽等。这些消耗都是指生产所需使用量，其计算方法与电耗指标相同，即为各类能源消耗总量与烧结机生产成品烧结矿总量的比值。

### 2.1.3　点火煤气消耗

烧结点火应满足如下要求：有足够高的点火温度，有一定的点火时间，适宜的点火负压，点火烟气中氧含量充足，沿台车宽度方向点火均匀。点火热耗占烧结工序能耗的 3% ~ 5%，降低点火热耗对降低烧结工序能耗也具有重要意义。

### 2.1.4　节能措施

可采取的节能措施有以下几种：

采用清洁生产工艺如铺底料、厚料层烧结、球团烧结或小球烧结工艺等降低固体燃料消耗；采用节能变频调速技术降低电耗；采用新型节能点火器，严格控制点火温度和点火时间，降低点火热耗；回收利用烧结余热；合理使用冶金废料等技术措施降低烧结工序的能源消耗。当然，一切节能新技术、新工艺、新设备、新材料的应用，都将对能耗降低有积极的作用。另一方面，强化管理，建立严格的用能管理制度也是节能的重要方面。

## 2.2　烧结行业的环境污染及治理

烧结行业污染物主要有颗粒物、$SO_2$、$NO_x$、二噁英、氟化物、氯化物、CO、$CO_2$、重金属等大气污染物；生产过程中废水排放；除尘灰、脱硫渣、废油（泥）等固体废弃物排放；还有噪声等。烧结工序在整个钢铁生产工序中，是高污染、高能耗的工序，特别是颗粒物和二氧化硫的排放总量是最多的，分别占钢铁行业污染总量的 45% 左右和 70% 左右。

### 2.2.1　大气污染物的产生及治理

烧结厂的生产工艺中，以下生产环节将产生废气：

（1）烧结原料在装卸、破碎、筛分和储运的过程中将产生含尘废气；

（2）在混匀、制粒过程中将产生水汽 - 粉尘的共生废气；

（3）混合料在烧结时，将产生含有粉尘、烟尘、$SO_2$ 和 $NO_x$ 等的高温废气；

（4）烧结矿在破碎、筛分、冷却、储存和转运的过程中也将产生含尘废气。

烧结厂产生的废气量很大，含尘和含气态污染物的浓度较高，所以对大气的污染较严重。烧结各工序产生的大气污染物见表2-1。

**表 2-1　烧结工序产生的大气污染物**

| 序号 | 生产工序 | 污　染　源 | 主要污染物 |
|---|---|---|---|
| 1 | 原料准备 | 原料场、原料的装卸、堆料、取料、输送、破碎、筛分、干燥 | 颗粒物 |
| 2 | 配料混合 | 原燃料储存、配料、混合造球 | 颗粒物 |
| 3 | 烧结 | 烧结生产设备 | 颗粒物、$SO_2$、$NO_x$、CO、$CO_2$、$H_2O$ 蒸气、氯化物、氟化物、二噁英、重金属等 |
| 4 | 破碎冷却 | 破碎、鼓风 | 颗粒物 |
| 5 | 成品整粒 | 破碎、筛分 | 颗粒物 |

#### 2.2.1.1　二氧化硫

$SO_2$ 是目前大气污染物中含量较大、影响面较广的一种气态污染物。$SO_2$ 无色、有强烈刺激性气味，对人体呼吸器官有很强的毒害作用，还可通过皮肤经毛孔侵入人体或通过食物和饮水经消化道进入人体而造成危害。如果 $SO_2$ 遇到水蒸气，形成硫酸雾，就可以长期滞留在大气中，毒性增加 10 倍左右。$SO_2$ 还会给植物带来严重的危害，造成生态灾难。

$SO_2$ 是形成酸雨的主要污染物，酸雨是指 pH 值低于 5.6 的降水。我国酸雨的主要成分是硫酸，其次是硝酸。酸雨对水生态系统、农业生态系统、建筑物和材料以及人体健康等方面均有危害。

钢铁企业是 $SO_2$ 排放的主要行业，在重点行业排放中一直占据第三的位置，其所占比例也在逐年提高。钢铁行业中的 $SO_2$ 的排放主要分为燃烧过程和工艺过程排放。燃烧过程产生的 $SO_2$ 主要是通过燃料中硫成分的燃烧而产生的，主要来源于烧结和自备电厂锅炉。工艺过程的 $SO_2$ 排放主要是指在生产过程中由于原料中的硫成分高温分解而产生，主要来源于烧结、炼钢、炼铁、轧钢和焦化。烧结过程中 $SO_2$ 的排放总量是巨大的，据 2011 年《中国钢铁工业环境保护统计》数据，全国主要的 84 家钢铁企业中，排放的 $SO_2$ 总量为 75.39 万吨，而烧结工序排放的 $SO_2$ 总量为 55.94 万吨，占钢铁行业 $SO_2$ 排放总量的 74.20%。因此在《国家酸雨和二氧化硫污染防治"十二五"规划》中，国家将钢铁行业作为 $SO_2$ 控制的重点，提出制定钢铁行业 $SO_2$ 减排规划，重点推进钢铁行业烧结机烟气脱硫工程，并通过淘汰落后产能减排 $SO_2$。

烧结过程 $SO_2$ 排放的特点是 $SO_2$ 浓度低（与火力发电相比），但排放量大，总量也高。从国家"十一五"规划起，烧结烟气脱硫工程逐步推进。《钢铁烧结、球团工业大气污染物排放标准》（GB 28662—2012）规定：2015 年 1 月 1 日起烧结机头 $SO_2$ 允许排放浓度（标态）为 $200mg/m^3$（特别排放限值为 $180mg/m^3$），所以烧结烟气脱硫工程正在全面推进。"十二五"期间，我国钢铁行业将全面实施烧结烟气脱硫，国家已将烧结烟气脱硫项目纳入"国控污染源"进行环保核查。

烧结烟气脱硫工艺多种多样，基本可以分为湿法、干法、半干法三类。湿法脱硫主要包括石灰石–石膏法、氨法、海水法、氧化镁法等；干法脱硫主要包括电子束法、活性炭法等；半干法脱硫主要包括旋转喷雾法、循环流化床法等。到目前为止，国内烧结行业烟气脱硫方法没有定论，应用较多的是石灰石–石膏法、氨法、旋转喷雾法、循环流化床法。

#### 2.2.1.2　氮氧化物

氮和氧结合的化合物有：一氧化二氮（$N_2O$）、一氧化氮（NO）、二氧化氮（$NO_2$）、三氧化氮（$NO_3$）、四氧化二氮（$N_2O_4$）、五氧化二氮（$N_2O_5$）等，通常用氮氧化物（$NO_x$）表示，其中造成大气污染的氮氧化物 $NO_x$ 主要是指 NO、$NO_2$。

NO 能与血红蛋白作用，降低血液的输氧功能。$NO_2$ 对呼吸器官有强烈刺激，能引起急性哮喘病。$NO_x$ 主要侵入呼吸道深部和细支气管和肺泡，造成肺部损伤，严重时会导致死亡。$NO_x$ 还可危害植物，特别是 $NO_2$，对植物的危害要比 NO 大得多。$NO_x$ 还是形成酸雨的成分，能腐蚀建筑物，参与对臭氧层的破坏。

大气中天然排放的 $NO_x$，主要来自土壤和海洋中有机物的分解，属于自然界氮循环过程。人为活动排放的 $NO_x$，主要是原燃料燃烧时产生。钢铁工业中有烧结机、焦炉、热风炉等 $NO_x$ 产生源，而烧结工序为其主要污染源。烧结机烟气氮氧化物浓度（标态）一般在 $200 \sim 400mg/m^3$，以 NO 为主。

目前，烧结烟气脱硫工作已经取得较大进展，但国内建设烧结烟气脱硝的不多。国家"十二五"环保规划的总体要求是到 2015 年 $SO_2$、$NO_x$ 排放量比 2010 年降低 5% ~ 10%。《钢铁烧结、球团工业大气污染物排放标准》（GB 28662—2012）规定，2015 年 1 月 1 日起烧结机头氮氧化物允许排放浓度（标态）为 300mg/m³，并将 $NO_x$ 排放总量作为企业污染物排放总量控制指标。随着环保要求越来越严格，烧结烟气脱硝也将提上议事日程。

电厂主要的烟气脱硝技术为选择性催化还原法 SCR，要求一定的烟气温度，约 300℃；而烧结烟气温度通常控制在 120℃左右，需对烟气进行再加热，加大了该工艺在烧结烟气脱硝应用的难度。

### 2.2.1.3　颗粒物

颗粒物是指生产过程中排放的炉窑烟尘和生产性粉尘的总称。钢铁企业中，烧结工序是颗粒物产生的主要工序，它存在于整个烧结生产过程，其主要来源是：

（1）原燃料的输送过程，原燃料的破碎、筛分过程，成品烧结矿的破碎筛分过程，以及物料堆积储存料场中产生工业性粉尘；

（2）烧结机生产和烧结矿冷却过程中产生烟尘；

（3）从各种干式除尘器中产生粉尘。

粉尘对人体健康的危害同粉尘的性质、粒径大小和进入人体的粉尘量有关。

粉尘的种类是危害人体的主要因素。一般粉尘进入人体肺部后，可能引起各种尘肺病。有些非金属粉尘如硅、石棉、炭黑等，由于吸入人体后不能排除，将变成矽肺、石棉肺、尘肺等。

粉尘粒径的大小是危害人体的一个重要因素。它主要表现在以下两个方面：一方面，粉尘粒径小，粒子在空气中不易沉降，也难于被捕集，造成长期空气污染，同时易于随空气吸入人体的呼吸道深部；另一方面，粉尘粒径小，不仅其表面活性增大，化学活性也增大，加剧了人体生理效应的发生与发展。所以，现在对 PM2.5 特别关注，PM2.5 是指空气中空气动力学当量直径小于 2.5μm 的颗粒物，是一种微细颗粒。

我国《职业卫生标准》中《工作场所有害因素职业接触限值》对车间空气中有害物质的最高允许浓度作了规定。卫生标准规定的车间空气中有害物质的最高允许浓度，是从业人员在此浓度下长期进行生产劳动而不会引起急性或慢性职业病为基础制定的。卫生标准规定：车间空气中一般粉尘的最高允许浓度为 8mg/m³，含有 10% 以上的游离二氧化硅粉尘的最高允许浓度为 1mg/m³。烧结岗位粉尘执行一般粉尘的最高允许浓度 8mg/m³。要保证岗位较低的粉尘浓度，尘源点的密闭、吸尘罩的合理设置及高效的除尘器是至关重要的。

烧结颗粒物的排放总量占钢铁行业排放总量的 45% 左右。烧结除尘一般分为烧结机头工艺废气除尘和环境除尘（烧结机尾及其他除尘），现一般采用电除尘和袋式除尘器。《钢铁烧结（球团）大气污染物排放标准》（GB 28662—2012）规定，2015 年 1 月 1 日起烧结机头工艺废气除尘颗粒物允许排放浓度（标态）为 50mg/m³，环境除尘颗粒物允许排放浓度（标态）为 30mg/m³（特别排放限值（标态）分别为 40 和 20mg/m³）。一般电除尘很难稳定运行在 20mg/m³ 如此低的排放浓度（标态），所以，环境除尘中袋式除尘器的推广应用是一种趋势，而机头工艺废气除尘受工艺条件影响，目前还是采用电除尘。

除尘器收集的粉尘可作为烧结原料予以回收利用，但因机头的粉尘颗粒极细，含铁量减少，作为烧结原料直接回用，不仅影响烧结生产，也影响机头除尘器的运行效率，部分钢铁厂已拿该粉尘去重新选矿、综合利用。

### 2.2.1.4　二噁英

二噁英（英文 Dioxin）全称分别是多氯二苯并—对—二噁英（简称 PCDDs）和多氯代二苯并呋喃（PCDFs）两大类物质的统称。二噁英是来源广泛的有机污染物，它无色无味、毒性强、稳定性好、熔点高，是极难溶于水的脂溶性物质，非常容易在生物体内积累，对人体健康危害极大。PCDDs 有 75 种，PCDFs 有 135 种，共 210 个同族体。这些化合物大部分有强烈致癌、致畸、致突变的特点。其中 2, 3, 7, 8 - 四氯代二苯并二噁英（2, 3, 7, 8 - TCDD）是目前世界上已知的一级致癌物中毒性最强的化合物，是氰化钾毒性的 50 ~ 100 倍。

由于二噁英的稳定性及易溶于油脂的特性，它们一旦进入人体就难以排出，长期积累，将会永久破坏人体的免疫系统及扰乱人体的激素分泌，对人体构成重大伤害。

二噁英不是天然产物，而是含氯的碳氢化合物在燃烧过程中产生的。它通常在燃烧和某些化工生产过程中以副产物的形式产生。它的主要来源有以下几个方面：

（1）化工业生产过程。二噁英类持久性有机物作为伴生物多产生于杀虫剂、防腐剂、除草剂等农药的副产品中；在造纸工业中也会产生二噁英，并存在于纸张和生产废弃物中。

（2）燃烧和焚化过程。当含氯原料存在时，各种燃烧过程均可产生二噁英，如垃圾焚化、高温炼钢、熔铁、废旧金属回炉等。还有煤、石油等燃料的燃烧过程。

（3）"蓄积库"来源。由于二噁英具有难溶于水和不易降解的特性，导致它积聚于土壤、底泥和有机物中，并且在垃圾填埋场中长期存在。这些存在于"蓄积库"中的二噁英，会由于灰尘或底泥的重新悬浮等产生二次污染。

据统计，由于垃圾焚烧所产生的二噁英占全部总量的 95% 以上，是最主要的污染源。

钢铁行业中烧结工序产生的二噁英比例高达 95%。有研究结果表明，PCDD/Fs 是在烧结床上形成的，虽然烧结行业二噁英产生的总量远远低于垃圾焚烧，但由于烧结矿产量大，再加上二噁英的毒性大，因此烧结过程产生的二噁英对环境的危害不容小觑。

《钢铁烧结，球团工业大气污染物排放标准》（GB 28662—2012）规定，2015 年 1 月 1 日起烧结机头废气二噁英类允许排放浓度为 0.5ng - TEQ/$m^3$。二噁英类为新环保标准中新增污染物项目，之前企业很少关注其排放情况，对其检测甚少。可以通过高效除尘和烧结烟气脱硫使二噁英得到一定净化，利用其可被多孔物质吸附的特性，在半干法脱硫中加入活性炭、焦炭、褐煤等，对其进行物理吸附。

### 2.2.1.5　氟化物

氟在常温下为气体，化学性质非常活泼，能与很多物质发生化学反应，因此自然界中氟以化合物的形式广泛存在。氟污染物主要是 HF 和四氟化硅，来自铝的冶炼、磷矿石加工、磷肥生产、钢铁冶炼和煤炭燃料等过程。

HF 气体能很快与大气中的水分相结合，形成氢氟酸气溶胶。四氟化硅与大气中的水蒸气发生反应，形成水合氟化硅和易溶于水的氢氟酸。降水可以把大气中的氟化物带到地面。许多无机氟化物都可以在大气中被水解，并通过冷凝或成核过程降落下来。碱性金属氧化物与氟化物作用能降低氟化物的溶解度，从而减小毒性。大气中含有二氧化硫等酸性污染物所起的变化则相反。无机氟化物还能被一些植物转化为毒性更大的有机氟化物，如氟乙酸盐和柠檬酸盐。

氟有高度的生物活性，对许多生物具有明显毒性。严重的氟污染能直接危害植物、动物和人体健康。

氟化物的主要产生源为铝的冶炼，但烧结工序也会产生氟化物，其主要成分为 HF 和 $SiF_4$，存在于焙烧的烟气中。一般情况下，烧结烟气经除尘以后排放的气态氟化物浓度较低。但由于烧结工序烟气量大，排放的总量相对较高，因此烧结工序是钢铁行业最大的气态氟化物排放源。部分企业采用高氟矿（含量高达 0.1% ~ 0.2%）烧结，烟气中的氟化物原始浓度每标准立方米可达上百乃至数百毫克。《钢铁烧结、球团工业大气污染物排放标准》（GB 28662—2012）中要求自 2015 年 1 月 1 日起，烧结烟气氟化物排放限值为 $4mg/m^3$。当然，脱硫工艺在脱除二氧化硫的同时，也可去除部分氟化物。

### 2.2.1.6　CO₂ 与温室效应

大气中的 $CO_2$、$CH_4$、$NO_x$、水蒸气等气体对来自地球的热辐射吸收率较高，起到了对地球的保温效应，因此这些气体被称为温室气体。大气中温室气体的增加会造成全球气候变暖，过去 100 年间平均气温上升了约 0.5℃。如果没有温室气体，地表的红外线全部辐射向宇宙，地球将会成为寒冷星球，不适合人类生存。但温室气体超过了一定的量，就会导致全球气候变暖，南北极冰雪溶化，海平面上升，极端气候频繁出现，给人类生存造成灾难。

到目前为止，各种温室效应气体对气温上升的作用比例为 $CO_2$：64%，$CH_4$：19%，氟利昂：10%，$NO_x$：6%。随着工业化的进程，$CO_2$ 所占比例将会更大，因此为抑制地球的温暖化，必须削减 $CO_2$ 的排放量。

钢铁生产过程中，碳既作为铁矿石的还原剂又作为热源把反应物和产物加热到适当的温度，目前钢铁行业产生的温室气体主要来自作为能源和还原剂的煤的能源消耗，最终外排的气体以 $CO_2$ 占绝大多数。

烧结工序中排放 $CO_2$ 的是燃料在烧结过程中燃烧产生的，平均生产 1t 烧结矿产生 200 ~ 400kg $CO_2$。因此，对烧结工序 $CO_2$ 减排不仅是环保的需要，而且还是节能的要求。

### 2.2.1.7　氯化物及重金属

氯化物来自燃料和铁矿石，烧结燃辅料中的一些氯化物，一部分生成二噁英，还有一部分被加热后生成了气态的 HCl、$Cl_2$ 和少量的气态金属氯化物气体。烧结烟气中的 HCl 常与水蒸气结合，形成弱盐酸，是酸雨的组成部分之一。

重金属污染指由重金属或其化合物造成的环境污染。主要由采矿、废气排放、污水灌溉和使用重金属制品等人为因素所致。如日本的水俣病和痛痛病分别由汞污染和镉污染所引起。其危害程度取决于重金属在环境、食品和生物体中存在的浓度和化学形态。重金属污染主要表现在水污染中，还有一部分是在大气和固体废物中。

重金属广泛存在于自然界中，但由于人类对重金属的开采、冶炼、加工及商业制造活动日益增多，造成不少重金属如铅、汞、镉、钴等进入大气、水、土壤中，引起严重的环境污染。以各种化学状态或化学形态存在的重金属，在进入环境或生态系统后就会存留、积累和迁移，造成危害。如随废水排出的重金属，即使浓度小，也可在藻类和底泥中积累，被鱼和贝的体表吸附，产生食物链浓缩，从而造成公害。汽车尾气排放的铅经大气扩散等过程进入环境中，造成目前地表铅的浓度已有显著提高，致使近代人体内铅的吸收量比原始人增加了约 100 倍，损害了人体健康。自然界存在着很多重金属，比如锌、镉、铜、铅等，这些重金属同样存在于人体内，是人体的必需元素。但是，凡事都有一个量的问题，任何东西一旦超过正常的量，它必然给环境或人体造成不良影响。而我们常说的重金属污染指的就是因人类生产活动导致环境中的重金属含量增加，超出正常范围，并导致环境质量恶化。

烧结工序重金属污染物主要存在于颗粒物及湿法脱硫后的烟气中（吸附于气溶胶中），随着烟尘的沉降落到地面或悬浮于雾霾中。烧结过程产生的重金属主要有 Cd、Cr、Cu、Ni、Hg、Pb、Ti、V、Zn、Mn 等，其中对环境及人体健康危害最大的有 Pb、Cr、Hg。

铅。人体内正常的铅含量应该在 0.1mg/L，如果含量超标，容易引起贫血，损害神经系统，而幼儿大脑受铅的损害要比成人敏感得多。

镉。正常人血液中的镉浓度小于 5μg/L，尿液中小于 1μg/L，如果长期摄入微量镉容易引起骨痛病。

汞。正常人血液中的汞小于 5~10μg/L，尿液中的汞浓度小于 20μg/L，如果急性汞中毒，会诱发肝炎和血尿。

脱硫工艺脱除二氧化硫的同时也可去除氯化物。重金属粉尘主要靠除尘和脱硫来捕集，除尘灰和脱硫副产品中含有一定量的重金属，以铅、锌的含量相对较大。

### 2.2.2　水污染及治理

烧结工序本身不产生水污染，但由于烧结生产过程中需添加生产水，这部分水在工艺中被消耗了；而点火炉在高温环境下工作，设备以及抽风机、除尘风机等大型设备在运行中需要通过水冷方式保持正常的温度，这部分冷却水大部分是循环使用的，但也有少部分溢流水会通过雨排水管网排出；还有一部分水就是食堂、澡堂等使用的生活用水，生活用水多半是通过雨排水管网排入污水集中处进行处理。

烧结工序排出的水中主要含有下列污染物质：

一是固体悬浮物（SS），是从高温物质的直接冷却过程、设备设施清洗等过程中产生的。

二是 COD 的排放，主要来自生活用水，在钢铁行业中，烧结工序排放的 COD 仅占 2%。

水体中的污染物（包括 SS、COD）一般以三种形态存在：悬浮（包括漂浮）态、胶体和溶解态。

污水处理的方法主要采用物理法、化学法和生物法，在对烧结污水进行处理时常用物理法和化学法。污水物理处理的对象主要是悬浮态和部分的胶体，因此污水的物理处理一般又称为污水的固液分离处理。污水的化学处理就是利用化学反应的方法去除水中的污染物，其处理对象主要是无机物质和少数难以降解的有机物质。常用的化学处理法有混凝法、中和法、化学沉淀法以及氧化还原法等。

### 2.2.3　噪声污染及治理

烧结工序的噪声主要来源于烧结机抽风烧结过程，风机、空压机、振动筛、皮带转运等设备运行过程，以及余热利用过程中产生的蒸汽放散过程。

烧结噪声治理主要采用的方法有：风机、蒸汽放散管等设备加装消声器，烧结机平台设隔声观察室、振动筛等设施安装隔声间等。

### 2.2.4　固体废弃物污染及治理

钢铁行业的工业固体废物主要包括冶炼废渣、粉煤灰和炉渣、尘泥等一般废弃物以及废油、脱硫渣等危险废弃物。其中烧结工序中主要产生脱硫渣、废油、烧结返矿、除尘灰等。

在烧结工序中可以利用部分的炉渣，如转炉钢渣、除尘灰及烧结返矿等。

烧结工序废油主要来源于机械设备的润滑，润滑油在使用过程中由于高温及空气的氧化作用，会逐渐老化变质，变质后的润滑油会对机械设备造成损害，因此润滑油使用一段时间后需要更换。

目前世界各国处理废润滑油主要采用的方法有以下几种。

a  丢弃

对于小量的废油人们往往把它们倒入下水道、野外空地、河流或垃圾箱中。倒入水中的废油最终会进入江湖河海，对水质造成污染；而倒入土壤中的废油也会对土壤造成污染。虽然利用水和土壤中的微生物能够慢慢使废油发生生物降解，但利用这种自然的净化作用需要相当长的时间才能见效，因此丢弃的方法是不可取的。

b  道路油化

将废油喷洒在容易扬尘的道路上，利用其黏合作用把尘土粘住，起到防尘作用，也是废润滑油的一种处理方法。在美国，回收的废润滑油就有相当大一部分用于这种目的。但喷洒在道路上的废油在下雨时也会被雨水冲洗流入排水沟，最终进入江河污染水质，或进入土壤污染土壤，因此也会污染环境。

c  焚烧

目前把废润滑油当成燃料使用是一种常用的处理方法。有的是直接把废润滑油当成取暖用炉的燃料使用，有的是将废润滑油与其他需要焚化处理的垃圾混合，在焚化炉中焚化，利用焚化产生的热量产生锅炉蒸汽用于各种工业或民用目的。

d  再生成润滑油

把废润滑油经过适当工艺处理，除去变质成分及外来杂质污染物成为再生润滑油，无论从技术、环境保护、资源合理利用以及经济角度看都是一种合适的处理方法。

## 复习思考题

2-1  烧结工序能耗由哪几个部分组成，最主要的能耗又是什么？

2-2  简述烧结生产中可采取的各种节能措施。

2-3  烧结生产过程中，产生废气的生产环节有哪些？

2-4  简述二氧化硫和氮氧化物对人体的危害？

2-5  粉尘对人体健康的危害与粉尘的哪些因素有关？

2-6  什么是二噁英？二噁英的主要来源有哪些？

2-7  烧结工序中废水、固体废弃物的来源有哪些？

# 3　清　洁　生　产

清洁生产的概念是西方国家在总结工业污染经验教训后提出来的，从 20 世纪 70～80 年代开始，西方就逐步提出了废物最小化、变末端治理为源头削减的污染控制策略，以及污染预防、清洁生产等观念，并逐步为人们所接受，已成为世界各国推进可持续发展所采用的一项基本策略，其最大的生命力在于可取得环境效益和经济效益的"双赢"，它是实现经济与环境协调发展的重要途径。

清洁生产是污染物减排最直接、最有效和最经济的方法，是落实节能减排的一个重要手段和保证措施，特别是对降低主要污染物指标来说，清洁生产起着至关重要的作用，污染物减排重要的一点在于源头减排、全过程减排，清洁生产在节能减排过程中的重要作用是不可替代的。

## 3.1　清洁生产的意义

《中华人民共和国清洁生产促进法》中所称的清洁生产，是指不断采取改进设计、使用清洁的能源和原料、采用先进的工艺技术与设备、改善管理、综合利用等措施，从源头消减污染，提高资源利用效率，减少或者避免生产、服务和产品使用过程中污染物的产生和排放，以减轻或者消除对人类健康和环境的危害。

清洁生产是循环经济的基石，循环经济是清洁生产的扩展。在理念上，它们有共同的时代背景和理论基础；在实践中，它们有相通的实施途径，应相互结合。20 世纪末，资源与环境问题日益成为威胁人类可持续发展的主要问题，世界各国日益重视清洁生产，并且开始将视角延伸到整个行为，"3R"（reduce：减量；reuse：重复利用；recycle：再生利用）的理念开始成为社会形态重建的重要指针，由此逐渐形成了影响更为广泛和深远的循环经济的理念。

可持续发展、清洁生产是人类为了解决自身面临的环境和资源问题所提出的理念和方法，已经逐渐发展成为具有法律地位的、综合性的社会行为。在不远的将来，随着循环经济体系的不断发展和完善，清洁生产有可能从指导性方针向强制性方针转变。在全球化的经济体系下，清洁生产必将日益成为企业不得不选择的发展之路。

## 3.2　清洁生产的必要性

我国人口众多，资源的人均占有量较少，资源相对不足，而且经济增长快，环境承载能力弱。现在我国总体上已进入工业化中期阶段，发达国家上百年中陆续出现、分阶段解决的环境问题，在我国快速发展的 20 多年中集中表现了出来，并呈现复合型、压缩型的特点，进一步加大了我国治理污染的难度。发达国家在 100 年左右的发展历程中，基本上不受资源环境的约束实现的工业化。而我国则没有这个条件，资源和环境问题已经明显成为制约经济发展的瓶颈。我国已不可能像发达国家那样靠大量消耗资源进行工业化，要实现跨越式发展，就必须改变现在的发展模式，必须实施清洁生产。

A　清洁生产是实现节能减排的有效途径

近年来，我国投入清洁生产方案的实施资金非常巨大，清洁生产在节约能源、资源方面取得了明显效果。"十一五"期间国家环保总局提出了"结构减排、工程减排和管理减排"的理念和要求,通过实践,证明了清洁生产实际上是一种源头减排、工艺减排和过程减排。而在环境保护方面,对污染物的减排,更重要的是在于源头减排和全过程减排。

B 实施清洁生产可有效提高企业的市场竞争力

清洁生产不是把注意力放在末端治理,而是把压力消解在生产全过程中。它可以帮助企业以最小的成本达到污染控制标准。按清洁生产标准改造和优化工艺流程,对企业节能减排帮助很大。通过清洁生产标准规定的定量和定性指标,一个企业可以与国际同行进行比较,找出企业自身的差距,从而找到努力的方向。

C 开展清洁生产是实现循环经济发展战略的需要

清洁生产和循环经济都是为了协调经济发展和环境资源之间的矛盾而产生的。我国的生态脆弱性远在世界平均水平之上,人口趋向高峰,耕地减少、用水紧张、粮食缺口、大气污染加剧、矿产资源不足等不可持续因素造成的压力将进一步增加,其中有些因素将逼近极限值。面对迫在眉睫的生存威胁,推行清洁生产和循环经济是克服我国可持续发展"瓶颈"的唯一选择。

## 3.3 清洁生产审核

清洁生产审核是指按照一定程序,对生产和服务过程进行调查和诊断,找出能耗高、物耗高、污染重的原因,提出减少有毒有害物料的使用、产生,降低能耗、物耗以及废物产生的方案,进行选定技术经济及环境可行的清洁生产方案的过程。清洁生产审核是实现清洁生产的前提和基础,也是评价各项环保措施实施效果的工具。

企业清洁生产审核的最终目的是减少污染,保护环境,节约资源,降低费用,增强企业和全社会的福利。清洁生产审核对象是企业,其目的有两个:一是判定出企业中不符合清洁生产的方面和做法;二是提出方案并解决这些问题,从而实现清洁生产。

### 3.3.1 清洁生产的审核类型

清洁生产审核分为自愿性审核和强制性审核。

(1) 自愿性审核针对的企业是污染物排放达到国家标准,可以自愿组织实施清洁生产审核,提出进一步节约资源、削减污染物排放的目标。

(2) 强制性审核是针对以下两种类型的企业:一是污染物排放超过国家和地方排放标准,或者污染物排放总量超过地方人民政府核定的排放总量控制指标的污染严重的企业。二是使用有毒、有害原料进行生产或者在生产过程中排放有毒、有害物质的企业。国务院2007年6月3日下发的《节能减排综合性工作方案》明确提出要加大实施清洁生产审核力度,并将强制性清洁生产审核的范围扩大到"没有完成节能减排任务的企业"。

钢铁企业是属于强制性审核的企业,烧结工序则属于审核周期内每次必审的工序。

### 3.3.2 清洁生产的审核思路

清洁生产审核思路可以用3个英文单词概括:where(哪里),why(为什么),how(如何)。具体来说就是查明废物产生的位置、分析废物产生的原因以及如何减少或消除这些废物。图3-1所示即为清洁生产的审核思路。

审核思路中提出要分析污染物产生的原因和提出预防或减少污染产生的方案。这两项工作该如何去做呢?可用图3-2生产过程框图概括。

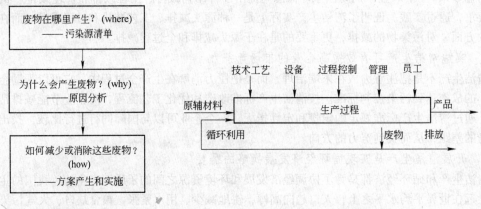

　　　　图 3-1　清洁生产审核思路　　　　　　　图 3-2　生产过程框图

　　从图 3-2 可以看出，一个生产和服务过程可以抽象成 8 个方面，即原辅材料和能源、技术工艺、设备、过程控制、管理、员工等 6 个方面的输入，得出产品和废物 2 个方面的输出。不得不产生的废物，要优先采用回收和循环使用措施，剩余部分才向外界环境排放。

### 3.3.3　清洁生产的审核程序

　　根据国外有关废物最小化评价和废物排放审核方法与实施的经验，再结合中国的实际情况，国家清洁生产中心开展了我国的清洁生产审核程序，共 7 个阶段、35 个步骤。其中第二阶段预评估、第三阶段评估、第四阶段方案产生和筛选以及第六阶段方案实施是整个审核过程中的重点阶段。

　　整个清洁生产审核过程中分为 2 个时段审核，即第一时段审核和第二时段审核。

　　第一时段审核包括筹划与组织、预评估、评估和方案产生与筛选 4 个阶段。第一时段审核完成后应总结阶段性成果，提供清洁生产审核中期报告，以利于清洁生产审核的深入进行。

　　第二时段包括方案的可行性分析、方案实施和持续清洁生产 3 个阶段。第二时段审核完成后应对清洁生产审核全过程进行总结，提交清洁生产审核（最终）报告，并开展下一阶段清洁生产（审核）工作。

　　7 个阶段是指筹划与组织、预评估、评估、方案产生与筛选、可行性分析、方案实施及持续清洁生产。

　　（1）筹划与组织：筹划与组织阶段的工作目的是通过宣传教育使组织的领导和职工对清洁生产有一个初步的、比较正确的认识，消除思想上和观念上的障碍，了解组织清洁生产审核的内容、要求及工作程序。

　　（2）预评估：预评估是清洁生产审核的初始阶段，是发现问题和解决问题的起点。在对企业基本情况进行全面调查了解的基础上，从清洁生产审核的 8 个方面着手，通过定性和定量的分析，寻找企业活动、服务和产品中最明显的废物和废物流失点，能耗和物耗最多的环节和数量，原料的输入和产出，物料管理状况，生产量、成品率、损失率，管线、仪表、设备的维护和清洗等，从而找出确定审核重点并根据审核重点设置清洁生产目标，同时对发现的问题找出对策，实施明显的简单易行的无/低费废物削减方案。

　　（3）评估：本阶段是对企业审核重点的原燃料来源、生产过程及废物的产生进行评估。评估是通过对审核重点的物料平衡、水平衡及能量衡算，分析物料和能量流失的环节，找出污染物产生的原因。查找材料储存、生产运行与管理和过程控制等方面存在的问题，以及与国内外先进水平的差距，以确定清洁生产方案。

（4）方案产生与筛选：本阶段的任务是根据审核重点的物料平衡和废物产生原因分析结果，制定污染物控制中、高费用清洁生产方案，并对其进行初步筛选，确定出 3 个以上最有可能实施的方案，供下一阶段进行可行性分析。

（5）可行性分析：本阶段对筛选出来的污染预防的备选方案进行综合分析，包括市场调研、环境评估、技术评估和经济评估。通过对方案的分析比较，以选择技术上可行又获得经济和环境最佳效益的方案供投资者进行科学决策，以得到最后实施的污染预防方案。

（6）方案实施：方案实施是所提出的可行的清洁生产方案（中/高费方案）的实施过程，它深化和巩固了清洁生产的成果，实现了技术进步，使组织获得了比较显著的经济效益和环境效益。

（7）持续清洁生产：企业生产过程中清洁生产的机会很多，在完成了针对审核重点的清洁生产审核工作后，原来未被确定为审核重点的备选方案将重新成为审核重点，新一轮的清洁生产审核又将重新开始。企业应将清洁生产变成自觉的行动。

### 3.3.4 审核的基本原理

清洁生产审核是一套科学的、系统的和操作性很强的程序。这套程序由 3 个层次（废物在哪里产生、为什么会产生、如何消除废物）、8 条途径（原辅材料、技术工艺、设备、过程控制、产品、废物、管理、员工）、7 个阶段（筹划与组织、预评估、评估、方案产生与筛选、可行性分析、方案实施、持续清洁生产）和 35 个步骤组成。

这套程序的原理可概括为逐步深入原理、分层嵌入原理、反复迭代原理、物质守恒原理、穷尽枚举原理等 5 个原理。

（1）逐步深入原理：清洁生产审核要逐步深入，即要由粗而细、从大至小。

（2）分层嵌入原理：是指审核中在废物在哪里产生、为什么会产生废物、如何消除这些废物这 3 个层次的第一个层次，都要嵌入原辅材料、技术工艺、设备、过程控制、管理、员工、产品、废物这 8 条途径。

（3）反复迭代原理：清洁生产审核的过程是一个反复迭代的过程，即在审核 7 个阶段相当多的步骤中要反复使用上述分层嵌入原理。

（4）物质守恒原理：物质守恒这一大自然遵循的原理，也是清洁生产审核中的一条重要原理，预审核阶段在对现有资料进行分析评估时、对组织现场进行考察研究时以及评价产排污状况时都要应用物质守恒原理。

（5）穷尽枚举原理：穷尽枚举原理的重点，一是穷尽，二是枚举。

所谓穷尽，是指图 3-2 所示的 8 条途径实际上构成了一个组织清洁生产方案的充分必要集合。换言之，一个组织从这 8 条途径入手，一定能发现自身的清洁生产方案。所谓枚举，即不连续地、一个一个地列举出来。

## 3.4　清洁生产在节能减排中的作用

节能减排即降低能源消耗、减少污染排放，清洁生产则是通过改进设计、使用清洁的能源和原料，采用先进的工艺技术与设备、改善管理、综合利用等措施，从源头上削减污染，提高资源利用效率，减少或者避免征税、服务和产品使用过程中污染物的产生和排放。清洁生产的基本原则为"节能、降耗、减污、增效"。

　　当前环境保护的重点工作是减排，《节能减排综合性工作方案》中提出了工程减排、结构调整减排、管理减排三大措施。工程减排是指通过建设污染物治理设施，以减少污染物（如 $SO_2$、$NO_x$）排放为目的工程项目；结构调整减排是指对高能耗、高污染的落后企业实行关、停、并、转等强制性措施；管理减排主要是通过严格排放标准以提高达标水平，通过严格监督执法以提高达标率，通过实施在线监测以提高环保设施运行率，通过电力节能环保调度以扩大清洁能源使用，通过清洁生产审核以促进清洁生产等措施。很显然，工程减排和结构调整减排是硬件，需要大量的投资或调动行政资源；而管理减排主要是软件，它不需要付出多少社会成本。

　　总的来说，要加快减排任务的完成，寻找既能确保稳定达标又能实现节能减排的治本之策十分必要，而且是目前急需完成的工作任务。早在清洁生产概念引进我国之初，我国就将清洁生产的基本原则确定为"节能、降耗、减污、增效"。节能减排是清洁生产的宗旨，稳定达标排放是强制性清洁生产审核的直接目的。

## 复习思考题

3-1　什么是清洁生产？简述开展清洁生产的意义。

3-2　清洁生产审核的定义及目的是什么？

3-3　清洁生产的审核类型和审核思路有哪些？

3-4　清洁生产的审核程序分哪 7 个阶段，其中哪几个阶段是审核过程中的重点？

3-5　清洁生产审核的基本原理是什么？

# 4 碳 排 放

## 4.1 交易的起源

碳排放权交易的概念源于 20 世纪 60 年代美国经济学家戴尔斯提出的排污权交易概念。1968 年，戴尔斯首先提出"排放权交易"概念，即建立合法的污染物排放的权利，将其通过排放许可证的形式表现出来，令环境资源可以像商品一样买卖。当时，戴尔斯给出了在水污染控制方面应用的方案。随后，在解决二氧化硫和二氧化氮的减排问题中，也应用了排放权交易手段。

排污权交易是市场经济中国家重要的环境经济政策，美国国家环保局首先将其运用于大气污染和河流污染的管理。此后，德国、澳大利亚、英国等也相继实施了排污权交易的政策措施。

排污权交易的一般做法是：政府机构评估出一定区域内满足环境容量的污染物最大排放量，并将其分成若干排放份额，每个份额为一份排污权。政府在排污权一级市场上，采取招标、拍卖等方式将排污权有偿出让给排污者，排污者购买到排污权后，可在二级市场上进行排污权买入或卖出。

## 4.2 碳排放权交易

所谓碳排放权，是指权利主体所享有的针对温室气体的环境容量使用权。

碳排放权交易是利用市场机制降低碳排放成本的一种手段，将温室气体排放转变为可量化的额度或者目标，排放者通过碳排放权交易，在市场上出售或者购买排放权，实现碳排放环境容量资源的优化配置。包括可供的碳排放权和所需的碳排放权两类。

从碳市场建立的法律基础上看，碳交易市场可分为强制交易市场和自愿交易市场。如果一个国家或地区政府法律明确规定温室气体排放总量，并据此确定纳入减排规划中各企业的具体排放量，为了避免超额排放带来的经济处罚，那些排放配额不足的企业就需要向那些拥有多余配额的企业购买排放权，这种为了达到法律强制减排要求而产生的市场就称为强制交易市场。而基于社会责任、品牌建设、对未来环保政策变动等考虑，一些企业通过内部协议，相互约定温室气体排放量，并通过配额交易调节余缺，以达到协议要求，在这种交易基础上建立的碳市场就是自愿碳交易市场。

比如某个用能单位，每年的碳排放限额为 1 万吨，如果这个单位通过技术改造、减少污染排放，每年碳排放量为 8 千吨，那么多余的 2 千吨，就可以通过交易出售，而其他用能单位因为扩大生产需要，原定的碳排放限额不够用，也可以通过交易购买，这样，整个区域的碳排放总量控制住了，又能鼓励企业提高技术、节能减排。

1997 年，全球 100 多个国家因全球变暖签订了《京都议定书》，该条约规定了发达国家的减排义务，同时提出了 3 个灵活的减排机制，碳排放权交易是其中之一。按照《京都议定书》的规定，协议国家承诺在一定时期内实现一定的碳排放减排目标，各国再将自己的减排目标分配给国内不同的企业。当某国不能按期实现减排目标时，可以从拥有超额配额或排放许可证的国家（主要是发展中国家）购买一定数量的配额或排放许可证，以完成自己的减排目标。同样地，在一国内部，不能按期实现减排目标的企业也可以从拥有超额配额或排放许可证的企业那里购买一定数量的配额或排放许可证以完成自己的减排目标，排放权交易市场由此而形成。

2005 年，伴随着《京都议定书》的正式生效，碳排放权成为国际商品，越来越多的投资银行、对冲基金、私募基金以及证券公司等金融机构参与其中。基于碳交易的远期产品、期货产品、掉期产品及期权产品不断涌现，国际碳排放权交易进入高速发展阶段。

作为一个金融市场，碳市场正在吸引更多的投资目光。

## 4.3　我国碳排放权交易体系的建立

国务院在 2011 年发布的《"十二五"温室气体排放工作方案》中制定了我国温室气体排放的主体目标，于 2014 年确定 7 个省、市及地区进行碳排放交易试点。方案要求"大幅度降低单位国内生产总值二氧化碳排放，在 2015 年全国单位国内生产总值二氧化碳排放比 2010 年下降 17%。控制非能源活动二氧化碳排放和甲烷、氧化亚氮、氢氟碳化物、全氟化碳、六氟化硫等温室气体排放取得成效。应对气候变化政策体系、体制机制进一步完善，温室气体排放统计核算体系基本建立，碳排放交易市场逐步形成。通过低碳试验试点，形成一批各具特色的低碳省区和城市，建成一批具有典型示范意义的低碳园区和低碳社区，推广一批具有良好减排效果的低碳技术和产品，控制温室气体排放能力得到全面提升"。

我国碳金融处在一个机遇与挑战并存的关键时刻，而我国特定的国情决定了我国碳排放权交易体系的构建必须开拓一条渐进式的中国路径。按照国际碳排放权交易市场的发展特点，借鉴多个国家的发展模式，我国的碳排放权市场体系的构建应当按照统一规划、严格监管、市场运行、国际合作的思路，逐步突破交易体制设计的障碍，探索由自愿减排市场试点过渡到全国总量控制的碳排放权交易市场。

现阶段，我国还不具备构建全国范围的总量控制的排放权交易市场的条件，应该首先在自愿减排市场上建立"自愿加入，强制减排"的配额型市场进行实验。在自愿减排市场发展的初始阶段，政府要通过多种政策手段调动企业参与的积极性。

在自愿减排市场交易规模扩大，市场化程度不断提高，金融配套服务逐步完善，排放管理和监管技术经验成熟的条件下，逐步形成以配额交易为主导的强制性全国排放权交易市场。

中国为逐步建立全国性的碳排放权交易市场，已经做好了基础性的准备工作。2012 年 9 月，电力、化工等六行业强制上交碳排放数据指南正在抓紧制定；碳交易衍生品交易调研正在展开；北京、上海等试点进入操作阶段，湖北 107 家企业被纳入试点。同年的 9 月 11 日，广州碳排放权交易所在广州联合交易园区正式揭牌，当日，中国首例碳排放权配额交易在广州碳排放交易所完成。近年来，我国各省市也加快了设置碳排放交易所的步伐，如北京、上海、深圳等地均设立了碳排放交易所并投入使用。2013 年 12 月天津碳排放交易所挂牌，2014 年 3 月武汉市在光谷也设立了碳排放交易所。

目前从挂牌交易所的碳排放权交易情况来看，交易的价格在逐年上涨，2012 年全国碳汇平均价格在 20 ~ 40 元/t $CO_2$，至 2013 年全国平均碳汇价格上涨到 30 ~ 60 元/t（$CO_2$）。由于不同地区的特点和要求不同，碳排放交易的价格也不同，北方较南方低，如天津交易所仅 28 元/t $CO_2$，而深圳已高达 60 元/t $CO_2$。随着国家宏观控制和人们对环境的要求提高，碳排放交易价格也将逐年提高。

## 4.4 烧结工序碳排放及交易

碳排放主要包括能源直接温室气体排放和能源间接温室气体排放。要对碳排放进行交易，必须量化碳排放指标。相关量化指标术语如下。

组织边界：可理解为计算范围，碳交易中主要以组织机构代码来划分。

运行边界：包括能源直接温室气体排放、能源间接温室气体排放和其他间接温室气体排放。

温室气体：仅指二氧化碳。

烧结工序也是钢铁企业碳排放大户，其排放因子主要有固体燃料、熔剂原料（石灰石、白云石等）、气体燃料和电，其中电能消耗属间接排放，其他属直接排放，表4-1为烧结工序碳排放组成。

表 4-1　烧结工序碳排放组成

| 烧结工序 | 排放因子 | 排放分类 |
|---|---|---|
| 碳输入 | 固体燃料 | 直接排放 |
| | 气体燃料 | 直接排放 |
| | 熔剂原料 | 直接排放 |
| | 电 | 间接排放 |
| | 压缩空气 | 间接排放 |
| 碳输出 | 余热发电 | 抵扣排放 |

### 4.4.1 直接温室气体排放

能源直接温室气体排放是指固定燃烧源和服务于生产的移动源中化石（无烟煤、焦炭等）燃料燃烧产生的排放。

烧结工序能源直接温室气体排放由以下几个部分组成：输入厂内的含碳物质、库存含碳物质的变化、服务于生产的移动源以及输出厂外的含碳物质。

#### 4.4.1.1 固定源排放

烧结固定源排放的定义：烧结炉等固定设施中的煤、焦炭、天然气、煤气、重油等化石燃料燃烧产生的排放。

#### 4.4.1.2 移动源排放

烧结移动源排放的定义：服务于生产用的移动源如卡车、铲车等消耗汽油、柴油、天然气等产生的排放。

#### 4.4.1.3 原料排放

在烧结过程中需要使用熔剂原料（如石灰石、白云石、蛇纹石等），这些原料在高温作用下分解，析出$CO_2$，并进入烧结机烟道而排放到大气中，所以该类原料使用量的大小，与排放的$CO_2$量密切相关，这类排放属直接排放。

#### 4.4.1.4 直接温室气体排放量化方法

烧结直接温室气体排放量化方法采用排放因子法，其计算公式如下：

$$E_{CO_2,烧结直接排放} = \sum\left[\left(M_{输入} \times C_{输入}\right) - \left(M_{输出} \times C_{输出}\right)\right] \times \eta + E_{CO_2,移动设施排放} \quad (4\text{-}1)$$

$$\eta = \frac{CO_2 \text{ 相对分子质量}}{C \text{ 相对分子质量}}$$

式中　$E_{CO_2,烧结直接排放}$——烧结过程产生的 $CO_2$ 量，t；

　　　$M_{输入}$——报告期内烧结炉中煤粉、焦粉、熔剂、煤气等的使用量，t 或 $m^3$（标态）；

　　　$C_{输入}$——烧结炉中输入的煤粉、焦粉、熔剂、煤气等的含碳量，% 或 $t/m^3$（标态）；

　　　$M_{输出}$——烧结矿产量，t；

　　　$C_{输出}$——烧结矿含碳量。

碳酸盐熔剂使用过程中产生的 $CO_2$ 排放：

$$E_{CO_2,熔剂} = \sum\left(AD \times R_i \times ED_i \times F_i\right)$$

式中　$E_{CO_2,熔剂}$——碳酸盐熔剂使用过程中产生的 $CO_2$ 排放，t；

　　　$AD$——消耗的熔剂的质量，t；

　　　$R_i$——熔剂中碳酸盐 $i$ 的质量分数，%；

　　　$ED_i$——特定碳酸盐 $i$ 的排放系数，$t(CO_2)/t$（碳酸盐）；

　　　$F_i$——碳酸盐 $i$ 的煅烧比例，若无法获得实测值，可取 1。

### 4.4.2　间接温室气体排放

外购电产生的间接温室气体排放，如生产车间、办公楼等与生产运行相关的用电，以及用电能较高的其他能源消耗，如压缩空气就是压缩机耗电后产生的，正常情况下这些转变都计入供应商提供的电量内。

外购电力产生的排放采用排放因子法：

$$E_{CO_2,电力} = EG_{电量} \times EF_{电力} \quad (4\text{-}2)$$

式中　$E_{CO_2,电力}$——外购电力产生的 $CO_2$ 排放量，t；

　　　$EG_{电量}$——报告期内外购电量，$MW \cdot h$；

　　　$EF_{电力}$——地区电网基准线排放因子，$t(CO_2)/MW \cdot h$。

数据的来源，一般是由企业实际测量的用电量（电表）或由供应商提供。

烧结工序总的温室气体排放量则为 $E_{CO_2,烧结直接排放}$ 与 $E_{CO_2,电力}$ 之和。

### 4.4.3　烧结工序碳排放交易

由于我国目前碳排放系统正在建立，很多交易平台并未完善，试点地区烧结工序碳排放已完成基础统计工作。即先要量化，再进行总量分配，才可在交易平台上进行交易。统计基础数据流程如下：按《碳排放报告》模板撰写报告，按相关计算方法进行量化、数据的采集（根据活动水平排放因子监测情况等获得碳排放数据）。

一般情况下，各钢铁企业碳排放量，由政府或相关环保部门，根据本地区碳排放量及环境容量的实际情况来分配。当企业实际的碳排放量超出规定的碳排放总量，则由企业在碳排放交易平台购买；当企业实际的碳排放量低于规定的碳排放总量，则可通过碳排放交易平台销售多余的总量。烧结工序碳排放量由本企业内部分配。应该指出的是，烧结工序余热发电量可以抵扣间接排放量。

因此，烧结工序纳入碳排放权交易后，将会促进各烧结工序自觉地开展节能减排工作，以降低企业的成本。

**复习思考题**

4-1　何谓碳排放，何谓碳排放权交易？

4-2　简述排污权交易的一般做法。

4-3　烧结工序碳排放主要包括哪两个方面？这两个方面的碳排放源组成部分各是什么？

4-4　如何量化烧结直接温室气体排放，其计算公式是什么？

4-5　外购电力产生的温室气体如何计算？

# 烧 结 节 能

# 5 烧结生产用能及节能

## 5.1 烧结工序

### 5.1.1 烧结生产

抽风烧结是将配有一定数量燃料的粉状物料（如粉矿、精矿、熔剂和工业副产品），经加水混匀制粒，然后均匀分布到烧结机台车上，抽风作用使台车下形成一定负压，空气自上而下通过烧结料层进入下面的风箱，烧结料中的固体燃料借点火供热，碳燃烧后产生热量，使烧结料在氧化气氛中不断发生分解、还原、氧化和脱硫等反应，同时在矿物间产生固—液—固相转变，生成的液相冷凝时把未熔化的物料粘在一起，形成外观多孔的含铁产品即块状烧结矿。

烧结过程是复杂的高温物理化学反应的综合过程。在烧结中有燃料的燃烧和热交换、水分的蒸发和冷凝、碳酸盐和硫化物的分解、铁矿石的氧化和还原反应、有害杂质的去除及黏结相的生成和冷却结晶，等等。

烧结生产过程是多工序作业，即由原燃料的接受、存储，原燃料的加工、配料、混匀制粒、点火、烧结、破碎、筛分、冷却、整粒等工序组成，因此烧结工序的节能是整个生产过程的节能。从大的方面讲，包括烧结工艺节能、烧结设备节能和生产管理节能。

### 5.1.2 工艺流程

带式抽风烧结是目前国内外广泛采用的烧结矿生产工艺，这类烧结方法具有连续生产、劳动生产率高、机械化程度高、自动化控制、劳动条件较好、对原料适应性强和便于大规模生产等优点。图 5-1 为典型烧结工艺流程。

这种流程首先是把所有的铁矿粉在原料场进行混匀，使多品种矿石通过一次配料成为单一的混匀矿，而且在烧结矿冷却前进行了热破碎，取消了热矿筛，使得烧结生产条件改善。在烧结矿成品处理上分段筛分和冷矿破碎工艺，使成品矿的粒级更均匀、粉末更少。

### 5.1.3 烧结用能构成

烧结所用能源按其用途不同可分为三部分：即烧结用固体燃料（焦粉、无烟煤）；气体燃料（高炉煤气、焦炉煤气、天然气、混合煤气、其他燃气）；动力（电、压缩空气、蒸汽、水等）。

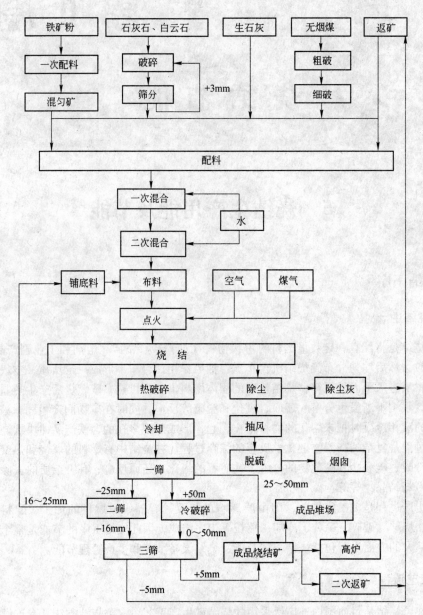

图 5-1  国内典型的烧结工艺流程图

烧结工序是钢铁企业的用能大户，其工序能耗占钢铁总能耗的 12% 左右。

烧结生产的能源消耗主要表现在三个方面，即每吨烧结矿所消耗的固体燃料量、电量以及气体燃料量，共占烧结生产过程能耗的 95% ~ 98%。这三项能耗均可折算成标准煤或总热耗量来进行定量比较。

其中固体燃料约占烧结工序能耗的 75% ~ 80%，气体燃耗约占 3% ~ 5%，电耗约占 15% ~ 20%。显然，这三项指标是烧结工序节能的重点。这些指标随工艺、设备、管理水平和操作水平不同而差异较大。因此，各厂应根据本厂的具体情况，进行能耗结构分析，抓住薄弱环节，确定节能的主攻目标。

### 5.1.4 能源介质用途

**A 固体燃料**

烧结只有在一定的高温下才能进行，在烧结过程中燃料经过点火与抽风作用，自上而下发生燃烧反应，为烧结过程提供必需的热量。

**B 气体燃料**

烧结点火器设计专门的燃烧器（烧嘴），可使煤气和空气均匀混合燃烧，产生高温把台车表层烧结料点燃。一般点火器向烧结料提供的热量是整个烧结过程所需热量的 2%~5%，高者可达 7% 以上。

**C 动力**

动力包括水、电、风、汽等。

(1) 电力：电在烧结工序中拖动电机运转，烧结厂抽风机电动机、冷却风机电动机、除尘风机电动机等都是大容量高压电动机，这些电动机的耗电量占总耗电量的 70% 左右。减少大型电动机的空转是节电的重中之重。

(2) 水：烧结厂用水分为生产用水（混合料添加水、设备冷却水、余热回收利用的软化水或除盐水等）和生活水（食堂、澡堂等用水）。烧结生产过程水的消耗量很大，这些用水环节的耗水量大小不一，有的是连续用水，有的是间断用水。

(3) 蒸汽：烧结厂所用蒸汽来源于企业内部管网输送或在烧结过程中利用余热产汽。蒸汽主要用于混合料预热、溴化锂机组、岗位采暖和食堂、澡堂用汽。

(4) 压缩空气：烧结厂所用压缩空气来源于企业内部管网，有的烧结厂设置了压缩空气站。烧结厂压缩空气主要用于气动阀门、风力输送散料、清除设备灰尘、排除现场漏斗和矿槽的粘料等。

## 5.2 烧结节能

### 5.2.1 管理节能

降低烧结工序能耗是一个系统工程，除了要增加投入进行技术改造，淘汰落后生产工艺，更新耗能设备外，还要加强能源管理，向管理要优质、高产、低耗。

**A 制定高标准的能耗指标，严格考核，奖惩到位**

(1) 年度考核计划指标要逐年提高，指标确定后，对未完成指标的单位进行考核，利用经济杠杆，促进指标改善。

(2) 指标要层层分解、落实细化到关键工序、关键岗位，考核要与经济责任制紧密结合。

(3) 根据生产特点，设立单项承包推进奖，将有关职能部门、关键岗位人员结合在一起承包某项能源指标，按月推进。

**B 加强生产组织管理**

(1) 有严谨的生产作业计划和设备检修计划，减少和消除非计划检修和事故停机时间。

(2) 合理组织生产，按计划作业，减少设备的空转现象是烧结厂管理节能的重要途径。

(3) 抓好大型耗能设备的正常运行；如抽风机启动前要先启动其他相关设备，启动后迅速组织烧结机系统生产。出现料多或临时性的停机，要优先考虑停抽风机，一般停产时间超过 1h 就应安排停抽风机。

（4）对于某些间断作业的辅助设备高压电动机要设软启动装置，做到设备能随时开、停，消除设备空转。

（5）对耗能重点工序，如原燃料入厂验收、配料、烧结等工序建立节能工序管理点，动态控制，纳入经济责任制考核。

C　能源介质管理

建立健全供用能管理机构和网络，完善管理制度，督促车间、工段、班组和个人规范用能、节约用能。对不同能源介质，采取科学合理的管理控制方法，实施能源介质的全过程管理。

（1）固体燃料——验收管理、接收储存、燃料加工、配用及检查。

（2）煤气——生产操作、煤气计量。

（3）电力——电量计量、生产用电、施工用电、合理用电。

（4）蒸汽——蒸汽计量、蒸汽使用、杜绝泄漏、合理蒸汽压力等。

（5）压缩空气——空气计量、空气使用、杜绝泄漏。

（6）水——水的计量、水的使用、水的溢流。

## 5.2.2　工艺节能

### 5.2.2.1　采用球团烧结或小球烧结工艺

球团烧结是将含铁原料、返矿、熔剂、黏结剂和少部分燃料混合润湿后，在造球盘内制成3~10mm的小球，再在圆筒混合机内外滚煤粉，在烧结机上抽风烧结的工艺。

小球烧结技术是把原有的圆筒混合机改造为强力混合造球机，可提高造球效果，采用燃料分加、偏析布料等措施改善燃料的附着状态，有利于燃烧反应的充分进行，改善料层透气性，显著提高烧结机利用系数，大幅度降低固体燃耗，减少残碳，一般可节约能耗20%。

### 5.2.2.2　实行双层、双碱度烧结

双层烧结是指普通烧结条件下，采用二次布料方法，将含碳量不同的烧结料分布在烧结机台车上的一种工艺。由于不同高度上烧结蓄热程度是不同的，这样下部料层可以利用蓄热而减少配碳量，达到降低燃耗和使烧结矿的质量均匀化。上料层越厚同时下料层燃料越少，则返矿量向减少的趋势发展。双层烧结试验结果表明，燃耗可降低8%~15%。

双碱度烧结技术也是采用二次布料方法，将不同碱度的烧结料分布在烧结机台车上的一种工艺。烧结机上部料层为高碱度烧结矿，由于高碱度烧结料有大量的自由氧化钙存在，可形成较多的低熔点物质，弥补上部热量的不足，提高烧结矿的黏结相、强度和成品率；烧结机下部料层为低碱度（或酸性）烧结矿，可充分发挥烧结过程中自动蓄热的作用，以高温度充足的热量弥补低碱度烧结矿黏结相不足的情况，保证烧结矿的强度和成品率。该技术利用了高碱度烧结矿和酸性烧结矿的黏结相优势，从而生产高强度烧结矿。

### 5.2.2.3　热风烧结技术

热风烧结是将热空气吹到烧结台车点火后的料面上，减轻了急冷造成的表面强度的降低，表面料层具有了较长的高温保持时间，有利于烧结反应进行。通常热风温度控制在250℃左右。实践表明，热风烧结可降低混合料中的配碳量，降低气氛的还原性，使FeO含量降低2%~4%，烧结吨矿可节约固体燃料6kg左右。

#### 5.2.2.4 富氧烧结

往烧结料层富氧，其效果是加快固体燃料燃烧过程，提高烧结机利用系数，改善烧结矿质量。在烧结矿层达到一定厚度时，下部燃烧层的厚度也增加，此时采用富氧烧结，有利于改善烧结过程的透气性，提高垂直烧结速度，提高生产率。

#### 5.2.2.5 厚料层烧结

在抽风烧结过程中，烧结料层的自动蓄热作用随着料层高度的增加而加强，当料层高度为180~220mm时，蓄热量只占燃烧带热量总收入的35%~45%，当料层厚度达到400mm时，蓄热量达55%~60%，当料层达到650mm及以上时，蓄热量更高。因此，提高料层厚度，采用厚料层烧结，充分利用烧结过程的自动蓄热，可以降低烧结料中的固体燃料用量，提高节能效果。根据实际生产情况，料层每增加10mm，燃料消耗可降低1.5kg/t左右。

#### 5.2.2.6 预热烧结料

利用鼓风冷却机与抽风烧结机压力差，设置自流式热风管道和热风罩，利用环冷机的低温烟气（100~150℃），将冷却机热废气于点火前对烧结料表面进行预热、干燥，以降低燃料消耗，改善烧结矿质量。如某钢铁厂烧结机采用此种预热方式，可降低固体燃耗2~3kg/t。

#### 5.2.2.7 高碱度烧结

高碱度烧结矿具有强度高、稳定性好、粒度均匀、粉末少等良好的冶金性能。烧结矿碱度提高以后，有利于铁酸钙的生成，烧结矿的 FeO 含量可控制在较低水平，烧结矿转鼓指数明显提高，返矿率降低，烧结矿低温还原粉化性能明显改善，熔滴性能改善，有利于高炉生产顺行。

### 5.2.3 设备节能

#### 5.2.3.1 安装红外线水分控制系统，稳定烧结料水分

适宜而相对稳定的烧结料水分，能为烧结过程热传递的相对稳定提供保证，可提高热能的利用率，不但有利于烧结过程的顺利进行，提高烧结矿的产质量，而且有利于降低燃料的消耗。

安装水分测量控制系统，配备自动调节阀以实现给水量的自动控制，效果明显，烧结矿产量提高的同时，固体燃耗和煤气消耗下降。

#### 5.2.3.2 采用柔性密封等新技术，减少设备漏风率

烧结机系统的漏风主要是烧结机本体的漏风，包括台车与台车之间、台车与滑道之间、台车与烧结机首尾密封板之间，以及风箱伸缩节、双层卸灰阀、抽风系统的管道及电除尘器的漏风等。

有害漏风直接影响到主抽风机能力的发挥和烧结机生产能力的提高。降低烧结机抽风系统的漏风，不但能提高产量，而且能有效地降低烧结工序的能耗。

生产实践表明，烧结台车和首尾风箱（密封板）、台车与滑道、台车与台车之间的漏风占烧结机总漏风量的80%。因此采用柔性密封新技术等改进台车与滑道之间的密封形式，特别

是首尾风箱端部的密封结构形式，可以显著地减少有害漏风，增加通过料层的有效风量，提高烧结矿产量，节约电能。

### 5.2.3.3　采用新型节能点火器

点火器的结构、烧嘴类型对烧结料面点火质量、点火能耗影响很大。

近年来，烧结点火技术的进步表现在：采用高效低燃耗的点火器；选择合理的点火参数；合理组织燃料燃烧。高效低燃耗点火器的特点是：采用集中火焰直接点火技术，缩短点火器长度，降低炉膛高度（400~500mm），点火器容积缩小，热损失减少；降低点火风箱的负压，避免吸入冷空气，使台车宽度方向的温度分布更均匀。目前国内大型烧结机以双斜式点火炉为主，点火煤气消耗降低到0.055GJ/t。

### 5.2.3.4　烧结设备的大型化

烧结设备大型化是技术发展趋势，随着高炉技术的发展，高炉向大型化发展，从经济合理配置的角度，大型高炉必须配置大型烧结设备。

烧结设备大型化使得单机产量明显提高，热量散失比例小、漏风率低，烧结矿质量和综合技术经济指标获得显著改善，有数据表明，一台500m² 烧结机比两台250m² 烧结机节能20%。

### 5.2.3.5　烧结工序自动控制

烧结过程是一个连续性的生产过程，环节多、控制对象复杂、纯滞后时间长、受人为影响因素多等，采用计算机自动化控制系统，对原料、混合、烧结、抽风机、水处理、工艺除尘、余热利用等系统的电气、仪表、过程运行自动控制，可减少故障率，使烧结生产保持稳定和较好状态，发挥设备的最大效率。

### 5.2.3.6　烧结余热回收利用装置

烧结工序有两部分余热可回收利用，一是烧结机尾部几个风箱内的烟气余热，温度达300~350℃，并含有较多的氧气；二是热成品矿每吨具有显热25kg标准煤。回收利用这部分中、低温热源，对降低烧结能耗有重要意义。

主要方法有：安装余热锅炉生产蒸汽、热风烧结、预热混合料、预热助燃空气点火等。

A　生产蒸汽

回收冷却机高温段热废气，采用蒸汽发生装置生产蒸汽，目前我国大多数烧结机普遍采用这种方式。

B　余热发电

余热发电技术主要指单压余热发电技术、双压余热发电技术、闪蒸余热发电技术、补燃余热发电技术等。

近年来，发电系统装备水平和烧结生产技术、操作水平的不断提高，为烧结余热回收发电创造了更加有利的条件。中、低温参数汽轮机成本的降低，也使烧结余热电站的建设变得安全、经济、可靠。

### 5.2.3.7　采用节能变频调速等技术

变频调速技术是近年来发展的一种安全可靠、合理的调速方法，它通过将日常生产用的交流电经变换器变换为可改变频率和电压的交流电，从而达到调整电动机转速，降低平均电流，节约电能的目的。

另外，使用节能电器设备，如节能变压器、节能照明灯具和大型电动机软启动以及减少大功率设备空转时间等也可节约大量电能。

### 5.2.4 操作节能

在工艺条件、设备状况一定的情况下，努力提高岗位人员的技术操作水平是节能降耗的关键，重点体现在以下环节。

A 燃料破碎

及时调整给料量、辊间隙，确保粒度合格率达标。燃料的粒度及粒度组成直接影响烧结机利用数，同时对固体燃料消耗影响较大。

B 燃料配入量

能根据物料状况、烧结矿宏观结构、FeO 含量，准确掌握燃料用量，有效达到降低固体燃料消耗的目的。

C 混合料水分

能准确判断混合料粒度组成和水分，及时调节并稳定混合料水分，为稳定料层透气性和烧结过程打下基础。

D 烧结点火

降低煤气消耗的关键是控制好空气与煤气的混合比例，另外就是点火炉的压力控制，实施低温、低负压点火的操作方针。

E 布料烧结

坚持厚料层操作、保持料面平整，充分利用自动蓄热作用，降低配碳量。另一方面准确控制烧结终点，使烧结过程稳定，提高台时产量。

## 5.3 烧结节能研究

### 5.3.1 减少有效能

烧结能耗在效率方面可分为两类。

#### 5.3.1.1 有效能

有效能指在烧结生产过程中理论上所必需的能源消耗。

烧结有效能包括：混合料物理水蒸发热量，混合料结晶水分解热量，碳酸盐分解热量，成品烧结矿物料热。

在烧结过程中原燃料、设备以及产品的规格相同的条件下，生产 1t 烧结矿所消耗的热量是不相同的，有时甚至相差很大。这种差距与生产操作有关，因料层厚度、点火温度、烧结矿含 FeO 量、混合料水分等不同而异。通过降低烧结饼平均温度水平，减少混合料水蒸发热，减少碳酸盐分解热等措施来减少有效热是烧结节能攻关方向。

#### 5.3.1.2 无效能

无效能指超出有效能部分的能源消耗，也就是对烧结生产未起作用的能源消耗。

无效能又可分为：

（1）浪费的能耗，包括热量散失（热辐射、热对流）、长明灯、长流水和能源介质的跑冒滴漏等，这部分能耗应在管理上采取技术措施进行控制。

（2）多余的能耗，这部分能源介质参与了烧结过程的烧结矿生产，但又大于烧结生产所需的能耗。例如固体燃料配比高于适宜配比时，也能生产出烧结矿，对产品质量基本没有多少改善，但能耗增加。因此多余的能耗是一种能源介质的过度消费。对于这部分能耗主要是在生产操作和自动控制精度上加以完善，努力降低能源消耗。

### 5.3.2　系统节能技术

节能工作除降低工序能耗以外，还包括许多内容，钢铁生产单元过程是钢铁生产全过程的基础。一般地说，它是由单体设备、设备部件和附属装置组成的生产过程系统。例如，烧结过程，高炉冶炼过程，炼钢过程和轧钢过程，等等。

#### 5.3.2.1　单元节能

单元过程的节能是开发企业系统节能工作的基础。它是以钢铁生产过程中的耗能设备为研究对象，以设备节能为目的，以改造设备结构，改进热工制度和完善操作制度为手段进行的。单元过程节能应防止以下情况的产生：

（1）只注重节约能源物资，忽视了节约非能源物资；

（2）只着眼于单体设备节能，忽视了设备与设备之间的相互作用；

（3）只注重节能硬技术的研究，忽视了节能软技术的开发与应用。

#### 5.3.2.2　系统节能

企业系统节能的研究对象是整个企业，是以企业总能耗最低为主要目标，以强化生产工序之间的配合，优化用能参数，调整产品结构和生产负荷为手段进行的。为了节能，必须树立全局的观点，把生产环节各个单元科学地组合在一起，在单元节能的前提下，兼顾系统节能，将生产指标控制在合理的范围内。所以研究生产系统的节能，必须以该系统的净节能量（或称企业节能量）最大为目标，确定系统的最优工作状态。

企业只有围绕生产经营、节能减排、调结构、降消耗、增效益、创一流，才能促进节能降耗达目标，促进企业的可持续发展。

复习思考题

5-1　简述抽风烧结的过程。

5-2　烧结生产的能源消耗主要表现在哪三个方面？

5-3　简述烧结能源介质用途。

5-4　试列举五种烧结工艺节能方法。

5-5　什么是富氧烧结？

5-6　烧结工序哪部分余热可回收利用，采用的主要方法有哪些？

5-7　烧结有效能指什么，包括哪些方面？

5-8　单元节能的定义是什么？

# 6　固　体　燃　耗

烧结工序能耗包括固体燃料消耗、电力消耗、点火煤气消耗、动力（压缩空气、蒸汽、水等）消耗等。其中，固体燃料消耗占工序能耗的75%～80%，而固体燃料在烧结生产过程中，主要为液相的生成和其他一切物理化学反应提供了必要的热量和气氛条件，所产生的热量占全部热量的90%以上。

随着国家"十二·五"规划的实施，对环境保护及能源指标的要求越来越高，对钢铁企业来说，污染严重、能耗高的企业生存环境会越来越差。

因此，持续降低固体燃耗及工序能耗无论对增加企业竞争力，还是对企业可持续发展，都具有十分重要的意义；同时，还可减少 $CO_2$ 及其他有害气体排放，实现清洁生产，对保护人类生存环境也具有积极意义。

## 6.1　烧结固体燃料种类

烧结使用的固体燃料主要有焦粉和无烟煤。

### 6.1.1　焦粉

焦炭是炼焦煤隔绝空气高温加热后的固体产物，焦炭为黑灰色、强度大、固定碳高、疏松多孔。它主要是高炉冶炼的还原剂，同时也是高炉料柱的骨架。烧结使用的焦粉是高炉使用焦炭的筛下物以及焦炭生产过程中产生的筛下物（即小块焦或焦丁以及炼焦过程的除尘焦末等）。焦炭的化学成分主要包含固定碳、挥发分、灰分等，此外在烧结生产中为稳定烧结矿化学成分还需对灰分进行化学分析，为配料提供参考。

烧结厂对入厂焦粉的要求是：固定碳含量高，灰分、挥发分含量低，水分含量小。通常烧结厂使用的焦粉固定碳含量大于80%，挥发分小于5%，灰分小于10%，水分小于10%；进厂粒度要求小于25mm或40mm，小于0.5mm粒级含量越低越好。

### 6.1.2　无烟煤

随着煤碳化的程度不同，煤中的灰分、挥发物含量的差别是很大的。碳化程度越高，它的挥发分含量也就越少。无烟煤是各种煤中碳化最好的燃料。用于烧结工序的固体燃料为无烟煤，其要求发热量大于25080kJ/kg（一般固定碳含量大于78%）、挥发分小于10%、灰分小于15%、硫小于2.5%，采购时要求粒度小于40mm。

挥发分高的煤不宜做烧结燃料，因为煤在烧结中的挥发物质会被抽入抽风机和抽风系统，冷凝后使除尘器、抽风机等挂泥结垢。

## 6.2　烧结工艺对固体燃料的要求

### 6.2.1　化学性能的要求

烧结过程必须在一定的高温下才能完成，而高温是由固体燃料的燃烧产生的。烧结温度的高低、燃烧速度的快慢、燃烧带的宽窄，以及烧结过程的气氛等都将影响烧结过程的进行和烧结矿的产量、质量。因此，固体燃料的物化性能是影响烧结过程的重要因素。

由于燃料中灰分属酸性氧化物，灰分含量增多必然引起烧结矿品位降低、熔剂消耗增加，同时也带来固体燃耗增加，所以烧结要求燃料的灰分应尽可能低些。

使用无烟煤做烧结燃料时，要求其挥发分的含量不能太高，以免燃料中的挥发物质在抽风系统凝结，特别是在抽风机的叶片上，影响抽风机转子的稳定运转，直接影响烧结过程的正常进行。

由于固体燃料中含有硫，当烧结料温度在 400~600℃时，硫将分解，与气体中的氧气形成 $SO_2$。在烧结过程中，固体燃料中分解出的硫及 $SO_2$ 在抽风作用下，进入烧结烟气中，当固体燃料含硫高时，烧结烟气中 $SO_2$ 含量也高，烧结烟气脱硫的负荷也将增大。所以，烧结生产使用的燃料最好选用固定碳高、灰分低、挥发分低及含硫量低的优质燃料。

### 6.2.2　物理性能的要求

当固体燃料含水率高时，不仅给固体燃料的破碎带来困难，而且对运输、储存和配料都将不利，因此，烧结工艺要求对固体燃料的含水率 <10%。

固体燃料的燃烧反应与燃烧环境的气氛有关，而且还与其比表面积成正比，固体燃料的粒度越小，其比表面积越大，燃烧反应越迅速。燃料的粒度过大时，势必延长燃烧时间，燃烧带变宽，从而使烧结料层透气性变坏；并且大颗粒燃料在烧结料层中分布不均匀，布料时易产生燃料偏析，使大颗粒燃料集中在料层的下部，再加上烧结料层的蓄热作用，使烧结料层的温度差异更大，以至造成上层烧结矿的强度差，下层烧结矿过熔，FeO 含量偏高。

燃料粒度过小，燃烧反应速度快，形成温度的"闪点"，难以使烧结料达到所需的温度，同时高温保持时间短，引起液相产生不充分，结晶不完善，玻璃质含量增加，从而使烧结矿的强度下降。另一方面，小的燃料颗粒（<0.5mm）通常会被气流带走。

研究表明，燃料最适宜的粒度为 0.5~3mm，在日本规定燃料粒度下限为 0.25mm，但在我国实际生产条件下，仅仅能保证粒度上限，难以保证粒度下限。因为在生产过程中要控制 -0.5mm 粒级难以实现。因此，烧结厂通常要求燃料粒度 -3mm 的粒级含量控制在 75% 左右。其具体粒级含量因原料、工艺条件而定。

对于不同粒级的烧结料，燃料粒度对烧结的影响也不同。铁精矿由于粒度细，当燃料粒度偏小时，对烧结过程影响不大；而当粒度稍有增大，会使成品烧结矿的产率和强度显著下降。相反，当以粉矿为主烧结时，燃料粒度稍大对烧结过程影响不明显；而当燃料粒度偏小时，烧结产量、质量则明显下降。

## 6.3　固体燃料破碎

烧结厂所用的固体燃料有焦粉和无烟煤，通常入厂固体燃料粒度组成有较大差异，因此这些固体燃料需要进行破碎加工后，才能满足烧结工艺要求。固体燃料破碎加工通常采用开路破碎流程。

### 6.3.1　开路破碎流程

固体燃料具体破碎流程应根据进厂燃料粒度和性质来确定，当粒度小于 25mm 时可采用一段开路破碎流程（见图 6-1a）。进厂固体燃料粒度大于 25mm，应考虑两段开路破碎流程（见图 6-1b）。

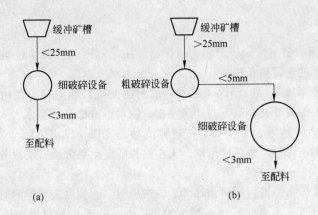

图 6-1　破碎工艺流程

（a）一段式破碎工艺流程；（b）二段式破碎工艺流程

　　我国烧结用固体燃料都含有较多水分，采用筛分作业时，筛孔易堵，筛分效率很低，因此，固体燃料破碎多不设筛分；另一方面由于四辊破碎机辊间的间隙固定后，其破碎粒度的上限也固定了，所以不设检查筛分。

　　燃料破碎系统常用粗破设备有对辊破碎机、反击式破碎机、颚式破碎机等；常用细破设备有四辊破碎机，对于以焦粉作为固体燃料时，细破设备还有棒磨机等。

### 6.3.2　检查筛分破碎流程

　　当炼焦工艺为干熄焦时，焦粉含水低，不堵筛孔。破碎时采用设有预筛分或检查筛分的两段破碎流程（见图 6-2）。第一段由反击式破碎机与筛子组成闭路，第二段采用棒磨机，可减少过粉碎，但劳动条件较差，有的厂为简化流程，改变粗筛粒级，取消细筛工艺。

　　有检查筛分的破碎工艺流程，不仅可以减少破碎机的磨损和电耗，而且能保证固体燃料的破碎效果，特别对 -0.5mm 粒级含量进行了控制，有效减少了过粉碎现象。

### 6.3.3　预筛分破碎流程

　　由于进厂燃料的粒度不均匀，粒度组成范围偏大，又是开路破碎，造成破碎机的破碎作业率高，甚至大粒度的燃料没有得到较好破碎，而部分 <3mm 粒度的燃料在经过破碎后产生过粉碎，很难达到烧结生产要求，对烧结矿的质量及烧结燃料消耗均造成一定的影响。为减少燃料过粉碎，减轻破碎设备的压力，增加预筛分系统（见图 6-3），主要是安装悬臂振动筛（简称

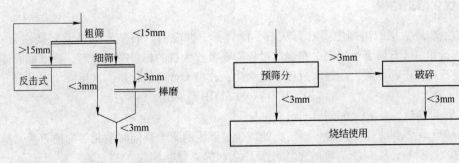

图 6-2　检查筛分破碎工艺流程　　　　　　图 6-3　预筛分破碎工艺流程

棒条筛）。

棒条筛的特点：

（1）悬臂振动筛主要由机架、筛箱、激振器系统、筛面和弹簧系统组成，筛网为断面阶梯分布，由长短不同的悬臂棒条组成；

（2）棒条筛为开放型筛面，消除了筛网上的封闭凹坑，即使有小块物料堵塞，也易在其他物料冲刷下脱落，而且开孔率高于封闭型筛面，物料透过筛孔的概率大，筛分效率高；

（3）棒条筛的筛面倾角为 25°～32°，物料流动速度快，以小幅跳动为主，料层变薄快。同时筛面为阶梯，棒条弹性产生二次振动。大小物料随振动易分层，所以分层效果好，筛网不易堵塞。

某烧结厂在安装棒条筛进行燃料预筛分后，对燃料实际粒度进行检测对比，实际生产中燃料粒度得到了合理分布，其中小于 1mm 减少约 9%，1～3mm 的粒级增加约 11%，燃料中大于 3mm 部分降低约 3%，燃料粒度组成得到明显的改善。

## 6.4　优化配矿 降低固体燃耗

含铁原料、熔剂的物理化学性质，混合料粒度组成等，直接影响固体燃料的消耗。

### 6.4.1　优化配矿结构

用于烧结生产的含铁矿物主要有磁铁矿、赤铁矿、褐铁矿和菱铁矿等。由于不同种类的铁矿石的烧结性能不一样，因此在烧结过程中对固体燃料消耗的需求也不一样。

磁铁矿（$Fe_3O_4$）是一种呈磁性的铁氧化物。由于磁铁矿比较致密，颗粒间有较大的接触面，所以在烧结时生成比较少的液相就可固结成型，它的软化和熔化温度都比赤铁矿低。在烧结过程中会发生氧化反应而放出一定的热量。所以，磁铁矿在烧结时，在温度较低的燃料和用量较少的情况下，就可以生产出还原性和强度较好的烧结矿。

赤铁矿（$Fe_2O_3$）的烧结性能与磁铁矿相近，但它的软化温度较高，在烧结过程中分解是吸热反应，因而在赤铁矿烧结时燃料用量要比磁铁矿多一些。

褐铁矿（$mFe_2O_3 \cdot nH_2O$）具有结构松散、堆密度小、孔隙度大、表面粗糙等特点，且含有大量的结晶水，其不属于物理水，而是一种化合水，在烧结过程中，在干燥层不能蒸发，需要在更高温度才能进行分解再蒸发，只有在预热层及燃烧层才能分解完毕，因此需要消耗大量热量，增加固体燃料消耗。

可以看出，不同含铁原料在烧结过程中对热量的需求不一样，因此，需根据自身铁矿资源情况，优化配矿结构，降低固体燃料消耗。

### 6.4.2　优化熔剂结构

烧结生产最常用的熔剂主要有石灰石、白云石、生（消）石灰和镁砂及轻烧白云石等，由于石灰石和白云石属于生熔剂，在烧结过程需要吸收大量的热量进行分解，将增加固体燃料消耗。生石灰属于熟熔剂，在遇水过程中被消化，放出大量的消化热。其反应如下：

$$CaO + H_2O \longrightarrow Ca(OH)_2 + \Delta H_r$$

其中，$\Delta H_r$ 为热焓，其值为 64.9kJ/mol。

生石灰消化放热可提高混合料温度，能减少过湿层的影响，同时消化后的消石灰又是黏结剂，可以改善制粒，提高烧结料的平均粒径，从而提高烧结料层的透气性，降低固体燃料消耗。所以人们通常将使用生石灰作为强化烧结的一种手段。

因此，为降低固体燃料消耗，需根据生产实际情况调整生熔剂（石灰石、白云石等）与熟熔剂（生石灰、镁砂、轻烧白云石等）用料结构，适当增加熟熔剂的用量，可减少分解吸热，有效降低固体燃料消耗。另一方面，合理的生石灰配比，对强化制粒和提高混合料温度有利，同时对降低固体燃耗是有帮助的。

### 6.4.3 合理使用二次资源

#### 6.4.3.1 返矿使用

返矿是不能满足高炉对入炉矿粒度要求的细小烧结矿，出厂前被分离出来的作为一次返矿。烧结矿在运输过程中摩擦、摔打也会产生粉末，在入炉前也需要进行筛分，被筛出的细小烧结矿称为二次返矿。由于返矿是被烧结后的产物，粒度 -5mm，具有以下特点：

(1) 熔点低，不需要太高的温度就能变为液相；

(2) 含有一定量的残炭，在烧结时可再利用；

(3) 粒度粗有利于改善料层透气性；

(4) 化学成分接近烧结矿，不需添加过多的熔剂。

因此使用返矿，对烧结制粒和降低固体燃料消耗是有利的。

#### 6.4.3.2 瓦斯灰精矿的使用

瓦斯灰是高炉煤气带出来的炉尘，通常含铁40%左右，含碳20%左右，它实际上是矿粉和焦粉的混合物。通过对瓦斯灰进行选矿处理，将铁粉和焦粉区分开来，分选后的瓦斯灰精矿作为含铁原料参与混匀矿的配料供烧结使用，焦粉送炼铁作喷煤原料。瓦斯灰精矿价格低廉，可降低烧结铁料成本，并且其含有的固定碳可以减少烧结固体燃料的配用量，降低固体燃料消耗。

#### 6.4.3.3 钢渣的使用

钢渣一般指平炉渣，多为碱性平炉钢渣。钢渣是炼钢中后期的混合物，由于日晒雨淋等原因，使钢渣发生不同程度的风化，故又称风化渣，筛分后小于10mm的用于烧结，它具有一定的吸水性和黏结性；另一类是水淬渣，主要是炼钢过程的初期渣经水淬后呈粒状的钢渣，其颗粒不规则、多棱角、结构疏松。

钢渣含有大量的 CaO、$SiO_2$ 和少部分铁粒子，由于经过冶炼，是熟料，具有低熔点特性。烧结料中配入少量钢渣后，能改善烧结矿的宏观结构和微观结构，有利于液相中析出晶体，使烧结矿液相中的玻璃质减少，提高烧结矿强度和成品率。试验证明当烧结中使用4% ~6%的钢渣时，产量可提高8%，但配比不宜过高，否则会使烧结矿含铁品位下降，含磷升高。钢渣中 CaO、MgO 含量高，烧结料中添加钢渣可以代替部分熔剂，减少石灰石用量，从而降低能耗。

#### 6.4.3.4 轧钢皮的使用

轧钢皮系轧钢厂生产过程中产生的氧化铁鳞，也称氧化铁皮。轧钢皮一般占钢材的2% ~3%，含铁量70%左右，从水泵站沉淀池中清理出来的细粉铁皮，含铁量也达60%左右，含其他有害杂质较少。轧钢皮比重大，且多以 FeO 形式存在，有害杂质少，在烧结过程氧化放出热量，从而可降低烧结固体燃耗消耗。

## 6.5 烧结工艺技术改进 降低固体燃耗

当前的新技术主要有热风烧结工艺、低温烧结技术、厚料层烧结工艺、小球烧结工艺等。

### 6.5.1 热风烧结工艺

热风烧结就是在烧结机点火器后面，装上保温热风罩，向料层表面供给热烟气来进行烧结的新工艺。热烟气来源有煤气燃烧的热烟气、烧结机尾部或冷却机的热烟气，也有用热风炉的预热空气。热风罩的长度可达烧结机有效长度的 1/3。热风烧结主要是为补充热量，改善上层烧结温度水平，抑制急冷减少玻璃相，使上层烧结饼的质量得到提高。在国内烧结烟气的温度一般控制在 220～400℃；在国外热烟气温度较高，有的使用 600～800℃ 的热烟气。

热风烧结工艺机理在于利用烧结矿热烟气的物理热来替代部分固体燃料的燃烧热，使料层温度分布更加均匀。热烟气可增加料层上部的供热量，提高上层烧结温度，增厚上层的高温带宽度，减慢烧结饼的冷却速度，使硅酸盐的结晶更加完善，减少了玻璃质的含量和微裂纹，降低相间应力，提高成品率和烧结矿强度。

并且在相应减少固体燃料用量的同时，可降低烧结过程中料层的氧位，消除料层下部的过熔现象，改善磁铁矿的再氧化条件；可降低烧结矿氧化亚铁含量，改善烧结矿还原性能。当烧结矿总热耗量基本不变时，烧结矿强度提高、成品率提高。当适当降低总热量消耗时，可以做到在保证烧结矿强度基本不变的情况下，降低烧结矿氧化亚铁含量，改善烧结矿还原性能，且大量节省固体燃料用量，降低烧结矿成本和少量提高烧结矿品位。

研究表明：热风温度过高，将会降低垂直烧结速度；过低，热风效能发挥较差。因此，热风烧结的热风温度水平、热风罩的长度等都要合适。

为稳定热风温度可采取以下措施：

(1) 冷却机上安装平料器。由于热矿溜槽向环冷机上卸料不均匀，冷却机上布料高低不平，造成供给热风管道的热风风量和风温不稳定，影响热风烧结的效果。为此，在冷却机上安装平料器，合理调整环冷机机速，尽可能使冷却机上烧结矿分布均匀和透气性良好，确保热风温度和风量连续、均匀、稳定。

(2) 加强冷却机和烧结机机速的匹配。烧结机机速调整必须与冷却机机速调整同步。

(3) 合理控制烧结终点。烧结终点稳定，能防止冷却机上烧结矿过热和过冷造成的热风温度的波动。

(4) 热风罩内温度分布合理。随着热风罩向机尾方向的延伸，热风温度逐渐降低。适宜的热风温度和热风罩长度是保证热风烧结效果的重要一环。

### 6.5.2 小球烧结工艺

球团烧结是 1988 年日本福山制铁所开发的技术。是将含铁原料、返矿、熔剂、黏结剂和少部分燃料混合润湿后，在造球盘内制成 3～10mm 的小球，再在圆筒混合机内外滚煤粉，在烧结机上抽风烧结的工艺。

北京钢铁研究院开发的小球烧结技术，将圆筒混合机改造为强力混合造球机，提高了造球效果，采用燃料分加、偏析布料等措施实现了小球烧结，改善了料层透气性，显著提高了烧结机利用系数，大幅度降低了固体燃料消耗，同时改善烧结矿质量。

与传统工艺相比，小球烧结料粒度均匀、强度高，改善料层透气性，也为厚料层烧结创造了条件。小球烧结可改善燃料的附着状态，大量燃料黏附于小球表面，使燃料与氧气充分接触，有利于燃烧的充分进行，小球烧结工艺减少了残炭，并且有利于厚料层烧结，从而能提高烧结过程的热利用率和烧结矿的质量，大幅度降低固体燃料消耗，一般可节约燃耗20%。

### 6.5.2.1 工艺的特点

小球烧结工艺具有如下的特点：

(1) 原料的适应范围宽。从普通烧结用原料到全精矿烧结，从低碱度到高碱度，燃料采用焦粉或无烟煤粉，都能适应。

(2) 增加了强化制粒和外滚煤粉的工艺环节。在一、二混之间增加了圆盘造球机，将混合料制成 3~10mm 的小球；采用燃料分加技术，在配料室内配 20%~40%，造球后外配 60%~80%，通过强化制粒使外滚煤包裹在生球表面，改变烧结过程中燃料的燃烧条件，改善了料层透气性，使生产能力提高，燃料消耗降低。

(3) 燃料粒度要求较细，特别是对煤要求更严，需配备磨煤设备。

(4) 为避免生球破碎，一般采用融合带式球团焙烧机布料系统的工艺，在烧结机前不设混合料矿槽，或在原系统上采取降低料槽位的措施。

(5) 烧结点火前，利用冷却机余热对表层烧结料干燥，以减少过湿层的影响和点火时生球的破裂。

### 6.5.2.2 技术措施

(1) 采用强力圆盘造球机，解决造小球的问题。混合机加水方式由传统的管道打眼形成柱状水流改为用专用雾化喷头形成水雾，改善混合料造球过程。根据某烧结厂的测定结果表明，仅一混加雾化水时，到二混后 <3mm 粒级平均降低 11.5%，一、二混均加雾化水后，<3mm 粒级平均降低 12.51%。实验证明：在一定范围内，生灰配比越高则成球性能越好，配比由 1% 提高到 3%，混合料中 >3mm 粒级提高 11.28%；还可采用延长混合时间等方式进一步提高制粒效果。

(2) 预热混合料。混合机前加矿槽，在矿槽下部通入蒸汽，预热混合料，或在烧结机头部混合料矿槽中通蒸汽提高混合料料温，减少过湿层对烧结透气性的不利影响。

(3) 外裹煤。外裹煤的作用，一是将外配煤均匀而牢固地黏附在生球表面，二是生球再经一段时间滚动，可使其表面光滑，进一步提高料层的透气性。外裹煤可以改善燃料燃烧条件，提高燃料的利用率和垂直烧结速度。

(4) 采用反偏析布料。小球烧结法中生球的粒径为 5~10mm，大于普通烧结混合料粒度，故滚动性能非常好，易产生较大的布料偏析料，使表层产生较厚的粉末层，在烧结过程中表面产生硬壳，影响料层透气性。为消除小球团烧结工艺中布料对烧结过程的不利影响，往往要采用反偏析布料装置，其布料方法与普通烧结法相反。

小球烧结工艺是 HPS 工艺与我国实际相结合的产物，必须注意到，在实际生产中，小球烧结法与普通造块方法有较大差异，小球烧结工艺的价值取决于现有的原料和造块条件，其效果因原料和造块条件的不同而发生变化。因此，在具体实施小球烧结工艺时，应通过大量的实验室和工业试验研究获取最佳工艺设备参数。

### 6.5.3　燃料分加

　　传统烧结工艺是焦煤粉一次性添加，同其他原料混合制粒后进行烧结，这种固体燃料的添加方式将部分焦煤粉深裹在矿粉中，从而阻碍了焦煤粉的充分燃烧，造成燃料燃烧不充分，还原气氛增加，铁氧化物部分被还原，FeO 增加，固体燃耗增加。为进一步强化烧结过程，提高烧结料层透气性，改善燃料的燃烧条件，降低固体燃料消耗，产生了以优化燃料的添加方式为主的燃料分加技术。

　　燃料分加就是将配入烧结混合料中的燃料分两次加入。一部分燃料在配料室加入，与铁料、熔剂在一次混合机内混匀，再运送到二次混合机造球；另一部分燃料则在混合料基本制粒后再加入，使之赋存于已制粒颗粒的表面，即外配燃料。这样做可改善燃料的燃烧条件，同时，由于燃料的比重轻，在布料过程中可增加上层的燃料量而形成燃料的合理偏析。这样，以焦粉为主要固体燃料时，外裹矿粉球粒数量及深层嵌埋于矿粉附着层的焦粉数量都受到抑制，大多数焦粉附着在球粒的表面，改善了焦粉的燃烧条件，使其处于有利的燃烧状态。

　　根据国内外的研究表明，燃料分加的效果与多种因素有关，首先是外配燃料的不同比例的影响，并且还与原料结构和燃料粒度关系密切。某烧结厂采用燃料分加技术，根据其原料结构，由于精矿配比较高，将外配燃料控制在 60% ~ 70%，燃料粒度小于 3.15mm 含量控制在 65% ~75%，其效果最好，燃料消耗降低 1.2kg/t。

### 6.5.4　生石灰分加

　　生石灰分加结合燃料分加技术是新型小球烧结法关键技术之一。该技术工艺过程是将铁矿物、返矿、添加剂、部分生石灰和固体燃料加水混合造球，制成直径大于 3mm 的小球，并且在小球表层外裹一定比例的生石灰和固体燃料，然后进行烧结。

#### 6.5.4.1　技术特点

　　（1）该技术使外滚燃料更好地黏结在小球表面；

　　（2）氧化钙对焦粉燃烧有催化作用，在生石灰分加和燃料分加后，可加快小球表面的焦粉燃烧速度，使垂直烧结速度增加，烧结矿质量改善，产量提高；

　　（3）生石灰分加后，小球表层碱度比内部碱度高 0.3 ~ 0.6，因此，在生产自熔性或高碱度烧结矿时，生石灰分加有利于小球表层生成更多的铁酸钙，烧结矿质量得到显著改善。在生产酸性烧结矿时，可增加小球表面的黏结相量，使小球之间黏结更加牢固，有利于改善酸性烧结矿的质量和产量；

　　（4）该技术可获得产量高，质量好、燃耗低的优质烧结矿。

　　生石灰分加和燃料分加技术工艺流程如图 6-4 所示。

　　图中虚线方框内为新加的二次配加生石灰和焦粉系统，从流程图可知，制备后的生石灰和焦粉一部分参加配料，另一部分在二段混合或三段混合时配加。二次配加的生石灰通过给料机给料，经螺旋电子秤称重然后进入生石灰消化器消化成消石灰，最后送到二次混合或三次混合机内。

　　二次配加的焦粉可由电子皮带秤给料机给料，直接将焦粉送到二次混合或三次混合机内。

　　二次配加的焦粉和生石灰的比例要通过有关试验测定后确定。

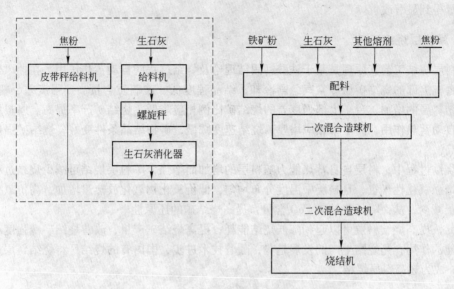

图 6-4　生石灰分加和燃料分加技术工艺流程

### 6.5.4.2　技术关键

（1）二次配加的焦粉和生石灰的量要适当。

（2）要求一次混合料中大于 3mm 的小球越多越好。

（3）二次加入的生石灰消化越充分越好。

以上最主要的是要求生石灰充分消化。

国内烧结厂采用的生石灰消化器基本上都是采用在单螺旋输送机内加水的方法，也有在单螺旋轴上焊一些搅拌棒等方法。研究和生产实践表明，这种生石灰消化器还存在一些问题，其中最主要的问题：一是下料不均匀；二是生石灰消化不充分。生石灰消化情况和在皮带上打水消化生石灰的方法差不多，表层的生石灰消化较充分，内部生石灰几乎没消化，因此寻求消化效果好的消化器是生石灰分加的关键。

### 6.5.4.3　烧结专用生石灰消化器

为了解决烧结用生石灰消化问题，北京钢铁研究总院开发成功 NSH－Ⅱ型烧结专用生石灰消化器，该消化器采用双螺旋的原理，特别加强了搅拌功能，并在生石灰消化器内适宜的位置安装雾化水或雾化泥浆的专用喷头，确保喷出的雾化水或雾化泥浆均匀喷在螺旋叶片上和生石灰粉上，螺旋叶片上的粘料可被雾化水或雾化泥浆冲掉，避免螺旋叶片上粘料和堵料现象，生石灰消化速度快、消化充分且均匀、效果好。生石灰在消化过程中所产生的扬尘被雾化水或雾化泥浆封住，环保效果好。该消化器的主要特点如下：

（1）具有很强的搅拌功能，强化生石灰消化。

（2）所用雾化水喷头或雾化泥浆喷头具有防堵、防锈的特点。

（3）采用电磁阀联锁控制。

（4）采用流量计按工艺要求供水。

研究和生产实践表明，采用生石灰分加和燃料分加技术后，烧结固体燃耗可降低 6 ~
10kg/t，烧结矿产量可提高 7% ~15%，烧结矿中 FeO 含量减少 1.0% ~3.0%，烧结矿强度提高，质量得到显著改善。

### 6.5.5　厚料层烧结工艺

厚料层烧结工艺其原理是基于铁酸钙固结理论及烧结过程的自动蓄热作用，在抽风烧结生产中，台车上部的烧结矿遇冷空气急剧冷却，结晶程度低、玻璃质含量高、强度差、粉末多。随着烧结料层的增加，台车上部强度差的烧结矿比例相应降低，烧结矿产率提高。厚料层烧结时，因自动蓄热作用，高温带相应增厚，烧结速度减慢，矿物结晶条件变好，烧结矿强度和成品率升高。

在烧结过程中，料层自身蓄热能力随料层的增加而增强，厚料层烧结可减少烧结过程的配碳量，增强氧化性气氛，且料层中温度分布均匀，低价氧化物氧化放热量增加，高价氧化物分解吸热量减少，从而降低烧结矿 FeO 含量，提高烧结矿的还原性。

因此，提高烧结料层可以起到降低烧结能耗，提高烧结矿产量，改善烧结矿冷强度和高温冶炼性能的作用，是烧结生产的发展趋势，随着技术进步，国内有的烧结厂将烧结料层加厚到 900mm，成为超高料层烧结。

#### 6.5.5.1　自动蓄热

由抽风机抽入烧结料层的空气经过热烧结矿层被预热，参加燃烧层的燃烧，燃烧后的废气又将下层的烧结料预热。因而料层越是向下，热量积蓄的越多，以致达到更高的温度，这种积蓄热量的过程被称为自动蓄热作用。

根据试验测定，烧结料层的自动蓄热作用随着料层厚度的增加而增加，当料层厚度为 180 ~ 220mm 时，蓄热量只占燃烧带热量总收入的 35% ~ 45%，当料层厚度达到 400mm 时，蓄热量达到 55% ~ 60%。因此，提高料层厚度，采取厚料层烧结，充分利用烧结过程的自动蓄热，可以降低烧结料中的固体燃料用量，提高节能效果。据生产实践表明，料层每增加 10mm，固体燃料消耗可降低 1.5kg/t 左右。

#### 6.5.5.2　漏风率

烧结料层的提高，必须以增加抽风机的风量或依靠在一定抽风机能力下烧结机漏风率的降低为基础。随着料层厚度的增加，料层阻力增大，并且随着烧结自动蓄热功能加强，液相生成量加大，也会增加料层阻力。因此，为减少料层阻力损失，提高烧结机的有效风量，改善烧结料层透气性，为厚料层烧结工艺创造条件，需进一步降低烧结机漏风率。

目前国内烧结机的漏风率一般在 40% ~ 60%，烧结机的漏风主要存在于台车与台车及台车与滑道之间及烧结机首尾风箱密封处，这部分约占烧结机总漏风率的 80%；此外烧结机集气管、除尘器及导气管道也会漏风。当炉算条、挡板不全，台车边缘布料不满时，漏风率会进一步加大。降低漏风的方法主要有：

（1）采用新型的密封装置；

（2）按技术要求定期处理台车弹簧滑道及轨道密封；

（3）定期成批更换台车和滑道，台车轮子直径应相近；

（4）利用机会更换烧损严重的炉算条和破损的挡板；

（5）清理大烟道，减少阻力，增大抽风量；

（6）加强堵漏风检查；

（7）采取低碳厚料操作，抑制边缘效应。

烧结机漏风率的降低还包括采用新设备、新材料、新技术和加强日常精细化维护等。如采用负压式端部密封装置，效果显著，有效降低了烧结机的首尾漏风。

### 6.5.5.3 改善烧结料的透气性

烧结料的透气性好坏直接影响料层厚度的高低，因此，改善烧结料透气性，是进一步提高料层厚度的重要手段。

A 烧结料层的透气性

透气性是指固体散料层允许气体通过的难易程度，也是衡量烧结料孔隙率的标志。

透气性通常有两种表示方法：

(1) 在一定的负压（真空度）条件下，透气性用单位时间内通过单位面积和一定料层高度的气体量来表示，即

$$G = \frac{Q}{tF} \tag{6-1}$$

式中　$G$——透气性，$m^3/(m^2 \cdot min)$；

　　　$Q$——气体流量，$m^3$；

　　　$t$——时间，$min$；

　　　$F$——抽风面积，$m^2$。

显然，当抽风面积和料层高度一定时，单位时间内通过料层的空气量愈大，表明烧结料层的透气性愈好。

(2) 在一定料层高度、抽风量的情况下，料层透气性可用气体通过料层时压头损失 $\Delta p$ 表示。压头损失愈高，料层透气性愈差；反之则料层透气性愈好。

通过烧结料层的风量是决定烧结机生产能力的重要因素。根据烧结机生产率的计算式：

$$q = 60 F v_{\perp} \gamma k \tag{6-2}$$

式中　$q$——烧结机台时产量，$t/(h \cdot 台)$；

　　　$F$——烧结机抽风面积，$m^2$；

　　　$v_{\perp}$——垂直烧结速度，$mm/min$；

　　　$\gamma$——烧结料堆密度，$t/m^3$；

　　　$k$——烧结矿成品率，%。

烧结机的台时产量与垂直烧结速度 $v_{\perp}$ 成正比关系，而 $v_{\perp}$ 又与单位时间内通过料层的空气量成正比，即

$$v_{\perp} = k' \cdot \omega^n \tag{6-3}$$

式中　$\omega$——气流速度，$m/s$；

　　　$k'$——决定于原料性质的系数；

　　　$n$——计算系数（一般为 0.8 ~ 1.0）。

提高通过料层的空气量，就能使烧结机的生产率提高。但是，在抽风机能力不变的情况下，要增加通过料层的空气量，就必须减小物料对气流量的阻力，也就是改善烧结料层的透气性。

B 烧结过程透气性变化规律

a 烧结料层的透气性

烧结料层的透气性分为料层原始透气性和点火后烧结料层的透气性。垂直烧结速度主要取决于烧结过程中的透气性，而不取决于烧结前料层的原始透气性。

对于料层原始透气性，指点火前料层的透气性，受混合料粒度和粒度分布的影响。它取决于原料的物理化学性质、水分含量、混合制粒情况和布料方法，其透气性是一个定值。通常当烧结原料性质及其设备不变时，料层的透气性数值变化不大。而点火后的烧结过程中的透气性随着烧结过程的进行会发生很大的变化。因此，烧结过程透气性变化规律实质上是指点火后烧结料层的透气性的变化规律，因为随着烧结过程的进行，料层的透气性会发生急剧的变化。

b　烧结过程中料层透气性的一般变化规律

在点火开始阶段，因料层被抽风压实，气体温度快速升高，过湿现象开始形成等原因，使料层阻力增加，负压升高。烧结矿层形成以后，烧结料层的阻力出现一个较平稳阶段。随着烧结过程的向下进行，由于自动蓄热作用、燃烧层增厚和过湿层的存在，整个料层的透气性变差，负压逐渐升高。当烧结过程再向下进行时，过湿层逐渐消失，整个矿层的阻力减少，透气性变好，负压逐渐降低。废气流量的变化规律和负压的变化相对应。当料层阻力增加时，在相同的压差作用下，废气流量下降；反之废气流量增加。而温度的变化规律与燃料燃烧和烧结矿层的自动蓄热作用有关。

在料层中各带阻力相差较大，因为各带阻力产生的原因不同，如：原始料层由原料性能和制粒过程确定了其制粒的粒度与粒度分布，在烧结台车上，一般按简单立方体堆积；料层较高时，上层混合料对下层混合料有挤压作用，抽风时，对料层也有压实的作用；对于燃烧层，由于液相的形成、流动与料层的收缩，透气性变差；在干燥预热层，料层颗粒有爆裂现象，粒度将细化，水分的润滑作用将消失；在过湿层中，过湿现象引起制粒小球的破坏和变细，过湿形成的自由水填充孔隙，透气性变差；而对于烧结矿层，多孔烧结矿的形成使孔隙度增加，阻力减小。

c　孔隙率

孔隙率是决定料层结构的重要因素，它对气体通过料层的压力降、料层的有效导热系数及比表面积都有较大的影响。影响孔隙率的主要因素是通过颗粒的形状、粒度分布、比表面积、粗糙度及充填方式等，这类因素可以近似地综合表示为颗粒的形状系数对孔隙率的影响。同时，烧结过程中燃料的燃烧及料层收缩对孔隙率的影响也十分重要。

d　各层的阻力

烧结过程中的透气性与各料层的阻力有很大关系，料层中各层阻力相差较大。

烧结矿层即烧结矿开始冷却层，由于烧结矿气孔多，阻力小，所以透气性好，随着烧结过程自上而下进行，烧结矿层增厚，有利于改善整个料层的透气性。但在烧结过熔时，烧结矿结构致密，气孔小，透气性相应变差。

燃烧层与其他层相比，透气性最差。这一层由于温度高，并有液相存在，气流阻力很大，所以该层单位厚度的阻力也最大。显然，燃烧层温度增高，液相增多，熔化层的厚度增大，都会导致料层阻力增加。

预热层相对干燥层厚度虽然较小，但其单位厚度阻力较大。这是因为湿料球粒干燥、预热时会发生碎裂，料层孔隙度变小；同时预热层温度高，通过此层实际气流速度增大，从而增加了气流的阻力。

对于过湿层，由于下部料层发生过湿，导致球粒破坏，彼此黏结或堵塞孔隙，所以料层阻力明显增加，尤其是未经预热的细精矿烧结时，过湿现象及其影响特别显著。

在烧结过程中，由于各层阻力相应发生变化，所以料层的总阻力并不是固定不变的。在开始阶段，由于烧结矿层尚未形成、料面点火后温度升高、抽风造成料层压紧以及过湿现象的形成等原因，导致料层阻力升高；与此同时，固体燃料燃烧、燃烧层熔融物形成以及干燥预热层混合料中的球粒破裂，也会使料层阻力增大，所以点火烧结 2~4min 内料层透气性急剧降低。随后，由于烧结矿层的增厚以及过湿层消失，料层阻力逐渐下降，透气性变好。据此可以推断，垂直烧结速度并非固定不变，而是愈向下速度愈快。

除此以外，应该指出的是，气流在料层各处分布的均匀性对烧结生产也有很大的影响。不均匀的气流分布会造成不同的垂直烧结速度，而不同的垂直烧结速度反过来又会加重气流分布的不均匀性，这就必然产生烧不透的生料，降低烧结矿成品率和返矿质量。为营造一个透气性均匀的烧结料层，均匀布料和防止粒度不合理偏析也是非常必要的。

从以上分析可知，改善烧结过程料层透气性除了改善原始烧结料的透气性外，控制燃烧层的宽度、消除过湿层以降低阻力是十分重要的。

C 改善烧结料层透气性的途径

a 料层厚度增加，厚料层烧结存在的问题

（1）在当前条件下，对于厚料层烧结，由于烧结负压、燃料燃烧条件等工艺参数未进行优化，随着料层高度的增加，使料层透气性降低，烧结利用系数较大幅度的降低，烧结矿产量下降。

（2）随料层高度的增加，料层最高温度升高，高温区持续时间延长，高温区宽度增加，易造成料层下部热量过剩，从而使下部产生过熔现象而引起烧结矿产量的降低。

（3）随料层高度的增加，料层最高温度升高，燃烧厚度变厚，若不采取必要的技术对策，将影响烧结过程的正常进行。

（4）随着料层高度增加和燃料配加量的减少，气体流速减慢，碳迁移量逐渐减少，碳迁移曲线变得平缓，最大迁移量距离中断点越来越近，靠近中断位置的碳量增加。

b 改善烧结料层透气性的途径

（1）强化烧结原料准备。

可通过配加部分富矿粉或添加适量的具有一定粒度组成的返矿，来改善混合料粒度和粒度组成，进而改善料层的透气性。

（2）强化制粒。

加强操作，掌握混合料的最佳水分，提高造球效果；通过延长混合机或适当降低混合机的倾角，延长混合料的制粒时间；添加生石灰、消石灰或有机黏结剂等添加剂，提高混合料的成球性。

（3）强化烧结操作。

确定适宜的料层厚度，布料平整，减少料面抽洞和各种有害漏风，使用松料器，少压或不压料，增加通过料层的风量。

（4）改善热态透气性的途径。

根据厚料层烧结工艺特点，需研究分析烧结料层高度变化对烧结过程的热量变化、燃烧带移动状况的变化规律和碳迁移规律，把握厚料层烧结过程的工艺特征，从改善烧结料层热态透气性的燃料燃烧影响因素出发，进行优化燃料粒度、燃料燃烧效率、燃料配加方式等工艺参数研究分析，提出改善热态透气性技术依据。

改善超高料层烧结燃料燃烧性的技术研究对策：

在烧结气体流速、烧结混合料的物理性能参数和热力学参数一定的情况下，同一种燃料，粒度和配比直接决定着烧结料高温区的宽度和最高温度。在燃料粒度和配比一定的情况下，燃料的燃烧性能对高温区有影响，提高燃料的燃烧性，燃料燃烧的时间减少，燃烧带宽厚度变薄，热态透气性将得到改善。因此有必要对各粒级燃料的燃烧特性进行研究，以便选用高燃烧性的燃料粒度，或采用优化燃料燃烧的燃料分加工艺，使燃料和氧的接触变得充分，从而提高燃料的燃烧性，改善厚料层烧结工艺。

### 6.5.6　偏析布料工艺

烧结混合料在台车上布料时，上层与中层的粒度组成相差不大，但下层大颗粒料增加，这样下层含碳量也会增高，由于烧结料层的自动蓄热作用，使下部料层温度高于上部料层。生产实践证明，随着烧结料层厚度增加，烧结温度自上而下逐步提高，这会使下部料层出现过熔，既影响产品质量又浪费能源。

合理偏析布料可以充分利用烧结有效风量，保证烧结过程均匀快速地进行，是厚料层烧结充分利用烧结过程自动蓄热作用的有效措施，可以提高垂直烧结速度，减少边缘及上部烧结返矿量，提高烧结矿的成品率，降低消耗。目前国内烧结机主要采用梭式布料器、圆辊给料机及多辊布料器联合布料，解决了偏析布料的问题。

#### 6.5.6.1　纵向布料控制

纵向布料的原则是让粒度较大且含碳量较少的混合料尽可能多地布到料层下部；而将粒度较小含碳量较高的混合料尽可能多地布到料层上部。这样不仅料层的透气性好，而且含碳量沿料层从上至下逐步减少，从而充分利用烧结过程的"自动蓄热"作用，有利于提高烧结料层厚度，降低固体燃耗。

采用多辊布料器布料的主要优点如下：

（1）应用多辊布料器时，烧结料的坡角小于安息角，且细粒和粗粒物料分散落下，从而避免了反射板布料易出现的堆料、崩料现象，使物料能平整、松、散地布到台车上，料层结构有序均匀。

（2）多辊布料器的每个辊筒都在旋转，这样可以加大混合料布于台车上的初速度，有利于混合料的纵向偏析。混合料沿料层高度方向形成稳定连续的粒度偏析及碳的合理分布，烧结过程的热工制度更为合理，使各层烧结反应都处于最佳状态而均匀地进行。并且布料的偏析程度可以通过调整多辊的转速进行控制，使台车上布料偏析明显趋于合理。

#### 6.5.6.2　横向布料控制

横向布料的原则是：沿台车横向布料均匀，并有效地抑制边缘效应。一般横向布料控制主要靠梭式布料器来控制，但从梭式皮带卸下的物料是作抛物线运动，会在料仓近端形成盲点，在远端形成堆料。这样，虽然在烧结台车中部的布料均匀了，但在边缘形成了新的偏析。为解决这一问题，可以在布料小车速度改变的同时改变皮带运转速度，使其最后的合成速度相同，即可实现均匀布料，消除局部偏析。

梭式小车的行走可采用简单可靠的变级调速装置来实现。通过在布料小车的电动机上安装变频调速器，可以控制料槽内的料柱形状，从而控制台车宽度方向上布料的粒度分布。根据烧结机台车上布料状况与烧结过程的关系，对梭式布料小车的行程进行修改，减少梭式布料小车走不到小矿槽两端的现象。这在一定程度上可消除粘料的影响，而且有利于布料的平整，使混合料落在料槽上部斜面上，克服布料盲点造成的烧结台车两个边缘不对称的问题。

多辊布料器及梭式布料器的使用，解决了横向均匀、纵向偏析的布料要求，对提高料层高度，合理利用有效风量和烧结能量，提高垂直烧结速度及减少返矿量，提高成品率起到了积极作用。

### 6.5.7 低温烧结技术

低温烧结技术是一种在较低的温度（1300℃）条件下，以强度好、还原性高的针状铁酸钙作为主要黏结相，去黏结其他矿物质，形成交织残余结构的烧结方法。整个烧结过程在较低温度和较高氧位的条件下进行，因而能充分生成铁酸钙系列的黏结相，减少硅酸盐黏结相，从而保证了烧结矿具有良好的强度和还原性。另一方面低温高氧位烧结抑制了 FeO 生成，使烧结矿中 FeO 含量降低，软化和熔化温度升高，软熔性改善，低 FeO 和高软化温度使烧结矿的高温还原性一并得到改善，同时降低烧结工序燃耗。

低温烧结是相对熔融烧结而言的，其主要区别在于烧结矿黏结相的不同。前者是以针状铁酸钙为主的复合铁酸钙（SFCA），而后者主要为硅酸盐和玻璃质；前者较后者有更好的强度，更高的还原度，低温还原粉化性能也有改善。混合料中 CaO 含量决定了铁酸钙的生成量，铁酸钙的生成一般认为其反应是：$nCaO + mFe_2O_3 = nCaO \cdot mFe_2O_3$。因此，提高 CaO 和 $Fe_2O_3$ 的含量，对正向反应是有利的。

低温烧结工艺是通过降低烧结温度，发展性能优良的黏结相来固结烧结料，其关键在于控制烧结温度和气氛。实施低温烧结技术，生产 SFCA 类型结构烧结矿取决于混合料的化学组成以及实际的烧结工艺条件，尤其是温度分布水平。在配矿结构相同的情况下，烧结矿 FeO 含量能表明烧结过程中温度水平高低和气氛。可见，推行低温烧结工艺主要是通过控制和降低 FeO 含量来控制烧结过程温度水平。

#### 6.5.7.1 烧结温度

烧结温度的高低直接影响铁酸钙的形成。当烧结温度为 1100~1200℃ 时，出现 10%~20% 的铁酸钙，但晶粒间尚未连接，所以强度较差；当烧结温度为 1200~1250℃，有 20%~30% 的铁酸钙生成，晶桥开始连接，有针状交织结构出现，强度较好；当烧结温度为 1250~1280℃ 时，有 30%~40% 的铁酸钙生成，形成交织结构，强度最好；当烧结温度为 1280~1300℃ 时，铁酸钙含量下降到 10%~30%，结构由针状变为柱状，烧结矿强度升高，还原性下降。温度超过 1300℃ 时，烧结矿的物相组成发生了转折性变化，黏结相中的铁酸钙含量开始随温度的升高而减少，且由针状、枝状转变为柱状及板状大晶体，液相中析出的 $Fe_3O_4$ 量增加，$Fe_2O_3$ 颗粒长大，但数量减少，黏结相以 β-$C_2S$ 及玻璃相为主。烧结温度在 1285℃ 时铁酸钙数量存在极值，其量最高，低于此温度铁酸钙数量随烧结温度的升高而增大；而高于此温度则恰好相反。另外，烧结温度为 1285℃ 时，采取保温措施更有利于针状铁酸钙生成。

#### 6.5.7.2 烧结矿碱度

低温烧结矿转鼓指数随碱度的提高而得到改善。烧结矿的不同碱度对复合铁酸钙（SFCA）的生成有一定影响，铁酸钙的生成随碱度的提高而增加，当碱度为 1.8 时，SFCA 成为主要黏结相，数量增加到 30%~40%；当碱度大于等于 2.0 后，SFCA 的增加变得比较平稳，实施低温烧结的最佳碱度区域为 1.8~2.0。

#### 6.5.7.3 烧结气氛

从复合铁酸钙的生成反应可知，增加烧结原料中 $Fe_2O_3$ 的含量有利于 SFCA 的生成，对于磁铁矿生产，烧结过程中较强的氧化气氛有利于复合铁酸钙的生成，不仅 $Fe_3O_4$ 氧化需要氧化气氛，而且，针状铁酸钙的生成也需要氧化气氛。因此，采用低温烧结技术应有较强的氧化气氛。

### 6.5.7.4　烧结过程高温保持时间

低温烧结的另一个特征是燃料燃烧速度慢，高温保持时间长。一般低温烧结矿1100℃以上，高温保持时间都在5~8min，比熔融型烧结矿要长1~3min，这对细针状铁酸钙的形成和发育十分有利。

### 6.5.7.5　混合料 $SiO_2$ 及 $Al_2O_3$ 含量

据有关资料介绍，$SiO_2$ 含量在4%~8%范围内的高碱度烧结矿，都可以生成复合针状铁酸钙，$SiO_2$ 含量高的烧结矿，其还原性略差一些。当烧结矿的碱度和 $SiO_2$ 含量一定时，改变 $Al_2O_3/SiO_2$ 的比值，烧结矿中SFCA的含量将发生变化。一般 $Al_2O_3/SiO_2$ 应控制在0.1~0.2，从发展针状SFCA的角度来看，该比值以靠近0.1为宜。

低温烧结工艺的理论研究和生产实践表明：烧结生产实际操作中只要能够确保实现低温烧结工艺所必需的生产条件和措施，就完全能够生产出高强度高还原性低氧化亚铁的低温烧结矿，并进一步降低烧结固体燃耗。

### 6.5.8　双层烧结技术

普通烧结的条件下，料层高度不同烧结蓄热效果也不同。最上层自动蓄热为零，若料层厚度为400mm，则在距料面200mm处的蓄热量占热量总收入的35%~45%，在400mm处，自动蓄热量可达55%~60%，所以不同高度上的烧结温度也不同。另外，随着上层燃料减少，下层燃料增加，烧结的产量将降低；上层热量不足，液相量少，烧结矿强度低，而下部热量过剩，特别是底部出现过烧，会导致烧结矿的还原性恶化。

双层烧结是将两种不同配碳量的混合料分层铺在烧结机上进行烧结，这样下部料层可以利用蓄热而减少配碳量，达到降低燃耗和使烧结矿的质量均匀化目的。上部料层越厚，同时下料层燃料愈少，则返矿量向减少的趋势发展。苏联烧结厂使用柯尔舒诺粉矿进行双层烧结试验，上层配碳为3.8%，下层配碳为3.2%，燃耗降低8%。日本烧结厂采用双层烧结时，燃耗下降10%，增产2%。德国在进行双层配碳烧结试验时，燃耗下降15%。

### 6.5.9　高碱度烧结矿

生产高碱度烧结矿，增加烧结料中配加的碱性熔剂，可使混合料中自由CaO的含量增加。这些自由CaO与铁矿石结合，会形成低熔点物质，而低熔点物质变为液相对所需热量要少得多，这就是高碱度烧结矿能降低固体燃耗原因所在。

生石灰分加就是使大量的CaO存在于小球的表层，使小球的表层熔点降低，高碱度烧结矿就是满足自由CaO存在的量。碱度越高，自由CaO含量也越高，越有利于低熔点物质量的提高，同时减少固体燃耗。

## 6.6　稳定生产操作　降低固体燃耗

### 6.6.1　提高混合料温度

烧结废气中水蒸气露点温度一般在65℃左右，混合料温度若低于露点温度，在烧结过程中，烧结料层上部蒸发的水分不能随废气排出料层，而是在烧结料层下部冷凝成水，形成过湿带。由于过湿带的阻力大，造成烧结料层透气性下降，尤其在料层较高的情况下，严重影响烧结料层透气性，使得烧结矿产量下降、质量变差。因此，混合料温度大于露点温度，能减少过湿带对烧结的不利影响。研究和烧结生产表明，烧结混合料温度每提高10℃，烧结固体燃料消耗减少2kg/t左右，烧结机利用系数提高约3%～6%。除采用添加生石灰可提高混合料料温外，还可通过蒸汽预热提高混合料的料温。

有些烧结厂采用在二次混合机内通入蒸汽预热混合料。这种方法蒸汽热利用率低（约为20%～30%），混合料预热温度也不高。在使用热返矿的条件下，混合料温度可达40～60℃，但从二次混合机出料端到烧结机台车上，混合料温度将降低，布到台车上的混合料温度约为35～55℃。随着烧结工艺技术的进步，热返矿工艺被淘汰，混合料预热方式也随之改变。

北京钢铁研究总院为解决这个问题，成功开发了小球烧结工艺，采用蒸汽预热混合料技术，即将蒸汽采用强力蒸汽喷头喷入烧结机混合料矿槽下部，有效提高了混合料温度。该技术具有以下特点：

（1）加蒸汽地点离烧结机最近，热损失最小。

（2）由于蒸汽热量向上，混合料料流向下，使热交换充分，蒸汽热利用率可达95%以上。

（3）采用该技术后，小球表面湿度增加，可以降低气体通过料层的阻力，提高烧结料层透气性。

（4）在蒸汽量不变的情况下，该技术可使混合料温度提高20～30℃。

（5）由于矿仓壁处阻力较小，蒸汽较容易通过，可以缓解混合料粘矿仓壁和堵矿仓的现象。

采用该技术后，混合料温度可提高到65℃以上，一般烧结料层高度可提高50～100mm，可提高烧结矿产量5%～15%，烧结固体燃耗可减少2～5kg/t，烧结矿FeO可降低0.5%～1.0%，烧结矿质量得到显著的改善。另外还有将烧结机尾设备冷却水用于混合机添加水，不仅减少了循环水降温的冷却塔能耗，还提高了混合料温度。

## 6.6.2　稳定混合料的水分

水分在烧结过程中具有制粒、导热、润滑、助燃等作用，但在烧结过程中要完成烧结料水分的干燥、蒸发，需消耗大量的热量。当水分偏大时，极易出现水分的不均匀性，局部水分偏大或偏小，势必造成局部返矿循环量增加，生产率降低，导致固体燃耗增加。表6-1为某烧结厂不同混合料水分的生产数据对比。

表6-1　某烧结厂不同混合料水分的生产数据对比

| 序号 | 水分/% | 烧结速度/mm·min$^{-1}$ | 成品率/% | 利用系数/t·(h·m$^2$)$^{-1}$ | 固体燃耗/kg·t$^{-1}$ | 转鼓指数/% | FeO/% | 总管负压/kPa |
|---|---|---|---|---|---|---|---|---|
| 1 | 6.64 | 17.182 | 70.12 | 1.098 | 49.98 | 77.67 | 9.1 | 16.54 |
| 2 | 6.72 | 19.886 | 70.24 | 1.112 | 50.25 | 77.01 | 9.5 | 15.98 |
| 3 | 6.91 | 20.682 | 69.63 | 1.118 | 51.02 | 76.77 | 9.8 | 15.25 |
| 4 | 7.24 | 22.272 | 69.58 | 1.223 | 51.15 | 76.23 | 9.9 | 14.31 |
| 5 | 7.35 | 21.477 | 68.57 | 1.205 | 51.98 | 73.13 | 10.5 | 14.83 |

混合料的水分稳定率对烧结生产过程及燃料消耗影响很大，水分稳定率增加，混合料的平均粒度增加，烧结速度增加，利用系数提高，烧结过程稳定性提高，成品率和转鼓指数提高，固体燃耗降低。

### 6.6.3　控制点火温度

点火温度影响烧结过程透气性，同时也影响料表层烧结矿强度、表层返矿量、烧结过程供热量，从而影响固体燃耗。随着烧结点火温度的提高，点火供热量增加，表层返矿量相对降低，水分蒸发速度加快，成品率提高，利用系数提高，降低固体燃耗。但是，若点火温度过高，烧结矿表层过熔，将影响烧结过程透气性，降低垂直烧结速度，降低成品率，导致固体燃料消耗上升。通过生产实践，烧结点火温度一般控制在 1050 ~ 1100℃ 为宜，固体燃耗最低。

### 6.6.4　控制燃料配比

燃料配比的高低决定着烧结过程温度水平、液相质量和数量、烧结气氛等，与燃料消耗关系密切，是制约烧结矿产质量的关键性因素之一。同时，燃料配比的高低也影响烧结矿 FeO 含量和矿物结构、组成，显著影响烧结矿冶金性能。在燃料配比较小时，总热量少，烧结温度低，返矿较多，利用系数低，导致固体燃耗较高；在配比增加时，液相量增加，成品率提高，产量增加，固体燃耗降低达到最低值；继续增加燃料配比时，液相量过大，燃烧层过厚，透气性变差，同时烧结矿脆性大，强度差，返矿量大，固体燃耗又相应增加。因此，为使固体燃耗达到最低，需根据自身烧结工艺及原料条件，研究燃料配比与固体燃耗关系，确定最佳燃料配比。

## 6.7　降低固体燃耗的展望

随着科学技术的发展，冶炼工艺的改进，烧结工序将在降低固体燃耗、提高产能、改善质量方面取得长足进步。

### 6.7.1　烧结工艺新技术

烧结工序热能利用率较低，特别是烟气带走的显热和烧结矿带走的显热占烧结总热支出的 60% ~80%，因此烧结过程所需的热量并非人们所想象的那么多。

#### 6.7.1.1　烧结台车上部喷蒸汽（水）

在烧结热耗研究中，人们发现台车上烧结矿层含有大量的热量，这些热量被冷空气带入下部作为热空气助燃。但这种热交换效率不高，特别是当烧结矿层具有一定厚度后，冷却速率就决定了烧结燃烧速度，同时对于热能的充分利用及烧结生产的产、质量也有影响。

人们在研究中发现水或蒸汽的分解温度为 2000℃，但当有金属物质或金属氯化物存在时，水或蒸汽的分解温度小于 1000℃。而在烧结生产中，烧结矿层具备这种温度条件，可将该研究结果用于烧结工序。研究表明，水或水蒸气比空气具有更快的冷却速度，当烧结矿层具备一定厚度时，在台车上喷洒水蒸气，水蒸气随着抽风作用向台车下部迁移，同时吸收烧结矿层的热量，在烧结矿中存在铁及其他金属物质（含氯化物）时，将发生氯化反应，并释放出氢气，不仅降低了烧结矿的温度，促进液相结晶，而且减薄燃烧层厚度，有利于透气性改善。更重要的是蒸汽分解后的氢离子可参与燃烧，氧离子助燃，有效降低了固体燃耗。实践表明，采用台车上喷蒸汽工艺，垂直烧结速度提高带来烧结矿产量增加，固体燃耗降低。印度和日本烧结采用该工艺后，生产率提高 3% ~5%，固体燃耗降低 5% ~7%。

要指出的是，该工艺的关键是喷洒蒸汽的量和开始喷洒时间及喷洒结束时间的掌握，过早或过量喷洒将适得其反。

### 6.7.1.2　富氧烧结

分子筛的开发利用，使得冶炼工艺的燃烧速率提高成为可能。在烧结生产中，热量主要依赖固体燃料的燃烧，而烧结工序的垂直烧结速度决定了烧结产能，同时垂直烧结速度又与固体燃料燃烧反应速率直接相关。在燃烧反应中，氧气的吸附是反应的重要一环，若在燃料周围有大量氧气存在，吸附速度加快，可促进燃烧反应过程。研究表明，烧结过程富氧，有利于提高垂直烧结速度，使固体燃料充分燃烧。实验室试验证实，当在烧结杯上部进风，将氧含量由21%提高到25%时，烧结时间缩短8%～12%，利用系数提高4%～9%，固体燃耗降低1～3kg/t。这是由于富氧后，燃烧条件改善，燃料利用率提高，烧结矿中残碳含量降低。

### 6.7.1.3　支撑法烧结

支撑法烧结主要是利用在烧结机台车上固定的立柱，将烧结饼支撑，防止烧结饼的自重和抽风作用导致的烧结矿层对下部烧结料的压力及透气性的破坏。研究表明，采用支撑法烧结工艺，使得下部料层透气性保持良好，燃烧带的燃烧条件也好，使得垂直烧结速度提高，烧结产能增加，同时透气性好，供氧充足，燃料利用率高，也能有效降低固体燃耗。

## 6.7.2　燃料资源的开发利用

人们的无序开采，使本来储量不多的无烟煤更是资源紧缺，且无烟煤质量波动对烧结生产也有一定的影响。而焦粉虽然是烧结生产最佳固体燃料，但也因冶金生产的特点，在使用量上不能满足烧结生产。因此，通常是将焦粉全部消化后，再以无烟煤作补充。所以寻求新的燃料和充分利用燃料资源显得非常重要。

### 6.7.2.1　兰炭

兰炭作为一种烧结用新型固体燃料，又被称为"焦粉、半焦"，是利用神府煤田盛产的优质侏罗精煤干馏提取煤气后的产物。侏罗精煤具有三高四低的特点：固定碳高、化学活性高、比电阻高、灰分低、铝低、硫低、磷低。

兰炭与焦粉相比，由于其干馏不充分，孔隙度比焦粉小，因此强度、燃烧性能均没有焦粉好，兰炭的固定碳含量较低，挥发分含量高。试验表明，随着兰炭配比量的增加，烧结矿产量、燃耗、转鼓指数、筛分指数及粒度组成指标均会受到不同程度的影响。通过采取控制燃料粒度、提高料层厚度、提高点火温度、兰炭焦粉分加等措施，这些指标均得到改善。

兰炭作为近年来发展起来的一种新型优质固体燃料，质量和性能均优于无烟煤，每吨兰炭价格要比焦炭低230元左右。当兰炭的配加量控制在30%以下时，完全能满足炼铁对烧结矿产、质量的要求。用兰炭替代30%的焦粉，可使烧结矿成本下降1.36元/吨。

由于兰炭的挥发分含量较高，对烧结料层的透气性不会造成大的影响；当兰炭的配加量较高时，对除尘风机转子等设备有一定的影响。对兰炭的使用量，还需结合烧结生产实际，并在生产过程中观察和进行指标对比。

### 6.7.2.2　有机物的再利用

资源的稀缺和价格的高昂，使得人们对燃料的开发研究步伐加快。有机物质属碳水化合物，经密闭加温干馏后，碳含量提高，并按不同用途进行后期加工。这些有机物质有树叶、秸秆、稻壳，等等。

这些有机物经处理后，含碳量较高，可以部分取代烧结用无烟煤或焦粉，但由于固定碳含量较低，配用量增加，对烧结过程的高温保持时间较短，烧结矿强度低。所以必须在布料压实和料层提高上加以改进，以满足高炉对烧结矿的质量要求。

## 复习思考题

6-1　焦粉及无烟煤的特征是什么？

6-2　烧结工艺对固体燃料有哪些具体要求？

6-3　烧结固体燃料破碎有哪些工艺流程？

6-4　褐铁矿烧结为什么会增加固体燃料消耗？

6-5　添加生石灰对烧结固体燃料消耗有什么影响？

6-6　厚料层烧结为什么能降低能耗？

6-7　热风烧结工艺的机理是什么？

6-8　小球烧结工艺有哪些特点？

6-9　改善烧结料层透气性的途径有哪些？

6-10　简述低温烧结工艺的机理及其影响因素。

6-11　生产高碱度烧结矿对固体燃耗有何影响？

6-12　降低固体燃料消耗有哪些新工艺？

6-13　兰炭的特征是什么？

# 7 点火燃耗

烧结煤气消耗是烧结点火过程中单位煤气消耗量，即生产每吨烧结矿所消耗的煤气量，它在烧结整个工序能耗中占 3% ~5%。

## 7.1 烧结用点火燃料

烧结常用的点火燃料有气体燃料、液体燃料（重油）及固体燃料三类。

但由于科学技术的发展和出于经济、环保等方面的考虑，液体燃料、固体燃料均退出烧结点火用燃料的范畴。

目前大多数烧结厂均采用气体燃料作为烧结点火的燃料，它包括高炉煤气、焦炉煤气、发生炉煤气、天然气及混合煤气等。高炉煤气是在高炉冶炼中产生的煤气，其主要成分为 CO 和 $N_2$，所以发热值较低。焦炉煤气是炼焦过程的副产品，主要成分为 $CH_4$、$H_2$，发热值高，但焦炉煤气中含有大量焦油，需处理后才能使用。煤气发生炉是一种将固体燃料转变成气体燃料的装置，所用固体燃料有无烟煤、焦炭、木炭等，产生的煤气主要成分为 CO，发热值较高，但因能源转换效率的影响，通常能源消耗较高。混合煤气通常指高炉煤气与焦炉煤气的混合物，不同的配气比例，也有不一样的发热值。

### 7.1.1 气体燃料

气体燃料中化学成分和发热值是两个比较关键的特性。化学成分是由几种简单的化合物组成的混合体，其中有 CO、$H_2$、$CH_4$、$C_mH_n$、$H_2S$ 等，是可燃成分，能燃烧放出热量。$CO_2$、$N_2$、$SO_2$、$H_2O$、$O_2$ 等则是不可燃成分，不能燃烧也不能放热。不可燃成分越高，燃料的发热值就越低。表 7-1 为气体燃料化学成分组成。

**表 7-1 各种气体点火燃料成分**

| 名 称 | CO/% | $CH_4$/% | $H_2$/% | $C_mH_n$/% | $CO_2$/% | $N_2$/% | $O_2$/% | 发热值 /kJ·m$^{-3}$ |
|---|---|---|---|---|---|---|---|---|
| 高炉煤气 | 25 ~31 | 0.3 ~0.5 | 2 ~3 | — | 9 ~15.5 | 55 ~58 | — | 3348 ~4186 |
| 焦炉煤气 | 4 ~8.5 | 21 ~26 | 46 ~61 | 1.5 ~3 | 1 ~4 | 2.6 ~3.6 | 0.3 ~1.7 | 14651 ~18837 |
| 天然气 | 0.1 ~0.3 | 85 ~95 | 0.4 ~0.8 | 3.5 ~7 | — | 1.5 ~5 | 0.3 ~0.2 | 33488 ~41860 |
| 混合煤气 | 19 ~21 | 4 ~6.5 | 14 ~15.8 | 0.5 ~0.7 | 10 ~12 | 40 ~45 | 0.1 ~0.2 | 6279 ~7116 |

A 高炉煤气

高炉煤气是高炉冶炼时的一种副产品，主要成分是 CO 和 $N_2$，高炉每炼 1t 铁可产生 3500 ~4000m$^3$ 的高炉煤气，发热值 3348 ~4186kJ/m$^3$，仅为天然气的 10%，因高炉煤气中含有一定量的粉尘，所以在使用前必须除尘。高炉煤气的主要可燃成分是 CO，毒性很大，使用时需注意安全，防止煤气中毒。

B　焦炉煤气

焦炉煤气是炼焦过程产生的副产品。平均每吨干煤炼焦时可产生 320m³ 的焦炉煤气，约占全部产品的 17.6%，经过洗涤后的煤气含焦油量低于 0.02g/m³，用于烧结的焦炉煤气的发热值平均为 16744kJ/m³，主要成分是 $H_2$ 和 $CH_4$。焦炉煤气毒性小，但对人身安全影响也很大，所以防止泄漏和日常检查非常重要。

C　天然气

天然气是从地下石油构造中开采出来的可燃性气体，它的发热值很高，可达 33488 ~ 41860kJ/m³，是焦炉煤气的 2 ~ 3 倍，主要成分是甲烷（$CH_4$），杂质含量低，但由于开采和输送等导致天然气的使用成本较高。

D　混合煤气

混合煤气是将焦炉煤气和高炉煤气按一定比例混合的可燃气体，通常混合比例为高炉煤气：焦炉煤气为 7：3，发热值为 6279 ~ 7116kJ/m³，因生产工艺和高炉、焦炉的生产能力配置的不同，混合比例视实际情况确定。

### 7.1.2　液体燃料

当气体燃料供应紧张时可以使用液体燃料点火。通常使用重油作为点火燃料。使用重油的点火炉与煤气点火炉相似，重油点火需要经过加热、过滤及压缩空气雾化等过程。重油有较高的发热值，每吨烧结矿点火需用重油 5 ~ 6kg。

在使用重油过程中，除了对化学成分与发热值有要求外，还应考虑黏度、闪点及凝点。

A　黏度

重油黏度用恩氏黏度计测定，为一定数量的重油从恩氏黏度计流出的时间与同温同量的纯水从同一黏度计流出的时间的比值，用符号 Et 表示。比值愈大则重油的黏度愈大。重油黏度的大小取决于重油的牌号及重油的温度。重油的黏度愈小，流动性愈好愈易燃烧。重油使用前要预热到（根据牌号的不同）70 ~ 140℃，烧结使用的重油黏度不大于 15Et。

B　闪点

闪点是评定重油使用安全性的指标。闪点指某种液体的蒸气与空气能形成可燃混合的最低温度，闪点太低易发生爆炸。为保证储油及输油安全，闪点不低于 70℃。

C　凝点

凝点是液体燃料变为固态时的温度。重油凝点一般在 15 ~ 35℃，为储油及输送方便，凝点宜低些。

### 7.1.3　烧结点火燃料比较

A　气体燃料

气体燃料点火具有输送、调节方便，工艺简单，成本低等优点，因而绝大部分烧结厂选择气体燃料作点火燃料。

B　固体燃料

用固体燃料点火时，需预先对煤进行破碎、筛分，以满足点火喷吹的工艺要求，故需增加设备，繁化工艺流程。

C　液体燃料

用重油点火具有热值高、温度高的优点，但需设储油罐、油泵、预热及保温等装置，而且工作条件较差。

随着工艺技术的进步，烧结用点火燃料大都采用气体燃料，在气体燃料中多以焦炉煤气、高炉煤气及混合煤气为主。

## 7.2　烧结点火工艺参数

烧结料的烧结是依靠其中的燃料燃烧进行的。点火的目的是将烧结料表层燃料点燃，在抽风作用下使燃料继续燃烧，烧结过程继续进行。此外，点火还可以向料层表面补充热量，改善表层烧结矿强度，减少表层返矿。

### 7.2.1　点火温度

点火温度高低不仅影响气体燃耗，还直接影响烧结矿产质量。点火温度太低，将造成表层烧结矿强度差，返矿量增加，而且还影响下层燃料的燃烧；点火温度过高，会导致表层烧结矿过熔，料层透气性变差，垂直烧结速度降低，通常将点火温度控制在1100℃左右。

### 7.2.2　点火时间

为满足点火强度要求，在点火温度一定时，加强点火时间的控制至关重要。点火时间越长，烧结料吸收的热量越多，但点火时间过长，势必会导致烧结矿表面过熔，同时引起煤气消耗上升。如果点火时间过短，对烧结产质量影响较大。点火时间取决于点火器的长度和台车移动速度。生产中，点火器长度已定，实际点火时间受机速变动的影响。在采用高效点火炉条件下，点火时间通常控制在1～2min。

### 7.2.3　点火深度

为使点火热量都进入料层，更好地完成点火作业，并促使表层烧结料熔融结块，必须保证有一定的点火深度。实际点火深度主要受料层透气性的影响，也与点火器下抽风负压有关。料层透气性好，炉膛内真空度高，点火深度就增加；反之点火深度不足。为控制点火温度，一般采用控制炉膛真空度的方法。

### 7.2.4　点火真空度

点火真空度通常就是点火炉膛内的负压。若点火真空度过高，会使冷空气从点火器四周的下沿大量吸入，导致点火温度降低和料面点火不均匀，以致台车两侧点不燃，表面料层也随空气的强烈吸入而紧密，料层透气性降低。同时，过高的真空度还会增加煤气消耗量。真空度过低，抽力不足，又会使点火器内火焰向外喷出，不能全部抽入料层，造成热量损失，恶化操作环境，容易使台车侧挡板变形和烧坏，增大有害漏风，降低台车寿命。因此，点火器下风箱必须能灵活调节控制，使点火具备适宜的真空度。生产实践表明，适宜的点火真空度应在生产操作中加以控制，一方面是要求微负压点火，也就是将炉膛真空度控制在0～-10Pa，另一方面要求炉膛真空度稳定。

### 7.2.5　过剩空气系数

过剩空气系数即实际燃烧所用空气量与理论燃烧需要空气量的比值，实质上是氧气的比值。

过剩空气系数太小，燃料燃烧不完全，但过剩系数太大，入炉空气太多，炉膛温度下降，传热不好，烟道气量多，带走热量多，也浪费气体燃料。在烧结生产中，点火过程的过剩空气系数控制在 1.05 ~ 1.1。

点火废气含氧量需要加以控制，特别是对大型烧结机更为重要。因为废气中含有足够的氧可以保证混合料表面的固体燃料充分燃烧，这不但可以提高燃料利用率，而且也可以提高表层烧结矿质量。若废气中含氧量太低，则对表面料层中已被点燃的碳燃烧不利，燃烧速率减慢，高温区延长，温度降低；同时，碳还可以与 $CO_2$ 及 $H_2O$ 作用而吸收热量，使上层温度进一步降低，表层烧结矿的强度下降，影响点火效果。

### 7.2.6　保温

为防止出点火段的高温料面因吸入环境空气骤冷，使表层固体燃料尚未完全燃烧而终止，点火后需进行保温。保温段内提供一定的热量，保温时间通常在 0.5 ~ 2min。

## 7.3　烧结点火设备

点火炉是烧结点火的关键设备。点火炉由炉体和点火烧嘴组成，炉体根据功能又分为点火炉段和保温段。随着生产技术的不断发展和科学技术的不断进步，点火炉的发展日新月异，形式也多种多样，尤其是近几十年来，随着人们对能源枯竭及环保的认识越来越深刻，节能型点火炉也越来越受到钢铁行业烧结厂的青睐。

### 7.3.1　点火炉发展概述

我国烧结点火技术发展经过三个阶段，第一阶段为 20 世纪 80 年代以前，第二阶段为 20 世纪 80 年代至 90 年代中期左右，第三阶段为 20 世纪 90 年代中期以后。

A　第一阶段：低压涡流烧嘴点火炉

这阶段点火炉的技术水平停留在苏联 20 世纪 50 年代水平，特点是：烧嘴直径大，喷出速度较低，煤气不能完全燃烧，点火热耗高，点火时间短，没有保温措施，致使上层烧结矿强度低，固体燃耗比较高，烧结矿还原性差等。到 70 年代后期，点火炉增加了保温段，使得点火效果得到改善。

B　第二阶段：新型点火炉使用阶段

随着烧结技术发展及工艺进步，我国开始对新型点火炉进行研究，并进行不同程度改造，概括起来分三种：

(1) 全面改造。应用新型点火炉，其特点是炉顶由拱顶改为平顶，用耐热混凝土预制梁承受中间隔墙负荷，将点火炉分为点火室和保温室，台车挡板包在炉内，点火炉与台车密封良好，烧嘴改为小直径套管式旋流烧嘴，有的将点火、保温炉改为可移动式。

(2) 局部改造。一种形式是加长点火炉，使用套筒式烧嘴，增加保温炉；另一种是不加长点火炉，仅增加保温炉，其结果是总燃耗降低。

(3) 只改造了点火段而未设保温段。仅将点火炉延长，使用套筒式烧嘴，这类点火炉对产品质量的提高和节能有一定效果，但仍不能满足烧结工艺要求，与国外先进水平相比，仍存在一定差距。

C　第三阶段：新型节能型点火炉的应用

20 世纪 90 年代中期以来，国内外烧结点火技术迅速发展，各种不同类型的点火炉不断产生，其中以日本技术为世界先进水平，包括线式烧嘴、多缝式烧嘴等，打破了传统烧结点火观念，使烧结点火只承担"点火"作用，大大降低了点火能耗。

低能耗点火炉的特点：

（1）点火炉长度成倍地缩短，主要是由于台车速度成倍降低之故；

（2）点火强度降低，表层烧结矿强度有所下降，但由于烧结料层厚度提高而得到补偿；

（3）点火炉风箱负压降低，以免吸入有害冷空气；

（4）使用高效率烧嘴缩短火焰长度，降低炉膛高度，使点火炉容积缩小，热损失减少。

### 7.3.2　新型节能点火炉

#### A　双斜式点火炉

双斜式点火炉是我国目前应用最广泛的节能型点火炉之一，为下部开放箱形罩式结构，分为点火段和保温段。炉顶为平型，点火段炉顶安装双斜交叉烧嘴，煤气燃烧充分，适应不同的点火温度要求。保温段能使烧结料层表面的温度缓慢下降，以保证烧结矿的质量，同时供给料层内燃料燃烧所需的空气。

采用双斜交叉烧嘴，可形成带状火焰直接点火，技术先进、适应性强、应用范围广、使用寿命长、节能效果显著，与传统点火炉相比，节能幅度在 35% ~58% 。

#### B　多缝式点火炉

多缝式点火炉由点火段和保温段组成，在点火段，多缝式烧嘴呈线列式安装在炉顶上，由多缝式烧嘴燃烧，产生的梯形火焰墙点燃料面。保温段既能使烧结料层表面保温，又能供给料层内燃料燃烧所需的空气。为防止台车两侧出现低温区，造成点火不均匀，在多缝式烧嘴两边的炉顶上，配置边烧嘴，强化两侧点火，该点火炉在 20 世纪末期较为盛行。

其特点是：

（1）烧嘴燃烧完全、稳定，连续带状火焰可调，对混合料直接点火，热利用率高，横向温差最大为 50℃ ；

（2）喷口距料面 250~300mm，由于喷口设计合理，物料不喷溅粘结烧嘴；

（3）助燃空气一、二次供给，二次空气不仅可冷却烧嘴，而且采用对二次空气量的调整，可控制火焰长短。

#### C　幕帘式点火炉

幕帘式点火炉是我国自主开发的一种新型高效点火炉，具有以下特点：

（1）炉容小，火焰长度短，炉体蓄热和散热都小，可大幅度节能；

（2）采用数量较多的小烧嘴、短火焰直接点火，点火区窄，高温集中，且点火均匀；

（3）采用扩散式燃烧，无回火危险，火焰稳定；

（4）烧嘴距料面较近；

（5）两次供风，一次风用于煤气混合，二次风的作用有三：一是对火焰可起幕帘状的"整形"作用；二是可"冷却"保护烧嘴和火焰通道；三是通过改变一、二次风比例，调节火焰长度。

幕帘点火炉就是运用短火焰直接点火的技术，以一次风与煤气预混合，二次风达到完全燃烧，通过调节点火烧嘴高度，使火焰高温段与料面直接接触，实现瞬时、集中点火。该技术在 20 世纪 90 年代中期应用较为广泛。

## 7.4　降低气体燃耗

点火煤气单位热耗计算公式可写为：

$$J = It/(\rho CH) \tag{7-1}$$

式中　$J$——单位热耗，kJ/t；

$I$——点火强度，$kJ/(m^2 \cdot h)$；

$t$——点火时间，$h$；

$\rho$——烧结饼体积质量，$t/m^3$；

$C$——烧结成品率，%；

$H$——料层厚度，$m$。

式（7-1）表明，点火热耗与点火时间、点火强度、烧结成品率及料层厚度有关。

点火强度是指单位时间内向点火单位面积上供给的热量。煤气用量与点火强度、点火时间成正比，点火强度越高，点火时间越长，煤气用量越大；煤气用量与料层厚度及烧结成品率成反比，料层厚度越厚，烧结成品率越高，煤气用量越少。

另一方面，煤气用量还与点火的热工制度、热效率以及点火炉形式等有关。

### 7.4.1　稳定水分

生产实践证明，物料烧结过程中水分的转移会使下部料层超过适宜水分，烧结料最佳的水分值应当比最大透气性时的水分低 1.0% ~ 1.5%，以保证水分凝结带透气性良好。因此水分的稳定是透气性稳定的基本条件，为保证煤气消耗稳定和降低，必须保证炉膛负压的稳定。水分过大时，炉膛负压的降低难以保证点火强度和点火深度；水分过小时，点火火焰外喷，热利用率降低，也影响点火强度。

### 7.4.2　微负压点火

随着烧结技术成熟，节能型点火炉普遍受到青睐，传统的高负压点火已经不利于烧结生产。点火负压若过高，点火热量将会带入料层下部，料层表面不能获得足够的点火强度；而点火为正压时，火焰外喷，点火深度不够，不利于产质量的提高，同时导致煤气单耗升高。在节能型点火炉内，采用微负压点火技术，将点火负压控制在 0 ~ −10Pa，不仅能保证一定的点火强度和点火深度，同时降低煤气消耗。

为保证微负压点火，可调节点火炉下风箱开度，既不使冷风渗入导致边缘点火强度低，同时还能防止火焰外喷、浪费煤气。随着厚料层工艺的应用，为微负压点火创造了条件。

### 7.4.3　点火温度及点火时间

在点火过程中，为了在节约点火煤气的同时，得到料层的均匀烧结和质量合格的烧结矿，必须保证料面的点火强度，因此控制最佳的点火温度范围和点火时间是十分重要的。

点火温度的高低和点火时间的长短应根据原料条件和设备情况而定。当点火温度低时，应延长点火时间；在点火时间短时，应提高点火温度。正常情况下点火温度通常控制在 1000℃以上。

由于燃料的着火温度在 700℃左右，但表层烧结料干燥、预热需吸热，因此点火温度应高于燃料着火温度。近年来，很多烧结厂已普遍采用低温点火技术，在保证点火强度的前提下降低点火温度，使煤气消耗大幅度下降。

### 7.4.4　适宜空煤比

烧结过程对点火用空气与煤气比值有以下要求：

（1）煤气用量要保证烧结料表层获得必需的点火强度；

（2）空气用量要保证煤气充分燃烧，同时使点火烟气中有一定的氧气，以保证燃烧反应持续。

国内生产实践表明，在正常生产时，空煤比有一个最佳比例，当用焦炉煤气点火时，空煤比应为（4~7）:1，当用高炉煤气点火时，空煤比应适当降低。

### 7.4.5 厚料层烧结

由烧结工序煤气消耗计算可知，料层厚度与煤气消耗成反比。因此料层越厚，煤气消耗越低。

不论料层厚薄，在点火时，单位面积烧结料获得的热量是一定的。当厚料层烧结时，单位体积的混合料量增加，所需的点火热量减少，可降低煤气消耗；在正常生产时点火煤气消耗在单位时间内是一定的，厚料层有利于烧结矿产量提高，对煤气消耗降低有利；厚料层烧结，减少表层比例，改善了烧结矿粒度组成，增加了烧结矿强度，增大了烧结矿成品率，有利于煤气消耗降低。

### 7.4.6 点火自动控制

因点火情况受料层厚度、混合料性质、煤气热值及压力等诸多因素影响，当条件变化时若未及时调整将造成点火质量下降，影响烧结矿产质量，浪费能源。通过采用点火自动控制，可获得较低的气体燃料消耗。

A 点火强度自动控制

控制点火强度，可以通过控制点火强度大小和点火温度的高低来实现。可综合考虑点火煤气的热值变化、烧结机速度、点火温度、烧结混合料状况及烧结机操作状态等因素，在线计算和控制点火煤气和助燃空气的比例，根据温度数值来选择温度和强度控制，从而建立自动点火控制模型。

B 空气、煤气比例自动控制

在保证点火温度不变的情况下，通过对点火烟气含氧量的控制，可稳定空气过剩系数，从而控制空气、煤气的比例，达到降低气体燃耗的目的。实际应用中，在稳定点火温度和烟气含氧量不变，温度恒定的条件下，当含氧量变化时，通过调整煤气和空气的比例，可实现烟气含氧量的稳定，实现空气、煤气比值的自动控制。

C 点火真空度自动控制

在实际生产中，烧结机 1 号、2 号风箱的风门仅开启不到 20%，当烧结生产正常时，可维持风箱风门开度不变，保持稳定的点火真空度，从而稳定点火强度；当料层透气性发生改变时，如混合料水分变化、泥辊给料量变化，将导致点火真空度的改变，此时可通过检测真空度，采用执行机构调整风箱风门的开度，达到点火真空度的稳定的目的，保证点火强度的稳定（见图 7-1）。

### 7.4.7 加强设备管理

流量孔板是煤气计量的主要设备。煤气流体的冲刷及焦油的粘附都会使孔径发生变化造成压差失真，影响计量的准确性。同时焦炉煤气中含有焦油，易堵塞烧嘴及连通管道，影响煤气正常压力。因此，必须加强煤气设备管理，定期清洗煤气计量设备及管道、烧嘴，确保设备完好。

### 7.4.8 完善气体燃耗管理

通过建立健全气体燃耗管理制度，严格执行操作标准等手段，努力降低气体燃耗。

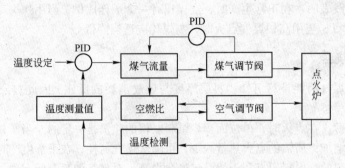

图 7-1　点火自动控制示意图

A　提高节能意识

加大宣传力度，通过专栏、报纸、网络等形式的节能典型宣传，提高职工节能意识；另一方面将气体燃耗指标层层分解，根据岗位重要程度将指标分解到个人，并与绩效挂钩，让降低气体燃耗落实到实际行动中去。

B　执行标准化操作

落实工艺纪律。技术操作规程严格规定了点火工艺参数，尤其是点火布料，要求烧结机布料料面平整，点火后，料面呈青钢色或微黄，严禁出现过瘤或黄带，料面无拉沟，以确保风量在烧结机宽度方向上分布均匀，料层透气性均匀，否则影响烧结矿产质量及煤气消耗。

C　加强计量管理

加强对气体燃耗的计量管理，一是完善计量；二是用数据说话。对于气体燃耗降低工作，应有专职人员进行管理，力争做到按每班、每天、每周、每月都能提供气体燃耗指标。对气体燃耗增加的情况要及时分析，找出原因，吸取教训；对于气体燃耗节约的，要总结经验，提炼先进操作方法，推广应用。

D　完善检查机制

对气体燃料的使用情况，要加强检查，特别是检查操作人员执行工艺纪律的情况。现场检查采用定期和不定期检查的方法，完善检查机制，培养操作人员自觉执行工艺纪律，严格按规定要求使用气体燃料，达到降低气体燃耗的目的。

## 7.5　降低煤气消耗新技术

降低煤气消耗是烧结工艺技术人员及管理人员非常重要的工作之一，随着节能点火炉的应用，使得煤气消耗大幅度降低。新工艺技术的研究也使煤气消耗的降低成为可能。

### 7.5.1　热风点火技术

热风点火技术就是利用余热，加热点火空气与点火煤气。图 7-2 为热风点火助燃系统流程图。当不考虑散热损失、不完全燃烧损失，并忽略数值较小的燃烧分解耗热时，理论燃烧温度计算公式为：

$$t_r = \frac{Q_h + Q_w}{CV_n} \tag{7-2}$$

式中　$t_r$——理论燃烧温度，℃；

$Q_h$——燃烧发热值，kJ/m³；

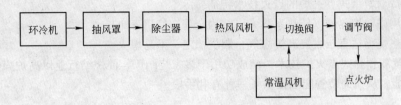

图 7-2　热风点火助燃系统流程图

$Q_w$——空、煤气的物理热，kJ/m³；

$C$——燃烧产物比热，kJ/(m³·℃)；

$V_n$——燃烧烟气量，m³/m³。

从式 (7-2) 可知，当煤气热值 $Q_h$ 和 $C$、$V_n$ 等值一定时，要提高其理论燃烧温度，最简便有效的办法就是提高助燃空气温度。经计算，助燃空气温度提高 200℃，理论燃烧温度可提高近 70℃，如助燃空气提高 300℃，则理论燃烧温度可提高 100℃ 以上。在这样的助燃空气温度条件下，就能将点火温度稳定在工艺要求的 1000 ~ 1200℃ 范围内，从而克服煤气热值带来的不利影响，达到降低煤气消耗，降低固体燃耗，降低生产成本的目的。

预热助燃空气必须要有热源。在烧结厂，环冷机的作用是将烧结过程完成后的烧结饼进行冷却，使烧结饼的温度从 800℃ 左右冷却到 150℃ 以内，这部分热量可以很好利用。目前国内大部分大型烧结环冷机高温段（>260℃）热烟气用于余热产蒸汽或发电，但是低温段烟气（<260℃）利用的比较少。实践表明，温度在 200 ~ 260℃ 的烟气可用于预热助燃空气。

热风点火技术在国内已经应用，如某烧结厂从 2009 年开始分别在 320m² 及 400m² 烧结机上应用了该技术，煤气消耗分别降低了 15%、20%。

### 7.5.2　双预热点火炉技术

以高炉煤气为燃料的点火炉，一般进入点火炉烧嘴的高炉煤气与助燃空气均为常温，因高炉煤气热值低，难以达到烧结点火温度要求。为了克服上述缺点，马钢设计研究院曾为某烧结厂设计了点火炉和预热炉，分别对煤气和空气双预热，使点火温度满足烧结工艺要求。中冶长天设计研究院也在多年经验基础上，开发推出了一体式高炉煤气双预热点火炉。

#### 7.5.2.1　双预热式点火炉结构简介

双预热式点火炉由点火炉和预热炉两部分组成，预热炉设在点火炉之后。主烧嘴安装在点火炉顶部，通过预热炉预热后进入主烧嘴的煤气和空气温度为 250 ~ 450℃，可保证点火炉内的点火温度达 1100 ~ 1150℃，满足点火工艺要求。预热炉内设有预热烧嘴、空气换热器、煤气换热器及烟气排出口，高温烟气进入空气换热器，将点火炉助燃风加热到 300 ~ 400℃，再进入高炉煤气换热器，将煤气预热到 250 ~ 300℃，离开煤气换热器的烟气通过排出口进入烧结机料层，既不污染环境，又可对点火后的料面起到保温作用。

#### 7.5.2.2　技术特点

(1) 采用煤气、空气双预热技术提高高炉煤气燃烧温度，使点火温度达到所要求的温度。

(2) 采用点火保温炉的结构形式，将换热器巧妙纳入"保温炉"内（习惯上称之为预热炉），组成一套整体设备。

（3）保持双斜带式点火炉的点火技术特征。

（4）采用高效换热器，传热系数大，结构合理，使用寿命长。

（5）预热烧嘴适宜于燃烧高炉煤气，燃烧稳定，不易熄火。

高炉煤气双预热式点火炉技术，已成功用于多家烧结厂，使烧结行业以高炉煤气代替焦炉煤气成为可能，从而为节省能源提供了一种有利手段。

### 7.5.3　三元燃烧技术

烧结点火炉一般采用一种煤气作为燃料，即使是使用两种煤气，一般也预先将其混合成一种热值稳定的混合煤气，再送入点火炉烧嘴，因烧嘴只进行一种热值煤气及助燃空气的燃烧，习惯上称之为二元燃烧。在长期生产实践中，因为无法保证向烧嘴长期提供热值稳定的煤气，煤气流量及压力不稳定，经常造成点火效果不理想，能耗高。为解决这一矛盾，国内推出一种三元燃烧技术，指两种煤气进入烧嘴的不同通道与助燃空气混合燃烧，习惯上称为三元燃烧，而烧嘴本身称之为三元烧嘴。由于两种煤气的发热值不一样，对空气过剩系数的要求也不同，因此三元烧嘴对于高炉煤气、焦炉煤气和空气的流量调节是在烧嘴前，有效避免了二元燃烧存在的煤气流量不稳定导致煤气燃烧不充分的问题，可有效降低煤气消耗。

## 复习思考题

7-1　烧结常用的点火燃料有哪些？各有何特点？

7-2　在烧结点火燃料中，气体燃料具有哪些优点？

7-3　烧结生产对点火工艺参数有哪些要求？

7-4　烧结点火的目的是什么？

7-5　简述烧结点火炉体结构。

7-6　烧结生产对点火用空煤比有什么要求？

7-7　如何实现微负压点火？

7-8　双预热点火技术有哪些特点？

# 8 动 力 消 耗

烧结工序动力消耗主要包括电力、水、蒸汽和压缩空气等消耗，烧结动力消耗在烧结工序能耗中约占15%~20%，而动力消耗中最主要的消耗是电力，电力消耗在烧结工序的动力消耗中约占80%，所以，降低烧结工序的动力消耗，主要是降低电力消耗，同时通过采取节能技术措施及管理措施降低水、蒸汽和压缩空气等消耗。

## 8.1 烧结工序电耗

电力消耗在烧结工序能耗中的比例仅次于固体燃料消耗，约占13%~20%，在烧结工序的动力成本中约占80%。由于各厂的工艺、冷却方式、原燃料加工、除尘设备、厂区布置和管理因素等的不同，各烧结工序的电耗也存在差别。据有关资料表明，目前我国烧结工序中电耗最高的达100kW·h/t，而低的仅为30kW·h/t左右，差距极大。在节能和控制成本要求下，各烧结工序都在通过精益化工艺操作，选用节能型配电、用电设备，引用节电技术，引用EMC管理等措施来降低电力消耗。

### 8.1.1 工艺操作管理

#### 8.1.1.1 提高产量，降低电力单耗

烧结矿的电耗是用电量总量除以烧结矿产量计算出来的，所以影响产量的因素即是影响烧结电耗指标的因素。烧结工序的电耗是单位时间的消耗，与生产量的大小无关，仅和烧结设备作业率相关。影响烧结产量的因素很多，实际生产中，烧结矿产量越高，电耗越低，因此在降低电耗方面应该以提高烧结机利用系数入手，消除影响产量提高的因素，达到提高产量，降低电能单耗。

#### 8.1.1.2 降低漏风率

烧结主抽风机电能消耗占工序电耗的60%~80%，降低主抽风机电耗意义很大。我国烧结机的漏风率一般为40%~55%，个别的甚至高达60%，约有30%~40%的风量没有经过烧结料层而使风机做了大量的无用功，浪费了大量的电力。漏风率对烧结主抽风机电耗的影响各厂情况不同，据统计，漏风率每增加1%，烧结矿电耗增加0.12~0.15kW·h，降低漏风率，也就是降低主抽风机电耗。

烧结机台车与风箱之间的漏风占烧结机系统漏风率的80%~90%，主要由烧结台车与滑道和首尾风箱盖板（密封板）的结构形式决定。

A 烧结机头尾部漏风

烧结机头尾部漏风，即烧结机头尾部密封装置与台车底面之间的漏风，主要受风箱端部的密封结构形式的影响，烧结机机头机尾的密封形式有单支点配重式、四连杆式、弹簧式等。这些密封形式一方面由于长期使用后转动不灵活，密封效果降低；另一方面其上部盖板由于高温、冲击、磨损等情况，导致盖板变形、破损，造成漏风。

针对头尾部的漏风，一方面是加强密封装置的维护，定期检查，对头尾密封板磨损严重的及时更换，磨损不严重的采用堆焊处理，保证密封完好；另一方面采用先进密封技术，提高密封效果。

### B　台车游板与风箱滑道之间漏风

台车游板与风箱滑道之间是烧结机漏风的主要部位之一，漏风率随着烧结机有效长度增加而增加。主要是由于工作环境温度波动、磨损，使工作状态下游板的实际宽度与台车密封槽的宽度很难协调，同时现有的滑道密封大都采用弹簧结构，存在使用一段时间后弹簧作用失效情况，游板与游板槽之间的间隙窜风，导致漏风严重。针对这一现象，某设计院提出了无铆接板簧台车滑道密封结构，这种结构用不锈钢钢板代替弹簧，可避免弹簧失效及窜风现象，降低漏风，在投入运行后，应加强润滑，实时检测供油状态，确保烧结机滑道润滑到位，减小磨损。

对于车体磨损严重的台车应及时更换，因为台车长期运行，导致台车与台车间的接触面磨损，相邻台车之间出现缝隙漏风。

### C　风箱结构件漏风

烧结机系统在投入运行一段时间后，一方面，由于受热风箱系统各连接处要承受轴向及水平方向变形的影响，造成风箱各连接处焊缝开裂，形成漏风；另一方面，由于高负压，烧结散料磨损风箱结构件，造成破洞漏风。可在风箱锥斗内安装耐磨衬板或浇注耐磨材料，对于磨损的风箱结构件应在烧结机定修时及时进行更换或焊补。

### D　其他漏风

对电除尘器卸灰、双层卸灰阀卸灰密封不严，管理操作不到位，烧结机箅条破损抽洞等原因造成的漏风等，应加强日常管理，对卸灰阀密闭不严实的应及时进行处理，卸灰锥斗每次卸灰时预留少量，减少漏风，对台车箅条破损的及时补齐。

## 8.1.1.3　降低大型风机电耗

烧结工序大型风机是烧结的耗电大户，约占烧结耗电量的 40% ~ 80%，新设计的烧结厂采用新工艺新装备，具有完整的原料准备、冷却整粒和除尘系统，这些风机所占比例较大。所以降低电耗，最主要的是控制大型风机电耗，控制风机电耗应主要从风机启停及风门控制等方面入手。

### A　风机启停管理

在生产中遇到计划检修或事故时，风机应及时停机。风机未及时停机或提前启动时间过长，造成风机长时间空转，将浪费大量电能。风机电能消耗 $W$ 为：

$$W = \frac{p}{\eta} \times k \times t \tag{8-1}$$

式中　$p$——电动机额定功率，kW；

　　　$\eta$——电动机效率，%；

　　　$k$——负荷率，%；

　　　$t$——时间，h。

以 360m² 烧结机为例，主抽风机电动机额定功率为 7800kW（2 台），负荷率取 30%，电动机效率取 90%，空转 1h 浪费电能 5200kW·h。

风机是大容量的耗电设备，具有较好的保护措施，同时"软启动"技术的实施，确保了大型风机的正常启动，各厂可视情况确定大型风机的提前启动时间，在确保对设备的认真检查并做好与供电的联系的情况下，提前 10min 启动大型风机是可以满足生产要求的。在计划检修时，应及时停风机，遇到事故时，应加强事故处理时间的预判，对较长时间的事故处理停机时，也应及时关停风机。

B 风机风门控制

抽风机的特性曲线是指风机在一定的转速下，风压、功率（一般指轴功率）、效率与流量的关系曲线。当风机转速一定时，相对应着一定的风量 $Q$、风压 $P$、功率 $N$ 和效率 $\eta$。若风量 $Q$ 变化，风压 $P$、功率 $N$ 和效率 $\eta$ 也将随之改变。取转速 $n$ 为常数，给出函数 $Q = f(P)$，$Q = f(N)$，$Q = f(\eta)$ 的曲线，即风机的特性曲线。

风机特性曲线显示，功率随流量的增大而不断增加，在流量为零时，功率最小，此时的功率消耗在机械摩擦损失、流体与盘面摩擦损失以及叶轮内部液体的漩涡运动等方面，由于功率在流量为零时最小，所以风机应在流量为零的条件下启动。效率 $\eta$ 先随流量的增大达到最大值后，随流量的增大而下降，这主要是由于风机于设计转速下运转，相应的效率最高，其工作情况称为最佳工况，在最佳工况下运转时最节能，因此在风机选择及风机运行控制时应尽可能满足最佳工况条件。有关资料表明，风机最佳工况的风门开度在 30% ~ 90%，当风门开度超出风机特性曲线中的最佳工况后，风量增加不多，但功率消耗增加很多，导致电耗增加。

烧结机停机后忙于检修或处理事故未及时关闭主抽风机风门，会造成比关风门空转更大的浪费，同时，在烧结生产中，当风机能力有富余时，也需加强风门控制。烧结厂可根据设备状况制定抽风机的风门开关制度。一方面，提高生产和设备管理水平，延长检修周期，减少故障，从而减少抽风机启动和开关风门的次数；另一方面，在烧结过程中风量富余时，加强风量管理，通过调节风机阀门的开启度或改变风机转速来达到改变风量的目的。所采取的方式不同，其电能消耗的情况也不同。调节风机入口阀门，可改变风机的特性曲线，较调节风机出口阀门的电能消耗少，而采用变频调速的方法改变转速来调整风机的负压和风量更为合理。

### 8.1.1.4 防止和减少动力设备的空载运行

一般来说，空载运行持续时间超过 5min 的中小型动力设备（主要是电动机）应及时停机，若电动机在工作周期内会重复出现空载情况，应该安装空载自动停止装置。烧结厂在处理电动机空载运行时，一方面应考虑电动机启动时的耗电量，并注意由于频繁启动引起的电动机性能劣化以及输出功率降低等因素；另一方面应考虑生产实际情况，统筹兼顾，全面考虑。

## 8.1.2 烧结生产节电技术及设备

随着科学技术的发展，节电设备和节电技术不断涌现，在有条件的烧结工序，应结合生产实际采用节电技术和设备，降低工序电耗。

### 8.1.2.1 节能型配电设备

变压器在电力系统中的应用十分广泛，从电力系统的发电、输电、配电，直到用户用电等环节，几乎都离不开变压器的应用。尤其在配电网中，增加配变布点的要求使得配电变压器的数量和总容量非常庞大，在整个电力系统中变压器占了相当比例。一般说来，从发电到用电需要经过 3 ~ 5 次的电压变换过程，其中变压器必然产生有功和无功损耗，其电能总损耗约占发电量的 10%。但是从我国目前电力系统中应用的变压器情况来看，我国的变压器大多存在着运行能耗过高的现实问题，因此，选用节能型变压器对供配电系统的节能具有重大意义。

变压器的损耗主要由三大类构成，分别是有功功率损耗、无功功率损耗和综合功率损耗。

### A　有功功率损耗

指变压器在传输功率的过程中，因为其自身结构而产生的功率损耗，主要包括空载损耗与负载损耗。其中，空载损耗与变压器的负载无关，主要是由于变压器自身采用了铜铁结构而引发的损耗；负载损耗是指与负载电流的平方成比例关系的可变损耗，一般而言，负载电流越大，负载损耗也就越大。

### B　无功功率损耗

由于变压器的变压过程不是借助于电气连接实现的，而是利用了电磁感应原理实现的，因此，变压器本身就是一个感性的无功负载。在变压器传输电能的过程中，无功功率损耗往往要远大于有功功率损耗。无功功率损耗的主要影响因素，取决于变压器自身的结构、材料、负载类型等。

### C　综合功率损耗

综合功率损耗指变压器有功功率损耗和因其消耗无功功率使电网增加的有功功率之和。综合功率损耗的实质也是有功功率损耗。综合功率损耗的大小既受到变压器本身的结构、材料及类型的影响，同时还受到电网传输类型、负载类型、用电类型等因素的影响。综合功率损耗的提出，实质上是全面反映变压器运行能耗的一个指标。

选用低能耗、高效率的节能型变压器，可以大大减少空载时由于铁损、漏磁损耗、励磁电流产生的铁损和负载时由负载电流在绕组上产生的损耗。众所周知，变压器的损耗与变压器内部的结构，以及用于制作绕组、线圈的材料有非常密切的关系。若所选用的铜铁等材料纯度不佳，势必会引起无功功率损耗增加，有功功率下降，有功功率损耗同样也上升，导致变压器转换传输效率降低。因此，可以选用优化之后的变压器结构形式，以及电磁感应密度较好的材料制作绕组线圈铁芯等部件，以降低变压器转换损耗，提高变压器运行效率。尤其是随着近代材料工程研究的兴起，很多新兴的材料得到了广泛研究与应用，能够极大提高变压器的转换效率，降低运行损耗，从而达到变压器节能运行。

非晶合金铁芯变压器是目前应用较多的一种低能耗型变压器。非晶合金铁芯变压器的铁芯不是采用传统变压器的铁制铁芯而是采用非晶核心铁芯，这种铁芯一般按照矩形排列，在旁路柱中流过零序磁通，磁通不经过箱体，不产生发热的结构损耗，使变压器能满足低噪声、低损耗。降低了变压器的铁损，从而降低了变压器的能耗损耗。

合理选择变压器容量及台数，准确计算出实际负荷的变化范围，能提高变压器的运行效率、降低运行损耗。通常电力变压器在50%~70%额定负载运行效率较高。变压器容量选得过大，空载损耗会大大增加；变压器容量选得过小，变压器负载过大，甚至过负荷，使变压器负载损耗增大。一般情况下，变压器有功损耗最小时的经济负荷率及综合损耗最小时的综合经济负荷率变化范围约为50%，此时变压器效率最高。

## 8.1.2.2　电动机节电技术

电动机是组成用电系统的重要环节，其性能的好坏会直接影响系统的功能，它对系统优劣有很大的影响和制约作用，三相异步电动机的应用十分广泛，在整个电网中三相异步电动机所消耗电能的比例约占2/3，在工业发达的国家，所占的比例更大。在实际中，多数电动机处在轻载或空载运行，其效率和功率因素较低，造成很大的电能浪费。据统计，电动机节能率每提高1个百分点，我国每年就能节省电费几十亿元。因此三相异步电动机的节能，对全球经济、工业的发展具有十分重要的意义。

我国已发布《中小型三相异步电动机能效限定值及能效等级》（GB 18613—2012）作为电

动机能效强制性标准，从源头开始淘汰落后的电动机。三相异步电动机的节能，需要研究者从电动机的原理、制造工艺及使用等方面进行深入的探讨研究，从而总结出最经济、简便的方法。

电动机的效率是电动机输出功率与输入功率比值的百分数。因此供电动机的电能（输入功率）并不仅仅用来驱动电动机（输出功率），还有一部分将成为电动机固有的损耗。电动机的主要损耗为铜耗和铁损，其中铜耗是由电流流过电动机绕组产生，与电流的平方成正比；铁损是由定子和转子铁芯中的磁化电流产生，与供电电压成正比。其他损耗很小，可忽略不计。

A　合理选用电动机类型

系列电动机是全国统一设计的新系列产品，是国内目前较先进的异步电动机，其优点是效率高、节能、启动性能好。新购电动机时，应首先考虑选用高效节能的品牌，然后按需要考虑其他性能指标，以利节约电能。

B　合理选用电动机容量

国家对三相异步电动机3个运行区域作了如下规定：负载率在70%～100%之间为经济运行区；负载率在40%～70%之间为一般运行区；负载率在40%以下为非经济运行区。若电动机容量选得过大，虽然能保证设备正常运行，但不仅增加了投资，而且效率和功率因数都很低，造成电力浪费。因此考虑到既要满足设备运行的需要，又要使其尽可能地提高效率，一般负载率保持在60%～100%较为理想。

### 8.1.2.3　变频节电技术

在烧结生产中，风机耗能约占烧结总电耗的40%～80%，其中主抽风机容量占烧结厂总容量的30%～60%，因此，对风机进行节能改造很有必要。

烧结风机、空压机、水泵等以前很少采用转速控制方式，基本上都是由鼠笼型异步电动机拖动，进行恒速运转，当需要改变风量和流量时，调节挡风板和节流阀。这种控制虽然简单易行，能满足流量要求，但由于风机消耗的功率与风压和风量的乘积成正比，在通过关风门来减小风量时，消耗的电功率虽然有所降低，但非常有限，如图8-1中曲线1所示。电动机在非最大负载时输出了相当一部分多余功率，从节能的角度来看是非常不经济的。

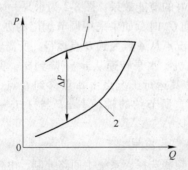

图 8-1　风机在两种控制方式下的功率消耗曲线

目前尽管有多种转速调节方式进行节能，但较为广泛的是变频调速方式，采用变频器对风机和水泵等机械装置进行调速来控制风量、流量。采用变频调速后，将风门全开，通过改变电动机电源频率的方法来改变电动机转速，由于风门全开，风机风阻特性不变，风量则随转速的改变而改变，则消耗的电功率与转速的三次方成比例。在所需风量相同的情况下，调节转速的方法所消耗的功率比调节风门开度的方法所消耗的功率要小得多，如图8-1中曲线2所示。变频技术节能效果显著，目前在烧结工序大功率风机应用已成为节能减排的一种趋势。

A　变频节电技术原理

交流变频调速技术是 20 世纪 90 年代迅速发展起来的一种新型电力传动调速技术，应用了先进的电力电子技术、计算机控制技术、现代通信技术和高压电气、电动机拖动等综合性领域的学科技术，其技术和性能胜过其他任何一种调速方式。变频调速以其调速效率高，启动能耗低，调速范围宽，可实现无级调速，动态响应速度快，调速精度很高，操作简便，保护功能完善，易于实现生产工艺控制自动化，运行安全可靠，维修维护方便，安装场地条件比较灵活，应用范围广泛，成为企业采用电动机节能方式的首选。

烧结工序中水泵和风机及空压机等设备是典型的变转矩负载，从流体力学的原理得知，使用感应电动机驱动的风机、水泵负载，轴功率 $P$ 与流量 $Q$、扬程 $H$ 的关系为：

当电动机的转速从 $n_1$ 变化到 $n_2$ 时，$P$、$Q$、$H$ 与转速的关系如下：

$$Q_2 = Q_1 \times n_2/n_1 \tag{8-2}$$

$$H_2 = H_1 \times (n_2/n_1)^2 \tag{8-3}$$

$$P_2 = P_1 \times (n_2/n_1)^3 \tag{8-4}$$

式中　$Q$——流量，$\mathrm{m^3/min}$；

　　　$H$——扬程，m；

　　　$P$——轴功率，kW；

　　　$n$——转速，r/min。

由此可见，流量 $Q$ 和电动机的转速 $n$ 是成正比关系，轴功率 $P$ 与转速的三次方成正比关系。如需要 80% 的额定流量时，通过调节电动机的转速至额定转速的 80%，即调节频率到 40Hz 即可，这时所需功率仅为原来的 51.2%。

工业生产中使用的风机和水泵等为变矩阵设备，电动机功率消耗与转速的三次方成正比，

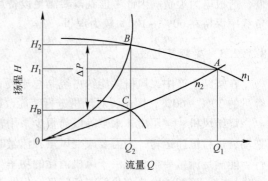

图 8-2　水泵、风机的运行曲线图

所以通过实施变频技术改造具有较好的节能效果。图 8-2 为水泵、风机的运行曲线图。

当所需风量、流量从 $Q_1$ 减少到 $Q_2$ 时，如果采用调节阀门的办法，管网的阻力将会增加，管网特性曲线上移，系统的运行工况点从 $A$ 点变到 $B$ 点运行，所需轴功率 $P_2$ 与面积 $H_2 \times Q_2$ 成正比；如果采用调速控制方式，风机、水泵转速从 $n_1$ 下降到 $n_2$，其管网特性并不发生改变，但风机、水泵的特性曲线将下移，其运行工况点由 $A$ 点移到 $C$ 点，此时所需轴功率 $P_3$ 与面积 $H_B \times Q_2$ 成正比。从理论上分析，所节约的轴功率 $\Delta P$ 与 $(H_2 - H_B) \times (C - B)$ 的面积成正比。

B　变频节电技术在烧结工序中的应用

烧结风机变频应用主要包括变频器选择、系统主回路控制、电气室改造、变频器散热以及节能效益分析等。

a　变频器选择

变频器对电动机进行控制是根据电动机的特性参数及电动机运转要求，对电动机提供电压、电流、频率进行控制，达到负载的要求。变频器的主电路一样，逆变器件相同，单片机位数也一样，只是控制方式不同，其控制效果就不同，所以控制方式代表变频器水平。

目前变频器对电动机的控制方式大体可分为 $U/f$ 恒定控制、转差频率控制、矢量控制、直接转矩控制等。

风机变频控制一般都采用矢量控制方式，其原理特点是使异步电动机具有与直流电动机相同的转矩运转机理，其基本原理是通过整流桥将工频交流电压变为直流电压，再由逆变器转换为频率、电压可调的交流电压作为交流电动机的驱动电源，使电动机获得无级调速所需的电压和电流，从而实现交流异步电动机的软启动、变频调速、提高运转精度、改变功率因素、过流/过压/过载保护等功能。

变频调速装置通常由整流器、平波电抗器或滤波电容器、逆变器及控制电路组成。在中间直流电路中串接平波电抗器或滤波电容器、逆变器及控制电路。在中间直流电路中串接平波电抗器作储能元件的称为电流型变频器，在中间直流回路中并接滤波电容器作储能元件的称为电压型变频器。整流器将输入的工频交流电变换为直流电，经中间直流环节输入至逆变器，逆变器将直流电流变换为可调电压、可调频率的交流电输入到电动机，根据电动机负载的变换实现自动、平滑的增速、减速，从而大幅度提高电动机的工作效率。

b  系统主回路控制

烧结风机变频应用的调速装置是高压变频器，为了保证系统的可靠性，变频器同时加装工频旁路装置。变频器不能正常运行时，电动机可以自动切换到工频运行状态下运行，以保证生产的需要，其原理图如图 8-3 所示。

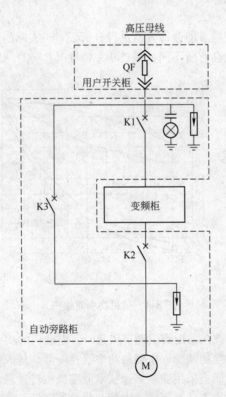

图 8-3  变频器原理图

QF 为改造前高压开关柜，图中 K1、K2、K3 为同一柜内真空接触器，K2、K3 电气互锁，变频器接收启停指令后，自动执行进出线开关的分合逻辑，在自动工频旁路功能设置为使能的情况下，当变频器因故障不能运行时，可实现自动分 K2、K1，合 K3，变频到工频切换时间约为 5s。K2 与 K3 之间通过电气闭锁，可防止误动作。

　　c　变频器散热

　　高压变频器属于大型电子设备，在运行过程中本身的能量消耗较大，且变频器消耗的能量全部转换为热量，必须通过变频器的冷却风机将热量带到变频器本体之外。由于这部分热量绝对值较大，如果不采取措施妥善处理，会使变频器运行环境温度过高，影响变频器的正常运行。

　　目前常见的解决办法主要有以下三个。

　　(1) 风道开放式冷却：安装风罩收集变频器排出的热风，通过风道将热风直接排放到变频器安装的环境以外，优点是施工方便、造价低，缺点是运行稳定性依赖于当地环境。

　　(2) 空调式密闭冷却：在安装变频器的房间内安装空调，利用空调将环境温度降下来，优点是施工方便，维护量低，变频器的运行环境良好；缺点是前期费用投入较高，长期运行耗能高。

　　(3) 空–水冷密闭冷却：安装空–水冷却器，其作用与空调类似，优点是可以利用现场已有的资源（现场的冷却水），设备运营成本是同等热交换功率空调的 $1/3 \sim 1/4$，运行维护费用低，变频器的运行环境良好；缺点是前期费用投入高，安装调试相对复杂。

　　烧结厂是粉尘环境，第一种风道开放式冷却不适合，第二种和第三种冷却方式可根据现场条件及运营成本综合考虑选择。

　　d　节能效益分析

　　以风机为例，对风机变频节能改造效益进行分析。对于实际的风机负载，在采用不同的风量调节方式时，其功率曲线会有所不同，风机功率特性（ $P - Q$ ）如图 8-4 所示。

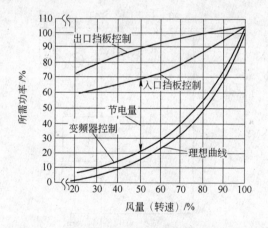

图 8-4　风机功率曲线图

　　由图 8-4 可见，风机负载在采用阀门调节风量时，电动机的功率几乎与风量即阀门开度呈线性关系变化，随着阀门开度的减少，电动机功率线性降低，且入口风门调节方式比出口风门调节方式的功率消耗更低。而当采用变频调速技术改变风机转速来调节风量时，电动机功率可随着风量即转速的下降成三次方关系下降，电能消耗显著降低。经验公式如下。

　　风机采用出口风门调节风量时，其功率消耗与风量（即风门开度）的变化关系为式(8-5)，风机采用变频调速调节风量时，其功率消耗与风量（即风机转速）的变化关系为式(8-6)：

$$P = P_e \times 0.4 + 0.6 \times (Q/Q_e) \tag{8-5}$$

$$P = P_e \times (Q/Q_e)^3 \tag{8-6}$$

式中  $P$——风机实际功率消耗；

  $Q$——实际风量；

  $P_e$——额定功率；

  $Q_e$——额定风量。

可见，在相同的风量下，变频调速比阀门调节更节能。如果负载所需风量由 100% 降为 80%，则采用变频调速时，风机要比阀门调节多节能 36.8%。如果负载所需风量下降到 70% 以下，则节电率将高达 50%~60%。

### 8.1.2.4  无功补偿技术

交流电路中电压与电流之间相位差 $\varphi$ 的余弦叫做功率因数，用 $\cos\varphi$ 表示，是用来衡量用电设备（包括用电设备、网络的变压器、传输线路等）的用电效率的重要参数，其值为有功功率和视在功率的比值，即：

$$\cos\varphi = P/S \tag{8-7}$$

式中  $P$——有功功率，kW；

  $S$——视在功率，kV·A。

无功功率存在于网络与设备之间，是网络和设备不可缺少的能量部分。但是无功功率如果被设备占用过多，就会导致网络效率低，同时，大量无功功率在网络中来回传递使得线损增大，导致电能浪费。

网络中有功功率损失即

$$\Delta P = \frac{P^2 + Q^2}{U^2} \times R = \frac{S^2}{U^2}R = \frac{P^2}{U^2\cos^2\varphi}R \tag{8-8}$$

式中  $\Delta P$——有功损失，kW；

  $U$——网络电压，V；

  $\cos\varphi$——负荷功率因数；

  $Q$——无功功率，kW；

  $R$——网络电阻，$\Omega$。

从式（8-8）可以看出，当负荷功率 $P$ 等于常数时，网络中有功功率损失与负荷的功率因数的平方成反比，与电压平方成反比。因此，当负荷功率因数下降后，网络中的有功功率损失将大幅度增加。

采用无功补偿提高功率因数，是系统节电和提高电能质量的基本途径。

A  进行无功补偿提高供配电系统的功率因数 $\cos\varphi$

功率因数是衡量电力系统用电效率的一个经济指标，它由系统的有功和无功两个因素决定。由发电到用电整个过程中，伴随有功功率的产生同时孪生着无功功率。有功是电能转换为用户所需的能量，无功是电流在电力系统磁场或电流中流动，不会使电能转换为用户所需的能量，是不做功的。无功功率环流所造成的有功损耗极大。

无功功率分为感性和容性无功功率，交流系统的无功功率应保持平衡，一般用户大多属于电动机、变压器等感性负载，必须用容性功率来平衡电感性无功负载。

有功功率的变化影响电网的稳定，无功功率的变化影响电网功率因数和电压质量，电压不稳定或波动会影响企业产品的质量。无功补偿不足会引起电网电压崩溃，造成严重事故，而且会对用户外的电网系统造成影响，为此，国家规定用户的功率因素必须按规定达标，否则将受到经济处罚。

从节电或电能质量的角度考虑，企业必须对电网的无功功率进行补偿处理。提高用户的功率因素可以降低视在功率，从而降低电网的投资；提高功率因素，可使设备与线路中的有功损耗减少，从而使线路与变压器的电压降减小，增加输送电能力并提高电能质量。

**B　无功补偿方式**

无功补偿分为集中补偿、分组补偿、就地补偿三种方式。

（1）集中补偿：就是在企业高、低配电所内设置若干组电容器组，电容器接在配电母线上，补偿配电所范围内的无功功率，并使总功率因数达到所规定的值以上。集中补偿投资小，便于集中管理。

（2）分组补偿：就是在企业各个负荷中心进行的局部补偿，又叫局部补偿，一般是对车间或多台小功率用电设备装设无功补偿，又叫小集中补偿，它能使无功电流限制在一个较小的范围内环流，节电效果比集中补偿好。

（3）就地补偿：就是把无功补偿器直接装设在用电设备旁或进线端子上，消除环流在高低线路上流动，减少线路负荷和损耗，这是一种最彻底的补偿方式，节电效果最好，不足之处是补偿点多。

**C　烧结工序应用**

**a　应用举例**

某烧结厂一变压器（10kV/400V）容量 2000kV·A，负载主要为 4 台 250kW 空压机，三相感性负载较平衡，变压器一次侧功率因数为 0.83。二次侧无功功率由变压器无功功率及 4 台空压机电动机无功功率组成，电动机工作方式为连续工作制。

异步电动机所耗用的无功功率是由其空载时的无功功率和一定负载下无功功率增加值两部分组成；为改善异步电动机的功率因数就要防止电动机的空载运行并尽可能提高负载率。变压器消耗无功主要是它的空载无功功率，与负载率的大小无关；为了改善功率因数，变压器不应空载运行或长期处于低负载运行状态。故此变压器功率因数的变化由 4 台电动机负载变化所决定，而空压机的负载基本恒定。

为使变压器一次侧功率因数达 0.90 以上，需进行就地无功补偿。考虑电压等级原因，决定在变压器二次侧进行补偿，且补偿的无功功率应使二次侧功率因数达 0.92 以上，以抵消变压器的无功功率，最终达到功率因数目标值。

在变压器二次侧并联无功补偿装置，反馈无功功率至变压器，以提高变压器功率因数。无功补偿装置采用静止动态无功补偿装置，投切开关为晶闸管，配置过零触发原理的触发器，再辅以数字控制系统，使控制动态响应速度高，响应时间小于 15ms。

装置安装形式只需接入变压器二次侧三相四线制线路及二次侧电流采样信号。通过接入的 CT 信号和自身 PT 检测，就可实现对原配电线路负载功率和功率因数的分析；并按照设定的功率因数目标分组投切电容器组。由于此变压器负载三相均衡，故补偿方式为三相补偿。

**b　应用效果**

无功补偿装置投入前及投入后的运行参数如表 8-1 所示。

表 8-1　某烧结厂无功补偿项目改造前后运行参数对比

| 项　目 | 运行电流 $I$/A | 有功功率/kW | 无功功率/kvar | 功率因数 |
| --- | --- | --- | --- | --- |
| 投入前 | 45 | 692 | 458 | 0.83 |
| 投入后 | 40 | 673 | 155 | 0.97 |

　　由表8-1可以看出，无功补偿装置投入后，系统功率因素从补偿前的0.83提高到了补偿后的0.97，超过了0.90的国家标准，系统总的无功功率从补偿前的458kvar下降到了补偿后的155kvar，系统10kV侧运行电流降低了5A，有效地减少了线路损耗，并增加了变压器带负载的能力。

　　c　经济效益

　　无功补偿的效益计算包括两个方面。

　　（1）无功经济当量计算线损：线损包括电力网电能损耗及用户网电能损耗。电力网电能损耗是自发电厂出线起至用户端电度表止的电能消耗和损失；用户网电能损耗是自用户端电度表起至用户用电设备止的电能消耗和损失。对工厂用户而言，前者是由电力公司承担，后者是由工厂用户直接承担的经济耗损。

　　按照GB 12497《三相异步电动机经济运行》规定，无功经济当量指电动机每吸收1kvar的无功功率，相当于电网所增加的有功损耗。也即，由于减少无功功率而降低的有功功率损耗值kW与无功功率减少值kvar的比值。用 $K_Q$ 来表示，单位为 kW/kvar。无功经济当量 $K_Q$，当电动机直连发电机母线或直连已进行无功补偿的母线时，取0.02~0.04；二次变压取0.05~0.07，三次变压取0.08~0.1。当电网采取无功补偿时，应从补偿端计算电动机的电源变压次数。

　　标准中的无功经济当量值考虑了变压器的损耗，因此当负荷直连发电机母线时无功经济当量最小，当负荷经过三次变压后供电时，无功经济当量最大。

　　该系统无功补偿装置投入容量约为300kvar，应用无功经济当量（$K_Q$ 取0.09）计算年节电量为：

$$\Delta W = K_Q \cdot Qt = 0.09 \times 300 \times 365 \times 24 \times 0.95 = 224694 \text{kW} \cdot \text{h} \qquad (8\text{-}9)$$

式中　$Q$——补偿的无功功率；

　　　　$t$——年运行时间，按作业率95%计算。

　　（2）线路电流节省量计算用户网电能损耗降低：某烧结厂变压器供配电线路单线图如图8-5所示。

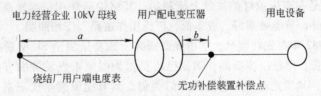

图 8-5　某烧结厂变压器供配电线路单线图

图中：a 段供电线路——$3 \times (1 \times 185\text{mm}^2)$ 铜芯电缆，长度1200m；

　　　　b 段配电线路——$2 \times (100\text{mm} \times 8\text{mm})$ 铜排，长度30m。

　　由上述分析，a 段供电线路电流减少了5A，换算到 b 段配电线路电流减少约130A。铜的电阻率为 $0.0175\Omega/(\text{mm}^2 \cdot \text{m})$，则 a 段单相电阻 $R_a$ 为 $0.038\Omega$（$0.0175 \times 1200/(185 \times 3)$），b 段单相电阻 $R_b$ 为 $0.00033\Omega$（$0.0175 \times 30/(100 \times 8 \times 2)$）。

　　由电功功率公式 $P = I^2 R$ 可知，无功补偿装置投入后，降低的用户网线损功率及年节电量为

$$\Delta P = P_a + P_b = 5^2 \times 0.038 \times 3 + 130^2 \times 0.00033 \times 3 = 19.6 \text{kW}$$

$$\Delta W = \Delta P \times t = 19.6 \times 365 \times 24 \times 0.95 = 163111 \text{kW} \cdot \text{h}$$

式中　$t$——年运行时间，按作业率95%计算。

由上述分析可知，该配电系统应用无功补偿装置后，总的年节电量为 $22 \times 10^4 \mathrm{kW \cdot h}$ 电量，直接为用户网年节省 $16 \times 10^4 \mathrm{kW \cdot h}$ 电量，为烧结工序年节省 $6 \times 10^4 \mathrm{kW \cdot h}$ 电量，具有较大的经济效益和社会效益。

### 8.1.2.5　照明节电技术

照明节能是建筑节能的重要组成部分，我国 2011 年照明用电量高达 4100 亿千瓦时，占全国总用电量的 12%，相当于英国全年一年的用电量。若全国都应用节能技术，我国的照明用电量将下降 60%。我国一直十分重视照明节电管理工作，尤其是改革开放 30 年以来，国务院及有关部门结合我国不同的经济技术发展条件，对照明节电工作提出了一系列具体的安排和部署。进入"十一五"以来，国家对照明节电工作进一步深化，并将其列入涉及国家发展战略的"十一五"能效指标强力推进。在我国《节能中长期专项规划》中明确提出："推广稀土节能灯等高效荧光灯类产品、高强度气体放电灯及电子镇流器，减少普通白炽灯使用比例，逐步淘汰高压汞灯，实施照明产品能效标准，提高高效节能荧光灯使用比例。"

**A　我国照明新技术的发展**

照明光源就是人为地把电能转换为光能，自 1897 年爱迪生发明电灯以来，人类跨入了电光源的新时代。随着科学技术的不断发展，我国照明状况不断改善，光电技术的发展大致经历了四个阶段。

**a　第一代（白炽灯）**

主要特点是成本低、结构简单、制造容易、安装推广方便及适应性强，因而被普遍采用，由于其额定功率及光效率较低，且浪费电能，因此使用受到限制。

**b　第二代（普通型荧光灯和高压汞灯）**

主要特点是光效高、寿命长、光线柔和、品种规格多、使用方便，光效和寿命约为第一代的 2 ~ 3 倍。

**c　第三代（以紧凑型节能荧光灯、高压钠灯为代表的节电新光源）**

主要特点是：

（1）高压钠灯是在高压汞灯的基础上研制的，其结构原理相似，比高压汞灯效率高 1 倍多，光色光效都很好，节能效果好、成本低，广泛用作道路、广场照明。

（2）我国于 1982 年首先在复旦大学电光源研究所成功研制出 SL 型紧凑型荧光灯，20 多年来，产量迅速增长，质量稳步提高，国家已将其作为国家重点发展的节能产品（绿色照明产品）推广和使用。其发光原理与普通荧光灯类似，其节能原理是比三基色荧光灯所用的磷酸钙粉的量子转换更高，它的光效现阶段已达 80 流明/W，与普通日光灯相比具有光效高、显色性强、结构紧凑等优点。

（3）新型混光灯具有高压钠灯和高压汞灯或金属卤化物灯的优点，有明显的节能效果，可广泛应用于工矿厂房。

（4）金属卤化物灯为 1989 年我国从美国国际先进光源公司引进，其特点是光色好，寿命长达 10000h，发光效率高，一只 250W 的金属卤化物灯相当于 4 只 500W 的白炽灯，节电率达 87.5%，可广泛应用于工矿厂房。

**d　第四代（半导体节能灯）**

主要特点是节电、光源有方向性、无闪烁、颜色纯正、产生热量小、耐冲击以及可靠性高等特点，可广泛应用于宾馆、饭店、办公楼、超市、商场、学校、歌舞厅、公园及工作环境恶劣、不易维护的场合景观照明使用。据相关测试数据显示，LED 节能灯比白炽灯省电 80%，比荧光节能灯省电50%，据有关资料测算：如果目前1/3的白炽灯被LED节能灯取代，每年就可为国家节省用电1000亿千瓦时，相当于三峡工程一年的发电量。

**B 烧结工序建筑照明用电基本情况**

**a 建筑照明用电基本要求**

烧结厂工业建筑照明具有工矿厂房照明的特点，作为工业生产加工车间，需每年365天、每天24小时连续生产，同时主厂房高大开阔，转运站及转运皮带机通廊距离长，以及考虑到烧结厂的一些其他安全生产情况，照明需满足以下几个方面的基本要求：

（1）保证生产现场有足够的亮度，以满足夜间巡视、设备检查、设备维修和安全生产的需要。

（2）照明方式要合理，照明质量要高。如显色指数高、光色好、分辨力强、不失真、照度分布合理、眩光小。

（3）电光源和灯具寿命长、安全可靠、故障少、维护措施简单，光源品种尽可能少，以减少维护工作量、节约运行费。

（4）高效节能、减少用电量和运行费，提高经济效益和社会效益。

（5）烧结厂房的照明设备一般容易受到潮湿、粉尘、高温、电压不稳、震动等因素的影响，灯具需满足在此环境条件下工作。

**b 烧结建筑照明用电存在的问题**

目前大多数烧结厂房，为了提高照度、光效和显色指数，一般采用几种光源的混光或混光灯具的照明方式。但实践证明，这种照明方式主要存在以下问题：

（1）光源和灯具的品种规格多，寿命差别大，维修频繁，材料和人工费用大。

（2）光效不佳，尤其在个别灯具损坏后因不能及时修理，光效更差。

（3）灯具性能不稳定，易受环境影响，电压高时易烧坏，低压时易自灭，往往是灯泡烧坏则触发器随之烧坏，不能修复必须全套更换；光通量随电压波动变化也大；显色指数低、光色效果差；启动电流大，功率因数低，控制不方便。

**C 烧结工序建筑照明节电技术**

**a 新建烧结工序建筑照明设计**

新建烧结工程的工艺建筑照明设计是工厂配电设计中的一项，也是节电指标体现尤为突出的一项。工厂配电设计大致可分为工厂照明设计、动力配电设计及电气外网设计。烧结厂照明设计包括主厂房室内照明、户外设备照明、皮带通廊照明、地下照明、障碍照明及厂区照明设计。

由于烧结工序建筑的外部结构及内部举架相对较高，以及需满足24h安全生产要求，设计人员在进行照明设计的过程中，对所需照明空间的大小、灯具的悬挂高度、灯具的类型及数量多少等诸多因素都需要进行统筹合理的考虑。

（1）合理选择照明方式：照明方式的选择，首先要保证照明质量。通常照明质量是指光源的显色指数及光效；另外在室内照度的计算上要均匀合理、眩光小。因此在烧结工序建筑照明设计中，应考虑视觉工作的要求，采用高光效的光源、高效灯具以及照明节能器材，并考虑最初投资与长期运行的综合经济效益，制定正确的照明方案；同时也要根据环境条件及使用特点，合理选择照明的控制方式。总之，应使照明的设计既满足工艺需求，又经济适用。

（2）合理选择照明光源和灯具：选择照明光源应符合以下原则：发光效率高、节能、环保效果好；显色指数要满足要求，寿命长。在烧结厂工业建筑照明设计中，主厂房等高大建筑及户外场所照明，宜采用金属卤化物灯及高压钠灯等高光效的气体放电光源。金属卤化物灯有高光效、显色性好、光通量大、寿命长等特点，适宜厂房等大面积场所照明。办公室等功能性场所宜采用三基色荧光灯。三基色荧光灯由于其光效高、显色好、寿命长的优势，可降低运行成本；同时由于使用灯具数量减小，既节省了灯具及镇流器的费用，又使总的初建费用降低。

（3）合理选择照明控制方式及布置照明回路：照明配电网络的设计要既合理又经济，这样才能确保光源的正常工作。同时照明供电也能得到保障，满足照明用电光源对电压质量的要求。

在布置照明回路时，要充分利用天然光，不仅要根据天然光照度的变化来控制照明分区，还应分区控制灯具回路以及增加照明的开关，达到照明节能的要求。选择合理方便的照明控制方式，既有利于节能还有利于照明系统的管理及维护。

b　高耗能灯具改造

目前国内 20 世纪 80 年代前投产的烧结厂工业建筑大部分采用基于金属卤素光源或钠光源的大功率投光灯和白炽灯的混合照明。照明用电容量较大，可进行绿色照明节能改造，全面推广纯稀土三基色荧光灯等高效节能灯具。

高效工矿节能灯具有如下技术特点：

（1）专用电路设计，恒功率输出，避免由于电压的波动而损坏，适用电压波动范围大；

（2）功率因素大于 0.9；

（3）高显色性（$Ra$：83），物体逼真，光线舒适柔和，色温 2700 ~ 6300K；

（4）低谐波含量，谐波达到 L 级标志，符合 EMC 电磁干扰标准，对电网无污染；

（5）具有过流、过压、过热等各种异常保护功能，具有抗瞬间电压冲击保护电路，可以很好地避免受到其他机械电气设备启停带来的瞬间冲击电流的损坏；

（6）节能灯采用纯稀土三基色荧光粉；

（7）超高的工作频率，达到 40kHz 以上，光源无频闪、无眩光，不影响视力和健康；

（8）瞬时启动，超低温启动。

实践表明：对烧结工序建筑照明中基于金属卤素光源或钠光源的大功率投光灯部分，可使用高效节能灯具配合 250W、400W 光源分别替代原有 400W、1000W 投光灯。对基于金属卤素光源、钠光源及自镇流汞灯光源等小功率投光灯部分，可使用高效灯具配合 150W 大功率节能灯替代原有 250W 投光灯；使用高效灯具配合 75W 大功率节能灯替代原有 175W 和 150W 节能灯；使用高效灯具配合 45W 大功率节能灯替代原有 100W 及 125W 投光灯；使用高效灯具配合 23W 大功率节能灯替代原有 75W 投光灯；部分投光照明可变更成泛光照明。白炽灯光源部分，根据光效、显色性及穿透性等相关光源特性，可使用高效节能灯具配合 150W 大功率节能灯替代 500W 白炽灯光源；使用高效节能灯具配合 45W 大功率节能灯替代 150W 白炽灯光源；使用高效节能灯具配合 23W 大功率节能灯替代 100W 及 60W 及其他光源。

c　合理安装照明节电器

近年来随着智能型照明节电器的大力发展，在工矿企业中节电器得到了大量的应用，并取得了不错的节电效果。

智能型照明节电器节电系统由中央处理系统、电压电流跟踪系统、执行机构、电气系统、反馈系统、检测系统、自动保护系统和旁路供电系统等几部分组成。核心部分采用节能控制器，检测系统对用户的电流、电压进行跟踪检测，并反馈到中央处理系统，根据用户系统的具体要求使执行系统和电气系统输出更加合理的电流、电压。根据 $P = UI$ 可知：电压、电流减小，系统的总功率随之相应降低，可实现节电。其工作流程如图8-6所示。

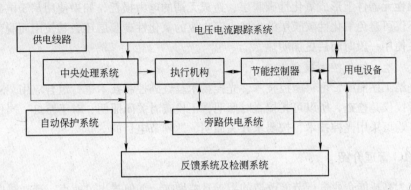

图 8-6 智能型照明节电器的工作流程

智能型节电器的特点：

(1) 降低电能消耗，提高用电系统效率。

(2) 由于电源得到优化，减少冲击，使得灯具的使用寿命将延长 2～3 倍，减少人工维修费用。

(3) 降低系统电流，能够使输电线路的发热量降低，减缓线路的老化时间，减少事故及火灾隐患的发生。

(4) 具有跟踪、切换功能，可以对电流电压自动跟踪、连续调解、自动切换，不仅省去人工操作，还提高了用电安全性，为用户连续用电提高了保障。

(5) 智能型照明节电器具有自动控制定时开关功能，可根据用户设定的时间，每日定时自动开闭，免去人为操作的麻烦。

### 8.1.2.6 其他节电技术

**A 可控硅斩波技术**

可控硅斩波技术产生于 20 世纪 70 年代，其原理是通过可控硅的导通角将电网输入的正弦波电压斩断一部分，从而降低输出电压的平均值，达到调压节电的目的。这种节能调控设备对照明系统可实时精确控制输出的电压，满足照明用电的最佳值，且调节电压的速度快、精度高，可分时段实行调整，有稳压作用；而且采用的电子元件相对来说体积小、设备轻、成本低。但该调控方式存在致命缺陷，由于斩波电压无法实现正弦波输出，还会出现大量谐波，对电网系统谐波污染的危害性大，目前，在国外发达国家已有明文规定谐波含量超标的电器设备不允许并网使用。

**B 电磁转换技术**

20 世纪末开始出现的电磁调控技术，使用了电磁调压、电磁移相、电磁平衡变换等技术，并且与微电脑智能控制电路组合，可实时监测电器负载变化的情况，根据当前电网实际参数，自动控制输出实际需要的功率，达到精确匹配。同时，多余的能量还可以反馈给电网，提高电器设备的功率因数，降低线路上的损耗，提高系统用电效率，增大线路容量，使电压平衡得到改善，减少电器设备附加损耗，延长电器设备的使用寿命，从而有效实现系统综合节电，大幅提高节电效率。

目前，已有企业根据这种技术开发出了节电设备，只需将其插在插座上就能达到省电、省钱的效果，据称省电能力在 10% 以上。由于供电线路中的各种瞬变电流电压长期冲击会导致开关等接触性元器件上形成氧化性碳膜层，造成无谓的电力损耗，如果使用基于电磁调控的节电设备，不仅可避免氧化性碳膜层的生成，已生成的氧化性碳膜层还会随使用而脱落，从而使节电效果在使用一段时间后更加明显。

　　C　声、光、红外控制技术

　　对于烧结工序照明，可将声控技术、光控技术及红外控制技术进行组合应用。对于有些部位，操作者仅仅是检查，所以可在检查时照明，不检查时关闭照明；对于路灯、岗位照明、办公楼照明等均可采用光控技术，按要求开关照明，达到节电目的。

### 8.1.3　EMC 管理介绍

　　烧结作为高耗能企业进行节能改造的需求日益增加，如何找出节能点，选择哪些节能技术和节能设备，采取怎样的模式进行节能改造，最重要的一点是节能改造项目的资金如何解决，收益如何得到保障，这些都成为烧结工序节能改造时所困扰的问题。有鉴于此，高耗能企业可引进合同管理节能服务模式，在该模式中，企业对现有设备进行节能改造时，不需要投入资金，减少了企业的资金负担，项目初期由节能服务公司投资购买节能设备，由此节省的能源费用按照合同的规定一部分分付给节能服务公司，剩下的部分则归企业所有，合同能源管理合同到期后节能设备产权无偿转让给企业。推行合同能源管理，可以克服节能新技术推广的市场障碍，促进节能产业化，为企业实施节能提供诊断、设计、融资、改造、运行、管理一条龙服务。

#### 8.1.3.1　合同能源管理简介

　　合同能源管理（Energy Management Contract，简称 EMC）是一种新型的市场化节能机制，是指节能服务公司（Energy Management Company，简称 EMCo），国外也称为 ESCo（Energy Service Company），又称能源管理公司通过与客户签订节能服务合同，为客户提供节能改造的相关服务，并从客户节能改造后获得的节能效益中收回投资和取得利润的一种商业运作模式。自 20 世纪 70 年代世界石油危机爆发后，合同能源管理作为一种全新的节能机制在市场经济国家逐步发展起来，经过几十年的发展和完善，这一新机制在北美、欧洲以及一些发展中国家得到逐步推广和应用，出现了基于合同能源管理机制运作的、专业化的节能服务公司。目前，全球已有 80 多个国家通过节能服务公司采用新的电能提升技术、能源合同机制及对电力需求方的有效管理等方式来帮助用户提升电能使用效率。

#### 8.1.3.2　合同能源管理的基本运作机制

　　合同能源管理运用市场机制来实现能源节约，其基本运作机制是通过合同约定节能指标和服务以及投融资和技术保障，整个节能改造过程如项目审计、设计、融资、施工、管理等由节能服务公司统一完成。在合同期内，节能服务公司的投资回收和合理利润由产生的节能效益支付，在合同期内项目的所有权归节能服务公司所有，并负责管理整个项目工程，如设备保养、维护及节能检测等。合同结束后，节能服务公司要将全部节能设备无偿移交给耗能企业并培养管理人员、编制管理手册等，此后由耗能企业自己负责经营，节能服务公司承担节能改造的全部技术风险和投资风险。合同能源管理机制的实质是一种以减少的能源费用来支付节能项目全部成本的投资方式。这种节能投资方式允许用户使用未来的节能收益为工厂和设备升级，降低目前的运行成本，提高能源利用效率。

　　合同能源管理机制的载体是节能服务公司，节能服务公司是一种基于合同能源管理机制运作的、以盈利为直接目的的专业化公司。节能服务公司与愿意进行节能改造的用户签订节能服务合同，为用户的节能项目进行自由竞争或融资，向用户提供能源效率审计、节能项目设计、原材料和设备采购、施工、监测、培训、运行管理等一条龙服务，并通过与用户分享项目实施后产生的节能效益来盈利和滚动发展。能源管理合同在实施节能项目的企业与专门的节能服务公司之间签订，它有助于推动节能项目的实施。从节能服务公司的业务运作方式可以看出，它是市场经济下的节能服务商业化实体，在市场竞争中谋求生存和发展，与传统的节能改造模式有根本性的区别。

### 8.1.3.3 合同能源管理的优势

在传统的节能投资方式下，节能项目的所有风险、所有盈利都由实施节能投资的企业承担，这也是许多企业在节能面前踌躇不前的原因。而且大多数情况是，实施节能企业的客户由于自身种种原因的限制，自行的节能投资并不一定能够达到预期的节能效果，存在节能投资的浪费，甚至项目的失败。因此，有关专家指出，当前我国节能最为迫切的任务，就是引导和促进节能机制面向市场的过渡和转变。合同能源管理是在市场经济条件下的一种节能新机制、新模式，这种模式可以有效降低客户的风险，为客户最大限度地创造价值。它不仅适应现代企业经营专业化、服务社会化的需要，而且适应节约型社会的潮流。

合同能源管理这一基于市场运作的节能机制，不仅是一种推动节能产业成长的节能综合服务的商业模式，更是一种减少企业能源成本的财务管理方法。它打造的是一个优质的专业化模式的服务新平台，采取的是一种双赢的共同承担风险的商业新模式，推行的是一种为企业一条龙服务的"交钥匙"工程。节能服务公司的经营机制是一种节能投资服务管理，客户见到节能效益后，节能服务公司才与客户一起共同分享节能成果，取得双赢的效果。节能服务公司服务的客户不需要承担节能实施的资金、技术及风险，并且可以更快地降低能源成本，获得实施节能后带来的收益和节能服务公司提供的设备。

合同能源管理模式的引入，使得节能有机会变成一项创造财富的过程，把环保、生态等众多产业的绿色价值变成人们能看得见摸得着的实际效益。按照合同能源管理模式运作节能项目，在节能改造之后，客户原先单纯用于支付能源费用的资金，可同时支付新的能源费用和节能服务公司的费用。

合同能源管理的节能效果不止是一个节能设备的参数度量，更是一个时间度量。由于节能设备生产企业只负责销售节能设备给用能单位，买卖结束后，节能设备生产企业难以保证节能设备能够达到预期的效果，而合同能源管理的节能服务正是要帮助企业发挥出节能设备的最佳效果。合同能源管理作为节能设备生产企业和用能单位之间的一种节能效果契约，以节能服务为手段，以节能效果收益为盈利模式，能保证节能项目的节能效果。

合同能源管理还可以成就一个行业并带动相关产业发展。合同能源管理具有显著的经济效益和社会效益，它的产业禀赋使其可适应社会经济发展的要求，成为低碳经济的代表性产业之一。在能源紧张、节能减排日益重要的中国，节能服务行业有巨大的市场需求。由于具备高增值性的特点，它还可以吸引投资、扩大就业，带动信息咨询、技术服务、实验研究等相关产业部门的兴起，从而对节能服务行业的立业和发展提供支撑。合同能源管理作为一个高效率的市场化机制，与众多产业有密切的交集，可以带动这些产业尤其是新兴产业的发展。

### 8.1.3.4 合同能源管理模式的基本类型

结合国内外合同能源管理的实践，可以把合同能源管理模式划分为以下5种基本类型。

A　节能量保证支付型

此种模式是在项目合同期内，节能服务公司向企业承诺某一比例的节能量，由于支付工程成本，而达不到承诺的节能量的部分，由节能服务公司自己负担，超出承诺节能量的部分双方分享，直到节能服务公司收回全部节能项目投资后，项目合同结束，先进高效的节能设备无偿移交给企业使用，企业享有以后产生的全部节能收益。该模式适用于诚信度较高、节能意识一般的企业。

B　节能效益分享型

此种模式是在节能改造项目合同期内，由节能服务公司与企业双方共同确认节能效率之后，双方按比例来分享节能效益。在合同期内双方分享节能效益的比例也可以变化。项目合同结束后，先进高效节能设备无偿移交给企业使用，企业享有以后产生的全部节能效益。这种模式是第一种模式的演进模式，适用于诚信度很高的企业。

C　能源费用托管型

该模式是指由节能服务公司负责改造企业的高耗能设备，并管理其新建的用能设备。节能服务公司向客户提供能源系统管理的改造服务，承包能源费用和运行费用，承诺为客户实施节能改造并规定节能效果，双方的经济效益来自于提高能源管理水平和节能改造产生的节能效益，合同规定能源管理和改造服务标准及其检测和确认方法，如果节能服务公司没有达到合同规定的服务标准和节能效果，应赔偿客户的相应损失。项目合同结束后，先进高效的节能设备无偿移交给企业使用，以后所产生的节能收益全归企业享有。该模式适用于诚信度较低、没有节能意识的企业，一般不采用。

D　改造工程施工型

企业委托节能服务公司做能源审计、节能整体方案设计、节能改造工程施工，按普通工程施工的方式，支付工程前的预付款、工程中的进度款和工程后的竣工款。该模式适用于节能意识很强、懂得节能技术与节能效益的企业。运用该模式运作的节能服务公司的效益是最低的，因为合同规定不能分享项目节能的巨大效益。这种模式的风险主要在实施节能改造的企业，因此对节能服务公司的要求非常高。市场上往往有一些企业在某一项节能技术上有优势，但其他的配套技术不能满足用户需求。因此，目前采用这种模式的企业还不多，但随着市场竞争的发展，节能服务企业最终会采取这种模式进行全方位服务。

E　能源管理服务型

此种模式是指企业委托节能服务公司进行能源规划，给予整体节能方案设计、节能改造工程施工和节能设备安装调试。节能服务公司不仅提供节能改造业务，还提供能源管理业务。在节能设备运行期内，节能服务公司通过能源管理服务获取合理的利益，而企业所获得的收益为因先进节能设备能耗降低而降低的成本和费用。对许多经营者而言，能源及其管理不是企业核心能力的一部分，通过使用节能服务公司提供的专业服务，实现企业能源管理的外包，将有助于企业聚焦到核心业务和核心竞争能力的提升方面。能源管理的服务模式有两种形态，分别是能源费用比例承包方式和用能设备分类收费方式。

## 8.1.3.5　合同能源管理在烧结工序的应用

烧结厂可以根据实际情况，选择相应的节能项目实施合同能源管理，下面以某钢厂探索合同能源管理模式的情况，对合同能源管理在烧结工序的实施进行介绍。

A　项目选择

从技术上、经济上筛选节能降耗效益显著，在生产经营中发挥作用大，投资回收期短的项目优先采用合同能源管理机制。

烧结工序可采用合同能源管理机制的项目有：

（1）电动机系统节能改造（如风机、水泵变频控制改造，落后电动机、变压器淘汰更新等）；

（2）电源系统谐波消除、无功补偿（如加装节电器等）；

（3）绿色照明改造；

（4）工艺设备自身节能改造（如水泵、冷却塔等）；

（5）余热回收利用项目改造；

（6）外供能源改造；

（7）水循环利用：在推行时，有技术风险或投资额较大的节能项目可采用合同能源管理模式，节能效益分享期原则上控制在 3 年之内，最多不超过 5 年。

B　节能服务公司选择

烧结厂在实施合同能源管理项目时，可按招标模式操作。即：项目诊断、改造方案的提出原则上不得少于 3 家节能服务公司参与。对于在烧结行业或本厂应用效果好、设备质量好且效益分享比例合理的同类项目，考虑备件统一等因素，可采取不再招标、直接推广的模式运作。

C　项目提出、申报

项目由烧结厂、公司管理部门提出，专业管理部门根据改造意向组织研究，分期分批下达合同能源管理项目实施计划。烧结厂或公司管理部门推荐 3 家及以上有成功业绩或类似改造经验、实力较强的节能服务公司，由专业管理部门会同烧结厂研究确定初步入选的节能服务公司开展现场能源测试、编制能源审计诊断评估报告、技术改善方案和效益分享方案等工作，完成后对其进行综合评价，确定节能服务公司。

能源审计诊断报告要详细诊断、分析系统高能耗的原因。改善方案要包括节能改造措施、投资估算、效益计算过程、效果计量方式、节能效益分享期限、工期、运行成本、为用户提供的节能绩效保证；需停产实施的项目，工期中注明停产时间。

D　项目审查论证及立项

公司专业管理部门负责组织技术改进方案审查论证，烧结厂、公司各相关管理部门参与论证。论证重点是审查技术方案可行性、有无影响烧结工艺生产正常运行的重大问题、计量方式是否合理、节能效益分享期是否合理、相关条件是否具备等事项，初步确定承担项目的节能服务公司。

项目论证实施意见报公司批准后，由公司下达立项通知，明确项目建设依据、主要内容、效益及工期等事宜。论证意见所列效益、节能效益分享期限及比例、项目工期、运行成本等经报批后作为项目技术协议、服务合同、付款、验收及考核的依据。

E　项目实施

设备部为项目合同签订单位，在签订项目合同的同时明确付款条件，组织项目实施。实施管理单位负责跟踪、协调项目实施进度并给予必要的配合，因特殊原因造成施工计划与立项工期偏差较大的，实施管理单位必须及时报告。项目工期纳入固定资产投资项目绩效考核范畴。

F　项目节能计量及合同有效期

项目收益单位或节能服务公司在计量部门的监督指导下负责完成新增测量设备与原有系统接入工作。项目节能效益为净效益，即：可测量节能效益与节能设施自身运行成本之差。节能计量以双方共同确认的现场仪表为计量依据，原则上项目投产稳定运行 2 个月内出具计量数据,经工程验收后开始正式计量。改造前后计量采集数据根据项目类别不同确定采集周期,生产运行情况变动较大的可相应延长计量数据采集时间,技术协议必须明确计量监测与数据出具方案。为避免数据纠葛,合同能源管理项目原则上单独安装能源计量表。计量管理部门负责计量评价用能设备的运行维护,确保计量评价期间设备的正常运行,填写《计量设备异常情况表》备查。受益单位按照项目合同及技术协议的要求进行生产操作,确保计量评价阶段生产运行的稳定性和一致性,计量部门完成数据采集后视生产运行情况和设备异常记录可剔除异常数据,对偏离正常值范围的数据予以剔除。效益分享时间从完成项目效果验收,出具证明文件后开始,正常运行期内,运行成本不得超出技术协议确定的最高成本值,超出部分由节能服务公司负担。

G　项目节能效果验收及付款

公司组织内部相关单位与节能服务公司共同对项目进行节能效果验收。计量部门出具计量数据后,烧结厂提出节能效果申请验收报告,公司组织相关单位验收,出具节能效果验收证明文件。设备部依据节能效果验收证明文件和合同规定,提出具体付款意见,财务部门从项目收益单位生产成本中扣除,支付给节能服务公司。

合同有效期限内,节能服务公司必须确保设备运转正常,达到合同约定的节能效果,否则不能收取任何费用。节能返款发票原则上开具增值税票、控制营业税票。节能返款付款按月或季度支付,节能服务公司开具同等数额的票据,付款比例大于50%后,节能服务公司一次性开具全部节能返款额发票。

H　设备保质期

原则上设备保质期要大于节能效益分享期一年时间,适当保留部分节能返款作为质保金,质保期满后再付给节能服务公司。质保期内,设备运行过程出现非人为故障,节能服务公司负责无偿提供备件与技术支持,若因烧结厂方面原因出现故障,节能服务公司负责维修,收取维修费,合同期满后节能服务公司免费一次性提供部分易损备件。

I　节能设备所有权

在节能效益分享期内,设备与系统的产权归节能服务公司所有,分享期满后,设备与系统的产权以赠予的方式归烧结厂所有,设施所有权移交的同时,移交全部技术资料。

## 8.1.4　烧结生产用电管理

提高企业用电管理水平,是企业节电工作投入少、产出多的有效方法,企业可以从以下几方面优化企业的管理水平。

A　提高节能意识

提高节能意识,关键在宣传教育。珍惜资源、节能减排的教育,是提高企业效益的有效手段。目前我国经济发展基本沿用大量消耗资源、能源的粗放经营发展模式,企业浪费能源的现象几乎处处可见,却又是司空见惯,甚至视而不见,因此,必须把保护环境、珍惜资源作为企业一项重要的员工素质教育。节能减排问题,必须着眼于全企业,提高全体职工的节能意识,增强责任感和紧迫感。提高节能意识,关键在领导。只有增强责任感和紧迫感,采取切实的措施,真抓实干,节能减排才会取得显著的成效。

B　完善管理机制

成立能源管理领导小组,由企业责任人任组长,其他企业领导及各生产单位负责人为组员。配备能源专职管理人员,负责企业能源的具体管理工作,各车间能源管理小组由车间主任任组长，有关技术人员和有经验的职工参加，各班组配备一名能源管理员，这样全企业形成三级管理网络，全面负责节能减排工作。

C 强化制度建设

企业根据有关法律法规并结合企业实际可制定《节电节能管理办法》、《节电目标责任考核办法》、《超标耗能管理办法》、《成本考核管理规定》等规章制度，逐步使节电走上法制轨道。并按企业规章制度坚持现场用能检查，落实能耗考核指标，各级完成分管工作，努力降低企业电耗。

D 电量计量与统计

加强电量的计量管理是科学、有序、节能生产的先决条件，计量管理的重点是有准确的计量数据，它是一切经济活动的重要基础。为做好节电工作，要建立健全电量计量管理体系，制定相应的电量计量管理制度，主要包括电量计量管理机构职责及人员岗位责任制度、电量计量的管理制度、用电管理制度，这些规章制度明确各部门的工作职责和工作标准。配备多级计量器具，对主要用能点单独安装电量表，单独计量，按月抄表，并建立健全各类电能消耗原始计量和统计台账。只有建立完善的企业电能计量才能清楚地了解企业用电情况，分析节电环节和采取节电方案，才能开展用电运行控制和调节。

## 8.2 烧结工序水耗

水是生命的源泉，是社会经济发展的命脉，是人类宝贵的、不可替代的自然资源，联合国有关机构指出"水将成为世界上最严重的资源问题"，"缺水问题将严重制约 21 世纪经济和社会发展并可能导致国家间的冲突"。缺水问题已是一个世界性的问题。人们认为，水是取之不尽用之不竭的，把水作为最廉价生产资料的意识长期支配着人们的行为。随着经济持续的发展和人民生活水平的提高，对水量的需求越来越大，对水质的要求越来越高。而水资源的不足，时空分布不均，加上超限度开采，无节制的浪费，随意的污染等，使本来紧张的水资源供需矛盾更加尖锐。所以，为了我国可持续发展，对水资源问题的解决是非常迫切、势在必行的。

全球水的总储量为 138.6 亿立方米，其中 96.5% 存在于海洋中，淡水仅占 2.53%，且多储存于冰川、雪山之中，而真正便于取用的地表水和浅层地下水仅占 0.79%。我国水资源总量 2.81 万亿立方米，居世界第 6 位，但人均占有量仅居世界第 108 位，人均水资源仅 1770$m^3$，为世界人均的 7.5%，是世界上 21 个贫水国家之一。因此，要解决我国水资源问题，认识水资源形势的严峻和供需矛盾是十分必要的。

### 8.2.1 烧结用水

水作为一种能源，在烧结工序能源消耗中属动力消耗类，占动力消耗的 1% ~ 3%，因此降低水耗不仅是节约用水，而且与烧结工序的成本及工序能耗密切相关。

#### 8.2.1.1 用水种类

烧结工序的生活与生产新水等水源一般从钢铁厂管网上接入。根据水质划分，用水种类有生活水、净化水（生产新水）、复用水、中水、软化（除盐）水等；根据系统划分，有生活水系统、消防水系统、净循环水系统、浊循环水系统、复用水系统、软化水系统和除盐水系统等。

烧结生产用水包括烧结生产工艺用水、设备冷却用水、余热回收利用用水和烧结烟气治理用水等。

8.2.1.2　用水要求

A　烧结工艺用水

烧结工艺用水主要用于混合工艺。当以细磨精矿为主要原料时，采用二段混合工艺（简称二次混合）；当以粉矿为主要原料时，可采用一段混合工艺（简称一次混合）；也有厂矿采用三段混合工艺。目前大多数采用二段混合工艺。其中，一次混合加水主要是润湿混合料，给水量为总水量的 80% 左右；二次混合加水是为了制粒，主要是为补充部分水，使得混合料水分稳定，给水量是总水量的 20% 左右。三次混合主要是强化制粒或燃料、熔剂分加，三次混合一般不再加水。

混合工艺加水要求：

（1）混合工艺加水要求水量均匀，水应直接喷洒在料面上。加水管上的喷口孔径一般为 2～4mm，二次混合的孔径在 2mm 以下，以产生雾化水为好。

（2）为满足进料端喷水量大的要求，一般一次混合在混合机中部开始加水，二次混合在进口处补水。

（3）加水水压要求稳定且不宜过高。一般一、二次混合工艺要求喷水处水压控制在 0.2 MPa 左右。

（4）加水量是以二次混合后的混合料中的含水率来控制。

（5）加水水温一般无特殊要求。但为提高料温，可以利用设备冷却后的热水，水温偏高为好。

（6）加水水质要求水中杂质颗粒直径 $\varphi \leqslant 1mm$，以防堵塞喷嘴孔眼，水中悬浮物含量要求不能对原矿成分产生影响。

B　烧结设备冷却用水

a　烧结机冷却用水

老式烧结机主要冷却用水点为点火器、水冷隔热板、弹性滑道、箱式水幕等，而目前新式烧结机只有水冷隔热板冷却用水。水冷隔热板为一空心钢板，中间充满水，通过水的流动将点火器散发的热量带走。

b　抽风机室设备冷却用水

抽风机冷却用水点为电动机空气冷却器和抽风机油冷却器。其中，空气冷却器为密闭自循环空气冷却器。实际工程中一般均采用净循环水系统，水温 ≤33℃，目的是控制电动机轴承温度低于 60℃，严格要求不间断供水。一旦断水或电动机轴承温度 >60℃，立即发出报警信号，并自动跳闸，停止运转。

抽风机的轴承润滑采用稀油并设稀油循环系统，为此需对油冷却器的稀油进行冷却。冷却水在冷却器中的群管内流过，而油在群管外与水逆流形成热交换，使油中的热量被水带走。

c　烧结矿冷却设备用水

由烧结机卸出的烧结矿温度高达 750℃ 左右，应及时冷却，将烧结矿冷却至 ≤150℃，以确保胶带运输机的正常运行，冷却设备一般采用环式冷却机或带式冷却机进行机械通风冷却。

环式或带式冷却设备冷却用水点为风机和稀油站润滑冷却用水，水压为 0.2 MPa，水温 ≤33℃。

d　烧结矿破碎设备冷却用水

单辊破碎机是热烧结矿的破碎设备。由于烧结矿温度较高，为减少高温影响，破碎机的主轴轴芯及箅板等需通水冷却，水压为 0.6 MPa，水温 ≤33℃。

e 除尘设备冷却用水

烧结生产过程中，因改善环境的需要，各工艺过程相继配有除尘系统，具体有烧结机机头、机尾除尘器，原料破碎、配料、整粒及成品输送等电除尘、布袋除尘或其他除尘设备。其中除尘设备的风机运行过程中需要水进行冷却，水压一般为 0.2MPa，水量 2～4m³/h，水温≤33℃。

f 空压机设备冷却用水

因一、二次混合机喷油、气体输灰、仪表等需要，许多烧结厂建有空压机站，水冷式空压机的油冷却器需要水进行冷却。

C 原料场用水

随着现代化钢铁企业生产技术的不断发展和烧结工艺的需要，烧结厂大都建有原料场，其用途已不仅局限于储存原料，还需将各地运来的不同类型的铁矿粉和钢铁厂的含铁粉尘、废渣等多种物料，通过堆料机和取料机的作业，混匀中和成为化学成分相对均匀的混匀矿，然后再送往烧结厂的配料系统。在原料场的工艺过程中，原料的装卸和不断的倒运，必然会产生扬尘，需喷水降尘，因此防尘、除尘是原料场的主要任务之一。

(1) 卸料除尘用水：原料场的除尘用水主要是受料槽和翻车机室在卸料作业过程中的水力除尘用水。

(2) 露天料堆喷雾用水：原料露天堆放，因风力影响易造成原料飞扬损失和大气环境污染，在实际中通常采用特制喷头（或水枪）喷出水雾来抑制粉尘飞扬。

D 地坪用水

洒水清扫地坪是为防止二次扬尘，改善环境，优点是不产生废水。

E 烧结余热利用设备用水

因节能需要，烧结冷却机高温段废烟气及大烟道等处近几年相继建有余热回收利用设备，所产蒸汽或用于生产、生活，或用于发电。余热利用设备的引风机需冷却水，在产汽过程中需消耗软化水或除盐水。

F 烧结烟气脱硫用水

近年来，国家要求烧结烟气脱硫。半干法脱硫如循环流化床法、SDA 旋转喷雾法，一般用生石灰为原料，生石灰消化以及降低烟气温度到适宜脱硫反应温度，都需消耗净化水。对于湿法脱硫如氨－硫酸铵法、石灰石－石膏法等，相比半干法脱硫，耗水量更多。

G 消防设施用水

一般中等规模的烧结厂均设有消防水系统，分为室外低压和室内（符合规范要求的场所）短时高压消防水系统，其消防设施会定期消耗新水。

H 生活用水

主要为食堂、澡堂、开水房及卫生间用水，所用水质为生活水。

## 8.2.2 节水措施

当前人类正处于从工业文明向生态文明过渡阶段，必须坚持节能优先的原则，加强节能管理，提高节能意识。水已成为制约我国城市经济和社会发展的主要因素之一。我国正面临城市工业生产和居民用水量迅速增加，水资源浪费严重，"跑冒滴漏"现象普遍，供水紧张，供需矛盾加剧的形势。提高节水意识，搞好节水工作，任重道远，本节从烧结生产方面，讨论节约用水的措施和方向。

### 8.2.2.1　节水管理

我国工厂企业生产用水量约占城市总用水量的 70%，节水潜力大，要改变传统的管理模式，加强供用水管理的研究，具体到烧结生产过程，有以下常用的节水管理举措。

**A　加强职工节能意识的教育**

提高职工节水意识，一方面是减少水耗量，另一方面对"跑冒滴漏"所产生的水浪费也是一种积极作用，及时发现及时处理，减少浪费。

**B　节水管理制度**

(1) 建立健全用水使用制度，必须配备专职的能源管理人员。

(2) 公司主管部门下达的水耗指标应进行层层分解，将水量消耗定额落实到车间、班组、机台。

(3) 每月必须至少进行一次水耗分析和水耗平衡工作，落实水耗超标考核，要采取有效措施，努力降低水量消耗。

(4) 建立健全水量统计台账，每月应将本单位的水耗情况及分析按规定准时上报至公司能源管理部门。

(5) 应严格按照设备设计的温差控制水量，节约用水，凡循环量在 $2m^3/h$ 以上的净化水用户，都必须循环使用，努力实现全循环，"零"排放。

(6) 不得私自乱接管道、私自扩大管径和使用范围。

(7) 厂区生活用水必须单独计量与统计，澡堂要定时开放。

(8) 应采用先进的节水技术，逐步淘汰高耗水设备，高度重视生产工艺节水，改革工艺流程，改进生产结构，改进操作方法，降低水量消耗，对有效的节水措施必须认真执行。

(9) 应严格按照用水设备所设计的参数或水量平衡规定的参数使用水源。

(10) 水管应按国家规定刷色漆、色环；阀门开关应编号挂牌。

**C　日常运行管理**

(1) 烧结厂设备及能源管理部门组织相关专业人员每月必须至少进行一次水系统及设施的全面检查，发现问题及时安排整改。

(2) 凡用水单位，必须安装计量表，按表计费，非生产用水、转供水应单独计量，做到生产与生活用水分别计量。

(3) 外委工程在烧结厂施工用水时必须签订供用能合同，同时向烧结财务部门交纳一定的违约抵押金；若违反用水管理制度，扣除相应违约金。

(4) 烧结各用水单位应建立厂、车间、班组自查体系，及时制止违章用水及浪费水的行为；对自查发现的问题应及时整改，对暂时不能整改的应制订整改计划并限期整改。要将违章用水管理纳入本单位经济责任制进行考评，严格考核。

(5) 私自将计量表回零、停用，人为造成计量误差者必须进行考核。

(6) 平时运行中，三级点检负责各自区域水系统及设备设施的检查、处理等，管网专业人员应采取措施，加大管理力度，确保水系统及相关设施正常运行。

(7) 下达水系统大、中、小修检修计划，解决水系统隐患。

(8) 新建、扩建、改建和企业设备更新改造时要有节水措施等。

### 8.2.2.2　冷却水循环利用

美国参议院通过的水质法规定：所有工业全部采用闭式循环系统。最新颁布的城市节约用水十年规划（2001—2010年）要点中，提出2010年全国工业用水量重复率要达到70%，间接冷却水循环利用率南方要达到95%以上，工业万元增加值取用水量下降到120m³。钢铁冶金烧结行业经过近十年的改造和技术更新，设备冷却水（净循环水）目前几乎全部实现循环使用，循环利用率达97%以上。

A 净循环水工艺流程

净循环水给水系统主要供全厂设备（包括空调设备）冷却用水。根据用水点标准和水压要求，一般可分为普压（0.6MPa）和低压（0.4MPa）两个循环给水系统。循环水的补充水均用生产新水（很少用低温井水）。循环给水一般采用两种方式，为保证水质，系统中应设置过滤器、除垢器或投加缓蚀阻垢及灭藻剂等。

规模较小的烧结厂常采用封闭循环。推荐采用一个压力循环给水系统的循环方式（见图8-7），该流程充分利用设备冷却水的出水余压进冷却塔，节能且流程简单。规模较大的烧结厂推荐使用两个压力循环给水系统的循环方式（见图8-8）。

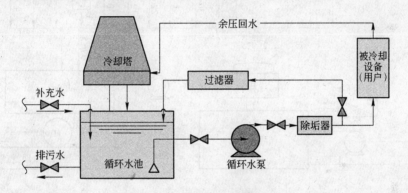

图8-7 循环水流程图（一）

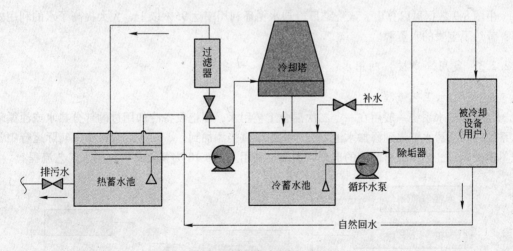

图8-8 循环水流程图（二）

B 净循环水利用效率

烧结设备冷却水实现全部循环利用后，在系统运行过程中，除冷却塔风吹、飘逸、部分跑冒滴漏及系统排污外，平时生产新水的补充量很少，约占总循环量的4%左右，图8-9为某烧结厂的水量平衡图。

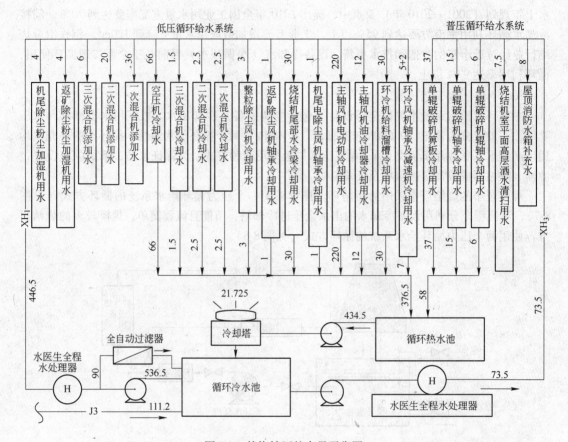

图 8-9　某烧结厂的水量平衡图

由图 8-9 数据可以算出，该烧结厂冷却水循环利用率达 95% 以上，大大提高了水的利用效率，节约了宝贵的水资源。

### 8.2.2.3　复用（串接）利用水

**A　复用水工艺流程**

复用水给水系统一般用在一、二次混合工艺用水，即把设备冷却用过的部分热水或浊循环水系统中的澄清水汇集到添加水池中，通过水泵直接添加到一、二次混合机中，实际运行中常把单辊破碎机、环冷给料溜槽的部分回水串接利用。图 8-10 为某烧结厂复用水工艺流程。

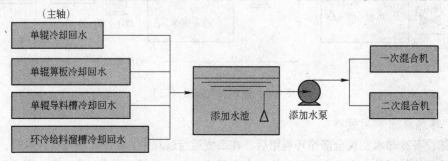

图 8-10　某烧结厂复用水工艺流程

B  复用水利用效果

将单辊破碎机、环冷给料溜槽等设备的温升回水利用到混合机的添加水工艺上，在烧结厂总的新水消耗不变的情况下，一方面能提高混合料料温，减少后续生产工艺的能源消耗；另一方面因净循环系统中回水用量减少，需多补充新水量，可以改善净循环系统的水质及冷却效果，进而提高烧结生产设备的使用效率、使用周期等；另外减小冷却塔负荷，不仅降低电耗延长设备使用寿命，而且减少了水的飘逸、损耗。

#### 8.2.2.4  废水回收利用

A  回收工艺流程

因清洁生产的需要，为节约宝贵的水资源，有许多烧结厂将通过排水管（沟）、泵坑等收集到的废水汇集到沉淀池，经过滤、沉淀后的澄清水汇集到清水池中，通过水泵加压后供冲洗、清扫地坪，冲洗输送皮带和湿式除尘用水等，图8-11为某烧结厂废水回收工艺流程。

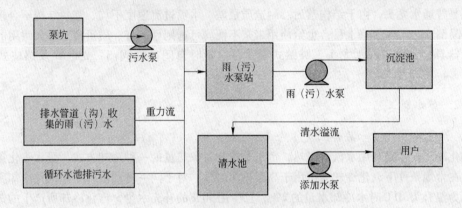

图 8-11  某烧结厂废水回收工艺流程

B  回收利用效率

将环冷地沟、电缆沟等处的泵坑收集的废水和烧结厂区的雨（污）水、生活排污水汇集一起经简单处理后，再回用到对水质要求不高的用户，既减少了排污，又减少了新水消耗，不仅有环境效益，还有可观的经济效益。以图8-11为例，每小时处理水量约为20t，按一半的上清液被利用，则年节约新水消耗约 $365d \times 24h \times 10t/h \times 85\%$ （用水天数）$=73440t/a$。

### 8.2.3  节水新方法

根据工业企业节水的重点，结合烧结厂用水实际，建立计划用水考核指标体系。把用水指标和节水指标列入各车间考核指标，推行节水目标责任制，层层分解，落实到人，采用经济手段，促进节水工作，制定切实可行的管理制度和奖惩制度。随着科技的发展和工艺设备的不断进步，近年来烧结工序也出现了一些不同于传统的节水新方法。

#### 8.2.3.1  节水新设备

A  烧结机

老式烧结机主要冷却用水点为点火器、水冷隔热板、弹性滑道、箱式水幕等，而目前新型烧结机和点火炉已不再需要水冷却。

　　B　风冷式空压机

　　为烧结工艺配套的压缩空气站，常配备 3～4 台空压机，若采用风冷式空压机取代水冷式，即可减少冷却水的用量。

　　C　便器节水型冲洗装置

　　烧结厂办公楼卫生间、厂区公共厕所等便器冲水量是烧结厂新水消耗的一部分，且多为大、小便共用一个便器。若大、小便都采用同一冲水量显然是一种浪费。因此要求每次冲洗水量可调，以适应冲洗大便和小便的不同需要。常用的便器水箱有两个缺点，一是漏水现象比较普遍；二是每次冲洗水量不易调节。近期推出的液压水箱冲洗配件和液压缓闭冲洗阀，每一次冲洗水量可根据冲洗对象进行调节，操作方便、动作可靠、密封性能好，已纳入建设部行业标准。

　　D　节水型用水器具

　　水龙头是烧结厂区生活及生产用水的主要器具，应开关方便、调节容易、无噪声、经久耐用。但是普通水龙头，由于结构落后、制造质量差、水嘴过流速度不均、密封结构不合理，易损坏、易漏水，不仅浪费水量，也给使用带来不便。可选用性能好、质量高、经久耐用的自闭式用水器具，如自闭式水龙头、脚踏式洗手盆、延时自闭冲洗阀门、光电式及感应式水龙头等。

### 8.2.3.2　节水新工艺

　　A　汽化冷却代替水冷却工艺

　　汽化冷却技术是利用水汽化吸热，带走被冷却对象热量的一种冷却方式。受水汽化条件的限制，在常规条件下汽化冷却只适用于高温冷却对象。对于同一冷却系统，用汽化冷却所需的水量仅为温升为 10℃ 时水冷却水量的 2%，且少用 90% 的补充水量，汽化冷却所产生的蒸汽还可以再利用。一座 450m$^2$ 的烧结机系统，采用水冷却循环水量约为 400～500m$^3$/h，按 95% 的循环利用率，则新水消耗为 20～25m$^3$/h。若改为汽化冷却工艺，经计算，耗水仅为 2～3m$^3$/h。不仅可以节约大量的水，而且还可以回收大量的热能。

　　B　冷却水和采暖循环水系统采用水量或水温调控装置

　　有些烧结厂冷却循环水水温失控，温差只有 1～2℃ 甚至更小；有的采暖循环水系统失水严重，因此，导致循环水和补充水大量增加，造成电能和水资源的浪费。若在烧结厂的循环冷却水系统中配备冷却塔设施、在冷却水出水管路上安装温度检测仪且正常运行的话，即可控制冷却塔的启停和循环水的温差，从而可大大降低补充水量并节约电能；温度式水量调节阀一般安装在采暖循环水系统的进水管道上，其感温包插在出水管路中，工作时，感温包感受的温度如升高，则阀开大，反之则降低，从而达到节约热能的目的。

　　C　提高循环水浓缩倍数，减少新水补充量

　　在烧结循环水系统中，推广水质稳定技术，减少循环水的腐蚀、结垢及藻类的产生，控制循环水水质，从而可提高循环水浓缩倍数，减少新水消耗。

　　D　浴室节水采用单管恒温供水措施

　　一般烧结厂都有多座浴室，若采用单管恒温供水措施，一般可节水 10%～15%，还可节省调温的时间；淋浴器采用脚踏式，可以做到人离水停，一般可以节水 15%～20%；采用加气喷淋头，加气后，水流表面张力减少，表面体积增大，洗浴效果显著。

　　另外对浴室水流进行控制，可减小单位时间的水耗量。

## 8.3 烧结工序蒸汽消耗

蒸汽作为烧结工序的重要能源介质之一，也是生产和生活必需的能源，占烧结动力消耗的 1%~3%。在世界能源紧张的今天，充分挖掘企业的节能潜力至关重要，因此，深入分析蒸汽系统能耗组成，提高蒸汽运行质量，将对烧结工序整体节能发挥重要作用。

### 8.3.1 概述

烧结工序所使用的蒸汽主要来源于钢铁企业的蒸汽管网和烧结生产过程中由余热锅炉等产生的余热蒸汽。烧结工序所使用的蒸汽为低压蒸汽。

烧结工序蒸汽系统一般具有如下特点：

（1）蒸汽来源渠道多样；

（2）蒸汽用户往往较为分散，因此要远距离输送，蒸汽管网纵横交织、错综复杂；

（3）烧结生产各工序对蒸汽品质需求不高，但用量变化波动大。此外，蒸汽消耗在烧结工序中所占比例相对较小，长期不被重视，因此蒸汽系统存在效率低、能源浪费严重等问题。

烧结工序蒸汽主要分为生产用汽（如混合料预热、电除尘器保温、冬季原料防冻/解冻）和生活用汽（如供暖（降温）、食堂、澡堂蒸汽使用）。

### 8.3.2 影响蒸汽消耗的原因

#### 8.3.2.1 能级匹配不科学

能量系统的热力学分析方法主要有两种：一种是基于热力学第一定律的能量守恒方法；另一种是基于热力学第一和第二定律基础之上的㶲分析方法和能级分析方法。㶲分析方法对于揭示能量系统中的用能薄弱环节无疑是十分重要的，也是十分有效的。然而，任何能量系统，包括设备、过程和循环等都存在着能量供给和能量使用的匹配问题。能级是反映能量品质的一个物理量，定义为能量的㶲值与供应的总能量之比。蒸汽系统不仅要重视蒸汽在发生、使用过程中数量的守恒性，还应重视在用能过程中的能级匹配。

烧结工序的蒸汽系统由蒸汽管网、用汽设备组成。蒸汽系统的能级匹配是指输入给设备的蒸汽能级与用户所需的能级相配合，使设备输入－输出端的能级差尽可能小甚至为零。凡设备输入端蒸汽的能级与用户间存在能级差，则此时蒸汽的利用一定是不合理的。

造成蒸汽系统供汽、用汽间能级不匹配的原因主要有初始设计不合理，蒸汽管网损失，减温、减压装置的节流等。减温、减压装置的使用使得蒸汽的可用能丧失，造成不必要的㶲损失，从而使蒸汽系统的㶲效率降低。

#### 8.3.2.2 蒸汽的不合理使用

蒸汽系统存在不合理用能现象的主要原因是，蒸汽来源多、用户分布范围广、管网庞大复杂，由此造成蒸汽不能按质用能和梯级利用。同时，供汽方式也存在不合理现象，如用转换效率低的动力锅炉产蒸汽，供能、用能之间不匹配，能极差大。为保证供汽能力，造成管网压力较高，用户端对蒸汽压力的需求远远低于蒸汽管网的压力现象，用户端不得不设立蒸汽减温减压装置调整蒸汽参数，蒸汽经过节流减压后，会产生能量的无效贬值和㶲损失，高品位蒸汽贬值严重。此外，生产用汽与采暖、生活用汽联用同路蒸汽，高、中、低压蒸汽混合使用，均造成用能不合理。

#### 8.3.2.3　余热蒸汽回收不均衡，品质差

在烧结生产过程中余热资源的利用存在两个问题：一是未回收，有大量的余热资源可利用，如烧结矿显热、烟气余热、低温水余热等；二是虽然回收，但回收量低、品质差，且回收具有波动性。据统计，日本新日铁公司的余热蒸汽回收率已达到92%以上，其能源费用占产品成本的14%，而我国大多数钢铁企业在此方面还有较大潜力。

#### 8.3.2.4　季节蒸汽需求不平衡

烧结工序的蒸汽用量受对蒸汽的需求量变化的制约而呈季节性变化。冬季因为气温低，混合料预热及采暖，导致蒸汽需求量增加；夏季蒸汽需求量大幅度减少。而余热锅炉生产的蒸汽量也因季节发生变化，夏季蒸汽生产量大，而冬季生产量少，使得蒸汽供给量与需求量相违背。

### 8.3.3　烧结生产节约蒸汽技术

#### 8.3.3.1　提高蒸汽利用率

蒸汽在烧结工序应用广泛，如何更有效地利用蒸汽，对降低蒸汽消耗意义较大。提高蒸汽利用率，对于烧结工序来说，可以在开展节能诊断的基础上，寻找适合企业实际情况且有效的节能途径和措施。比如优化供暖系统，采用溴化锂机组集中供暖，改进蒸汽预热混合料方式等提高蒸汽的利用率。某烧结厂在使用蒸汽预热混合料时，采用在一次混合机和二次混合前增设矿槽，将蒸汽从矿槽下部送入，混合料自上而下，蒸汽自下而上，使热交换充分，蒸汽利用效率高。采用这种方式预热混合料，冬季和夏季混合料温度分别达到65℃和80℃，取得了提高产量、降低固体燃料消耗的目的。

#### 8.3.3.2　建立蒸汽自控系统

在烧结工序中，由于取暖需求不同、用汽设备不同、用汽时间不同、用汽量不同，给整个烧结工序的蒸汽供给带来了困难，依靠传统的人工调节蒸汽阀门的方法，显然达不到合理供汽的目的。通过利用控制调节阀和工业调节器，组成自动控制系统，及时调整供汽量大小，可达到既满足生产生活用汽的需要，又节约用汽的目的。

自动调节系统控制阀是应用于流体通断的一种装置。该装置配有电动执行机构，一般以电压或电流信号进行控制。压力变送装置主要是将压力信号转化为电压或电流信号，以参与电气控制。人工智能工业调节器的主要功能就是将所反馈的电信号与控制阀设定的信号相比较，根据二者的差值来调整控制阀的开关。若反馈信号数值超过设定数值，这个差值为正，工业调节器将减小（或增加）信号输送给控制阀，直至反馈信号与给定信号数值相等，即这个差值为零时为止。

#### 8.3.3.3　优化蒸汽管网系统

在蒸汽主管线中，凝结水和蒸汽同时进行开放式排放，造成了蒸汽很大浪费。蒸汽系统损失主要是由三个部分组成的，分别为排凝放空损失、主干管线散热损失以及蒸汽计量损失。

　　A　更新蒸汽管网系统保温

更新蒸汽管网系统保温，可通过采集模拟监控和蒸汽数据对蒸汽管网的保温和散热速率进行评估，从而实现改进管线保温。

通过数据采集和模拟监控系统运行结果可以发现，经过对蒸汽热力管网的节能性能的更新，可以改善热力管网中管线的保温效果，使得热力管网实现节能降耗的优化效果。实践证明，当管网外表面积存在比例为 1% 的管线裸露面积时，其热损失量就会增加 10% 左右，实际散热损失要比理论散热损失大 7.5t /h 左右。

在选择保温材料时，应确保保温材料的物理、化学性能满足工艺要求，同时选用经济的保温材料，保温材料应符合以下技术要求：在常温下，其导热系数不大于 0.418W/(m · K)；容重不大于 500kg/m³；硬质材料制品抗压强度不低于 0.25MPa；允许使用温度不低于输送介质的最高温度；具有较好的耐火性，即在空气中遇火不燃烧或难燃烧；具有较好的防水、防湿性能；具有较好的化学稳定性，不腐蚀管道。

B  降低蒸汽系统损失

针对排凝放空损失，应采取实现凝疏水的正常排放以及对凝疏水进行回收和利用的措施。具体优化措施如下：可在长期需要排凝的位置设置汽水分离设施以及疏水器，实现凝结水的正常回收，使蒸汽系统既减少排放损失，又达到保护环境的目的。要使正常排凝放空的问题得到解决，最有效的办法就是在不改变目前蒸汽管网排凝管的管径、数量和位置的基础上，在整个蒸汽系统中建立起一个气动式的排凝回收站，在排凝方式上可选用受控蒸汽喷射携带的方法进行排凝，实现汽水的集中分离。

企业供汽应按蒸汽参数、使用性质等不同要求，设置不同的管网，原则上生产与生活分供，优化热力管网的布置，减少热力管网和用户的蒸汽泄漏率，选用合适的管道，减少散热损失。

## 8.3.3.4　蒸汽疏水阀的利用

蒸汽系统中经常可以看到疏水阀"跑冒滴漏"，大家普遍没有重视这个问题。而装设疏水器可以排除用汽设备中的冷凝水不让蒸汽流失，并防止发生水冲击、撞坏管道和管道零件。疏水阀的口径虽小，但是由于蒸汽的压力相对较高，蒸汽的泄漏量是相当可观的。同时，其投资成本就是更换疏水阀的成本，相对于其他的节能改造工程，其投资较少，投资回收期较短，工程的施工难度最小。疏水阀的选定主要根据用热设备凝结水的排量，由于疏水阀的排水是间断的，设备使用蒸汽也是经常变化的，而且使用时排水量要比正常运行时大得多，所以选用时需考虑 2~5 倍的安全系数。

采用节能型疏水器，可减少蒸汽排空次数和排空量，达到节约蒸汽的目的，节能型疏水器的使用寿命长、工作稳定，是可信赖的产品；另一方面，将多个取暖器并联共用疏水器也是节约蒸汽的好办法。

## 8.3.4　烧结工序蒸汽计量与统计

蒸汽作为烧结工序重要动力能源之一，计量的准确性及有效性直接影响能源的利用水平，对烧结工序内部提高能源利用率，降低消耗有着重要的意义。但是，蒸汽的计量不同于其他流体（如水、电、空气等），在实际测量中影响其准确计量的因素较多，经常会出现流量计本身检定合格，而实际却感觉计量"不准"的现象，能否准确计量蒸汽流量除了流量计本身的计量性能外，还受很多因素的影响。

### 8.3.4.1　影响蒸汽准确计量的因素

A　蒸汽流量的影响

为了确保得到的流量信息能够准确表示在整个工况或者需求范围内的蒸汽流量，流量计必须能够测量从极端的低负荷至最大负荷的整个范围，即流量计应具有足够大的量程比。但涉及量程比时必须小心，因为量程比是基于实际流速，蒸汽系统一般最大允许流速为 35m/s，更高的流动速度会引起系统的冲蚀和噪声。而不同的流量计允许的最低流速是不同的，例如一般涡街流量计所能测量的最低蒸汽流速为 2.8m/s。因此，对于流量变化比较大的系统，很容易造成在低流速时有些流量计无法准确计量或不能计量。

**B　蒸汽压力和温度的影响**

计量饱和蒸汽或过热蒸汽常用质量流量，单位为 kg/h 或 m³/h，其大小与蒸汽密度有关，而蒸汽密度又直接受蒸汽的温度和压力影响。在蒸汽计量过程中，随着蒸汽压力、温度的不断变化，密度也不断变化，使质量流量也随之变化，蒸汽在不同压力、不同温度下，其密度也不相同。

如果流量计量仪表不能跟踪这种变化，势必造成计量误差。为了准确计量蒸汽的质量流量，必须考虑蒸汽压力和温度的变化，实现密度补偿。然而目前用来测量蒸汽质量流量的大多数流量计系统没有自动的压力和温度补偿，而是指定操作在某一压力、温度下。如果管道压力、温度能真正保持不变则可以保证蒸汽密度不变化，从而实现准确计量蒸汽流量。但是，在一年四季中，除了温度变化外，蒸汽系统负荷的变化、系统的压力降和过程参数的变化都会引起压力的变化，有时这种变化是很大的。而且，即使是相对很小的压力、温度变化都会影响计量准确度。

（1）压力测量影响。在蒸汽压力的测量中，由于引压管内冷凝水的重力作用会使压力变送器测量到的压力同蒸汽实际压力之间出现一定的差值。如果不对测量误差予以校正，则会影响蒸汽密度的计算，引起流量计量误差。对于上述现象，可在二次表（流量积算仪）进行零点迁移，既简单又准确。

（2）温度测量影响。从流量计现场使用的情况来看，温度测量误差除了测温元件的固有误差外，还同测温元件安装的不规范有关。

**C　差压传送误差影响**

（1）零点漂移。差压变送器安装到现场投用时，往往发现零位与出厂校验时的零位不一致。这种零位输出偏离称为静压误差。其调整方法是向正负压室通入相同的静压，将三阀组的高低压阀中一个打开，另一个关闭，将平衡阀打开，如果怀疑正负压室内尚未充满被测介质，则可通过正负压室上的泄压阀排尽积气或积液，然后再检查变送器的输出。

（2）引压管布置不合理。引压管线应保证合理的坡度使管内可能出现的气泡较快地升到母管内，管内出现的杂质等较快地沉到排污阀。引压管线应定期检查维护，确保无泄漏无堵塞。引压管的内径与被测流体的性质和引压管总长度有关，对于蒸汽系统，引压管的内径一般在 10mm 左右。为了避免正负压引压管内介质温度不一致，导致密度出现差异而引起传送失真，正负引压管应尽量靠近布置。当用于室外或者严寒地区时，引压管中的液体可能会结冰，因此需要伴热保温，但应避免将伴热管直接绕在引压管上，导致介质部分汽化，出现虚假误差。

**D　管道振动**

涡街等对机械振动比较敏感的流量计，在安装过程中除了尽量满足前后直管段等要求外，还应该注意对流量计前后管道作可靠的支撑设计。外来振动会使涡街流量计产生测量误差，甚至不能正常工作。如果管道振动不可避免，应采用抗干扰能力强的差压式流量计。

**8.3.4.2　提高蒸汽计量准确度的方法**

A　正确选型

一个流量计准确度很重要，选择正确口径以及使流量计尽可能接近用户的实际需要非常关键。

(1) 蒸汽计量仪表计量不正常，主要是由于选型时量程不正确造成的。用汽旺季用量相当大，而用汽淡季用量又很小，用量相差过于悬殊，一般蒸汽计量仪表的流量范围就难以适应。因此，必须明确流量测量范围，在此基础上选择符合相关运行参数的蒸汽计量仪表，选择量程比足够大的流量计以满足蒸汽负荷的变化。从长远来看，高量程比流量计很重要，高量程比流量计能处理流量增加或减少的需要，完全消除错误读数。

(2) 管道直径问题。在设计节流装置时，基本上都采用工艺提供的公称名义管径值，其实公称名义管径值与实际管径值有时是有差异的，从而造成计量误差增大。国标规定：用来计算节流件直径比的管道直径 $D$ 值应为取压口的上游 $0.5D$ 长度范围内的内径平均值。设计前最好实测管径，以减少计量误差。

B　正确安装

正确安装流量计是确保准确计量蒸汽流量的关键之一。由于蒸汽系统不同于一般的流体系统，用户在安装流量计时必须注意以下几点：

(1) 在所安装流量计前后必须留有足够长的直管段，并作可靠的支撑和良好的疏水。

(2) 流量计不能安装在整套管路的最低处。

(3) 必须高度重视冷凝器的安装，2 个冷凝器必须处于相同水平位置，系统确保密封良好，严禁泄漏，要充分考虑维护、拆换、吹扫便利。

(4) 引压管长度最好在 16m 内，内径最好选用 10~16mm，以防堵塞。引压管全程保温并确保正负压管处于相同温度以免温度变化引起计量误差。

(5) 安装测温元件的地方最好在流量计下游 $10D$ 以外，在管道或正压管上取压时，如压力变送器安装在流量计下方，则必须对压力变送器的管路液柱值进行修正，以提高计量准确度。

C　蒸汽密度的自动补偿

为了正确计量蒸汽的质量流量，必须考虑蒸汽压力和温度的变化，通过流量积算仪对蒸汽密度进行补偿。测量蒸汽温度的铂电阻安装一定要规范，以确保测得的温度数值准确。压力变送器安装在蒸汽流量计的下游 4 倍管径处，压力变送器前的阀门、密封垫应完好畅通，以保证蒸汽压力的准确测量。如果采用设定压力、温度进行补偿，所设定的数值应力求接近实际，否则误差很大，一般不建议采用。在流量积算仪中要正确设定蒸汽流量计的运行状态，这对蒸汽的正确计算至关重要。对于蒸汽状态难以明确判断的使用场合，建议采用智能型流量积算仪，配合铂电阻、压力变送器进行温度压力补偿，这样计量的蒸汽质量流量最准确。

D　规范操作

(1) 仪表投运。蒸汽流量计投运操作时，首先关闭差压变送器的正负压阀，稍开一次阀，检查各阀门、引压管等有无泄漏，如无泄漏将一次阀全开。打开排污阀排污并让蒸汽排出后关闭排污阀，等一段时间让冷凝器及引压管内充满冷凝水后才能开始正常运行。

(2) 仪表的运行。在长期运行后，无论管道还是节流装置都会发生变化，如结垢、磨损、腐蚀等。节流件是依靠结构形状及尺寸保持信号的准确度，任何几何形状尺寸的变化都会产生测量误差。而测量误差的变化并不能从信号中觉察到，因此对节流件定期进行检查是必需的。

由于企业的连续生产性质，一般是与检修同步进行。如果几何尺寸变化不大仍可继续使用，但应根据实测数据对设计数据进行修正，以保证测量的准确。

（3）仪表的维护。由于仪表长期处于高温、高压的水蒸气环境中，很容易造成仪表部件损坏、锈蚀、杂质堵塞等，因此需要经常维护和定期检修。如涡街流量计在使用中要注意三角柱缝隙是否有杂物阻塞、检测元件是否失灵等；孔板流量计要检查孔板开口的圆面是否锈蚀，有没有附着污物，要定期清洗，对锈蚀严重的孔板要更换。

### 8.3.5　烧结生产用汽管理

烧结工序浪费蒸汽的现象时有发生，如用汽设备管道保温不合要求、疏水阀失灵不起作用，等等。要节约蒸汽，需从管理上着手。加强用汽管理对于节能具有重要的现实意义。一般来说，用汽管理可从以下几个方面入手。

A　建立供用汽管理机制

建立烧结工序蒸汽管理系统，实现蒸汽产、供、用一体化管理，提高蒸汽的利用效率，减少不必要的蒸汽放散。同时企业可进行蒸汽管网优化、蒸汽系统的供能和用能诊断、蒸汽系统的供需预测与优化调度，完善烧结工序能源管控系统动力介质的优化管理，实现节能减排。

B　减少泄漏，节约用汽

加强设备管理，提高蒸汽系统的设备完好率，降低泄漏率，消除跑冒滴漏现象，能大大降低热损，有资料表明，管线上一个直径3mm的小孔，在7kg/cm³的压力下，一年由于漏气而浪费的标煤达23t。杜绝排汽直放，疏水阀必须灵敏可靠，真正起到阻汽排水的作用，使蒸汽全部凝结为水后再排出，对于失灵的疏水阀，要及时修复更换。

C　加大日常检查力度

建立健全蒸汽使用规范后，日常检查是贯彻落实规章制度的最好办法，同时也能及时发现违规用汽和蒸汽浪费现象，并能对"跑冒滴漏"情况及时发现、及时整改。

## 8.4　烧结工序压缩空气消耗

压缩空气是现代工业生产过程中应用最广泛的动力源之一，担负着工厂所有气动元件，包括各种气动阀门提供气源的职责。在钢铁企业所有能源消耗中，压缩空气能源消耗占相当比重，约占企业总耗电的5%~15%。而在烧结生产中，压缩空气能源消耗也较高，压缩空气作为烧结工序普遍使用的能源介质，从生产、输送到使用各个环节更应严格管理和技术改进，以适应节能减排的形势。

压缩空气由空压机或企业内部管网提供，目前，大多数烧结厂都建有自己的空压站。

空压机的类型一般有离心机和螺杆机。离心机空压站一般设置2~6台离心机，排气量一般从100~300m³/min居多，根据生产的需要，压力一般可达到0.5~1.0MPa。螺杆机空压站一般设置有2~6台螺杆机，排气量相对较小，多数为10~40m³/min，螺杆机多数作为离心空压机的辅助气源。在烧结工序，因用气量较小，一般采用螺杆机。

根据空压站是否联网，可分为分散布置与集中联网两种布置方式。伴随着空压机设备运行稳定性和控制管理水平的提高，在新型的烧结工序中，一般采用集中联网这种方式。在分散布置的烧结工序中，也多在进行建立空压站之间的联网或分区域联网的改造规划。

在烧结工序中，压缩空气的使用包含在各个生产环节，其主要用途可以分为：气力输送、气动仪表阀门、气动吹扫、脉冲袋式除尘器、气动电动机等。

一般来说，在烧结工序的压缩空气系统中，空压机产出的压缩空气经过冷干机处理后可将含水量降低至压力露点 3~5℃，作为普通用压缩空气；或经过冷干机加吸附式干燥机处理后将含水量降低至压力露点 −20℃ 以下，除尘除油至含尘粒度小于 5μm，含尘量小于 5mg/m³，含油量小于 1mg/m³，作为仪表用压缩空气供给用户。

### 8.4.1 影响烧结工序压缩空气消耗的因素

压缩空气系统由空气压缩机、空气处理设备、输送管网、冷却设备、用气设备等主要设备组成，以空气为介质生产压缩空气，大部分设备采用电力驱动，电力消耗较高。目前，我国大部分烧结工序压缩空气系统的能源利用率偏低。普遍存在以下问题：空压机手动开关机、加卸载频繁、长时间卸载无法自动停机、压缩空气供给压力不合理、管网压力损失与泄漏、气枪喷嘴低效和冷却水阀门手动操作等。压缩空气系统的节能问题已经成为空压机制造企业和使用企业的研究热点。

空压机是把电能转换为压缩空气压力能的主要设备，由于长期连续运行，其效率的高低直接影响电能的消耗。空压机运转所消耗的电量可以根据电动机额定功率、运行时间和运行效率计算（设定电动机运行效率为 100%）：

$$Q = P \times t \times (\eta_{\text{负}} + \eta_{\text{空}} k) \tag{8-10}$$

式中　$Q$——空压机消耗电量，kW·h；

　　　$P$——装机功率，kW；

　　　$t$——空压机总运转时数，h；

　　　$\eta_{\text{负}}$——负载率，空压机负载运转时数与总运转时数的比值；

　　　$\eta_{\text{空}}$——空载率，空压机空载运转时数与总运转时数的比值；

　　　$k$——空载荷电系数，空压机空载时耗电占全载荷电的比例，取值 30%。

#### 8.4.1.1 压缩过程能量损失

空气在压缩机内吸气、压缩、排气、冷却等过程中形成压缩空气，压缩空气中可以被使用的能量称为压缩空气的有效能，即气动功率。从螺杆式压缩机气动功率情况来看，压缩过程产生的能量损失为 44% 左右，这些损失的能量以热的形式排放到周围环境中，因该部分能量巨大，在工程设计中应充分加以利用。选择工作压力低的压缩机可有效降低能量消耗，但螺杆压缩机出口压力恒定，降压使用的压力差是在螺杆出口与排气口之间产生，其实质后果是压缩空气有效能的降低。因此，选择压缩机时如无特殊要求，应尽量选择最大工作压力低的压缩机，以减少不必要的损耗。

#### 8.4.1.2 压缩机卸载损失

当供气量大于末端用气量时，机组排气出口压力上升，当出口压力上升到超过压力检测开关上限设定值时，机组关闭空气入口阀门，转入卸载运行。普通压缩机运行时都有卸载过程，以避免电动机的频繁启动，使电动机处于备用状态，卸载工况运行的电流为额定电流的 30% 左右，若卸载时间占 25%，则卸载的电力损失为总用电量的 9%。对于全寿命周期运行电力消耗成本为 85% 的压缩系统而言，总浪费成本约 7.7%。

#### 8.4.1.3 管路系统压力降损失

管路系统压力降产生于沿程损失、局部损失，以及系统漏气引起的压力降低损失，这些损失通过弯头、三通、变径、过滤器、阀门等形式表现，其实质是压缩空气有效能的降低。有资料表明，管道系统压力每降低 0.01MPa，有效能损失约 0.4%，因此，优化系统管路设计，以降低管路系统压力损失是节能的一个有效途径。

### 8.4.1.4　供给压力不合理

压缩空气的压力提升需要耗费相应的电能，有资料指出，压缩空气每增加 0.013MPa 的压力，就要增加能耗 1%。空压机的输出压力每降低 0.1MPa，则耗能减少 5% ~ 6%。因此在满足用气压力的情况下尽量降低空压机供气压力，有利于降低空压机耗能，节约能源成本，可通过合理调节空压机的供气压力，减少电力消耗。

### 8.4.1.5　管网压力损失与泄漏

压缩空气压力比空气大，在流经空气处理设备和管道的过程中由于管网布局不合理、密封效果不佳、检漏工作不足等原因，会导致产生压力损失和管网泄漏，系统泄漏量经常占系统产气量的 20% ~ 30%。根据相关资料，直径 4mm 的小孔，在 0.6MPa 时压缩空气消耗量为 0.98m³/min，功率损耗约为 6.5kW。在烧结工序中泄漏问题主要存在于气缸、气动阀门、气动元件等处，同时，在很多烧结工序中，空压站多数冷干机排水的同时都存在汽水混合的情况，也造成不同程度的浪费。

### 8.4.1.6　干燥机产生的附加能源消耗

对于冷冻式干燥机，需要增加制冷系统以冷却压缩空气，从而达到降低露点的目的。冷冻式干燥机制冷深度太低会产生结冰现象，因此冷却后的压缩空气温度都高于 0℃，其露点一般都高于 -20℃，因此，环境条件允许且经济的情况下，应尽量选用冷冻式干燥机。

## 8.4.2　烧结生产降低压缩空气技术

在空压机实际运行中，可以通过一些常规措施来达到节能的目的。如：

（1）合理配置输气管道，减少管道的压力损失和空气泄漏；

（2）合理润滑，采用低黏度润滑性能较好的润滑油来降低摩擦功耗；

（3）在保证实际用风量的同时尽可能降低设定空压机的排气压力，因为排气压力设定越高，所消耗的轴功率越高；

（4）定期对空压机进行维护保养，发挥机器的最佳性能；

（5）选择高效的空压机电动机。

对于空压机的节能，我国多次提出相关标准，在 2003 年施行的《容积式空气压缩机能效限定值及节能评价值》（GB 19153—2003），之后在 2009 年施行《容积式空气压缩机能效限定值及能效等级》（GB 19153—2009），新标准中增加了能效等级和目标能效限定值等，其中空压机能效等级分为 3 级，1 级能效最高，各类空压机的能效等级以及目标能效限定值在标准中均有详细规定。

除了国家施行相关标准以及常规节能措施外，关于空压机节能还有一些新措施，主要包括采用变频调速技术、集中控制技术以及余热回收技术等，在工业过程中提倡的能量过程优化方法在压缩空气系统优化改造的应用中效益显著。

### 8.4.2.1　压缩机群专家控制系统

空压机群专家控制系统是目前空压机群控制节能新技术。该控制系统根据压力需求变化，集中控制不同空压机的启停、加卸载等，保持系统一直有合适数量和容量的压缩机处于运行状态。

本系统具备空压机自动启停控制和自学习功能，能够合理配置空压机，均衡各空压机的运行时间，有效减少空压机卸载时间段的运行时间。还可根据压缩机群配置信息，在保障最低供气压力的前提下，将先进的专家控制经验写入控制算法，实现最优化控制，从而实现压缩机群运行能耗最小，输出压力平稳。

### 8.4.2.2 变频调节技术

通常，压缩空气系统设计或设备选型都是按照最大负荷条件进行的，并留有余量。但在实际使用中，用气端负荷是变化的，需要根据负荷需求调节空压机的供气量。

在压缩空气系统中，采用变频调节技术，通过改变电动机的转速来调节空压机的产气量，能使电动机的耗电能与产气量很好匹配，减少浪费。根据电动机学原理可知，电动机的转速与电源频率成正比，通过调节电动机的频率可以调节其转速，进而调节空压机的产气量。安装在管网上的压力传感器测得的管网压力值与设定值相比较后得到的偏差，经 PID 调节器计算出变频器作用于异步电动机的频率值后，由变频器输出相应频率和幅值的交流电，使电动机得到相应的转速，于是空压机便输出相应的压缩空气至管网，使其压力变化，直到管网压力与设定值相同。采用变频调速节能效果十分明显，通常为 10% ~ 30%，采用变频调速还可以实现电动机软启动，降低启动电流，无机械冲击，从而延长机械设备寿命，减小对电网的影响，空气系统排气压力稳定，通常偏差仅为 0.02MPa。

### 8.4.2.3 室外集中进气

空气压缩机是以空气作为原料，必须要保证原料的供应，空气压缩机的进气有两种：一是室内进气，二是室外集中进气。室外集中进气有以下特点：

（1）便于集中预过滤处理；

（2）不受室内温度和油气的影响；

（3）减少室内空气的流量和流动速度，有利于保持室内的环境卫生；

（4）初期投资大，输送管路有阻力损失。比较而言，室外集中进气优于室内进气，采取预过滤措施，不仅能够延长滤芯的使用寿命，而且能够降低功耗。

### 8.4.2.4 空压机余热回收技术

空压机是将电动机的机械能转换成气体压力能的装置。在机械能转换为气体压力能的过程中，空气被强烈压缩，温度骤升，产生大量的热量，同时空压机机械部件高速运转也会产生大量的摩擦热，温度可以达到 80 ~ 100℃。这些热能普遍采用风冷或水冷方式排往大气中。从节约资源、可持续发展以及低碳的角度来看，利用某些方法和装置将空压机产生的废热回收利用，既能解决空压机组的冷却问题，又能最大限度地利用能量，具有一定的经济效益和社会效益。

空压机余热回收方式根据空压机的冷却方法不同、冷却系统的装置不同，能量的回收方法也会有所差别。对于空气冷却系统，热量回收方法是将压缩机冷却产出的大量低温热气流直接用作办公采暖或热交换器的预热。对于水冷却系统的能量回收，是在空压机内部水路循环中串入一机外热交换器，使内部水先与来自储水桶的软水进行换热，既可降低内部水温，又可提高外部水温；然后再进入水冷却器或直接回流空压机内进行冷却。被加热的水在储水桶处储存，最后再输送到热水网。当热量被回收利用后，水冷却器的负荷大大降低，甚至不再需要冷却塔。

### 8.4.2.5　能量过程优化

能量过程优化以较为成熟的热综合或能量集成理论以及过程集成理论为基础，以过程工业为研究对象，综合考虑研究对象的能量交换与转化情况，将整体研究对象划分为多个子单元，以最节能为目标，对子单元进行优化，给出优化方案，实施优化并对效果进行分析。

在压缩空气系统中，关于空压机本身的设计在国内外进行的很多，也有很大的突破，技术业已成熟，在此基础上要想进一步对空压机做出优化很难，除非空压机行业有重大变革。现在的一些专利等对空压机的优化改造确实能取得效率，但是效率颇低。在空压机的运行中，压缩空气的压力可以达到 0.7MPa、0.8MPa，而在一些应用场合下，实际需要的压力只要 0.1MPa 或 0.2MPa 就足够了，由此也可以看出，这之中也造成了极大的浪费，高压的压缩空气绝大部分都被用来克服阻力而白白损失掉，从而导致能量的大量耗费。在设备较多、工序烦琐的烧结工序中，能量过程优化方法的应用对于压缩空气系统的节能优化有重要的作用。对压缩空气系统进行节能优化时，不应仅仅着眼于安装使用高效空压机，而是应从全局着眼，取得更大的节能。

## 8.4.3　烧结生产压缩空气质量管理

压缩空气质量的好坏对压缩空气的利用率影响极大，在生产利用中，需加强压缩空气的质量管理，对影响压缩空气质量的因素进行分析，并采取改进措施确保压缩空气质量，提高压缩空气的利用效率，降低压缩空气消耗。

### 8.4.3.1　影响压缩空气质量的杂质及其危害

不理想的压缩空气中含有相当数量的杂质，不同杂质有不同的危害，主要表现在以下三个方面：

（1）固体颗粒。目前城市每立方米大气中约含有 1.1 亿个微粒，其中大约 80% 小于 2μm，而烧结厂粉尘浓度更高。空压机吸气过滤器对于微小颗粒无法消除，相对大的颗粒会堵塞吸气口过滤器而直接影响吸气量的大小，导致电动机做功无法转化为空气的压力能。空压机系统内部也会不断产生磨屑、锈渣和油的碳化物，它们将加速用气设备的磨损，导致密封失效，直接影响设备的安全运行。

（2）水分。大气中相对湿度一般高达 40%~70%，经压缩冷凝后，即成为湿饱和空气，并夹带大量的液态水滴。即使是分离干净的纯饱和空气，随着温度的降低，仍会有冷凝水析出，大约每降低 10℃，其饱和含水量将降低 50%，即有一半的水蒸气转化为液态水滴。它们是设备、管道和阀门锈蚀的根本原因，在冬天结冰还会阻塞气动系统中的小孔通道。随着锈蚀的日益严重，部分管道设备会出现腐蚀，发生压缩空气的泄漏现象，导致系统效率下降。在烧结工序中，压缩空气为所有的气动阀提供动力，水分会加快气动阀的锈蚀，降低寿命，提高设备的维护成本。

（3）油分。随着螺杆式空压机的广泛应用，高速、高温运转对润滑油提出更高的要求。润滑油可起到润滑、密封和冷却作用，但却也污染了压缩空气。采用自动润滑材料的少油机、半无油机和全无油机虽然降低了压缩空气中的含油量，但也随之产生了易损件寿命降低，机器内部和管路系统锈蚀以及空压机在磨合期、磨损期及减荷期含油量上升等副作用，这对于追求高可靠性的自动化烧结生产线无疑是一种威胁。尽管目前喷油式螺杆机组都有油分离器装置，但设备运行工况不稳定，油分离器维护不到位等因素都会使大量油分进入系统。从空压机带到管路系统中的油在任何情况下都没有好处。因为经过多次高温氧化和冷凝乳化，油的性能已大幅度降低，且呈酸性，对后续设备不仅起不到润滑作用，反而会破坏正常润滑，也增大了压缩空气在输送过程中的压力损失。

### 8.4.3.2 影响压缩空气质量的原因

（1）空气过滤器有不同的级别，选择不当会直接影响到系统的颗粒体积和数量。同时，空气过滤器必须在定期维护保养中进行清洗和更换，保证其过滤的质量，并避免由于堵塞引起其他故障，比如吸气压力低，吸排气量下降，压力损失较大，等等。空压机空气过滤器分为Q、P、S、C四种级别，见表8-2。

表8-2　空压机过滤器等级与功能对应表

| 等级 | Q | P | S | C |
|---|---|---|---|---|
| 通用 | 一般往复式空压机 | 一般往复式空压机 | 一般往复式空压机 | 一般往复式空压机 |
| 范围 | 前置过滤 | 前置过滤 | 后置过滤 | 专用 |
| 材质 | 多层玻璃纤维滤芯 | 多层玻璃纤维吸附式滤芯 | 多层玻璃纤维吸附式滤芯 | 活性炭滤芯 |
| 功能 | 将压缩空气内大量的油气滤除到 $5 \times 10^{-6}$ 以内及滤除杂质颗粒至 $5\mu m$ | 将压缩空气内的油气滤除到 $0.5 \times 10^{-6}$ 以内及滤除杂质颗粒至 $1\mu m$ | 将压缩空气内的微量油气精密滤除至 $0.01 \times 10^{-6}$，同时滤除空气中杂质颗粒至 $0.01\mu m$ 的高品质压缩空气 | 一般用于滤除压缩空气中的臭气，非常微细的尤其是超标达到无油标准微颗粒 |

（2）运行工况不稳定是影响油分和颗粒的重要原因，排气温度是判断空压机工况的重要参数。排气温度过高，气相的油分增多，液相的油分减少，油气分离器分离能力下降，导致压缩空气含油量增大；排气温度过低时，经压缩后的空气会有大量的水分凝析出来，使润滑油乳化、起泡沫、黏度下降，严重影响润滑效果，导致设备磨损过快，产生金属颗粒。

（3）干燥机的选型、运行管理不当是系统水分过多的主要原因。压缩空气中的水蒸气可以通过加压、降温、吸附等方法去除，无论选用何种空气压缩机，经冷却或长距离管道输送，一般都会有凝结水析出。在烧结工序中，常用来去除压缩空气中水分的方法有冷冻法和吸附法。

冷冻法是通过制冷设备将压缩空气的温度降低，使其中的水分凝结出来，析出过饱和的水分，从而得到干燥的压缩空气。冷冻干燥器工作可靠、维护简单，能连续工作，不需要再生，对配置的空气压缩机无特殊要求，而且本身还具有一定的除油效果，可以相对降低对除油过滤器的配置要求，从而降低投资费用和运行费用。与吸附法相比虽有能耗小、运行费用低的优点，但由于冷冻干燥器运行时对环境温度要求较高，一般超过 $0 \sim 40^{\circ}C$ 的范围就无法正常运转，而且大容量的冷冻设备需要耗用大量的冷却水，干燥深度也有限，所以对于我国北方或寒冷地区的室外用气和长距离管道输送及要求压缩空气品质等级高的应用场合，特别是精密控制仪器，不宜选用冷冻干燥器。

吸附法是通过吸附剂与压缩空气持续接触，利用吸附剂（如氯化钠、奇性钠、活性氧化铝、分子筛和硅胶）特殊的化学性质或分子结构吸附水分，达到干燥空气的目的。吸附干燥器可以使压缩空气的露点达到 $-70 \sim -20℃$ ，采取某些措施后甚至可达到 $-80℃$ 以下，但当吸附剂吸附了足够多的水分时，就必须对吸附剂进行更换或脱附再生才能再一次进行吸附，所以再生式吸附干燥器最大的局限性是必须消耗再生气。另外，吸附剂对空气中的油分和液态水分也较为敏感，要求与无油润滑压缩机配套使用，否则必须在空气吸入前配置除油过滤器，以免油污污染吸附剂。一旦吸附剂污染中毒，将无法进行吸附和再生。由于吸附式干燥器工作时双塔交替运行，无热、微热再生式吸附干燥器双塔频繁切换（大约 5min 切换 1 次），控制阀组件很容易损坏；又由于变压吸附原理使得吸附剂承受压力变化，表面易产生粉末，因此对用气质量要求高的用户，在干燥器出口需要配置除尘过滤器，这些在选型时也需要认真考虑。故用哪种方法对压缩空气进行干燥，应根据各企业具体生产的特点和要求，通过技术经济比较后方能确定。

### 8.4.3.3　提高压缩空气质量的措施

#### A　管网维护改造

一是对使用时间较长，管道内部锈渣、油污较多的管道，采取管道的净化处理，可以用干燥洁净度高的压缩空气或者氮气对管道进行吹扫，除尽油污、金属粉尘和尘埃，保证管壁清洁；二是水平主管安装保证有一定的倾斜度，以便凝结水聚集，同时在管网的低位处安装自动排水阀；三是在用气设备前增加油水过滤器，保证终端用气质量。

#### B　提高作业人员操作水平，优化系统工况

油温、排气温度、空压机房环境、干燥机工况等都直接影响整个系统的安全、质量和效率。因此空压机操作工人要严格按照操作规程、定期巡检制度、设备维护保养制度等规章制度进行操作，保证设备工况良好，避免由于操作不当引起的水分、油分进入系统。

#### C　优化干燥系统

提高空压机操作工人对干燥机系统的操作和故障判断能力，加强监控，设置并联干燥机。

## 8.4.4　烧结生产用气管理

烧结工序压缩空气系统在投入运行过程中会不断暴露问题，这些问题可归结为设计、安装和运行维护、日常管理等方面，要提高压缩空气的有效利用率，可从以下几个方面做工作。

### 8.4.4.1　压缩空气计量与统计

压缩空气计量一般采用涡街流量计，有压电式和电容式两种，在采购时建议采用抗震性能强、稳定性好的流量计，并应定期对计量器具进行检定。

### 8.4.4.2　设备选型

压缩空气系统设备的选型主要是压缩机、储气罐和干燥机的选择。压缩机选型是压缩空气系统中最重要的环节，除考虑工作性外，压缩机的选用还应考虑投产后的运行和维护费用，因此，从全寿命周期的角度出发，从询价阶段就需做好控制，将一次投资与设备寿命周期内的维护和使用成本全部纳入到比价表中，从技术与经济两方面给出评价，确定最终采购方案，这对于一次投资只占全寿命周期成本 10% 以下的压缩空气系统来说尤为重要。

因变频调速具有多方面的优越性，特别是大功率压缩机系统，应优先选用变频器以节省运行费用。合理确定压缩机的产气量，通过减少单台压缩机型号，增加压缩机台数，可以增加产气量的可调性和系统的可靠性。对于不同压力级别的系统，应将高低压独立设计，尽量避免将高压系统降压使用。

储气罐起到保持系统压力稳定作用，其容量的选择应与压缩机产气能力相匹配，容量过小则导致压缩机启停频繁和长期卸载运行，影响系统寿命并造成电力浪费，容量过大则增加空间占用和投资。

干燥机选型应与使用环境相适应。当前国内干燥机以无热再生式为主，在满足用气量情况下应尽量选用小型号，型号太大将导致过多的排气损失和系统压力的不稳定，同时运行成本上升。

### 8.4.4.3 管道系统设计与施工

管道系统设计对运行维护有较大影响，主要是系统布置和材质选择。系统布置除与管道直径、走向规划有关外，还需要考虑埋地或架空、防冻、排凝、连接方式等。管道直径过小、走向不当会产生不必要的压力降损失，势必只能通过提高压缩机出口压力来弥补，因此增加了功耗。材质选择不当对系统维护会带来很大麻烦，特别是冷凝水积聚的管道系统内，将恶化下游气动执行机构的运行工况。连接方式的选择应尽量采用螺纹连接，以弥补现场施工单位焊接质量控制不严问题，同时也方便拆卸整改。尽量避免使用碳钢管道材质，运行维护不当在冬季容易产生冷凝水，导致管内锈蚀，严重影响气动执行机构的动作。

管道系统施工应严格控制施工质量，这对于采用焊接连接方式的管道系统尤为重要，安装完后应严格吹扫，以消除系统中焊渣、铁屑等杂物，防止用气受到污染。严格控制施工质量还应杜绝各类气体泄漏点，这无论对于安装阶段还是运行维护阶段都应是重点检查对象。冷凝水系统尽可能将干燥机前后水管独立开来，同时保证排污阀工作可靠。

### 8.4.4.4 优化系统运行

压缩空气系统优化运行，是建立在设备及系统正确安装与设计基础之上，压缩空气系统的运行与所在环境有着不可分割的联系，其中吸气品质和温度是最为重要的两个方面。干净、低温的吸入气体是提高压缩效率、降低维护成本和节约能源的有效手段。优化系统运行要控制好以下几个方面。

A 系统工作压力

压缩机降级使用会产生能量浪费情况，但对于普通的气动执行机构，动作切换时气缸内的气体是直接排空的，这部分属于直接流失。以气动执行机构正常工作压力 0.45MPa 为例，假设沿程损失 0.1MPa，则压缩空气出口压力设定在 0.55MPa 就能维持运行，此时如提高工作压力到 0.65MPa，则执行机构动作就产生额外的损失，该损失约为 22.2%，远大于降压使用损失，因此降压使用或降低运行压力相对节省了能耗。降低运行压力，需要与压缩空气的露点相结合，对于严寒地区，冬季应适当提高运行压力以降低露点，保证供气品质。

B 系统环境温度

系统环境温度对压缩空气的效率有很大影响，主要通过吸气体积来体现，吸气温度每升高 10℃，压缩机相对少吸气约 3%，因此合理布置系统和吸气口对压缩机的运行效率有很大影响。

C 系统调节性

系统的调节性除依据工况调节进气量或变频调速外，还与干燥机有一定的关系。目前国内压缩空气系统特别是中小型系统大多采用无热再生式干燥机，干燥机的控制器为独立工作模式，定期排气，在用气量不大情况下浪费严重，有的甚至达到了总产气量的 50%。因此，根据用气量和季节变化，夏季延长再生工作周期，冬季缩短工作周期，可以改善这种状况。在系统设计时，建立再生干燥机控制器与下游管道系统压力的控制关系，可有效减少这种浪费。

## 复习思考题

8-1　简述烧结工序动力消耗的主要组成部分。

8-2　在工艺操作管理方面，降低烧结工序电耗的措施主要有哪些？

8-3　目前应用较广泛的烧结节电技术及设备主要有哪些？

8-4　简述合同能源管理的概念及其基本运作机制。

8-5　影响蒸汽计量的因素有哪些？

8-6　影响烧结工序蒸汽消耗的主要因素有哪些，如何进行改进？

8-7　影响压缩空气质量的因素有哪些？

8-8　影响烧结工序压缩空气消耗的主要因素有哪些，如何进行改进？

# 9  烧结工序余热回收利用

从我国的能源消耗结构来看,工业能耗占能源消耗总量的70%左右。而在钢铁行业中,烧结工序能耗仅次于炼铁工序,居第二位,一般占企业总能耗的9% ~12%。我国烧结工序的能耗指标与先进国家相比差距较大,平均每吨烧结矿多消耗20千克标准煤,节能潜力很大。

工业能耗的60% ~65%都转化为载体不同、温度不同的余热,其中低温余热的数量极其庞大,包括热水、低品位烟气和蒸汽等。这些热量数量大、品质低,且不易被生产过程再利用。回收和利用工业生产过程中的各种低温余热,既有助于节约能源,又能有效减少工业生产过程中的环境污染,具有十分重要的现实意义。

## 9.1  余热回收利用

余热广泛存在于整个工艺流程中,其显著特点是分散广、品质低、依赖工艺过程。余热利用的首要原则是不能影响生产下游工艺流程,因此,余热利用的目的就是依据工艺过程的特点,尽可能多地回收可以利用的热量。

### 9.1.1  余热回收

#### 9.1.1.1  影响余热回收的因素

余热的有效回收取决于五个因素:
(1) 余热要有用处;
(2) 余热具备适当的数量;
(3) 余热具备适当的质量;
(4) 把热量从废弃不用的介质传递给有用的介质、材料或工件;
(5) 余热利用经济合理。

因此,不是所有的余热都能回收,有些余热在品质或数量上不能满足要求,进行回收可能很不经济;有的是回收的余热没有需要使用的工序,以及回收对生产没有多大效果,或是回收过程难度大、投资高等。所以对余热的回收还必须进行经济分析,结合生产工艺实际情况进行决策。

#### 9.1.1.2  余热回收方式

余热回收方式可分为两类:
(1) 余热直接回收。利用余热来预热空气、干燥产品、供应热水或蒸汽以及供暖和制冷等。
(2) 余热转换回收。将余热转换为电能或机械能,发电或产生动力等。

### 9.1.2  余热利用

余热的热能可以直接利用,也可以通过换热器间接利用,利用的方式很多,按作用大致可归纳为直接利用和间接利用两大类。

### 9.1.2.1　直接利用

#### A　预热入炉空气

各种工业炉窑内燃料的燃烧需要送入空气,如果利用排烟的热量来预热空气,则可减少排烟损失,提高工业炉窑的效率。因而加热炉、化铁炉、冲天炉等均已使用热交换器来预热空气。采用热空气后的燃料节约率与空气温度和排气温度成正比,空气温度越高,燃料消耗越低,一般情况下采用热空气可节约燃料 15% ~ 20%。

#### B　预热燃料与物料

用烟气余热加热燃料,如锻造加热炉的入炉煤气,提高燃料入炉温度,可节约锅炉的燃料消耗。同样,用烟气余热加热冷物料,如钢锭、钢坯等,既可以节约燃料,又可缩短入炉加热时间,提高锅炉的生产率。有的钢厂利用高温炉渣预热炉料,使熔化期缩短,同样可以节约能源。

#### C　干燥物料

利用烟气余热干燥原材料和部件,如冶炼厂的矿料,可以取代专用热风炉,从而节约燃料或电力消耗。利用高温矿渣的余热,也可以进行直接干燥,例如有的矿砂水分较高需要干燥后才能粉碎投料,将热矿渣同原矿砂拌和进行干燥,可以省去专用的干燥炉。

### 9.1.2.2　间接利用

通过余热锅炉或热交换器生产蒸汽、热水或热空气,然后供生产工艺或采暖、空调应用。凡是烟气温度在 500℃ 以上,烟气量大于 5000m³/h（标态）的高温烟气,均可安装余热锅炉生产蒸汽或热水。具体有以下几种应用方式:

(1) 高温产品:由于产品温度很高,可以安装余热锅炉,例如在隧道窑的产品冷却带、钢钉冷床和焦炉煤气上升管等处均可安装余热锅炉,生产蒸汽或热水。

(2) 高温炉渣:利用热空气干法碎渣,将空气加热到高温,再利用高温空气通过余热锅炉产生蒸汽;还可以倒入水池,进行湿法碎渣,可使水加热到 90℃,再将热水加以利用。

(3) 干法熄焦:利用干法熄焦的余热将惰性气体加热到 800 ~ 900℃,再将惰性气体通过余热锅炉产生蒸汽。应用这种方式每吨焦炭可以回收高温蒸汽 300 ~ 500kg,节煤约 50kg,同时还可以减少大气污染,所需投资二年内可以收回。

产生的蒸汽或热水及热空气除用于生产工艺外,还可以用于采暖和空调。低温热水可以用于农业,供培养蔬菜、植物、育种的暖房用,也可以供养鱼场冬季使用。低温余热还可以通过热泵系统扩大应用范围和利用效果。

## 9.2　烧结工序余热回收

烧结工序余热回收主要有两部分,一是烧结机尾部废气余热,二是烧结矿在冷却机前段空冷时产生的废气余热。这两部分废气所含热量占烧结工序能耗的 50%,充分利用这些热量是提高烧结工序能源效率,显著降低烧结工序能耗的有效途径之一。

### 9.2.1　烧结工序热平衡

所谓热平衡就是吸收的热量和放出的热量相等。图 9-1 为烧结系统热收入与热支出示意图。

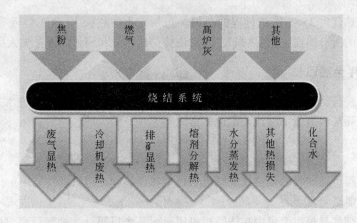

图 9-1   烧结系统热收入与热支出示意图

### 9.2.1.1   烧结工序的热收入

烧结工序的热收入主要来自于配入烧结料中的固体燃料燃烧热、烧结机点火炉煤气燃烧热、烧结料化学反应放热、抽风机抽入空气的物理热及其他热收入。

在烧结工序热收入中，固体燃料燃烧热占 78.2%，是烧结过程中的最主要热源；其次是点火煤气燃烧热和化学反应发热，占 15.8%；其余不足 10% 是混合料物理热、空气物理热等。图 9-2 为烧结过程热收入饼图。

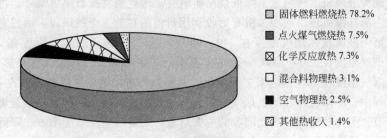

- ▨ 固体燃料燃烧热 78.2%
- ▨ 点火煤气燃烧热 7.5%
- ⊠ 化学反应放热 7.3%
- ☐ 混合料物理热 3.1%
- ■ 空气物理热 2.5%
- ▩ 其他热收入 1.4%

图 9-2   烧结过程热收入

### 9.2.1.2   烧结工序的热支出

烧结工序热支出主要包括冷却机的废热、烧结机烟气热、烧结矿显热、化学反应吸热、水分蒸发热、化合水热及热损失等。图 9-3 为烧结过程热支出饼图。

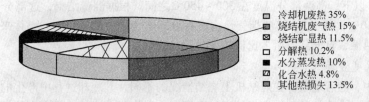

- ☐ 冷却机废热 35%
- ▨ 烧结机废气热 15%
- ⊠ 烧结矿显热 11.5%
- ☐ 分解热 10.2%
- ■ 水分蒸发热 10%
- ▨ 化合水热 4.8%
- ☐ 其他热损失 13.5%

图 9-3   烧结过程热支出

在烧结过程热支出中，冷却机烟气带走的热量占 35%，烧结机烟气带走的热量占 15%，这两种废烟气带走烧结过程热支出的一半；烧结矿的显热占 11.5%；而烧结过程的化学反应吸热、水分蒸发和化合耗热仅占25%；烧结过程的热损失包括点火炉热损失、台车挡板等处的热损失以及烧结矿卸矿后的所有热损失，在热损失中，对流传热比传导和辐射传热损失大得多。

### 9.2.2　烧结工序余热回收

据有关数据统计，我国烧结工序余热回收率尚不足30%，与国外先进水平差距非常大，烧结工序平均能耗与先进国家相比差距也非常大。

#### 9.2.2.1　烧结工序余热

烧结生产过程可被回收的热量是烧结机烟道烟气显热和冷却机烟气显热。

**A　烧结机烟道烟气显热**

烧结机烟道烟气显热主要集中在烧结机机尾后面几个风箱处，烟气最高温度可达400℃以上。在烧结机后几个风箱的热烟气不仅温度高，而且含氧量也高，其原因是固体燃料在此处基本燃烧完毕，抽入的空气主要是用于冷却烧结矿，此时透气性好，烧结矿层的阻力小，热交换也充分。烧结机尾部几个风箱内的废热烟气，温度达300~520℃，而烧结机风箱烟气平均温度一般不超过150℃，所含显热每吨15~20kg标准煤，占烧结总热量的20%左右，并含有较多的氧气。

**B　冷却机烟气显热**

冷却机烟气显热主要集中在冷却机头部。随着烧结设备的大型化和现代化，冷却机主要采用鼓风式冷却。通常将冷却段分为五个区域，由五台鼓风机鼓风冷却烧结矿。当烧结矿的温度较低时，可以减少鼓风机运转台数，降低烧结矿电耗。因此通常按鼓风机编号，将每台鼓风机冷却的部分称为第几鼓风段，而冷却机有回收利用价值的在前三个鼓风段，通过对冷却机烟气温度的检测，第一鼓风段的烟气温度在340~450℃，第二鼓风段的烟气温度在280~360℃，第三鼓风段的烟气温度在220~300℃。烧结矿温度约750~800℃，每吨具有显热25~30kg标准煤；冷却机烟气温度在100~400℃之间变化，其显热约占烧结总热量的28%左右。

在烧结过程中，冷却机和烧结机烟气带走的热量较多，回收这两部分热量是烧结工序节能的一个重要环节，也是烧结工序热能回收的主要对象，对烧结生产节能增效、降低成本起着重大的作用。图9-4是烧结机烟气和冷却机烟气温度分布示意图。

#### 9.2.2.2　烧结工序余热的基本特点

烧结矿冷却过程产生的低温烟气是烧结余热回收的主要热源，该热源具有如下基本特点。

**A　烧结余热热源品质整体较低　低温部分所占比例大**

随着烧结矿冷却过程的进行，冷却机烟囱排出的烟气温度逐渐降低，烟气温度从450℃逐渐降低到150℃以下，高温部分温度在300~450℃之间。根据测量结果，这部分烟气占整个烟气量的30%~40%；低于300℃的烟气量占所有冷却烟气量的60%以上。整体来讲，烧结余热属于中低品质热源，且低品质所占比例较大。

**B　烟气温度波动大**

烧结生产中，随着烧结矿在烧结机上烧结情况的不同，其冷却过程中产生的烟气温度也不同。烧结矿欠烧时，冷却过程中产生的烟气温度高；过烧时，冷却过程产生的烟气温度低。以济钢第二烧结厂320m² 烧结机为例，余热回收段烟气温度最高能达到520℃，最低时只有280℃。如此大范围的温度波动给余热回收带来了很大的困难，这也是烧结余热回收过程中要重点解决的问题。

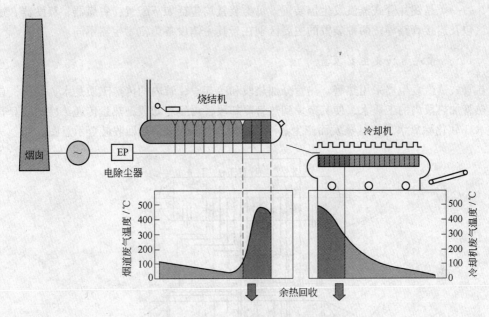

图 9-4　烧结过程热烟气温度分布

**C　热源的连续性难以保证**

热源的连续性是对余热进行有效回收的必要条件。烧结余热主要来自热烧结矿所携带的物理显热，只有当烟气回收段连续不断地有烧结矿通过时，烧结余热才能成为一种连续的热源。若烧结矿物流中断，整个余热回收系统的热源也就中断了。在烧结生产中，由于设备运行的不稳定性，短时间的停机很难避免，烧结矿物流的中断是经常出现的情况，所以烧结余热热源的连续性难以保证。

### 9.2.2.3　烧结工序余热回收原则

根据烧结余热的特点，其回收应遵循如下三个协同原则。

**A　降低烧结机能量消耗与减少余热生成量协同的原则**

在回收烧结机烟气余热时，应将降低烧结生产能源消耗放在第一位，将回收烧结机烟气余热放在第二位。因为降低消耗可减少烧结机烟气余热生成量，由此获得的直接节能效果，比通过回收余热的效果更为经济和有效。

**B　直接热利用与动力回收协同的原则**

回收的冷却机烟气余热，优先用于烧结机本身预热助燃空气或混合料及热风烧结，可缩短余热从回收到使用环节的路径，实现能量消耗最小化，从而直接降低烧结机的单位热耗，其节能效果比通过余热锅炉生产蒸汽更为明显。

**C　分段回收与梯级利用协同的原则**

在回收冷却机烟气余热时，应根据热烟气品位分段回收，在冷却机、余热锅炉及汽轮机之间做到能级匹配和梯级利用。在符合技术经济要求的前提下，选择合适的余热回收系统，使回收的余热发挥最大效果。

### 9.2.3　烧结工序余热回收装置

国内烧结低温烟气余热回收装置从产汽原理上可归纳为两大类：一类是热管式蒸汽发生器

装置，另一类是翅片管式蒸汽发生器装置。每类装置均包括如下配置：省煤器、蒸发器、过热器、汽包及连接管路等，两种装置的主要区别在于其主体设备蒸汽发生器不同。

### 9.2.3.1　热管式蒸汽发生器装置

热管式蒸汽发生器采用热管。热管分加热段和冷却段，管内的传热工质是水，热废气首先加热热管加热段内的工质水，使其蒸发到热管冷却段，再经冷却段把热量传递给冷却段套管内的纯水（软化除氧水）使其蒸发而产生蒸汽。图9-5为热管式余热回收装置示意图。

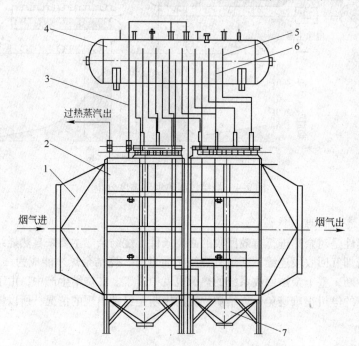

图9-5　热管式余热回收装置示意图
1—烟气进出口；2—蒸汽发生器本体；3—过热器进气管；4—汽包；
5—上升管；6—下降管；7—灰斗

### 9.2.3.2　翅片管式蒸汽发生器装置

翅片管式蒸汽发生器采用高频焊螺旋翅片管组，管内介质为水，由管外的热废气使管内的纯水（软化除氧水或除盐水）蒸发而产生蒸汽。具体运行原理是：蒸发器管程由冷却烧结矿的热废气使管内的纯水（软化除氧水或除盐水）加热，产生的汽水混合物沿上升管到达锅筒，集中分离后的饱和蒸汽再进入过热器，过热后产生的过热蒸汽送至用户。锅筒由补水泵补水，蒸发器由下降管从锅筒内补水，蒸发器与锅筒之间可形成水汽的自然循环。

翅片管式蒸汽发生器装置可以采用烟气自然循环的方式直接安装在环冷机上，也可以采用烟气强制循环的方式，将回收装置安装在地面上，用引风机将烟气抽出，经烟风管道送至余热回收系统循环使用。目前大多数烧结厂均采用后一种方式。图9-6为翅片管式余热装置示意图。

热管式和翅片管式蒸汽发生器装置性能上各有千秋，使用过程中也有各自的局限性，就烧结工艺而言，翅片管式蒸汽发生器装置更适用于烧结的生产。

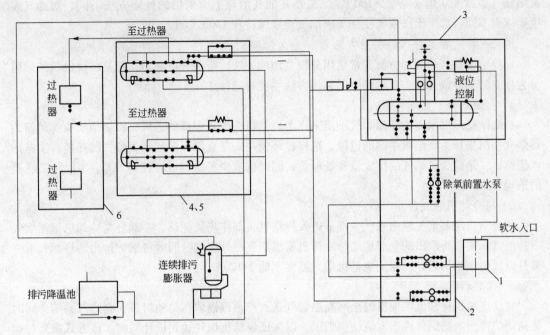

图 9-6　翅片管式余热回收装置系统示意图
1—软化水水池；2—水泵；3—热力除氧器；4—蒸汽发生器；5—汽包；6—蒸汽过热器

## 9.3　烧结工序余热利用

　　烧结过程的余热包括烧结机烟道烟气余热和冷却机烧结矿显热两部分，由于烧结工艺的差异和所采用的设备不同，其回收利用的方法也应结合生产实际情况来确定。

### 9.3.1　烧结工序余热利用方法

#### 9.3.1.1　烧结机烟道烟气余热利用

　　**A　烧结机烟道余热的特点**

　　烧结机烟气余热可分为三段，即烧结机头部烟道、中部烟道、尾部烟道，这三段烟道的烟气温度是不一样的。

　　（1）烧结机头部烟道温度很低，通常在100℃左右。这是因为台车上部烧结矿层和燃烧层较薄，燃料燃烧所产生的热量被下部烧结料所吸收，因此烧结机头部烟道烟气是没有直接利用价值的。

　　（2）烧结机中部烟道温度不高，平均烟气温度在80～100℃左右。这是因为在烧结过程中有大量的水汽蒸发、矿物的分解和化学反应及矿物的熔化等需要较多的热量，导致烟气温度低，所产生的烟气余热也是没有直接利用价值的。

　　（3）烧结过程进入尾期，烧结机尾部烟道温度高，烧结过程耗热基本完成，台车上大部分是烧结饼和燃烧带，仅存极少量的烧结料，平均烟气温度一般在250～400℃之间。这部分高温烟气所含热量是有回收利用价值的。

　　烧结机尾部风箱高温热烟气的回收利用，受工艺布置等因素的影响，对烧结机尾部风箱排出的热烟气直接回收利用的厂家目前还不是很多。其主要原因一是为防止烧结机头电除尘器极板结露（通常要求烟气温度≥100℃），二是在烟气治理上所采用的处理方法不同，对烟气温度要求也不同，如半干法脱硫往往要求烟气温度保持在130℃以上。

**B　烧结机烟道余热的利用方法**

在烧结机烟气的利用方面，常采用分段利用的方法。所谓分段利用，就是将烧结机的烟道分为独立的三段或几段。其热烟气的利用方法主要有三种。

**a　在烧结机上直接利用**

将烧结机尾部风箱的高温烟气抽出来作为烧结机头部或中部的进风，将烧结机头部风箱的热烟气抽出来作为烧结机中部的进风，这样循环使用一是直接充分利用了烟气的热能，实施热风烧结；二是减少了烟气的排放量和处理量，同时也减少粉尘排放，使得 $SO_2$、$NO_x$ 和二噁英的治理带来方便。

**b　与冷却机烟气合并产蒸汽**

将烧结机尾部烟气取出来，一部分送入烧结机头部作热风烧结，一部分与冷却机低温烟气一并产汽，或者将取出的全部烟气与冷却机低温烟气一并产汽。同时将锅炉排出的热烟气的一部分返回烧结机烟道，以保证烧结机烟气温度不低于120℃。

**c　独立产汽**

将从烧结机尾部风箱抽出的全部高温烟气送入产蒸汽锅炉，单独组成一套产汽系统；同时将从锅炉排出的热烟气再送入烧结机烟道，以保证烧结机烟气达到设计温度。该方式需要与烟气治理方案配套，仅适用于湿法或半干法脱硫工艺。

### 9.3.1.2　冷却机上烧结矿显热利用

在烧结矿显热回收利用上，很多厂家已将热烧结矿在冷却机冷却过程中产生的低温烟气进行了回收利用，主要方法有热风烧结、预热混合料、预热助燃空气点火、安装余热锅炉产蒸汽和发电等。对冷却机中烧结矿显热的利用，推广梯级利用方法，将高温段和低温段区分开，高温段产蒸汽（供暖或发电及其他用途），低温段用于热风烧结、预热混合料、预热助燃空气点火、产热水及其他用途。另外还有将低温烟气作为上一级冷却用风，利用温度叠加，提高烟气温度，使冷却机中烧结矿显热得到充分利用。为最大化利用冷却机余热，北方烧结厂常将第四鼓风段的低温烟气用于冬季原料解冻和保温，南方烧结厂常将第四段烟气余热产热水供职工洗浴等。

## 9.3.2　烧结工序余热利用途径

### 9.3.2.1　预热混合料

预热混合料是一种直接利用余热的方法，利用鼓风冷却风机与抽风烧结的压力差，设置自流式热风管道和热风罩，利用冷却机的低温烟气（100~150℃），将冷却机热烟气置于点火前，对台车上的上层混合料进行预热、干燥，以降低燃料消耗，改善烧结矿质量。如津西钢铁公司 $200m^2$、$265m^2$ 烧结机均采用此种预热方式，可降低固体燃耗 2~3kg/t。

### 9.3.2.2　热风烧结

热风烧结方法包括两个方面，一是利用220℃左右的热烟气对点火前的烧结料表层进行预热和干燥，降低点火燃料的消耗；二是在烧结机点火器后面，装上保温热风罩，向料层供给热烟气或热空气来进行烧结的一种新工艺。有的厂采用 220~400℃热烟气，有的厂采用 300~500℃的热烟气，国外有些烧结厂将烟气温度加热到 600~800℃进行热风烧结。

当烧结矿总热耗量基本不变时（燃料配比不变），采用热风烧结工艺重点是提高烧结矿强度，但料层阻力有所提高，需依靠提高成品率来维持烧结机利用系数的稳定。当适当降低总热量消耗（燃料配比减少）时，可以做到在保证烧结矿强度基本不变的情况下，降低烧结矿氧化亚铁含量，改善烧结矿还原性能，且大量节省固体燃料用量，降低烧结矿成本和少量提高烧结矿品位。

据沙钢 3 号 360m² 烧结机进行热风烧结对比测试，烧结矿转鼓指数提高约 1.5%。鞍钢新区烧结厂 1 号 265m² 烧结机使用平均温度为 252.45℃、风量为 $2.50 \times 10^6 m^3/h$ 的热烟气进行烧结，使烧结矿产量、质量都得到提高，冶金性能改善，烧结矿成品率提高 1.42%，垂直烧结速度增加 0.21mm/min；生产率提高 3.79%，烧结矿品位提高 0.19%，成品烧结矿的 FeO 降至 7.58%，降低了 1.2%，表层烧结矿转鼓指数提高了 3.6%，900℃ 中温还原度提高了 3.0%；每吨烧结矿干焦粉耗量减少 8.71kg。

### 9.3.2.3　预热点火煤气和空气

回收冷却机高温段热烟气，用于烧结机点火炉和保温炉煤气及空气的预热，可降低点火用煤气消耗。此方法属余热直接利用。采用预热煤气和空气，可降低煤气消耗 10% ~ 30%。

### 9.3.2.4　生产蒸汽

回收冷却机高温段热烟气，采用蒸汽发生器装置生产蒸汽，这种方式目前为我国大多数烧结厂所普遍采用（特别是在北方）。

烧结厂将余热产生的蒸汽用于生产中，如混合料预热、冬季原料解冻、设备保温、湿法脱硫蒸发结晶及氨法脱硫产品硫酸铵干燥等；还用于生活中，如澡堂热水、食堂做饭、烧开水及冬季采暖等。图 9-7 为带式冷却机余热产蒸汽流程示意图。

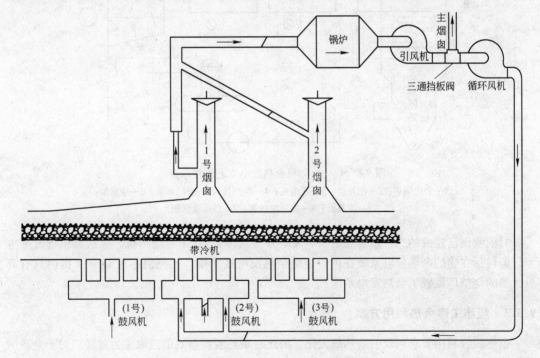

图 9-7　带式冷却机余热产蒸汽流程示意图

#### 9.3.2.5　发电

从能源利用的有效性和经济性来看，将余热用来发电或作为动力直接拖动机械是最为有效的利用方式。余热发电技术主要有单压余热发电技术、双压余热发电技术、闪蒸余热发电技术、补燃余热发电技术等。

单压系统相对简单，节省投资，运行操作维护容易。双压、闪蒸均采用补汽式汽轮机，但双压系统是补低压过热蒸汽，而闪蒸系统是补饱和蒸汽。双压、闪蒸适用于低温热源较多的情况，不同的是双压系统设备较多，而闪蒸系统给水泵功率较大；双压比单压系统能多发电8%左右，但系统较复杂。补燃发电技术可通过利用相对较少的富余高炉煤气，有效降低汽轮机单位汽耗率，使系统发电量有较大提高，还能对烟气、烟气温度的波动起到一定的平衡调节作用，对整个企业而言还能避免浪费，减少管网蒸汽放散量，能获得很好的经济效益和环境效益。

近年来，随着发电系统装备水平和烧结生产技术、操作水平的不断提高，为烧结余热回收发电创造了更加有利的条件。中、低温参数汽轮机成本的降低，也使烧结余热电站的建设变得安全、经济、可靠。

按照普通电站的配置要求，烧结余热发电系统主要包括：烟气回收系统、余热锅炉系统、除盐水系统、汽轮发电动机系统、循环冷却水系统、电力并网系统、蒸汽外网系统等。系统设计要考虑余热的充分利用和节约能源，以最大程度地减少排放。其工艺流程见图9-8。

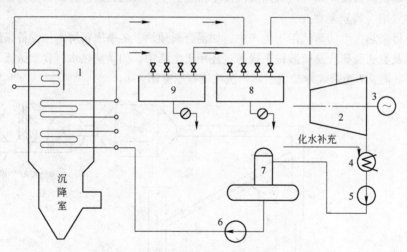

图9-8　烧结冷却机余热发电工艺流程示意图

1—余热锅炉；2—汽轮机；3—发电机；4—凝汽器；5—凝结水泵；6—给水泵；
7—除氧器；8—高压集汽箱；9—低压集汽箱

目前我国已建成的二十余套烧结余热发电系统共涉及50余台烧结机，烧结面积近万平方米，但包括在建的余热发电系统在内，烧结余热发电技术推广比例仍不足10%（国内只有部分大型的烧结厂设置了余热发电系统）。

### 9.3.3　烧结工序余热利用方案

余热回收利用要求回收的余热最大化，因此对余热装置参数的选取尤为重要。对于余热回收产汽量来说，产汽量的多少，取决于烟气的温度和烟气量。只有两者均满足要求，才能保证余热利用的效果。在做方案前，须对烟气量和烟气温度进行检测，正常情况下，利用的烟气温度应达到250℃以上。

### 9.3.3.1　冷却机余热利用方案

根据烧结工艺实际情况，在烧结矿显热回收上，可利用烧结冷却机鼓风一段、二段部分的烟气，也可以将冷却机鼓风第三段的部分或全部烟气进行回收，还可以将鼓风第三段或第四段全部回收利用。对于冷却机烟气量，在设计时要考虑留有一定的漏风系数。

A　冷却机部分余热利用

将冷却机鼓风一段、二段和三段一部分用于锅炉产汽，该方案可回收大部分余热，场地占用少、总图合理，烟气管道布置简单、合理，适合于老厂改造。

B　冷却机余热全利用

将冷却机鼓风一段、二段和三段的一部分用于锅炉产汽，将鼓风四段前半部分烟气作为三段后半部分的进风，使三段后半部分烟气温度叠加后用于热风烧结，实现冷却机低温烟气全利用。该方案投资不多，回收率较高，管道布置合理，场地占用少，适合于老厂改造。

另外还有将鼓风五段的热风送入第四段，烟气温度叠加后的热烟气用于热风点火或产热水；还有的是利用冷却机鼓风四段或五段的低温烟气用于余热解冻和干燥，使得冷却机余热全部回收利用。

### 9.3.3.2　烧结机尾部风箱热烟气利用方案

随着抽风烧结过程的完成，烧结机尾烟气温度高，充分利用该烟气，不仅可以补充冷却机烟气温度低的缺陷，还可以稳定余热回收利用系统的运行。烧结机尾部风箱热烟气的利用通常有以下三种方式：

（1）单独设置锅炉产汽　回收余热后的烟气返回到烟道，与冷却机所产蒸汽形成"二炉一机"的配置形式发电。

（2）机尾的全部高温烟气与冷却机烟气一并产汽　由于烧结机尾部烟气温度高，可有效提高烟气温度和产汽量。

（3）机尾的部分高温烟气与冷却机烟气一并产汽　不仅可增加产汽量，多余的高温烟气还可用于烧结机中部热风烧结。

### 9.3.3.3　余热利用实例

马钢烧结厂2004年回收冷却机鼓风一段、二段余热，采用单压锅炉产汽发电，开创了国内烧结余热回收发电的先河，随后国内烧结行业余热发电接踵而来。以下简单介绍国内两家企业烧结余热发电系统的基本情况。

A　福建三钢闽光烧结厂烧结主排烟气余热发电系统

福建三钢闽光烧结厂新建的2号180m² 烧结机有15个风箱，因机头烟气选择性脱硫工艺的需要，分为大、小烟道。大烟道汇集烧结机中部5～13号风箱的烟气，采用循环流化床法进行脱硫，小烟道汇集烧结机头部1～4号、尾部14～15号风箱的烟气。用两台热管式余热回收锅炉回收尾部4个风箱的烟气热量，分别对应12～13号、14～15号风箱。目前这两台热管锅炉每天可产生1.3MPa、250℃过热蒸汽约100t，送至饱和蒸汽机组发电，日发电量达12000kW·h。此项工程投资约140万元，扣除运行费用，投资回收期不到1年。

　　B　安阳钢铁公司烧结厂余热发电系统

　　该厂对一台 500m² 烧结机，采用"二炉一机"的配置方式，在回收冷却机的余热产汽的同时，还利用机尾三个风箱的高温烟气，单独建设一座锅炉产汽，形成"二炉一机"的模式，稳定了发电系统的运行。将回收后的烟气返入烧结机烟道，这样不仅利用了机尾余热，而且还可以保证烟道烟气温度高于 120℃。该方案的特点，一是设计的锅炉产汽量可保证汽轮机最小用汽量，当烧结生产临时中断几分钟，机尾余热锅炉的循环风机还在运转，产汽量可维持汽轮机运转，弥补了"一炉一机"不稳定的缺陷；二是将回收后的烟气返回烟道，可防止烧结机头电除尘器极板结露事故。

### 9.3.3.4　余热利用发展趋势

　　对于整个钢铁厂的余热利用，有些钢铁企业已建立了企业的能源管理中心（如武钢、攀钢等）。企业能源中心的建立有利于全公司余热资源的统一调配，如宝钢等企业将烧结余热回收产生的过热蒸汽或饱和蒸汽供给自备电厂或附近的高炉煤气电站用于发电，将系统产生的低压饱和蒸汽供给厂区低压蒸汽管网，参与全公司蒸汽平衡。该模式将成为以后烧结余热利用的指导范例。

　　在国内能源资源日益紧张的严峻形势下，根据国家产业政策加强高耗能产业的节能工作，淘汰落后产能，实行企业节能技术改造项目"以奖代补"新机制，将促进更多的钢铁企业淘汰效率低下的产蒸汽设备，新上高效的换热设备，在满足工艺用热的前提下建设余热发电系统。

## 9.4　水的备制

　　在余热回收利用中，对水质的要求是不同的，通常用于产生蒸汽必须使用软化水，用于余热发电必须使用除盐水。

### 9.4.1　余热利用对介质的要求

　　在余热回收利用中，需要采用某种介质作为热量的吸收剂，这种介质在常温下为液体，吸收热量后变为气体，当温度降低后又还原成液体，在余热回收利用系统中周而复始的进行相变。目前大都以水作为热量的吸收剂，随着科学技术的发展，人们找到一些类似于水的有机物质，这些有机物具有更低的汽化温度，对余热回收效率更高，但由于在经济上无法与水相比，所以使用实例不多，大部分还停留在试验和研究阶段。

　　对热量吸收剂要求有较好的相变性，具体要求如下：

　　（1）在较低的温度下能产生相变，也就是具有较窄的相变温度区间；

　　（2）对管道和设备腐蚀性尽可能小；

　　（3）在循环过程中介质的性能基本不发生改变；

　　（4）便于处理和净化；

　　（5）对人体健康无影响，对环境无污染。

　　在本节中以水为热量的吸收剂，介绍在余热回收利用中制备软化水和除盐水的方法和要求。

### 9.4.2　水的纯度

　　在工业上，水的纯度常以水中含盐量或水的电阻率来衡量。电阻率是指断面 1cm × 1cm，长 1cm 体积的水所测得的电阻，单位为欧姆·厘米（$\Omega \cdot cm$）。根据各工业用水对水质的不同要求，水的纯度可分为下列四种：

（1）淡化水

一般指将高含盐量的水（海水及苦咸水）经过局部除盐处理后，变成为生活及生产用的淡水。

（2）脱盐水

相当于普通蒸馏水。水中强电解质大部分已去除，剩余含盐量约为 $1 \sim 5mg/L$。25℃ 时，水的电阻率为 $(0.1 \sim 1.0) \times 10^{6} \Omega \cdot cm$。

（3）纯水

亦称去离子水。水中强电解质的绝大部分已去除，而弱电解质如硅酸盐和碳酸盐等物质也去除到一定程度，剩余含盐量在 $1.0mg/L$ 以下。25℃ 时，水的电阻率为 $(10 \sim 1.0) \times 10^{6} \Omega \cdot cm$。

（4）高纯水

又称超纯水。此时，水中的导电介质几乎已全部去除，而水中胶体微粒、微生物、溶解气体和有机物等亦已去除到最低的程度。在使用之前，还需进行终端处理以确保水的高纯度。高纯水的剩余含盐量应在 $0.1mg/L$ 以下。25℃ 时，水的电阻率在 $10 \times 10^{6} \Omega \cdot cm$ 以上。而理论上纯水（即理想纯水）的电阻率应等于 $18.3 \sim 1.0 \times 10^{6} \Omega \cdot cm$（25℃）。

上述第 1 种水的制取属于局部除盐范畴，通常称之为苦咸水淡化；后 3 种水的制取则统称为水的除盐。

### 9.4.3　水的硬度及含盐

硬度是水质的一个重要指标，生活用水与生产用水均对硬度指标有一定的要求，特别是锅炉用水中若含有硬度盐类，会在锅炉受热面上生成水垢，从而降低锅炉热效率，增大燃料的消耗，甚至因金属壁面局部过热而烧损部件、引起爆炸。因此，对于低压锅炉，一般要进行水的软化处理，对于中、高压锅炉，则要求进行水的软化与脱盐处理。

硬度盐类包括 $Ca^{2+}$、$Mg^{2+}$、$Fe^{2+}$、$Mn^{2+}$、$Sr^{2+}$、$Fe^{3+}$、$Al^{3+}$ 等易形成难溶盐类的金属阳离子。GB1576—2001 规定了工业水的硬度标准，水的硬度是以每升水所含 CaO 量的毫克数来表示，以水中所含 CaO $10mg/L$ 为 1 度（与德国标准相同），当硬度值小于 8 度为软化水，当硬度值大于 17 度为硬水，当硬度值在 $8 \sim 17$ 度之间为中度硬水。

水中全部阳离子和阴离子含量的总和称为水的含盐量。含盐量通常是以每升水中含盐的毫克数（mg/L）来表示，水的盐度还需要对其电阻率进行测量，即在温度 25℃ 的条件下测定水的电阻率（$\Omega \cdot cm$）。除盐方法很多，其中包括蒸馏法、结冰法、电渗析法、反渗透法、离子交换法等等。

工业用软水、除盐水的水处理的工艺流程如图 9-9 所示。

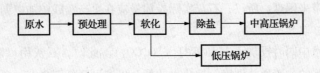

图 9-9　水处理流程

### 9.4.4  水的软化

在一般天然水中，主要是钙离子和镁离子，其他离子含量很少，所以通常以水中钙、镁离子的总含量称为水的总硬度 $H_t$。硬度又可区分为碳酸盐硬度 $H_c$ 和非碳酸盐硬度 $H_n$，前者在煮沸时易沉淀析出，亦称为暂时硬度，而后者在煮沸时不沉淀析出，亦称为永久硬度。

目前水的软化处理主要有下面几种方法：

一是基于溶度积原理，加入某些药剂，把水中钙、镁离子转变成难溶化合物使之沉淀析出，这一方法称为水的药剂软化法或沉淀软化法。

二是基本离子交换原理，利用某些离子交换剂所具有的阳离子（$Na^+$ 或 $H^+$）与水中钙、镁离子进行交换反应，达到软化的目的，称为水的离子交换软化法。

此外，还有基本电渗析原理，利用离子交换膜的选择透过性，在外加直流电场作用下，通过离子的迁移，在进行水的局部除盐的同时，达到软化的目的。

#### 9.4.4.1  药剂软化法

水处理中常见的某些难溶化合物的溶度积如表9-1所示。

**表 9-1  水处理中常见的某些难溶化合物的溶度积**

| 化合物 | $CaCO_3$ | $CaSO_4$ | $Ca(OH)_2$ | $MgCO_3$ | $Mg(OH)_2$ |
|--------|----------|----------|------------|----------|------------|
| 溶度积 | $4.8 \times 10^{-9}$ | $6.1 \times 10^{-5}$ | $3.1 \times 10^{-5}$ | $1.0 \times 10^{-5}$ | $5.0 \times 10^{-12}$ |

注：引自《简明化学手册》。

水的药剂软化工艺过程，就是根据溶度积原理，按一定量投加某些药剂（如石灰、苏打等）于原水中，使之与水中碳、镁离子反应生成沉淀物 $CaCO_3$ 和 $Mg(OH)_2$。工艺所需设备与净化过程基本相同，也要经过混合、絮凝、沉淀、过滤等工序。

**A  石灰软化**

石灰 $CaO$ 是由石灰石经过煅烧制取，亦称生石灰。石灰加水反应称为消化过程，其生成物 $Ca(OH)_2$ 叫做熟石灰或消石灰，投加熟石灰时可配制成一定浓度的石灰乳液。

单纯的石灰软化是不能降低水的非碳酸盐硬度的。不过，通过石灰处理，还可去除水中部分铁和硅的化合物。

石灰软化主要是去除水中的碳酸盐的硬度以及降低水的碱度。但过量投加石灰，反而会增加水的硬度。另外，石灰软化与混凝处理同时进行，可产生共同沉淀效果。混凝剂常用铁盐。

经石灰处理后，水的剩余碳酸盐硬度可降低到 0.25 ~ 0.5mmol/L，剩余碱度约 0.8 ~ 2mmol/L，硅化合物可去除30% ~ 35%，有机物可去除25%，铁残留量约 0.1mol/L。

在水的药剂软化中，石灰是最常用的投加剂，由于价格低，来源广，很适合于原水碳酸盐硬度较高、非碳酸盐硬度较低且不要求深度软化的场合。当石灰用量不恰当，会使出水水质不稳定，给运行管理带来困难。所以，石灰实际投加量应在生产实践中加以调试。

**B  石灰 – 苏打软化**

这一方法是在水中同时投加石灰和苏打（$Na_2CO_3$）。此时，石灰用以降低水的碳酸盐硬度，苏打用于降低水的非碳酸盐硬度。软化水的剩余硬度可降低到 0.15 ~ 0.2mmol/L。

该法适用于硬度大于碱度的水。

#### 9.4.4.2 离子交换软化法

**A 交换剂的种类**

水处理用的离子交换剂有离子交换树脂和磺化煤两类。离子交换树脂的种类很多，按其结构，可分为凝胶型、大孔型、等孔型；根据其单体种类，可分为苯乙烯系、酚醛系和丙烯酸系等；根据其活性基团（亦称交换基或官能团）性质，又可分为强酸系、弱酸系、强碱性和弱碱性，前两种带有酸性活性基团，称为阳离子交换树脂，后两种带有碱性活性基团，称为阴离子交换树脂。磺化煤为兼有强酸性和弱酸性两种活性基团的阳离子交换剂。阳离子交换树脂或磺化煤可用于水的软化或脱碱软化，阴、阳离子交换树脂配合一起则用于水的除盐。

离子交换的实质是不溶性的电解质（树脂）与溶液中的另一电解质所进行的化学反应。离子交换树脂的基本性能包括外观、交联度、含水率、溶胀性、密度、交换容量和 pH 值等指标。

**B 常用的离子交换软化方法**

目前常用的有 Na 离子交换法、H 离子交换法和 H-Na 离子交换法等，其中 Na 离子交换法应用较为广泛。

Na 离子交换是最简单的一种软化方法，该法优点是处理过程中不产生酸性水，再生剂为食盐，设备和管道防腐设施简单。

在用 H 离子交换软化法时，由于 H 离子交换出水经常为酸性，一般总是和 Na 离子交换联合使用，或与其他措施（如加碱中和）相结合。

采用 H-Na 离子交换脱碱软化法，同时应用 H 和 Na 离子交换进行软化的方法，根据两者的连接情况，可分为 H-Na 并联和 H-Na 串联离子交换法。

**C 离子交换软化系统的选择**

Na 离子交换软化，一般用于原水碱度低，只需进行软化的场合，可用作低压锅炉的给水处理系统。该系统的局限性在于当原水硬度高、碱度较大的情况下，单靠这种软化处理难以满足要求。

H 离子交换不单独自成系统，多与 Na 离子交换联合使用。H-Na 离子交换脱碱软化系统适用于原水硬度高、碱度大的情况。

#### 9.4.4.3 水中二氧化碳的去除

天然水中溶解的气体主要有 $O_2$ 和 $CO_2$，在 H 离子交换过程中，处理水中产生大量的 $CO_2$（水中 1mmol/L 的 $HCO_3^-$ 可产生 44mg/L 的 $CO_2$），这些气体腐蚀金属，而且二氧化碳还对混凝土起侵蚀作用，当游离碳酸进入强碱阴离子交换器，还将加重强碱树脂的负荷。因此，在离子交换脱碱软化或除盐系统中，均应考虑去除 $CO_2$ 的措施。实际应用中常使用除二氧化碳器除去水中的 $CO_2$。

**A 除二氧化碳器基本原理**

在平衡状态下，$CO_2$ 在水中的溶解度仅仅是 0.6mg/L（水温 15℃），当水中溶解的 $CO_2$ 浓度大于溶解度，则 $CO_2$ 逐渐从水中析出，即所谓解吸过程。又由于空气中 $CO_2$ 含量极低（约 0.03%），因而可创造一种条件使含有 $CO_2$ 的水与大量新鲜空气接触，促使 $CO_2$ 从水中转移到空气中的解吸过程能加速进行，这种脱气设备称为除二氧化碳器。

在水的脱碱软化或除盐系统中，往往将除二氧化碳器放置在紧接 H 离子交换器之后。

B　除二氧化碳器的结构及工作过程

除二氧化碳器由喷淋装置、布水器、填料层、鼓风机等组成。

由喷淋水装置经布水器将进水沿整个截面均匀淋下，经填料层时水被淋洒成细滴或薄膜，从而大大增加了水和空气的接触面。空气从下而上由鼓风机不断送入，在与水充分接触的同时，将析出的二氧化碳气体随之排出，脱气后的水则流入下部引出。

水温对脱气效果影响很大。水温越低，不仅 $CO_2$ 在水中的溶解度越高，而且解吸系数 $K$ 值越小，这些都不利于 $CO_2$ 从水中转入空气，从而影响脱气效果。因此在冬季应尽可能采取鼓热风的办法。

### 9.4.5　水的除盐

#### 9.4.5.1　反渗透

反渗透、超滤、微孔过滤都是一种利用渗透原理进行过滤的设施，在应用中对水质要求不同，采用的处理方法不同。在工业除盐上，反渗透法使用最为广泛，本节主要介绍反渗透法。表 9-2 为三种方法的比较。

表 9-2　反渗透、超滤、微孔过滤三种方法的比较

| 项　　目 | 反渗透 | 超　　滤 | 微孔过滤 |
| --- | --- | --- | --- |
| 膜孔径 | 2 ~ 3nm 以下 | 5nm ~ 0.1μm | 0.22 ~ 10μm |
| 操作压力/MPa | 2 ~ 7 | 0.1 ~ 1.0 | 0.1 ~ 0.2 |
| 主要分离对象 | 1nm 以下的无机离子及小分子 | 相对分子质量 300 ~ 300000 的大分子以及细菌、病毒、胶体等微粒 | 细菌、黏土等微粒 |

A　反渗透的工作原理

渗透现象是一种自发过程，它通过使用只能让水分子透过，而不允许溶质透过的半透膜来将纯水与咸水分开，此即所谓渗透过程，在这个过程中水分子将从纯水一侧通过膜向咸水一侧透过，结果使咸水一侧的液面上升，直至到达某一高度。

当咸水一侧施加的压力大于该溶液的渗透压时，可迫使渗透反向，实现反渗透过程。此时，在高于渗透压的压力作用下，咸水中的纯水的化学位升高并超过纯水的化学位，水分子从咸水一侧反向地通过膜透过到纯水一侧，海水淡化即基此原理。理论上，用反渗透法从海水中生产单位体积淡水所耗费的最小能量即理论耗能量（25℃）。

B　反渗透膜及其透过机理

目前用于水的淡化除盐的反渗透膜主要有醋酸纤维素（CA）膜和芳香族聚酰胺膜两大类。CA 膜具有不对称结构。其表皮层结构致密，孔径 0.8 ~ 1.0nm，厚约 0.25μm，起脱盐的关键作用。表皮层下面为结构疏松、孔径 100 ~ 400nm 的多孔支撑层。在其间还夹有一层孔径约 20nm 的过渡层。膜总厚度约为 100μm，含水率占 60% 左右。

反渗透膜的透过机理目前尚未见一致公认的解释，其中选择性吸附毛细管流机理常被引用。该理论以吉布斯吸附式为依据，认为膜表面由于亲水性原因，能选择吸附水分子而排斥盐

分，因而在固-液界面上形成厚度为两个水分子（1nm）的纯水层。在施加压力作用下，纯水层中的水分子便不断通过毛细管流过反渗透膜。膜表皮层具有大小不同的极细孔隙，当其中的孔隙为纯水层厚度的一倍（2nm）时，称为膜的临界孔径，可达到理想的脱盐效果。当孔隙大于临界孔径，透水性增大，但盐分容易从孔隙中透过，导致脱盐率下降。反之，若孔隙小于临界孔径，脱盐率增大，而透水性则下降。

C 反渗透淡化装置与工艺流程

目前反渗透装置有板框式、管式、卷式和中空纤维式4种类型。

板框式装置由一定数量的多孔隔板组合而成，每块隔板两面装有反渗透膜。在压力作用下，透过膜的淡化水在隔板内汇集并引出。

管式装置分为内压管式和外压管式两种。前者将膜覆在管的内壁，含盐水在压力作用下在管内流动，透过膜的淡化水经管壁上的小孔流出；后者将膜覆在管的外壁，透过膜的淡化水经管壁上的小孔由管内引出。

卷式装置的水流通道由隔网空隙构成，水在流动过程中被隔网反复切割、反复汇集呈波浪状起伏前进，提高了水流紊动强度，减少了浓差极化，其抗污染能力比中空纤维式强。

中空纤维式装置是把一束外径 $50 \sim 100 \mu m$，壁厚 $12 \sim 25 \mu m$ 的中空纤维弯成 U 形，装于耐压管内，纤维开口端固定在环氧树脂管板中，并露出管板。透过纤维管壁的淡化水沿空心通道从开口端引出。该装置特点是，膜的装填密度最大而且不需外加支撑材料。

反渗透法工艺流程由预处理、膜分离以及后处理3部分组成。预处理要求进水水质达到规定指标，并且应加酸调节进水 pH 值到 $5.5 \sim 6.2$，以防止某些溶解固体沉积膜面而影响产水量。根据生产用水的使用要求，后处理方法有 pH 调整、杀菌、终端混床、微孔过滤或超滤等工序。

反渗透布置系统有单程式、循环式和多段式。在单程式系统中，原水一次经过反渗透器处理，水的回收率（淡化水流量与进水流量的比值）较低。循环式系统有一部分浓水回流重新处理，可提高水的回收率，但淡水水质有所降低。多段式系统可充分提高水的回收率，用于产水量大的场合，膜组件逐段减少是为了保持一定流速以减轻膜表面浓差极化现象。

### 9.4.5.2 电渗析法

电渗析法是在外加直流电场的作用下，利用离子交换膜的透过性，使水中的阴、阳离子做定向迁移，从而达到离子从水中分离的一种物理化学过程。在电渗析过程中，电能的消耗主要用来克服电流通过溶液、膜时所受到的阻力以及进行电极反应。运行时，进水分别不断地流经浓室、淡室以及极室。淡室出水即为淡化水，浓室出水即为盐水，极室出水不断排除电极过程的反应物质，以保证电渗析的正常进行。

电渗析、反渗透、超滤以及渗析统称为膜分离法。所谓膜分离系指在某种推动力作用下，利用特定膜的透过性能，达到分离水中离子或分子以及某些微粒的目的。膜分离的推动力可以是膜两侧的压力差、电位差或浓度差。这种分离方法可在室温、无相变条件下进行，具有广泛的适用性。

### 9.4.5.3 离子交换法

A 阴离子交换树脂的工艺特性

阴离子交换树脂通常是在粒状高分子化合物母体的最后处理阶段导入伯胺、仲胺、叔胺或季铵基团而构成的。这类基团能在水中离解出 OH⁻ 而呈碱性。根据基团碱性的强弱，又将其区分为强碱性和弱碱性两类。由强碱性胺基基团（如季铵基）生产的阴离子树脂为强碱性树脂；含有其他三类胺基基团的树脂为弱碱性树脂。

交换树脂均为凝胶型结构。其特点是，浸入水中产生溶胀现象，加上在使用过程中不断转型，体积亦随之不断变化，因而难免会破裂。另一方面，由于交联不均匀，孔道过窄部分易被高分子有机物所堵塞，且抗有机污染能力较差，这些都导致树脂交换容量逐渐降低。为此，近年来研制出了大孔型离子交换树脂，这种大孔结构是树脂网络骨架中所固有的，并非由于溶胀而产生。其孔道大而多，比表面积大，交换速度快，并具有稳定性高、抗有机污染能力强等优点。

B　复床除盐

复床系指阳、阴离子交换器串联使用，达到水的除盐的目的。复床除盐的组成方式有多种，最常用的强酸—脱气—强碱系统复床系统。

该系统是一级复床除盐中最基本的系统，由强酸阳床、除二氧化碳器和强碱阴床组成。进水先通过阳床，去除 $Ca^{2+}$、$Mg^{2+}$、$Na^+$ 等阳离子，出水为酸性水，随后通过除二氧化碳器以去除 $CO_2$，最后由阴床去除水中的 $SO_4^{2-}$、$Cl^-$、$HCO_3^-$、$HSiO_3^-$ 等阴离子。为了减轻阴床的负荷，除二氧化碳器设置在阴床之前，水量很小或进水碱度较低的小型除盐装置可省去脱气措施。

C　混合床除盐

阴、阳离子交换树脂填在同一个交换器内，再生时使之分层再生，使用时先将其均匀混合，这种阴、阳树脂混合一起的离子交换器称为混合床。由于混合床中阴、阳树脂紧密交替接触，好像有许多阳床和阴床串联一起，构成无数微型复床，反复进行多次脱盐，因而出水纯度高，其电阻率达到 $(5 \sim 10) \times 10^6 \Omega \cdot cm$。

混合床具有水质稳定、间断运行影响小、失效终点明显等特点。对于制备纯水以至超纯水的场合、混合床成为必不可少的除盐设备。

混合床的缺点主要是，再生时阴、阳树脂很难彻底分层。特别是当有部分阳树脂混杂在阴树脂层时，经碱液再生，这一部分阳树脂转为 Na 型。造成运行后 $Na^+$ 泄漏，即所谓交叉污染。另外，混合床对有机物污染很敏感。为了防止有机物污染强碱树脂，在水进入混合床之前，应进行必要的预处理。

D　氢型精处理器（Hipol）

为了克服混合床再生操作复杂，阴、阳树脂难以彻底分开等缺点，近年曾提出了氢型精处理新工艺，即在复床之后设置一高流速阳床以替代混合床。其原理基于如下事实：复床出水产生电导率的微量电解质主要是 NaOH，这种情况部分是由于阳床泄漏 $Na^+$ 所引起，部分是由于阴床中残留的 NaOH 再生液缓慢释放所致。此时，再经过一道阳床（即氢型精处理器）使之进行如下交换反应

$$RH + NaOH \longrightarrow RNa + H_2O$$

可以简单而且彻底地达到去除 $Na^+$ 的目的。

复习思考题

9-1　余热的有效回收取决于哪几个因素？

9-2　余热的热能利用方式很多，按作用大致可归纳为哪几类？

9-3　烧结工序的热收入主要来自于哪些方面？

9-4 烧结工序热支出主要在哪些方面？

9-5 烧结机烟道烟气显热主要集中在什么地方，其原因是什么？

9-6 烧结矿冷却过程产生的低温烟气是烧结余热回收的主要热源，简述该热源的基本特点。

9-7 烧结工序余热回收应遵循哪几项原则？

9-8 烧结工序余热利用途径有哪些？

9-9 根据对工业用水水质的不同要求，水的纯度可分为哪几种？

9-10 什么是电渗析法？在电渗析过程中，电能的消耗主要用来克服什么？

# 第 Ⅲ 篇

# 烧 结 减 排

# 10 烧 结 除 尘

## 10.1 烧结除尘技术概述

烧结生产是一个冶炼的过程，岗位含尘量较高，因此对粉尘的收集和处理不仅是生产的需要，而且还是保证员工身心健康的需要，同时对收集的粉尘再利用，也是企业降低生产成本的有效方法。

### 10.1.1 粉尘的产生

烧结工序是钢铁行业中大气污染最严重的工序之一，是我国大气污染治理的重点行业，随着我国经济的发展及人们对生活质量要求的提高，国家对烧结烟气排放要求也在提高。

烧结就是将一定数量的粉状矿石（如粉矿、精矿、熔剂、燃料）加水混合后进行高温加热，在不完全熔化的条件下烧结成块，所得产品称为烧结矿，工艺流程如图 10-1 所示。因矿石及燃料中含有大量的无机、有机物质，因此烧结生产过程中会产生大量的含有烟粉尘、$SO_2$、$NO_x$ 等的有害气体。烧结生产设备主要包括烧结机、带冷机或环冷机、破碎、筛分机、皮带机等。

烧结工序粉尘主要来源于以下三个方面：

（1）原料、燃料等料场、破碎、筛分和配料混合及其在转运过程中产生的灰尘、扬尘；

（2）混合料在烧结过程中由机头、机尾及抽风系统产生的烟尘、粉尘；

（3）烧结矿在破碎、筛分整粒过程中及其在转运中产生的粉尘及扬尘。

烧结工序含尘烟气的特点有以下几点：

（1）废气量大，含尘浓度高。每生产 1t 烧结矿，大约产生 4000~6000m³ 废气和 20~40kg 粉尘。烧结机机头烟气量一般达到 3600~4000m³/t（烧结矿），初始含尘浓度达 0.5~6g/m³（标态）。现代烧结工艺一般采用铺底料工艺，使烧结机机头烟气含尘浓度明显降低。烧结机机尾烟气，主要指烧结机尾大罩、环冷机卸料等处的除尘风，含尘量较高，粉尘浓度可达 10~15g/m³ 甚至更高，烟气量约为 2000m³/t（烧结矿）。

（2）烧结机机头烟气温度波动较大，随烧结工艺操作状况的变化，烟气温度一般在 100~250℃。

（3）烧结机机头烟气含湿量大，一般在 10% 左右。

（4）部分粉尘有回收利用价值。烧结粉尘含有全铁量一般在 30%~50% 左右（见表 10-1），回收后可以作为烧结原料，重新参与配料。

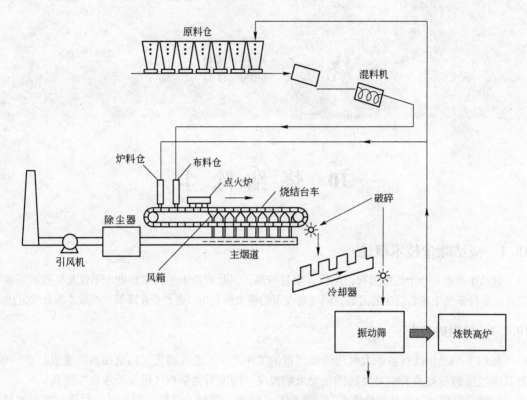

图 10-1　烧结工艺流程图

**表 10-1　烧结除尘灰粉尘的主要组成**

| 成　分 | 含量/% | 成　分 | 含量/% |
|---|---|---|---|
| 总 Fe | 35 ~ 56 | 总 S | 0.2 ~ 4 |
| SiO$_2$ | 0.6 ~ 8 | Pb | 0.04 ~ 10 |
| CaO | 1.2 ~ 1.4 | Zn | 0.05 ~ 0.4 |
| MgO | 0.1 ~ 11 | 总 C | 1.5 ~ 10 |

（5）含有重金属污染物。

由于烧结工序中粉尘产生的来源广泛，因此烧结烟气粉尘差异较大。有的产尘量多且分散；有的是大面积开放型；有的具有高温、高湿、高浓度；有的粉尘相对密度小且粒度细。根据烧结工艺及粉尘产生的主要原因，可以从完善烧结工艺、提高烧结矿装备水平、改进除尘方式、应用先进高效的除尘装置等几个方面来减少污染物的排放。

烧结工序烟气粉尘去除的难点在于去除烟气中极细颗粒。目前，大中型烧结厂均在烟气粉尘治理中广泛应用了大型袋式除尘器及静电除尘器。

粉尘的粒径、粒径分布及粉尘的基本性质等对烧结烟气粉尘去除装置的性能影响很大，直接关系到烧结工序除尘装置的选择和除尘后的排放浓度。

#### 10.1.2 粉尘的特性

粉尘是指由自然力或机械力产生的，能够悬浮于空气中的固体微小颗粒。通常将粒径小于75μm的固体悬浮物定义为粉尘。在通风除尘技术中，一般将1~200μm乃至更大粒径的固体悬浮物均视为粉尘。粉尘特性与除尘技术密切相关，粉尘的特性主要有以下几个方面。

##### 10.1.2.1 粒径

粒径也称为粒度，是衡量粉尘颗粒大小的尺度。实际除尘工艺中采用粉尘的投影定向长度表示粉尘的粒径，用$d$表示，单位为微米（μm）。$d \leqslant 5\mu m$的粉尘称为呼吸性粉尘，可随呼吸进入人体并沉积在肺部，危害最大。

除尘器对于不同粒径粉尘的除尘效率不同，一般粒径越细，除尘器对其的收集效率越低。惯性、旋风除尘器对粒径较粗粉尘有一定除尘效果，对粒径较细粉尘捕集效果较差。电除尘器和袋式除尘器属高效除尘器，对于微细粉尘的除尘效率，电除尘器低于袋式除尘器。表10-2为各种除尘器对不同粒径粉尘的除尘效率。

表 10-2　各种除尘器对不同粒径粉尘的除尘效率　　　　　　　　　（%）

| 除尘器名称 | 不同粒径除尘效率 | | | 除尘器名称 | 不同粒径除尘效率 | | |
| --- | --- | --- | --- | --- | --- | --- | --- |
| | 50μm | 5μm | 1μm | | 50μm | 5μm | 1μm |
| 惯性除尘器 | 95 | 26 | 3 | 喷淋洗涤器（空塔） | 99 | 94 | 55 |
| 通用型中效旋风除尘器 | 94 | 27 | 8 | 干式静电除尘器 | >99 | 99 | 86 |
| 高效旋风除尘器 | 96 | 73 | 27 | 湿式静电除尘器 | >99 | 98 | 92 |
| 湿式除尘器 | 98 | 85 | 38 | 袋式除尘器 | >99 | >99 | 99 |

##### 10.1.2.2 粒径分布

粉尘的粒径分布是指粉尘中各种粒径的粉尘所占质量或数量的百分数，粉尘的粒径分布也称分散度。按质量计的称为质量粒径分布，按数量计的称为计数粒径分布，在除尘工艺中通常采用质量粒径分布。粉尘的分散度不同，对人体的危害以及除尘机理和所采取的除尘方式也不同，掌握粉尘的分散度是评价粉尘危害程度、评价除尘器性能和选择除尘器的基本条件。粉尘的粒径分布，对于惯性除尘和重力除尘是非常重要的参数；对于电除尘器和袋式除尘器，粒径大小及粒径分布影响相对较小。

##### 10.1.2.3 堆积密度和真密度

粉尘密度分为堆积密度和真密度两种。粉尘在自然状态下是不密实的，颗粒之间与颗粒内部都存在空隙。粉尘的堆积密度是指在松散或自然堆积状态下单位体积粉尘的质量。而如果设法排除颗粒之间及颗粒内部的空气，则可测出在密实状态下单位体积粉尘的质量，这称为粉尘的真密度（或尘粒密度）。自然堆积状态下的堆积密度或容积密度，它是设计灰斗（主要考虑粉尘荷载）和运输设备（主要是计算设备功率）的依据。对于粉尘气力输送，其密度不同，所需压缩空气的压力和耗量不同。烧结烟气粉尘的真密度一般在$3.8 \sim 4.2g/cm^3$，堆积密度一般在$1.5 \sim 2.6g/cm^3$。

#### 10.1.2.4　比表面积

粉尘的比表面积定义为单位体积（或者质量）粉尘所具有的表面积。粉尘比表面积增大，其物理和化学活性增强。在除尘技术中，对同一类粉尘而言，比表面积越大越难以收集。

#### 10.1.2.5　黏附性

黏附性是粉尘之间或粉尘与物体表面之间力的表现，由于存在黏附性，粉尘相互碰撞会导致尘粒的凝并，这种作用在各种除尘器中都有助于粉尘的捕集。当然，若黏附性过大，黏附在电除尘器极板、极线或布袋上，造成清灰困难，就会影响除尘器的正常运行。烧结熔剂粉尘吸湿性强，黏附性较大，一般设计熔剂除尘器时灰斗应考虑伴热保温。对于 SDA 旋转喷雾脱硫后的烧结烟气采用袋式除尘器时，除了灰斗伴热保温，有的还设置整个除尘器箱体的伴热保温。

#### 10.1.2.6　安息角和滑动角

粉尘自漏斗连续落到水平面上，自然堆积成圆锥体，圆锥体的母线与水平面的夹角称为粉尘的安息角。安息角体现了粉尘颗粒间的相互摩擦性能，安息角越大，粉尘的流动性越差。滑动角指光滑平板倾斜时粉尘开始滑移的倾斜角，通常滑动角比安息角略大。

安息角与滑动角是设计除尘器灰斗（或粉料仓）锥度、粉体输送管道倾斜度的主要依据。影响粉尘安息角与滑动角的因素有粒径、含水率、粒子形状、粒子表面光洁度、粉尘黏性等。一般粉体的安息角为 $33° \sim 55°$，滑动角为 $40° \sim 55°$。因此，除尘设备的灰斗倾斜角不应小于 $55°$，一般设计要求 $60°$。

#### 10.1.2.7　荷电性和比电阻

尘粒由于相互摩擦、碰撞和吸附会带有一定的电荷，处在不均匀电场中的尘粒也会因电晕放电而荷电，这种性质称为荷电性。粉尘比电阻是指面积为 $1cm^2$、厚度为 $1cm$ 的粉尘层所具有的电阻值。电除尘器就是专门利用粉尘能荷电的特性从含尘气流中捕集粉尘的，比电阻过低或过高都会使除尘效率显著下降，最适宜的范围为 $10^4 \sim 5 \times 10^{10} \Omega \cdot cm$。悬浮在空气中的尘粒由于摩擦、碰撞及吸附，会带有一定的电荷，带电量的大小与尘粒的表面积和含湿量有关。在同一温度下，表面积大、含湿量小的尘粒带电量大。

#### 10.1.2.8　可湿性

尘粒易于被水（或其他液体）润湿的性质称为可湿性。有的粉尘容易被水湿润，与水接触后会发生凝聚、增重，有利于粉尘从气流中分离，这种粉尘称为亲水性粉尘；有的粉尘虽然亲水，但一旦被水湿润就黏结变硬，这种粉尘称为水硬性粉尘。含湿量大的尘粒带电量小，反之，带电量大。

#### 10.1.2.9　爆炸性

固体物料破碎后，总表面积大大增加，粉尘的化学活性也随之加强，某些在堆积状态下不易燃烧的物质如糖、面粉、煤粉等，当它以粉末状态悬浮在空气中时，与空气中的氧有了充分的接触，在一定的浓度和温度下，可以发生爆炸。煤粉属有爆炸危险的粉尘，所以烧结原料煤粉系统除尘设计时必须按照设计规范，采取必要的防爆措施。因为粉尘的爆炸性（电场内有火花放电）和低比电阻特性，煤粉系统除尘不适宜采用干式电除尘器。

### 10.1.2.10 含尘浓度

对于电除尘器，若含尘浓度过高，会造成电晕闭塞；对于袋式除尘器，若含尘浓度过高，会加剧滤袋磨损。因此，当烟气含尘浓度过高时，在电除尘器或袋式除尘器前应增设前级除尘器，一般为重力、惯性或旋风除尘器。但对于烧结除尘，其含尘浓度（标态）一般为 $20g/m^3$ 以下，通常无需增设前级除尘器。

## 10.1.3 主要除尘机理

除尘的主要任务是从排出的气流中将粉尘分离出来，为此可利用各种不同的机理，其中主要有重力、离心力、空气动力、静电力。

A 重力

气流中的尘粒可以依靠重力自然沉降，从气流中分离出来，这个机理只适用于粒径大的尘粒。

B 离心力

含尘气流作圆周运动时，由于惯性离心力的作用，尘粒和气流会产生相对运动，使尘粒从气流中分离，这个机理主要用于 $5\mu m$ 以上的尘粒。

C 空气动力

含尘气流在运动过程中遇到了物体的阻挡（如挡板、纤维、水滴等）时，气流要改变方向进行绕流，细小的尘粒会随气流一起运动，粗大的尘粒有较大的惯性，会脱离气流，保持自身的惯性运动，这样尘粒就和物体发生了碰撞，这种现象称为惯性碰撞，惯性碰撞是袋式除尘器、湿式除尘器和惯性除尘器的主要除尘机理。

D 静电力

用电能直接作用于含尘气体，除去粉尘使空气净化，利用电力除尘的设备通常称为电除尘器。

## 10.1.4 常用除尘设备

### 10.1.4.1 除尘设备的分类与选用

根据粉尘和气体在密度、颗粒大小和其他物理性质上的差异，可用除尘技术把其从气体介质中分离出来，分离方法一般采用物理法。从气体中除去或收集这些粉尘粒子的设备叫除尘器。除尘器可以分为许多类型，不同性能的除尘器用于不同粉尘和不同条件。

A 分类

根据除尘设备除尘机理和功能的不同，《环境保护设备分类与命名》（HJ/T 11—1996）将除尘器分为 6 种类型。

（1）重力与惯性除尘装置，包括重力沉降室、挡板式除尘器；

（2）旋风除尘装置，包括单管旋风除尘器和多管旋风除尘器；

（3）湿式除尘装置，包括喷淋式除尘器、冲激式除尘器、文丘里除尘器、泡沫除尘器等；

（4）过滤除尘装置，包括袋式除尘器、颗粒层除尘器等；

（5）静电除尘装置，包括板式静电除尘器、管式静电除尘器、湿式静电除尘器；

（6）组合式除尘装置，为了提高除尘效率及满足较高的排放要求，往往在前级设置粗颗粒除尘装置，后级设细颗粒除尘装置，各类除尘器串联形成组合式除尘装置。

B　除尘设备选用

在选择除尘器时，应考虑以下因素：

（1）粉尘的物理特质（如气体温度、黏性、比电阻、润湿性、粒径等）对除尘器性能有较大的影响；

（2）气体的含尘浓度较高时，在电除尘器或袋式除尘器前宜设置初净化设备，去除粗大颗粒粉尘，以使设备更好地发挥作用；

（3）设备位置，可利用的空间、环境条件等因素；

（4）捕集的粉尘处理问题；

（5）除尘器本身的各种设计尺寸、除尘装置安装、操作的灵活性、检修的难易程度等因素。

### 10.1.4.2　除尘装置的性能指标

除尘装置的性能指标有技术性指标和经济性能指标。

A　技术性指标

（1）除尘装置的含尘气体处理量（$m^3/h$）；

（2）除尘装置的净化效率；

（3）除尘装置的压力损失（压力降 $\Delta P$，一般用 Pa 表示）；

（4）漏风率等。

B　经济性能指标

（1）装置的基建投资；

（2）装置的使用寿命；

（3）装置的占地面积或占用空间体积的大小；

（4）操作与维护等运行管理费用。

这些性能都是互相制约的，在选择除尘装置时要综合考虑以上各项指标，对除尘装置进行全面评价，使选用的除尘器满足排放标准，以达到环境与经济效益双赢。

### 10.1.4.3　除尘装置技术指标

A　除尘装置的气体处理量

除尘装置的气体处理量指除尘装置在单位时间（$t$）内所能处理的含尘气体量（$V$），一般以体积流量 $Q$ 来表示，即 $Q = V/t$。处理气体流量是代表装置处理气体能力大小的指标，它取决于装置的形式和结构尺寸。在选择除尘装置时必须注意这个指标，否则影响除尘效率。实际运行的净化装置，其气体处理量还要考虑本体漏气等原因。

B　除尘装置的除尘效率

除尘效率是代表除尘装置捕集粉尘效果的重要技术指标，除尘装置的效率有除尘总效率、分级效率、多级串联总效率几种表示方法。

a　除尘装置的总效率

除尘装置的总效率（简称除尘效率）系指由除尘装置捕集粉尘的量与未经除尘前含尘气体中所含粉尘量的百分比，通常用符号 $\eta$ 表示。

设进入除尘装置的含尘气体量（标态）为 $Q_{IN}(m^3/s)$，含尘浓度（标态）为 $\rho_{IN}(g/m^3)$，经除尘装置净化后的出风口的气体流量（标态）为 $Q_{2N}(\text{m}^3/\text{s})$，净化后的气体中含尘浓度（标态）为 $\rho_{2N}(\text{g}/\text{m}^3)$。由去除的污染物数量与进入装置污染物数量之比得到除尘装置总净化效率，$\eta$ 可表示为：

$$\eta = 1 - \frac{\rho_{2N}Q_{2N}}{\rho_{1N}Q_{1N}} \tag{10-1}$$

式中　$Q_{1N}$——含尘气体流量（标态），$\text{m}^3/\text{s}$；

　　　$\rho_{1N}$——含尘气体含尘浓度（标态），$\text{g}/\text{m}^3$；

　　　$Q_{2N}$——净化后的气体流量（标态），$\text{m}^3/\text{s}$；

　　　$\rho_{2N}$——净化后的气体含尘浓度（标态），$\text{g}/\text{m}^3$。

若净化装置密封性好，则 $Q_{1N} = Q_{2N}$，由式（10-1）得到：

$$\eta = 1 - \frac{\rho_{2N}}{\rho_{1N}} \tag{10-2}$$

b　分级除尘效率

颗粒粒径大小与除尘装置的总除尘效率有很大关系。为了表示不同颗粒粒径与除尘效率的关系，提出分级除尘效率的概念。分级除尘效率指除尘装置对某一粒径或粒径区间颗粒的除尘效率，简称分级效率。一般，对于大颗粒除尘效率高，对于细颗粒除尘效率低。

c　多级串联运行时的总净化效率

在实际工程中，为了达到最终除尘效果，有时把两种或多种不同形式的除尘器串联起来使用，构成两级或多级除尘系统。对每一级来说，其运行性能是独立的。若已知各级除尘器的除尘效率为 $\eta_1$，$\eta_2$，$\cdots$，$\eta_n$，多级除尘系统的总除尘效率为

$$\eta_T = 1 - (1 - \eta_1)(1 - \eta_2)\cdots(1 - \eta_n) \tag{10-3}$$

式中　$\eta_1 \sim \eta_n$——各级除尘器的除尘效率。

C　除尘装置压力损失

除尘装置的压力损失有时又称压力降，通常用 $\Delta P$ 表示，它是含尘气体或烟气经过除尘装置所消耗能量大小的一个主要指标。压力损失大的除尘装置，在工作时能量消耗大，运行费用高；压力损失还与烟囱的高度等相关。除尘装置压力降的大小，不仅取决于设备的结构形式，而且与流体的流速有关。对同一形式的除尘设备，若经过的烟气流速愈大，其压力降也愈大。

根据除尘器的压力损失可以将除尘器分为：低阻除尘器 $\Delta P < 500\text{Pa}$（如电除尘器）；中阻除尘器 $\Delta P = 500 \sim 2000\text{Pa}$（如袋式除尘器）；高阻除尘器 $\Delta P = 2000 \sim 20000\text{Pa}$。

各类除尘设备的阻力及其他性能见表 10-3。

表 10-3　除尘设备的分类及基本性能

| 类　别 | 除尘设备形式 | 阻力/Pa | 除尘效率/% | 投资费用 | 运行费用 |
|---|---|---|---|---|---|
| 机械式除尘器 | 重力除尘器 | 50 ~ 150 | 40 ~ 60 | 少 | 少 |
| | 惯性除尘器 | 100 ~ 500 | 50 ~ 70 | 少 | 少 |
| | 旋风除尘器 | 400 ~ 1300 | 70 ~ 92 | 少 | 中 |
| | 多管除尘器 | 800 ~ 1500 | 80 ~ 95 | 中 | 中 |
| 湿式除尘器 | 喷淋洗涤器 | 800 ~ 1000 | 75 ~ 95 | 中 | 中 |
| | 自激式除尘器 | 800 ~ 2000 | 85 ~ 98 | 中 | 较高 |
| | 水膜式除尘器 | 500 ~ 1500 | 85 ~ 98 | 中 | 较高 |

| 类　别 | 除尘设备形式 | 阻力/Pa | 除尘效率/% | 投资费用 | 运行费用 |
|---|---|---|---|---|---|
| 过滤式除尘器 | 袋式除尘器 | 800~2000 | 85~99.9 | 较高 | 较高 |
| 电除尘器 | 干式除尘器 | 200~300 | 85~99 | 高 | 少 |
|  | 湿式静电除尘器 | 200~500 | 90~99 | 高 | 少 |

### 10.1.5　烧结除尘技术

#### 10.1.5.1　除尘技术的发展

我国烧结厂经过多年的摸索和发展，已经基本上实现了因地制宜采用分散式除尘系统、大型集中化除尘系统、防风抑尘等技术治理烧结粉尘。一些重点钢铁企业烧结厂的废气减排治理技术已经达到了国际水平，具体表现在以下几个方面。

A　从局部治理到整体治理

随着环境保护要求的提高，烧结厂已经由治理主要尘源点发展到治理生产流程中的各个尘源，从最初为了保护主抽风机而设置的机头多管旋风除尘器到环境除尘（机尾、整粒、配料除尘等）、大面积使用静电除尘器、袋式除尘器，从治理机头、机尾烟气发展到在堆场、料场建设防风抑尘装置，烧结除尘减排治理扩展到烧结的全流程。

B　改革生产工艺流程

烧结厂使用了铺底料、厚料层烧结和棒条筛工艺等，提高了烧结矿的产量和质量，减少了粉尘散发量，从而减轻了除尘系统的粉尘负荷，为治理废气创造了良好条件。

C　除尘装备水平和效果普遍提高

从最初的低效旋风、多管除尘器、水雾除尘器到高效的静电除尘器、袋式除尘器，除尘效率显著提高。电除尘器供电设备由机械整流机组发展到高压硅整流机组，供电自动控制水平明显提高，脉冲供电、高频电源等已经开始应用，除尘装备水平普遍提高。

D　应用集中控制和自动监测装置

电除尘器、袋式除尘器和大型集中除尘系统由最初的现场分散控制到烧结机控制室集中控制，便实现与烧结生产100%同步运行。随着国家环保要求的提高和监管的需要，国内重点钢铁企业烧结厂的除尘装置均纳入了污染源在线监测系统，提高了除尘装置的运行效率。

#### 10.1.5.2　烧结常用的除尘设备

A　电除尘器

电除尘器是利用静电力作用于高压电场使粉尘从烟气中分离出来的除尘设备。电除尘器具有阻力小、运行稳定、耐高温、维护简单等优点，在我国钢铁企业烧结工序中应用非常广泛，是目前烧结粉尘处理的主要设备，特别是在烧结机机头高温烟气粉尘的脱除方面具有不可替代的优势。

B　袋式除尘器

袋式除尘器主要是采用滤料（织物或毛毡）对含尘气体进行过滤，使粉尘阻留在滤料上，达到除尘的目的。

袋式除尘器在烧结工序中的应用多集中在煤粉系统、各分散转运站除尘。但是随着国家对于烧结、球团工业大气污染物排放标准的要求提高，一般电除尘器很难稳定运行在 $20mg/m^3$ 的低排放浓度，所以除尘效率高的袋式除尘器在烧结机尾、整粒、配料除尘及半干法脱硫工艺中已逐步推广。

**C 机械除尘器**

**a 重力沉降室**

重力沉降室是一种最简单的除尘器，它主要是是通过重力作用使尘粒从气流中沉降分离。重力除尘器的除尘效率较低，一般只作为预除尘器使用。

**b 惯性除尘器**

惯性除尘器是使含尘气体与挡板撞击或者急剧改变气流方向，主要利用惯性力分离并捕集粉尘的除尘设备。惯性除尘器的除尘效率较低，一般只作为预除尘器使用。

**c 旋风除尘器**

旋风除尘器是利用气流旋转过程中作用在尘粒上的惯性离心力，使尘粒从气流中分离出来。用于小型烧结机头的多管除尘器就是旋风除尘器，多管除尘器是由多个相同构造形状和尺寸的小型旋风除尘器（又叫旋风子）组合在一个壳体内并联使用的除尘器组。

**D 湿式除尘器**

湿式除尘器是用水或其他液体与含尘废气相互密切接触，利用水滴和颗粒的惯性碰撞及其他作用使颗粒粒径增大或将颗粒捕集，从而实现颗粒与气流分离并能兼备吸收有害气体的装置。

**E 复合除尘器**

不同类型的除尘器串联使用，如电袋复合除尘器。一个箱体内紧凑安排电场区和滤袋区，有机结合静电除尘和过滤除尘两种除尘机理，两种机理优势互补。利用电除尘去除粗颗粒粉尘，减少对后续滤袋的磨损；利用滤袋的高效除尘，保证烟气粉尘低排放。电袋复合除尘器在电厂除尘中应用较多，在烧结除尘中也有应用。

### 10.1.5.3 烧结原料准备系统除尘

烧结厂的原料准备系统是指烧结所用的含铁原料、熔剂、燃料的储存、加工、运输及配料的工艺过程。烧结原料准备工艺过程中，在原料的造堆、混合、破碎、筛分、运输和配料的各个工艺设备点都产生大量的粉尘，如原料场的堆、取料机的扬尘点；翻车机室、板式矿槽的受料、卸料点及矿槽下给料机、皮带机受料点；燃料、熔剂破碎筛分室各种破碎机产尘点，振动筛产尘点及皮带机受料点、卸料点；配料室移动可逆皮带机或移动小车的受料点，移动可逆皮带机或移动小车向矿槽卸料点及矿槽经过圆盘给料机往皮带机上的卸料点。

**A 产尘特点**

(1) 废气成分和空气成分相同，粉尘成分同原料成分一致。

(2) 废气温度为常温。

(3) 含尘浓度受天气变化和物料的含水率影响。当天干物燥时，物料转运和筛分过程中产生的废气含尘浓度达 $500 \sim 3000mg/m^3$，翻车和破碎过程中产生的废气含尘浓度达到 $4000 \sim 5000mg/m^3$；当天气潮湿或者物料湿度大时，废气含尘浓度明显降低。

(4) 露天作业的开放性尘源多，原料场的堆、取料机等均为露天作业，无法密闭，难以设置大型除尘系统。

(5) 阵发性尘源多。翻车机和板式矿槽在车厢卸料时产生阵发性粉尘，加之车皮需要进出，难以实现有效的密闭，因此需要设置大容量的除尘系统。

B　原料准备系统除尘

原料准备系统除尘，可采用湿法和干法除尘工艺。对原料场，由于堆取料机露天作业，扬尘点无法密闭，不能采用机械除尘装置，可采用湿法除尘加防风抑尘装置，即在产尘点喷水雾以捕集部分粉尘和使物料增湿抑制粉尘的飞扬，同时在堆场周边设施防风抑尘装置，减少空气流动引起的二次扬尘。对物料的破碎、筛分和胶带机转运点，设置密闭和抽风除尘系统。除尘系统可采用分散式或集中式。分散式除尘系统的除尘设备可采用冲激式除尘器、泡沫除尘器和单点袋式除尘器等。集中式系统可集中控制几十个乃至近百个吸尘点，并设置大型高效除尘设备，如电除尘器或者袋式除尘器等，除尘效率高。

### 10.1.5.4　烧结机烟气除尘

烧结机烟气除尘也就是烧结机机头除尘，烧结抽风生产的特点决定了烧结主抽风机是高负压、大风量的，经过主抽风机排出的烟气绝对含尘量占整个烧结工序所产生总粉尘量的比重较大。烧结机机头烟气中水分含量较高，当烟气温度低于露点时会对主抽风机产生腐蚀。目前大多数烧结厂采用铺底料系统降低烟气的含水率和烟气含尘量，实际生产中的烟气温度控制在 $110 \sim 150℃$ 。

烧结机烟气除尘设备一般根据企业的生产规模、装备水平和当地环保要求来确定。对于环保要求不是很严格的地区和工艺水平较低的小型烧结机，一般采用重力除尘和双旋风或多管除尘串联的二级除尘模式。采用该除尘模型虽然除尘效率可以达到 90% 左右，但是烟气排放浓度基本上不达标，不过其具有投资少的明显优势。目前绝大多数大中型烧结机均采用电除尘器除尘，一般采用三电场，可以满足排放浓度小于 $100mg/m^3$ 的基本要求，但很难稳定达到粉尘排放浓度小于 $50mg/m^3$ 的要求。根据国外的经验，机头电除尘器必须设置 4 个以上的电场方能满足高标准排放浓度的要求，国内新建烧结机机头除尘器开始设置四电场及较低的电场风速。

### 10.1.5.5　烧结机尾烟气除尘

烧结机尾部粉尘主要是热烧结饼从烧结机台车上卸料并经过单辊破碎机破碎、装入冷却机等过程中产生的粉尘。烧结机机尾产生的含尘废气温度一般在 $80 \sim 200℃$ ，含尘浓度在 $5 \sim 15g/m^3$ 。机尾含尘气体回收量大，TFe 含量高，有较高的回收价值。

烧结机机尾除尘系统曾采用过湿式除尘器、颗粒层除尘器、旋风除尘器、多管除尘器。根据实际生产使用情况，这些除尘器要么维护工作量大、易造成二次污染，要么难以达到排放标准的要求，因此目前烧结机尾部含尘废气的除尘选用干法除尘中的静电除尘器，这样可以避免湿法除尘带来的污水污染，同时也有利于粉尘的回收利用。烧结机尾除尘大多采用大型集中除尘系统。机尾可采用大容量密闭罩，密闭罩向烧结机方向延长，将最末几个风箱上部的台车全部密闭，利用风箱的抽力，通过台车料层抽取密闭罩内的含尘废气，以降低机尾除尘抽气量。

目前烧结机机尾除尘采用静电除尘器已很难满足环保要求。随着袋式除尘器各种新型滤料的不断出现，常规的袋式除尘器已可以耐250℃左右的高温，加上袋式除尘器除尘效率高，特别是不限制高比电阻粉尘的捕集，因此已有越来越多的烧结厂在烧结机尾除尘方面采用袋式除尘器取代电除尘器或串联电除尘器（布袋除尘器）来满足新的排放标准。当机尾烟气温度高时，可并入常温除尘点烟气，来降低机尾除尘烟气温度，进口管道上还可设置冷风阀，此时可考虑使用常温滤料，降低工程和运行费用。

### 10.1.5.6　整粒系统除尘

整粒系统的扬尘包括固定筛、齿辊破碎机、振动筛以及附近的胶带运输机等扬尘点，粉尘产生量大、粒度细且干燥，因此除尘抽风点多、风量大，一般需设置专门的整粒除尘系统。系统设置应采取集中式除尘系统，根据整粒系统粉尘的特性和实际生产情况，一般采用高效大风量袋式除尘器或电除尘器。受新的排放标准的限制，更适宜采用袋式除尘器。

### 10.1.5.7　配料室除尘

烧结工序使用的各种含铁原料、熔剂和燃料一般都集中在配料室参加配料，物料在由给料设备落下至电子皮带秤或者配料皮带的过程中，因为落差产生大量的扬尘，加上配料室空气湿度大，因此必须选择合适的通风除尘设备。目前配料室一般采用一个单独的除尘系统，可以选择电除尘器或者袋式除尘器。对于部分中小型的烧结厂，为了降低工程投资和生产成本，采取地下配料室的方式，这种情况下配料室的通风设计若是不好，现场环境会非常恶劣，因此必须将通风和除尘放在同等的地位。

## 10.2　电除尘器

静电除尘器（electrostatic precipitator，简称 ESP）是含尘气体在通过高压电场进行电离的过程中，使尘粒荷电，并在电场力的作用下使尘粒沉积在收尘极上，将尘粒从含尘气体中分离出来的一种除尘设备。电除尘器作为一种高效除尘器，已经广泛应用于冶金、化工、建材、电厂等行业。在烧结工序中除尘设备大都使用电除尘器，特别是大型烧结机的除尘更是如此。

### 10.2.1　电除尘器的特点

#### 10.2.1.1　电除尘器的优点

电除尘器是净化含尘气体最有效的装置之一。采用电除尘器虽然一次投资一般比其他类型的除尘装置高，但是因为电除尘器具有下列明显的优点，仍然是应用最广泛的除尘器。

（1）除尘效率高。合理设计，收尘效率可达到99%以上。

（2）阻力损失小。气体通过电除尘器的压力降一般不大于300Pa，因而风机耗电较小。

（3）能处理高温烟气。一般电除尘器用于处理250℃以下的烟气，但进行特殊设计，可处理350℃甚至500℃以上烟气。

（4）能处理大烟气量。静电除尘装置由于结构上易于模块化，因此可以很方便地实现装置大型化。

（5）能捕集腐蚀性很强的物质。如用其他类型收尘装置捕集硫酸液滴几乎是不可能的，而采用特殊结构的电除尘器，就可以捕集。

（6）日常运行费用低。由于电除尘器的运动零部件少、电耗低，在正常情况下维护工作量较少，可长期连续安全运行，所以相应日常运行费用低。

（7）对不同粒径的烟粉尘有分类捕集作用。由于烟粉尘的物理化学性质与除尘效率的关系极为密切，大颗粒而荷电性较好的烟粉尘先被捕集，因此不同粒径的烟粉尘，可在不同的电场中分别捕集，这对电力、冶金、建材、化工都有相当的益处。如烧结机头电除尘器，3个电场收集的粉尘粒径、成分有较大差异，不同电场收集的粉尘可考虑分别综合利用。

#### 10.2.1.2　电除尘器的缺点

电除尘器作为防止空气污染装置绝不是万能的，除一次投资较高以外，还有下列缺点：

（1）电除尘器的性能优劣与操作条件密切相关，不易适应操作条件的变化。尽管电压已实现自动控制，有助于提高其适应性，但是电除尘器只有当工况条件比较稳定时，才能达到最佳的性能。

（2）应用范围受粉尘比电阻的限制。由于有些粉尘的比电阻过高或过低，采用电除尘器进行捕集比较困难，在有些情况下，如果不采取相应的有效措施，采用电除尘器不仅不经济，有时甚至是不可能的。

（3）不能用于捕集有害气体。电除尘器不能净化有害气体成分，只能捕集气体中的雾滴或粉尘颗粒。

（4）对制造、安装和操作水平要求较高。由于电除尘器的结构较其他类型除尘装置复杂，所以对制造、安装和操作要求严格，否则不能维持必需的运行电压和电流。而且电除尘器是在高压下运行，对人身安全也要相应采取特殊的预防措施。

（5）钢材耗量大。电除尘器耗钢量大，特别是薄钢板的消耗较大，按常规除尘器三个电场（每个电场长度4.5m左右）粗略计算，平均每平方米通烟截面耗钢材约3t。

综合上述电除尘器的特点，结合其适应性、性能、价格等各方面因素，电除尘器广泛应用于各主要工业部门，取得了良好的社会效益和经济效益。

### 10.2.2　电除尘器的工作原理

#### 10.2.2.1　电除尘器工作原理

电除尘器是利用强电场使气体发生电离、粉尘荷电，气体中的荷电粉尘在电场力的作用下沉积在收尘极而从烟气中分离出来，实现粉尘粒子与气流分离的除尘装置。电除尘器的工作原理是含尘气体通过高压静电场时，粉尘在电场内荷电，同时在电场力的作用下向异性电极运动并积附在电极上，依靠自身重力或通过振打等清灰方式使电极上的灰落入灰斗中，从而达到除尘目的。具体可以通过电晕放电、粉尘荷电、粉尘的运动与收集几个阶段来分析。

电除尘器由本体及直流高压电源两部分构成。本体中排列最基本的组成部分是一对电极（高电位的放电电极和接地的收尘极），即数量众多的、保持一定距的金属收尘电极（又称集尘电极或极板）与放电电极（又称电晕极或极线），用以产生电晕、捕集粉尘，同时设有清除电极上沉积粉尘的清灰装置。电除尘器工作原理如图10-2所示。

电除尘器用金属构件组成电极系统，通常用细线作阴极（阴极也叫放电极或电晕极、负极、极线等），用薄板或薄壁管做阳极（阳极又叫收尘极、集尘极、正极、极板等）。由于异性电极各自的表面形状和表面积大小相差悬殊，在加上高压电后，异性电极之间就产生不均匀电场，在阴极附近电场强度最高。当电压升到足够高时，阴极附近的电场强度也达到足够高，此处气体发生电离并向整个电场空间大量输送负离子。当含尘烟气进入电场后，尘粒和负离子碰撞荷电，尘粒开始受到电场力的推动前进到达收尘极表面。此时，电荷在收尘极表面中和，尘粒失去电荷后靠残余引力和分子引力吸附在收尘极表面。

为保证电除尘器高效率运行，必须使粒子荷电，并有效完成粒子捕集和清灰等过程。清灰

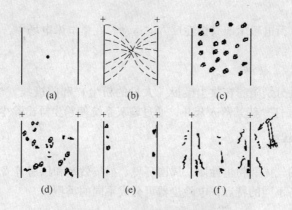

图 10-2 电除尘器工作原理

（a）电极系统；（b）通电后产生不均匀电场；（c）电场空间气体被电离；（d）尘粒进入电场并荷电；
（e）荷电尘粒被电极吸引，到达电极后电荷被中和；（f）通过振打装置将积于电极上的尘粒振落

是待尘粒积聚到一定厚度时，通过振打除去收尘极上的颗粒层并使其落入灰斗。当粒子为液态时，比如硫酸雾或焦油，被捕集粒子会发生凝集并滴入容器内。收尘过程完成，烟气也得到了净化，这一过程是连续高速度进行的。高压直流电晕是使粒子荷电的最有效办法，广泛应用于静电除尘过程。电晕过程发生于活化的高压电极和接地极之间，电极之间的空间内形成高浓度的气体离子，含尘气流通过这个空间时，尘粒在百分之几秒的时间内因碰撞俘获气体离子而导致荷电。

### 10.2.2.2 电除尘器工作过程

含尘气体进入电除尘器后，通过电晕放电、粉尘荷电、粉尘的运动与收集几个阶段实现除尘。

**A 电晕放电**

供电达到足够高压时，在高电场强度的作用下，电晕极周围小范围内（半径仅为数毫米的电晕内区）气体局部击穿并发生电离，产生大量自由电子及正离子。在离电晕极较远的区域（电晕外区）电子附着于气体分子上形成大量气体负离子。气体正负离子及电子各向其异极性方向运动形成了电流，称为"电晕电流"，开始发生电晕电流时的电压称为"临界电晕电压"。在阴极线的尖端附近场强最大，气体电离时，在电场内可以观察到淡蓝色的光点或光环，同时还可以听到嗤嗤声和啪啪啦啦的爆裂声，该现象为"电晕放电"。

如果电极间的电压继续升高，场强继续增大，由于电晕范围增大，致使正负离子之间产生火花，甚至发生电弧，此时该电压称为"火花放电电压"。火花放电电压是气体介质全部击穿时的电压，由于电流急剧增加，将使电除尘器停止工作，要使电除尘器正常运行必须保证稳定的电晕放电过程。当然数量不多的火花有益无害，但要适当控制其频度，防止转变成闪络或拉弧。

**B 粉尘荷电**

当含尘气体通过存在大量离子及电子的空间时，离子及电子会附着在粉尘上，附着负离子和电子的粉尘荷负电，附着正离子的粉尘荷正电。由于负离子浓度远大于正离子浓度，所以大部分粉尘荷负电。

C　收尘

在电场力作用下，荷电粉尘向其极性反方向运动，在负电晕电场中，大量荷负电粉尘移向接地的收尘极。

D　清灰

粉尘按其荷电极性分别附着在收尘极板（大量的粉尘）和阴极线（少量的粉尘）上，通过清灰（一般为机械振打）使其落入灰斗，通过输灰系统使粉尘排出除尘器。

### 10.2.3　电除尘器的分类

为了满足所涉及的气体和粉尘性质、周围环境、捕集效率和厂房等需要，电除尘器形式是多种多样的。根据设备不同的特点，电除尘器可分成不同的类型。

10.2.3.1　根据电极在电除尘器内的配置位置划分

A　单区式

气体含尘粒子的荷电和收尘是在同一个区域中进行，电晕极系统和收尘极（或称集尘极）系统都装在这个区域内，称单区电除尘器（见图 10-3a），这是常用形式。

B　双区式

气体含尘粒子的荷电和收尘是在结构不同的两个区域内进行，在前一个区域内装电晕极系统以产生离子，而在后一个区域中装收尘极系统以捕集粉尘。其供电电压较低，结构简单，但尘粒若在前区未能荷电，到后区就无法捕集而被逸出电除尘器。因粒子荷电和捕集是在不同区域完成的，称为双区电除尘器（见图 10-3b）。该种形式目前很少采用。

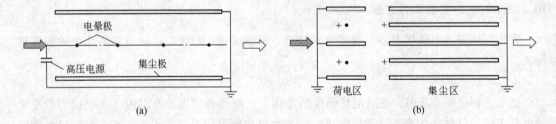

图 10-3　单区和双区静电除尘器的电极布置示意图

a　管式电除尘器

收尘极为圆管、蜂窝管等（见图 10-4a），在管的中心放置，电晕极和收尘极的极间距（异极间距）均相等，电场强度的变化较均匀，具有较高的电场强度，但清灰比较困难，一般用于湿式电除尘器或电除雾。由于含尘气体从管的下方（或上方）进入管内，沿管垂直运动，故仅适用于立式电除尘器。管式电除尘器结构示意图如图 10-4b 所示。

b　板式电除尘器

这种电除尘器是在一系列平行的通道间设置电晕极。为了减少被捕集粉尘的再飞扬和增强收尘极板的刚度，一般做成 Z 形、槽形、波形等形式，清灰较方便，制作、安装比较容易。

管式电除尘器一般只适用于气体量较小的情况，通常采用湿式清灰。板式电除尘器由于几何尺寸很灵活，可做成大小不同的各种规格，可大型化。板式电除尘器是工业中最广泛采用的形式，绝大多数情况下用干式清灰。常规电除尘器都采用板式干式形式。

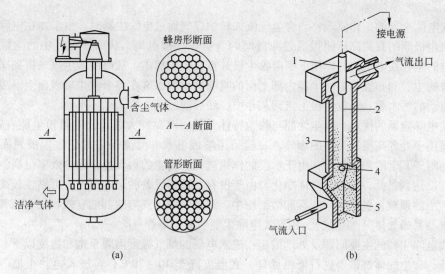

图 10-4　管式电除尘器示意图
1—绝缘管；2—电晕线；3—收尘极；4—吊锤；5—捕集的粉尘

### 10.2.3.2　根据气体流向划分

**A　立式电除尘器**

气体在电除尘器内垂直流动。它占地面积小，但高度较高，检修不方便，气体分布不易均匀，对捕集粒度细的粉尘容易产生再飞扬，气体出口一般设在顶部，通常规格较小，处理气量少。立式电除尘器应用较少，管式电除尘器属于立式形式。

**B　卧式电除尘器**

气体在电除尘器内沿水平方向流动，可按生产需要适当增加或减少电场的数目。其特点是分电场供电，避免各电场间互相干扰，以利于提高除尘效率；便于分别回收不同成分、不同粒度的粉尘，达到分类捕集的作用；容易保证气流沿电场断面均匀分布；由于粉尘下落的运动方向与气流运动方向垂直，粉尘二次飞扬比立式电除尘器要少；设备高度较低，安装、维护方便；适于负压操作，对风机的寿命，劳动条件均有利；但占地面积较大，基建投资较高。卧式是电除尘器常用形式。

立式电除尘器由于受到高度的限制，在要求除尘效率高而希望增加电场长度时，就不如卧式灵活。而且在检修方面，卧式除尘器也较立式方便。但由于立式电除尘器占地面积少，当烟气或尘粒有爆炸危险时，可考虑采用立式电除尘器，因其上部是敞开的，爆炸时不致发生很大的损害。

### 10.2.3.3　根据清灰方式划分

**A　干式电除尘器**

干式电除尘器在干燥状态下捕集烟气中的粉尘，操作温度一般高于被处理气体露点温度20~30℃，可达较高温度。可采用机械、电磁、压缩空气等振打装置清灰。除尘器清灰时，容易使粉尘产生二次飞扬，所以，设计干式电除尘器时，应充分考虑粉尘二次飞扬问题。现大多数电除尘器都采用干式形式。

### B　湿式电除尘器

湿式电除尘器的工作原理：当含尘气流如转炉煤气通过电除尘器时，由于加在电除尘器放电极和收尘极间的直流高压使得通过两极间的含尘煤气被电离，从而使煤气中的尘粒带上电荷。带电的尘粒在电场力的作用下驱向收尘极并被收尘极捕集，从而使含尘煤气得到净化。被捕集下来的尘粒和布置在电除尘器内部上面的喷嘴喷出的水雾在整个收尘极表面上形成一层连续向下流动的污水膜，从收尘极上流到灰斗中，然后通过灰斗排入循环水池。

湿式电除尘器的优点：收尘性能与粉尘特性无关，对黏性大或高比电阻粉尘能有效收集，同时也适用于处理高温、高湿的烟气。一般采用喷或淋水、溢流等方式在收尘极表面形成水膜，将黏附于其上的粉尘带走，由于水膜的作用避免了粉尘的再飞扬，除尘效率很高，出口粉尘浓度可以达到很低，适用于气体净化。由于没有如锤击设备的运动部件，可靠性较高。对于亚微米大小的颗粒，包括 $SO_2$ 酸雾和微细粉尘、湿烟气中的气溶胶都能有效收集。若气体中有一氧化碳等易爆气体（如煤气），用湿式电除尘器可减少爆炸危险。

湿式电除尘器的主要问题及处理措施：进入电场的烟气温度需降至饱和温度以下，其操作温度较低，含尘气体都需要进行降温处理，在温度降至 $40 \sim 70℃$，再进入电除尘器。在高粉尘浓度或高 $SO_2$ 浓度的烟气条件下，不宜采用；需要设置废水处理设备，收集的粉尘为泥浆状；需采取防腐措施，各主要部件选用的结构材料，均需有一定的抗腐蚀特性，尤其是阴阳电极。

湿式电除尘器只在某些特殊场合使用，如转炉煤气回收净化，在烧结烟气除尘中目前未有应用。烧结烟气湿法脱硫如氨法，氨逃逸（氨雾、硫酸雨）和气溶胶（硫铵、硝铵结晶颗粒、微尘）是氨法脱硫的难题，一般除雾器只能去除大液滴水雾，不能去除极细微的水雾、烟尘和气溶胶粒子。据报道，国外对硫酸铵盐气溶胶等污染有明确规定，氨法脱硫后的烟气需经湿式电除尘器、GGH 加热方能排放。湿式电除尘器主要用于脱除氨法脱硫湿烟气中的气态 $NH_3$、$SO_3$、微细粉尘、细小雾滴等气溶胶粒子，但在国内氨法脱硫中还未有应用。

#### 10.2.3.4　根据电晕极采用的极性划分

### A　正电晕

在电晕极上施加正极高压，集尘集为负极接地。

### B　负电晕

在电晕极上施加负极高压，集尘集为正极接地。

据有关试验确定，在电极产生负电晕放电时，其火花放电电压可比正电晕放电高，即在同样的情况下，电除尘器采用负电晕放电可以获得较高的运行电压，可提高除尘效率。烟气的除尘一般采用负电晕放电。但负电晕会产生大量对人体有害的臭氧及氮氧化物，因此用作净化送风的空气时只能采用正电晕。

## 10.2.4　电除尘器的基本结构

电除尘器的结构形式多种多样，无论哪种类型，其基本结构是一致的。下面以常用的板式卧式干式电除尘器为例介绍电除尘器的基本结构（见图 10-5）。

### 10.2.4.1　电晕电极

电晕电极是产生电晕放电的主要部件，其作用是与收尘极一起形成非均匀电场，产生电晕电流，其性能好坏直接影响电除尘器的性能。电晕电极系统由电晕线（又称阴极线）、电晕极

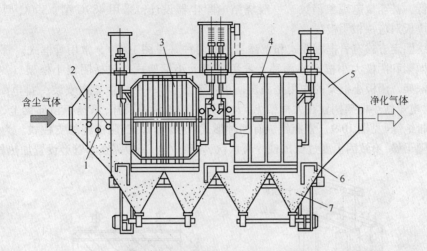

图 10-5　卧式电除尘器结构示意图

1—振打器；2—气流分布板；3—电晕电极；4—收尘电极；5—外壳；6—检修平台；7—灰斗

框架、吊杆及支撑套管、电晕极振打装置等组成。电晕线形式很多，常用的有圆形线、星形线、锯齿线、芒刺线、螺旋线等，如图 10-6 所示。电晕线越细、越有棱尖，起晕电压就越低，但要求有一定的机械强度，否则线易变形或断裂。每个电场往往有数百根至数千根阴极线，其中只要有一根折断或脱落便可造成整个电场短路，使该电场停止运行或处于低除尘效率状态下运行，因此，阴极线在设计、制造时应考虑具有足够的机械强度。常用管状芒刺线，机械强度好。

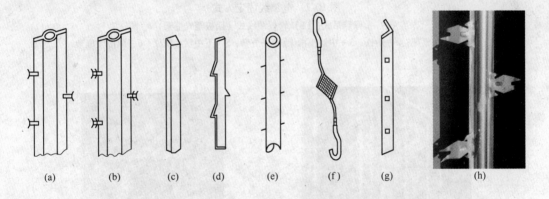

图 10-6　常用电晕线形状

(a) 管状芒刺线；(b) B－S 管状芒刺线；(c) 星形线；(d) 锯齿线；(e) 鱼骨针刺线；

(f) 螺旋线；(g) 角钢芒刺线；(h) (b) 的实物照片

一般说来对电晕极的要求除了有一定机械强度，还有就是临界电晕电压较低，在长期运行中能稳定地产生电晕放电。电晕电极的放电强度与其几何形状有密切的关系。B－S 芒刺线因为是点放电（尖端放电），放电强度很高，一般用在粉尘浓度较高的进口电场和第二电场。对于烧结机尾除尘，因其烟气粉尘浓度很高，所以前电场可考虑采用十齿芒刺线，减少电晕死区，增加电晕电流。螺旋线主要用在后电场，以便于收集细颗粒的粉尘。电晕线与电晕线之间的距离对放电强度有很大影响，间距太大会减弱放电强度，但太多太密也会因屏蔽作用而使放电强度降低，甚至放电现象消失。一般烧结电除尘器设计，采用480C型、390C型或Z型极板，其一块板对应一根阴极线。

电晕线固定方式有管框绷线式和重锤悬吊式两种（见图10-7），常用管框式。管框式又分阴极笼式框架和阴极大小框架式两种，常用阴极大小框架式，包括阴极小框架（见图10-8）和阴极大框架。阴极小框架的作用是固定阴极电晕线，即一个小框架内安装一排电晕线（若干根）。每排电晕线小框架搁置在大框架上，大框架的四角设置吊挂，悬挂于顶部梁上，并设置吊挂支撑瓷瓶绝缘（见图10-9），瓷瓶绝缘有两种形式：绝缘套管式、阴极绝缘支柱式。为了保证绝缘瓷瓶周围干燥，不致因温度过低出现冷凝水汽，导致放电，一般需在套管旁设置加热器。

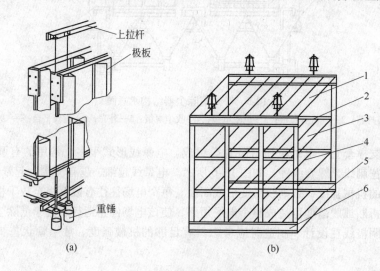

图 10-7　电晕线固定方式

（a）重锤悬吊式；（b）管框绷线式（阴极笼式框架）

1—上层小框架；2—角铁；3—中层小框架；4—方管；5—下中层小框架；6—阴极大框架

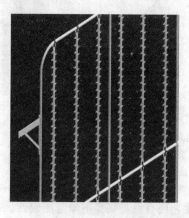

图 10-8　阴极小框架

图 10-9　阴极吊挂（支柱式）

## 10.2.4.2　收尘极

收尘极与电晕电极形成电场，大量荷负电粉尘移向收尘极。收尘极的结构形式对粉尘的二次飞扬、金属消耗量和造价有很大影响。对收尘电极的一般要求是：

（1）极板高度较大时，应有一定的刚性，不易变形。

（2）振打时粉尘的二次扬起少，且易于清灰。

（3）特殊工况条件下要求耐高温和耐腐蚀。

（4）单位收尘面积消耗金属量低，造价低。

　　收尘极结构形式很多，目前几乎都采用板式极板，它是用厚度为 1.2～2mm 的钢板在专用轧机上轧制而成（常用的几种形式见图 10-10）。一般常用 480C 型板，极板两侧设有沟槽和挡板，既能加强板的刚性，又能防止气流直接冲刷板的表面，从而降低了二次扬尘，刚度好，板面振打加速度分布较均匀。

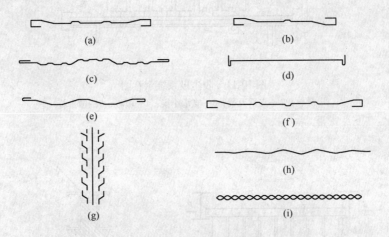

图 10-10　收尘极板形式

（a）小 C 型；（b）Z 型；（c）CW 型；（d）工字型；（e）ZT 型；（f）大 C 型；
（g）鱼鳞型；（h）波纹型；（i）棒帏型

　　收尘极板面积与处理风量的比值 $A/Q$ 是衡量电除尘器性能的指标之一。根据收尘效率的公式可知，电除尘器的效率 $\eta$ 取决于粉尘的驱进速度 $w$、被净化的烟气量以及收尘板的面积，如果烟气量与驱进速度一定，则收尘面积越大，收尘效率越高。

　　每块极板的宽度随不同的形式而不同，但必须与放电极的间距相对应。极板高度一般为 2～15m。每一电场中，在长度方向每排由若干块极板拼装而成，其长度称为有效电场长度，一般为 3.5～4.5m。

　　极板排组成如图 10-11 所示。对于常用的 C 型极板，极板排中极板的布置一般采用一正一反方式布置，其好处有：每个通道两侧面板形状与通道中心平面对称，板面电流密度分布对称、场强对称，含尘浓度均匀；因为交叉排列，极板变形可以相互抵消一部分。收尘极板最常见的悬挂方式有紧固型（见图 10-12）和自由型。紧固型悬挂方式是极板上下端均用螺栓加以固定，使极板排组成一个整体。自由型一般是极板排上部采用挂钩悬挂方式。

　　两排相邻极板之间形成通道，通道的宽度在常规的电除尘器中通常采用 300～400mm。近年来板式电除尘器一个引人注目的变化是发展宽间距超高压电除尘器，通常认为间距为 400～600mm 较为合理。一般烧结机头电除尘器同极间距为 450mm（宝钢引进日本技术为 600mm），其他电除尘器 400mm。宽间距电除尘器制作、安装、维修等较方便，而且钢材消耗也减少很多，在相同体积壳体内布置的极板面积和极线数量减少。

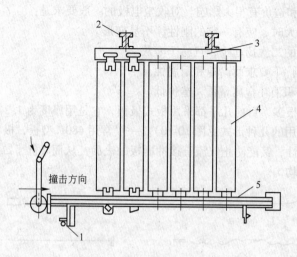

图 10-11　收尘极系统示意图

1—导轨；2—支承大梁；3—支承小梁；4—极板；5—撞击杆

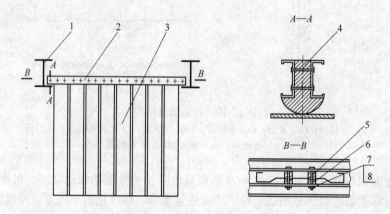

图 10-12　极板排紧固型悬挂方式

1—壳体顶梁；2—C 型悬吊梁；3—极板；4—支承座；5—凸套；6—凹套；7—螺栓；8—螺母

### 10.2.4.3　气流分布装置

电除尘器内气流分布对除尘效率具有较大的影响。为了减少涡流，保证气流分布均匀，在除尘器进口处应设变径管道（渐扩管），进口变径管内应设多层气流分布板，通常 2～3 层，如图 10-13（g）所示，其进口变径管内设置了三层气流分布板。对气流分布装置的要求是阻力损失小，气流均布效果较好。常见的气流分布板有条栅式、多孔板式、鱼鳞式、锯齿式、X 形孔板式、折板式等（见图 10-13a～f），而以多孔板使用最为广泛。多孔板开孔率需要通过模拟试验（如果在电除尘器前有较长的直管，气流分布实验相对简单）确定，一般开孔率为 25%～50%，孔径为 $\phi 30～50mm$。

电除尘器正式投入运行前，一般要求进行测试、调整，检查气流分布是否均匀，对气流分布的具体要求是：

（1）任何一点的流速不得超过该断面平均流速的 ±40%。

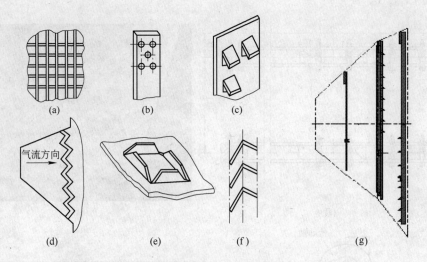

图 10-13  气流分布板结构形式

（a）条栅式；（b）多孔板式；（c）鱼鳞式；（d）锯齿式；（e）X 形孔板式；（f）折板式；（g）多层气流分布板

（2）在任何一个测点断面上，85% 以上测点的流速与平均流速不得相差 ±25% 。

除尘器出口变径管处有时也设一块气流分布板，多数为槽形板装置，由平行安装的两排槽形板组成，分布板或槽形板的设置可降低烟气中粉尘二次飞扬。

### 10.2.4.4  振打装置

电除尘器的收尘电极与电晕电极需保持洁净，除尘效率才能高，因此必须及时将电极上的积灰清除干净，使其落入灰斗，这是保证电除尘器正常工作的重要条件。常用的清灰装置有机械振打、声波清灰、电磁振打、电容振打等，其中机械锤击振打装置是应用最广、清灰效果较好的一种。机械锤击振打的形式有两种：提升脱钩式和侧式旋转锤振打，常用侧式旋转锤振打，如图 10-14 所示。机械振打清灰的要求：适当的振打力；能使极板、极线获得满足清灰要求的加速度；能合理调整振打周期和频率。

以收尘极板振打（或称阳极振打）为例，旋转式挠臂重锤机械振打装置安装于极板底部，主要由振打传动装置、振打轴、轴承和振打锤（见图 10-14c）4 个部分组成。极板排的下部由阳极振打杆固接（见图 10-14a），振打杆一侧装有振打砧。振打砧是由经过热处理的钢块或用铸钢精铸做成，表面硬度较高，作用是在运行时振打锤敲击时承受其冲击力。每个电场各排阳极振打砧相对应的锤都装在振打轴上，在振打轴上所有的振打锤按一定的角度间隔均布（见图 10-14b），振打轴旋转一周，依次对电场内每排阳极板振打一次。这样可以使相邻两排极板不同时振打，减少二次飞扬并且使整根轴的受力均匀。阳极振打轴直连阳极振打传动装置。阴极振打增加了瓷瓶绝缘，即振打轴通过瓷转轴与振打传动装置连接（见图 10-14d），振打轴穿过壳体壁板处安装绝缘挡板，一般为聚四氟乙烯材料。

振打方式和振打强度直接影响除尘效果。振打强度太小难以使沉积在电极上的粉尘脱离，电极常处于沾污状态，造成极线肥大，会减弱电晕放电，形成电晕闭塞，使除尘效果恶化。振打强度过大，则会使已捕集的粉尘再次飞回气流或使电极变形，改变电极间距，破坏电除尘器的正常工作。一般通过经验或振打试验确定振打强度。

声波是一种以能量形式存在的机械波，声波的传播是一种机械波在弹性介质中的传播，声

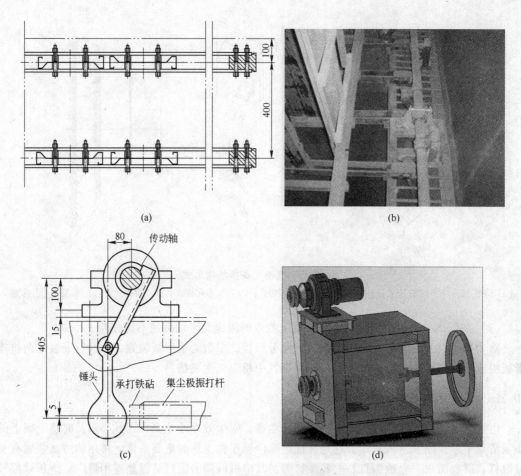

图 10-14　振打装置示意图
(a) 阳极振打杆；(b) 阳极振打装置实物；(c) 振打锤结构；(d) 阴极振打瓷轴箱

波在媒质中传播时使质点做交变振动，处于声场中的一个物质点，在声波的激励下受迫振动，产生位移，因为质点的不断振动，使粉尘分子间积聚力或黏附力受到破坏，达到一定疲劳程度时，从极板上脱落，落入灰斗。声波清灰方式在烧结电除尘器中已有应用。

　　电磁振打器安装在除尘器的顶部，其工作原理是：当电磁锤振打器中的线圈加上直流电压时，线圈的周围会产生磁场，而振打棒在磁场力作用下会被吸引提升，当提升到一定高度时线圈立即断电，磁场就会消失，此时振打棒在重力的作用下自由下落撞击振打杆，通过振打杆将产生的振打力传递到内部阴阳极系统或气流分布装置上，从而达到振打清灰的目的。电磁振打器应用较多。

　　还有一种清灰形式：电容振打。在电晕极和收尘极之间并入一个高压电容，当除尘器中某点的积尘太多导致两极之间击穿时，电容器将其储存的能量迅速放出，形成强大的电流（约数十千安）流经尘块缝隙，突然产生较大热量，使烟气激烈膨胀，因而产生强大的机械力（比普通的机械振打大数十倍），即使黏固得很紧的疤块都可以打掉。它的特点是力量集中，能自动选择积尘最多的地点优先将其振落。对某些电晕线结疤（阴极线肥大）现象，配合机械振打，更能发挥其作用。该种清灰形式应用较少。

　　有的电除尘器自控系统具有高压电控与低压振打耦合控制功能，即电场降压或断电振打功能，它提供了一种更加高效的电极清洁方式，同时也提供了进一步提升除尘效率的空间。

### 10.2.4.5　外壳

除尘器外壳必须保证严密。易漏风处是振打机构的穿墙处、石英套管以及检修人孔门等。漏风量大，不但风机负荷加大，也会因电场风速提高使除尘效率降低。外壳密封不严，将导致渗水漏雨，粉尘黏结电极或腐蚀钢板，灰斗粘料，放灰不畅。在处理高温烟气时，冷空气的漏入将使局部烟气温度降至露点以下，导致除尘器构件积灰和腐蚀。对于特定的工况条件，为防止含尘气体冷凝结露、粉尘黏结电极或腐蚀钢板，外壳需敷设保温层，如烧结机头除尘器。电除尘器的外壳有砖结构、钢筋混凝土结构和钢结构，一般为钢结构。外壳下部为灰斗，中部为收尘电场和侧部振打机构，上部安装绝缘瓷瓶或顶部振打机构。

### 10.2.4.6　灰斗及排、输灰装置

电除尘器收集下来的粉尘，通过灰斗和排灰、输灰装置送走，这是保证电除尘器稳定运行的重要环节之一，实践中由于排灰不畅影响设备正常运行的情况时有发生。因此，这一环节必须引起足够重视。灰斗设计应满足以下条件：

(1) 有一定的容量，以备排输灰装置检修时，起过渡料仓的作用。

(2) 排灰通畅。灰斗内表面必须保持光滑，斗壁应有足够的溜角，一般保证溜角不小于60°，斗壁内交角处加过渡板，避免挂灰，并设仓壁振动器或气化器，以协助排灰。为避免结露，灰斗下部常设加热装置，尤其对于烧结机头除尘器。

(3) 灰斗上设捅灰孔和手动振打砧，以备堵灰时排除故障。

(4) 灰斗中部设阻流板，以防烟气短路。

电除尘器灰斗下设排灰装置，较常用的有星型卸灰阀、双层卸灰阀、埋刮板输送机、螺旋输送机以及气力输灰装置等。排灰装置应不漏风，工作可靠。烧结机头除尘器负压高，要求密封性更好，所以灰斗下选择双层卸灰阀排灰。灰斗排灰装置的运行，应保证灰斗内一定高度的存灰，即灰封，防止漏气。灰斗料位过高，可能造成电场料接地。灰斗上常设高低料位计以监控料位情况。

## 10.2.5　电除尘器的供电装置

电除尘器供电装置的性能对除尘器效率影响极大。一般来说，在其他条件相同的情况下，电除尘器的除尘效率取决于粉尘的驱进速度，而粉尘的驱进速度是随着荷电电场强度和收尘电场强度的提高而增加的。要获得最高的收尘效率，需要尽可能地增大粉尘驱进速度，也就是尽可能地提高除尘器的电场强度。对电除尘器供电装置的要求是：在除尘器工况变化时，供电装置能快速适应其变化，自动地调节输出电压和电流，使电除尘器在较大的电流和较高的电压状态下运行；电除尘器一旦发生故障，供电装置能提供必要的保护，对闪络拉弧和过流信号能快速鉴别和做出反应；电除尘器的供电都采用分电场供电。

电除尘器的供电主要是指高压供电装置，还包括振打、输排灰装置、料位计、绝缘子加热和安全联锁等自动控制装置（或称低压自动控制装置）的供电。

### 10.2.5.1　高压供电电源及控制设备

高压电源由升压变压器、整流器、控制柜三大部分组成。其基本作用是将工频交流电变成高压直流电送至电除尘器放电极，形成电场，使粉尘荷电向收尘极移动，达到收尘的目的。

（1）升压变压器。它的作用在于把一般的低压交流电（220V 或 380V）变为高压交流电（60～90kV）。

（2）硅整流器。它的作用是把高压交流电变为高压直流电。目前硅整流器与升压变压器大都做成了一体化，称为整流变压器，其结构紧凑，占地面积小。

（3）控制柜。它包括控制和调节高压操作设备和仪表，具有工作稳定，可以自动调节电压，操作维护简单等优点。

电除尘器只有在良好的供电情况下，才能获得高除尘效率。高压供电设备提供粒子荷电和捕集所需要的高场强和电晕电流。随着供电压的升高，电晕电流和电晕功率都急剧增大，除尘效率迅速提高。因此，为了充分发挥电除尘器的作用，供电装置应能提供足够的高压并具有足够的功率。为满足现场需要，供电设备操作必须十分稳定，工作寿命应在 10 年以上。通常高压供电设备的输出峰值电压为 70～100kV，电流为 100～2000mA。

输出的高压直流电源对电除尘器收尘效率有很大影响，在一定的输出电流下，电压越高，电场收尘效率越高。因此，电除尘器的工作电压应尽可能接近火花击穿电压。国内目前广泛应用可控硅高压硅整流设备，主要采用火花自动跟踪控制方式，根据电场的情况，自动调节电压的高低，因而能获得较高的除尘效果。大量现场运行经验表明，每一台电除尘器或每一个电场都有一最佳火花率（每分钟产生的火花次数称为火花率），一般为 50～100 次/分钟。这时电压升高所得到的收益恰好和火花造成的损失相抵消。电压再升高，则收益不足以抵消损失。一般说来，电除尘器在最佳火花率下运行时，平均电压最高，除尘效率也最高。

在工业电除尘器中，一般放电极接负极，收尘极接正极，为了保证电除尘器的正常工作和操作人员的安全，应使正极接地，接地装置必须可靠，接地电阻满足规范要求。

为使电除尘器能在较高电压下操作，避免过多的火花损失，对于大型电除尘器，可分组供电，即一个电场分成 2 个或更多分电场，三电场电除尘器常常采用 6 个供电机组或更多。增加供电机组的数目，增加电场分组数，减少每个机组供电的电晕线数，能改善电除尘器性能。如当某一分电场停止运行时，对电除尘器性能影响相对较小，而且可以减小由于火花和振打清灰引起的粉尘二次飞扬。但是增加供电机组的数目需增加投资。

### 10.2.5.2　低电压自动控制装置

低压自动控制装置是指对电除尘器的阴阳极振打电动机、卸灰输灰电动机、绝缘子室及瓷轴、灰斗等处的加热设备按要求进行自动控制的装置，并包括电除尘器放电极支撑绝缘子室、高压整流变压器等设备的安全连锁保护装置。该装置主要有程控、操作显示和低压配电三个部分，其控制特性的好坏和控制功能的完善程度，对电除尘的运行、维护工作以及电除尘的除尘效率等都有直接影响。

### 10.2.5.3　新型供电装置

静电除尘器高压脉冲供电装置于 20 世纪 80 年代有了新的发展。这种供电设备向除尘器电场提供的电压是在一定直流高压（或称基础电压）的基础上叠加了一定的重复频率、宽度很窄而电压峰值又很高的脉冲电压。这种供电技术对于克服静电除尘器在收集高比电阻粉尘时形成的反电晕很有作用，能提高静电除尘器处理高比电阻粉尘的除尘效率，对处理正常比电阻的粉尘也能取得节约电能的好效果。在干法水泥生产、金属冶炼、烧结及低硫煤发电等窑炉中对排放的高比电阻粉尘净化时，电除尘器配置普通供电装置净化，由于容易出现反电晕现象，除尘效果欠佳。而改用脉冲供电设备以后，其除尘效果大有改善。

目前,三相电源、高频电源在钢铁冶金电除尘中都有应用。电源的输出电压、电流对除尘效率有很大影响,常规的整流变压器(50Hz)产生的峰值电压与平均电压相差较大,峰值电压在电场中触发电火花,使工作电压大幅降低,影响电除尘效率。而高频电源(40~50kHz)提供的是几乎无波动的直流输出,使得电除尘器能够以火花发生点电压运行,使得平均电压接近闪络点工作,电压较高,提高了电除尘器的运行电压和电流,从而能够有效地提高收尘效率(见图10-15)。

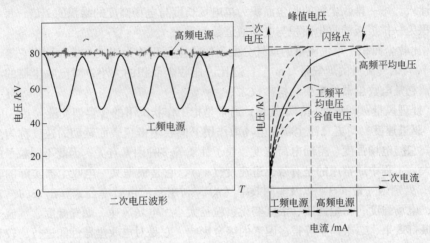

图 10-15 高频电源与普通工频电源比较

### 10.2.6 电除尘器的常用术语

(1)室:在电除尘器内部由壳体所围成的一个气流的通道空间称为室。一般电除尘器设计成单室,对于处理大烟气量,有时也将2个单室并联在一起,称为双室电除尘器,如大型烧结机机头电除尘器。

(2)场:沿气流流动方向将各室分成若干区,每一区有完整的收尘板和电晕极,并配以相应的一组高压电源装置,称每个独立区为收尘电场。卧式电除尘器一般设有2个、3个或4个电场,有时也可设置4个以上的电场。为了获得更高的除尘效率,也可将每个电场分成2个或3个独立区,每一个区配一组高压电源装置分别供电。

(3)电场高度:一般将收尘极板的有效高度(即除去上下两端夹持端板的收尘极高度)称为电场高度。

(4)电场通道数:电场中两排极板之间的宽度称为通道,电场中的极板总排数减一称为电场通道数。

(5)电场宽度:一般将一个室最外两侧收尘极板之间的有效距离(减去极板阻流宽度)称为电场宽度,它等于电场通道数与同极距(相邻两排极板的中心距)的乘积减去每块极板的阻流宽度。实际简单计算为电场通道数与同极距的乘积。

(6)同极间距:相邻极板排间的距离。

(7)电场截面:一般将电场高度与电场宽度的乘积称为电场截面,它是表示电除尘器规格大小的主要参数之一。

(8)电场长度:在一个电场中,沿气体流动方向一排收尘极板的宽度(即每排极板第一块极板的前端到最后一块极板末端的距离)称为单电场长度。沿气流方向各个单电场长度之和称为电除尘器的电场长度。

（9）停留时间：烟气流通过电场长度方向所需要的时间称为停留时间，它等于电场长度与电场风速之比。

（10）电场风速：烟气在电场中的流动速度称为电场风速。它等于进入电除尘器的烟气流量（$m^3/s$）与电场截面（$m^2$）之比。

（11）收尘极面积：收尘极板的有效投影面积。由于极板的两个侧面均起收尘作用，所以两面均应计入。每一排收尘极的收尘面积为单电场长度与电场高度的乘积的 2 倍，每一个电场的收尘面积为一排极板的收尘面积与电场通道数的乘积。

（12）比收尘面积：单位流量的烟气分配到的收尘面积称为比收尘极面积。它等于收尘极面积（$m^2$）与烟气流量的烟气量（$m^2/s$）之比。比收尘面积的大小，对电收尘器的收尘效果影响很大，它是电收尘器的重要结构参数之一。

（13）处理风量：即被处理的烟气量；通常是指工作状况下的含尘烟气量。

（14）驱进速度：荷电悬浮尘粒在电场力作用下向收尘极板表面运动的速度称为尘粒子的驱进速度。它与电场强度、空间电荷密度、粒子性质等多种因素有关，因此不同粒子的驱进速度相差很大。工程中通常用的是有效驱进速度（$w_0$），它是根据某一电收尘器实际的收尘极总面积（$A$），处理烟气量（$Q$）以及实测效率（$\eta$），利用多依奇效率公式算出来的，它包含了电极构造、电场强度、粉尘性质、浓度变化、粒径大小、电场风速、烟气湿度、气流分布、积灰厚度、振打效果、二次扬尘等很多因素的综合影响。它是对电收尘器性能进行比较和评价的主要参数，也是电除尘器设计的关键数据。

（15）收尘效率：含尘烟气流经除尘器时，被捕集的粉尘量之比称为收尘效率。它在数量上近似等于额定工况下除尘器进出口烟气含尘浓度的差与原入口烟气含尘浓度之比。收尘效率是除尘器运行的主要指标。

（16）一次电压：输入到整流变压器初级侧的交流电压。

（17）一次电流：输入到整流变压器初级侧的交流电流。

（18）二次电压：整流变压器输出的直流电压。

（19）二次电流：整流变压器输出的直流电流。

（20）电晕放电：在相互对置着的放电极和收尘极之间，通过高压直流电建立起极不均匀的电场，当外加电压升到某一临界值（即电场达到了气体击穿的强度）时，在放电极附近很小范围内会出现蓝白色辉光，并伴有嘶嘶的响声，这种现象称为电晕放电。它是由于放电极外的高电场强度中的气体被局部击穿所引起的。

（21）电晕电流：发生电晕放电时，在电极间流过的电流叫电晕电流。

（22）起晕电晕电压：指开始发生电晕放电的电压。

（23）火花放电：在产生电晕放电之后，当极间的电压继续升高到某一点时，电晕极产生一个接一个的、瞬时的、通过整个间隙的火花闪络，这种现象称为火花放电。火花放电的特征是明显的电压降低、电流升高情况，伴有明亮的闪光或喷溅的火星或响声。数量不多的火花有益无害，但要适当控制其频度，防止转变成闪络或拉弧。闪络是连发的大火花，除闪光外，常伴有"劈啪"的响声，密集于一处的闪络会烧坏电极，无助于除尘，但对一些难以清除的灰有一定的辅助清灰作用。$n$ 根电晕线中的任何一根产生火花都将引起所有电晕线上的电压瞬时下降。

（24）电弧放电：在火花放电之后，再提高外加电压，就会使气体间隙击穿，它的特点是电流密度很大，而电压降落很小，出现持续的放电，爆发出强光并伴有高温。这种强光会贯穿整个间隙，由放电极到收尘极，这种现象就是电弧放电（如电焊时的现象就是一种电弧放电）。

时间一长能将极线烧断，在极板上烧出洞，电除尘应避免产生电弧放电。

（25）电晕功率：投入到电除尘器的有效功率。它等于电场的平均电压和平均电晕电流的乘积。电晕功率越大，除尘效率越高。

（26）伏－安特性：电除尘器运行过程中，电晕电流与电压之间的关系称为伏－安特性，它是很多变量的函数，其中最主要的是电晕极和收尘极的几何形状、烟气成分、温度、压力和粉尘性质等。

（27）电晕封闭：电除尘器中电晕外区不仅有气体负离子形成的空间电荷，还有许多荷电的粉尘粒子，当电除尘器处理含尘浓度高、粉尘粒径细的烟气时，电晕外区的空间电荷主要是粉尘负粒子，它的迁移速度比离子小得多，使得电晕极附近的场强削弱很多，电晕电流大大降低，甚至趋于零，此种现象称为"电晕闭塞"。

（28）反电晕：高比电阻粉尘到达阳极形成粉尘层时，所带电荷不易释放，于是在阳极粉尘层上形成一个残余的负离子层，随着阳极表面积灰厚度的增加，会发生局部击穿现象，降低除尘效率，此种现象称为"反电晕"。

（29）阻力：电除尘器入口和出口烟道内烟气的平均全压之差，称为电除尘的阻力。它是烟气在流经电除尘器的过程中，克服与电除尘器内部结构的冲刷、摩擦阻力和气流紊乱对速度的不利影响而消耗的机械能。它与电除尘器内部的结构形式、气流分布、流速等因素有关，一般电除尘器的阻力为 300Pa。

（30）漏风率：电除尘器本体漏入壳体的气体流量与进口烟气流量之比，用百分比表示，漏入壳体的气体流量计算为出口与进口烟气流量之差。

（31）气流分布：是反映电除尘器内部气流均匀程度的一个指标。它一般是通过测定除尘器入口截面上的气流速度分布来决定的。如果各个点的气流速度与整个截面上的平均气流速度（其值等于所有各点速度的算术平均值）越接近，其气流分布就越均匀，对除尘效率的提高也就越有利。对气流速度的评定方法有多种，如均方根值法、相对速度系数法和速度场系数法等，常用均方根值法。

### 10.2.7 影响电除尘器性能的主要因素

影响电除尘器性能的因素很多，可以大致归纳为以下四类：

（1）粉尘特性，主要包括粉尘的粒径分布、真密度和堆积密度、黏附性、比电阻等。

（2）烟气性质，主要包括烟气温度、压力、成分、湿度、流速和含尘浓度等。

（3）结构因素，主要包括电晕线的几何形状、直径、数量和线间距，收尘极的形式、极间距、极板面积以及电场数、电场长度、供电方式、振打方式、气流分布装置、外壳严密程度、卸灰阀的锁风性能等。

（4）操作因素，主要包括伏－安特性、漏风率、气流短路、二次扬尘和电晕线肥大等。

电除尘器与其他除尘装置一样，即使电除尘器有良好的收尘性能，但是由于各种条件的变化，也会使其达不到预期的效果。

#### 10.2.7.1 粉尘特性的影响

A 粉尘的粒径分布

粉尘的粒径分布对电除尘器总的收尘效率有很大影响，这是因为荷电粉尘的驱进速度随粉尘粒径的不同而变化，驱进速度与粒径大小成正比，即粉尘粒径越大，收尘效率越高。虽然粉尘粒径小于 0.2μm 对驱进速度影响不大，但是粒径越细，其附着性越强，因此吸附在电极上的细粉尘不容易振打下来，这样会使电除尘器的性能降低。

**B　粉尘的真密度和堆积密度**

粉尘的密度对电除尘器的影响虽不像靠重力和离心力进行的机械除尘装置那样重要，但对电除尘器的性能也是有影响的。

由于尘粒表面不光滑和内部有空隙，所以颗粒表面和内部吸附着一定的空气。设法将吸附在粒子表面和内部的空气排出后测得的粒子自身的密度称为颗粒的真密度 $\gamma$。所谓堆积密度是指固体微粒的集合体，测出包括粒子间气体空间在内的体积并取固体粒子的质量求得的密度。粒子间的空间体积与包括粒子群在内的全部体积之比，通常称为孔隙率，用字母 $p$ 表示。孔隙率、真密度 $\gamma$ 与堆积密度 $\gamma_a$ 之间的关系用下式表示：

$$\gamma_a = (1 - p)\gamma \tag{10-4}$$

真密度 $\gamma$ 对一定的物质而言是一定的，而堆积密度 $\gamma_a$ 则与孔隙率 $p$ 有关，随着充填程度不同而有大幅度的变化。$\gamma$ 与 $\gamma_a$ 之比越大，由于粉尘再飞扬对除尘性能的影响也就越大。$\gamma$ 与 $\gamma_a$ 之比在 10 左右时，由于烟气的偏流或漏风对粉尘再飞扬的影响会很大。烧结粉尘真密度 $\gamma$ 与堆积密度 $\gamma_a$ 比值通常在 2.0 ~ 3.5。

**C　粉尘的黏附性**

粉尘有黏附性，可使细微粉尘粒子凝聚成较大的粒子，这对粉尘的捕集是有利的。但是粉尘黏附在除尘器壁上会堆积起来，这是造成除尘器发生堵塞故障的主要原因。在电除尘器中，若粉尘的黏附性强，会黏附在电极上，即使加强振打，也不容易将粉尘振打下来，因而出现电晕线肥大和收尘极板粉尘堆积的情况，影响电晕电流与工作电压升高，致使除尘效率降低。烧结矿粉尘的黏附性属中等黏附强度，但烧结熔剂粉尘属强黏附性粉尘，要注意电极振打清灰的运行效果。

**D　粉尘的比电阻**

粉尘的比电阻 $\rho$ 是衡量粉尘导电性能的指标，根据粉尘的比电阻对电除尘器性能的影响（见图10-16），大致可分为 3 个范围：

(1) $\rho < 10^4 \Omega \cdot cm$ 的粉尘，称为低比电阻粉尘。

(2) $10^4 \Omega \cdot m < \rho < 5 \times 10^{10} \Omega \cdot cm$ 的粉尘最适合于电除尘器。

(3) $\rho > 5 \times 10^{10} \Omega \cdot cm$ 的粉尘，称为高比电阻粉尘。

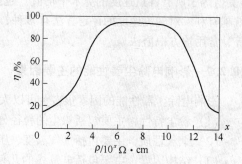

图 10-16　粉尘比电阻与
电除尘器效率的关系

**a　低比电阻粉尘**

粉尘的比电阻小于 $10^4 \Omega \cdot cm$ 时，当它一到达收尘极表面，不仅立即释放电荷，而且因静电感应获得和收尘极同极性的正电荷，若正电荷形成的排斥力大得足以克服粉尘的黏附力，则已经沉积的粉尘将脱离收尘极重返气流；重返气流的粉尘在空间又与离子相碰撞，会重新获得和电晕极同极性的负电荷再次向收尘极运动，结果形成在收尘极板上跳跃的现象，最后可能被气流带出电除尘器。所以电除尘器对于低比电阻粉尘的捕集效率不高。

**b　高比电阻粉尘**

当粉尘比电阻超过临界值 $5 \times 10^{10} \Omega \cdot cm$ 后，电除尘器的性能就随着比电阻的增高而下降；比电阻超过 $10^{11} \Omega \cdot cm$ 后，采用常规电除尘器难以获得理想的除尘效率；若比电阻超过 $10^{12} \Omega \cdot cm$，采用常规电除尘器进行捕集就更为困难，甚至发生通常所说的反电晕。烧结机头、机尾粉尘比电阻较高，基本在 $10^{10}\Omega\cdot cm$ 左右，但因影响比电阻的因素较多，实际工况条件下的比电阻难以准确测定。

c 反电晕

所谓反电晕就是沉积在收尘极表面上的高比电阻粉尘层产生的局部放电现象。荷电后的高比电阻粉尘到达收尘极后，电荷不易释放。随着沉积在极板上的粉尘层增厚，释放电荷更加困难。此时一方面由于粉尘层未能将电荷全部释放，其表面有与电晕极相同的极性，排斥后来的荷电粉尘；另一方面，由于粉尘层电荷释放缓慢，于是在粉尘间形成较大的电位梯度。当粉尘层中的电场强度大于其临界值时，就在粉尘层的孔隙间产生局部击穿，产生与电晕极极性相反的正离子，所产生的离子向电晕极运动，中和电晕区带负电的粒子，其结果是电流增大、电压降低，粉尘二次飞扬严重，导致收尘性能显著恶化。

由此可见，低比电阻粉尘（$\rho < 10^{4}\Omega\cdot cm$）由于尘粉的跳跃现象，引起收尘效率的降低；高比电阻粉尘（$\rho > 10^{10}\Omega\cdot cm$），可能产生反电晕现象，也致使收尘效率降低。

为了防止反电晕，可在烟气中加入导电添加剂，增加粉尘的导电性，从而提高除尘效率。通常采用的添加剂是水雾、三氧化硫、氨等，将这些添加剂加入烟气后，它沉附在粉尘颗粒表面上，形成导电薄膜，增加了粉尘的导电性，改善了除尘器的工作，这种方法称为烟气调质。添加剂的加入，可能会带来新的问题，在烧结除尘实际中很少采用。

d 影响比电阻的因素

粉尘比电阻直接影响收尘效率。比电阻在某种意义上是随温度的变化而变化的。温度超过225℃后，比电阻随温度的升高而降低，与烟气的成分无关。温度低于140℃，比电阻随温度的降低而降低，并与烟气湿度和其他成分有关。

### 10.2.7.2 烟气性质的影响

烟气性质对电除尘的伏-安特性影响很大，下面主要介绍烟气的温度、压力、成分、湿度、烟气流速和烟气含尘浓度对电除尘器性能的影响。

A 烟气的温度和压力

烟气的温度和压力影响电晕始发电压、起晕时电晕极表面的电场强度、电晕极附近的空间电荷密度和分子、离子的有效迁移率等。温度和压力对电除尘器性能的某些影响可以通过烟气密度 $\delta$（$kg/m^3$）的变化来进行分析。

$$\delta = \delta_0 \frac{T_0}{T} \cdot \frac{P}{P_0} \tag{10-5}$$

式中　$\delta_0$——烟气在 $T_0$ 和 $P_0$ 时的密度，$kg/m^3$；

$T_0$——标准温度，273K；

$T$——烟气实际温度，K；

$P_0$——标准大气压，$1.01325 \times 10^5 Pa$；

$P$——烟气的实际压力，Pa。

烟气密度 $\delta$ 随着温度的升高和压力降低而减小。当 $\delta$ 降低时，电晕始发电压、起晕时电晕极表面电场强度和火花放电电压等都要降低。温度升高或压力降低，伏-安特性曲线会向左偏移并有更陡的斜率，偏移是由于电晕始发电压和火花放电电压降低，斜率更陡是由于离子的有效迁移率增大所致。

烟气温度影响粉尘比电阻。粉尘比电阻通常是随温度升高而增加，但达到某一极限值后，又逐渐降低。电除尘器的最佳工作条件是尽可能使烟气的温度不处于比电阻最高的范围，通常的办法是降低烟气温度。如烧结机头电除尘烟气温度高时，烧结系统可打开冷风阀，使烟气温度降低。当然，也会带来其他问题，如电场风速增大、结露等影响除尘器运行。

### B　烟气的成分

烟气成分对负电晕放电特性影响很大，烟气成分不同，在电晕放电中，荷载体的有效迁移不同。在电场中电子和中性气体分子相撞形成负离子的概率在很大程度上取决于烟气成分。据统计，氦、氢分子不产生负电晕，氯与二氧化硫分子能产生较强的负电晕。不同的烟气成分对电除尘器的伏－安特性和火花放电电压有较大的影响。

### C　烟气的湿度

由于原料和燃料中含有一定的水分，燃料中的氢燃烧后也生成水蒸气，参与燃烧的空气中也含有水分，因此，一般工业生产排出的烟气中都含有一定的水分，这对电除尘的运行是有利的。烟气中水分过大，虽然对电除尘的性能不会有不利的影响，但是如果烟气温度达到露点，就会使电除尘器的电极系统以及壳体产生腐蚀。如果烟气中含有 $SO_2$ 等腐蚀性气体，其腐蚀程度更为严重。所以含水分高的烟气采用电除尘器，保温、腐蚀问题应予重视，如烧结机头除尘器极板、极限应考虑采用不锈钢材质，外壳采用防腐涂层。

### D　电场风速

电场风速 $v_s$（m/s）是指电除尘器在单位时间内处理的烟气量与电场断面的比值，计算公式如下：

$$v_s = \frac{Q}{3600F} \tag{10-6}$$

式中　$Q$——通过电除尘器的气体流量，$m^3/h$；
　　　$F$——电场通道的断面面积，$m^2$。

从降低电除尘器的造价和减少占地面积的观点出发，应该尽量提高电场风速，以缩小电除尘器的体积。特别对旧企业的改造，减少电除尘器的占地面积尤其重要。但是电场风速不能过高，否则会给电除尘器运行带来不利的影响。因为粉尘在电场中荷电后沉积到收尘极上需要有一定的时间，如果电场风速过高，荷电粉尘来不及沉降就被气流带出，也容易使已沉积在收尘极的粉尘层产生二次飞扬，特别是在电极进行清灰振打时更容易产生二次飞扬。因此，气流速度过大会导致除尘效率降低。电场风速的大小除了与粉尘性质有关外，还与收尘极板的结构形式、粉尘对极板的黏附力大小、电晕极放电性能以及设备尺寸和投资等因素有关。电场风速不能太低，一般断面风速取 0.6～1.5m/s 为宜。对于粉尘排放浓度要求较低的烧结电除尘器，多在 0.8～1.0m/s。

### E　烟气的含尘浓度

电除尘器可用于处理含尘浓度较高的烟气，但是当含尘浓度大幅增加时，电除尘器工作会恶化。当含尘气体通过电除尘器的电场空间时，高压电场所产生的离子部分附着在粉尘粒子上，使得粉尘粒子有一定电荷，这样就出现两种形式的电荷——离子电荷和悬浮的粉尘粒子电荷。所以，电晕电流一方面是由于气体离子的运动而形成，另一方面是由荷电粉尘粒子运动而形成。但是粉尘粒子大小和质量都比气体离子大得多，所以气体离子的运动速度为荷电粉尘粒子的数百倍（气体离子平均速度为 60～100m/s，而荷电粉尘粒子速度小于 60cm/s）。离子电荷的平均速度较高，在电场中形成"电风"，有助于粉尘向收尘极移动。荷电粉尘粒子的速度较小，所以当气体中有悬浮粉尘粒子时，在单位时间内转移的电荷是比较少的，因此电流会减少。

如果含尘浓度很高，电晕区产生的离子大都附着到粉尘上，离子的迁移率达到极小值，这时"电风"现象将停止，电流几乎减少到零，使除尘工作大为恶化，这种现象称"电晕闭塞"。

为了防止电晕闭塞，必须使进口粉尘浓度限制在一定范围内，为此有时在进入电除尘器前加一级预除尘（一般为旋风除尘或重力除尘）。采用芒刺电极是目前克服电晕闭塞的有效方法，一般是在第一电场即入口电场采用，这样可以提高电除尘进口的允许最大含尘浓度。当烟气速度增加，单位时间内停留在电场中的烟气量和粉尘量增大，会加剧电晕闭塞现象的产生，所以需合理设计电场风速。

烧结机头烟气进口粉尘浓度（标态）一般在 $1g/m^3$；烧结机尾烟气粉尘浓度（标态）一般在 $10 \sim 15g/m^3$（偶有 $30g/m^3$），所以烧结机头、机尾电除尘器一般不设预除尘。

### 10.2.7.3　结构因素的影响

影响电除尘器性能的结构因素很多，包括电晕线的几何形状、直径、数量和线间距、收尘极的形式、极配形式、同极间距、气流分布流置、外壳严密程度、出灰口锁风装置等。

**A　电极因素**

影响板式电除尘器性能的电极几何因素主要包括极板间距、电晕线间距、电晕线的半径、极配形式、同极间距等。

**a　极板间距**

当作用电压、电晕线的间距和半径相同，加大极板间距会影响电晕线临近区产生的离子电流的分布，增大表面积上的电位差，导致电晕外区电密度、电场强度和空间电荷密度降低。

**b　电晕线间距**

当作用电压、电晕线半径和极板间距相同，增大电晕线的间距会增大电晕电流密度和电场强度分布的不均匀性。最佳电晕线间距对应产生最大电晕电流。若电晕线间距小于这一最佳值，由于电晕线附近电场的相互屏蔽作用会使电晕电流减少。

**c　电晕线半径**

增大电晕线的半径，会使电晕始发电压升高，电晕线表面的电场强度降低。若给定的电压超过电晕始发电压，则电晕电流会随电晕线半径的加大而减少。

**d　极配形式**

极板、极线形式多样，烧结除尘常用极配形式为480C型板与管状芒刺线，对于末电场，可选螺旋线。

**e　同极间距**

收尘极与电晕极之间的距离对除尘效率也有较大影响。气体流速一定的情况下，驱进速度一定，极间距越小，尘粒到达收尘极板的时间越短，尘粒越容易被捕集，但极间距过小易造成粉尘颗粒的二次飞扬，且电压升不高；如果间距太大，又会减弱放电强度，降低除尘效果。一般除尘器同极间距400mm，烧结机头除尘器450mm。宝钢烧结机头电除尘器引进日本宽间距超高压技术，同极间距为600mm。

**B　气流分布**

电除尘器内气流分布不均对电除尘器总收尘效率的影响是比较明显的，主要有以下几方面原因：

（1）在气流速度不同的区域内所捕集的粉尘是不一样。即气流速度低的地方，收尘效率高，捕集粉尘量多；气流速度高的地方，收尘效率低，捕集的粉尘量就少。但因风速低而增大的粉尘捕集量并不能弥补由于风速过高而减少的粉尘捕集量。

（2）局部气流速度高的地方会出现冲刷现象，将已沉积在收尘极板上和灰斗内的粉尘再次大量扬起。

（3）除尘器进口的含尘浓度不均匀，导致除尘器内某些部位堆积过多的粉尘，若在管道、弯头、导向板和分布板等处存积大量粉尘，会进一步破坏气流的均匀性。

电除尘器内气流不均与导向板的形状和安装位置、气流分布板的形式和安装位置、管道设计以及除尘器与风机的连接形式等因素有关。这些因素的综合影响往往会使除尘器的效率降低20%～30%，因此对气流分布要特别予以重视。

#### 10.2.7.4　操作因素的影响

操作因素对电除尘性能的影响是多方面的。现仅就伏－安特性、漏风、气流短路、粉尘二次飞扬和电晕线肥大等方面对电除尘性能的影响作叙述。

A　伏－安特性

伏－安特性曲线如图 10-17 所示。

OA 阶段，在较低的外加电压下，少量自由电子做定向运动，形成小电流，随着电压升高，电流逐渐变大。

AB 阶段，自由电子数目不变，电压升高，但电流基本保持不变，当电压超过 B′时，气体开始电离。

BC 阶段，随着电场强度的增加，导电粒子越来越多，电流急剧增大；随着电压的升高，当电压超过 C′时开始产生电晕。

CD 阶段，为电晕放电段，从临界电晕放电到临界击穿电压的电压范围为电除尘器的电压工作带。

DE 阶段，此时气体介质局部电离击穿，电流急剧增加，电场电压下降；电除尘器运行时需避免。

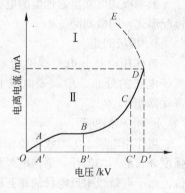

图 10-17　伏－安特性曲线

在火花放电或反电晕之前获得的伏－安特性，能表示出电除尘器从气体中分离尘粒的效果。在理想的情况下，伏－安特性曲线在电晕始发和最大有效电晕电流之间，其工作电压应有较大的范围，以便选择稳定的工作点，并应使工作电压和电晕电流达到高有效值。低的工作电压或电晕电流会导致电除尘器性能降低。

B　漏风

电除尘器一般多用于负压操作，如果壳体的连接处密封不严，就会从外部漏入冷空气，使通过电除尘的风速增大，烟气温度降低，收尘性能下降。尤其在入口管道的漏风，使收尘效果更为恶化。电除尘捕集的粉尘一般都比较细，如果从灰斗或排灰装置漏入空气，将会造成收下的粉尘产生再飞扬，使收尘效率降低，还会使灰受潮、黏附灰斗造成卸灰不流畅，甚至产生堵灰。根据测定，通过灰斗漏入的风，相当于粉尘浓度达 $300 \sim 400 mg/m^3$ 的含尘气体流入电场。若从检查门、烟道、伸缩节、烟道阀门、绝缘套管等处漏入冷空气，不仅会增加电除尘器的烟气处理量，而且会由于温度下降出现冷凝水，引起电晕线肥大，绝缘套管爬电和腐蚀等后果，因此防止漏风至关重要，一般要求漏风率控制在3%以内。

C　气流短路

所谓气流短路是指电除尘器的气流不通过收尘区，而是从收尘极板的顶部、底部和极板左右最外边与壳体壁形成的通道中通过。气流短路会导致气流紊乱，并在灰斗内部和顶部产生涡流，其结果是使灰斗的大量存灰和振打时粉尘重返气流。对于要求高效率的电除尘器来说，气流短路是一个特别严重的问题，只要有1%～2%的气体短路，可能就达不到所要求的除尘效率。防止气流短路的一般措施是采用阻流板，在灰斗内、电场上部和侧部安装阻流板，迫使气流通过收尘区，阻流板应予合理设计和布置。

D　粉尘二次飞扬

干式电除尘器中，沉积在收尘极上的粉尘如果黏附力不够，容易被通过电除尘器的气流带走，这就是所谓的粉尘二次飞扬。产生粉尘二次飞扬的原因与下列因素有关：

（1）粉尘沉积在收尘极上时，如果粉尘的荷电是负电荷，就会由于感应作用获得与收尘极板极性相同的正电荷，粉尘便受到离开收尘极的吸力作用，所以粉尘所受到净电力是吸力和斥力之差。如果粉尘比电阻较小，净电力就可能是斥力，这种斥力就会使粉尘产生二次飞扬；如果粉尘比电阻较大，净电力可能是吸力；但当粉尘比电阻很高时，粉尘和收尘极之间的电压降会使沉积粉尘层局部击穿而产生反电晕，也会使粉尘产生二次飞扬。

（2）在气流沿收尘极板表面向前流动的过程中，由于气流存在速度梯度，沉积在收尘板表面上的粉尘层将受到使其离开极板的升力，速度梯度愈大，升力愈大。为减少升力，必须减小速度梯度，降低气流速度是主要措施之一。

（3）电除尘器中的气流速度分布以及气流的紊流和涡流都能影响粉尘二次飞扬。电除尘器中，如果局部气流很高，就有引起紊流和涡流的可能性。烟道中的气体流速一般为10～15m/s，但进入电除尘器后突然降低到1m/s左右，这种气流突变的情况也很容易产生紊流和涡流。此外，强烈的电风也能使已收集的粉尘产生二次飞扬。

（4）振打电极清灰，沉积在电极上的粉层由于本身重量和运动所产生的惯性力而脱离电极。振打强度或频率过高，脱离电极的粉尘不能成为较大的片状或块状，而是成为分散的小的片状粒子，很容易被气流重新带出电除尘器。试验表明，约20%的粉尘排放是由振打清灰二次扬尘引起的。

（5）除尘器有漏风或气流不经电场而是通过灰斗出现短路现象，也容易产生二次飞扬。

总之，粉尘二次飞扬造成的损失主要取决于粉尘的特性、电除尘器的设计、供电方式、电除尘器内的气流状态和性质、振打装置的选型和操作以及收尘极的空气动力学屏蔽性能等。

为防止和克服粉尘二次飞扬损失，可采取以下措施：

（1）使电除尘器内气流均匀分布；

（2）使收尘电极具有良好空气力学屏蔽性能；

（3）采用足够数量的高压分组电场，并将几个分组电场串联；

（4）对高压分组电场进行轮流均衡振打；

（5）严格防止灰斗中的气流有涡流现象和漏风。

E　电晕线肥大

当电晕极周围的离子区有少量的粉尘粒子获得正电荷后，便向负极性的电晕极运动并沉积在电晕线上，如果粉尘的黏附性很强，不容易振打下来，电晕线的粉尘越积越多，电晕线变粗，大大降低电晕放电效果，这就是所谓的电晕线肥大。

电晕线肥大的原因大致有以下几个方面：

（1）粉尘因静电荷而产生的附着力增大。

（2）工艺生产设备低负荷或停止运行时，电除尘器的温度低于露点，水或硫酸凝结在粉尘之间以及尘粒与电极之间，使其表面溶解，当设备再次正常运行时，溶解的物质凝固成结晶，产生大的附着力。

（3）粉尘之间以及尘粒与电极之间有水或硫酸凝结，由于液体表面张力而黏附。粉尘粒径在 $3 \sim 4\mu m$ 时最大附着力为 $1N/m^2$，$0.5\mu m$ 时约为 $10N/m^2$。

（4）粉尘的黏附性较大。

为了消除电晕线肥大现象，可适当增大电极的振打力，或定期对电极进行清扫，使电极保持清洁。

### 10.2.8　电除尘器的操作规则与使用维护要求

#### 10.2.8.1　电除尘器的技术操作规则

**A　启动前的检查**

电场、保温箱内杂物清理干净，人孔门关闭好；各传动机构完好，运转灵活；绝缘套管及瓷转轴干燥、干净、完好；用 2500V 摇表测量电场绝缘电阻合格，整流变压器完好，油位正常；高压开关操作机构灵活，打到工作位。

**B　启动操作**

保温箱、瓷转轴箱加热器一般提前 $2 \sim 4h$ 启动，对绝缘套管、瓷转轴等绝缘件进行加热，控制温度 $60 \sim 80℃$，防止因结露影响电场正常运行（保温室内温度低于露点，绝缘子上会结露，产生电弧使之过热而破裂，绝缘子出现裂纹，会使电场的操作电压降低，严重时还会使供电中断）；高压开关打到工作位，启动高压供电机组，向电场送电；启动引风机；启动振打装置；启动排灰系统设备。

机组启动后，输出给定要调整到电场发生火花放电状态，而不是在稳定状态。最佳火花率一般为 $50 \sim 100$ 次/分钟。要防止大面积拉弧造成电场短路，甚至损坏极板、极线。

**C　停运操作**

（1）关闭风门后，停引风机；

（2）风机停稳后，分别停各电场高压供电机组，将高压隔离开关打接地位；

（3）停加热器系统等低压系统；

（4）若进电场检修，需办理电场的停电手续；开启人孔门，便于除尘器废气的排放和降温；用接地钳对电场阴极进行二次接地。

#### 10.2.8.2　电除尘器的使用维护要求

（1）供电机组二次电压、二次电流满足要求。

（2）整流变压器、高压开关等高压设备无异常放电。

（3）阴阳极振打机械运行正常，无卡蹭，振打锤头与振打砧位置对中。

（4）绝缘瓷瓶、瓷套管、支撑瓷瓶无裂纹、无灰尘、无水气。

（5）电场内阴极线、阳极板、气流分布板等结构件牢固，无破损断裂。

（6）各法兰密封联结部位、人孔门关严，密封好，不进水，不漏风。

（7）电场外部各滚动轴承和振打、刮板机、斗式提升机传动机构处应定期加油润滑。

（8）刮板机应经常检查刮板链，避免起拱。

（9）对于锁风阀和卸灰阀要定期维护，要求不漏风、不漏灰。

（10）稳定工艺操作。

## 10.2.9　电除尘器主要故障及检修要求

### 10.2.9.1　电除尘器常见故障分析及处理

电除尘器常见故障分析及处理方法见表10-4。

表10-4　电除尘器故障分析及处理方法

| 故障现象 | 故障分析 | 处理方法 |
|---|---|---|
| 电源跳闸，开关合不上 | 1. 高压回路已短路；<br>2. 绝缘瓷瓶和瓷轴绝缘不良；<br>3. 电缆损坏引起过电流 | 1. 检查阴极线是否折断，靠在阳极板上；<br>2. 用兆欧表测量对地电阻；<br>3. 检查电缆头有否破损 |
| 收尘效率不高 | 1. 进入电除尘器的烟气参数不符合设备使用条件；<br>2. 阴极线肥大；<br>3. 振打装置失灵；<br>4. 漏风率较大；<br>5. 气流分布不均匀，分布板堵孔 | 1. 重新调整烟气参数；<br><br>2. 消除极线积灰；<br>3. 连续开启振打机构；<br>4. 封堵漏风；<br>5. 连续开启分布板振打。若无振打，检修时清理 |
| 二次工作电流过大，二次电压接近于零 | 1. 阴阳极短路；<br>2. 绝缘瓷瓶和瓷轴因冷凝结露、积灰造成高压对地短路；<br>3. 高压电极或电缆头对地击穿短路；<br>4. 排灰失误灰斗积灰过多，已堆积到阴极框架造成短路；<br>5. 阴极线折断，残留部分接触阳极板造成短路；<br>6. 阴极保温箱挡风板（一般为聚四氟乙烯材质）结灰 | 1. 消除造成短路的杂物或断脱的阴极线；<br>2. 擦洗绝缘瓷瓶和绝缘瓷轴，采用保温措施或提高绝缘瓷件温度；<br>3. 修复或更换损坏的绝缘瓷轴或电缆头；<br>4. 修复排灰系统，清除灰斗积灰；<br><br>5. 检查断线处，去除残余的阴极线；<br><br>6. 清理挡风板表面粘灰 |
| 二次电流正常，二次电压较低时产生火花 | 1. 阴阳极间距变小；<br>2. 有杂物落在或挂在阳极板上；<br>3. 保温箱温度不够高，绝缘瓷瓶和瓷轴受潮漏电；<br>4. 阴极振打瓷轴受潮积灰污染造成漏电；<br>5. 电缆漏电 | 1. 检查调整板、线间距；<br>2. 消除杂物；<br>3. 擦洗瓷瓶和瓷轴；<br><br>4. 开启保温箱内电加热器，提高绝缘子温度；<br>5. 检查电缆 |
| 二次电压正常，二次电流很小 | 1. 阴极极线肥大；<br>2. 阴极振打装置失灵；<br>3. 入口粉尘浓度太大，出现电晕封闭 | 1. 消除积灰；<br>2. 修复振打装置；<br>3. 稳定工艺系统操作，降低入口含尘浓度 |
| 阳极振打转不起来 | 1. 反转；<br>2. 尘中轴承卡住；<br>3. 电动机烧损；<br>4. 联轴套销子脱落；<br>5. 保险销断裂 | 1. 调换方向；<br>2. 处理卡住的部位；<br>3. 更换电动机；<br>4. 重新装配好销子；<br>5. 更换保险销 |
| 阴极振打转不起来 | 1. 保险片断裂；<br>2. 尘中轴承卡住；<br>3. 反转；<br>4. 电动机烧损；<br>5. 联轴套销子脱落或损坏；<br>6. 绝缘瓷轴断裂；<br>7. 传动链条断裂；<br>8. 轴弯曲过度 | 1. 更换保险片；<br>2. 处理毛刺；<br>3. 调换方向；<br>4. 更换电动机；<br>5. 重新装配好销子；<br>6. 更换绝缘瓷转轴；<br>7. 更换传动链条；<br>8. 调整大框架上尘中轴承 |

#### 10.2.9.2　电除尘器的检修要求

（1）确认电除尘器电场已清理，灰斗料已放空，电除尘器本体已停机，电场已接地，做好接地装置。

（2）检修电除尘器本体时，首先打开人孔门，再对电场中极板、极线以及极板框架、极线框架、气流分布板、振打锤等进行检查更换或调整。

（3）每排阳极板、阴极框架间的距离均应相等，偏差不超过±10mm。每排阳极板与阴极框架的距离应相等，偏差不超过±10mm。每个阴极框架的平面度偏差小于5mm，并要求每根电晕线都有一定的张力，不能有弯曲。

（4）检修阳极振打时先将联轴器螺钉拆除，将轴吊出电场外或吊起对轴承进行调整或更换。

（5）检修阴极振打时对转动轴承及链条进行清洗、检查或更换，再对阴极振打瓷轴进行清扫或调整更换。振打轴要转动灵活，不得有反转或卡死现象，振打锤与振打砧基本对中，对于高温烟气，考虑到热胀冷缩，冷态时振打锤应落在振打砧偏下处。阴极传动链条松紧适宜，不得过紧。

（6）检查外壳是否破洞漏风进水，进行焊补。

（7）对电场、保温箱、阴极振打等门密封进行检查处理，密封严实可靠。

（8）绝缘瓷支柱、绝缘套管、电瓷转轴、聚四氟乙烯等绝缘件的内外表面，要进行检查，擦拭干净，保温箱、瓷轴箱必须保持清洁。

### 10.2.10　烧结电除尘器的选型计算

#### 10.2.10.1　电除尘器规格的确定

影响电除尘器规格的主要参数有：烟气量、除尘效率和粉尘在电场力作用下的驱进速度，一般根据实际运行数据和设计经验，确定有效驱进速度。

**A　电除尘器总集尘面积的确定**

估算除尘效率的经典公式是多依奇（Deutsch）于1922年提出的，其表达式为

$$\eta = 1 - e^{-\frac{A}{Q}w} \tag{10-7}$$

式中　$\eta$——除尘效率，%；

$A$——除尘器总集尘面积，$m^2$；

$Q$——处理烟气量，$m^3/h$；

$w$——粉尘驱进速度，$m/s$。

这里处理烟气量和除尘效率是已知数，是用户根据工况及排放标准，提出的电除尘器应达到的最低处理能力。驱进速度$w$是设计方根据处理对象的性质，凭借自己的经验确定的。确定了$w$值，根据式（10-7）的变形式（10-8）就能推算出满足要求所需电除尘器的总集尘面积（$A$）

$$A = -\frac{Q\ln(1-\eta)}{w} \tag{10-8}$$

**B　电除尘器的有效横截面积、电场烟气流速确定**

在电除尘器的运行中，存在气流分布不均的问题，许多情况下设备里一些地方粉尘堆积较

厚，原因是烟气分布不均。气流均布板磨损程度相差较大，也证明气流分布不均。这种现象会严重影响电除尘器正常工作状态。虽然在电除尘器收尘区气流速度变化较大，但除尘器内平均烟气流速却是设计和运行中的重要参数。烟气流速过高，容易产生二次扬尘，减少烟尘在电场中的停留时间，从而影响收尘效率；而烟速过低，增大除尘器占地面积和投资。根据处理对象和要求不同，烟气流速变化很大，从 0.4m/s 到 1.5m/s 不等，一般烟气流速在 1m/s 左右。确定了烟气的平均流速，已知处理烟气量，就可计算电除尘器横截面积。

《烧结厂设计手册》推荐使用的断面风速为 0.9~1.4m/s，一般选取约 1.0m/s。如要达到更高排放标准，断面风速可以突破低限值，<0.9m/s。现在新建机头废气电除尘器一般选择四电场，且断面风速选取 0.8m/s，使机头粉尘排放（标态）控制在 30mg/m³。

$$F = \frac{Q}{v} \tag{10-9}$$

式中　$F$——有效横截面积，m²；

　　　$Q$——处理烟气量，m³/s；

　　　$v$——烟气流速，m/s。

$$F = n \cdot 2s \cdot h \tag{10-10}$$

式中　$F$——有效横截面积，m²；

　　　$2s$——同极间距，m；

　　　$n$——通道数；

　　　$h$——极板有效高度，m。

$$A = 2 \cdot L \cdot h \cdot n \cdot N \tag{10-11}$$

式中　$A$——除尘器总集尘面积，m²；

　　　$L$——电场有效长度，m；

　　　$n$——通道数；

　　　$N$——电场数。

根据以上式（10-9）~式（10-11）便能确定电除尘器的截面积、电场数、通道数、极板高度、电场长度等结构参数，选择满足性能指标的电除尘器型号规格。

### 10.2.10.2　进出气方式的确定

烟气通过喇叭口进出电除尘器，出于对气流分布均匀性的考虑，在场地条件许可的条件下，应该尽量选择水平进出气方式。若场地条件有限，也应尽量布置水平进气、垂直出气的方式。只有场地条件特别狭窄时，才考虑采用垂直进出气的方式。垂直进气方式中，又以上进气方式优于下进气方式，因为上进气方式中粉尘向下分离，有利于收集。进口喇叭口气流分布需做模拟试验，确定气流分布板结构及开孔率。

### 10.2.10.3　极线形式的确定

根据粉尘浓度不同，可采取前电场芒刺线，后电场麻花线、螺旋线、星形线等的极配形式。粉尘浓度高、清灰难度大的工况，芒刺线可多布置几个电场。芒刺线刚性好，不易断线。

### 10.2.10.4　配套电源规格的确定

配套电源的额定电压按电除尘器异极间距的大小确定，一般可在 3~3.5kV/cm 范围内选取，如同极距 400mm（异极间距 200mm）的电除尘器，其电源的额定电压一般取 72kV。

配套电源的额定电流按供电区域收尘面积的大小确定，一般可在 $0.2 \sim 0.5 mA/m^2$ 范围内选取，对于麻花线、螺旋线，电流等级可低一些，对于芒刺线，应取上限。

在双室或双列电除尘器中，一般都应采用小分区供电，这样可以得到更好的收尘效率。

### 10.2.10.5　气流的含尘浓度

处理含尘浓度较高的气体时，为了防止发生电晕闭塞，必须采取一定的措施，如提高工作电压（提高电源规格、加大极间距设置等），采用放电强烈的芒刺型电晕极，电除尘器增设预净化设备等。当气体含尘浓度超过 $30 g/m^3$ 时，宜加设预净化设备，如重力、旋风除尘器等。

## 10.2.11　电除尘器的研究课题

多依奇公式的建立基于 4 个基本假设：任意断面浓度分布均匀；整个电场中气流速度均等；电场中的粒子很快达到饱和荷电量；没有二次扬尘、反电晕和离子风的影响。在实际工业电除尘器中，这些假设都很难实现，实际捕集效率远低于理论计算结果。为了提高电除尘器捕集效率，有几个重要的课题需研究。

### 10.2.11.1　分电场控制技术研究

工业电除尘器分多个电场，每个电场长度在 4m 左右，电场数通常在 $2 \sim 4$ 个，多数为 3 个。第一电场含尘浓度高，随后电场的含尘浓度越来越低。供电控制的指导思想是对于第一电场需高电压、低电流，随后电流依次提高。原因是：前电场的粉尘浓度高，粗颗粒所占比例大，采取低电流可降低空间电荷量，防止电晕闭塞，采取高电压是为了增强电场强度，提高捕集效率。高电压、低电流的另一个突出作用是降低了沉降在极板上粉饼反电晕的可能性：低电晕电流使粉饼积累的电量少，反向静电场强就小，不易反电晕；高电压供电产生的正向场强如果高于粉饼反向场强，粉饼难反电晕。后电场粉尘浓度低、细粒子多、效率提高难，但有一个好处是反电晕的可能性减小。此时，在保证较高的场强情况下，可尽可能提高放电效果，使微细粒子达到饱和荷电量，使电场力达到最大，实现微细粒子高效捕集。

电除尘器的极间电压和电流不是想象的那样可以任意调控，它取决于伏 – 安特性。对于给定的电晕线形式和极配形式，电压和电流的关系是相互制约的，称之为伏 – 安特性。曲率半径较小的电晕线，能在较低电压产生较高电流，如图 10-18 所示。为获得高效，电除尘器各电场应在接近火花电压下运行。但由于烟尘性质和极配形式的制约，高电压和高电流会导致电除尘器的电击穿，使电除尘器难以正常运行，出现电压升不上去的情况。因此，明确不同烟尘性质（浓度、粒度分布、温度等）条件下不同电极形式的伏 – 安特性是合理优化进行分电场控制的前提。

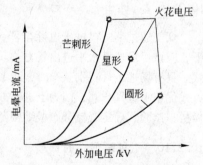

图 10-18　不同形式电晕线的伏 – 安特性

### 10.2.11.2　反电晕控制技术

适合于电除尘器收集的粉尘比电阻范围大致在 $10^4 \sim 5 \times 10^{10} \Omega \cdot cm$。而高比电阻（$\rho > 5 \times 10^{10} \Omega \cdot cm$）粉尘会对静电除尘器的性能产生很大影响。因为在电除尘器中，不断沉积于收尘极板上的高比电阻粉尘层所带电荷不易通过接地极板释放而导致电荷积累。当电荷积累形成的附加电场达到粉尘层孔隙内气体的击穿场强，就出现反电晕，并向放电极释放大量正离子流，导致粉尘荷电量减少，二次扬尘加剧，火花电压降低，除尘效率下降，除尘器无法稳定运行。

提高对高比电阻粉尘的收集效果的主要技术方法有烟气调质、电极结构改进、湿式电除尘、脉冲供电等。烟气调质是将能降低粉尘比电阻的气体或液体气溶胶注入烟气中。如注入氨气（氨水雾），其运行成本提高，或直接注入水雾，增加烟气湿度，但有可能导致极板结露、电晕线肥大、清灰困难等问题。高频脉冲供电能提高电除尘器对高比电阻烟尘的适应性。事实上，不管是否是高比电阻粉尘，高频脉冲供电方式对电除尘器的净化性能都有促进作用。如果能解决电极结垢、腐蚀和运行短路问题，从机理上讲湿式电除尘器是收集高比电阻粉尘最有效的方法，也是防止二次扬尘的最有效方法。

近几年，国内外关于电极结构改进的研究与应用取得了许多新进展。有人对此作了较全面的综述，认为诸如用于控制 PM2.5，乃至小于 $0.1\mu m$ 气溶胶粒子的窄间距层流电凝聚除尘器、介电阻挡放电等离子体电除尘器、薄膜电除尘器、电晕炬电除尘器、径向电晕喷射电除尘器等是未来有发展前景的高效电除尘器。但到目前为止，还很少有经济、实用的有效收集高比电阻粉尘的干式电除尘方法。

通过电极结构改进提高对高比电阻微尘收集性能的最具实用性和创新性的方法有两个：宽间距电除尘、双极（偶极）电除尘。

20 世纪 60 年代后，随着高压供电技术的进步，德国、美国等提出宽间距（通道宽＞300mm）电除尘器。极距加宽，外加电压提高，有利于粒子的荷电，离子风增强，加快了带电粉尘的驱进速度，进而提高了对微细粒子的除尘效率。更有意义的是宽间距电除尘器增强了对收集高比电阻粉尘的适应性。宽极距电除尘器因具有除尘效率高、处理烟气量大、阻力低、日常运行费用低、对收集高比电阻飞灰有明显的效果等优点而得到普遍应用，在烧结机头除尘器也有应用。

双极电除尘的特征是在电场中同时存在异极性荷电方式。图 10-19 是 1987 年武汉大学陈学构和陈仕修教授提出的透镜式电除尘器。荷电粉尘一旦进入收尘室内，如同进入陷阱，很难从透镜口逸出。图 10-20 是 1998 年林秀丽提出的双极交替荷电静电除尘器。其特点是，电场力和惯性力共同作用加速了粉尘在横向极板迎风面的沉降，在横向极板的背后低速区，有利于尘粒在横向极板的背风面沉降。对于在气流和惯性力作用下进入负电场区的粉尘，将荷以负电荷沉降到槽形板表面。这种双极荷电比原来的单极荷电对高比电阻粉尘的适应性和除尘效率均有较大提高。

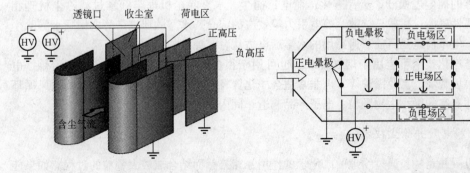

图 10-19　透镜式电除尘器结构示意图　　　　图 10-20　双极交替荷电静电除尘器结构示意图

### 10.2.11.3　离子风效应

为提高电晕放电效果和电晕线的机械强度，工业上越来越多地采用芒刺电晕线（R－S形芒刺、鱼骨芒刺、锯齿线，角钢芒刺、针－板芒刺等）。芒刺尖端放电会产生较强的离子风。一方面，朝收尘极方向流动的离子风能促进粒子的沉降速度，提高收尘作用；但另一方面，离子风增加了收尘空间的湍流程度，不利于带电荷粒子的沉降。如何有效利用离子风的捕尘作用是一个值得研究的问题。

## 10.2.12　电除尘器新技术

随着环境质量要求的日益严格，近十几年来除尘技术得到了很大发展，出现了许多新型高效的电除尘设备。为提高除尘效率，所采取的技术路线主要是多机理复合除尘。

### 10.2.12.1　惯性静电除尘器

通常电除尘器是顺流式的，即气流的运动方向与收尘极板的布置方向是平行的。因此气流方向与带电粒子的电驱进方向是垂直的，这使电场中的气流速度无法进一步提高（一般含尘气流速度在1m/s左右），否则会影响除尘效果。为了在电除尘器中结合空气动力分离作用，出现了收尘极板垂直于气流方向的新结构（见图10-21），使空气动力与电场力的方向相同，相当于提高了驱进速度，从而提高净化效果。适当地提高气流速度，惯性作用增强，还有助于除尘效率的进一步提高，这就意味着，在相同的烟气处理量时，减少了收尘面积，降低了设备投资。

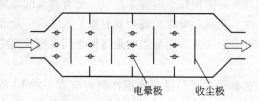

电晕极　　　　　收尘极

图 10-21　惯性静电除尘器内部结构示意图

### 10.2.12.2　静电增强水雾除尘技术

静电增强水雾除尘通常称为荷电水雾除尘，被认为是净化微尘的最有效技术之一。荷电水雾净化技术不仅可以高效除去微粒，同时可脱除有毒有害气体。

荷电水雾的捕尘过程分3步：雾化；荷电；捕尘。水雾除尘机理与纤维过滤除尘机理相同，主要是惯性碰撞、拦截、扩散、静电引力等效应的综合。水雾的荷电是静电增强水雾除尘的技术关键。电晕荷电是目前普遍采用的水雾荷电方法，其原理如图10-22所示。

荷电水雾净化技术可应用于烟气脱硫，也可用于很多工业领域的烟尘净化，如冶炼、电力、矿业、垃圾焚烧、工业锅炉等，也非常适合净化含有生物化学药剂的气体、采暖通风循环气流中对人体有害的微小生物颗粒、电子产品制造车间内空气净化。

### 10.2.12.3　静电凝并除尘技术

粉尘静电凝并是颗粒通过物理的或化学的作用互相接触而结合成较大颗粒的过程。如果能够利用微粒之间存在的凝聚作用，促使微细粉尘"长大"，变成较大颗粒的粉尘，不仅有利于微细气溶胶粒子的捕集，而且可以大大节省能量。双极静电凝并试验见图 10-23，试验装置分 3 个区：预荷电区、凝并区、捕集区。工作原理是：气溶胶粒子分两股，一股荷正电，另一股荷负电，然后进入凝聚区混合，在库仑引力作用下聚集成较大的颗粒，最后进入捕集区中被收集下来。

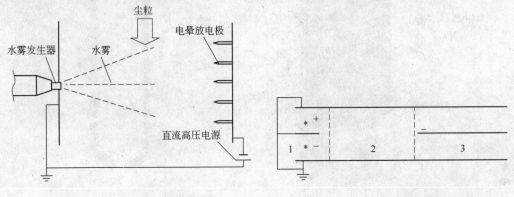

图 10-22　水雾电晕荷电原理示意图　　　　图 10-23　三区式双极静电凝并示意图

　　　　　　　　　　　　　　　　　　　　1—预荷电区；2—凝并区；3—捕集区

### 10.2.12.4　移动电极电除尘技术

　　移动电极式电除尘器（简称 MEEP）采用了可移动的收尘极板和可旋转的刷子，收尘极系统做回转运动，收尘极板呈带条状固定在链条上，随链轮转动，通过旋转的刷子刷除极板上收集的粉尘进行清灰。通常由前面的常规固定电极电场和末电场移动电极电场组成（见图 10-24），移动电极又分为横向和顺向两种结构形式（见图 10-25）。

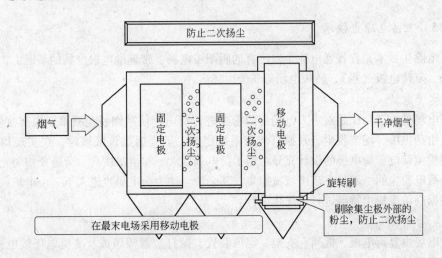

图 10-24　移动电极示意图

　　应用 MEEP 技术可达到如下效果：

　　（1）能有效地解决高比电阻粉尘的收尘问题，降低粉尘排放浓度。

　　（2）能有效地减少二次扬尘，显著降低电除尘器出口的排放浓度。

　　（3）适合于旧电除尘器的改造，只需将末电场改成移动电极式电场，不需另占场地。

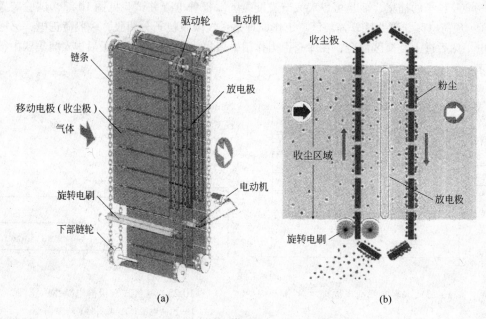

图 10-25　横向及顺向移动电极示意图
（a）横向移动电极；（b）顺向移动电极

（4）在比电阻较高的情况下，可在前面的普通电场加脉冲供电或高频供电来强化收尘效果。

移动电极式电除尘器在国内已有应用，但其易损件如清灰刷、传动链、轮等的制作要求较高。

### 10.2.12.5　五区电除尘技术

五区电除尘技术是在普通电除尘器已有的阴阳极电场、带辅助电极电场的基础上，再增加均流电场、复荷电极（场）、转板电场等3个电场区。

**A　均流电场**

均流电场的主要功能是对进入电场前的粉尘进行荷电，使微细粉尘凝聚，提高收尘效率。它主要是由荷电极、均流收尘极及振打清灰系统组成。烟气通过该区域时，在实现均流的同时，还使粉尘荷电。荷电极的设计充分考虑了荷电强度大、粉尘浓度高、荷电要均匀充分的工况要求。荷电粉尘的一部分在该区域被捕集，其余粉尘作为荷电粉尘进入下一个电场区，荷电极结构根据高浓度粉尘特点进行了优化设计。

**B　复荷电场**

复荷电场由复荷电极、框架、支架、定位装置、振打装置等组成。复荷电场放电强度大，电场强度高且较均匀，电流密度大，积灰少，不易产生电晕闭塞。当含尘介质通过荷电极区域时，粉尘可快速且均匀荷电。

**C　转板电场**

转板电场的主要功能是使微细粉尘荷电、凝聚并被捕集，减少清灰系统的二次飞扬，降低粉尘排放浓度。它由荷电极、转板收尘板、驱动系统、转板清灰装置、荷电极清灰装置等部分组成。

在进风口内装设均流电场一套；复荷电场二套，分别装设在一电场之前和一、二电场之间；转板电场一套，装设在第二电场的出风口内。

### 10.2.12.6　电袋复合除尘技术

串联式电袋复合除尘器：烟气先经过前级电除尘器，可捕集 70% ~ 80% 的烟尘，再进入后级袋式除尘器时，不仅进口浓度大为降低，且前级的荷电效应又提高了粉尘在滤袋上的过滤特性，使滤袋的透气性能和清灰性能得到改善，又因后级袋式除尘器进口浓度低、阻力减小，从而延长了滤袋使用寿命。

嵌入式电袋复合高效除尘器结构形式为：每个除尘单元中，在电除尘中嵌入滤袋结构，电收尘电极与滤袋交错排列。烟气先经电除尘后进入滤袋，最后排入大气中。

### 10.2.12.7　其他技术

层流凝聚器将极间距大大缩小并要求极板平整光洁、极距准确，从而使气流保持层流状态，提高除尘效果。1996 年美国一位教授进行层流凝聚器试验获得成功，1999 年又在 350MW 燃煤发电动机组上试用得到证实。

利用电磁场对带电粒子的运动轨迹进行有效控制的原理，开发磁控电除尘器，将是电除尘技术的一个新突破口，有望效率更高、体积更小。

等离子体技术是极具开发意义的广义的电除尘技术，能同时除尘、脱硫、脱硝，又能净化其他有害气体，经过十多年的开发、探索，已取得突破。

## 10.2.13　干式电除尘器在烧结除尘的应用

电除尘器在烧结除尘中应用较多，如烧结机头部、烧结机尾部、烧结矿整粒系统、原料配料系统的除尘大多采用电除尘。随着国家环保新标准《钢铁烧结，球团工业大气污染物排放标准》（GB 28662—2012）的颁布实施，由于电除尘器对于烧结工序的高比电阻粉尘及微细粉尘捕集效率较低，粉尘排放浓度难以稳定在排放标准（标态）20mg/m³ 以下，所以对于烧结机尾及其他环境除尘设施，出现了将电除尘器改为袋式除尘器的趋势。由于烧结机机头烟气的特殊性，如烟气含水率较高、易结露、腐蚀性较强；烟气温度较高，可高达 250℃；除尘器负压较大等，目前还没有烧结机头使用袋式除尘器的实例。从烧结生产工序来看，除烧结机头烟气较特殊外，其他使用电除尘进行除尘的环境与其他工艺相同，因此本节以烧结机头电除尘器的维护使用为例，阐述如何提高电除尘器收尘效率。

### 10.2.13.1　烧结机头烟气特性

烧结机头烟气特性为：
(1) 高温、烟气温度：一般 80 ~ 200℃，正常 110 ~ 130℃；
(2) 高负压烟气；
(3) 酸碱度（CaO/SiO₂）影响粉尘比电阻，比电阻高；
(4) 粉尘比电阻：$10^{10}$ ~ $10^{13}$ Ω·cm。
(5) 粉尘分散度高，有时还有粉尘与水气共有现象。
(6) 烟气温度：一般 80 ~ 200℃，正常 110 ~ 130℃；
(7) 烟气含湿量：8% ~ 10%；
(8) 含尘浓度（标态）：有铺底料 0.5 ~ 1g/m³；

　　（9）粒径分布：≥50μm 占 26%，10～50μm 占 41%，≤10μm 占 33%；

　　（10）粉尘堆比重：0.13～1.5g/cm³。

### 10.2.13.2　烧结机头电除尘器结构特点

　　针对机头电除尘的负压为常规电除尘的 5 倍左右，所以在壳体上方设有箱梁来加固以防止负压过大导致壳体变形。

　　由于机头电除尘入口烟气有温度变化大、湿度大的特点，为防止电除尘结露和粉尘结块，需对机头电除尘本体及灰斗进行全面保温。

### 10.2.13.3　影响烧结机头电除尘器收尘效率的因素及控制方法

　　烧结机头的电除尘效率一方面受到电除尘操作和电场结构因素影响，另一方面主要受进口烟气工况影响。烧结烟气温度应控制在 105～110℃。

　　当低于 100℃ 时，电场易结露，由于烧结过程中会产生大量 $SO_2$、$NO_x$ 等酸性气体，同时因烧结混合料在烧结前会加入适量的水，烟气中会含有约 10% 水蒸气。当含有水蒸气及 $SO_2$、$NO_x$ 等酸性气体的烧结废气进入机头电除尘器时，温度下降，冬季运行时温度下降更为明显，水蒸气会凝结成水，$SO_2$、$NO_x$ 等酸性气体被水吸收时便产生了稀酸，对主要由钢结构组成的机头电除尘器（包括壳体、内部极板极线等）产生腐蚀造成壳体漏风，或者极板极线腐蚀接地。所以在烧结机头电除尘器设计阶段，应充分考虑烧结废气中酸性气体的露点腐蚀问题，设计时在保证工程性价比的前提下尽量采用耐腐蚀的材料，如采用不锈钢极线、极板，壳体涂刷防腐涂层等。在生产时应适当提高烧结烟气温度，烟气温度的提高可以有效减少水蒸气的凝结，降低露点腐蚀的危害。

　　实践证明，进入机头电除尘器的烟气温度如果高于 100℃，机头电除尘器内部的腐蚀会明显减慢。因此烧结生产过程中应注重改进工艺操作。由于机头负压过大，致使机头电除尘漏风影响效果比其他电除尘更大，因此减少漏风特别是保温箱、电场人孔门、阴极振打门、阳极振打轴和壳体的漏风尤其重要。同时温度过低还会导致阴极线肥大造成电晕闭塞，粉尘在灰斗内结块不下料，造成电场接地，应做好设备保温避免出现接地。但是烟气温度也不宜过高，高于130℃ 时，内部极板极线会发生膨胀变形，易造成电压下降甚至是接地的情况。

　　经检测，烧结机头电除尘灰中钾、钠等碱金属含量很高，有时粉尘呈絮状，比重非常小。因碱金属属于高比电阻性粉尘，为亚微米级颗粒，电除尘器不易捕集，造成除尘效率降低。建议对于干式电除尘器末电场收集的细粉尘不回收进入烧结工艺流程，以免形成不良循环。

## 10.3　袋式除尘器

　　袋式除尘器是一种高效除尘器，可用于净化粒径 $d_p > 0.1\mu m$ 的含尘气体，除尘效率可达99% 以上，具有除尘效率高、出口排放浓度低、性能稳定可靠、操作简单、所收干尘便于回收利用等特点。随着技术的进步，袋式除尘器的结构形式、滤料、清灰方式等均在不断发展，近年来，滤布在耐温、耐腐蚀和清灰方式等方面发展很快。随着环境质量标准日趋严格，袋式除尘器得到了广泛应用，在烧结工序环境除尘应用上有替代电除尘器的趋势。

### 10.3.1　袋式除尘器工作原理

　　袋式除尘器工作原理比电除尘器简单，但除尘器结构形式、滤料材质、清灰方式等较复杂。

### 10.3.1.1　工作原理

袋式除尘器是利用纤维性滤袋捕集粉尘的除尘设备。它的工作原理是依靠编织的或毡织（压）的滤布作为过滤材料，当含尘气体通过滤袋时，粉尘被阻留在滤袋的表面，干净空气则通过滤袋纤维间的缝隙排走，从而达到分离含尘气体中粉尘的目的。

袋式除尘器结构主要由上部箱体、中部箱体、下部箱体（灰斗）、清灰系统和排灰机构等部分组成。袋式除尘器性能的好坏，除了正确选择滤袋材料外，清灰系统对袋式除尘器起着决定性的作用。为此，清灰方式是区分袋式除尘器的主要特征之一，清灰过程是袋式除尘器运行中的重要环节。

袋式除尘器的过滤机理主要涉及筛分、惯性碰撞、黏附、扩散、静电、重力沉降等6个方面（见图10-26）。

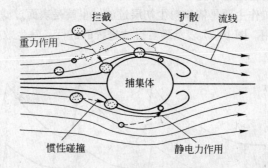

图 10-26　袋式除尘过滤净化机理

A　筛分效应

当粉尘粒径大于滤袋纤维间隙或粉尘层孔隙时，粉尘颗粒将被阻留在滤袋表面，该效应被称为筛分效应。清洁滤料的空隙一般要比粉尘颗粒大很多，只有在滤袋表面上沉积了一定厚度的粉尘层之后，筛分效应才会变得明显。

B　碰撞效应

当含尘烟气接近滤袋纤维时，空气将绕过纤维，而较大的颗粒则由于惯性作用偏离空气运动轨迹直接与纤维相撞而被捕集。粉尘颗粒越大、气体流速越高，其碰撞效应越强。

C　黏附效应

含尘气体流经滤袋纤维时，部分靠近纤维的尘粒将会与纤维边缘接触，并被纤维钩挂、黏附捕集。很明显，该效应与滤袋纤维及粉尘表面特性有关。

D　扩散效应

当尘粒直径小于 $0.2\mu m$ 时，由于气体分子的相互碰撞而偏离气体流线作不规则的布朗运动，碰到滤袋纤维而被捕集。这种由于布朗运动引起扩散，使粉尘微粒与滤袋纤维接触、吸附的作用，称为扩散效应。粉尘颗粒越小，不规则运动越剧烈，粉尘与滤袋纤维接触的机会也越多。

E　静电效应

滤料和尘粒往往会带有电荷，当滤料和尘粒所带电荷相反时，尘粒会吸附在滤袋上，提高除尘器的除尘效率。当滤料和尘粒所带电荷相同时，滤袋会排斥粉尘，使除尘效率降低。

### F　重力沉降

进入除尘器的含尘气流中，部分粒径与密度较大的颗粒会在重力作用下自然沉降。

需要说明的是袋式除尘器在捕集分离过程中，上述各种捕集机理，对同一尘粒来说并非都同时有效，起主导作用的往往只是一种机理，或二三种机理的联合作用，要根据尘粒性质、滤料结构、特性和运行条件等实际情况确定。

### 10.3.1.2　过滤形式

袋式除尘器的过滤形式分为内部过滤和表面过滤两种。含尘气体从下部进入滤袋，通过滤料层时，依靠纤维的筛滤、拦截、碰撞、扩散以及静电吸引等效应将粉尘阻留在滤料上，形成粉尘初层。形成粉尘初层前的过滤形式为内部过滤。

当粉尘初层形成后，滤袋纤维缝隙之间也充满了粉尘颗粒，这个时候阻留在滤料内部的粉尘初层和纤维一起参与过滤过程，此时的过滤称为表面过滤。

实际上袋式除尘器工作主要是依靠粉尘初层过滤，也就是表面过滤除尘。滤布只起到颗粒初层和支撑它的骨架作用。图 10-27 表示随着过滤进程的进行，除尘效率及压差与过滤形式的关系。

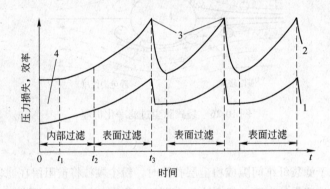

图 10-27　袋式除尘器效率和压差随过滤时间变化的非稳态过滤
1—阻力变化曲线；2—效率变化曲线；3—清灰；4—洁净滤料

随着粉尘在滤料上不断沉积，滤袋两侧的压力差增大，会把已经沉积在滤袋上的细颗粒粉尘挤压过去导致除尘效率降低，同时除尘器压差过大，会导致除尘系统的处理气体量显著下降，影响生产岗位环境。因此除尘器压差达到一定的数值后要及时组织清灰，以保证滤袋持续工作所需要的透气性。袋式除尘器就是在这种不断过滤而又不断清灰的交替过程中进行工作的。

## 10.3.2　袋式除尘器的分类

袋式除尘器结构形式、滤料材质、清灰方式等较复杂，按照滤袋形状、过滤方式、清灰方式等，可进行多种分类。

### 10.3.2.1　按照滤袋的形状分类

大多数袋式除尘器都采用圆形滤袋。圆袋受力均匀，支撑骨架及连接简单，清灰所需动力较小，检查维护方便。圆形滤袋直径通常采用 $\phi(120\sim300)$ mm，袋长 $2\sim10$ m。袋径过小，气流的流动受影响；过大则受滤料幅宽和加工制作的限制。增加滤袋长度，可节约占地面积，但过长会影响脉冲喷吹式、机械回转反吹袋式除尘器的清灰效果,同时,也会增加滤袋顶部的张力,使该处易于破损。

部分采用扁袋,扁袋的形式较多,扁袋内部设有骨架(或弹簧)。扁袋布置紧凑,可在同样体积空间布置较多的过滤面积,一般能节约空间 20% ~ 40%。但扁袋结构较复杂,制作要求较高,清灰效果常不如圆袋。

### 10.3.2.2 按照过滤方式分类

按含尘气流通过滤袋的方向可分为内滤式和外滤式两类(见图 10-28)。内滤式系含尘气体由滤袋内向滤袋外流动,粉尘被分离在滤袋内;外滤式系含尘气体由滤袋外向滤袋内流动,粉尘被分离在滤袋外。由于含尘气体由滤袋外向滤袋内流动,外滤式可采用圆袋或扁袋,袋内需设置骨架,以防滤袋被吸瘪。脉冲喷吹、高压气流反吹等清灰方式多用外滤式。烧结袋式除尘器常用外滤式。

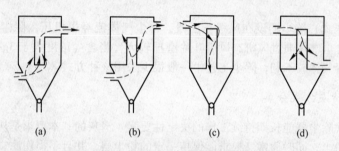

(a)　　　　　　(b)　　　　　　(c)　　　　　　(d)

图 10-28　布袋除尘外滤式与内滤式示意图
(a) 外滤下进风;(b) 内滤下进风;(c) 外滤上进风;(d) 内滤上进风

### 10.3.2.3 按照气体进出口的位置分类

#### A 上进风

含尘气流从滤袋室上部进入除尘器,通过滤袋净化后,由除尘器下部排出,粉尘沉降方向与气流流动方向一致,称为上进风。

#### B 下进风

含尘气流从滤袋室底部或灰斗上部进入除尘器,通过滤袋净化后,由除尘器顶部排出,粉尘沉降方向与气流流动方向相反,称为下进风。烧结袋式除尘器多采用下进风形式。下进风式袋式除尘器优点:含尘气流进入灰斗后,可使粗颗粒烟尘在灰斗内直接沉降,一般只有小于 $3\mu m$ 的烟尘接触滤袋,因此滤袋的磨损小,可延长清灰的间隔时间。下进风式的主要缺点:烟尘在滤袋内的沉降方向与气流流向正好相反,不但阻碍了烟尘的沉降,而且在反吹清灰时,容易使滤袋内部清下来的烟尘,还未全部沉到灰斗之前,又被吹回到滤袋上,影响滤袋的清灰效率,特别是对长度较长的滤袋更为突出,所以对于大的下进风袋式除尘器推荐采用离线清灰。

### 10.3.2.4 按照除尘器内的压力状态分类

#### A 吸出式

吸出式(负压式)除尘器设在风机负压段,除尘器内空气被风机吸出形成负压,吸出式除尘器必须采取密闭结构。风机吸入的是净化后的气体，因而风机叶轮磨损较小，并且不易发生因附着粉尘而产生的喘振等类事故；当用于处理高温、有毒气体时除尘器易于采取保温及防护措施。烧结除尘一般是负压式（又称吸出式），含尘气体从滤袋室底部或灰斗上部吸入，进入滤袋室净化后，通过顶部净气室经排风管吸入风机内，然后经排气筒（烟囱）排入大气中。

负压式袋滤器的主要特点如下：

（1）吸出式袋式除尘器全部处于负压状态，结构上的不严、漏风，将影响除尘系统的效果或增加风机的负荷，为此，需对除尘器的壳体结构及检修门、孔加以严格的密封。

（2）由于袋式除尘器全部处于负压状态，需要用厚钢板及加强筋增加结构强度，支架结构也随之增强，因此负压式结构强度要比正压式的要求高。

（3）负压式袋式除尘器的风机设在除尘器后面，含尘气体经净化后流入风机，使风机免受烟尘的磨损，这是负压式袋式除尘器的突出优点。当然，如果不及时更换破损布袋，将造成风机转子磨损。

B　压入式

压入式（正压式）除尘器设在风机正压段，含尘气体流经风机压入除尘器，使除尘器在正压下工作。因含尘气体通过风机，风机叶片磨损较大，当含尘浓度大于 $3g/m^3$ 时不宜使用。对处理高温和有毒气体较不利，除尘工艺中一般很少采用该种方式。

### 10.3.2.5　按照清灰方式分类

清灰是使袋式除尘器能长期持续工作的决定性要素。清灰的基本要求是从滤袋上迅速而均匀地剥落沉积的粉尘，同时通常又要求能保持一定的粉尘层，并且不损伤滤袋，消耗较少的动力。清灰方式是袋式除尘器分类的主要依据。

袋式除尘器按清灰方式的不同可分为机械振动式、逆气流清灰式、脉冲喷吹式及复合清灰式。

A　机械振动式

利用机械装置振打或摇动悬吊滤袋的框架，使滤袋产生振动而清落积灰。它包括人工振打、机械振打或高频振动等方式。

B　逆气流清灰

利用与过滤气流相反的气流，使滤袋产生变形并使之产生振动而使粉尘层脱落。

C　脉冲喷吹清灰式

将压缩空气在极短的时间内高速喷入滤袋，同时诱导数倍于喷射气量的空气，使滤袋由袋口至底部产生急剧的膨胀和冲击振动，产生很强的清落积灰的作用。这是目前应用最多的清灰方式。

在上述分类方式中，最通用的是按清灰方式分类。国家标准 GB 6719—86 对袋式除尘器的命名做了规定，其基本原则是以袋式除尘器的清灰方式和最有代表性的结构特征相结合来命名。

### 10.3.3　袋式除尘器的结构及性能

袋式除尘器所用滤袋主要有圆袋和扁袋两种袋形。外滤式圆袋的直径通常为 120~200mm，长为 2~8m；内滤式圆袋的直径一般为 130~300mm，长为 1.8~10m。扁袋多为外滤式，周长800~1000mm，长度 2~6m。由于滤袋的清灰方式对袋式除尘器的过滤效率、压力损失、过滤风速及滤料寿命起着决定性作用，所以，在此就清灰过程介绍几种典型袋式除尘器的工作原理。常用的清灰方式有三种：振动式、逆气流式、脉冲喷吹式，其中脉冲喷吹式运用最广泛。

### 10.3.3.1 机械振动袋式除尘器

滤袋的振动式清灰方式常常采用机械力打击或振动作用使灰尘从滤袋上脱落下来，有水平振打、垂直振打、快速振动以及复合振动等形式，一般用于较小型袋式除尘器。

图 10-29 给出了机械振动袋式除尘器的工作过程。机械振动清灰袋式除尘器工作方式通常为下进气内滤式，含尘气流通过除尘器底部的花板进入滤袋内部，当气体通过滤料时，粉尘颗粒沉积在滤袋内部，净化后的气体经风机由烟囱排出。

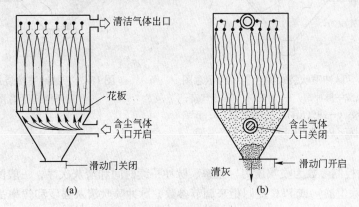

图 10-29　机械振动清灰示意图
(a) 过滤；(b) 清灰

其振动方式大致有三种：滤袋沿水平方向摆动，或沿垂直方向振动，或靠机械转动定期将滤袋扭转一定的角度，使沉积于滤袋的颗粒层破碎而落入灰斗中。振动波由上向下传播，滤袋上下表面清灰强度不均匀，上部会出现过度清灰，下部会有积灰现象。机械振动袋式除尘器的过滤风速一般取 $1.0 \sim 2.0 \mathrm{m/min}$，压力损失为 $800 \sim 1200 \mathrm{Pa}$。该类型袋式除尘器的优点是工作性能稳定，清灰效果较好。但滤袋因受机械力作用损坏较快，滤袋检修与更换工作量大。

### 10.3.3.2 脉冲喷吹袋式除尘器

脉冲喷吹袋式除尘器的结构如图 10-30 所示。上箱体为净气室，包括支撑花板、排风管、上盖和喷吹装置。中箱体为尘气箱，内装有滤袋，在上箱体和中箱体之间有花板分隔。花板的作用：一是将含尘气体与净化后的气体分隔；二是作为滤袋安装的支撑。下箱体包括灰斗、下进风的进风口（也有布置在中箱体的）及输灰装置。脉冲喷吹袋式除尘器的清灰是以压缩空气为动力，在喷吹管上开有小孔，小孔正对每条滤袋的中心，当滤袋阻力达到规定值时，通过控制仪和电磁阀（或气动阀）的作用，开启脉冲喷吹阀，压缩空气在瞬间内以很高的速度通过袋口处的文氏管，同时引射比自身体积大数倍的诱导空气一同吹入滤袋，使滤袋突然膨胀，引起冲击振动，使滤袋表面的粉尘溃散和脱落（见图 10-31）。当采用直角式脉冲阀，空气压力需 $0.5 \sim 0.7 \mathrm{MPa}$，此种除尘器为高压脉冲喷吹袋式除尘器；当采用直通式（或称淹没式）脉冲阀，压缩空气压力需 $0.2 \sim 0.35 \mathrm{MPa}$，称为低压脉冲喷吹袋式除尘器。由于低压脉冲喷吹袋式除尘器所用压缩空气压力较低，适合厂矿实际情况，且能耗较低，所以已得到广泛应用。

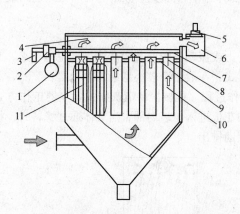 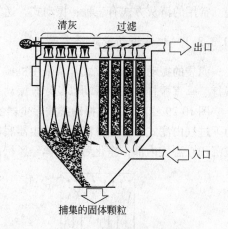

图 10-30　脉冲喷吹袋式除尘器结构示意图　　　　图 10-31　脉冲喷吹袋式除尘器
1—气包；2—脉冲阀；3—电磁阀；4—净气室；　　　　　　　　工作原理示意图
5—气动阀；6—净气出口；7—喷吹管；8—压缩
空气射流；9—花板；10—滤袋；11—骨架

　　脉冲清灰的控制参数为喷吹压力、频率、脉冲持续时间和清灰次序，一般配备脉冲控制仪（用于小型袋式除尘器）或 PLC 控制柜来调节参数，脉冲喷吹清灰强度和频率都可调节，清灰效果好，可允许较高的过滤风速。脉冲喷吹清灰通常采用上部开口、下部封闭的滤袋，含尘气体通过滤袋时粉尘被阻留于滤袋外表面，净化后的气体由袋内进入上部净化箱，然后由出气口排走。为防止滤袋被压扁，滤袋内设置笼形支撑结构（袋笼）。喷吹压力根据不同的喷吹阀结构形式，其要求也不同，多数为 0.2~0.4MPa。

　　还有一种取消喷吹管的脉冲喷吹袋式除尘器，称为气箱式脉冲喷吹袋式除尘器。喷吹时，压缩空气通过文氏管与其引射气流直接射入连接滤袋的箱室，实行分室脉冲喷吹清灰。因为没有喷吹管，更换滤袋和维护工作都很方便，但清灰效果相对较差，较少采用。

### 10.3.3.3　逆气流反吹袋式除尘器

　　逆气流反吹袋式除尘器主要有回转反吹袋式除尘器和反吹风袋式除尘器。

　　回转反吹袋式除尘器应用较普遍，其形状一般为圆筒形，滤袋多为扁袋。含尘气流由切向进入除尘器箱体，在离心力作用下，大颗粒粉尘沉降于筒壁分离，微细粒子被滤袋捕集。当滤袋阻力达到规定值时，通过控制仪启动反吹风机，将净化后的气体吸入，进入回转臂上的喷吹管，依次进行喷吹，滤袋产生振动，粉尘脱落。利用步进式减速机构可使旋转臂依此对准各组滤袋时暂停回转，实施定位喷吹清灰，从而提高清灰效果。回转反吹袋式除尘器为圆筒形，抗爆性能好；采用自带高压反吹风机反吹清灰，不受气源条件限制；反吹风作用下，扁袋振幅大，只要一次震击即可弹落积尘，有利于提高滤袋使用寿命；由于反吹风作用较大，可用较长滤袋。

　　反吹风袋式除尘器无旋转臂和喷吹管。正常工作时，含尘气流由滤袋内向滤袋外流动，粉尘被捕集在内表面。当滤袋阻力达到规定值时，通过控制仪启动反吹风机，依次对各气室清灰。反吹气流与滤尘方向相反，由滤袋外向滤袋内吹风，滤袋在收缩变形和抖动中，积于滤袋内表面的粉尘便掉入灰斗中。显然，这种内滤式反吹袋式除尘器由于无旋转臂和喷吹管，故比回转反吹袋式除尘器的结构简单些，但清灰效果略差。

#### 10.3.3.4 清灰方式比较

清灰方式是决定袋式除尘器性能的一个重要因素。几种常见清灰方式对比见表10-5。

**表 10-5  常见清灰方式对比**

| 内 容 | 方 式 | | | |
|---|---|---|---|---|
| | 机械振打 | 反吹清灰 | 反吹＋振打 | 脉冲喷吹 |
| 清灰能力 | 弱 | 弱 | 弱 | 强 |
| 清灰机构 | 简单 | 简单 | 简单 | 复杂 |
| 过滤方向 | 内、外滤 | 内滤 | 内滤 | 外滤 |
| 工作制度 | 离线 | 离线 | 离线 | 可在线 |

### 10.3.4  袋式除尘器的技术性能参数

袋式除尘器主要性能参数有除尘效率、处理风量、过滤风速、压力损失、滤袋寿命等。

#### 10.3.4.1  除尘效率

正常情况下，袋式除尘器的除尘效率与滤料上的堆积粉尘负荷（积尘量）、滤料的特性、粉尘的特性和过滤风速（气布比）等有密切关系。

具体说来，影响除尘效率的因素主要有以下几点。

(1) 粉尘的性质：粒径、惯性力、形状、静电荷、含湿量等。

(2) 滤料性能。

(3) 运行参数：过滤速度、阻力、烟气温度、湿度、清灰频率和强度等。

(4) 清灰方式：机械振打、反向气流、压缩空气脉冲清灰等。

在除尘器运行过程中影响效率的这些因素都是相互作用的。

#### 10.3.4.2  处理风量

袋式除尘器的处理风量必须满足系统设计风量的要求，并考虑管道漏风系数。系统风量波动时，应按最高风量选用。对于高温烟气应按烟气温度折算到工况风量来选用。

#### 10.3.4.3  烟气温度

袋式除尘器的使用温度应按长期使用温度考虑，为防止结露，一般应保持除尘器内的烟气温度高于露点 15～20℃。在烟气温度接近露点时，应以间接加热或混入高温气体等方法降低气体的相对湿度。

对于高温尘源，必须将含尘气体冷却至滤料能承受的温度以下。在高温烟气中往往含有大量水分子和 $SO_x$，鉴于 $SO_x$ 的酸露点较高，这时确定袋式除尘器的使用温度时，应予以特别注意。

#### 10.3.4.4  压力损失

含尘气体通过袋式除尘器消耗的能量，通常用压力损失表示，或称除尘器的阻力。除尘器的阻力 $\Delta P$ 与风机的功率成正比，它是与风机能耗有直接关系的指标，涉及除尘系统的运行费用问题。除尘器的阻力与装置结构、滤料种类、粉尘性质、清灰方式、过滤风速、气体温度、湿度等诸多因素有关。除尘器阻力由三部分组成：

$$\Delta P = \Delta P_1 + \Delta P_2 + \Delta P_3 \tag{10-12}$$

式中　$\Delta P_1$——设备阻力，Pa；

　　　$\Delta P_2$——滤布的阻力，Pa；

　　　$\Delta P_3$——粉尘层的阻力，Pa。

它是袋式除尘器的重要技术经济指标。压力损失决定清灰周期，一般低压脉冲袋式除尘器将阻力控制在 1000～1500Pa 范围之内。当压差超过一定值时，应进行喷吹清灰，有时间控制清灰和压差控制清灰两种，要保证从滤布上迅速、均匀地清掉沉积的粉尘，并且不损伤滤袋和消耗较少的动力。

### 10.3.4.5　过滤风速

过滤风速是指烟气通过滤布的平均速度，它等于处理烟气实际体积流量与滤布面积之比，也称为气布比。

过滤风速低，则阻力低，效率高，然而需要过大的设备，占地面积也大；风速过高会使积于滤料上的粉尘层压实，阻力急剧增加，由于滤料两侧的压差增加，使粉尘颗粒渗入滤料内部，甚至透过滤料，致使出口含尘浓度增加。过滤风速高时，还会导致滤料上迅速形成粉尘层，引起过于频繁的清灰。

因此，过滤风速的选择要综合考虑清灰方式、清灰制度、粉尘特性、入口含尘浓度、烟气温度、滤料特性、设备阻力及现场场地条件等因素。对于低压脉冲喷吹袋式除尘器，过滤风速一般为 1m/min 左右。随着环保要求越来越严格，过滤风速选择更小，比如烧结机尾袋式除尘器，现一般为 0.8～1.0m/min。

### 10.3.4.6　滤袋的使用寿命

滤袋的寿命是衡量袋式除尘器性能的重要指标之一，滤袋的寿命一般定义在破损滤袋占总滤袋数的 10% 时使用的时间。滤袋的寿命与其材质、烟气温度、成分、酸露点、粉尘性质等因素有关，同时也受到过滤风速、入口粉尘浓度、清灰频率和管理维护的影响。因此对于一个除尘设备来说，需正确选择过滤风速和滤袋材质、清灰方式等，保证滤袋使用寿命。

## 10.3.5　影响袋式除尘器性能的因素

正常情况下，袋式除尘器的除尘效率与滤料上的堆积粉尘负荷（积尘量）、滤料的特性、粉尘的特性、过滤风速（气布比）、清灰方式及过程、烟气性质（如烟气温度、湿度、含尘浓度）等有密切关系。

### 10.3.5.1　粉尘层及运行状态

滤袋是袋式除尘器的主要部件，滤布的特性不仅直接影响除尘效率，而且对压力损失、操作、维修等影响也较大。滤布上粉尘层的厚度对除尘效率影响很大，如图 10-32 所示。清洁滤布上无粉尘层，除尘效率最低。积尘后效率逐渐提高至最大值，清灰后效率有所降低。所以清灰作业时必须保留粉尘初层，避免引起除尘效率显著降低。

### 10.3.5.2　滤布结构及性质

结构和性质不同的滤布，过滤效率不同，如图 10-33 所示。素布结构的过滤效率最低，清灰后效果急剧下降；起绒滤布除尘效率最高，清灰后的效率降低较少。就滤布而言，绒布和针刺毡的除尘效率优于素布，绒长的比绒短的效率高。

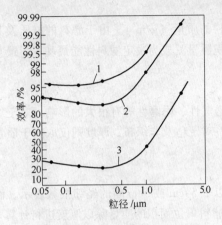

图 10-32  同种滤料在不同状态下的效率
1—积尘的滤料；2—清灰后的滤料；
3—清洁滤料

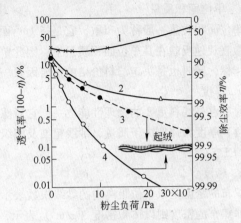

图 10-33  不同滤料的透气率、除尘效率与
粉尘负荷的关系
1—素布；2—轻微起绒（由起绒侧过滤）；
3—单面绒布（由起绒侧过滤）；
4—单面绒布（由不起绒侧过滤）

### 10.3.5.3  粉尘的性质

从图 10-32 还可以看出，对 0.2 ~ 0.4μm 的尘粒，三种状态下的除尘效率均最低，因为这一范围的尘粒处在拦截作用的下限、扩散作用的上限，因此，0.2 ~ 0.4μm 的尘粒是很难捕集的。但滤布的后处理和覆膜处理使捕集微细尘粒的效率有较大提高。

### 10.3.5.4  过滤风速

过滤风速是一个重要指标。过滤风速的大小，取决于含尘气体的性质、织物的类别以及粉尘的性质。过滤气速选择过大，虽能减少总过滤面积，降低投资，但却会使压力损失迅速提高，增加清灰次数，缩短滤袋寿命，增加运行费用；过滤气速偏小，会增加设备费。过滤风速一般按除尘器样本推荐的数据及实践经验选取。通常，多数反吹风袋式除尘器的过滤风速在 0.6 ~ 1.3m/min，脉冲袋式除尘器的过滤风速在 1.0 ~ 2m/min，玻璃纤维袋式除尘器的过滤风速为 0.5 ~ 0.8m/min。随着环保要求越来越严格，过滤风速的取值也变小了。

## 10.3.6  滤料的性能及常用种类

滤袋是袋式除尘器的关键部件之一，是袋式除尘器的核心部分。袋式除尘器的除尘效率、压力损失、清灰方式以及使用寿命等均与滤料有很大的关系。因此，在设计和使用袋式除尘器时，必须正确选用滤料。要正确掌握和使用滤袋，必须对其纤维性能、滤布织造工艺及滤袋加工方法进行全面了解。

### 10.3.6.1  滤料的性能

滤料的性能包括理化性能、机械性能及过滤性能，这些性能取决于滤料纤维的理化性能、滤料的组织结构及制造工艺等。

A　理化性能

滤料的理化性能有以下几个方面：

a　单位面积质量

单位面积质量一般称为布重，它是指 $1m^2$ 面积滤料的质量（ $g/m^2$ ）。由于滤料的材质及其结构最直观地反映在其单位面积质量上，因此单位面积质量就成为决定滤料性能最基本、最重要的指标，同时也是决定滤料价格的重要因素。

b　厚度

厚度也是滤料重要的物理性能之一，它对滤料的透气性、耐磨性等有很大的影响。对于织布而言，厚度大体取决于质量、纱线粗细及编织方法；对于毡及非织布，厚度则仅取决于质量和制造工艺。

c　密度

织布的密度是以单位距离内的纱线根数表示，即以 2.54cm 或 5cm 间的经纬根数表示。而毡与非织布的密度则以体积密度（ $g/m^3$ ）表示，即用滤料单位面积的质量除以厚度进行计算。

d　耐温耐热性

耐温耐热性是选择滤料的主要因素。在选择滤料时，不仅要考虑到滤料的耐温性，即滤料的长期工作温度及短期耐受高温温度，而且还要考虑滤料的耐热性，即滤料耐干热与湿热的能力。

e　静电性

气体的运动或尘粒的碰撞会使某些滤料荷电，这种静电荷对过滤过程中的影响是两方面的。有利的一面是在于异性电荷的相吸作用，使尘粒从气流中向荷电相反的滤料运动，从而大大提高过滤效率；不利的一面是静电及其引力在过滤阶段终了时不一定消失，从而使清灰困难。此外，由于带电粉尘的堆积，静电压升高，有可能产生火花引起爆炸。因此，有时必须对滤布进行防静电处理，例如在滤料中编入导电纤维增强滤料的抗静电性能，制成防静电滤料。

f　吸湿性

滤料的吸湿性是性能评价指标之一。特别是当含尘气体中含有一定的水分时，此项性能显得更加重要。因为当含尘气体含水分量较大，滤料的吸湿性高时，会造成粉尘黏结，使滤料堵塞，阻力上升，最终导致除尘器性能恶化。目前，已有非吸湿性滤料，不怕结露、不怕水、不怕油，性能优良。

g　耐燃性

滤料的耐燃性是其实际使用过程中的一项重要的安全指标，一般按其燃烧的难易程度分为易燃、可燃、难燃和不燃四类。

h　尺寸稳定性

尺寸稳定性是指滤料径向、纬向的胀缩率，滤料的胀缩会改变滤料的孔隙率，使过滤效率和阻力受到影响，有时甚至会影响除尘器的正常运行，因此滤料的胀缩率越小越好。

一般滤布织好后，都要进行热定型处理，使其预收缩。考虑滤袋投入运行一个阶段后，因吊挂、灰重、温度、清灰等会产生变形，在安装时应有适当的张力。

i　刚性

刚性是滤料柔软程度的衡量指标，评价其特点的唯一方法是手感。织布滤料非常柔软，几乎没有刚性，而毡与非织布滤料由于使用树脂对表面进行了加工处理，因此具有一定的刚性，这种刚性滤料可用来制造滤筒。

**B  机械性能**

滤料的机械性能有以下几个方面。

**a  拉伸强度**

作为滤料，拉伸是重要的基本性能，其衡量指标有抗拉强度、延伸率及5%拉伸时的荷重和一定荷重时的拉伸率，对滤料的要求是抗拉强度大、拉伸率小。

**b  断裂强度**

滤料断裂时的最大荷重即为断裂强度，它是衡量滤料坚固性的主要指标。一般而言，较松弛的滤料断裂强度较高。

**c  耐磨性**

耐磨性是评价滤料性能的重要指标，它直接影响滤料的使用寿命。滤料的耐磨性主要取决于纤维的种类、纤维与纱线的形状及滤袋的结构和制造工艺。滤料的磨损包括粉尘与滤料、纤维与纤维及滤料与骨架之间的磨损，一般采用紧密编织或加强纤维间的黏结性及对滤料进行浸渍处理等方法以提高耐磨性。

**C  过滤性能**

滤料的过滤性能是评价其优劣的重要的指标，包括过滤效率、过滤风速、阻力、容尘量、透气性及粉尘剥离性等。

**a  容尘量**

容尘量是滤料过滤性能的一个指标，是指达到指定阻力值时，单位面积滤料上沉积的粉尘量（$kg/m^2$）。它取决于滤料的自身结构，与孔隙率、透气率等因素相关。就容尘量而言，一般绒布大于素布，毡大于织布。在一定阻力范围内，滤料的容尘量越大，清灰周期就越长，其使用寿命就越长。

**b  透气性**

透气性，就清洁滤料而言，是指在一定压差下，通过单位面积滤料上的气体量（$cm^3/(cm^2 \cdot s)$），它取决于纤维的种类、细度及滤料的结构及制造工艺。透气性低，过滤效率高，阻力大；透气性高，单位面积上允许的风量大。

**c  粉尘的剥落性**

粉尘的剥落性主要影响清灰的难易，主要取决于滤料表面的光滑程度。表面越光滑，剥落性越好，清灰也越容易。因此有时为了增强表面光滑性，对一些毡滤料进行烧毛或覆膜等表面处理。

总之，对滤布的要求是：

(1) 容尘量大、吸湿性小、效率高、阻力低、成本低。

(2) 使用寿命长，耐温、耐磨、耐腐蚀，机械强度好。

(3) 表面光滑的滤料容尘量小，清灰方便，适用于含尘浓度低、黏性大的粉尘，采用的过滤速度不宜过高。

(4) 表面起毛（绒）的滤料容尘量大，粉尘能深入滤料内部，可以采用较高的过滤速度，但必须及时清灰。

**10.3.6.2  滤料的分类**

滤料纤维的种类繁多，按材质可分为天然纤维、化学合成纤维及无机纤维。

**A  天然纤维**

棉、麻、羊毛等天然纤维，由于其表面呈鳞片状或波纹状，透气率很高，阻力小，容尘量大，易于清灰，过去是袋式除尘器的传统滤料纤维。但是，天然纤维的致命弱点是使用温度不能超过 100℃，因此它远不能适应现代工业对袋式除尘器的要求。

B　化学合成纤维

随着化学工业的发展，出现了合成纤维。它具有许多天然纤维无可比拟的优点，因此很快用于制作滤料。合成纤维的强度高，耐腐蚀性好，耐温性及耐磨性好于天然纤维。化学合成滤料纤维已广泛应用于各行业，下面介绍几种常用的化学合成纤维滤料。

a　聚酯纤维（涤纶等）

这是一种普通的滤料，是目前用作滤料的最主要材质。可以在温度 130℃ 下长期工作，各方面性能都很优良，且价格低廉，但不耐高温。烧结常温除尘一般用涤纶针刺毡滤料。

b　聚酰胺纤维（尼龙等）

耐温较低，长期使用温度为 75～85℃，密度低，制品轻而光滑，耐磨性好，尺寸稳定性较差。

c　诺梅克斯（芳香族聚酰胺纤维、芳纶）（Nomex）

美国杜邦公司 20 世纪 50 年代研制成功。耐温达 200℃，尺寸稳定性好，有阻燃性，但抗水解性能较差，在同类材质中价格较便宜，是用作高温滤料的主要材质。烧结机尾除尘烟气温度超过 130℃ 时，可考虑使用该滤料。

d　聚丙烯纤维

耐热性好，可在 110～130℃ 下长期工作，短期温度可达 160℃，耐酸，对氧化剂和有机酸很稳定，但不耐碱，可用于化学与水泥行业的气体净化。

e　PPS（聚苯硫醚）

长期工作温度达 190℃，瞬时最高温度可达 230℃。抗酸、碱和有机溶剂腐蚀的能力很强，不水解、有阻燃性。其缺点是抗氧化性较差，要求 $O_2$ 含量小于 14%（体积），氧含量越高所使用的温度越低。半干法脱硫工艺袋式除尘器常用此滤料。

f　P84 纤维（聚酰亚胺）

耐高温性能好，可在 240℃ 以下连续使用，瞬时温度可达 260℃，抗酸碱腐蚀能力强。其纤维很细，且纤维断面是不规则形状，因而制成的滤料能形成表面过滤，从而获得高于一般滤料的除尘效率和低的压力损失。

g　聚四氟乙烯纤维

聚四氟乙烯纤维是性能良好的一种化学合成纤维，抗化学侵蚀性能良好，连续耐高温可达 220～260℃，短期 280℃。机械强度、抗弯折、耐磨性均优于其他合成纤维。但聚四氟乙烯纤维造价高，因而使用范围受到限制。一般滤料经过 PTFE 覆膜或浸渍处理，可提高其性能。

h　复合滤料

为扬长避短，可用两种或两种以上各具特色的材料加工成滤料，这种滤料称为复合滤料。

C　无机纤维

近年来，无机纤维（如碳纤维、玻璃纤维、金属纤维、陶瓷纤维、矿渣纤维等）发展很快，其特点是能耐高温。目前，除了使用玻璃纤维滤料外，有的已开始使用金属纤维、陶瓷纤维。无机纤维的缺点是造价高，使其广泛应用受到一定的限制。

a　玻璃纤维

玻璃纤维的特点是耐高温（使用温度 230～280℃），吸湿性及延伸率小，抗拉强度大，抗腐蚀性好；其致命弱点是抗折性差。表面浸渍处理能改善和提高玻璃纤维的抗折、耐磨、耐温、疏水及柔软性能。

　　b　金属纤维

　　金属纤维主要是由不锈钢制成，也有金属纤维与一般纤维混纺制成的。金属纤维最大的优点是耐高温，使用温度能达到 500～600℃，非常适宜在高过滤风速下处理高粉尘负荷的高温烟气。并且其过滤效率高，阻力小，易于清灰，耐磨性及耐腐蚀性好。此外，还有防静电，抗放射、辐射等特性。但因其造价极高，故极少使用。

　　c　陶瓷纤维

　　陶瓷纤维用于高温烟气（高达 920℃）净化。高温陶瓷滤料是纤维过滤领域的高科技，陶瓷滤料具备了几乎所有过滤净化所需要的优良性能，净化效率极高。

## 10.3.6.3　滤料的结构

　　滤料按制作方法分为纺织滤料、无纺滤料、复合滤料、陶瓷纤维滤料等。

　　A　纺织滤料

　　早期的滤料多是以纺织物制成的，随着无纺纤维滤料和化纤工业的发展，无纺纤维滤料逐步成为气体中颗粒物收集的主要过滤原料。但是，由于具有一定的特性和实际过滤条件的要求，纺织滤料在很多方面仍得到应用。

　　纺织滤料是以合股加捻的经纬纱线或单丝用织机交织而成的。因经纬纱线都经过加捻，所以纱线密度比较大，被过滤的粒子几乎只能从经纬线间的空隙经过。纺织滤料和无纺纤维滤料相比，有如下优缺点：

　　(1) 可制成具有较大强度和耐磨性的滤料；

　　(2) 尺寸稳定性好；

　　(3) 易形成平整光滑表面或薄形柔软的织物，易于清灰；

　　(4) 易调整织物的紧密程度，既可制成较疏松的也可制成紧密的滤料；

　　(5) 内部过滤作用小，初始效率低，只有在纺织滤料表面形成粉尘层后，才能过滤较小的粒子，未形成粉尘层或因某种原因使粉尘层遭到破坏时，效率明显下降；

　　(6) 在同样过滤风速情况下，纺织滤料阻力大；

　　(7) 为达到应有的效率，气布比选择较低。

　　纺织滤料的种类很多，几乎各种材质和不同结构的纺织滤料都有所应用。织布可以通过"起绒机"拉裂表层纤维面造成绒毛，称为绒布，一般多采用单面起绒，未经起绒的织布称为素布。绒布的透气性好，处理风量大，容尘量比素布高，能够形成多孔的粉尘层，因而净化效率高。208 绒布是我国为袋滤式除尘器专门开发的一种纺织滤料，它是以涤纶短纤维为原料，单面起绒的斜纹织物，因有表面绒毛，有助于形成粉尘层，提高过滤效率。208 绒布在清灰时，粉尘层会遭到破坏，重新滤尘时效率明显下降。另外，应特别注意防止结露，因粉尘黏附在绒毛及滤料表面上结垢后，很难清灰。

　　B　无纺纤维滤料

　　无纺纤维的研发始于 20 世纪 60 年代，发展快速。当前，袋滤式除尘器用的无纺纤维绝大部分是针刺毡。针刺毡是无纺布的一种，毡布较致密，阻力较大，容尘量较小，但易于清灰。针刺毡滤布应用广泛，钢铁冶炼系统常温除尘一般用涤纶针刺毡。针刺毡分为有基布和无基布两类，增加基布是为了提高针刺毡滤料的强度。基布是事先织好的，生产过程中用上下纤维网将基布夹于其中，然后经过预针刺和主针刺加固，再采取必要的后续处理技术即可成为所需要的针刺毡滤料。

　　针刺毡滤料具有如下特点：

（1）针刺毡滤料中的纤维呈交错随机排列，孔隙率高达70%～80%，根据过滤理论，其孔隙率处在最佳的内部过滤状态，可充分发挥其内部过滤捕尘功能。这种结构既有利于形成粉尘层，清灰后也不存在直通的孔隙，过滤效率高且稳定。

（2）针刺毡滤料的孔隙率比纺织纤维高1.6～2.0倍，因而自身的透气性好、阻力低。

（3）针刺毡滤料的生产速度快、劳动生产率高、产品成本低、产品质量稳定。

C　复合滤料

为扬长避短，可用两种或两种以上各具特色的材料加工成滤料，这种滤料称为复合滤料。有基布的针刺毡就是一种复合滤料，这种滤料用基布以增加强度，用纤网以获得理想的过滤效率。基布与面层材质相同者，严格地讲，也应属复合滤料，只是人们已习惯于称之为针刺毡。如在合成纤维Nomex基布上刺以细玻璃纤维制成针刺毡，可避免玻璃纤维不抗折的缺点，同时又可获得耐温与抗腐蚀的优势。

在针刺毡滤料或纺织滤料表面覆以微孔薄膜制成的复合滤料可直接实现表面过滤，不需要事先形成粉尘层，这不仅可显著提高滤料的捕集效率，而且使粉尘粒子只停留于滤料表面，尘饼容易脱落，清灰效果好，可有效防止滤料的堵塞和结垢，因而阻力低。覆膜有助于提高滤料的疏水性，提高了对湿度较大烟气净化的适用性。测试结果表明，覆膜滤料对$0.01～1.0\mu m$的粒子，分级效率可达97%～99%以上，总效率可达99.999%。覆膜技术是纤维过滤净化的一个发展方向。

覆膜滤料生产有热压、胶粘、浇注等覆合技术，热压技术生产的覆膜滤料质量较好，建议选用热压覆膜滤料。检验方法：将覆膜滤料放到有机溶剂里（如二甲苯或汽油），用胶粘的覆膜产品，用手轻擦，膜会掉下，而用热压技术生产的覆膜产品则不会。

D　玻璃纤维滤料

玻璃纤维滤料是由熔融的玻璃液拉制而成，是一种无机非金属材料。玻璃纤维的耐温性好，可以在260～280℃的高温下使用，减少结露的危险。经过特殊表面处理的玻璃纤维滤料，具有柔软、润滑、疏水等性能，粉尘容易剥离，仅用反吹风方式即可达到充分清灰的目的。玻璃纤维在280℃下的收缩率基本为零。与有机合成纤维比较，其尺寸稳定性优越得多，在使用时不必担心透气性与过滤面积的变化以及因收缩而加大布面张力，加速滤袋破损情况的发生。玻璃纤维有很好的抗腐蚀性，即使在强碱、强酸的烟气中，对其使用寿命的影响也很小。总之，玻璃纤维过滤材料具有耐腐蚀、抗结露、尺寸稳定、粉尘剥离性好等优点，是处理含湿量高、温度高、有腐蚀性化学成分烟尘的理想滤料。

E　防静电滤料

由于化学纤维滤料均带有静电，从防尘和安全角度看，都不甚理想，尤其是用于煤粉等，于是有的厂家把特种金属纤维（导电纤维）织进滤料。烧结煤燃料袋式除尘器都是用防静电涤纶针刺毡。

## 10.3.7　滤料的选用原则

纤维滤料的品种多样，任何一种滤料都不可能既经济又具备完全优良的性能。针对所给定的生产系统的运行条件选择正确的滤料才是至关重要的。在此前提下，应尽可能选择使用寿命长的滤料，这是因为使用寿命长不仅能节省运行费用，而且可以满足气体长期达标排放的要求。滤料一般是根据含尘气体的性质、粉尘的性质及除尘器的清灰方式等进行选择。滤料的选择要通过经济技术比较，这是一个优化过程，不应该用一种所谓"好"滤料去适应各种工况场合。在气体性质、粉尘性质和清灰方式中，应抓住主要影响因素选择滤料，如高温气体、易燃粉尘等，择优选定合适的材料。

### 10.3.7.1　根据含尘气体的性质选用滤料

含尘气体的理化特性包括温度、湿度、腐蚀性、可燃性和爆炸性等。

含尘气体的温度是正确选用滤料的首要因素。按照连续使用的温度，滤料可分为常温滤料（<130℃）、中温滤料（130～200℃）和高温滤料（>200℃）三类。表10-6和表10-7列出了各种纤维材质可供连续长期使用的温度，通常要求按表中连续使用温度一栏选定滤料。对于含尘气体温度波动较大的工况条件，宜选择安全系数稍大一些，但瞬时峰值温度不得超过滤料的上限温度。对于高温烟气，可以直接选用高温滤料，也可以在采取烟气冷却措施后选用常温滤料，应通过技术经济分析比较后确定。烧结机头烟气半干法脱硫后的除尘及烧结机尾烟气除尘选用袋式除尘器时，滤料选择应考虑烟气温度的影响。

**表 10-6　常用滤料的主要性能**

| 特　性 | | 厚度 /mm | 单位面积质量 /g·m$^{-2}$ | 透气度 /m$^3$·(m$^2$·min)$^{-1}$ | 断裂强力/N·(5×20cm)$^{-1}$ | | 效率 /% | 连续使用温度 /℃ | 抗折性 | 耐酸性 | 耐碱性 | 表面处理方法 |
|---|---|---|---|---|---|---|---|---|---|---|---|---|
| | | | | | 径向 | 纬向 | | | | | | |
| 织造滤料 | 729 涤纶 | 0.61 | 320 | 10.4 | 2300 | 1800 | 99.8 | <130 | 优 | 良 | 良 | |
| | 208 涤纶绒布 | 1.43 | 400 | 12.8 | 2140 | 1000 | 99.8 | <140 | 优 | 良 | 良 | |
| 针刺毡滤料 | 涤纶针刺毡（涤纶长纤基布） | 1.45～2.45 | 350～650 | 14.4～28.8 | 870～1170 | 1000～2000 | 99.9 | <130 | 优 | 良 | 良 | 热辊压光 |
| | P84 针刺毡（P84 基布） | 2.6 | 500 | 11.17 | 720 | 680 | 99.9 | <240 | 优 | 优 | 中 | 高温热压及烧毛 |
| | PPS 针刺毡（PPS 长丝基布） | 1.8 | 500 | 15 | >1200 | >1300 | 99.9 | ≤190 | 优 | 优 | 优 | 高温热压、烧毛 |
| | PPS 针刺毡（玻纤基布） | 2.0 | 800 | 8～15 | >2000 | >2000 | 99.9 | ≤190 | 优 | 优 | 优 | 烧毛、压光 |
| | 美塔斯-500（美塔斯基布） | 2.2 | 500 | 17 | >800 | >1200 | 99.9 | ≤204 | 优 | 良 | 优 | 烧毛、压光或泰氟龙涂层 |
| 覆膜滤料 | 涤纶毡覆膜（聚酯针刺毡基布） | 2.2 | 500 | 20～30 | ≥600 | ≥1000 | 99.99 | <130 | 优 | 良 | 良 | 与聚四氟乙烯薄膜热压复合 |
| | PPS 针刺毡覆膜滤料 | 2.3 | 500 | 20～30 | >600 | >1000 | 99.99 | <190 | 优 | 优 | 优 | 聚四氟乙烯薄膜热压复合 |

**表 10-7　常用防静电滤料的主要性能**

| 滤　料 | 防静电涤纶针刺毡 | 防静电涤纶覆膜针刺毡 | 防水防油防静电涤纶针刺毡 |
|---|---|---|---|
| 材质 | 涤纶 | 涤纶＋导电纤维＋聚四氟乙烯 | 涤纶＋导电纤维 |
| 后处理方式 | 针刺成型后处理 | 烧毛、压光 | 烧毛、压光、防水防油 |
| 导电纤维加入方法 | 基布间隔加导电经纱 | 纤维网混导电纱 | 纤维网混导电纱 |
| 克重/g·m$^{-2}$ | 500 | 500 | 500 |
| 厚度/mm | 1.95 | 1.80 | 1.80 |

| 滤 料 | | 防静电涤纶针刺毡 | 防静电涤纶覆膜针刺毡 | 防水防油防静电涤纶针刺毡 |
|---|---|---|---|---|
| 透气度/$m^3 \cdot (m^2 \cdot min)^{-1}$ | | 9.04 | 15 | 15 |
| 断裂强度 /$N \cdot (5 \times 20cm)^{-1}$ | 经向 | 1200 | ≥1000 | ≥1000 |
| | 纬向 | 1658 | ≥1100 | ≥1100 |
| 断裂伸长率 /% | 经向 | 23 | ≤35 | ≤35 |
| | 纬向 | 30 | ≤40 | ≤40 |
| 连续工作温度/℃ | | 130 | 130 | 130 |
| 短时工作温度/℃ | | 150 | 150 | 150 |
| 摩擦荷电密度/$\mu C \cdot m^{-2}$ | | 2.8 | <7 | <7 |
| 表面电阻/Ω | | $9.0 \times 10^3$ | $<10^7$ | $<10^{10}$ |
| 体积电阻/Ω | | $4.4 \times 10^3$ | $<10^7$ | $<10^9$ |
| 耐酸性 | | 良 | 中 | 中 |
| 耐碱性 | | 中 | 中 | 中 |
| 耐磨性 | | 良 | 良 | 良 |

含尘气体的湿度是正确选用滤料的又一重要因素。含尘气体的湿度表示气体中含有水蒸气的多少。按相对湿度分为三种状态：相对湿度在 30% 以下时为干燥气体，相对湿度在 30% ~ 80% 之间为一般状态，相对湿度在 80% 以上即为高湿气体。对于高湿气体，又处于高温状态时，特别是含尘气体中含 $SO_2$、$SO_3$ 时，气体遇冷会产生结露现象，这不仅会使滤袋表面结垢、堵塞，而且会腐蚀结构材料，因此，应谨慎选择滤料。

对于含湿气体在选择滤料时应注意以下 4 点：

(1) 含湿气体使滤袋表面捕集的粉尘润湿黏结，尤其对吸水性、潮解性和湿润性粉尘，会引起糊袋。为此，应选用锦纶与玻璃纤维等表面滑爽、长纤维易清灰的滤料，并对滤料使用硅油、碳氟树脂作浸渍处理，或在滤料表面使用丙烯酸、聚四氟乙烯等物质进行涂布处理。覆膜滤料具有优良的耐湿和易清灰性能，应作为高湿气体首选。

(2) 当高温和高湿同时存在时会影响滤料的耐温性，尤其对于锦纶、涤纶、亚酰胺等水解稳定性差的材质更是如此。

(3) 对含湿气体在除尘滤袋设计时宜采用圆形滤袋，尽量不采用形状复杂、布置紧凑的扁滤袋。

(4) 对湿含尘气体的系统工况设计，选定的除尘器工况温度应高于气体露点温度 10 ~ 20℃，对此可采取混入高温气体（热风）以及对除尘器本体加热保温等措施。

在各种炉窑烟气中，常含有酸、碱、氧化剂等多种化学成分。不同纤维的耐化学性是不一样的，而且往往受温度、湿度等多种因素的交叉影响。例如：在滤料市场最广泛使用的涤纶纤维在常温下具有良好的力学性能和耐酸碱性，但它对水汽十分敏感，容易发生水解作用，使强度大幅度下降。因此，涤纶纤维在干燥烟气中，其长期运转温度小于 130℃，但在高水分烟气中，其长期运转温度降到 60 ~ 80℃。诺梅克斯纤维（Nomex）具有良好耐温、耐化学性，但在高水分烟气中，其耐温将由 200℃ 降低到 150℃。聚苯硫醚具有耐高温和耐酸碱腐蚀的良好性能，适用于燃煤烟气除尘，但抗氧化剂的能力较差。聚酰亚胺纤维虽可以弥补其不足，但水解稳定性又不理想。聚四氟乙烯纤维具有最佳的耐化学性，但价格较贵。

烧结机头烟气半干法脱硫后的除尘选用袋式除尘器时，滤料选择应考虑烟气湿度、酸、碱、氧化剂（烧结机头烟气含氧量 15%～18%）多种化学成分的影响。

### 10.3.7.2　根据粉尘的性质选用滤料

粉尘的性质主要包括粉尘的形状和粒径分布、粉尘的附着性和凝聚性、粉尘的吸湿性和潮解性、粉尘的流动性和磨琢性、粉尘的可燃性和爆炸性等。

大多数工艺过程产生的粉尘为不规则形态粉尘，虽然在高温燃烧过程中由于熔融、蒸发、冷凝产生的粉尘的形状基本呈球形，但由于凝聚作用会变成絮状或链状形态，不规则形态的粒子在经过过滤介质时较容易被捕集。工业粉尘粒径分布基本上符合正态分布规律，通常中位径和几何标准偏差小的粉尘较难捕集。微细粉尘过滤的主要问题是清灰较困难，因此，在过滤粒径小（亚微米级）的粉尘时，应考虑选用经过表面处理（轧光、烧毛、喷涂、浸渍或覆膜等）的表面较光滑的滤料，以进一步提高粉尘的易剥离性，降低阻力，提高清灰效果。

粉尘的附着性和凝聚性与尘粒的种类、形状、粒径分布、含湿量、表面特征等多种因素有关，可用安息角表征，一般为 30°～45°。安息角小于 30°称为低附着力，流动性好；安息角大于 45°称为高附着力，流动性差。粉尘与固体表面间黏性大小还与固体表面的粗糙度、清洁程度有关。对于黏附性强的粉尘应选用长丝不起绒织物滤料，或经表面烧毛、压光、镜面处理的针刺毡滤料，对于浸渍、涂布、覆膜技术应充分利用。

粉尘对气体中水分的吸收能力称为吸湿性，吸湿性与粉尘的原子链、表面状态以及液体的表面张力等因素有关，可用湿润角来表征：小于 60°的为亲水性，大于 90°的为憎水性。吸湿性粉尘的湿度增加后粉粒的凝聚力、黏着力随之增加，促使粉尘黏附在滤袋表面上结成板块，导致清灰困难，甚至失效。有些粉尘（如 $CaO$、$CaCl_2$、$KCl$、$MgCl_2$ 等）吸湿后继续发生化学反应，其性质和形态均发生变化，称之为潮解，易糊住滤袋。对于湿润性、潮解性粉尘，在选用滤料时应注意滤料的光滑、不起绒和憎水性，其中以覆膜滤料为最好。为选用滤料方便，将各种 PTFE 覆膜滤料性能列入表 10-8 中。

**表 10-8　微孔薄膜覆合滤料主要技术性能指标**（覆膜材质：聚四氟乙烯）

| 性　能 | | 薄膜覆合聚酯针刺毡 | 薄膜覆合 729 滤料 | 薄膜覆合聚丙烯针刺毡 | 薄膜覆合 Nomex 针刺毡 | 抗静电薄膜覆合 MP92 | 抗静电薄膜覆合聚酯针刺毡 | 薄膜覆合 P84 针刺毡 | 薄膜覆合 PPS 针刺毡 |
|---|---|---|---|---|---|---|---|---|---|
| 基布材质 | | 聚酯 | 聚酯 | 聚丙烯 | 芳族聚酰胺 | 聚酯+不锈钢 | 聚酯+不锈钢+导电纤维 | 聚酰亚胺 | 聚苯硫醚 |
| 结　构 | | 针刺毡 | 缎纹 | 针刺毡 | 针刺毡 | 缎纹 | 针刺毡 | 针刺毡 | 针刺毡 |
| 断裂强度 /N | 经向 | ≥1000 | ≥3100 | ≥900 | ≥950 | ≥3100 | ≥1300 | ≥1200 | ≥1200 |
| | 纬向 | ≥1300 | ≥2200 | ≥1200 | ≥1000 | ≥3300 | ≥1600 | ≥1500 | ≥1300 |
| 断裂伸长率 /% | 经向 | ≤18 | ≤25 | ≤34 | ≤27 | ≤25 | ≤12 | ≤35 | ≤30 |
| | 纬向 | ≤46 | ≤22 | ≤30 | ≤38 | ≤18 | ≤16 | ≤40 | ≤30 |
| 透气度/$m^3 \cdot (m^2 \cdot min)^{-1}$ | | 1.6～5 | 1.2～4 | 1.6～5 | 1.1～4 | 1.1～4 | 1.1～4 | 1.1～4 | 1.3～4 |
| 过滤效率/% | | ≥99.99 | ≥99.99 | ≥99.99 | ≥99.99 | ≥99.99 | ≥99.99 | ≥99.99 | ≥99.99 |
| 浸润角/(°) | | ≥90 | ≥90 | ≥90 | ≥90 | ≥90 | ≥90 | ≥90 | ≥90 |
| 覆膜牢度/MPa | | ≥0.03 | ≥0.03 | ≥0.03 | ≥0.025 | ≥0.03 | ≥0.03 | ≥0.025 | ≥0.025 |
| 工作温度/℃ | | ≤130 | ≤130 | ≤90 | ≤200 | ≤130 | ≤130 | ≤200 | ≤180 |

　　对于可燃性和易荷电的粉尘如煤粉、焦粉、氧化铝粉和镁粉等，宜选择阻燃型滤料和消静电型的导电滤料。阻燃型滤料，首先是材质的选择，一般认为氧指数（LOI）大于30的纤维织造滤料，如PPS、P84、PTFE等是安全的；而对于用LOI小于30的纤维，如丙纶、锦纶、涤纶、亚酰胺等织造的滤料可采用阻燃剂浸渍处理。

　　此外，对可燃、易爆烟尘，在除尘设备和系统设计中还须采取其他必要的阻燃防爆措施。如烟气中掺入惰性气体、增大气体含湿量、增设泄压安全装置等。

　　粉尘对滤料的磨损性称为粉尘的磨琢性。它与粉尘的形状、大小、硬度、粉尘浓度、携带粉尘的气流速度有关。粉尘的磨琢性与粒径的1.5次方成正比，与携带其气流速度的2~3次方成正比。粒径为90μm左右的尘粒的磨损性最大，而当粒径减少到5~10μm时磨损已十分微弱。因此，为减轻粉尘对滤料的磨损，应合理设定过滤风速和提高气流速度的均匀性。在常见粉尘中，铝粉、硅粉、焦粉、烧结矿粉等属于高磨损性粉尘。此外，对于磨琢性大的粉尘宜选用耐磨性好的滤料。化纤的耐磨性优于玻璃纤维，毡料优于织物，表面涂覆、压光等后处理也可提高耐磨性。但是覆膜滤料用于磨损性强的工况时，膜会过早地损坏，失去覆膜作用。

　　烧结烟气中含有细微粉尘，且粉尘的磨损性较强，烧结除尘常温滤料一般选用涤纶针刺毡（或覆膜），煤粉除尘用滤料需考虑防静电，机尾除尘若烟气温度超过120℃，应选用高温滤料如诺梅克斯等。

### 10.3.7.3　根据袋式除尘器的清灰方式选用滤料

　　袋式除尘器的清灰方式是选择滤料结构品种的另一个重要因素，不同清灰方式的袋式除尘器因清灰能量、滤袋形变特征的不同，宜选用不同的结构品种滤料。

　　机械振动类袋式除尘器是利用机械装置（包括手动、电磁振动、气动）振动滤袋清灰。此类除尘清灰的特点是施加在粉尘层的动能较少而次数较多，因此要求滤料薄而光滑，质地柔软，有利于传递振动波，在过滤面上形成足够的振击力。宜选用化纤缎纹或斜纹织物，厚度0.3~0.7mm，单位面积质量300~350g/m²，过滤速度0.6~1.0m/min。

　　分室反吹类袋式除尘器是采用分室结构，利用阀门逐室切换，形成逆向气流反吹，使滤袋缩瘪或鼓胀清灰，清灰动力来自于除尘器本体的压差气流，在特殊场合中才另配反吹风动力，属于低动能清灰类型。滤料应选用质地轻软、容易变形而尺寸稳定的薄型滤料，过滤速度与机械振动类除尘相当。分室反吹袋式除尘器具有内滤与外滤之分，滤料的选用没有差异。对大中型除尘器常用内滤式圆形袋，无框架，袋径120~300mm，滤袋长径比为15~40，优先选用缎纹（或斜纹）机织滤料，在特殊场合也可选用基布加强的薄型针刺毡滤料，厚1.0~1.5mm，单位面积质量300~400g/m²。对小型除尘器常用外滤式扁袋、菱形袋或蜂窝形袋，必须带支撑框架，优先选用耐磨性、透气性好的薄形针刺毡滤料，单位面积质量350~400g/m²。

　　喷嘴反吹类袋式除尘器是利用风机做反吹清灰动力，在除尘器过滤状态时，通过移动喷嘴依次对滤袋喷吹，形成强烈反向气流，对滤袋清灰，属中等动能清灰类型。有回转反吹、往复反吹和气环滑动反吹等几种形式。气环滑动反吹袋式除尘器属于喷嘴反吹类袋式除尘器的一种特殊形式，采用内滤圆袋，喷嘴为环缝形，套在圆袋外面上下移动喷吹，要求选用厚实、耐磨、刚性好、不起毛的滤料，宜选用压缩毡和针刺毡。因滤袋磨损严重，该类除尘器极少采用。在反吹类袋式除尘器中，回转反吹袋式除尘器应用较多，常采用带框架的外滤扁袋形式，结构紧凑。此类除尘器要求选用比较柔软、结构稳定、耐磨性好的滤料，优先选用中等厚度针刺毡滤料，单位面积质量为350~500g/m²。

　　脉冲喷吹类袋式除尘器是以压缩空气为动力，利用脉冲喷吹机构在瞬间释放压缩气流，诱导数倍的二次空气高速射入滤袋，使其急剧膨胀，依靠冲击振动和反向气流清灰，属高动能清灰类型。通常采用带框架的外滤圆袋，要求选用厚实、耐磨、抗张力强的滤料，优先选用化纤针刺毡或压缩毡滤料，单位面积质量为 $500 \sim 650g/m^2$。烧结常用低压脉冲袋式除尘器。

综上所述，按除尘器的清灰方式选用不同结构参数滤料见表 10-9。

**表 10-9 清灰方式与滤料结构的优选**

| 清灰方式 | 清灰动力 | 滤袋形式 | 滤料结构优选 | 滤料单重/g·m$^{-2}$ |
|---|---|---|---|---|
| 振动 | 手振、机振、气振、电磁振 | 内滤圆袋 | 筒形缎纹或斜纹织物 | 300~350 |
| 反吹风 | 除尘器压差气流或配反吹风机 | 内滤圆袋 | 高强低伸形筒形缎纹或斜纹织物 | 300~350 |
| | | | 加强基布的薄型针刺毡 | 300~400 |
| | | 外滤异形袋 | 普通薄型针刺毡 | 350~400 |
| | | | 阔幅筒形缎纹织物 | 300~350 |
| 反吹风 + 振动 | 除尘器压差气流手振、机振、气振、电磁振 | 内滤圆袋 | 高强低伸形筒形缎纹或斜纹织物 | 300~350 |
| | | | 加强基布的薄型针刺毡 | 300~400 |
| 喷嘴反吹风 | 高压风机或鼓风机 | 外滤扁袋 | 中等厚度针刺毡 | 350~500 |
| | | | 纬二重或双层织物 | 400~550 |
| | | | 筒形缎纹织物 | 300~350 |
| 脉冲喷吹 | 0.15~0.7MPa 压缩空气 | 外滤圆袋 | 针刺毡或压缩毡 | 500~650 |
| | | | 纬二重或双层织物 | 450~600 |

## 10.3.8 袋式除尘器的操作

### 10.3.8.1 操作前的准备

操作人员须持有操作牌，无操作牌者严禁启动本体设备、风机及卸灰系统。

启动前及设备运转时需现场巡检，必须检查除尘器本体设备，确认本体内布袋完好，无人作业，各人孔门、除尘室门已关闭好。确认脉冲阀气包压力在 0.3MPa 左右，供气管道及阀门无漏气。确认输灰设备无卡阻现象，减速机油位正常，盖板、人孔门已关闭。确认风机及电机各部完好，安全罩齐全，地脚螺丝紧固，轴承座油位正常，冷却水正常。对于各种隐患应在开机操作前予以排除。

当袋式除尘器长时间停止运行，必须注意滤袋室内的结露。滤袋内结露的主要原因是高温气体冷却造成的，因此要在除尘系统冷却之前，把湿气体排出去，通入干燥的空气。为了防止结露，在完全排出系统中的湿气体前，可以往滤袋室送入热空气，注意温度不能超过滤袋的耐受温度。

在冬天，冷却水的冻结会产生意想不到的事故，因此在停车后要将冷却水放掉。停车后管道内的积灰及灰斗积灰也要清除干净。

为了避免停机对设备的再运行造成影响，在停机期间内，最好能定期做动态维护，进行短时间的空车运行。

### 10.3.8.2 操作与使用维护要求

A 袋式除尘器的操作规则

a 操作启动过程

(1) 启动低压控制系统及操作系统功能（料位、报警、连锁、测温、压差等）；

（2）做好风机启动前的检查，启动风机；

（3）启动清灰系统；

（4）启动输灰设备。

b　运行管理

袋式除尘器的运行管理要求每班应定时巡检，检查内容如下：

（1）检查袋式除尘器烟囱是否有冒灰现象（目视）；

（2）检查清灰系统是否正常，运行有无异响；

（3）检查袋式除尘器运行画面或指示灯是否良好，无异常；

（4）检查输灰系统运行是否平稳，无异响；

（5）每班记录袋式除尘器压差（一般每 2h 记录一次），根据实际运行情况调整清灰系统运行参数。

c　停运操作

（1）关闭风门后，停止风机；

（2）清灰系统和输灰系统在袋式除尘器停运时继续运行，直至袋式除尘器粉尘灰输送干净。

B　袋式除尘器的使用维护要求

（1）袋式除尘器日常维护保养要求见表 10-10。

表 10-10　袋式除尘器日常维护保养要求

| 保养部位 | 定期维护项目 | 检查周期 |
|---|---|---|
| 容易磨损机械传动部位 | 检查加油 | 1 周 |
| 振打、卸灰阀减速机 | 检查加油 | 3 个月 |
| 清灰系统（脉冲阀、反吹风机等） | 检查调整机构 | 1 个月 |
| 滤袋 | 检查滤袋破损情况 | 1 个月 |
| 风机 | 轴承换油 | 6 个月 |

（2）袋式除尘器其他维护要求如下：

袋式除尘器滤袋破损后一定要及时更换，滤袋破损不但影响除尘效率，还会对除尘风机叶轮造成严重的磨损。因此滤袋的使用周期到后，应逐步进行更换，但最好是一次性整体更换。同时，对于需要压缩空气的清灰系统，还要定期检查压缩空气油水过滤系统，定期排水，保障清灰系统的正常运行。

## 10.3.9　袋式除尘器的故障判断

### 10.3.9.1　滤袋问题

袋式除尘器的技术发展主要表现在滤料的创新和清灰方式的变革上，而滤袋又是袋式除尘器的心脏，滤袋的维修费用在除尘器维修费用中所占比例是最大的，最高可达维修费用的 70% 以上。造成滤袋损坏的主要因素有高温烧毁、腐蚀、机械损坏、安装质量、产品质量、操作、管理等多方面原因。

A　高温烟气对滤袋的损坏

a　高温烧毁

高温对滤袋的损害是致命的。特别是捕集煤粉的袋式除尘器，由于干燥后煤粉颗粒非常细小又特别黏，若清灰不理想，会使滤袋表面存留大量的干燥后的煤粉，而这种干燥后的煤粉，燃点又非常低，当高温烟气进入除尘器后，会迅速点燃滤袋表面的煤粉，导致整台除尘器的滤袋及骨架全部被烧毁。

b 火星烧穿

除了高温烧毁外，烟气中的火星对滤袋的损害也是非常严重的。如焦炉、电炉、高炉、混铁炉等在生产过程中会有大量的火星混入烟气中，如对火星处理不及时，尤其是滤袋表面粉尘层较薄时，火星就会将滤袋烧穿，形成不规则的圆洞，最后导致除尘器出口粉尘排放超标。烧结机尾采用袋式除尘器时，滤料一般须选用耐高温的材质，除尘器结构设计要考虑有阻挡高温颗粒物直接进入过滤室的措施，以免烫伤滤袋。

c 高温收缩

高温烟气对滤袋的另外一种损害是高温收缩。当烟气温度超过滤料使用温度后，如其经向收缩率过大，会使滤袋在长度方向上尺寸变短，滤袋袋底紧托着骨架并受力而损坏。如果滤袋纬向热收缩过大，将使滤袋径向尺寸变小，滤袋会紧紧箍在骨架上，甚至无法抽出骨架，从而使滤袋一直处于受力状态，造成滤袋的收缩变形、变硬、变脆，加快强度耗损、降低滤袋寿命。由于滤袋变形后会紧紧箍在骨架上，在清灰时滤袋难以变形而不利于喷吹清灰，导致滤袋阻力居高不下。

d 灰斗粉尘蓄热烧毁滤袋

高温粉尘被收入灰斗后，如果不能及时排出，粉尘会长期蓄积在灰斗里造成灰斗内温度不断升高，滤袋长期在高温烘烤下就会变脆、变硬，严重时会烧毁，尤其是粉尘中含有的易燃物质，会在灰斗内燃烧，从而烧毁滤袋。

e 爆炸

随着袋式除尘器的普及，袋式除尘器粉尘爆炸事故也呈上升趋势。如武汉某钢厂的干熄焦除尘系统，由于前部阻火墙制造的问题，造成火星进入除尘器内从而引起爆炸，除尘器箱体严重变形。除尘器爆炸瞬间所产生的能量可使花板严重变形，滤袋爆裂。烧结原料煤粉系统袋式除尘器是常温，一般不会有爆燃危险，但检修动火作业时，一定要采取安全措施，以免引燃煤粉。

B 滤袋腐蚀

腐蚀是滤袋损坏的最常见的原因之一，由于烟气中含有多种腐蚀性物质，且在高温环境下腐蚀作用更大，从而会造成滤袋损坏。产生腐蚀的主要原因有水解，氧化，酸、碱腐蚀。其中主要以水解、氧化原因造成损坏较多，而酸腐蚀较少，碱腐蚀则更少。烧结半干法脱硫中使用的袋式除尘器，应注意滤袋的腐蚀问题，应控制好烟气的温度，防止水汽凝结。

a 酸、碱腐蚀

腐蚀的主要原因是烟气中含有酸、碱性成分，烟气露点随着这些化学物质气体的浓度变化而改变。如果除尘器在露点以下开机或停机时，废气中的 $SO_2$ 遇水形成 $H_2SO_4$，就会造成滤袋纤维发生硬化、变形，从而失去强度被损坏。

腐蚀损坏的痕迹多为放射状，并在滤袋表面形成大面积变色，造成滤袋变硬、变脆并出现少量不规则圆洞，但与火星烧穿滤袋产生的不规则圆洞不同，是可用肉眼分辨出来的。

b 水解

纤维水解是水分子进入到纤维中并与高分子发生化学反应，使其分子链断裂生成新的小分子物质的过程。由于分子量变小，纤维抗拉强度减弱而损坏。以缩聚型聚合体生产的合成纤维是不耐水解的，如常用的聚酯类、诺梅克斯等滤料是易发生水解的。

只有在高温、湿度、化学品这三个因素共同作用下，才能激活分子，发生水解现象。烟气中水分子含量和温度越高，滤袋水解越严重。不同的滤料其水解温度也不相同，其中 P84 是目前所用滤袋中抗水解性较差的一种。水解后滤袋强度严重下降，易破损。缝纫线发生水解后，滤袋从缝纫线处开裂。

c　氧化

纤维氧化是纤维中分子失去（或离解）电子的过程，如 PPS 纤维，在高温（150℃）条件下氧分子攻击分子中的"S"，并与之结合，造成 PPS 纤维变色、变硬、变脆，强度降低而破损，严重时纤维网会破碎脱离基布。氧化是滤袋损坏的又一主要因素。抗氧化性能较差的滤料主要有：聚丙烯、聚苯硫醚（PPS）等。

C　机械损坏

滤料一般出现机械损坏等质量问题主要是由运输、安装、运行时磨损造成的。

a　磨损

过高的过滤气速会使粉尘冲击、磨损滤袋，也会使滤袋的织物纤维张力受损。除尘器的进气分布不均，容易使高含量的大颗粒粉尘直接冲击局部滤袋，造成废气进口处部分滤袋易穿孔。

滤袋间的距离过小、骨架弯曲容易造成滤袋间的磨损。滤袋与骨架的直径相差太小时，清灰效果不佳；直径相差太大时，滤袋与骨架的摩擦会加速滤袋磨损。较佳的配合为，滤袋比骨架的周长大 10mm 左右，长度应该一致，对某些滤布随温度变化较大而且有伸长的特性时，需特别注意。

除在运输、安装、运行时滤袋与袋笼间相互摩擦及粉尘冲刷会造成机械损坏外，长期以来易被忽视的笼骨因腐蚀产生的粗糙表面亦会加速滤袋的磨损。如铁锈对滤袋的损害，由于上部箱体（净风室）顶部钢板锈蚀，氧化铁皮落入滤袋内，落入袋底尚没有问题，若是卡在袋笼上，在过滤、喷吹时，铁锈的尖角对滤袋的磨损会非常严重。另外，笼骨焊接处有破洞或毛刺时，对滤袋的磨损也是非常严重的。滤袋与花板孔密封不严，也会造成滤袋顶端反褶处磨损。

b　清灰喷吹损坏

由于喷吹管内的气流为横向运行，当导流管设置不当时，产生的喷吹管气流就不是垂直而是倾斜向下喷入滤袋，就会造成袋口部位下方约 300mm 处产生由内向外的破损。

### 10.3.9.2　设计问题

袋式除尘器设计过程中往往过分注重各项经济指标，而易忽视过滤室箱体内气流流场分布的合理性。如武汉某钢厂烧结机尾袋式除尘器运行前期阻力高，达到 2000 Pa 左右，滤袋经常破损，粉尘长期超标排放。经过分析认为是袋与袋之间布置太密，滤袋间的间隔仅为 40mm 及 45mm，导致滤袋下部相互摩擦，引起破袋。同时，由于袋与袋之间间距较小，气流在袋间的速度较快，粉尘不易沉降，滤袋长期在高浓度下运行，导致除尘器阻力升高。进风口离滤袋底部距离太近，可能导致进风气流引起袋底晃动，相互摩擦，造成破袋。所以设计时要保证滤室箱体内气流流场分布的合理性，以免气流分布不合理，造成气流对滤袋的冲刷磨损。

### 10.3.9.3　质量问题

A　生产质量

a　滤袋产品质量

滤袋生产从原料到成品需要多道工序，滤袋的质量问题多数出现在原料、袋口直径、滤袋长度、袋口弹簧圈、缝纫线等。

袋口弹簧圈是关系到滤袋密封、承重的关键部位，弹簧片断裂一般是由两个原因造成的：一是用户储存不当，使弹簧圈受压变形；二是弹簧片材质太硬太脆。

缝纫线一般来说应与滤袋材质相同，可用高档材料代替，但不能用低档材料代替，如 P84 可用 PTFE 缝纫线，但不能用玻璃纤维线代替。缝纫线断裂一般由三种情况造成：一种是水解；另一种是磨损；还有是由于缝纫线与滤袋材质不同。

b 骨架制作质量

骨架分段连接，连接处连接方式不合理，连接处脱落；骨架加工粗糙，生锈、筋条有焊疤、毛刺、开焊等；骨架与滤袋配合尺寸不合理。这些都会加快滤袋的机械损坏。

c 花板制作质量

花板的平面度要求为 2/1000，花板变形会直接影响骨架相对于花板的稳定，骨架的垂直度也得不到保证，这样就会造成滤袋底部相互碰撞、摩擦，使滤袋底部磨损。同时由于花板变形使滤袋袋口和花板孔的配合出现偏差，造成滤袋安装难度加大，由于无法顺利地将滤袋袋口装入花板口，以至出现生拉硬敲的情况，导致滤袋袋口内的弹簧圈受到损坏，或是袋口与花板孔的配合间隙过大，这些都会导致袋口的密封得不到保证，粉尘从袋口处泄漏。

B 安装质量

a 安装过程混乱

骨架随意堆放，相互叠放，会造成骨架严重变形，而变形的骨架又会造成滤袋的损坏。工作人员若把滤袋在梯子、平台上随意拖拉，或者随意坐在滤袋包装箱上，会造成滤袋和滤袋袋口弹簧圈或防瘪环受损。

b 滤袋安装不良

滤袋安装不良，会由于花板、骨架等原因不与花板相垂直，如果过于偏斜就会造成滤袋底部相互摩擦而损坏，滤袋与壁板及滤袋与箱体横梁间也会由于摩擦而造成滤袋损坏。

c 安装质量不符合要求

未按规定的方法与要求安装滤袋，滤袋口未完全卡入花板孔内或滤袋被敷衍地摆放在花板上，使用时滤袋就会掉落或粉尘经由花板孔进入箱体。

### 10.3.9.4 结露

结露是袋式除尘器运行中最常见问题，水分是滤袋结露的最大原因，造成滤袋含有水分的原因通常是低温发生凝露，尤其在处理燃烧或高温烟气时，当滤袋表面的初始粉尘层含有水分，干燥后就会使粉尘凝结、板结。滤袋结露会造成粉尘在滤袋表面黏结、板结，从而导致滤袋失去弹性，不能正常过滤造成停机，加速滤袋的腐蚀、损坏。

防止滤袋结露可采用以下方法：

(1) 避免除尘器在露点以下工作，或使用保温装置。

(2) 在低于露点时，或在除尘器停机后滤袋表面有冷凝水重新开机时，应预热除尘器进口的含尘空气或预覆粉尘层。

(3) 除尘器的法兰、检修门等如果密封不严，就会使外部空气渗入，从而在除尘器内部产生低温区，当处理高温废气时，就会导致低温处结露，腐蚀除尘器，造成滤袋受潮。所以负压除尘器要保证密封性。

(4) 采用除尘器停机后再脉冲反吹清洗滤袋若干次的方法，对保护滤袋有益。

### 10.3.9.5　运行阻力

运行阻力是除尘器的一项重要性能指标。一台高性能、运转良好的脉冲袋式除尘器，不仅除尘效率高，而且运行阻力应保持在 1500Pa 以下。如果清灰时不能将黏附在滤袋上的粉尘有效去除，粉尘就会在滤袋外表面逐渐堆积堵塞造成糊袋，不仅容易使滤袋破损，而且增加了除尘器的运行阻力，提高了除尘风机的运行负荷，甚至造成抽风量不够。造成除尘器运行阻力居高不下的主要因素是：滤袋清灰不良；滤袋结露；箱体结构不合理；一个或多个提升阀处于关闭状态等。

A　滤袋清灰不良

a　清灰不良的主要表现

滤袋清灰不良主要表现在清灰次数频繁、清灰时间过长。清灰次数过频容易使滤袋纤维组织松散从而增加废气中的微细粉尘堵塞滤袋；清灰时间过长会将滤袋表面的初始粉层一并清洗掉；清灰时间过短，滤袋表面的粉尘还没有完全清洗干净就开始进行过滤，粉尘就会逐渐累积在滤袋的表面，从而造成滤袋堵塞。

滤袋堵塞的主要原因是过滤风速过大、粉尘过细、粉尘具有黏性、滤袋清洗不良、滤袋受潮。脉冲袋式除尘器一般采用压缩空气进行喷吹清灰，压缩空气含有较多油、水、杂质，如不经过净化直接喷入滤袋内，就会使滤袋受污、受潮从而结露。如果除尘器处理的是高温、高湿气体，一旦喷入冷压缩空气，冷热交汇，如达到露点温度就会在滤袋表面产生结露，黏附大量粉尘后造成板结。要想避免压缩空气中的杂质导致糊袋板结，就必须坚持每天打开储气罐、气源三联件、脉冲阀分气包的排污阀排除油水污物，并可在脉冲阀分气包前安装冷冻干燥机和加热器，使压缩空气进一步脱水和升温后再喷入滤袋进行清灰。

清灰系统不良会增加运行费用，其主要原因是：

(1) 由于清灰效果差，除尘系统的压差阻力过高，风机运行负荷大，能源损耗增大；

(2) 由于清灰力度不够，或者导致结露现象，滤袋使用寿命缩短，使整台除尘器的除尘效率降低；

(3) 清灰不良还会引起严重安全事故：如果烟气中含有易燃易爆气体，再加上滤袋阻力的增大，可能会导致重大燃烧、爆炸等危险事故的发生。

b　产生清灰不良的主要因素

(1) 压缩空气压力不稳

脉冲阀喷吹量与气源压力相关，在相同的脉冲时间内、不同的气包压力下，其脉冲阀喷吹量与压力呈线性关系，如气包压力在 500kPa 和 2000kPa 条件下，脉冲阀的耗气量相差 4 倍左右。由于气包内压力高，其对滤袋的反向加速度就大，清灰效果就好。管网压力降低时，会造成清灰较差，从而使得滤袋阻力居高不下，影响除尘器正常运行。

(2) 脉冲阀损坏

脉冲阀是清灰效果好坏的关键所在，虽然近年来脉冲阀的质量得到了极大提高，压缩空气也得到净化，但脉冲阀在实际运行过程中，仍不断出现问题。主要表现在电源断电或清灰控制器失灵；脉冲阀漏气；脉冲阀线圈烧坏；压缩空气压力太低，脉冲阀不启动。而在一个清灰系统中，往往会由于一只阀门漏气而导致整个系统瘫痪。造成脉冲阀漏气的主要原因有电磁脉冲阀的膜片损坏；膜片的垫片与出气口端面之间有铁锈、焊渣等杂物，二者无法密合；对于淹没式脉冲阀，如果气包中的喷吹管有漏洞，就会导致压缩空气不经过脉冲阀直接进入喷吹管泄漏而影响正常清灰。

B 过滤风速过高

袋式除尘器的阻力主要集中在滤袋上，过滤风速过高使粉尘层被压实，阻力急剧增加。由于滤袋两侧的压差增加会使粉尘颗粒渗入到滤料内部，甚至穿过滤料，致使出口含尘浓度增加，这种现象在刚刚清灰后更加明显。过滤风速过高，还会导致滤料上迅速形成粉尘层，引起过于频繁的清灰，从而降低滤袋寿命。

C 提升阀不工作

造成提升阀不工作的原因可能是：

(1) 电源断电或清灰控制器失灵；

(2) 气缸损坏或卡死；

(3) 气缸电磁换向阀线圈烧坏；

(4) 气缸电磁阀太脏，换气口堵塞或阀芯干涸，运动不了；

(5) 压缩空气压力太低。

## 10.3.9.6 其他问题

A 箱体渗漏及腐蚀造成漏风、漏雨

上箱体顶部检修门是用来安装滤袋的通道，面积较大，必须保证密封性，否则下雨时会发生渗漏，雨水进入除尘器上部箱体内就会造成滤袋受损。当处理高温废气时，箱体密封不严漏风会在除尘器内部产生低温区，从而导致低温处结露，腐蚀除尘器，造成滤袋受潮。对于处理高温、高湿气体的除尘器，为了防止结露造成除尘器不能正常运行，一定要在除尘器外部设置保温层。除尘器箱体的漏风点主要有：

(1) 上部检修门密封胶条脱落，密封不严，导致大量外界气体进入；

(2) 净气室周边与含尘气体之间的隔板焊缝气密性差，或出现磨损，含尘气体直接进入净气室。

B 花板

花板在除尘器中起固定滤袋、与滤袋形成密封、隔开袋室和箱体的作用。除尘器花板的缺陷表现在：

(1) 设计、制作花板的钢板厚度薄，花板刚性差，安装、使用中花板发生变形，脉冲喷吹清灰过程中发生振颤。

(2) 花板孔边棱多，滤袋袋口在使用过程中易磨损。另外，花板孔周边形状不规则，在滤袋口与花板孔间存在微小间隙，粉尘易从间隙中通过，进入箱体的净气室中，使除尘器降低除尘作用。

(3) 花板下支撑钢板的焊渣、焊瘤，恰好在花板孔边缘，滤袋清灰时受到摩擦，易磨损滤袋，减少滤袋使用寿命。

C 压缩空气及压缩空气管路

该系统常见的故障为：漏气；喷吹气压低；压缩空气中含有杂质和油水，品质得不到保障。

D 提升阀

提升阀常见的故障有：

(1) 提升阀阀板动作不到位，反吹时，阀板与花板出风口有缝隙；

(2) 提升阀动作行程过大，导致阀板变形；

（3）阀板锁紧螺母在阀板反复运动后，松动脱落；

（4）阀板与花板间密封橡胶老化、脱落，阀板关闭不严，除尘器喷吹效果降低；

（5）提升气缸设计选型偏小，除尘器工作负压较大时，提升能力不足。

E　灰斗排灰不畅

被滤袋捕集下来的粉尘最终落入灰斗内。灰斗倾角、粉尘潮湿结块等会引起起拱现象，造成粉尘排出不畅。

### 10.3.10　袋式除尘器的运行调试

#### 10.3.10.1　初期运行调试

袋式除尘器的初期运行，是指启动后 2 个月之内的运行。这 2 个月之内是袋式除尘器容易出问题的时期，应发现问题及时排除，才能达到稳定运行的目的。

A　处理风量

为了稳定滤袋的压力损失，运行初期往往采用大幅度提高处理风量的办法。此时如果风机的电动机过载，可用总阀门调节风量。可观察压力计，也可以从电流表的读数推算出相应的风量值，最好进行风量的测试。

B　温度调整

用袋式除尘器处理常温干燥气体一般不成问题，但是处理高温高湿气体时，初始运行，若不预热，滤袋容易打湿，网眼会严重堵塞，甚至无法运行。另外，滤袋若不充分干燥，往往会出现结露现象。因此必须注意由于结露造成的滤料网眼堵塞和除尘器机壳内表面的腐蚀问题。

C　除尘效率

滤袋上形成一层粉尘吸附层后，滤袋的除尘效率应当更好。由于初期处理风量增加，袋式除尘器处于不稳定的状态，因而测定除尘效率最好在运行若干天或 1 个月后进行较好。在稳定的状态下，颗粒很细的低浓度粉尘的除尘效率一般可达 99.5% 以上。

D　粉尘的排出

收集在灰斗的粉尘，必须按规定排出。运转初期，经常 1 天到数天都不排灰，这些粉尘在滤袋上，一直达到除尘器滤袋的最大容尘量为止，此后按放灰制度排灰。

E　滤袋吊具的调整

袋式除尘器安装运行 1~2 个月后，滤袋会伸长。滤袋变松弛后，一方面容易和邻近的滤袋接触被磨破；另一方面在松弛的部分，由于粉尘的堆积和摩擦易使滤袋产生孔洞。所以应对滤袋的张力进行调整。

F　附属设备

管道和吸尘罩是最重要的附属设备，运转初期很容易通过异常振动、吸尘效果不好、操作不良等故障来判断。

首次运行时，要注意风机有无反转，并及时给风机加油，目前大型电动机大多配备有变频器，该设备一方面作为软启动装置，避免启动电流大对电动机及电网的冲击，一方面因为功率因素的提高，能节约电能。

此外气体温度的急剧变化，对风机也有不良影响，应避免这种情况。因为温度的变化，可能引起风机轴的变化，形成运行的不稳定状态，引起振动。而且，在停止运行时，如温度急剧下降，再开启时也有产生振动的危险。

### 10.3.10.2　正常负荷运行

袋式除尘器在正常负荷运行中，由于运行条件的变化，或出现故障，都将影响设备的正常运行，所以要定期进行检查和适当的调节，以延长滤袋的使用寿命，用最低的运行费用维持最佳的运行状态。

A　利用计器仪表掌握运行状态

袋式除尘器的运行状态，可由计器仪表指示的系统压差、入口气体温度、主电动机电流、出口粉尘排放等数值及其变化判断出来。通过这些数值可以了解下列各项情况：

（1）滤袋清灰的过程中是否发生堵塞，滤袋是否出现破损和发生脱落现象；

（2）有没有粉尘堆积的现象，以及风量是否发生了变化；

（3）滤袋上有无产生结露；

（4）清灰机构是否发生故障，在清灰过程中有无粉尘的泄漏情况；

（5）风机的转速是否正常，风量是否减少；

（6）管道是否发生堵塞和泄漏；

（7）阀门是否活动灵活，有无故障；

（8）滤袋室及通道是否有泄漏。

B　控制风量变化

风量增加，引起过滤速度增大，可能导致滤袋破损泄漏、滤袋张力松弛等情况；风量减少，管道风速变慢，粉尘可能在管道内沉积，从而又进一步使风量减少，影响岗位粉尘抽吸。

引起风量变化的原因如下：

（1）入口的含尘量增多，或者粉尘黏性较大；

（2）吸尘罩密封不好或分支管的阀门开度不当；

（3）对某一分室进行清灰，或某一室处于检修中；

（4）除尘器本体或管道系统有泄漏或堵塞的情况；

（5）风机故障。

C　控制清灰的周期和时间

袋式除尘器的清灰是影响捕尘性能和运转状况的重要因素。两次清灰间隔时间称为清灰周期，清灰过程所用的时期称为清灰时间。清灰周期和时间与所采取的清灰方式和处理对象的性质有关，所以必须根据粉尘性质、含尘浓度等确定。如清灰时间过长或强度过大，将使一次附着粉尘层被清落掉，容易造成滤袋泄漏和破损。但如果清灰时间过短，滤袋上的粉尘尚未完全掉落，就进入收尘过程，将使阻力很快恢复并增高。一般应在调试时确定清灰时间和清灰强度。

D　维护正常阻力

布袋除尘器压差主要是通过仪表检测。一般控制压差小于1500Pa。压差过高，说明滤袋粘灰较多；压差降低可能意味着出现滤袋破损或脱落、管道堵塞或阀门关闭、箱体分室有漏气现象及风机转速变慢等情况。

### 10.3.11　袋式除尘器的选型与设计

随着国家对环保要求越来越严格，袋式除尘器的应用越来越广泛。袋式除尘器的种类很多，根据不同的粉尘性质和现场要求，选用相应的除尘设备，选型设计不当会造成除尘效率低或者浪费资源等现象。因此，掌握袋式除尘器的选型设计技术要求至关重要。

**10.3.11.1　选用原则**

袋式除尘器作为一种高效除尘器，广泛用于各种工业废气除尘中，如轻工、机械制造、建材、化工、有色冶炼及钢铁企业等。对于细而干燥的粉尘，采用袋式除尘器净化是适宜的。袋式除尘器的排放浓度（标态）一般能达到 30mg/m³ 以下甚至更低。

袋式除尘器不适用于净化含有油雾、凝结水及黏结性粉尘的气体，一般也不耐高温。尽管采用某些耐高温的合成纤维和玻璃纤维等滤料，应用范围有所改善，但在一般情况下，气体温度宜低于 120℃。

一般地说，选择前应知道烟气的基本工艺参数，如含尘气体的流量、性质、浓度以及粉尘的分散度、浸润性、黏度等。知道这些参数后，通过计算过滤风速、过滤面积及设备阻力，再选择设备类别型号。

**A　处理气体量 $Q$（m³/h）的确定**

计算袋式除尘器的处理气体时，首先要求了解工况条件下的气体量，即实际通过袋式除尘器的气体量，并且还要考虑除尘器本身的漏风量。这些数据应根据已有工厂的实际运行经验或检测资料来确定。

**B　过滤风速 $V$（m/min）的选取**

过滤风速的大小，取决于含尘气体的性状、织物的类别以及粉尘的性质。过滤风速一般按除尘器或滤料样本推荐的数据及使用者的实践经验选取。多数反吹风袋式除尘器的过滤风速在 0.6~1.3m/min，脉冲袋式除尘器的过滤风速在 1.0~2m/min。随着环保要求越来越严格，过滤风速的取值也变小了，如烧结机尾、整粒烟气除尘，过滤风速仅 0.8m/min 左右。

**C　过滤面积的确定**

根据通过除尘器的总气量和确定的过滤速度，求出总过滤面积 $A$（m²）为

$$A = \frac{Q}{60V} \tag{10-13}$$

式中　$A$——过滤面积，m²；

　　　$Q$——处理气体量，m³/h；

　　　$V$——过滤风速，m/min。

求出总过滤面积和单条除尘滤袋的面积后，就可以算出滤袋条数。如果每个滤袋室的滤袋条数是确定的，还可以由此计算出整个除尘器的室数。滤袋分单排和双排布置，一般除尘器面积大，室数多，布置为双排结构。相邻两滤袋之间的净距离一般取 50~80mm，以免滤袋间摩擦磨损。

**D　阻力计算**

除尘器本体结构阻力随过滤风速的提高而增大，而且各种不同大小和类别的袋式除尘器阻力均不相同，很难具体计算，一般按经验值选取。除尘器运行阻力的检测可在除尘器的进出风管上设置一个压差变送器。

**10.3.11.2　结构设计**

除尘器的设计过程中，应当对除尘器的载荷（包括静载、动载、风载、雪载及地震载荷等）、除尘器承受的设计负压、板件材料的屈服极限及抗拉伸极限等，有一定程度的了解。必要时，结构设计人员可以查阅相关的机械设计手册，以加深自己对这方面的理解。

**A 灰斗组件的结构设计**

设计灰斗，除根据工艺要求确定灰斗的容积和下灰口尺寸外，还要对其强度进行计算。灰斗组件同其后介绍的中箱体和上箱体一样，属于负压装置。对其强度计算的目的是保证其在规定的最大负压（或规定正压）下正常运行，不会发生被吸瘪的现象。灰斗壁板的厚度一般为5~6mm。对于易吸潮、高温粉尘，灰斗外表面盘有蒸汽加热管并设置保温层。

导流板一般交错布置在灰斗进风口（或中箱体进风口），它的主要作用是均衡烟气流，同时使烟气中大颗粒粉尘通过碰撞导流板减缓速度沉降于灰斗底部，减轻滤袋过滤的负荷。导流板一般按经验进行布置，也可以通过专业软件对烟气流进行理论模拟确定。

以往除尘器设计，有采用灰斗进风方式，这种结构减少了灰斗的存灰区间，同时易在灰斗位置形成涡流，造成二次扬尘，增加滤袋负荷，甚至冲刷滤袋，造成滤袋破损。所以，该种进风方式现已较少采用。

**B 中箱体的结构设计**

中箱体由若干件壁板连接后连续焊接而成，一般采用厚度为5mm的普通钢板制造。在靠近中箱体中间部位有斜隔板组件，负责将尘气室和净气室隔离开。中箱体的结构设计，主要是考虑壁板的耐负压程度，采用平板加强或压型板。中箱体高度设计，一般至少与滤袋长度相匹配。有的中箱体加高了长度，这样，滤袋下部增加了一定的空间（一般考虑2m）作为气流的均布缓冲区，使气流分布更均匀，减少了含尘气流对滤袋的直接冲刷，保证了滤袋的使用寿命。也有的中箱体高度与滤袋长度相当，但在滤袋与中箱体壁板间留出较大区间（加阻流板），作为气流缓冲区，这种结构形式也能减少含尘气流对滤袋的直接冲刷。

为了方便维修和调整风量，在除尘器各进风支管上，配置手动风量调节阀，可调节各仓室的进风不均匀度。对于要求具备离线清灰功能的，在各仓室净气出口设置离线阀（或称提升阀）。

袋笼一般采用整体结构，以保证整个袋笼的平直度和同心度。袋笼一般以20号钢冷拔钢丝制作，直径不小于$\phi$4mm。对于$\phi$130mm规格袋笼，一般有12根竖筋。为了保证袋笼有足够的强度和刚度，反撑环的间距不宜过大，一般取200mm。

**C 上箱体的结构设计**

设计上箱体时，应考虑到花板孔在上箱体内的合理布置。上箱体应考虑设计有一定的斜度，以利于雨水的顺利排放。密封盖边沿宜高于上箱体顶面≥80mm，密封材料采用乳胶海绵或橡胶。上箱体一般在厂内组成整体（见图10-34），箱体组装在平台上进行，采用合理的焊接工艺，减少焊接变形。

一般滤袋长度为6m的，$\phi$130mm滤袋袋间距取50~60mm为宜，最少不小于40mm；$\phi$160mm滤袋袋间距取60~80mm为宜。通常顺气流方向袋间距取值大于沿喷吹管方向。花板要求表面平整光洁，不出现挠曲、凹凸不平等缺陷，其平面度允差一般为2/1000，要求花板框架必须有足够的强度。花板一般采用厚度为6mm的普通钢板制造。花板孔一般采用激光切割成型，花板孔中心偏差0.5mm，孔径公差0~±0.3，需清理边角和毛刺。滤袋口采用自锁密封装置（弹簧胀圈），确保无泄漏，拆卸方便。

**D 喷吹系统的设计**

喷吹系统由脉冲阀、喷吹气包、喷吹管及管道连接件组成。喷吹系统是袋式除尘器的核心部件，它的设计好坏可以决定除尘器能否正常使用。设计喷吹系统时，应该注意脉冲阀的选择、喷吹气包容量的大小及喷吹管详细结构的设计。

**a 脉冲阀**

有的脉冲阀厂家提供关于喷吹气量、工作压力与喷吹脉冲宽的曲线图。在看这类曲线图

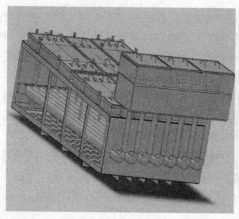

图 10-34　上箱体装配

时，要注意喷吹气量是标准状态下的气量，不是工作压力下的气量。应将标准状态下的气量转换成工作状态下的气量。比如，在 0.1MPa 的工作压力下，该脉冲阀喷吹气量 500 升/次，那么实际上，该脉冲阀所消耗的工作状态下的压缩气量为：$500 \times 0.1/0.5 = 100L$（0.1MPa 为标准大气压，0.5MPa 为工作气压）。因为脉冲清灰对除尘器的运行非常重要，清灰动力来源于压缩空气，可在压气管道上设一路压力变送器，用于检测脉冲阀的工作压力。

　　b　气包

　　气包的最小容量为单个脉冲阀喷吹一次后，气包内的工作压力下降到原工作压力的 70%，且能快速恢复压力的容量。气包体积越大，气包内的工作气压就越稳定。一般来说，气包工作容量为最小容量的 2~3 倍为好。气包制造完成后需装上脉冲阀进行工况实验，气包无变形、无漏气，气包的耐压 > 0.5MPa（对于低压脉冲式），脉冲阀能正常工作为合格。

　　c　喷吹管结构

　　喷吹管的设计，主要考虑喷吹管直径、喷嘴孔径及喷嘴数量、喷吹短管的结构形式及喷吹短管端面距离滤袋口的高度。喷吹管采用快速接头装置，在厂内组装达到要求后定位。

　　(1) 喷吹管直径。按澳大利亚高原脉冲阀厂家的设计规范，一般是喷吹管直径与脉冲阀口径相对应。比如，采用 3 吋的脉冲阀，则喷吹管直径也为 3 吋。国内大多数厂家也都遵照喷吹管直径与脉冲阀口径相对应的原则。喷吹管的板厚，一般是 2.5 吋以上采用 4mm，2.5 吋以下采用 3mm 的焊接钢管制作。从经济的角度考虑，不推荐使用无缝钢管制造喷吹管。

　　(2) 喷嘴直径及数量。喷嘴直径及喷嘴数量是整个喷吹管设计的核心。在脉冲阀型号确定后，喷嘴数量不能无限制增多，它要受到喷吹气量、喷吹压力及喷吹滤袋长度等各类因素的综合影响。目前，3 吋脉冲阀所带领的喷嘴数量建议最多不要超过 20 只（一般来说，16 只以下比较合适），还要考虑滤袋长度及面积，一般所带动的喷吹面积不超过 $50m^2$。靠近脉冲阀侧的喷嘴比远离脉冲阀侧的喷嘴口径大，这样设计的目的，是要保证喷吹管上所有喷嘴喷射出的压缩气流均衡。

　　(3) 喷吹短管的设计。喷吹短管的作用是导向和引流，诱导喷嘴周围的数倍于喷吹气流的上箱体内净气流一同对滤袋进行喷吹清灰。澳大利亚高原公司提供的喷吹短管的规格：在使用 3 吋脉冲阀时，建议采用 $\phi36 \times 3$ 的圆管，长度 $L = 50mm$。喷吹短管与喷嘴的同轴度要控制在 $\phi2mm$ 内。还要注意喷吹短管端面距离滤袋口（花板）高度。

#### 10.3.12 电袋复合除尘器

电袋复合式除尘器的研制与应用,是针对现实市场需求开发的一种新型高效、稳定的除尘技术。电袋复合型除尘器是将电除尘与袋式除尘有机结合的新型高效除尘器。它充分发挥电除尘器和袋式除尘器各自的除尘优势,以及两者相结合产生的新性能优点,改善了进入袋区的烟尘工况条件,具有除尘效率稳定高效、滤袋阻力低、使用寿命长、运行维护费用低等优点。

##### 10.3.12.1 结构形式

主要由前级的电除尘区和后级的袋式除尘区组成,除尘器结构如图10-35所示。

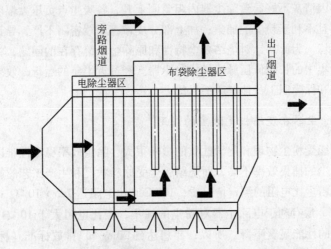

图10-35 电袋复合除尘器结构示意图

##### 10.3.12.2 工作原理

粉尘在前级电场中充分荷电除去粗尘,即除去粒径较大的。通常前级电场可以捕集75%左右的粉尘,剩下粉尘荷电不充分但可在电场中被极化进入滤袋除尘。后级滤袋捕集的粉尘量仅为常规袋式除尘器的25%左右,大大降低了滤袋的粉尘负荷量,滤袋的过滤速度可以适当增加。由于前级电除尘器的荷电效应,使得未除下来的粉尘荷电,改变了滤袋表面的粉饼层结构,延长了滤袋的清灰周期,减少了滤袋的清灰次数,有利于延长滤袋的使用寿命。因此可以结合各种除尘机理使不同粒径粉尘达到最佳收集效果。

#### 10.3.13 典型袋式除尘器在烧结生产中的应用

##### 10.3.13.1 扁袋脉冲袋式除尘器

扁袋脉冲袋式除尘器设备结构紧凑、体积小,便于在室内或狭小场地安装使用,提高了工艺设计排布的灵活性。烧结工序分散的皮带转运点除尘可采用小型扁袋脉冲袋式除尘器。

##### 10.3.13.2 低压长袋脉冲袋式除尘器

低压长袋脉冲袋式除尘器配备了阻力低、启闭快和清灰能力大的脉冲阀,使滤袋最长可达6m(烧结半干法脱硫布袋多数长7.5m)。滤袋以靠在袋口的弹性胀圈嵌在花板上,拆装方便。

该除尘器能适应大风量烟气净化的需要，是一种高效、可靠、经济、处理能力大和使用简便的除尘设备。

设备特点如下：

（1）喷吹系统具有良好的空气动力性能，在气源压力 0.15～0.25MPa 时，清灰效果好。

（2）低压脉冲阀性能稳定，维护量极少；滤袋使用弹簧胀圈，密封性好，拆卸方便；采用上部抽袋方式，改善了换袋条件。

（3）滤袋长、占地少、处理风量大。

某烧结厂的成品转运站总共安装返矿皮带 5 条，成品矿皮带 6 条，各转运站的皮带卸料点和受料点原采用旁插扁袋除尘器进行局部尘源治理。由于旁插扁袋除尘器清灰能力很差，系统运行一段时间后，因清灰不好导致除尘器内阻急剧上升，各吸尘点负压大幅度降低，不仅造成除尘管道堵塞，而且不利于粉尘的捕集；加上部分皮带密闭罩密闭不严，导致粉尘外逸，严重污染岗位和周边环境。为此，针对烧结粉尘特性和原除尘系统存在的问题，将原分散的多个旁插扁袋除尘器改为集中的长袋低压脉冲袋式除尘器。经过近半年的运行，效果很好，达到了改善环境、减少污染和保障职工身体健康的目的。

### 10.3.13.3　袋式除尘器在烧结机尾除尘的应用

电除尘器的性能受粉尘物理和化学性质的影响很大，除尘效率稳定性难以保障。尤其电除尘器对高比电阻粉尘的捕集效率不高，而烧结粉尘受原料状况和生产工艺的影响，粉尘比电阻较高。从烧结机尾粉尘比电阻的测定情况看，100℃时比电阻达 $7.5 \times 10^{12} \Omega \cdot cm$。而比电阻在 $10^4 \sim 10^{10} \Omega \cdot cm$ 时，最有利于电除尘器对粉尘的捕集，当比电阻大于 $10^{11} \Omega \cdot cm$ 时，易形成反电晕，电除尘器的性能显著下降。所以，要想达到 $20mg/m^3$ 排放标准（标态）且长期保持高除尘效率，只能采用袋式除尘器。袋式除尘器不受粉尘比电阻的影响，除尘效率高且稳定。

有设计单位认为对于机尾除尘，若采用普通滤料，因机尾除尘捕集烧结机尾、环冷处烟气，烟气温度高（设计烟气温度 140℃），有烧袋风险；若采用高温滤料，一次投资及运行维护费用太高，所以之前烧结机尾除尘一直采用电除尘，由于之前的排放标准（标态）为 50mg/m³，基本可以达标排放。过去烧结整粒、配料等也大多使用电除尘器，只有原料煤粉和较远的转运站除尘采用袋式除尘器。随着国家环保要求的提高，必须实施电除尘器改袋式除尘器。将现有电除尘器改为袋式除尘器（以机尾电除尘为例）共有三种方案。

A　利用现有电除尘器壳体将电除尘器改为袋式除尘器

拆除电除尘器顶部结构、阴阳极部分，在原第三电场尾部加隔板封闭，在进口喇叭口内装设挡板，使气流从挡板下部进入除尘器箱体。该方案可节省投资和占地，但改造周期约 2～3 个月，即有 2～3 个月烧结机尾、环冷处无除尘，现场环境将会极其恶劣。该方案需核实电除尘器壳体空间是否能够布置足够的滤袋，过滤面积是否满足要求。

B　利用现有电除尘器壳体将电除尘器改为电袋复合式除尘器

机尾烟气含尘浓度高、烟气温度高，且可能含有未熄灭的粉尘粒子，需要在袋式除尘器前增设预处理器或是掺入常温风量，既增加占地面积，也增加改造投资。为了确保满足排放标准，最大程度利用原有电除尘器的壳体及设备，同时延长滤袋的使用寿命，可选择电袋复合除尘器。即保留原第一电场，在尾部增加一跨与原第二、三电场改造成袋式除尘器。前级电场在一定程度上可以起到预处理器的作用，特别是对有可能含红料的机尾烟气，能有效降低烧袋几率。改造周期约 3 个月，即有 3 个月烧结机尾、环冷处无除尘，现场环境将会极其恶劣。

C 新建袋式除尘器

在现场场地允许的情况下，应选择新建袋式除尘器。或可考虑保留原电除尘器，烟气经电除尘器除尘、降温后进入新建的袋式除尘器，延长滤袋使用寿命，且可考虑使用常温滤料，进风口设置冷风阀。

新建袋式除尘器，可以使袋式除尘器的结构更为合理，且可先安装好袋式除尘器设备，只需进风管道碰点，所需停机时间仅 3 天，对生产及现场环境影响较小，但受现场场地限制。

某大型钢铁公司新建烧结厂，其烧结机尾、环冷烟气除尘采用低压脉冲袋式除尘器，设计参数为：处理烟气量 800000 m³/h，过滤面积 13728m²，过滤风速 0.97m/min，滤袋 φ160 × 6000mm，运行温度 ≤150℃，覆膜耐高温材质 Nomex，设备阻力 ≤1500Pa，出口粉尘排放（标态）≤20mg/m³。已运行 3 年，情况良好。

## 10.3.14 袋式除尘器应用及技术发展

目前，国家的大气污染物排放标准更加严格，这使电除尘器的应用显得困难和不经济，袋式除尘器将成为合理和最佳的选择。国内部分钢厂和水泥厂已将一些电除尘器改造为袋式除尘器，改造后粉尘排放浓度降低。

同时新型的设备维护和管理模式也可以长期稳定保证袋式除尘器的正常运转和提高企业的经济效益。目前我国袋式除尘器生产能力过剩，且还有不少企业正在进入袋式除尘行业，竞争越来越激烈，产品利润越来越薄。美国通用电器公司（GE）进行战略调整和管理改革，从以产品为中心向以服务为中心转移。国内一些袋式除尘器生产企业由此受到启发，企业的经营重点也向以服务为中心转移，对用户的袋式除尘器进行物业管理式的新型管理。经过几年的实践，证明这是一种可切实提高国家和企业环保资金投入效率的有效方法。

袋式除尘技术的发展主要体现在主机、滤料、自动控制的质量和技术水平的提高上。袋式除尘器对于烟气的高温、高湿、高浓度以及微细粉尘、吸湿性粉尘、磨琢性粉尘、易燃易爆粉尘有更强的适应性。并且在加强清灰、提高效率、降低消耗、减少故障、方便维修方面达到了更高的水平，特别是在设备大型化，处理 2Mm³/h 以上超大型烟气除尘方面，耐高温、耐腐蚀滤料的研发、生产以及耐高温、耐腐蚀特种纤维的研究、开发、生产等方面均有所突破。袋式除尘技术的开发和创新具体表现在以下方面：

（1）袋式除尘器设备结构的大型化，以适应大型锅炉机组和钢铁、水泥炉窑的烟气净化；

（2）低阻、高效袋式除尘器结构的创新；

（3）以强力清灰为特征的脉冲技术升级，以满足长滤袋（7m 以上）清灰要求；

（4）开发出气流分布技术和计算机数字模拟技术，以满足滤袋长寿命的要求；

（5）特殊滤料 PPS、PTFE 国产纤维的开发，以满足电厂、垃圾焚烧烟气净化的滤袋寿命要求；

（6）电袋复合式除尘器的研发和应用；

（7）复合式袋式除尘器的研发和应用，以满足干法脱硫工艺的需求；

（8）电磁脉冲阀性能和质量的技术升级，以满足除尘器可靠性要求；

（9）PLC、DCS 控制技术升级和模块化产品，以分别满足大型和中小型除尘系统的控制要求。

以上新的技术和产品已广泛应用于国内外各个行业。下面进行简要介绍。

### 10.3.14.1 清灰方式

袋式除尘器的关键在于清灰，清灰效果决定袋式除尘器乃至整个系统的成败。因此，反吹风等弱力清灰的除尘器从其应用的高峰退了下来，而以强力清灰为特征的脉冲袋式除尘器在各行业获得日益广泛的应用。

滤袋接口技术有了长足进步，使除尘效率更加提高。我国的袋式除尘器的排放浓度（标态）低于 $50mg/m^3$ 已是普遍现象，低于 $10mg/m^3$ 也非罕见。严格控制花板的袋孔以及袋口的加工尺寸，依靠弹性元件使袋口外侧的凹槽嵌入袋孔内，二者公差配合，密封性好，消除了接口处的泄漏。

袋式除尘在适应高含尘浓度方面实现突破，能够直接处理含尘浓度 $1400g/m^3$ 的气体，比以往提高数十倍，并达标排放。因此，许多物料回收系统抛弃原有的多级收尘工艺，而以一级收尘取代。例如以长袋脉冲袋式除尘器的核心技术为基础，强化过滤、清灰和安全防爆功能，形成高浓度煤粉收集技术，已成功用于煤磨系统的收粉工艺，并在武钢、鞍钢等多家企业推广应用。实测入口浓度 $675 \sim 879g/m^3$，排放浓度 $0.59 \sim 12.2mg/m^3$，效益显著并杜绝了污染。

为了克服自身清灰能力薄弱的缺点，反吹清灰除尘器出现了"回转定位反吹机构"。其首先用于回转反吹扁袋除尘器，发展为分室停风的回转反吹类型；随后又用于分室反吹袋式除尘器，以一台具有多个输出通道的回转定位反吹阀取代多台三通切换阀，大大降低了漏风量，有利于增强清灰能力，还减少了机械活动部件和相应的维修工作量。在改造在线分室反吹设备时往往配套采用覆膜滤料，加强粉尘剥离能力。这两项技术在上海宝钢改造一、二、三期工程分室反吹和机械回转反吹扁袋除尘器时取得了很好效果。

近年来国内钢铁、水泥、烟草行业还采用了塑烧板、硬挺化滤料过滤筒等过滤单元，大幅度缩小设备体积，且安装方便，维护保养简单，阻力低且稳定，能耗低，使用寿命长。过滤材料表面光滑，解决了潮湿性、纤维性、聚结性粉尘的过滤和不易清灰的难题。

### 10.3.14.2　滤料、滤袋

耐高温滤料多样化，除了诺梅克斯、美塔斯外，P84、莱登滤料的应用越来越多，特氟纶滤料已有少量应用。由微细玻璃纤维与耐高温 P84 等化学纤维复合，利用特殊工艺制成的新型氟美斯耐高温针刺毡在钢铁、水泥、天然气、化工等行业已有不少成功的应用。玻璃纤维滤料在增强其抗折、耐磨性等方面获得进展，去年还成功开发了专门适用于垃圾焚烧的玻璃纤维滤料。在净化 $180 \sim 280℃$ 的烟气时，人们有了更多的选择余地。

针刺毡的后处理技术多样化，原来较少应用的防油、防水、阻燃、抗水解等处理日渐普遍，使针刺毡滤料能适应多种复杂环境，应用更为广泛。

表面过滤材料的出现和应用，是一种创新，对袋式除尘的机理有所改变。它对微细粉尘有更高的捕集率，并将粉尘阻留于滤料表面，容易剥离，使设备阻力降低。现有三种实现表面过滤的途径：在普通滤料表面覆以聚四氟乙烯薄膜；覆以具有大量微孔的涂层；以超细纤维在针刺毡表面形成超细面层。

## 10.4　其他种类除尘器

机械式除尘器是利用重力、空气动力、离心力的作用使颗粒物与气流分离并捕集的除尘设备，包括重力沉降室、惯性除尘器和旋风除尘器。

### 10.4.1　重力沉降室

重力沉降室是一种最简单的除尘器，它主要是通过重力作用使尘粒从气流中沉降分离，结构如图 10-36 所示。沉降室通常是一个断面较大的空室，当含尘气流从入口管道进入比管道横截面积大得多的沉降室的时候，气体的流速大大降低，较重颗粒便在重力作用下缓慢向灰斗沉降。在流速降低的一段时间内，较大的尘粒在沉降室内有足够的时间因重力作用沉降下来并进入灰斗中，净化气体从沉降室的另一端排出。其组成一般包括气体进口管、沉降室、灰斗和出口管四大部分。

　　常见的重力除尘器可分为水平气流沉降室和垂直气流沉降室两种。图 10-36 是一种最简单的水平气流重力沉降室，为提高效率，可设计成如图 10-37 所示的多层水平重力沉降室。垂直气流沉降室中含尘气流从管道进入沉降室后，一般向上运动，由于横截面积的扩大，气体的流速降低，其中沉降速度大于气体速度的尘粒就沉降下来，如图 10-38 所示。

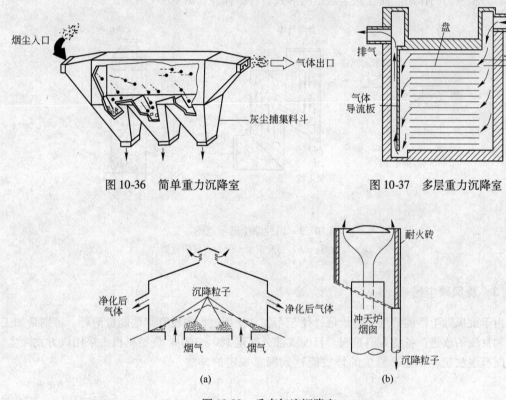

图 10-36　简单重力沉降室　　　　　　　　图 10-37　多层重力沉降室

图 10-38　垂直气流沉降室
(a) 屋顶式沉降室；(b) 扩大烟管式沉降室

　　重力沉降室适用于捕集密度大、颗粒粗（如粒径大于 50μm）的粉尘，具有构造简单、造价低、耗能小、便于维护管理、施工容易（可以用砖砌或用钢板焊制）、阻力小（一般为 50～150Pa）等优点，而且可以处理高温气体。但重力沉降室体积较大，占地面积大，除尘效率较低，一般为 50%，且只能去除大于 50μm 的大颗粒。由于它除尘效率低，故一般只作为多级除尘系统中的第一级除尘。

　　要提高沉降室的捕集效率，可从以下方面入手：

　　(1) 降低沉降室的高度；

　　(2) 增加沉降室的长度；

　　(3) 降低沉降室内气流速度；

（4）重力沉降室更适合处理真密度大的粉尘。

## 10.4.2　惯性除尘器

惯性除尘器是使含尘气体与挡板撞击或者急剧改变气流方向，主要利用惯性力分离并捕集粉尘的除尘设备。惯性除尘器对 $25 \sim 30 \mu m$ 的尘粒，除尘效率一般可达 $65\% \sim 85\%$，阻力一般为 $100 \sim 500 Pa$。由于惯性除尘器的除尘效率较低，一般只作为预除尘器使用。

惯性除尘器分为碰撞式和回转式两种。前者是沿气流方向装设一道或多道挡板，含尘气体碰撞到挡板上，使尘粒从气体中分离出来。后者是使含尘气体多次急剧改变方向，在转向过程中借助尘粒本身的惯性力作用，把粉尘分离出来。惯性除尘器，除借助惯性力作用外，还利用了离心力和重力的作用。惯性除尘器结构形式多种多样，如图 10-39 所示。

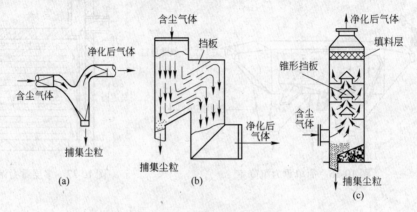

图 10-39　惯性除尘器示意图
（a）弯管型；（b）百叶窗型；（c）多层隔板型

## 10.4.3　旋风除尘器

由于旋风除尘器的特点及造价低，便于布置，使用过程中没有其他能量消耗，特别是加工工艺和材质的改进，备受人们重视。目前，部分新建 $180 \sim 300 m^2$ 烧结机机头采用该方式除尘，后续配有湿法脱硫工艺，粉尘的排放能达到国家规定的排放指标。

### 10.4.3.1　旋风除尘器的工作原理

旋风除尘器利用气流旋转过程中作用在尘粒上的惯性离心力，使尘粒从气流中分离出来，工作原理如图 10-40 所示。普通的旋风除尘器由进气口、筒体、锥体、排出口 4 部分组成，有的在排出管上设有蜗壳形出口。一般含尘气流由切线进口进入除尘器，沿外壁由上向下做螺旋形旋转运动，这股向下的气流称为外涡旋。外涡旋到达锥体底部后，转而向上，沿轴心向上旋转，最后经排出管排出，这股向上旋转的气流称为内涡旋。向下的外涡旋和向上的内涡旋，两者的旋转方向是相同的。气流做旋转运动时，尘粒在惯性离心力的推动下，要向外壁移动，到达外壁的尘粒在气流和重力的共同作

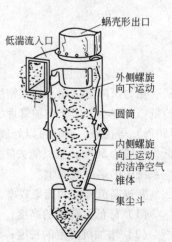

图 10-40　旋风除尘示意图

用下，沿壁面落入灰斗。它的分离力主要为离心力，离心力除了与颗粒的质量有关，还与切向进口的速度有关。速度越大，离心力就越大，分离效果就越好，但速度超过一定范围，反而不利于分离效率。目前环保排放标准要求严格，旋风除尘器因其除尘效率不高，不能作为烧结除尘工艺的主体设备，一般作前期预处理除尘。如氨法脱硫硫铵干燥设备振动流化床的排气，因含硫铵颗粒，一般经旋风除尘和水浴除尘后排放。

用于小型烧结机头的多管除尘器就是旋风除尘器，目前约有 10% ~ 15% 的烧结机头除尘器仍为多管除尘器。多管除尘器是由多个相同构造形状和尺寸的小型旋风除尘器（又叫旋风子）组合在一个壳体内并联使用的除尘器组。当处理烟气量大时，可采用这种组合形式。多管除尘器布置紧凑，外形尺寸小，可以用直径较小的旋风子（如 $D = 100$、$150$、$250mm$）组合，能够有效地捕集 $5 ~ 15\mu m$ 的粉尘。多管旋风除尘器可用耐磨铸铁铸成，因而可以处理含尘浓度较高的气体。多管旋风除尘器内旋风子可采用陶瓷做成，提高耐磨性能。

### 10.4.3.2 旋风除尘器的分类

按进气方式旋风除尘器可分为切向进入式和轴向进入式两类，如图 10-41 所示。

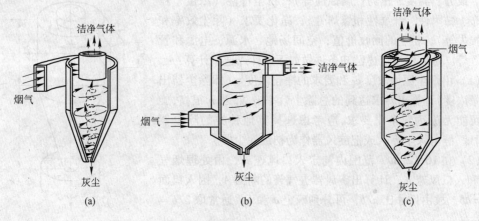

图 10-41 旋风除尘器进气方式
（a）顶部入口；（b）底部入口；（c）轴向入口

图 10-41（a）是典型顶部切线入口旋风装置。图 10-41（b）是一种底部切向进入式大型旋风除尘器，经常用于湿式洗涤器之后，清除夹带在水滴之中的颗粒物。图 10-41（c）是轴向进入旋风器，气体进口平行于旋风器轴，烟气在顶部进入，经一安装在中心管上的叶片变成绕管道旋转的气流。轴向进入式气流分布均匀，主要用于多管旋风除尘器和处理气体量大的场合。

### 10.4.3.3 旋风除尘器的特点

旋风除尘器是工业应用比较广泛的除尘设备之一，其主要优点是：

（1）设备结构简单、体积小、占地面积少、造价低；

（2）没有转动机构和运动部件，维护、管理方便；

（3）可用于高温含尘烟气的净化，一般碳钢制造的旋风除尘器可用于 350℃ 烟气净化，内壁衬以耐火材料的旋风除尘器可用于 500℃ 烟气；

（4）干法清灰，有利于回收有价值的粉尘；

（5）除尘器内易敷设耐磨、耐腐蚀的内衬，可用来净化含高腐蚀性粉尘的烟气。

但旋风除尘器的压力损失一般比重力沉降室和惯性除尘器高，在选用时应注意以下几点：

（1）旋风除尘器适合于分离密度较大、粒度较粗的粉尘，对于小于 $5\mu m$ 的尘粒和纤维性粉尘，捕集效率很低；

（2）单台旋风除尘器的处理风量是有限的，当处理风量大时，需多个并联；

（3）不适合于净化黏结性粉尘；

（4）设计和运行时，应特别注意防止除尘器底部漏风，以免造成除尘效率下降；

（5）在并联使用时，要使每台旋风除尘器的处理风量相同；

（6）在多级除尘系统中，旋风除尘器一般作为预除尘装置或火花捕集，有时也起粉料分级的作用。

### 10.4.3.4　旋风除尘器的选型设计

以常见的切向式入口旋风除尘器结构为例，如图 10-42 所示。

首先收集原始资料，主要包括：气体性质（流量及波动范围、成分、温度、压力、腐蚀性等）；粉尘特性（浓度、粒度分布、黏附性、纤维性和爆炸性）；净化要求（除尘效率和压力损失等）；粉尘的回收价值；空间场地、水源、电源和管道布置等。然后根据上述已知条件做如下设计或选型计算：

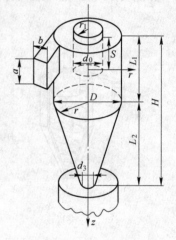

（1）由烟尘原始浓度 $c_i$ 和要求的净化浓度 $c_e$（即除尘器出口质量浓度）计算出要求达到的总除尘效率 $\eta$，如果 $\eta$ 很高，旋风器可能无法达到净化要求，应考虑选择其他种类的除尘器（如过滤、静电除尘等），或把旋风器作为初级除尘器。

（2）在 $16\sim22m/s$ 范围内初定入口风速 $u_i$，由处理烟气量 $Q$ 和入口风速 $u_i$，计算出旋风器进气管的断面 $A$，因入口面积 $A=ab$，故由尺寸比 $a/b$，可分别确定 $a$ 和 $b$，通常取 $a/b=$ 2.5 左右。

图 10-42　切向式入口旋风除尘器结构示意图

（3）根据大致尺寸 $a=0.5D$，$b=0.2D$，可确定筒体直径 $D$。若 $D>1100mm$，可考虑旋风器并联方式，重新确定单一旋风器的烟气处理量，再按步骤计算。

（4）根据筒体直径 $D$，从有关手册中查到有关的型号规格及结构尺寸。也可根据 $D$ 和相关尺寸比例，确定旋风器的结构尺寸，自行设计旋风除尘器，旋风除尘器的加工制作比较简单。

## 10.4.4　湿式除尘器

湿式除尘器在烧结生产中主要是在混合机除尘等较小烟气量方面应用，在氨法脱硫的硫铵振动流化干燥床排气除尘中也有应用。湿式除尘器在去除气体中粉尘颗粒时，还可以去除气体中某些有毒有害的气态污染物，如二氧化硫，湿法脱硫的吸收塔其实就是一种湿式除尘器的结构。

### 10.4.4.1　湿式除尘器的特点

A　湿式除尘器的工作原理

湿式除尘器是用水或其他液体与含尘废气相互密切接触，利用水滴和颗粒的惯性碰撞及其他作用使颗粒粒径增大或捕集颗粒，从而实现颗粒与气流分离并能兼备吸收有害气体的装置。在湿式除尘器中，水与含尘气流接触大致可以有三种形式：水滴、水膜、气泡，在实际除尘中可能兼有以上两种甚至三种形式。

湿式除尘机理主要有以下几种：

（1）通过碰撞，尘粒与液滴、液膜发生接触，使尘粒加湿、增重、凝聚；

（2）细小尘粒通过扩散与液滴、液膜接触；

（3）由于烟气增湿，尘粒的凝聚性加强；

（4）高温烟气中的水蒸气冷却凝结时，以尘粒为凝结核，形成一层液膜包围在尘粒表面，增加粉尘的凝聚性。

B　湿式除尘器的分类

气液两相接触面的形式及大小对除尘效率有重要的影响。通常湿式除尘器可分为两类：

（1）尘粒随气流一起冲入液体内部，尘粒加湿后被液体捕集，它的作用是液体洗涤含尘气体。属于这一类的湿式除尘器有自涤式除尘器、卧式旋风水膜除尘器、泡沫塔、水浴除尘器等。

（2）向气流中喷入水雾，使尘粒与液滴、液膜发生碰撞。属于这类的湿式除尘器有文丘里除尘器、喷淋塔雾式除尘器等。

C　湿式除尘器的特点

a　湿式除尘器的优势

（1）可以处理高温、高湿的气体和高比电阻、易燃和易爆的含尘气体，将着火、爆炸的可能降至最低；

（2）同时具有除尘、冷却和净化的作用，在去除气体中颗粒时，还可以去除气体中的水蒸气及某些有毒有害的气态污染物，如二氧化硫。

b　湿式除尘器的缺点

（1）净化含有腐蚀性的气态污染物时，洗涤水（或液体）具有一定的腐蚀性，金属设备容易被腐蚀；

（2）澄清的洗涤水应重复使用，否则造成二次污染并浪费水资源；

（3）湿式除尘器离不开固液分离，排出的泥浆或沉渣需要处理，设备内残留的泥浆或沉渣影响设备正常运行。

### 10.4.4.2　喷淋除尘器

湿式除尘器有多种结构形式，喷淋除尘器是湿式除尘器中最简单的一种。当气体需要除尘、降温或除尘兼有去除其他有害气体时，可使用这种设备。其耗水量及占地面积大，净化效率低，对小于 $10\mu m$ 的尘粒捕集效率较低，一般不单独用来除尘，而与高效除尘器，如文丘里除尘器联用，可起预净化、降温和加湿作用。

在逆流式喷淋塔中，如图 10-43 所示，含尘气体从喷淋除尘器的下部进入，通过气流分布格栅，使气流均匀进入除尘器向上运动。液滴由喷嘴喷出，从上向下淋，喷嘴可以设在一个截面上，也可以分几层设在几个截面上。因颗粒和液滴之间的惯性碰撞、拦截和凝聚捕获等作用，使较大的粒子被液滴捕集。因气体流速较小，夹带了颗粒的液滴因重力作用沉于塔底，净化的气体通过挡水板去除气体夹带的微小液滴。烧结氨法脱硫吸收塔、石灰石－石膏法脱硫吸收塔也是这种逆流式喷淋塔结构，用以去除烟气中的二氧化硫气态污染物，并兼有除尘功能。

### 10.4.4.3　文丘里洗涤除尘器

文丘里洗涤除尘器是一种高除尘效率的湿式除尘器。它既可用于高温烟气降温，也可净化微细粉尘粒子及易于被洗涤液体吸收的有毒有害气体。文丘里洗涤除尘器是一套系统设备，由文丘里洗涤器、除雾器（或气液分离器）、沉淀池和加压循环水泵多种装置组成，其装置系统如图 10-44 所示。

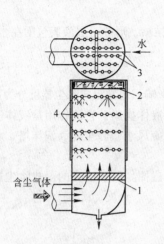

图 10-43　逆流喷淋除尘器示意图
1—气流分布格栅；2—挡水板；3—水管；4—喷嘴

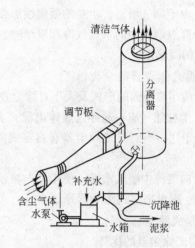

图 10-44　文丘里洗涤
除尘器系统设备

文丘里洗涤器在该装置系统中只起到捕集粉尘粒子的作用；净化气体与沉降粉尘粒了的雾滴和粉尘颗粒的分离都是在除雾器（分离装置）完成；沉淀池用于从水中分离被捕获的颗粒物，使水能循环使用；加压循环水泵用于供水，并给予液流极大的动能和速度，保证液滴和颗粒物发生有效的碰撞，达到除尘目的。

文丘里管洗涤器由收缩管、喉管和扩张管以及在喉管处注入高压洗涤水的喷雾器组成。含尘气体由进管进入收缩管后，气流速度随着截面积的减小而增大，气流的压力能逐渐转变为动能，在喉管入口处，气速达到最大，一般为 50~180m/s，静压降到最低值。洗涤液（一般为水）通过沿喉管周边均匀分布的喷嘴进入，液滴被高速气流雾化和加速，此过程即为文丘里管中的雾化过程。充分的雾化是实现高效除尘的基本条件，在喉管中气液两相能够得到充分混合，粉尘粒子与水滴碰撞沉降的效率就大大提高。气体离开喉管进入扩张管之后，气流速度逐渐降低，静压力逐渐增高。气流速度减小和压力的回升，使以颗粒为凝结核的凝聚速度加快，形成直径较大的含尘液滴，便于被除雾器（分离装置）捕集下来。经过文丘里洗涤除尘器预处理后的气体进入除雾器（分离器）中实现气液分离，达到除尘的目的，净化后的气体从除雾器顶部排出，含尘废水由除雾器底部排至沉淀池。

### 10.4.4.4　水浴除尘器

水浴除尘器是一种使含尘气体在水中进行充分水浴作用的除尘器，它是冲激式除尘器的一种，结构简单，造价较低，可现场砌筑，耗水省，但对细小粉尘的净化效率不高，其泥浆难以清理，由于水面剧烈波动，净化效率不稳定。结构示意如图 10-45 所示，主要由水箱（水池）、进气管、排气管和喷头组成。

当具有一定进口速度的含尘气体经进气管，在喷头处以较高速度喷出，对水层产生冲击作用后，改变了气体的运动方向，而尘粒由于惯性则继续按原来方向运动，其中大部分尘粒与水黏附后留在水中，称为冲击水浴阶段。在冲击水浴作用后，有一部分尘粒仍随气体运动与大量的冲击水滴和泡沫混合在一起，在池内形成一个抛物线形的水滴和泡沫区域，含尘气体在此区域内进一步净化，称为淋水浴阶段。此时含尘气体中的尘粒便被水所捕集，净化气体经挡水板从排气管排走。水浴除尘器在混合机湿气除尘以及氨法湿法脱硫中有应用。

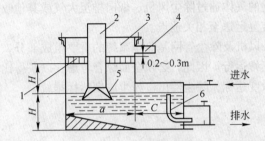

图 10-45  水浴除尘器

1—挡水板；2—进气管；3—盖板；4—排气管；5—喷头；6—溢水管

### 10.4.4.5  脱水方法

脱水装置又称为气液分离装置或除雾器。当用湿法治理烟气粉尘和其他有害气体时，从处理设备排出的气体常常夹带有尘和其他有害物质的液滴。为了防止含有尘或其他有害物质的液滴进入大气，在洗涤器后面一般都装有脱水装置，把液滴从气流中分离出来。洗涤器带出的液滴直径一般为 $50 \sim 500 \mu m$，其量约为循环液的1%。由于液滴的直径比较大，因此比较容易去除，但也有少部分细小液滴难以去除。

脱水方式主要有以下几种。

A  重力沉降法

重力沉降法是最简单的一种方法，即在洗涤器后设一空间，气体进入该空间后因流速降低，使液滴依靠重力下降的速度大于气流的上升速度，液滴就可以从气体中沉降下来而被去除。

B  离心法

离心法是依靠离心力把液滴甩向器壁的一种脱水方法，主要类型如下。

a  圆柱形旋风脱水装置

这种旋风筒可以除去较小的液滴，常设在文氏管的后面，可除去的最小液滴直径为 $5 \mu m$ 左右。

b  旋流板除雾器

旋流板是浙江大学研制成功的一种喷射型塔板，用于脱水、除雾，效果较好。旋流板可用塑料或金属材料制造。塔板形状如固定的风车叶片，气体从筒的下部进入，通过旋流板利用气流旋转将液滴抛向塔壁，从而聚集落下，气体从上部排出。旋流板可以直接装在洗涤器的顶部或管道内。由于不占地、效率高、阻力低，在用湿法治理烟尘和有害气体时常用它作为洗涤器后的脱水、除雾装置。旋流板除雾器在化工行业有所应用。

C  过滤法

用过滤网格去除液滴，效率比较高，可以去除 $3 \mu m$ 左右的液滴。网格可用尼龙丝或金属丝编结，也可以用塑料窗纱。但含尘液滴通过网格时，尘粒常常会堵塞网孔，因此很少在洗涤式除尘器后使用过滤网格。

## 10.5　除尘系统配套设备及设施

一个完整的除尘系统的工作过程应该包括以下几个方面：用集气吸尘罩（包括密闭罩）将尘源设备散发的含尘气体捕集并接入除尘管道；借助风机通过管道输送含尘气体；在除尘器中将粉尘分离；将已净化的气体通过除尘风机、烟囱排至大气或其他收集装置；将在除尘器中分离下来的粉尘用输灰装置运送至相关地点。

可见，输排灰装置、风机及除尘管网是除尘系统的重要组成部分，其质量及匹配效果直接关系着整个除尘系统的正常运行。因此，必须全面综合考虑，以获得比较合理、有效的除尘系统方案，实现岗位粉尘浓度达标，除尘器出口粉尘浓度达标排放。

### 10.5.1　输排灰装置

除尘设备收集的粉尘，需要从除尘器排出并输送到适当的地点加以储存、回收、利用。因此，输排灰系统是除尘工程设计的一个重要环节，是除尘系统不可缺少的组成部分。输灰设备的作用是运送粉尘，大体分为机械输灰（如刮板机、螺旋机、斗提机、加湿机、胶带机）和气力输灰两大类。近几年，气力输送得到推广，粉尘通过仓泵、输送管路密闭送至灰仓，无粉尘二次飞扬，岗位环境较好，且管道布置灵活。

#### 10.5.1.1　机械输、排灰装置

机械输排灰系统一般由卸灰阀、刮板输送机（或螺旋输送机）、斗式提升机、储灰罐等组成。除尘器各灰斗的粉尘首先经过卸灰阀排到刮板输送机上，如果有多排灰斗则由多个分刮板输送机送到一个集合刮板输送机上，再将粉尘卸到斗式提升机，粉尘经斗式提升机提升到一定高度后卸至储灰罐。储灰罐的粉尘积满后定时由吸尘车拉走，无吸尘车时，可由加湿机把粉尘喷水加湿后由灰车运走。或可通过胶带机输送，由工艺生产回收利用。输排灰系统一般组成如图 10-46 所示。

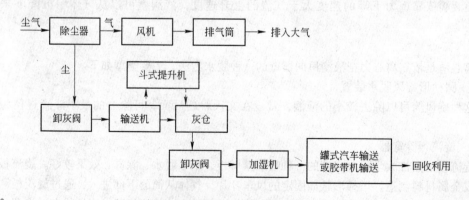

图 10-46　输排灰系统一般组成

A　排灰装置的选用原则

（1）除尘器的排灰装置应能顺利地排出粉尘，并保持较好的气密性，以免漏风导致净化效率的降低。

（2）选择排灰装置时需了解排出粉尘的状态、排灰制度、粉尘性质、排灰量和除尘器排灰口处的压力状况等。

（3）排灰装置的排尘量应小于运输设备的能力。当采用搅拌或混合设备加湿除尘器排出的干粉尘时，宜选用能均匀定量给料的卸灰装置，如回转卸灰阀、螺旋卸灰阀等。

（4）靠杠杆原理工作的卸灰装置，如翻板卸灰阀等应垂直安装，并注意适时调节。

常用的卸灰阀有星形卸灰阀和双层卸灰阀两种。

（1）星形卸灰阀。星形卸灰阀又称叶轮回转下料器，它是通过旋转的叶轮将重力作用下的粉料自上而下地输送，其特点是既可瞬间密封又可连续下料，适用于负压不高的部位，如烧结环境除尘器灰斗的下部。

（2）双层卸灰阀。双层卸灰阀是用于大、中型除尘器的卸灰装置，双层卸灰阀的设计形式有多种，具有代表性的形式有 3 种，即把阀板设计成板式、锥形和球形。其动力源有电动式和气动式两种。双层卸灰阀卸灰稳定、气密性好、应用广泛。它由两段卸灰箱体组成，每一组卸灰箱体有一个圆形蘑菇头或阀板，它通过动力源交替作用于蘑菇头或阀板，其特点是上下两层交替动作，间歇性下料，工作期间确保有一层灰箱始终存料，达到密封的目的，适用于负压较大的部位。如烧结机机头电除尘器灰斗、大烟道排灰管及环冷机排灰斗下端。

B 粉尘运输设备

粉尘运输设备常用的是螺旋输送机、刮板输送机、斗式提升机、胶带输送机。除胶带输送机为敞开式运输物料外，其余全部是密闭性运输物料，确保运输过程中不产生二次扬尘。

a 螺旋输送机

螺旋输送机送料特点是通过旋转的螺旋体叶片将物料向前推移，它根据螺旋体旋向分为左旋式和右旋式两种。螺旋输送机由电动机、减速机和螺旋输送机本体三大部件组成，有水平式安装、倾斜式安装，最大倾角不得大于 15°。

螺旋输送机适用于水平或倾斜度小于 15°情况下输送粉状或粒状物料，不适用于输送温度高、黏性或腐蚀性强的物料，也不适合砂状物料。螺旋输送机长度不宜超过 20m，输送物料量通常小于 $10m^3/h$。

b 刮板输送机

刮板输送机送料特点是通过移动的工作链带将物料向前推移，可多点加料和多点卸料。刮板输送机由电动机、减速机和刮板输送机本体三大部件组成，有水平安装、垂直安装、倾斜式安装、混合式安装，以水平安装为主。

c 斗式提升机

斗式提升机送料特点是通过垂直移动物料将低料位物料垂直提升到需要的高料位，它根据工作形式分为内斗提式和外斗提式两种。斗式提升机由电动机、减速机和斗式提升机本体三大部件组成，根据斗式提升机输送带的不同又分为胶带式、链式，其中链式又分为单链式和双链式。

d 胶带输送机

胶带输送机送料特点是通过移动的胶带将物料送至下道工序，其装置由电动机、减速机和胶带输送机本体三大部件组成，最大的优点是远距离输送物料。

C 加湿设备

粉尘物料一般最终是要送到敞开式胶带输送机上，如果还是干粉物料，势必要在每一个胶带转运站造成二次扬尘，污染环境，故在密闭性运输和敞开式运输中间需加一道加湿设备，其目的是将物料粉尘加湿后送到胶带输送机上，杜绝二次扬尘，为后道工序创造良好的工作环境。

加湿设备常用的有单轴、双轴搅拌加湿机和圆筒混合加湿机。

a　双轴搅拌加湿机

送料特点是通过两根装有正反旋向叶片的轴在旋转过程中将物料抛送前移，物料在输送前移过程中加水，加水后的物料在搅拌推移过程中均匀搅拌，达到加湿的目的。双轴搅拌加湿机由电动机、减速机和双轴搅拌加湿机本体三大部件组成。

b　圆筒混合加湿机

圆筒混合加湿机送料特点是通过倾斜的筒体使物料在旋转过程中受下滑分力作用向前移动，物料在移动过程中加水，在筒体内作圆周运动和下移运动的翻搅过程中均匀混合，从而达到均匀加湿的目的。圆筒加湿机由电动机、减速机和圆筒加湿机本体三大部件组成。常用的为圆筒混合加湿机，其检修维护较简单。

### 10.5.1.2　气力输送装置

气力输灰有效地解决了除尘灰转运过程中产生的二次扬尘，而且更有利于二次资源的充分回收利用。气力输灰已经成为环境保护新技术应用的一个好范例。

气力输送装置主要是依靠气流（一般使用压缩空气）将粉状或粒状物料流态化，使之在气流中形成悬浮状态，然后按照工艺要求沿着相应的输送管道将散料从一处输送到另一处。气力输送装置结构简单、操作方便，可作水平的、垂直的或倾斜方向的输送，在输送过程中还可同时进行物料的加热、冷却、干燥和气流分级等物理操作或某些化学操作。与机械输送相比，此法能量消耗较大，颗粒易破损，设备易受磨蚀。含水量多、有黏附性或在高速运动时易产生较强静电的物料，不宜进行气力输送。气力输送的主要特点是输送量大、输送距离长、输送速度较高，能在一处装料，然后在多处卸料。

A　系统分类

a　根据颗粒在输送管道中的密集程度分类

根据颗粒在输送管道中的密集程度，气力输送可分为两类。

（1）稀相输送。固体含量低于 $1 \sim 10 kg/m^3$，操作气速较高（约 $18 \sim 30 m/s$），输送距离基本上在 300m 以内。成熟设备如料封泵，操作简单，无机械转动部件，输送压力低，维修维护简单。

（2）密相输送。固体含量 $10 \sim 30 kg/m^3$ 或固气比大于 25 的输送过程，操作气速较低，用较高的气压压送。成熟设备如仓泵，输送距离达到 500m 以上，适合较远距离输送，但此设备阀门较多，气动、电动设备多，输送压力高，管道需用耐磨材料。

b　根据管道压力状态分类

根据管道压力状态分类，气力输送可分为吸引式（见图 10-47）与压送式（见图 10-48）两种类型。

（1）吸引式气力输送是将大气与物料一起吸入管道内，用低气压的气流进行输送，因而又称为真空吸送。吸引式的特点：适用于由几处向一处集中输送；在负压作用下，物料很容易被吸入，因此喉管处的供料简单；风机设在系统末端。

（2）压送式气力输送，是用高于大气压力的压缩空气推动物料进行输送。压送式特点：适用于从一处向几处进行分散输送；与吸引式相比，浓度与输送距离可增加；鼓风机或空气压缩机设在系统首端；供料装置构造比较复杂。

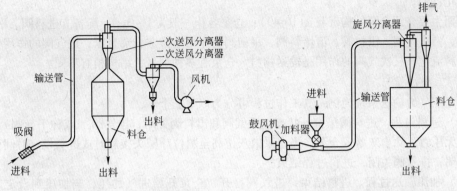

图 10-47  吸引式气力输送          图 10-48  压送式气力输送

**B  系统组成**

一套典型的正压气力输送系统由五大部分组成，分别是提供输送气体的动力装置（以下简称"气源"）、将物料与输送气体混合并喂入管道的给料装置（如仓泵）、输送管道、气固分离装置和控制系统。其中气源装置有空压机、罗茨风机等；将物料与输送气体混合并喂入管道的给料装置有仓泵、螺旋泵、给料机等，一般为仓泵；气固分离装置则是料仓及装于料仓上的袋式除尘器；控制系统是整个气力输送系统运行的神经中枢，使系统能够长期全自动运行。如图 10-49 为某烧结厂气力输送系统。

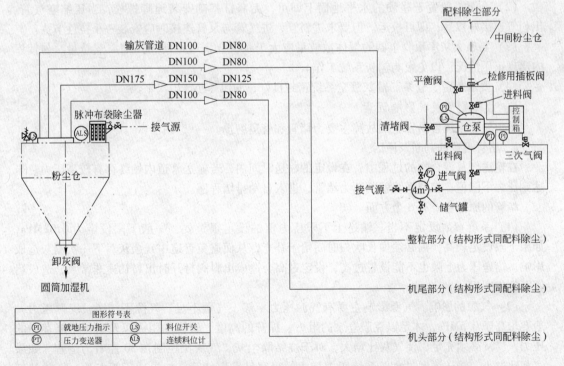

图 10-49  某烧结厂配料除尘气力输送系统

影响气力输送的 5 个因素是管径、压力、输送距离、输送速度、物料料性。

物料料性主要包括颗粒粒径、颗粒粒径分布、颗粒形状；颗粒真实比重、颗粒堆积比重、物料气化特性。

下面主要介绍仓泵结构（见图 10-49）：仓泵容积一般为 $1 \sim 3m^3$，配备有进料阀、平衡阀、进气阀、三次气阀、出料阀、清堵阀阀。平衡阀的作用是排空仓泵余压；进气阀的作用是使仓泵内物料流化；三次气阀的作用是输送物料。仓泵有多种型号，结构稍有不同。

C　工作过程

以正压气力输送系统为例，其工作过程可分为以下三个。

（1）进料过程。进料阀呈打开状态，进气阀和出料阀关闭，排气阀（或称平衡阀）打开，仓泵内无压力，除尘灰落入仓泵。当仓泵内灰位高至料位计探头接触时或进料设定时间到时，进料阀关闭，排气阀关闭，进料过程结束。

（2）加压输送过程。进料结束，进气阀打开，仓泵开始进气加压，当加压到设定值或设定时间到后打开出料阀，同时打开三次气阀，然后压缩空气将灰通过管道输送到灰库。

（3）吹扫过程。当管道压力低于输送结束压力设定值时或输送定时器到时，输送过程结束，进入吹扫阶段。进气阀和出料阀仍然保持开启状态，吹扫仓泵及输灰管道内的残灰，以利于下次输送，即吹扫过程是对输送过程的补充，吹扫过程一般按照时间设定。吹扫结束后，关闭进气阀，延时关闭出料阀，然后进料阀打开泄掉密封压力，仓泵恢复进料状态。

整个气力输灰不断循环上述三个过程。

D　设备安装要求

（1）一般情况下，仓泵装在料仓库底比较合适，落料顺畅。如果不放在库底，置于旁边亦可，但落料管斜角应≥45°。

（2）仓泵一般置于坚硬的水平地面上即可，无需打基础安装地脚螺栓，当压缩空气管、出料管连接好以后，即可投运。但要求进料管、进气管与泵管连接时应安装一个挠性节头。

（3）要求大灰库顶收尘器的气体散放量应大于系统仓泵送料使用压缩空气总量，勿使库内出现正压情况，以免影响输灰系统工作。

（4）要求气源、仓泵、输灰管全系统密封良好，漏风率小于 0.2%。

E　故障判断及其影响因素

气力输送系统容易发生的故障主要为堵管和管道磨损。

a　堵管现象的判断及原因

在输送气灰混合物的过程中，在设定的输送时间内，若输送管道内始终存有较高压力，未达到压力下限值，控制系统就判断为堵管，进入自动排堵程序。

堵管的原因主要有 6 个方面。

（1）系统参数设定不当。输送上下限压力值的设定很重要，一般下限设定为 0.02MPa，如果下限设定较高，则必须加长吹扫时间给予补充，从而避免管道中残余灰对下一次输灰造成影响。输送压力上限也不能设置过高，设定过高会造成出料阀打开时出料初速非常大，造成堵管及管道磨损。

（2）气源的影响。气源影响主要有气源压力不够、气量不足、气源不纯净。气源压力一般要求高于 0.5MPa，才足以克服仓泵的阻力、提升的高度、管道的阻力以及灰库可能存在的压力。气量必须充足，使气灰比增大，对于烧结除尘灰，气灰比控制在 30 左右为适宜。如果气灰比过小，输送浓度过大，系统阻力增大，很容易发生堵管。如果减压阀卡死，气动补气阀、气动吹扫阀开关不到位，多半会造成输送气量不足。气源不纯净的话会使灰粒相互黏结，流动阻力增大。在实际运行中应该定期打开储气罐排污口进行排污。

（3）除尘灰的影响。除尘灰的温度、粒度、含水率、粗糙度等均对气力输灰有很大影响。

一般烧结除尘灰分为机头、机尾、整粒、配料系统，机头、机尾除尘灰粒度大、温度较高，容易吸水；整粒、配料除尘灰粒度较小，灰温也低。对于湿度过大的灰应尽量走旁通输灰系统，不然很容易堵管。而对于粒度粗、粗糙度大的除尘灰，调整的方法为：调整进料时间，控制进入仓泵的除尘灰量，灰量控制在仓泵体积的35%，才能尽量避免堵管。当班产生的除尘灰，尽量当班输送完，因为除尘灰的表面有很多孔隙和裂缝，对水的吸附性很强。

（4）仓泵本体故障的影响。仓泵本体由很多部件组成。进料阀经常动作，密封容易失效，当密封压力低于0.45MPa，阀门不动作，系统停止运行，此时必须及时更换密封。出料阀行程如调整不当，出现插板口径与管道内径错位，在灰的输送过程中，会造成除尘灰严重分流，输灰管内部压力不足而引起堵管。

（5）仪表的影响。气力输灰过程的仪表主要有料位计、压力表。目前仓泵使用的料位计主要为音叉式料位计，准确性较高，但是对该料位计的调整较为重要。如果调整过于灵敏，容易出现误报警造成进灰量少，浪费能源；如果灵敏度不够，则出现输送密度过大，容易出现堵管。管道上的压力表在运行控制全过程起十分关键的作用，它的正常与否，直接影响系统的运行和故障的判断。在流化过程中，压力控制限制其上限压力，同时控制出料阀的开启；在输送过程中，监视输送过程压力变化，表明管道中除尘灰输送的状态是否稳定连续运行；当管道压力降低至下限值时，表明输送过程结束，自动进入吹扫过程。因此，压力表直接或者间接影响仓泵各阀门的开停。压力表常见故障：未达到设定上限出料阀动作，影响流化效果；未到下限输送过程结束，造成管道内积灰，影响下一个循环的进行。

（6）输灰管道设计影响。如果因为设计失误或者地形等原因，输灰管道的爬坡和弯道过多，会影响管道中的流态稳定。

b　管道磨损现象的判断及原因

输灰管道破损在输送过程中很容易判断，在生产中注意巡检就可以发现。管道磨损的主要原因是由于除尘灰颗粒在管道内平均流速有 $7 \sim 11\text{m/s}$，加之除尘灰颗粒有棱角，长期运行后，使输灰管道磨损。出现磨损后应该及时补漏，对于漏点过多的管道应该定期更换，同时注意选择耐磨材质。

## 10.5.2　除尘风机

风机是对气体压缩和气体输送机械的简称。风机作为空气动力机械，在通风除尘与气力输送系统中，都用来输送空气和粉尘或物料。常见的风机有离心式通风机和轴流式通风机两种，在通风除尘系统中大都采用离心式通风机。除尘风机的主要作用是由高速旋转的风机叶轮产生离心作用，使除尘管网内处于负压状态，产尘点扩散的粉尘及含尘气体被吸尘罩口的负压吸入管网后，在管网中负压动力的输送下，含尘气体经除尘器本体净化后排入大气中。

### 10.5.2.1　工作原理

离心式通风机的主要部件有机壳、叶轮、机轴、吸气口、排气口，此外还有轴承、底座等部件。通风机的轴通过联轴器或皮带轮与电动机轴相连，小型离心风机的叶轮可直接由电动机驱动。风机及电动机配有测温、测振点，有的风机配有液力耦合器或变频器，可降低负荷启动，并可调速。

当电动机转动时，风机的叶轮随之转动。叶轮在旋转时产生离心力将空气从叶轮中甩出，空气从叶轮中甩出后汇集在机壳中，由于速度慢、压力高，空气便从通风机出口排出流入管道。当叶轮中的空气被排出后，就形成了负压，吸气口外面的空气又被压入叶轮中。因此，叶轮不断旋转，空气也就在通风机的作用下，在管道中不断流动，使管道处于负压状态，产尘点扩散的粉尘及含尘气体被吸尘罩口的负压吸入管网，含尘气体由管道经除尘器净化后排入大气。通风机的各部件中，叶轮是最关键性的部件。机壳一般呈螺旋形，它的作用是吸集从叶轮中甩出的空气，并通过气流断面的渐扩作用，将空气的动压力转化为静压。

对于较大功率的通风机，为了防止电动机启动过程中的动力过载、减少振动和冲击、提高电动机的使用寿命，一般采用电动机的变转速调节。调节方式主要有液力耦合器变转速调节和变频器变转速调节两种。电动机的变频变转速调节是一种高效率、高性能的调速方式，将得到更广泛的应用。

### 10.5.2.2　性能参数

离心式通风机有一定的参数表示它的性能和规格，为了合理地选择与使用风机，就必须分析了解这些参数以及其相互间的关系。表示风机性能的主要参数有：流量 $Q$、全压 $p_t$、静压 $p_{st}$、动压 $p_{df}$、功率 $P_e$、效率、转速 $n$。

A　流量

通风机每单位时间内排送的空气体积称为流量 $Q$，又称送风量或风量，其单位为 $m^3/s$ 或 $m^3/h$，工程上常用单位是 $m^3/h$。

B　通风机的压力

(1) 通风机的全压 $p_t$：气体在某一点或者某截面上的总压等于该点或截面上的静压与动压之和，通风机的全压定义为通风机出口截面上的总压与进口截面上的总压之差。

(2) 通风机的动压 $p_{df}$：通风机的动压定义为通风机出口截面上气体的动能所表征的压力。

(3) 通风机的静压 $p_{st}$：通风机的静压定义为通风机的全压减去通风机的动压。

C　功率

通风机在一定的风压下输送一定数量的空气时，需要消耗一定的能量，这个能量是由带动它的电动机提供的。单位时间内所消耗的能量称为功率 $N$，功率的单位为 kW。

实际上，消耗在通风机轴上的功率（轴功率）要大于有效功率，这是因为通风机在运转过程中轴承内部有摩擦损失，空气在通风机中流动也有能量损失的缘故。

D　效率

效率是指实际处理气体的有效功率与风机的轴功率之比，用百分比表示。目前离心风机的全压效率大约在 80% ~ 90% 左右，高效率是研究人员追求的目标之一。

同一台风机在一定的转速下，当风量和风压改变时，其效率也随之改变，但其中必有一个最高效率点，最高效率时的风量和风压称为最佳工况点。通风机在管道系统中工作时，它的风量与风压应尽可能等于或接近最佳工况时的风量和风压，应注意使其实际运转效率不低于最高效率的 90%。

E　转速

通风机的转速 $n$ 可用转速表直接测量，其数值用每分钟多少转（r/min）来表示。小型风机的转速一般较高，往往与电动机直接相连。大型风机的转速较低，一般用皮带传动或联轴器与电动机相连，改变皮带轮的直径即可调节风机的转速。

### 10.5.2.3　离心风机的命名

离心通风机的全称包括名称、型号、机号、传动方式、旋转方向和出风口位置等 6 部分，一般包括用途代号、压力系数表示、比转数表示、机号等基本内容。用途代号以用途名称汉语拼音字母首字表示：

"G"和"Y"分别代表送风和引风机，"T"代表通用离心通风机，一般可省略不写。

压力系数为风机全压系数 $\bar{p}$ 乘以 10 并四舍五入取整得到的数字；比转数为风机比转数 $n_s$ 四舍五入取整得到的数字；机号为叶轮外径的分米（dm）数。

例1　Y4 - 2 × 73 No28 $\frac{1}{2}$F 型风机

Y 表示一台锅炉引风机；4 - 2 × 73 表示风机最高效率点（即风机设计工况点）的压力系数为 0.4，比转数为 73，叶轮为双吸式；No28 $\frac{1}{2}$ 表示叶轮外径 $D_2 = 28.5$dm（2850mm）；F 表示双支承联轴器传动。

例2　4 - 68No12.5D 型风机

无拼音头表示是一台通用的通风机；4 - 68 表示风机最高效率点的压力系数为 0.4，比转数为 68；No12.5 表示叶轮外径 $D_2 = 12.5$dm；D 表示悬臂支承联轴器传动。

### 10.5.2.4　特性曲线、调速及节能

在通风系统中工作的通风机，仅仅用性能参数表达是不够的，因为通风机中的压力损失小时，要求的通风机的风压就小，输送的气体量就大；反之，系统的压力损失大时，要求的风压就大，输送的气体量就小。为了全面评定通风机的性能，就必须了解在各种工况下通风机的全压和风量、功率、转速、转速与风量的关系，这些关系就形成了通风机的特性曲线。每种通风机的特性曲线都是不同的，图 10-50 为 4 - 72 - 11No5 通风机的特性曲线，由图可以看出，特性曲线通常包括（转速一定）全压随风量的变化、静压随风量的变化、功率随风量的变化、效率随风量的变化等。因此，一定的风量对应一定的全压、静压、功率以及效率，对于一定的通风机类型有一个经济合理的风量范围。

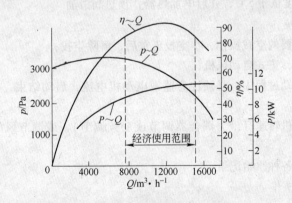

图 10-50　4 - 72 - 11No5 通风机的特性曲线

通风机调速有两个目的，一是为了节约能源，避免除尘系统用电过多；二是为了控制风量，避免除尘系统抽吸有用物料。如果仅仅通过调节风门来调节处理风量的多少会造成电能的浪费，增加运行成本。因此对不需要全速运行的除尘风机，必须选用一种合理的调速形式达到软启动和节能的目的。目前对于风机负载普遍采用的调速方法主要有内反馈串级调速、变频调速、液力耦合器调速等，几种调速形式的分析比较见表 10-11。

表 10-11　风机调速形式的分析比较

| 调速形式 | 功率因素 | 节电 | 调速范围 | 对电动机要求 | 维 护 |
|---|---|---|---|---|---|
| 变频器 | 0.98 | 好 | 0 ~ 100% | 无 | 技术要求高 |
| 液力耦合器 | 0.7 ~ 0.75 | 较好 | 一般 | 无 | 技术要求高 |
| 内反馈串级 | 0.85 | 较好 | 50% ~ 100% | 绕线电动机 | 比较容易 |
| 风门调节 | 0.3 ~ 0.5 | 较差 | 不能调速 | 无 | 简单 |

**10.5.2.5　操作要求**

除尘风机的操作是否合理，直接影响到整个除尘系统的效果。

A　风机启动前的检查

操作人员在启动除尘风机前，必须按照除尘风机设备点检标准及程序进行各部位检查，以确认各部位设备的完好程度。

（1）检查风机的电器部位线路完好，接线牢固，信号显示正常。

（2）轴承箱的油质、油标正常，轴承箱的油位在标线范围。

（3）冷却水畅通。

（4）轴承温度计、测振仪完好无缺。

（5）联轴器正常，安全防护罩完好无损。

（6）人孔门关闭，开机前导向板（或风门）必须关到零位。

（7）各部位连接螺栓检查。

（8）对于带润滑油泵的电动机，先启动润滑油泵，观察油位、油压；若环境温度低于 5℃，开启电加热器，预热润滑油。

（9）对于带液力耦合器的风机，液力耦合器的执行器调到零位，启动润滑油泵，观察油位、油压；若环境温度低于 5℃，开启电加热器，预热润滑油。

B　风机的启动操作

（1）首先进行必要的空载操作，在空投正常后，解除空投；

（2）送高压电源，正式启动风机；

（3）在空投及启动过程中，必须注意监视电动机电流，启动结束，电流显示由最大值下降到正常值；

（4）逐步调节风机转速（液力耦合器调节或变频调节），或调节风门，其调节范围 0° ~ 90°，即全闭到全开；

（5）按要求做好各种原始记录。

C　风机的停运操作

（1）关风门；

（2）液力耦合器的执行器调到零位或变频器频率给定为零，停止风机；

（3）记录停机前后停机状况、停机时间、停机操作情况。

D　风机急停操作

除尘风机系统在运行中发生下列情况可采取紧急停机措施。

（1）风机或电动机任何地方冒烟；

（2）电动机轴承温度超过设定值；

（3）风机轴承温度、振动值超过设定值；

（4）电动机定子绕组温度超过设定值（一般为130℃或按设备厂家要求）；

（5）风机或电动机突然出现强烈振动或内部有摩擦声、异常响声、不正常啸叫声；

（6）风机冷却水中断，短时处理不完；

（7）风机或电动机的电气设备有冒烟及烧焦臭味；

（8）机组某一部件出现危险；

（9）电动机电流超过额定值；

（10）耦合器或电动机速度突然发生变化及有异常啸叫声；

（11）耦合器液位急剧下降至下限，立即降低风机转速，采取措施后无法解决立即停机。

### 10.5.2.6　点检与故障分析

**A　点检标准及周期**

点检方法、标准见表10-12。

表 10-12　风机设备点检标准

| 设备名称 | 点检部位 | 点检项目 | 点检方法 | 点检基准 | 点检周期 |
|---|---|---|---|---|---|
| 引风机 | 轴承箱体 | 结构、油位 | 目视 | 无破损，油位在油标 2/3 处，颜色正常，无油水分层 | 2h |
| | 地脚螺栓 | 外观 | 目视锤击 | 紧固 | 2h |
| | 轴承 | 温度 | 温度计 | 一般 <60℃ 或按设备厂家要求 | 2h |
| | | 振动 | 测振仪 | 参见操作标准 | 2h |
| | | 油环 | 目视 | 转动正常无卡阻 | 2h |
| 液力耦合器 | 机体 | 结构、油位 | 目视 | 无破损，油位在油标 2/3 处 | 2h |
| | | 振动 | 测振仪 | 参见操作标准 | 2h |
| | | 油温 | 温度计 | 出口 <85℃，进口 <45℃（或参见操作标准） | 2h |
| | | 出口油压 | 压力表 | 0.05 ~ 0.3MPa（或参见操作标准） | 2h |
| 电动机 | 轴承 | 温度 | 温度计 | <70℃ | 2h |
| | | 声音 | 传感听棒 | 运行平稳，无异常噪声 | 2h |
| | 定子绕组 | 温度 | 温度计 | <130℃ | 2h |
| | | 电流 | 仪表 | 参见操作标准 | 2h |
| | 接线端子 | 外观 | 目视 | 无松脱、过热、变色、冒火 | 2h |
| | 机体 | 振动 | 测振仪 | 参见操作标准 | 每班 |
| | | 结构 | 目视 | 无缺损、裂纹、螺栓松动 | 2h |
| 冷却水 | 管道 | 外观 | 目视 | 压力正确 | 2h |
| | 压力表 | 压力 | 目视 | 压力正确 | 2h |
| | 阀门 | 外观 | 目视 | 连接牢固、无破损、泄漏 | 2h |

**B　常见故障分析**

风机、电动机设备常见故障的原因分析与处理方法见表10-13。

### 表 10-13　风机常见故障及处理方法

| 问题或故障 | 原　因　分　析 | 处　理　方　法 |
|---|---|---|
| 风量不足 | 1. 管道阀门未打开;<br>2. 管道设计不合理;<br>3. 电源电压低或接反;<br>4. 风机风量过小;<br>5. 叶轮油污过多;<br>6. 皮带松弛;<br>7. 风管连接口漏气 | 1. 打开阀门;<br>2. 调整管路设计;<br>3. 检查电源,调换两相接线;<br>4. 更换风量大的风机;<br>5. 清洗叶轮;<br>6. 调整皮带轮中心距,张紧皮带;<br>7. 用胶片或玻璃胶封好接口 |
| 风机振动剧烈 | 1. 叶轮变形或不平衡(磨损、腐蚀、有附着物、平衡块问题);<br>2. 轴承磨损;<br>3. 基础螺栓松动;<br>4. 叶轮定位螺栓或夹轮螺栓松动;<br>5. 风机轴与电动机轴不同心,联轴器同心度不合格;<br>6. 机壳刚度不够受气流影响振动;<br>7. 导向阀门或风门关死 | 1. 叶轮找平衡或更换;<br>2. 更换轴承;<br>3. 紧固地脚螺栓;<br>4. 紧固定位螺栓或夹轮螺栓;<br>5. 调整;<br>6. 增加钢板刚度,如加焊立筋;<br>7. 启动风机后及时开启导向阀门或风门 |
| 风机轴承温度高 | 1. 油质及油位不正常;<br>2. 冷却水压力或水量小;<br>3. 轴承有异响 | 1. 更换润滑油;<br>2. 检查检修冷却水;<br>3. 检查更换轴承 |
| 电动机温度过高 | 1. 风机输送气体密度过大,使压力增加,电动机超负荷;<br>2. 输入电压过高或过低;<br>3. 流量过大或负压过高;<br>4. 供电线路接头接触不良;<br>5. 系统阻力过大(或管路的阀门未打开)或风机选配不合理,导致电动机超负荷运行;<br>6. 电动机轴承损坏,或配合间隙小,不符合要求;<br>7. 电动机断相运行或接线错误 | 1. 增大电动机功率;<br>2. 装设过载保护装置;<br>3. 重新设计安装风管;<br>4. 更换供电线路电线;<br>5. 合理配置电动机;<br>6. 更换轴承;<br>7. 电气检查处理 |
| 传动皮带问题 | 1. 皮带过松(跳动)或过紧;<br>2. 多条皮带传动时,松紧不一;<br>3. 皮带擦碰皮带保护罩;<br>4. 皮带磨损、油腻或脏污;<br>5. 两皮带轮位置偏斜不在同一直线上 | 1. 调整松紧度;<br>2. 全部更换;<br>3. 张紧皮带或调整保护罩;<br>4. 更换;<br>5. 调整 |
| 噪声过大 | 1. 叶轮与进风口或机壳摩擦;<br>2. 轴承部件磨损,间隙过大;<br>3. 转速过高 | 1. 更换或调整;<br>2. 更换或调整;<br>3. 降低转速或更换风机 |
| 叶轮与进风口或机壳摩擦 | 1. 轴承在轴承座中松动;<br>2. 叶轮中心未在进风口中心;<br>3. 叶轮与轴的连接松动;<br>4. 叶轮变形 | 1. 紧固;<br>2. 查明原因,调整;<br>3. 紧固;<br>4. 更换 |
| 出风量偏小 | 1. 叶轮旋转方向反了;<br>2. 阀门开度不够;<br>3. 皮带过松;<br>4. 转速不够;<br>5. 管道堵塞;<br>6. 叶轮与轴的连接松动;<br>7. 叶轮与进风口间隙过大;<br>8. 风机制造质量问题,达不到铭牌上标定的额定风量 | 1. 调换电动机任意两根接线位置;<br>2. 调整开度;<br>3. 张紧或更换;<br>4. 检查电压、轴承;<br>5. 清除堵塞物;<br>6. 紧固;<br>7. 调整到合适间隙;<br>8. 更换合适风机 |

#### 10.5.2.7 风机的选型设计

**A 选型原则**

(1) 所选用的风机设计参数应尽可能地靠近它的正常运行工况点,从而使风机在高效率区运行,以提高设备长期运行的经济性。

(2) 力求选择结构简单、体积小、质量轻的风机。为此,应在条件允许的情况下,尽量选择高转速。

(3) 力求运行时安全可靠,尽量选择不具有驼峰形状性能曲线的风机。如必须选用具有驼峰性能的风机时,其运行的工况点应处于驼峰的右侧,而且压头应低于零流量下的压头。

(4) 选型时应考虑风机配套部件(如过滤器、消声器、进风箱等)的压力损失。

(5) 选型时应考虑当地环境及电源参数(如海拔高度、电压等级、电源频率、环境温度等)对风机性能产生的影响。

**B 选型须知参数**

(1) 风机最大流量 $Q_v$(max)和最大风压 $p$(max);

(2) 被输送介质的温度 $t$;

(3) 被输送介质的密度 $\rho$;

(4) 当地大气压力 Pa(或风机入口压力 $p$);

(5) 风机用途(确定是否需要防磨、防腐、耐高温等)。

**C 选型主要步骤**

(1) 确定风机工作条件下的大气压力、输送气体的温度 $t$、密度 $\rho$、装置系统工作特点和拟采用的风机工作方式和工况调节方法。

(2) 根据实际需要确定每台风机工作的最大流量 $Q_{max}$,再根据系统管路布置计算相应的最大压力(全压) $p_{max}$。并按设计规定,风机负荷应考虑一定的安全富裕量,一般流量富裕取值为 $Q = (0.05 \sim 0.1)Q_{max}$,比转数大取小值;压力富裕取值为 $p = (0.1 \sim 0.2)p_{max}$,比转数大取大值。

(3) 风机产品样本给出的风机性能都是在标准状态下的参数,而风机通常是在非标准状态下工作的。因此,必须按照相似定律和气体状态方程,将实际状态的设计流量和压力,换算为标准状态的流量和压力。根据无量纲性能参数和比转数的讨论,由关系式中 $Q$,$p$,$N$ 是风机在实际状态(即使用条件)下的流量($m^3/s$)、全压($N/m^2$)和功率(kW);标准状态为 $101325N/m^2$ 的大气压和 20℃ 的气温,换算后的 $Q_{20}$、$p_{20}$ 是风机的选择参数,也是风机选型的第一个控制条件。

$$Q_{20} = Q \quad (m^3/s)$$

$$p_{20} = p \times \frac{101325}{p_a} \times \frac{273 + t}{293} \quad (N/m^2)$$

$$N_{20} = N \times \frac{101325}{p_a} \times \frac{273 + t}{293} \quad (kW)$$

(4) 根据风机产品样本确定风机选型采用的方法(即性能表、性能曲线、无量纲性能曲线)。一般情况还应根据风机的选择参数计算风机的比转数,更有利于风机的合理选型。风机性能是风机选型的第二个控制条件。选型时应注意选择较高效率的风机,并且应保持风机在高效工作区运行。有条件时应尽量选择转速高、叶轮直径小的风机。对于负荷较小,工况简单的系统,其风机可以一次选定。而负荷较大,工况比较复杂的系统,往往需要进行不同型号风机之间的性能比较和综合分析，以确定最合理的风机型号。另在风机的选型中，应尽量避免风机出现非稳定运行状况的可能。风机处于不稳定工作区运行时，可能会出现流量、压力的大幅度波动，引起装置的剧烈振动，并伴随有强烈的噪声，这种现象称为喘振。喘振将使风机性能恶化，装置不能保持正常的运行工况，当喘振频率与设备自振频率相重合时，产生的共振会使装置损坏。为了防止喘振的发生，大容量管路系统的风机在任何条件下，装置输出的流量应充分大于临界流量。

（5）根据所选风机的性能曲线和管路性能曲线，考虑系统管路布置方式和风机运行方式，图解装置运行工况和风机运行参数。如果需要调节运行工况，应根据采用的调节方法图解调节工况，确定相应的调节工况参数。对于可采用多种方法调节时，应进行不同方法的经济性分析，以确定最合理的调节方法。

### 10.5.3　除尘管网

图 10-51 为某烧结厂机尾除尘系统管网。

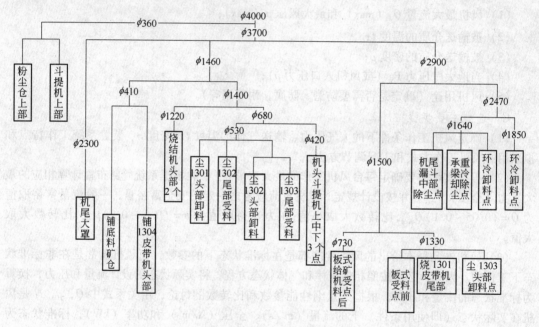

图 10-51　某烧结厂机尾除尘系统管网

#### 10.5.3.1　管网的设置及密封

##### A　设置原则

对密闭罩要求尽可能将尘源点或产尘设备完全密闭，为便于操作和维修，在其上可设置一些观察窗和检查孔。密闭罩的形式及结构不应妨碍工人操作，为了便于检修，密闭罩应尽可能做成装配式的。工艺设计时必须确保尘源点严格密闭，以最大限度降低除尘抽风量，节约能耗。密闭罩的设置应满足工艺操作和设备维修检查要求。

抽尘罩的合理设置是保证除尘达到良好效果的前提，它对整个通风除尘系统的经济性也具有十分重要的意义。设置抽尘罩，应注意密闭罩内气流运动特点，正确选择密闭罩形式和抽风点位置，以便合理地组织罩内气流，保持罩内负压，有效控制含尘气流不致从密闭罩内逸出，且要避免吸入粗颗粒粉尘，加剧管道磨损。抽尘罩不宜靠近敞开的孔洞（如操作孔、观察孔、出料口），以免吸入罩外空气，影响除尘效果，如胶带机受料点抽尘罩应设遮尘帘。与抽尘罩相连的一段管道最好垂直敷设，以免崩入物料造成堵塞，影响抽风量。抽尘罩的形式，根据产生尘源的设备、工作环境的要求不同，可以是多种多样的。抽尘罩一般宜采用伞形罩、顶吸式，尽量避免侧吸罩。抽风量对除尘效果也至关重要，抽风量和很多因素有关，多数是根据类似设备实测的抽风量进行参考设计。根据抽风量确定抽尘罩罩口面积，使抽尘罩罩口风速控制在 2m/s 左右。罩口风速过小，不能有效控制粉尘外逸；罩口风速过大，会导致过多粗颗粒粉尘进入，加剧管路磨损。

B 密闭罩结构分类

按密闭罩的结构特点，可将其分为局部密闭罩、整体密闭罩和大容积密闭罩。局部密闭罩是对局部产尘点进行密闭，产尘设备及传动装置留在罩外，或部分在罩外，便于观察和检修，罩的容积较小，抽风量少，适用于污染气流速度小，且连续散发的地点。整体密闭罩是对产尘设备全部或大部分密闭，只有传动部分留在罩外，适用于有振动或气流速度较高的设备。大容积密闭罩是将污染设备或地点全部密闭起来的密闭罩，又称密闭小室，特点是容积大，适用于多点、阵发性、污染气流速度大和设备检修频繁的场合，它的缺点是占地面积大，材料消耗多。

密闭罩应根据现场情况设置，如烧结机机尾密闭罩，可向烧结机方向延长，将最末端几个风箱上部的台车全部密闭，利用风箱的抽力，通过台车料层抽取密闭罩内的含尘废气，以降低机尾除尘的抽气量。

## 10.5.3.2 除尘管道

除尘管道对风速有一定的要求，一般控制在 16~18m/s 范围内。风速过大会造成管道，特别是弯头管道磨损；风速小会引起粉尘在管道内沉积，造成管道堵塞。对于烧结粉尘，管内风速一般控制在 16m/s 左右，燃料、熔剂粉尘磨损较小，管内风速可控制在 18~20m/s。

A 除尘管道设计一般原则

(1) 管道布置应力求简单，垂直或倾斜装设时，管道内的积尘能自然滑下。

(2) 分支管与水平管或主干管连接时，一般从管道的上面或侧面接入。

(3) 管道一般采用圆形截面，因为方形、矩形截面管道四角会产生涡流，易积粉尘。最小直径一般不小于 100mm，以防管道堵塞。

(4) 管道不宜支承在设备上（如通风机外壳），应设支、吊架。

(5) 为减轻风机的磨损，宜将除尘器置于风机之前。

烧结粉尘颗粒较粗，硬度较大，磨琢性较强，易造成除尘管道磨损。除尘管道磨损会造成系统漏风，影响尘源控制效果，破坏除尘系统功能，甚至造成系统瘫痪。对于高架除尘管道，磨损会使管道的强度和刚度急剧下降，带来安全隐患，所以除尘管道的防磨处理尤其重要。

B 管道磨损处理的方法及技术

对于除尘管道磨损问题的处理主要包括两个方面：防磨及耐磨。首先应该在关键结构上给予考虑，使其具有良好的防磨性能。弯头是除尘管道中最易于磨损的部件，应予重点考虑。处理磨损问题的相关技术措施归纳如下：

(1) 在保证管道内粉尘不沉降的前提下，尽量控制管道内风速。

(2) 合理设计吸尘罩结构和抽风位置，控制罩口风速，设计挡板等，尽量避免更多粗颗粒进入除尘管道；

（3）在条件允许时，可增大弯头曲率半径。对除尘系统，曲率半径可选择管径的 2 倍。

（4）在弯头或者三通处适当增加管道壁厚。

（5）在弯头内侧或者外侧镶嵌可以更换的衬里，只是施工检修较麻烦，造价较高。衬里应采用耐磨材料，管道耐磨材料有高铬铸铁、陶瓷、石英砂等。

另外，除尘管网的阻力平衡非常重要，若各除尘点的风量不符合设计标准，有的点风量大，管道易磨损；有的点风量小，粉尘逃逸，一般做法是在除尘管网的每个分支管上装风量调节阀，依靠调节各分支管上的阀门使系统达到风量平衡。

### 10.5.3.3　除尘系统风量平衡

在除尘系统中，一般新系统投运前必须进行风量平衡测试，为了保证除尘系统每一分支管的抽风量能够达到或者接近所要求的设计值，通常在投运后须进行风量的校核计算。一般若相邻的 2 个分支管间的压力损失之差在 15% 以内，则认为这时 2 个支管的抽风量达到了设计值要求。如果超过了 15% 的误差范围，则需要通过调节阀来调节支管的风量。

（1）对于切断阀，根据工艺设备运转情况操作。如烧结整粒系统振动筛有 2 个系列，一般一个运转另一个备用，相对应的除尘管道也有 2 根支管，那么只需打开运转振动筛对应支管上的阀门；若 2 根支管上阀门全开，则浪费风量，造成其他需要吸尘点的风量不够。

（2）对于风量调节阀，一般只在投产调试期调整，之后阀门固定开度。当现场除尘效果变差或者除尘点变动较大时，可再次进行风量测试调整。吸尘点除尘效果不好，一种情况是现有总风量够，但各吸尘点风量分配不均，此时可在各吸尘口增设调节阀门进行阻力平衡；另外一种情况是现有的风量不够，则需增加风机风量，可以考虑提高风机转速来提高风压和风量或者更换风机。

（3）对于风机风门开度，需保证现场除尘效果，除尘器运行温度、压力、风机振动、电动机电流等运行参数应符合要求。

---

## 复习思考题

10-1　烧结工序中粉尘的主要来源及含尘烟气的特点有哪些？

10-2　粉尘的特性主要有哪几个方面？

10-3　除尘设备的选用要考虑哪些因素？

10-4　除尘装置的主要性能指标有哪些，其含义是什么？

10-5　烧结工序中常用的除尘设备有哪些，其各自的特点是什么？

10-6　简述烧结工序中原料准备系统的产尘特点及其处理。

10-7　烧结机头烟气与机尾烟气有何不同，除尘系统应采用什么方式？

10-8　简述含尘气体进入电除尘器后的除尘过程机理。

10-9　电除尘器本体结构中，阴阳极的结构形式各是什么，其固定方式有哪些？

10-10　电除尘器供电设备的组成部分和各自的作用是什么？

10-11　简述影响电除尘性能的主要因素。

10-12　产生粉尘二次飞扬的原因与哪些因素有关？为防止和克服粉尘二次飞扬，可采取哪些措施？

10-13　电除尘器的驱进速度、电晕放电、伏安特性各是什么含义？

10-14　简述高比电阻粉尘的反电晕现象及对电除尘器收尘效率的影响。

10-15　简述电除尘器每班应定时巡检的主要检查内容。

10-16  简述电除尘器常见故障分析及处理。

10-17  影响烧结机头电除尘器效率的因素及控制方法是什么？

10-18  袋式除尘器的工作原理是什么，其除尘机理有哪几个方面？

10-19  根据清灰方式，袋式除尘器可分为哪几类？

10-20  简述脉冲喷吹袋式除尘器的结构形式及工作过程。

10-21  袋式除尘器的主要技术性能参数是什么，影响除尘效率的因素有哪些？

10-22  影响袋式除尘器性能的因素有哪些，其中对滤料的要求是什么？

10-23  常用的针刺毡滤料的特点是什么？

10-24  袋式除尘器操作前应做好哪些准备工作？

10-25  简述袋式除尘器启动和停机程序。简述袋式除尘器运行过程中应巡查的内容。

10-26  袋式除尘器常见的设备故障有哪些，如何处理？

10-27  简述电袋复合除尘器的结构形式和工作原理。

10-28  什么是机械式除尘器，有哪些常用的机械式除尘器？

10-29  简述重力沉降室的工作原理及分类，要提高除尘效率从哪几个方面入手？

10-30  简述惯性除尘器的工作原理及分类。

10-31  简述旋风除尘器的工作原理及分类。

10-32  简述湿式除尘器的工作原理及分类。

10-33  一个完整除尘系统的工作过程应该包括哪几个方面？

10-34  输排灰系统的作用是什么，主要设备有哪些？

10-35  在机械输排灰装置中，星型卸灰阀和双层卸灰阀各有什么特点，在烧结工序中常用于哪种除尘设备中？

10-36  气力输送装置的工作原理及特点是什么？

10-37  除尘风机的主要作用及工作原理是什么，它有哪些主要的性能参数？

10-38  除尘风机在启动前应检查哪些方面，启动操作程序是什么？

10-39  在什么情况下，必须紧急停止风机的运行？

10-40  风机的巡检内容是什么，设备运行中会出现哪些常见的故障？

10-41  除尘管道的设置原则是什么，如何控制管道的磨损？

# 11　烧结烟气治理

烧结原料硫主要存在于铁矿石及固体燃料中，其硫主要以硫化物和硫酸盐的形式存在，而烧结过程是一个高温（矿石的部分熔化）、化学反应（分解、化合、氧化还原）的复杂过程，其中绝大部分的单质硫或硫化物被氧化成 $SO_2$，硫酸盐在高温下被分解成 $SO_2$，固体燃料中的硫在燃烧时生成 $SO_2$，都以气体形态进入烧结烟气。烧结烟气不仅含有大量的烟粉尘（含重金属）和 $SO_2$，还含有 $NO_x$、$CO_2$、$CO$、氟化物、氯化物、二噁英（PCDD）、呋喃（PCDF）等多种气态污染物和颗粒物污染物。所以必须对烧结烟气进行脱硫及多种污染物的脱除。

## 11.1　烧结烟气脱硫概述

烧结烟气中含有 $SO_2$ 及其他有害物质，会形成酸雨及造成土壤酸化等，对人类生存环境破坏极大，必须进行治理。

### 11.1.1　烟气的特点

通常，烧结机头部风箱 $SO_2$ 浓度较低，中部风箱浓度较高，而尾部风箱浓度也较低。这是因为硫化物的分解温度为 $400 \sim 600℃$，烧结机头部燃烧带的温度高，但由于混合料层吸收了热量，烟气温度降低，生成的 $SO_2$ 气体冷凝被沉淀在混合料表层，只有当最下层烧结料温度达到 $400℃$ 以上时，$SO_2$ 才被废烟气带入烟道。烧结机尾部因料层温度大于 $600℃$，硫化物已分解完毕，所以 $SO_2$ 浓度也随之降低。

烧结烟气具有以下特点：

（1）烟气量大，烟气量变化大；

（2）烟气成分复杂，二氧化硫浓度一般较低。烟气中含有多种污染成分，除含有二氧化硫、粉尘外，还含有重金属、二噁英类、氮氧化物、氟化物、氯化物等。随原燃料条件不同，$SO_2$ 浓度变化也比较大，全进口粉矿烧结时，$SO_2$ 浓度（标态）约 $500 \sim 800mg/m^3$ 左右，国内精粉率和燃料硫含量高时，$SO_2$ 浓度（标态）达到 $1000 \sim 2000mg/m^3$，有的甚至达到 $3000 \sim 5000mg/m^3$；

（3）烟气温度变化大，随着原料、工艺操作、季节不同，一般为 $80 \sim 180℃$，临时停机时可达到 $250℃$；

（4）水分含量大，一般为 $10\% \sim 13\%$；

（5）含氧量高，一般为 $15\% \sim 18\%$；

（6）烟气脱硫与烧结机运行相互影响，尤其是烧结生产的波动对脱硫运行的影响较大。

### 11.1.2　烟气脱硫方法

烧结烟气的特点在一定程度上增加了烧结烟气二氧化硫治理的难度，对脱硫技术和工艺提出了更高的要求。目前，脱硫工艺基本可以分为湿法、干法、半干法。一般来说，湿法脱硫工艺的脱硫剂以浆液形式存在，脱硫副产物含水量较高，需要浓缩脱水后才能得到含水量较低的副产品。干法脱硫采用干态脱硫剂，副产物也是干态的。半干法介于两者之间，脱硫剂以雾化或加湿的小颗粒形式存在，而副产物是干态的。湿法脱硫主要包括石灰石－石膏法、氨法、海水法、镁法等，干法脱硫主要包括电子束法、活性炭法等，半干法脱硫主要包括旋转喷雾法、循环流化床法、NID 法等。

从国外烧结烟气脱硫技术的发展趋势来看，湿法向干法转变以及单一脱硫向多组分脱除转变成为总体发展趋势。日本 20 世纪 70 年代以湿法工艺为主导，如石灰石－石膏法、氨法、镁法等，80 年代中后期开始，因二噁英控制及湿法工艺问题的暴露，基本上采用活性焦（炭）干法工艺。

国内烧结烟气脱硫技术在 2006 年以前基本处于研究和摸索阶段，2006 年至今，应国家的环保要求，烧结脱硫发展迅速，湿法、干法、半干法百花齐放，工艺种类多。各大钢铁公司烧结脱硫工艺应用方法统计见表 11-1。

表 11-1　主要钢铁公司烧结烟气脱硫工艺方法

| 钢 铁 企 业 | 脱 硫 工 艺 |
| --- | --- |
| 柳钢 | 氨法 |
| 鞍钢 | SDA 旋转喷雾法 |
| 沙钢 | SDA 旋转喷雾法 |
| 首钢京唐 | 循环流化床法 |
| 南（京）钢 | 氨法、SDA 旋转喷雾法、石灰石－石膏法 |
| 太钢 | 活性炭法 |
| 宝钢本部 | 气喷旋冲石灰石－石膏法、循环流化床法 |
| 梅钢 | 循环流化床法 |
| 包钢 | ENS 法、石灰石－石膏法、循环流化床法 |
| 昆钢 | 氨法、密相干塔法 |
| 邯钢 | 循环流化床法、SDA 旋转喷雾法、石灰石－石膏法 |
| 湘钢 | 石灰石－石膏法 |
| 三钢 | 循环流化床法 |
| 武钢 | 氨法、NID 法、SDA 旋转喷雾法 |
| 莱钢 | 有机胺法、氨法 |
| 涟钢 | 氨法、石灰石－石膏法、循环流化床法 |
| 攀钢 | 离子液法、氨法、循环流化床法 |
| 韶钢 | 氧化镁法 |

可见，国内烧结工序多种脱硫工艺并存，这是因为脱硫对于烧结行业来说，是全新的工艺；且脱硫工艺多种多样，应用时间短，各工艺又各有利弊，应用经验少。

在 2012 年颁布的《钢铁烧结、球团工业大气污染物排放标准》（GB 28662—2012）中，$SO_2$ 排放标准（标态）为 $200mg/m^3$（特别排放限值为 $180mg/m^3$）。在国家"十二五"规划期间，我国钢铁行业将全面实施烧结烟气脱硫，并将烧结烟气脱硫项目纳入国家环保部"国控污染源"进行严格的环保核查。

## 11.2　湿法烟气脱硫工艺

湿法烟气脱硫工艺具有脱硫效率高、运行可靠性高、吸收剂利用率高、能适应大烟气量和高浓度 SO₂ 烟气条件,且副产物具有相对较高综合利用价值等优点。目前国内烧结行业应用最广泛的湿法烟气脱硫工艺,主要为石灰石 – 石膏法和氨 – 硫酸铵法。湿法脱硫的吸收塔形式很多,有喷淋塔、筛板塔、液柱塔、鼓泡塔、旋流板塔、文丘里反应器等。应用最广泛、技术最成熟的是喷淋式空塔。湿法脱硫工艺排烟温度低,影响烟气抬升扩散排放,会出现白烟和烟囱雨。

湿法脱硫工艺尤其适用如下情况:

(1) 450m² 及以上的大型烧结机或者处理气量在 2Mm³/h 以上;

(2) 原烟气 SO₂ 浓度高于 2500mg/m³,且要求脱硫效率在 95% 以上;

(3) 有预留场地或总图布置无困难的企业;

(4) 脱硫剂就地取材,尤其是有碱性废物可用;

(5) 能合理处置副产物。

### 11.2.1　石灰石 – 石膏法

石灰石 – 石膏法烟气脱硫工艺是目前应用最广泛、技术最成熟的脱硫技术,是我国电厂应用最多(约占 80%)、在烧结球团行业应用也较多的脱硫技术,日本 20 世纪 70~80 年代烧结机烟气脱硫普遍采用该技术。

#### 11.2.1.1　工艺流程

吸收剂是由石灰石粉剂加适量的水溶解制备而成,配制的吸收剂溶液直接加入脱硫吸收塔,工艺吸收过程主要发生在塔内。在吸收塔的喷淋区,石灰石浆液由循环泵提升至塔上部,通过多层喷淋管自上而下喷洒,而含有 SO₂ 的烧结烟气则逆流而上,气液接触过程中,发生脱硫反应。烟气在脱硫塔内经喷淋浆液洗涤脱硫,然后经过除雾、升温由烟囱排放。通过添加新鲜石灰石浆液吸收剂来实现较高的 pH,使反应持续进行。母液中鼓入空气,将 HSO₃⁻ 氧化成 HSO₄⁻,进一步反应形成硫酸盐,生成固态盐类结晶并从溶液中析出成为石膏(CaSO₄ · 2H₂O)。从吸收塔浆池中抽出的富含石膏的浆液被送到石膏脱水车间,经脱水产生含水率小于 10% 的成品石膏。部分工艺有 GGH 换热器,即原烟气经过 GGH 换热降温后进入脱硫吸收塔,而脱硫后净烟气经过 GGH 换热升温后排放。典型的石灰石 – 石膏法脱硫系统工艺流程如图 11-1 所示。

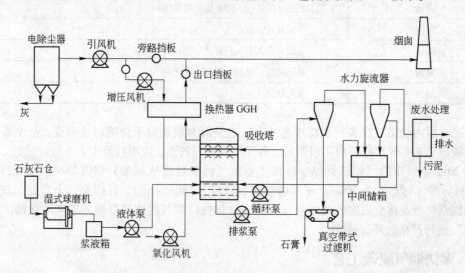

图 11-1　湿法石灰石 – 石膏法烟气脱硫系统流程

## 11.2.1.2 工艺原理

石灰石－石膏法烟气脱硫以石灰石或石灰浆液作为吸收剂，通过石灰石或石灰浆液在吸收塔内对烟气进行洗涤并与 $SO_2$ 发生反应，以去除烟气中的 $SO_2$，反应产生的亚硫酸钙（$CaSO_3$）通过强制氧化生成含 2 个结晶水的硫酸钙（石膏 $CaSO_4 \cdot 2H_2O$）。反应过程分吸收、溶解、中和、氧化、结晶几个阶段，脱硫原理主要包括 4 个步骤。

A 吸收塔中 $SO_2$ 的溶解

含 $SO_2$ 烟气与吸收剂浆液发生充分的气液接触，在气液界面上发生了传质过程，烟气中的气态 $SO_2$ 溶解并转变为相应的酸性化合物：

$$SO_2 + H_2O \longrightarrow H_2SO_3$$

烟气中的其他酸性气体如 HF 和 HCl 等，在烟气与喷淋的浆液接触时也溶于浆液中形成氢氟酸和盐酸。

B 酸的离解

$SO_2$ 溶解后形成的亚硫酸迅速进行离解：

$$H_2SO_3 \longrightarrow 2H^+ + SO_3^{2-}$$
$$H_2SO_3 \longrightarrow H^+ + HSO_3^-$$

由于离解反应产生了 $H^+$，因而造成 pH 下降。离解反应产生的 $H^+$ 必须被移除，以使浆液能重新吸收 $SO_2$。$H^+$ 通过与石灰石或石灰发生中和反应被移除。

C 与石灰石或石灰反应

为了实现中和反应，在浆液中加入了石灰石或石灰吸收剂。

采用石灰石时，浆液中固态的 $CaCO_3$ 与 $H^+$ 发生如下反应：

$$CaCO_3(固态) + 2H^+ \longrightarrow Ca^{2+} + CO_2 + H_2O$$

采用石灰时，在将石灰配制成溶液的过程中，石灰首先与水反应生成熟石灰：

$$CaO(固态) + H_2O \longrightarrow Ca(OH)_2$$

进入吸收塔的熟石灰浆液与 $H^+$ 发生如下反应：

$$Ca(OH)_2 + 2H^+ \longrightarrow Ca^{2+} + 2H_2O$$

D 氧化反应与结晶过程

氧化：
$$HSO_3^- + \frac{1}{2}O_2 \longrightarrow SO_4^{2-} + H^+$$

$$SO_3^- + \frac{1}{2}O_2 \longrightarrow SO_4^{2-}$$

结晶：
$$Ca^{2+} + SO_4^{2-} + 2H_2O \longrightarrow CaSO_4 \cdot 2H_2O$$

## 11.2.1.3 工艺特点

优点：技术成熟，应用广泛，脱硫效率高，一般在 95% 以上；脱硫剂为石灰石或石灰，原料价格便宜。

缺点：在减排 1t $SO_2$ 的同时排放 0.7t 温室气体 $CO_2$；有烟囱雨现象；需增设水处理设施，系统较复杂，一次投资高；占地面积大，不太适合预留场地不足的钢铁企业；工艺扩展性有限，不能有效脱除其他有毒有害气体；设备易结垢、堵塞、磨损；副产物脱硫石膏品质不高，综合利用价值有限，一般用于建材行业，如水泥添加剂等。

## 11.2.1.4 工艺系统与设备

典型的石灰石－石膏脱硫系统从功能上分为烟气系统、石灰石制浆系统、吸收塔系统、石膏脱水系统、废水处理系统。

### A　烟气系统

烟气系统通常包括增压风机、GGH 换热器、烟道、挡板门。挡板门配备密封风机，以防止烟气泄漏。GGH 换热器利用未脱硫烟气（130℃）加热脱硫后的洁净烟气（50℃），然后排放，以避免低温烟气腐蚀烟道，并可提高烟气抬升高度。因 GGH 投资大，运行环境复杂，易腐蚀、堵塞，维护工作量大，目前已较少采用。取消 GGH 后，由于需要对原烟气降温的幅度增加，因此系统水耗需增加；由于排烟温度较低，因此在气象扩散条件不好、环境空气水分接近饱和时，在周围会形成烟囱雨落下；在烟道、烟囱中的凝结水量会增大，烟道、烟囱需进行防腐处理。

### B　石灰石制浆系统

优先选用石灰石作为吸收剂，也可采用生石灰。

对采用石灰石作吸收剂的系统，吸收剂制备方案有：直接购买粒度符合要求的粉状制品，加水搅拌成石灰石浆液；购买块状石灰石，经湿式球磨机制成石灰石浆液；或者经干式球磨机制成石灰石粉，加水搅拌成石灰石浆液。石灰石颗粒越细，在水中的溶解性越好，进而与 $SO_2$ 反应更充分更快，钙利用率高。但是，颗粒越细，球磨机耗电量会大幅增加，经济性降低。综合评价，一般要求 90% 达 0.043mm。

湿式球磨机制浆应用较多，应注意以下几个问题：

（1）系统的循环倍率。循环倍率越大，说明球磨机出口固体粒径越大，需要回到球磨机重新碾磨的固体越多。固体粒径的大小取决于球磨机的破碎碾磨能力和流经球磨机筒体的水量。因此，球磨机在额定负荷下工作和适当的水量是保证球磨机出口石灰石颗粒稳定的关键。

（2）石灰石浆液密度。浆液密度是一个重要的运行和设计参数，直接影响脱硫效率和球磨机系统的工作状况。因此，给水量的多少非常关键。

（3）石灰石粒径。运行中应保证石灰石粒径符合设计要求，较大的粒径会造成球磨机负荷加大，降低球磨机出力，同时加大钢材、钢球磨损。

（4）钢球数量。球磨机运行中应定期补充钢球。钢球数量少，不能达到研磨要求；钢球数量多，会影响球磨机的自身负荷，增加用电负荷。

### C　吸收塔系统

脱硫吸收塔是一座集吸收、氧化、结晶于一体的吸收塔，其上部为吸收区，下部为氧化反应槽及结晶区。当烟气流经吸收塔时（塔内烟气流速一般在 3 ~ 3.5m/s），与塔内浆液接触反应。浆液含有 15% 左右的固体颗粒，主要由石灰石、石膏等组成。浆液将烟气冷却至 50℃，同时吸收烟气中的 $SO_2$，并与石灰石发生中和反应进而被氧化成石膏。石灰石与石膏浆液被收集在吸收塔底部，并再次被泵循环至喷淋层。

为充分迅速地将吸收塔浆池内的亚硫酸钙氧化成硫酸钙，设置氧化风机强制氧化。氧化空气注入不充分，可引起石膏结晶不完善，还可导致吸收塔内壁结垢。

吸收塔下部设有多台塔侧安装的机械搅拌器。搅拌器运行时，才允许启动吸收塔循环泵。

吸收塔的形式主要是喷淋塔，内部构件主要包括搅拌器、氧化管道、喷淋层、除雾器。喷淋塔采用逆流方式布置，烟气从塔体中部、喷淋层下面进入塔内，并向上运动。石灰石浆液通过喷淋层以雾化方式向下喷出，与烟气形成反向运动。喷淋层设在吸收塔中上部，浆液循环泵对应各自喷淋层，每个喷淋层由一系列喷嘴组成，其作用是将浆液细化喷雾，扩大液气有效接触面积。影响喷嘴性能的参数主要有以下 4 个：

（1）喷雾角：喷雾角是指浆液从喷嘴旋转喷出后，形成的液膜空心锥的锥角，喷雾角多为 90°或 120°；

（2）喷嘴压力降；

（3）喷嘴流量；

（4）液滴粒径。

喷嘴形式有空心锥、实心锥、螺旋形等，如图 11-2 所示。一般采用碳化硅材料，抗腐蚀、抗磨损性能较好。喷淋层的设计要确保喷雾覆盖率 150%以上。喷淋层喷嘴的布置，在保证浆液覆盖率的情况下，应根据喷嘴特性及两层喷淋之间距离调整喷嘴高度，避开浆液对塔内支撑横梁的冲刷，避免喷淋层横梁防腐层（主要为玻璃鳞片）被冲刷损坏。

喷淋层上部为除雾器，除雾器的作用是实现气液分离，其原理是当夹带水汽的洁净烟气经过弯曲通道并撞击在通道壁面上，液滴在惯性力和重力的作用下分离，落回吸收塔。除雾器叶片结构示意如图 11-3 所示。

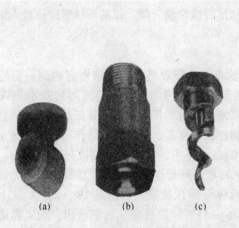

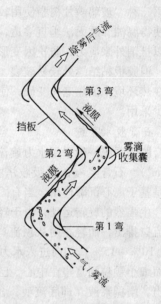

图 11-2　湿法脱硫常用喷嘴　　　　　图 11-3　折流板除雾器原理示意图
（a）空心锥切线形；（b）实心锥形；（c）螺旋形

除雾器系统一般由两级组成，第一级除雾器是所谓的粗除雾器，第二级除雾器是细除雾器。随着叶片间距的增加，除雾效果降低，压力损失也降低；随着叶片级数的增加，除雾效果提高，但压力损失也增大。为了避免烟气携带的固体颗粒（或液滴蒸发形成的固体颗粒）积淀在叶片的表面从而形成结垢，系统必须被清洁。清洁工作由安装在每级除雾器上的向上和向下的带喷嘴冲洗管子组成，以确保除雾器系统的长期运行。正确的设计将确保除雾器系统正常运行，例如：除雾器叶片的结构形式、叶片间的距离、气体流速、清洁冲洗系统的设计、喷嘴的选型、气流条件、安装情况、对流体分布的考虑、气流和悬浮液中的固体含量、冲洗水水质，所有这些参数都会影响整个系统的运行，在设计和工程中应充分考虑。

对于塔体结构多由公式及经验值计算确定。

塔径 $D$：首先确定运行工况烟气量，根据烟气流量 $Q$ 和烟气流速 $v$（一般取 3 ~ 3.5m/s），确定塔体直径 $D$。

吸收区高度 $H$ 指烟气进口处水平中心线到喷淋层的距离。

$$H = vt \tag{11-1}$$

式中　$H$——吸收区高度，m；

　　　$t$——烟气反应时间，s；

　　　$v$——烟气流速，m/s。

　　浆池容积　　　　　　　　　　$V = kQ_N T \tag{11-2}$

式中　$k$——液气比，L/m³；

　　　$Q_N$——标态烟气量，m³/h；

　　　$T$——一般取 4 ~ 8min。

　　除雾器高度：除雾器一般设计成两段，材质一般为聚丙烯，每层设置上下两层喷嘴，定期自动冲洗。除雾器最下层喷嘴距最上层喷淋层距离一般为 3 ~ 3.5m。

　　脱硫吸收塔的防腐非常重要，用于脱硫吸收塔的防腐材料主要有橡胶、玻璃鳞片树脂、镍基不锈钢三种。玻璃鳞片树脂使用较多，且价格相对便宜。玻璃鳞片衬里因玻璃鳞片多层平行排列，使得腐蚀介质无法垂直渗透，因此具有较强的防渗透性能。同时，玻璃鳞片的非连续排列还可以抵消外来应力，防止因变形引起的断裂、脱落。橡胶作为衬里非常致密，腐蚀介质很难渗入，但胶板粘结缝处较易破裂，从而出现橡胶脱落现象。橡胶衬里具有良好弹性和应变性能，但在热环境中因热老化变硬，使抗应力和抗腐蚀性能下降。镍基不锈钢造价贵，国内脱硫工程很少采用。

　　D　石膏脱水系统

　　石膏脱水系统一般采用水力旋流器和过滤设备。吸收塔石膏浆液密度达到一定值（一般1.15g/cm³），石膏浆液通过吸收塔排出泵送至水力旋流器。水力旋流器的基本原理（见图11-4）是基于离心沉降作用，当有固含物的浆液以一定的压力从水力旋流器的上部周边切线进入后，产生强烈的旋转运动，由于轻相和重相存在密度差，受离心沉降作用，大部分重相经旋流器底流口排出，而轻相则从顶流口（或溢流口）排出，从而达到固液分离的目的。浆液流（含固量10% ~ 15%）切向进入水力旋流器入口产生环形运动，粗大颗粒富集在水力旋流器的周边，而细小颗粒则富集在中心。已澄清的液体（即顶流液，含固量1% ~ 3%）从上部区域溢流而出，增稠浆液（即底流液，含固量45% ~ 55%）因重力从底部流出。旋流器的选材非常重要，目前普遍采用的旋流器防磨耐磨材料有两种：碳钢内衬橡胶和聚氨酯。旋流器的选择主要根据分离粒度 $d_{50}$，决定 $d_{50}$ 的参数主要有旋流器直径、压力降、来料含固量、固液相密度差。旋流器要严格按照厂家提供的运行压力运行，当设备停止运行时要进行冲洗。

　　过滤设备将增稠的石膏浆液进一步脱水至含固率达到 90% 的石膏。过滤设备按其原理可分为离心式脱水机、板框压滤机和真空过滤机。离心式脱水机是利用石膏颗粒和水密度的不同，在高速旋转过程中，利用离心力使石膏浆液脱水。真空过滤机是利用真空泵产生的负压强使石膏与水进行分离，其设备类型主要有真空筒式和真空带式过滤机。石膏脱水常用真空带式过滤机，影响过滤性能的因素主要有副产物的物性、滤饼的厚度、运行的真空度。当石膏杂质含量增加时，石膏的脱水性能显著下降，因此，必须将石膏浆液中杂质含量控制在一定范围。一般要求进入脱硫系统的烟气粉尘浓度（标态）低于100mg/m³，最大不超过200mg/m³。运行中要控制滤饼厚度在一定范围内，且要控制好真空度，否则，真空度下降，会导致石膏含水率升高。

　　E　废水处理系统

　　脱硫废水中的重金属、悬浮物和氯离子可采用中和、化学沉淀、混凝、离子交换等工艺去除后排放。

　　另外，宝钢集团开发了一种改进型石灰石－石膏法：气喷旋冲工艺，其核心是气喷旋冲塔（基本原理如图 11-5 所示）。烟气通过气喷旋冲管均匀分布到浆液中，当气泡上升到鼓泡层时，产生多级传质过程，由于气液的多级接触和庞大的接触面积，传质速率高，达到较高的脱硫除尘性能。可通过调节气喷旋冲管的浸液深度和浆液的 pH 来适应工况的变化。在气喷旋冲浆液池中，烟气通过气喷管直接喷散到洗涤液中，取消了浆液喷淋装置及再循环装置，使投资成本和运行费用有所减少。但也无法彻底解决该工艺固有的弊端，如堵塞结垢、磨损、烟囱雨等。

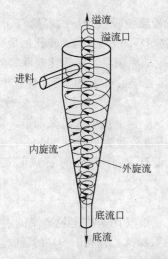

图 11-4　水力旋流器工作原理示意图

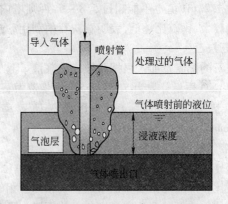

图 11-5　气喷旋冲塔原理示意图

### 11. 2. 1. 5　工艺过程控制

#### A　工艺自动控制

a　增压风机入口压力控制

为保证烧结生产的安全稳定运行，调节增压风机（多用轴流风机）导向叶片的开度进行压力控制，保持增压风机入口压力的稳定。

b　石灰石浆液浓度控制

石灰石浆液制备控制系统必须保证向吸收塔连续供应浓度合适的浆液，根据石灰石供应量，按比例调节供水量，通过石灰石浆液密度测量的反馈信号修正进水量进行细调。

c　石灰石浆液供给量控制

根据吸收塔浆液的 pH 确定石灰石浆液供给量，使反应池中的浆液维持最佳反应效果要求的 pH。

d　吸收塔液位控制

吸收塔石灰石浆液供应量、石膏浆液排出量及烟气进入量等因素的变化造成吸收塔的液位波动。根据测量的液位值，调节加入的石膏脱水系统的滤液水及除雾器冲洗水，实现液位的稳定。

e　石膏浆液排出量控制

一般根据石膏浆液的密度值进行调节。

B　影响脱硫性能的主要因素

a　浆液 pH

维持浆液 pH 值在一定范围内对于保证稳定的脱硫效率、防止吸收塔结垢、堵塞至关重要。浆液高 pH 值时，亚硫酸钙和石灰石的溶解度会降低，会引起亚硫酸钙的析出，形成难以脱水的软垢；而低 pH 值有利于亚硫酸钙和石灰石的溶解，但 pH 的快速降低会使石膏在短时间内大量析出生成难以脱落的硬垢，且不利于 $SO_2$ 的吸收以及加剧腐蚀。一般 pH 控制在 5 ~ 5.5 比较合适。

b　钙硫比

一般认为钙硫比为 1 时，可达到 90% 的脱硫效率。脱硫浆液吸收 $SO_2$ 的容量与 pH 值和钙硫比直接相关，提高钙硫比和 pH 值可以提高脱硫浆液吸收 $SO_2$ 的容量，但钙硫比的最高限值一般不超过 1.2，pH 值也不能超过 5.8 ~ 6，否则塔内极易发生结垢现象。钙硫比对除雾器运行性能的影响较大，钙硫比越低，表明石灰石的利用率越高，除雾器结垢和堵塞的可能性越小。

c　石灰石

石灰石的配制及加入根据脱硫塔内浆液 pH、烟气中 $SO_2$ 含量及烟气量来调节。设计要求石灰石中 CaO 质量分数为 51% ~ 55%，浆液中石灰石的质量分数为 20% ~ 30%。石灰石的颗粒大小会影响其溶解性，进而影响脱硫效率，一般设计要求 90% 的石灰石颗粒度小于 0.043mm。

d　液气比

液气比是循环浆液量与烟气流量之比，单位为 $L/m^3$，液气比是决定脱硫率的主要参数。增加液气比，浆液的比表面积增加，气相和液相的传质系数提高，有利于 $SO_2$ 的吸收。但提高液气比会使浆液循环泵的流量增加，从而增加设备投资和能耗。同时，高液气比还会使塔内压力损失增大，增加风机的能耗。所以需综合考虑确定液气比。

e　烟气流速

提高烟气气流速率相当于缩短气液接触的时间，将降低传质效果。但提高烟气流速可提高气液两相的湍动，降低烟气与液膜间的膜厚度，增加液滴下降过程中的振动和内部循环，提高传质系数。另外，喷淋液滴的下降速度将相对降低，使单位体积内持液量增大，增大了传质面积。烟气流速的增加会使脱硫塔塔径变小，降低造价。但烟气流速过高，喷淋层喷出的雾滴将为烟气所携带，增加除雾器的负荷，影响除雾性能。当气速增加时，逃逸的液滴主要是由于微细液滴的穿透引起，同时还会使脱硫塔内压力损失增大，能耗增加。所以，将脱硫塔内烟气流速控制在 3.0 ~ 4.5m/s 较为合理。

f　循环浆液固含物质量分数及停留时间

保证循环浆液固含物质量分数及足够的停留时间是石灰石溶解、石膏结晶生长以及防止结垢的重要条件。一般石灰石脱硫工艺将固含物浓度控制在 10% ~ 15%，石灰脱硫工艺将固含物浓度控制在 8% ~ 10%。

固含物的停留时间等于单位时间内石膏浆液排出量与塔底储浆槽体积之比。在一定的脱硫塔浆液体积下，浆液密度影响固体停留时间，从而影响晶体形状及大小。提高脱硫塔循环浆液浓度、增加固体停留时间可影响晶体大小。有些情况下，增加停留时间为晶体生长提供了时间，但同时也增大了大型循环泵对已有晶体的破坏，可能反而导致晶体变小。在石灰脱硫工艺中，浆液停留时间一般为 12 ~ 25h。

g　粉尘浓度

经过吸收塔洗涤后，烟气中大部分粉尘会留在浆液中。如果浆液中粉尘、重金属杂质过多，则会影响石灰石的溶解，导致浆液 pH 值降低、脱硫率下降。一般要求进入脱硫系统的烟气粉尘浓度（标态）低于 100mg/m³，最大不超过 200mg/m³。

C 影响石膏质量的主要因素

a 吸收效率

脱硫率优良与否直接决定着石膏品质，提高脱硫率，也就是提高石膏的生成速率及其质量。

b 杂质含量

杂质直接影响石膏的外观质量。烟尘中铝、铁、锌离子富集，具有强配位能力的氯、氟离子在高浓度下与这些金属离子迅速发生配位反应，形成络合物，阻碍石灰石反应，此时脱硫效率下降，严重时塔内浆液呈糊状，无法正常结晶。

c 浆液 pH 值

一般来说，pH 值高对吸收 $SO_2$ 有利，只在 pH 低于 4.8 时脱硫效率才有明显下降。浆液高 pH 值时，亚硫酸钙和石灰石的溶解度会降低，会引起亚硫酸钙的析出，形成难以脱水的软垢；而低 pH 值有利于亚硫酸钙和石灰石的溶解，但 pH 的快速降低会使石膏在短时间内大量析出，急速结晶生成难以脱落的硬垢。

d 氧化反应

$SO_2$ 溶解于脱硫剂溶液，当 pH 为 5 时，生成亚硫酸氢钙，其作为溶解性离子可以被氧化，氧化反应的好坏影响石膏的生成及质量的提高。

e 溶液的过饱和度

石膏需要一定的过饱和度才能维持其结晶过程，但过饱和度太高会引起结垢。

## 11.2.1.6 使用维护要求

石灰石-石膏法脱硫操作除了满足脱硫效率，最重要的工作是控制结垢。

首先要控制机头除尘器的除尘效率，使烟气粉尘浓度（标态）在 100mg/m³ 以下，最大不超过 200mg/m³。

吸收液 pH 的波动是影响脱硫塔内部结垢的重要因素之一。低 pH 使亚硫酸盐溶解度急剧上升，会有石膏在短时间内大量产生并析出，产生硬垢；而高 pH 使亚硫酸盐溶解度降低，引起亚硫酸盐析出，产生软垢。所产生的垢会附着在搅拌器、氧化风管及塔壁。系统氧化程度也是影响结垢的重要因素，氧化能力低，会使亚硫酸钙不能完全氧化，发生结垢，甚至出现堵塞。同时若塔内石膏浓度过高，石膏会以晶体形式开始沉积，导致塔内结垢。可通过定期向吸收剂中加入添加剂，如镁离子、乙二酸等，缓解垢物的生成。在长期低负荷的情况下，不要长期停运喷淋层，应定期切换，防止烟尘及石膏附着在喷嘴上造成堵塞。

要保证氧化风量，使氧化反应趋于完全，控制亚硫酸钙氧化率在 95% 以上，保持浆液中有足够密度的石膏晶种。同时要稳定控制浆液 pH 值，尤其避免运行中 pH 值急剧变化，缓解钙的结垢、堵塞速率，从而提高系统的可靠性。

对于除雾器的堵塞，除受除雾器自身的叶型、冲洗水压、冲洗水量、冲洗覆盖率、冲洗周期影响外，还与化学反应过程、被处理烟气的粉尘含量、烟气流速和其他外因有关。要控制好浆液 pH 值，控制浆液中易于结垢的物质不要过于饱和，同时要加强除雾器的冲洗，定期清洗除雾器喷嘴、叶片。

另外，磨蚀性与浆液的密度有关，密度越高，浆液的磨蚀性越强，因此，在运行中要严格控制吸收塔浆液密度。

　　浆液起泡及中毒现象偶有发生，起泡原因分析：镁离子浓度高；浆液中混入有机物如油；浆液中重金属离子较多；浆液中灰渣含量较高；工艺水质较差；搅拌效果差，导致氧化空气逃逸率大等。发生中毒现象时，浆液 pH 值无法控制，处于缓慢下降趋势，加大石灰石供浆，没有明显效果；脱硫效率下降；石膏呈泥状，无法脱水。可根据实际情况，适量添加消泡剂、增效剂，减少塔内泡沫层，提高脱硫效率。

### 11.2.1.7　工程实例

　　目前，电厂 90% 的烟气脱硫采用石灰石 – 石膏法，该方法在烧结烟气脱硫业绩中也占优势。宝钢股份采用改进的气喷旋冲石灰石 – 石膏法，其他应用业绩有四川达钢 $360m^2$、本钢板材 $265m^2$、包钢 $265m^2$、宁钢 $430m^2$、宣钢 $360m^2$、华菱衡阳钢管 $180m^2$、华菱湘钢 $360m^2$、鄂钢 $265m^2$ 烧结机等。

　　宁钢 2 台 $430m^2$ 烧结机，合计烟气量（标态）$2.16Mm^3/h$（湿态），因场地受限，要求"双机一塔"，这么大的烟气量采用一套脱硫装置，在国内没有先例，其实施难点有：需足够大的脱硫塔；2 台烧结机、4 个烟道，各烟气在烟气量、温度、压力方面都会有差异，运行控制难度大；2 台烧结机一般情况下不可能同时停机检修，如何进行脱硫系统的检修维护。"双机一塔"对设备可靠性及生产适应性提出了更高的要求。具体布置如下：每台烧结机的 2 个大烟道合并为 1 个烟道后进入各自的增压风机，2 台增压风机后的烟道汇总后进入脱硫塔，2 台增压风机前的合并烟道相互连通，并装有挡板门，2 台烧结机的烟气可分可合，生产工况不同时，可开启该挡板门平衡 2 台烧结机的烟气温度和压力。该工程 2012 年 8 月正式投入运行，应用效果良好，但存在湿法脱硫的一些共性问题，如烟囱雨、废水无法全部循环利用等。

## 11.2.2　氨 – 硫酸铵法

　　氨 – 硫酸铵烟气脱硫工艺是利用氨作为吸收剂，氨是一种良好的碱性吸收剂，碱性强于钙基脱硫剂。用氨吸收烟气中 $SO_2$，反应速率高，吸收剂利用率高。对该工艺的研究从 20 世纪 30 年代就已开始，早期有氨 – 酸法、氨 – 亚硫酸铵法，但是由于它们的不足，没有推广应用。20 世纪 70 年代，德国、日本、美国相继投入研究氨 – 硫酸铵脱硫方法并获得成功。进入 20 世纪 90 年代后，该工艺的应用逐步上升。

### 11.2.2.1　工艺原理

　　氨 – 硫酸铵湿法烟气脱硫工艺利用氨吸收烟气中的 $SO_2$ 生产亚硫酸铵溶液，并在富氧条件下将亚硫酸铵氧化成硫酸铵，再经浓缩结晶或加热蒸发结晶析出硫酸铵，经旋流、离心固液分离，干燥后得到硫酸铵产品。主要包括吸收、氧化、结晶过程，反应式如下：

$$SO_2 + NH_3 + H_2O = NH_4HSO_3$$
$$SO_2 + 2NH_3 + H_2O = (NH_4)_2SO_3$$
$$(NH_4)_2SO_3 + SO_2 + H_2O = 2NH_4HSO_3$$
$$NH_4HSO_3 + NH_3 = (NH_4)_2SO_3$$
$$2(NH_4)_2SO_3 + O_2 = 2(NH_4)_2SO_4$$

### 11.2.2.2　工艺流程

　　当前，典型的氨 – 硫酸铵法脱硫工艺主要有德国的克卢伯公司 Walther 工艺、德国鲁奇公司的 Amasox 工艺、美国 GE 公司的 Marsulex 工艺、日本钢管公司 NKK 工艺。不同工艺，其吸收方式和氧化方式有所不同。

氨法烟气脱硫工艺流程按主要工序的工艺及设备差异分类如下：按脱硫塔形式分单塔型（空塔型）、复合单塔型（塔内功能分段）、双塔型；按副产物的结晶方式分塔内浓缩结晶、塔外蒸发结晶。

脱硫系统的工艺流程通过以上分类可组合成多种工艺流程，目前用于烧结烟气脱硫的主要是以下两种典型流程。

A　典型的氨法塔内浓缩结晶的烟气脱硫工艺流程

氨法塔内浓缩结晶的烟气脱硫工艺流程如图 11-6 所示：

（1）原烟气进入吸收塔，通过吸收液洗涤脱除 $SO_2$ 后，烟气成为湿的净烟气，净烟气经除雾器除去雾滴后通过塔基烟囱或原烟囱排放；

（2）吸收液与烟气中 $SO_2$ 反应后在吸收塔的氧化池被氧化风机送来的空气氧化成硫酸铵；

（3）吸收液在与原烟气接触过程中水被蒸发，在塔内吸收液喷淋过程中形成硫酸铵结晶；

（4）含硫酸铵结晶的吸收液送副产物处理系统，经旋流器、离心机的固液分离产生湿硫酸铵，湿硫酸铵进干燥机干燥后成干硫酸铵，干硫酸铵经包装后得成品硫酸铵；

（5）吸收液在循环的过程中根据脱硫需要从吸收剂储存系统的氨罐补充吸收剂。

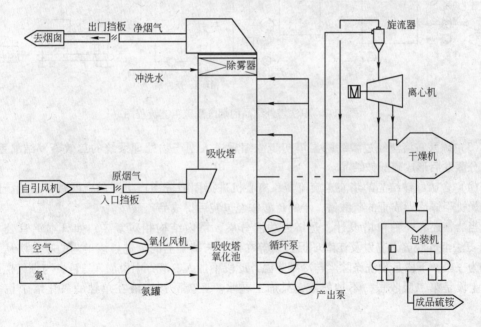

图 11-6　氨法塔内结晶的烟气脱硫工艺流程图

B　典型的氨法塔外蒸发结晶的烟气脱硫工艺流程

典型的氨法塔外蒸发结晶的烟气脱硫工艺流程（应用较多）如图 11-7 所示：

（1）原烟气通过增压风机增压后进入浓缩降温塔，在浓缩降温塔内原烟气与吸收液发生热量交换从而使吸收液的水分蒸发达到初步浓缩的目的。降温后的原烟气进入脱硫塔（填料塔）并与循环吸收液发生反应，脱除 $SO_2$ 后的烟气被脱硫塔内除雾器除去雾滴后通过塔基烟囱排放。

（2）脱硫剂由补氨泵补充到循环吸收液里。循环吸收液与烟气中 $SO_2$ 反应后在脱硫塔内被氧化风机来的空气氧化成硫酸铵。

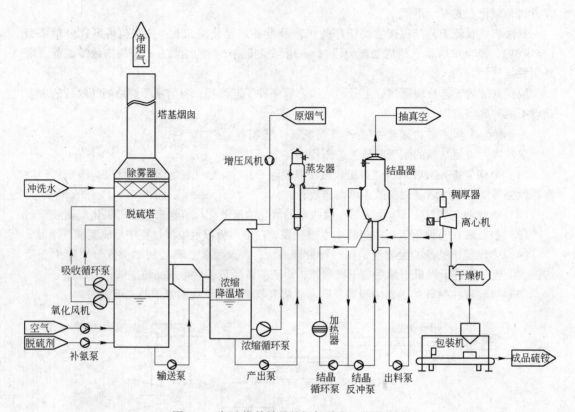

图 11-7　氨法塔外结晶的烟气脱硫工艺流程图

（3）硫酸铵溶液经过浓缩降温塔初步浓缩后送入副产物处理系统的二效蒸发结晶系统，将水分蒸发后形成硫酸铵结晶。

（4）含硫酸铵结晶的浆液送旋流器、离心机进行固液分离产生湿的硫酸铵，湿的硫酸铵进干燥机干燥后形成干的硫酸铵，干的硫酸铵经包装后得成品硫酸铵。

当然，还有一种单塔设计，是塔内功能分层，塔内结构相对复杂，如日本钢管公司的NKK 氨法烟气脱硫工艺以及江南环保公司等在该工艺基础上的改进。该工艺的吸收塔从下至上分为三段，下段是预洗涤除尘与冷凝降温，此段不加入氨液；中段加入氨液，与烟气逆流喷淋；上段是第二吸收段，不加氨液，只加工艺水。亚硫酸铵溶液在单独的氧化塔中用空气氧化。

### 11.2.2.3　工艺特点

氨法脱硫技术成熟，脱硫效率高，一般在 95% 以上；脱硫副产物为硫酸铵，经济价值相对较高；工况适应性强；具备一定的脱硝功能；可使用焦化废氨水脱硫，实现"以废治废"。但该工艺有明显的缺点：外排烟气夹带硫酸铵和氨，且形成腐蚀性的烟囱雨；存在设备腐蚀问题，系统防腐要求高。

A　氨逃逸及烟囱雨的控制

在氨法脱硫工艺中，减少氨的逃逸，主要从以下几方面考虑：

（1）吸收洗涤塔的结构设计。

（2）操作上，控制塔内的反应温度，同时保持塔底吸收液较低的 pH 值。

（3）增加喷淋层数，采取相对较大的液气比。

（4）烟气排出前，喷水洗涤，使残留氨溶于水。

（5）采取合适的烟气流速等。

将塔内氧化改为塔外氧化，也可减少氨的逃逸。因为采用塔内氧化工艺，溶液内亚硫酸铵被氧化成硫酸铵，而硫酸铵没有吸收二氧化硫的能力，这样就减少了溶液内吸收剂的数量，造成脱硫效率下降。为了维持系统脱硫效率，只能多注入氨，造成烟气中逸氨增加；另一方面，为了保证排至副产物干燥系统的溶液内亚硫酸氢铵含量小，也势必要向塔内注入过量氨，来维持一定的高 pH，也造成烟气中逸氨增加。

氨法脱硫过程中会形成气溶胶，其主要成分为硫酸铵液滴式颗粒，气溶胶夹带在烟气中从烟气排出。硫酸铵的逸出影响产品的回收率，直接造成了经济损失，同时形成烟囱雨，造成周边建筑物的腐蚀并影响居民生活，还影响出口烟气颗粒物的达标排放。采取以下措施可减少其排放量：一是合理调节脱硫操作条件以从源头控制气溶胶的形成，如采用稀氨水、较低的脱硫液温度，但该措施同时影响脱硫效果，在实际应用中，需综合考虑脱硫效果和气溶胶形成两方面因素，从中寻求最佳操作条件；二是气溶胶颗粒的去除，其中通过物理或化学的方法使其长大成大颗粒加以脱除是一条重要的技术途径，如应用蒸汽相变原理，在脱硫塔净化后的高湿烟气中添加适量蒸汽，建立蒸汽相变所需的过饱和水汽环境促进细颗粒凝结长大，长大后的颗粒可由除雾器脱除。在脱硫塔出口安装湿式电除尘器，可除去气溶胶颗粒、硫酸盐雾粒微细粉尘，但该工艺在国内氨法脱硫中还未有应用。

B　系统腐蚀问题的控制

氨法脱硫技术工艺的原理是利用氨水等碱性物质作为吸收剂来吸收烟气中的二氧化硫和其他酸性气体，烧结烟气中不但含有大量的 $SO_2$ 气体，还含有 $NO_x$、HCl、HF 等酸性腐蚀气体和粉尘，因此脱硫塔内浆液中会含有 $Cl^-$、$F^-$、$SO_4^{2-}$、$SO_3^{2-}$、$NO_3^-$ 等腐蚀性较强的离子和灰渣。从腐蚀形态看其腐蚀主要表现为点蚀、缝隙腐蚀、磨损腐蚀等局部腐蚀。对于塔内结晶，较高的浆液固含物浓度，其对合金材料和防腐涂料的使用寿命影响也较大。合金材料在腐蚀后都会在表面形成钝化膜，钝化膜的形成可大大降低金属的腐蚀速度，但当脱硫浆液的固含量较高时，在浆液流速较高的部位，固体颗粒冲刷会对合金的钝化膜和防腐涂层造成破坏，加快合金的腐蚀速度，导致防腐涂层失效。脱硫浆液中往往含有一定量 $Cl^-$，$Cl^-$ 对金属钝化膜具有相当的破坏作用，$Cl^-$ 半径小，穿透能力强，因此比其他离子更容易扩散，与金属形成可溶性化合物，破坏钝化膜，加速金属腐蚀。而当其渗入防腐涂层金属基体产生腐蚀时还会引起析氢现象，导致防腐涂层鼓泡，造成腐蚀面积进一步扩大。因此 $Cl^-$ 浓度成为脱硫系统防腐材料选择的主要依据之一。

一般较大直径的吸收塔壳体由碳钢制作，内表面及支撑梁采用衬玻璃鳞片和 FRP 加强的防腐设计。吸收塔入口段干湿界面烟道采用衬镍合金 C-276 防腐。吸收塔内部构件一般采用非金属材料，如喷嘴采用 SiC，喷淋管、扰动管及氧化管采用 FRP，除雾器采用 PP（聚丙烯）。系统主要防腐材质的选择见表 11-2。

表 11-2　脱硫系统主要腐蚀环境及防腐蚀设计

| 位　置 | 腐蚀环境 | 温度/℃ | 防腐蚀设计原则 |
| --- | --- | --- | --- |
| 原烟道至吸收塔入口 | 高温烟气，内有 $SO_2$、$SO_3$、HCl、HF、$NO_x$、烟尘、水汽等 | 130~180 | 一般来说，烟气温度高于酸露点，可以不考虑防腐 |

| 位　　置 | 腐蚀环境 | 温度/℃ | 防腐蚀设计原则 |
|---|---|---|---|
| 脱硫塔入口干湿界面区域 | 喷淋液（硫铵晶体颗粒、$Cl^-$、$F^-$、$SO_4^{2-}$、$SO_3^{2-}$、$NO_3^-$ 等），湿烟气 | 110～150 | pH=4～6，会严重结露，洗涤液易富集、结垢，腐蚀条件恶劣，采用 C276 合金钢板防腐，或敷设耐酸砖 |
| 脱硫塔浆液池内 | 大量的喷淋液（硫铵晶体颗粒、$Cl^-$、$F^-$、$SO_4^{2-}$、$SO_3^{2-}$、$NO_3^-$ 等） | 45～60 | pH=4～6，有颗粒物的摩擦、冲刷，采用加厚玻璃鳞片防腐 |
| 浆液池上部、喷淋层及支撑梁、除雾器区域 | 喷淋液（硫铵晶体颗粒、$Cl^-$、$F^-$、$SO_4^{2-}$、$SO_3^{2-}$、$NO_3^-$ 等），过饱和湿烟气 | 45～55 | pH=4～6，有颗粒物的摩擦、冲刷，温度低于酸露点，采用玻璃鳞片防腐 |
| 烟囱 | 水汽、残余的酸性物 $SO_2$、$SO_3$、$HCl$、$HF$ 等 | 约60 | 会结露、结垢，采用复合钛板或是玻璃鳞片 |
| 循环泵及附属管道 | 喷淋液（硫铵晶体颗粒、$Cl^-$、$F^-$、$SO_4^{2-}$、$SO_3^{2-}$、$NO_3^-$ 等） | 45～55 | 有颗粒物的严重摩擦、冲刷，管道采用衬胶管道，泵叶轮及壳体采用双相钢如 2205 或 2507 |
| 硫铵浆液处理系统 | 硫铵浆液（硫铵晶体颗粒、$Cl^-$、$F^-$、$SO_4^{2-}$、$SO_3^{2-}$、$NO_3^-$ 等），pH<7 | 20～55 | 有颗粒物的严重摩擦、冲刷，管道采用衬胶管道防腐，设备内部采用双相钢如 2205 或 2507 |
| 其他如排污坑、地沟等 | 各种浆液，一般 pH<7 | <55 | 采用玻璃钢 |

氨法烟气脱硫设备选用了多种耐腐蚀金属材料，包括 C-276、2205、1.4529、钛钢复合板、316L 等。实验表明镍合金 C-276、双相不锈钢 2205、超级奥氏体不锈钢 1.4529 在 pH 5.0～6.3，温度 49～69℃时，即使是较高的 $Cl^-$ 浓度也显现出良好的耐腐蚀性，虽然价格较高，但在脱硫腐蚀最严重的区域仍具有无法替代的优势。

### 11.2.2.4　主要设备及功能

根据工艺和功能划分，可以把氨法烟气脱硫装置分为以下系统：

氨水制备及输送系统、烟气系统、$SO_2$ 吸收系统、硫铵系统、除渣系统、排放系统、工艺水系统、进出口烟气在线监测系统。

A　氨水制备及输送设备

脱硫吸收剂为氨水，氨水来源为外购液氨或焦化氨水。若外购液氨，需设置液氨稀释设备，液氨通过槽车运送，通过液氨稀释设备（氨吸收器）直接制备为浓度 20% 左右的氨水，储存在氨水槽中备用。因液氨是危险化学品，液氨稀释过程反应较剧烈，所以该岗位需有危险化学品操作证。

为保证配制合格的氨水，本系统应设置软化水和循环水处理设备。软化水用于和液氨混合反应，生成氨水。软化水制备可采用离子交换技术，通过树脂上的功能离子与水中的钙、镁离子进行交换，从而吸附水中多余的钙、镁离子，达到去除水垢（碳酸钙或碳酸镁）的目的。树脂用于交换水中的钙镁离子，用高浓盐水通过树脂挤掉树脂上的钙、镁离子，将交换离子全部恢复成钠离子，树脂便恢复再生。系统配备了除铁器，是为了防止水中的铁离子浓度过高，导致树脂中毒。制备的软化水储存在软水槽中备用。软化水用泵送往氨吸收器，与液氨混合，因液氨稀释是放热过程，需用循环冷却水带走热量，降低氨水温度。

氨水通过氨水泵及配套管道和控制系统泵入扰动管道（或浆液循环泵）入口，进入吸收塔。

其主要设备有氨吸收器、氨水槽、氨水泵、软水制备设备、软水泵、软水槽、循环冷却泵、冷却塔。

B  烟气系统

从烧结主引风机出来的烟气一般合并后通过增压风机（1台）进入脱硫吸收塔，在脱硫塔内经浆液的洗涤，脱除 $SO_2$，然后通过除雾装置除去雾滴后排入大气。为了保证在停运或检修时，烧结机能正常、安全可靠运行，烟气系统设有旁路烟道，同时在旁路烟道、脱硫烟道上分别加装隔离挡板。脱硫烟道挡板和旁路挡板设置密封风机和密封风加热器，确保挡板的密封性。

主要设备有增压风机、脱硫烟道挡板门、旁路烟道挡板门、挡板门密封风机。

脱硫装置安装运行后，烟气要经过脱硫塔后再进入烟囱排入大气。由于烟气流程增长，原设计的烧结主引风机的压升已不足以克服脱硫装置所增加的阻力并满足脱硫工艺的要求，因而在脱硫系统中必须设置增压风机。当然，若是同步设计烧结系统和脱硫系统，可考虑烧结主引风机的选型同时满足脱硫工艺需要。但从生产操作角度考虑，一般都是脱硫系统另外设置增压风机。

增压风机的基本类型有离心风机和轴流风机。对于大型烧结机，因风量大，一般选择轴流风机，轴流风机可分为静叶可调轴流风机和动叶可调轴流风机。静叶可调风机通过进口导叶调节改变风压、风量。静调风机的结构比较简单，维护量少。动调风机的叶片角度可依靠液压调节机构进行调节，改变风压、风量。液压调节系统可以在运行中调节动叶片的安装角，改变风机特性使之与工况相适应，风机运行的高效区范围大。但动叶片的磨损情况要比其他形式的风机严重，维护检修量大。

C  $SO_2$ 吸收系统

$SO_2$ 吸收系统的功能是对烟气进行洗涤，脱除烟气中的 $SO_2$，同时去除部分粉尘，并有一定的脱硝功能，浓缩吸收 $SO_2$ 生成的硫酸铵浆液。

对于单塔脱硫，烟气从吸收塔中部进入，首先经过喷淋区，一般配有 2～4 层喷淋层，每层喷淋层都配有一台与喷淋组件、管道相连接的吸收塔循环泵，喷淋层及喷嘴的设计要保证吸收塔内150%～200%以上的吸收浆液覆盖率。喷淋管采用玻璃钢缠绕管道，树枝状结构，喷嘴均匀分布在喷淋管上。喷淋层上部是除雾器，一般设置两级除雾器，配有冲洗管道及喷嘴，定期进行冲洗，保证除雾器表面清洁。吸收塔的除雾设计是非常重要的，要缓解烟囱雨及硫酸铵的逃逸。烟气最后由吸收塔塔顶烟囱直接排出或是通过落地烟囱排放，烟囱需防腐。

对于双塔塔外结晶工艺，还配置有浓缩降温塔。原烟气通过增压风机增压后首先进入浓缩降温塔，在浓缩降温塔内原烟气与喷淋浆液（一般1层喷淋）发生热量交换从而使浆液的水分蒸发达到初步浓缩的目的。降温后的原烟气通过塔间除雾器后进入脱硫吸收塔，为提高反应接触面积及气流均布效果，塔内设置填料层，一般设置 2～3 层浆液喷淋。为了减少净烟气中硫酸铵的夹带，喷淋层上部还可设置 1 层水洗层，洗涤烟气中硫酸铵及氨。吸收塔浆液密度控制在 $1.05～1.08g/cm^3$，其浆液泵往浓缩塔。浓缩降温塔浆液密度控制在 1.15～

$1.2g/cm^3$，因洗涤了烟气中部分粉尘，浆液抽出过滤或沉淀后送往蒸发结晶系统制备成品硫酸铵。

脱硫剂氨水一般被注入吸收塔底部浆液池中，与浆液中亚硫酸氢铵反应生成亚硫酸铵。浓缩降温塔也需注入一定量的氨水调节浆液 pH。

吸收塔配备氧化空气系统，由氧化风机和氧化布气装置组成，把吸收所得的亚硫酸铵氧化成硫酸铵。

若是单塔塔内结晶，需配置扰动喷管或搅拌器，使浆液池中的固体结晶颗粒和灰渣保持悬浮状态，防止沉积，一般需连续运转。双塔工艺的浓缩降温塔和吸收塔也配置扰动喷管或搅拌器，主要是防止灰渣沉积，一般无需连续运转。

单塔空塔喷淋吸收塔内部从上至下依次布置除雾器、浆液喷淋管、浆液氧化管道和扰动管道。填料塔吸收塔内部从上至下依次布置除雾器、浆液喷淋管、填料层、浆液氧化管道和扰动管道。浆液喷淋层与除雾器间可加设水洗层，对烟气进行工艺水的喷淋，进一步降低净烟气中硫酸铵的夹带。因浆液腐蚀性强，大直径塔体一般采用碳钢衬玻璃鳞片，小直径塔体可用玻璃钢，塔内构件采用玻璃钢、PP 等非金属材料。

采用单塔塔内结晶工艺，吸收塔浆液经排出泵抽出直接送入硫酸铵制备系统，进行固液分离，生产硫酸铵成品，分离出的溶液送往灰渣去除系统。若是双塔工艺，吸收塔的浆液送往浓缩降温塔，浓缩降温塔的浆液经排出泵送往灰渣去除系统，清液送往蒸发结晶系统，生产含硫酸铵晶体的高浓度溶液，再进行固液分离，生产硫酸铵成品。因是浆液先去除灰渣，再蒸发结晶，所以硫酸铵成品颜色较白，且晶体颗粒较大。

主要设备：浓缩降温塔、吸收塔、浆液循环泵、氧化风机、扰动泵、排出泵。

D　硫铵制备设备

对于单塔塔内结晶工艺，吸收塔浆液（过饱和溶液，含有硫酸铵固体）抽出后经过水力旋流器、离心机、干燥机，得到硫酸铵成品。一般吸收塔浆液含 5% 硫酸铵固体，经一级旋流后底流浆液含 15% 硫酸铵固体，经二级旋流后底流浆液含 50% 硫酸铵固体，再经离心后，得到含水率 5% 的硫酸铵固体，通过振动流化床干燥机热风干燥后，得到水分含量小于 1% 的硫酸铵成品，称量包装送入成品库。振动流化床干燥机的工作原理是给风机将过滤后的空气输入加热器，经加热的空气，进入干燥机主机相应的风腔内，然后再通过流化床的流化风孔由下而上垂直吹入被干燥的物料，使物料显沸腾状。物料均匀地输送至主机的进料口，主机在振动的激振力作用下产生定向的均匀振动，使物料跳跃前进，被干燥的物料在上述热气和机器振动综合作用下，形成流态化状态，翻滚向前运动。这样就使物料与热空气接触时间长、面积大，因而获得高效率的干燥效果。主机上腔形成的湿气，由引风机抽出，经除尘器（一般为两级除尘：旋风除尘器、水浴除尘器）将湿气中所含的物料回收，废湿气通过引风机排入大气。旋流器顶流液及离心机母液进入过滤液箱，滤除其中粉尘后，清液回吸收塔。

主要设备有初级旋流器、二级旋流器、离心机、干燥机、包装机。

对于双塔塔外蒸发结晶工艺，浓缩塔塔底浆液为浓度 30%～40%（不饱和溶液）的硫酸铵溶液，由泵送出，先进入过滤器或沉淀池去除其中所含杂质，然后清液进入蒸发结晶系统。首先进入加热蒸发器，在下部加热器中利用低压蒸汽进行加热，加热后直接进入上部蒸发器，真空条件下进一步蒸发浓缩至 40%～45% 的浓溶液。蒸发浓缩后的硫铵浓溶液，通过管道自流进入结晶系统。结晶系统由结晶器、硫铵加热器、结晶器循环泵、结晶器反冲循环泵、硫铵出料泵等组成。结晶器、硫铵加热器、结晶器循环泵通过管道连接，构成大流量的循环加热系统。结晶器上部的饱和硫铵溶液通过结晶器循环泵输送到硫铵加热器中加热，再回到结晶器真空环境中蒸发结晶。硫铵加热器中主要的加热热源为来自加热蒸发器的二次蒸汽。硫铵出料泵将结晶器中产生的硫铵结晶连续输出，送至旋流器、离心机、干燥机脱除水。

主要设备如下：

（1）蒸发加热器。蒸发加热器主要由下部加热器和上部蒸发器两大部分构成。加热器为管式加热器，管程内介质为硫铵溶液，壳程内工作介质为低压蒸汽及其凝结水。上部蒸发器内工作介质为硫铵溶液及其二次蒸汽。一般设备壳体采用316L不锈钢，换热管采用2205、2507不锈钢或是更高材质。

（2）硫铵加热器。硫铵加热器为管式汽液加热器。管程介质为硫铵溶液，壳程工作介质为低压加热蒸汽，主要为蒸发加热器来的二次蒸汽。设备本体采用316L不锈钢，换热管采用2205或是2507不锈钢。

（3）结晶器。结晶器是生产大颗粒硫铵的关键设备，不饱和的硫铵母液在结晶器内，通过控制浓度和温度，加强搅拌，可以使母液变成过饱和溶液，形成硫铵晶体沉淀下来，从而使小颗粒结晶或晶核变成大颗粒结晶。

E　除渣系统

塔内浆液喷淋，对烟气进行洗涤，脱除烟气中$SO_2$的同时去除部分粉尘，所以浆液中有一定灰渣含量。浆液中灰渣富集，不仅影响硫酸铵产品品质，且对设备造成磨损，加剧腐蚀，所以需设置除渣系统。浓缩塔内硫铵溶液经过泵提升后，进入沉淀罐内，可设置沉淀罐2个，轮流切换使用。浆液在沉淀罐内静置自然沉淀，上清液重力流入缓冲池，缓冲池内的硫铵溶液再经提升泵输送至硫铵溶液储罐内。采用气动隔膜泵将沉淀罐罐底污泥输送至板框压滤机进行脱水，脱水后的污泥送回烧结车间二次利用。沉淀罐罐底污泥也可经水洗后，降低其中硫酸铵的含量，灰渣污泥直接送回烧结车间。

若是单塔塔内结晶，在塔内溶液经旋流、离心固液分离后，可将分离出的浆液送往沉淀池，沉淀后的清液回吸收塔。

F　工艺水系统

工艺水主要用于塔补水，除雾器冲洗用水，增压风机、氧化风机和其他设备的冷却水及密封水以及溶液输送设备、输送管路、储存箱的冲洗水，并回收利用。

G　排放系统

设置事故浆液箱，用来储存停运检修期间吸收塔浆液池中的浆液。事故浆液池的容量应满足吸收塔检修排空和其他浆液排空的要求，并作为吸收塔重新启动时的硫铵晶种。

H　进出口烟气在线监测系统

脱硫系统安装的CEMS系统，分别装在FGD入口、FGD出口、旁路烟囱入口，检测数据直接传送至环保网。

I　设备、管道防腐

常温浆液管道一般采用玻璃钢管、钢骨架塑料管或碳钢管衬胶等非金属材料，蒸发结晶的管道因有高温，采用316L、双相不锈钢或是钛管。

吸收塔壳体由碳钢制作，内表面及支撑梁采用衬鳞片的防腐设计。塔体较小的可用整体玻璃钢塔。吸收塔内部构件采用非金属材料制造，如喷嘴SiC，喷淋管FRP，除雾器PP。

设备基础表面采用耐酸砖防腐。为防止泄漏液体散排，可在基础周围设置围堰，围堰内采用耐酸砖防腐。

### 11.2.2.5　使用维护要求

A　操作使用要求

(1) 只有脱硫入口烟风温度<180℃，才能启动脱硫风机，以免烟气温度高，损坏塔内防腐鳞片及非金属构件。

(2) 为保护吸收塔衬里不被高温烟气破坏，增压风机运行与吸收塔循环泵连锁，只有启动了循环泵，才能启动增压风机。

(3) 脱硫系统启动时，用事故浆液箱中的硫铵溶液或者工艺水加注到吸收塔或浓缩塔，塔内液位一定时，才可启动扰动泵、循环泵（设置了低液位连锁）。

(4) 吸收塔液位保持在规定区间运行。液位太高，形成溢流；液位太低，塔内有烟气从溢流口溢出，且不利于脱硫效率的稳定。

(5) 除雾器冲洗必须在吸收塔液位小于一定值时进行。除雾器上下压差大于一定值（一般100~200Pa，根据除雾器结构形式不同而略有不同）时需冲洗，除雾器冲洗水压为0.2MPa。

(6) 控制吸收塔浆液密度在一定范围。对于单塔塔内结晶系统，当浆液密度达到$1.25g/cm^3$时，观察浆液晶体情况，开启排出泵送往硫铵制备系统或事故浆液箱；对于双塔塔外蒸发结晶系统，吸收塔浆液密度保持在$1.05~1.08g/cm^3$，浓缩塔浆液密度保持在$1.15~1.18g/cm^3$，浓缩塔浆液泵往灰渣沉淀池，沉淀后的清液送往蒸发结晶。

(7) 在脱硫入口烟道上设置压力传感器，当烧结生产波动时，会影响压力变化，根据压力变化调节脱硫风机。当波动较大时，旁路挡板门自动开启，不会影响烧结生产。

(8) 使用液氨稀释器制备氨水，需有危险化学品操作证。

(9) 正常运行时塔内浆液pH为5~6，氨水供应量可根据pH、入口烟气流量、$SO_2$浓度、脱硫率及氨水浓度联合进行调节。

(10) 脱硫设备停机时，应进行冲洗与清理。

B　卸氨作业安全要求

(1) 因氨有易燃易爆特性，要严格执行动火证管理规定，动火前要确认现场无氨泄漏，动火部位氨已排净；

(2) 卸氨时周围区域进行封道，并悬挂警示语；

(3) 卸氨时，卸氨场所必须避免明火，不能使用会产生静电的一切物品，现场应符合有关防火、防爆规定的要求，并配备一定量的防毒面具、防护服、防护手套、灭火器、沙土等防护、消防器材；

(4) 出现雷雨天气或附近有明火、易燃、有毒介质泄漏及其他不安全因素时，禁止卸氨作业；

(5) 维护保障急救呼吸用具、防护用品及消防器材的完整有效，现场准备食醋、硼酸溶液等冲洗皮肤或口服；

(6) 确认地面无油污、水渍及杂物，发现氨水箱及管道泄漏，岗位人员应穿戴好劳保用品及空气呼吸器，确认泄漏点的位置并进行抢修，并向上报告泄漏情况，泄漏出的氨水、溶液应及时清除（如设置围堰和收集箱）。

### 11.2.2.6　单塔塔内浓缩结晶与双塔塔外蒸发结晶的比较

对单塔塔内浓缩结晶和塔外蒸发结晶的脱硫工艺进行对比分析，可得出结论：双塔塔外蒸发结晶工艺优于单塔塔内浓缩结晶工艺（见表11-3）。

表11-3　单塔塔内结晶与双塔塔外结晶工艺比较

| 项目 | 单塔塔内浓缩结晶工艺 | 双塔塔外蒸发结晶工艺 |
|------|--------------------|--------------------|
| 工艺流程设置 | 单塔吸收、空塔喷淋、塔内结晶。<br>优点：流程设置简单；吸收塔采用空塔喷淋，内部无填充物，塔内结构简单，阻力低，避免了填料塔长期运行后需要清洗、拆换填料的弊端；塔内结晶，充分利用原烟气能量，烟气的余热得到充分的利用，节约能源，同时避免了因塔外蒸发结晶带来的腐蚀问题；占地面积小，设备少，投资省，维修费用低。<br>缺点：塔内浆液浓度高，烟气夹带硫铵逃逸量较大，硫铵产品回收率相对较低，对周围设备的腐蚀相对严重；浆液固含物较高，加剧了设备的冲刷、磨损和腐蚀；硫铵晶体颗粒细小 | 双塔（浓缩塔、吸收塔）、吸收塔内设置填料。<br>优点：液气比较小，循环浆液量小，有利于降低电耗；有利于浆液的过滤，以除去浆液中的粉尘，减少设备磨损，提高硫酸铵品质；吸收塔内设置填料，可以改善气流分布，强化气液接触，提高吸收效果。<br>缺点：因烟气中含有粉尘，硫铵溶液容易结晶，与高温烟气接触后容易局部结晶，容易在填料上结垢；占地大、投资大；蒸发结晶设备防腐要求高，蒸汽能耗较高 |
| 粉尘过滤 | 将旋流顶液和离心机出口液体进行过滤，能有效去除浆液中的大部分粉尘，但仍有部分粉尘在旋流、离心固液分离时混入硫酸铵晶体颗粒中 | 将浓缩塔塔底液体抽出先进行过滤，过滤纯净液送至蒸发结晶器，粉尘去除效率较高 |
| 硫铵回收 | 将塔内含结晶的浆液抽出经过旋流、离心、干燥和包装后，硫铵成品出厂。<br>优点：硫铵在塔内结晶，充分利用原烟气能量，节约能源；旋流、离心、干燥和包装都在常温状态下进行，常温状态下硫铵浆液的防腐处理易解决。<br>缺点：灰尘颗粒进入硫铵副产品中，影响副产品的品质。副产品为粉末状，颗粒度一般为0.3mm左右 | 通过将过滤后的浓缩塔底溶液送至蒸发结晶器蒸发结晶、离心、干燥和包装后，硫铵成品出厂。<br>优点：硫铵质量较好，不饱和浆液先沉淀，去除灰渣后再蒸发结晶，产品杂质含量低。结晶系统设置了颗粒分级选择系统，控制结晶出料颗粒的大小，使副产品结晶颗粒达到1～2mm。<br>缺点：硫铵溶液蒸发结晶，要消耗大量的蒸汽；硫铵浆液在高温下的防腐问题对材质要求高 |
| 对气溶胶及硫铵损失的控制 | 由于塔内结晶循环溶液浓度高（46%以上），烟气携带雾滴铵盐浓度也非常高，采用折流板等常规除雾器对25μm以下微小雾滴的除雾效率非常低，细颗粒被烟气携带外排，形成气溶胶污染，同时还损失一定硫铵 | 双塔系统，可以分别控制两塔循环溶液的浓度和pH。脱硫塔循环溶液浓度低、pH稍高，脱硫塔中总盐浓度低，脱硫净烟气夹带铵盐损失相对较低 |
| 氧化效果 | 由于循环溶液浓度高，氧化困难，需设置氧化风机 | 脱硫塔循环溶液浓度低、pH稍高，氧化速度快，氧化率高，利用烟气中的氧气即可高效氧化。有不设氧化风机的成功实例 |
| 循环泵电耗 | 循环浆液量大，循环泵电耗高；因为塔内有大量结晶，需长期运转浆液扰动泵，增加电耗 | 循环浆液量小，循环泵电耗相对低；扰动泵无需长期运转 |

### 11.2.2.7　工程实例

柳钢第一台烧结烟气脱硫设施采用氨－硫铵法工艺，单塔塔外结晶方式，但初期出现不少问题：烟囱只有60m高，导致办公楼区域气味难闻；硫铵间设备腐蚀厉害；需要定期清理塔内积料等。为此柳钢与合作方开展攻关，之后又建成2套，并做了大量改进：单塔改双塔；双塔之间加装除雾器；60m烟囱升到100m；灰渣处理由过滤方式改为自然沉降方式等。柳钢还投资将焦化废氨水全部改为"磷酸吸附法"工艺制取，废除焦化硫铵车间，将回收的（8%～10%）氨水全部供给烧结厂用于脱硫，现在烧结脱硫不用外购液氨，实现了"以废治废、循环经济"的目标。柳钢在建设$2 \times 360m^2$烧结机时，同步建成2套$360m^2$烧结烟气脱硫装置，进一步改进优化了氨法脱硫工艺，设置了150m独立套筒式烟囱，大幅改善了烟囱雨。

其他应用实例主要有：杭钢、日钢、南钢、普（阳）钢、安钢、攀钢西昌、邢钢、武钢等大中型烧结机。

### 11.2.3　其他湿法脱硫工艺

石灰石－石膏法和氨法是两种应用最广泛的湿法脱硫工艺，但脱硫工艺有多种，其他湿法工艺也有工程应用。

#### 11.2.3.1　双碱法

钠碱法脱硫主要是电解 $NaCl$ 生成 $NaOH$ 来吸收烟气中 $SO_2$，产生 $NaHSO_3$、$Na_2SO_3$，通过不同的回收工艺可回收 $SO_2$、$H_2SO_4$ 和单质硫。但该工艺一次性投资及运行费用高，市场竞争力不强。双碱法脱硫工艺是钠碱法的改进方法，该工艺以钠碱作为脱硫剂，以钙碱作为置换剂，置换钠碱，循环使用，降低了运行成本。

双碱法脱硫工艺原理为：在脱硫塔内，以钠碱 $NaOH$ 作为第一吸收碱液，吸收烟气中 $SO_2$，生成 $NaHSO_3$ 和 $Na_2SO_3$ 溶液，然后该溶液在塔外用石灰 $Ca(OH)_2$ 反应，再生成第一碱液 $NaOH$，第一碱液再返回碱液池，第一碱液不断地被循环使用，只需补充添加部分钠碱。石灰作为主要消耗物，在塔外反应生成 $CaSO_3$，$CaSO_3$ 经氧化后生成 $CaSO_4 \cdot 2H_2O$ 沉淀，即石膏，沉淀物经压滤机处理外运。反应方程式如下。

A　吸收反应（在脱硫塔中进行）

$$SO_2 + H_2O \longrightarrow H_2SO_3$$

$$2NaOH + H_2SO_3 \longrightarrow Na_2SO_3 + 2H_2O$$

$$Na_2SO_3 + H_2SO_3 \longrightarrow 2NaHSO_3$$

$$2Na_2SO_3 + O_2 \longrightarrow 2Na_2SO_4$$

该过程中由于使用钠碱作为吸收液，因此吸收系统中不会生成沉淀物。此过程的主要副反应为氧化反应，即生成 $Na_2SO_4$。

B　再生过程

$$CaO + H_2O \longrightarrow Ca(OH)_2$$

$$2NaHSO_3 + Ca(OH)_2 \longrightarrow Na_2SO_3 + CaSO_3 \cdot \frac{1}{2}H_2O + \frac{3}{2}H_2O$$

$$Na_2SO_3 + Ca(OH)_2 + \frac{1}{2}H_2O \longrightarrow 2NaOH + CaSO_3 \cdot \frac{1}{2}H_2O$$

C　氧化反应

$$CaSO_3 \cdot \frac{1}{2}H_2O + \frac{1}{2}O_2 + \frac{3}{2}H_2O \longrightarrow CaSO_4 \cdot 2H_2O$$

除尘后的烟气从脱硫塔底部进入，借助塔板旋流叶片的导向作用，形成旋转上升气流，与喷淋浆液充分接触，发生吸收反应，生成亚硫酸钠和亚硫酸氢钠溶液，从塔底排出，经排水沟进入再生氧化池。在排水沟添加石灰液，以利钠碱和钙碱的置换反应。在再生氧化池中鼓入空气，将 $CaSO_3$ 氧化成 $CaSO_4$。置换出的 $NaOH$ 溶液入碱液池循环利用。在碱液池设有 pH 检测，根据 pH 及时补充 $NaOH$。

由于钠碱的碱性强，溶解度大，反应活性大于石灰石或石灰，只用较低的液气比就可达到较高脱硫效率，对高硫烟气处理效果更明显。钠碱与钙碱的置换反应是水溶液的置换反应，可有效利用钙基脱硫剂。吸收剂的再生和脱硫渣的沉淀发生在塔外，减少了塔内结垢的可能性，因此可用高效的板式塔或填料塔代替空塔的喷淋塔，从而减少吸收塔尺寸及液气比。缺点是 $Na_2SO_3$ 氧化成副产物 $Na_2SO_4$ 较难再生，需不断向系统补充 NaOH 或 $Na_2CO_3$ 而增加碱的耗量。另外，$Na_2SO_4$ 的存在也降低了石膏的质量。

该技术在山东球墨铸铁 $52m^2$ 烧结机使用，并在石钢、广钢和凌钢得到应用，目前都是较小型烧结机。

### 11.2.3.2　镁法

镁法脱硫氧化镁再生的烟气脱硫工艺最早由美国开米科基础公司（Chemico—Basic）于 20 世纪 60 年代开发成功；70 年代，日本开始有商业镁法脱硫系统投入使用。80 年代后期，我国台湾地区从日本引进第一套镁法脱硫技术。随后镁法脱硫获得了较为广泛的应用。

镁法脱硫的基本原理是采用菱镁矿（主要成分为碳酸镁）经过煅烧生成的氧化镁作为脱硫吸收剂，将氧化镁通过浆液制备系统制成氢氧化镁过饱和液，在脱硫吸收塔内与烟气充分接触，烟气中的二氧化硫与浆液中的氢氧化镁进行化学反应生成亚硫酸镁，从吸收塔排出的亚硫酸镁浆液经脱水处理后供综合利用，工艺流程如图 11-8 所示。其副产物的处理工艺可以分为抛弃法和回收法。如果脱硫装置规模小，副产品产生量也小，大多采用抛弃法，抛弃法流程简单。回收法有两种，一种是生成亚硫酸镁后，将溶液提纯，然后进行浓缩、干燥，干燥后的亚硫酸镁在 850℃ 煅烧重新生成氧化镁和二氧化硫，煅烧生成的氧化镁再返回吸收系统，收集的纯度较高的二氧化硫气体被送入硫酸装置制硫酸，该工艺流程复杂，投资较大。另一种是生产七水硫酸镁晶体，但制取七水硫酸镁需进行氧化、脱水、蒸发结晶、干燥等一系列工作，投资也较大，而且由于烧结烟气中粉尘含量较多，不易过滤，很大程度上影响了副产品的品质。因为副产物后续处理工艺复杂并且一次投资成本高，所以国内一些运营商采用抛弃法。

镁法脱硫过程中发生的主要化学反应如下。

（1）制备脱硫剂，将 MgO 溶解于水中制成 $Mg(OH)_2$ 溶液：

$$MgO + H_2O \longrightarrow Mg(OH)_2$$

$$MgO + 2CO_2 + H_2O \longrightarrow Mg(HCO_3)_2$$

（2）使烟气中的 $SO_2$ 溶解于水（循环浆液）中：

$$SO_2 + H_2O \longrightarrow H_2SO_3$$

$$H_2SO_3 \longrightarrow HSO_3^- + H^+$$

$$HSO_3^- \longrightarrow H^+ + SO_3^{2-}$$

（3）进行化学反应，吸收溶解的 $SO_2$：

$$Mg(OH)_2 + SO_2 \longrightarrow MgSO_3 + H_2O$$

$$MgSO_3 + H_2O + SO_2 \longrightarrow Mg(HSO_3)_2$$

$$MgO + Mg(HSO_3)_2 \longrightarrow 2MgSO_3 + H_2O$$

镁法脱硫与石灰石 - 石膏法等钙法脱硫工艺相近。在镁矿资源丰富的地区，可考虑选用镁法脱硫。在我国台湾地区，由于石灰法脱硫副产物抛弃困难，氧化镁脱硫应用广泛，副产物硫酸镁溶液直接排海。

2008 年，广东韶钢 $105m^2$ 烧结机引进日本技术建成国内首套烧结烟气氧化镁法脱硫工程。之后，河北唐山国丰（$2 \times 132m^2$）、河北敬业（$2 \times 105m^2$）、河北唐钢中厚板（$210m^2$）等公司烧结厂皆建成回收七水硫酸镁的氧化镁法脱硫工艺。韶钢另外 2 台 $360m^2$ 烧结机回收七水硫酸

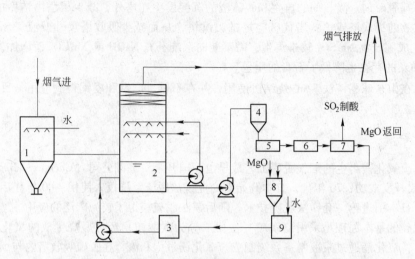

图 11-8　氧化镁脱硫工艺流程

1—预洗涤器；2—吸收塔；3—浆液池；4—浓缩池；5—脱水机；6—干燥机；
7—煅烧炉；8—储仓；9—熟化池

镁的脱硫项目目前正在建设中。

### 11.2.3.3　钢渣（FeO-MgO-CaO）法

　　从资源循环利用的角度，需要开发出利用工业固废物作为吸收剂的脱硫技术。钢渣法烟气脱硫技术就是利用炼钢转炉渣作为吸收剂，其脱硫产物可用于盐碱地改造或水泥添加剂。

　　钢渣主要由钙、铁、硅、镁和少量铝、锰、磷等的氧化物组成。主要的矿物相为硅酸三钙（$3CaO \cdot SiO_2$）、硅酸二钙（$2CaO \cdot SiO_2$）、钙镁橄榄石（$CaO \cdot MgO \cdot SiO_2$）、钙镁蔷薇辉石（$3CaO \cdot RO \cdot 2SiO_2$）、铁铝酸钙（$2CaO \cdot xAl_2O_3 \cdot (1-x)Fe_2O_3$）以及铁、硅、铝、锰、磷的氧化物形成的固溶体，还含有少量游离氧化钙以及金属铁、氟磷灰石等。钢渣中各种成分的含量因炼钢炉型、钢种以及每炉钢冶炼阶段的不同，有一定差异。

　　钢渣法脱硫是粉状钢渣用水调制成的浆液（碱性溶液），在吸收设备中与烟气中的 $SO_2$ 反应生成稳定的化合物，以达到烟气脱硫的目的。钢渣中游离的氧化钙、氧化镁、氧化锰参与反应吸收；硅酸三钙（$3CaO \cdot SiO_2$）、硅酸二钙（$2CaO \cdot SiO_2$）水化反应生成 $Ca(OH)_2$ 参与反应吸收；钙镁橄榄石（$CaO \cdot MgO \cdot SiO_2$）、钙镁蔷薇辉石（$3CaO \cdot RO \cdot 2SiO_2$）、铁铝酸钙（$2CaO \cdot xAl_2O_3 \cdot (1-x)Fe_2O_3$）等矿物分解，参与吸收反应，生成亚硫酸盐和硫酸盐。

　　唐山德龙钢铁 230m² 烧结机采用该脱硫工艺，所用钢渣为湿磨法选铁后的渣浆，既解决了选铁渣浆的处理问题，又节省了脱硫剂的费用。

### 11.2.3.4　有机胺法

　　有机溶剂脱除二氧化硫的思想起源于 20 世纪初，早在 1940 年 Gleason 就申请了二甲基苯胺脱硫工艺的专利，其后有机溶剂在脱除硫化氢方面取得了巨大进展，但直到 1991 年 Heusel and Bellaniti 提出以四乙二醇二甲醚为溶剂脱除二氧化硫后，有机溶剂脱除二氧化硫才真正实现工艺化。

　　A　有机胺烟气脱硫基本原理

　　在水溶液中，溶解的 $SO_2$ 会发生可逆水合和电离过程：

$$SO_2 + H_2O \longrightarrow HSO_3^- + H^+$$
$$HSO_3^- \longrightarrow H^+ + SO_3^{2-}$$

在水中加入缓冲剂，可以增加 $SO_2$ 的溶解量。例如有机胺，通过和水中的氢离子发生反应，形成胺盐，反应式如下：

$$R_3N + SO_2 + H_2O \longrightarrow R_3NH^+ + HSO_3^-$$

增大了 $SO_2$ 的溶解量。采用蒸汽加热，可以再生吸收剂，得到高浓度的 $SO_2$ 气体，再对 $SO_2$ 进行回收利用。

一元胺的吸收功能过于稳定，以至于无法通过改变温度再生 $SO_2$，一旦一元胺与 $SO_2$ 或其他的强酸发生化学反应便生成一种非常稳定的胺盐。二元胺在烟气脱硫上具有更大优势，二元胺在工艺过程中首先与一种强酸发生反应：

$$R_1R_2N - R_3 - NR_4R_5 + HX \longrightarrow R_1R_2NH^+ - R_3 - NR_4R_5 + X^-$$

式中，$X^-$ 为强酸根离子，反应式右边的单质子胺基是一种非常稳定的盐，不能通过改变温度再生。另一个胺基是强基胺，其化学性能不稳定，能与 $SO_2$ 发生化学反应，且在不同的温度下可以再生，反应式如下：

$$R_1R_2NH^+ - R_3 - NR_4R_5 + SO_2 + H_2O \longrightarrow R_1R_2NH^+ - R_3 - NR_4R_5H^+ + HSO_3^-$$

化学平衡和再生之间的关系是有机胺烟气脱硫的精华之所在。

B 工艺流程

烟气经除尘降温后进入吸收填料塔，与喷淋浆液逆流接触，发生脱硫反应。吸收 $SO_2$ 的溶液称为富液，从吸收塔底经富液泵加压后进入贫富液换热器，与热贫液换热后进入再生塔再生。富液在再生塔经过填料层后进入再沸器，继续加热再生成贫液，从再生塔底出来的贫液经贫富液换热器降温，部分溶液进入吸收剂净化系统进行热稳定性盐的净化处理，降温和除杂后的贫液重新进入吸收塔。从再生塔解吸出的 $SO_2$ 随同蒸汽由再生塔塔顶引出，进入多级冷凝器，冷却后的 $SO_2$ 气体进入制酸单元。

有机胺烧结烟气脱硫，目前只在莱钢 $265m^2$（2007 年投运）烧结机应用。该工艺一次性投资较大，运营成本较高，能耗高；对烟气含尘量要求较高；脱硫剂有机胺价格贵，且为易燃、有毒、有腐蚀性的危险品，系统防腐要求较高。

有机胺脱硫技术需解决以下两个方面问题，才能推广应用。

(1) 开发新型的有机胺脱硫剂，向复合胺的方向发展，对二氧化硫具有更大的吸收量和选择性。

(2) 对有机胺脱硫的工艺参数进行研究，开发出更高效率、更低能耗的脱硫设备，以及高效率低价格的脱硫剂，使有机胺脱硫法对传统的湿法脱硫具有更大的经济技术优势。

### 11.2.3.5 海水法

海水脱硫技术是利用天然纯海水作为烟气中二氧化硫的吸收剂，无需其他脱硫剂，也不产生任何废弃物，是一种新型的脱硫技术。

海水呈碱性，pH 通常约为 7.5～8.5，海水中含有一定量的可溶性碳酸盐，使得海水具有天然的酸碱缓冲能力，这也正是海水脱硫的关键。海水对酸性气体如 $SO_2$ 具有非常强的吸收中和能力，$SO_2$ 被海水吸收后的最终产物为可溶性硫酸盐，而可溶性硫酸盐为海水的天然成分。

烟气中的 $SO_2$ 被海水吸收生成 $SO_3^{2-}$ 与 $H^+$，$H^+$ 浓度增加，使得海水的 pH 降低；另一方面，海水中存在的 $CO_3^{2-}$ 离子与 $H^+$ 反应生成 $CO_2$ 和 $H_2O$，抵消了由于吸收 $SO_2$ 造成的酸化作用，pH 得以恢复正常。生成的 $CO_2$ 一部分溶于水中，其余部分排入空气。

海水具有比较高的离子强度，海水的高离子强度有利于离子化的稳定，这就加强了 $SO_3^{2-}$ 和 $HSO_3^-$ 的生成，使得 $SO_2$ 的溶解度增大，促进海水对 $SO_2$ 的吸收。海水脱硫主要利用海水的天然碱性的这一特点决定了该工艺不适用于高含硫量烟气的处理，若需增加海水对 $SO_2$ 的脱除率，可以添加少量碱性物质来提高海水碱度，如石灰。

吸收塔内洗涤烟气后的海水呈酸性，含有较多 $SO_3^{2-}$，不能直接排放到海水中。将自脱硫塔排出的酸性海水，与大量来自虹吸井的偏碱性海水混合后进入曝气池，由空气压缩机鼓入压缩空气，使得海水中溶解氧逐渐达到饱和，将易分解的亚硫酸盐氧化成稳定的硫酸盐。存在于海水中的 $CO_3^{2-}$ 与吸收塔排出的 $H^+$ 加速反应释放出 $CO_2$，使海水的 pH 得到恢复，处理后的海水 pH、COD 等达到排放标准后即可排入大海。

海水脱硫技术对海水水质的影响主要体现在以下指标：$SO_4^{2-}$ 含量、pH、温度、COD、重金属含量、溶解氧（DO）。需对这些指标进行检测，避免对海洋生物、环境造成影响。

海水脱硫只适于临海工厂，目前只在沿海的电厂脱硫有应用，如深圳西部电厂，其运行状况良好，对排水口附近海洋生态及表层沉积物没有不良影响。海水脱硫在烧结烟气脱硫还未有应用，因烧结烟气成分较电厂复杂，其脱硫废水对海洋环境的影响需重新评估。

### 11.2.3.6 新型湿法脱硫技术

#### A 膜法

膜分离法是使含气态污染物的废气在一定的压力梯度下透过特定的薄膜，利用不同气体透过薄膜的速度不同，将气态污染物分离去除。2 个流动相（烟气和吸收剂溶液）通过多孔膜进行接触，烟气中的 $SO_2$ 和 $CO_2$ 可通过膜孔进入碱性溶液，并与该溶液的吸收剂反应被吸收，而烟气中 $O_2$、$N_2$ 及其他气体被截留在气相中。

膜分离法已用于石油化工、合成氨尾气中氢气的回收、天然气的净化等，但目前未用于烧结烟气脱硫。

#### B 微生物法

微生物烟气脱硫技术是利用化能自养微生物对 $SO_x$ 的代谢过程，将烟气中的硫氧化物脱除。在生物脱硫过程中，氧化态的污染物如 $SO_2$、硫酸盐、亚硫酸盐及硫代硫酸盐可经微生物还原作用生成单质硫去除；或者是将微生物与过渡金属的催化脱硫结合。该工艺涉及 2 个方面：一是微生物脱硫机理；二是过渡金属离子的催化氧化机理。前者是微生物参与硫元素循环的各个过程，将无机还原态硫氧化成硫酸，同时完成过渡金属离子由低价态向高价态转化；后者是利用过渡金属离子的强氧化性在溶液中的电子转移，将亚硫酸氧化成硫酸。二者相互依赖，相互补充，达到脱硫的目的。微生物法脱硫目前处于研究阶段。

## 11.3 半干法烟气脱硫工艺

欧洲烧结机处于逐渐减少的趋势，现有烧结机脱硫普遍采用半干法烟气净化技术配加袋式除尘器的工艺，如德国蒂森－克虏伯烧结机、不来梅钢铁厂和奥地利 Donauwitz 厂等。欧洲脱硫工艺目前以循环流化床法、MEROS 法、NID 法、SDA 旋转喷雾法等半干法工艺为主。从目前的应用来看，湿法脱硫效率高，可达 95% 以上，但普遍存在工艺复杂、占地面积大、投资高、"烟囱雨"、"冒白烟"、设备腐蚀、管路堵塞、副产品品质较差等问题。活性炭法目前国内仅在太钢有应用，其投资及运行成本较高。半干法脱硫工艺简单，一次投资、运行成本相对较低；无废水产生；脱硫后烟温高，基本不需防腐；占地少，总图布置容易实施，特别有利于旧厂改造；若添加活性炭还能脱除二噁英、Hg 等；但其副产物的处理一直是各钢铁行业比较关注的焦点。近年来，有多家脱硫公司对半干法的副产物处理进行了研究，取得了一定进展，脱硫副产物可用作水泥添加料、免烧砖、矿井回填材料、路基材料等。但是，脱硫副产物的使用价值不高，尚需进一步的研发。相对于湿法工艺，半干（干）法脱硫工艺的脱硫效率略低，Ca/S 比较高，脱硫剂的利用率较低，操作运行的稳定性（尤其是循环流化床）和适应性有待加强和改善。

半干法脱硫工艺尤其适用于以下几种情况：

（1）单塔处理能力适用于 $450m^2$ 以下烧结机或者处理气量在 $2Mm^3/h$ 以下。

（2）适用于中低浓度 $SO_2$，原烟气 $SO_2$ 浓度小于 $2.5g/m^3$，且只要求脱硫效率在 85%~95%。

（3）特别适合场地较小的老企业的改造。

（4）贫水地区。

## 11.3.1　NID 脱硫技术

NID 脱硫是由 ABB 公司开发的增湿灰循环脱硫技术，国内已由浙江菲达、武汉凯迪公司引进该技术。

### 11.3.1.1　工艺流程

阿尔斯通半干法烟气脱硫工艺（NID 增湿法）是从烧结机主抽风机出口烟道引出的烟气，经反应器弯头进入反应器，在反应器混合段和混合机溢流出的含有大量吸收剂的增湿循环灰粒子接触，通过循环灰粒子表面附着水膜的蒸发，烟气温度瞬间降低且相对湿度大大增加，形成很好的脱硫反应条件。在反应段中快速完成物理变化和化学反应，烟气中的 $SO_2$ 与吸收剂反应生成亚硫酸钙和硫酸钙。反应后的烟气携带大量干燥后的固体颗粒进入其后的高效布袋除尘器，固体颗粒被布袋除尘器捕集从烟气中分离出来，经过灰循环系统，补充新鲜的脱硫吸收剂，并对其进行再次增湿混合，送入反应器。如此循环多次，达到高效脱硫及提高吸收剂利用率的目的。脱硫除尘后的洁净烟气在露点温度 20℃ 以上，无须加热，经过增压风机排入烟囱。工艺流程如图 11-9 所示。

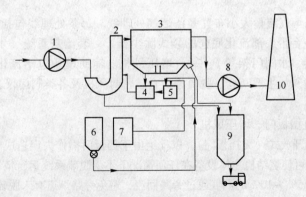

图 11-9　NID 系统工艺流程图

1—烧结主抽风机；2—反应器；3—布袋除尘器；4—混合器；5—消化器；
6—石灰仓；7—水箱；8—增压风机；9—灰库；10—烟囱

#### 11.3.1.2　工艺原理

NID 工艺是以 $SO_2$ 和消石灰 $Ca(OH)_2$ 之间在潮湿条件下发生反应为基础的一种半干法脱硫技术。NID 技术常用的脱硫剂为 CaO，CaO 在消化器中加水消化成 $Ca(OH)_2$，再与布袋除尘器除下的大量的循环灰相混合进入混合器，在此加水增湿，使得由消石灰与循环灰组成的混合灰的水分含量从 2% 增湿到 5% 左右，然后以混合机底部吹出的流化风为动力借助烟道负压的引力导向进入直烟道反应器，大量的脱硫循环灰进入反应器后，由于有极大的蒸发表面，水分蒸发很快，在极短的时间内使烟气温度从 115 ~ 160℃ 冷却到设定的出口温度（约 90℃），同时烟气相对湿度快速增加到 40% ~ 50%，一方面有利于 $SO_2$ 分子溶解并离子化，另一方面使脱硫剂表面的液膜变薄，减少了 $SO_2$ 分子在气膜中扩散的传质阻力，加速了 $SO_2$ 的传质扩散速度。同时，由于有大量的灰循环，未反应的 $Ca(OH)_2$ 进一步参与循环脱硫，所以反应器中 $Ca(OH)_2$ 的浓度很高，有效钙硫比很大，形成了良好的脱硫工况。

整个过程的主要化学反应如下。

在消化器内生石灰的消化反应（干式消化、放热反应）：

$$CaO + H_2O \longrightarrow Ca(OH)_2 + \Delta H$$

在反应器内反应生成亚硫酸钙：

$$Ca(OH)_2 + SO_2 \longrightarrow CaSO_3 \cdot \frac{1}{2}H_2O + \frac{1}{2}H_2O$$

有少量的亚硫酸钙会继续被氧化生成硫酸钙（即石膏 $CaSO_4 \cdot 2H_2O$）：

$$CaSO_3 \cdot \frac{1}{2}H_2O + \frac{1}{2}O_2 + \frac{3}{2}H_2O \longrightarrow CaSO_4 \cdot 2H_2O$$

通常伴随了一个副反应，烟气当中的二氧化碳和石灰反应生成碳酸钙（石灰石）：

$$Ca(OH)_2 + CO_2 \longrightarrow CaCO_3 \cdot H_2O$$

所以脱硫灰渣主要由 $CaSO_3$、$CaSO_4$、$Ca(OH)_2$、$CaCO_3$ 等组成。

脱硫循环灰在袋式除尘器灰斗下部的流化底仓中得到收集，流化底仓通入约 100℃ 的流化风，当脱硫循环灰高于流化底仓高料位时排出系统。排出的脱硫灰含水率小于 2%，流动性好，采用气力输送装置送至灰库。

#### 11.3.1.3　主要设备结构及功能

NID 工艺可根据烟气流量大小布置多条烟气处理线。每条处理线包括一套烟道系统设备、一台脱硫反应器、一台带底部流化底仓的袋式除尘器、一套给灰系统（生石灰和循环灰给料机、消化器、混合器、水阀门架等）、一台增压风机。辅助设备包括流化风机、给水泵、水箱、空压机、气力输灰、生石灰仓、脱硫渣灰仓、密封风机及各类阀门仪表等。

A　烟道系统

主要设备有烟道挡板门、增压风机。

旁路烟道设计为开放式（无挡板门），以杜绝由于挡板门操作失误造成的烟气通道阻塞。此外，开放式旁通烟道可使烧结机主体设备在任何情况下不受脱硫系统运行情况的影响。通过调整增压风机风量，使约 5% ~ 10% 的烟气通过旁路回流，避免旁路烟道有未脱硫的烟气逸出。

B　反应器

NID 反应器是集内循环流化床和输送床双功能为一体的矩形反应器，如图 11-10 所示。

循环物料入口段下部接 U 形弯头，入口烟气流速按 20 ~ 23m/s 设计，上部通袋式除尘器

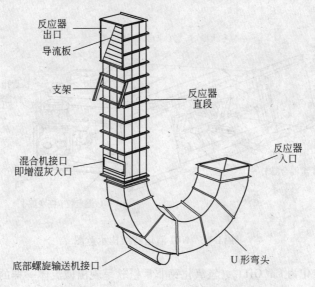

图 11-10  NID 反应器结构示意图

沉降室，出口烟气流速按 15～18m/s 设计，其下部侧面开口与混合器相连。在反应器内，一方面，通过烟气与脱硫剂颗粒之间的充分混合，即物料通过切向应力和紊流作用在一个混合区里（反应器直段）被充分分散到烟气流当中；另一方面，循环物料当中的氢氧化钙与烟气当中的二氧化硫发生反应时，通过物料表面的水分蒸发，使烟气冷却到一个适合二氧化硫被吸收的温度，进一步提高二氧化硫的吸收效率。烟气在反应器内停留时间为 1～1.5s，在烟气夹带所有固体颗粒向上流动的过程中完成脱硫反应。

因会有极少数因增湿结团而变得较粗的颗粒在重力的作用下落在反应器底部，在 U 形弯头底部设有排灰装置。反应器上装有压差检测仪，以监测反应器的积料情况。

C  袋式除尘系统

经脱硫后的烟气中含有高浓度的粉尘，最大（标态）可达 1000g/m³，袋式除尘器将含有高浓度粉尘的烟气净化，使净化后的烟气中粉尘排放浓度（标态）≤20mg/m³。主要设备有沉降室、袋式除尘器、流化底仓。

沉降室位于 NID 反应器和袋式除尘器之间，在反应器顶部导流板的作用下，烟气降低流速进入沉降室后，使颗粒较大的粉尘能通过重力沉降直接进入沉降室下方的流化底仓中，大大降低了粉尘浓度，减小了袋式除尘器的负荷。

袋式除尘器安装在反应器出口，收集脱硫灰和烟气中的烧结飞灰，采用 Nomex 高温滤料。

流化底仓为槽形设计，安装在袋式除尘器灰斗的下方，底部设有流化布，流化底仓内的物料传送通过流化物料实现。由流化底仓进入混合器的循环灰量通过循环灰变频给料机控制。

D  脱硫剂系统

生石灰通过在线消化生成消石灰。生石灰从石灰料仓通过石灰变频给料机和机械传动设备传送到消化器。主要设备有消化器、石灰储仓、石灰变频给料机、石灰螺旋输送机。

消化器是 NID 脱硫技术的核心设备之一，其主要作用是将 CaO 消化成 Ca(OH)$_2$，消化器如图 11-11 所示。

CaO 来自石灰料仓，通过螺旋输送机送至消化器，在消化器中加水消化成 Ca(OH)$_2$，再输送至混合器，在混合器中与循环灰、水混合增湿。消化器分 2 级，可使石灰的驻留时间达到

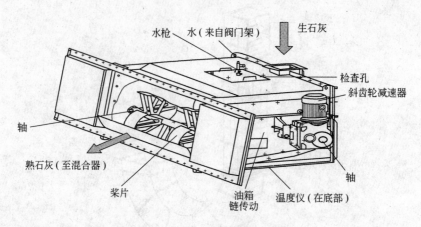

图 11-11　NID 消化器结构示意图

10min 左右。CaO 转化为 $Ca(OH)_2$，氢氧化钙非常松软呈现出似流体一样的输送性，溢流进入混合器中。通过调节消化水量和石灰之间的比率（水灰比），消石灰的含水量可以达到 10% ~ 20%，其表面积较大，非常利于对烟气中 $SO_2$ 等酸性物质的吸收。

　　E　混合器

　　NID 混合器如图 11-12 所示，包括一个雾化增湿区（调质区）和一个混合区。在混合区，根据系统温度控制的循环灰量，通过 $SO_2$ 排放量控制从消化器送来的消石灰量，将循环灰和消石灰在混合器内混合。

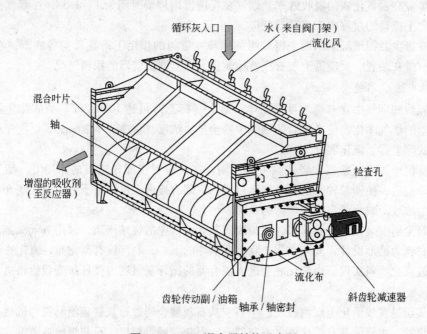

图 11-12　NID 混合器结构示意图

　　混合部分有两根平行安装的轴，轴上装有混合叶片，混合叶片的工作区域互相交叉重合。这些叶片与轴的中心线有一定的角度，当叶片旋转时，叶片的外围部分是沿着轴向前后摆动的。为了降低混合器的能耗，在混合器底部装有流化布，通入流化风，使循环灰和消石灰两者充分流化、混合。在与混合区相连的雾化增湿区，装有混合喷枪，被雾化的工艺水喷洒在混合灰的表面，使灰的水分由原来的1.5% ~2%增加到3% ~5%左右（质量分数），此时的灰仍具有良好的流动性，再经反应器的导向板溢流进入反应器。

F　循环灰给料机

用于输送和控制脱硫反应所需的循环灰量，采用变频电动机，通过控制循环灰变频给料机电动机的频率实现。循环灰变频给料机的电动机频率主要受控于增湿水的工况流量，使其达到设定的循环灰水比。

G　流化风系统

主要设备有离心式流化风机（进口配过滤器、消声器）；流化风蒸汽加热器。

流化风系统确保整个灰循环系统得以顺畅运行，增加了流化底仓及混合器中脱硫灰的流动性。每条流化底仓设置数个进风口，每台混合器底部设置1个进风口。流化风通过蒸汽加热，加热后的温度控制在80 ~110℃，温度过低，会降低灰的流动性；温度过高，影响流化布寿命。

### 11.3.1.4　工艺过程控制

A　主要工艺参数

a　烟气温度

反应器出口温度为设定值（一般90℃），烧结烟气温度越高，反应器温降（烟气在反应器入口与出口之间的温度差）越大，加入的增湿水量越大，烟气中水分含量越大，结果是烟气的相对湿度增加，对烟气脱硫反应有利。烟气降温通过循环灰加湿水来实现。为保持循环灰的流动性并避免结块，加湿水的量与循环灰的加入量相关联。设计烟气入口温度的上限值为200℃，烟气温度过高，设计的最大加湿水量不足以降低烟气温度，对脱硫反应不利，且影响滤袋使用寿命。降低反应器烟气出口温度对节约石灰有利，但设备受到腐蚀、滤袋板结、反应器弯段落灰积料的几率增大。

b　生石灰活性

石灰活性表示石灰与水反应的速度快慢，石灰活性对脱硫效率影响很大。石灰活性越低，完全消化所需要的时间越长，低活性也意味着低的比表面积。其活性度由生石灰被水消化时的反应速率表示：用标准程序测定的温升法表示或由与酸中和反应的速率表示。

品质要求：推荐用温升法来测量石灰活性：3min 内温升≥40℃；CaO 含量≥85%（低纯度意味着低活性）；颗粒尺寸100% 小于1mm，90% 小于0.8mm。

c　钙硫比

设计钙硫比1.6，一般情况下钙硫比越高，$SO_2$ 的脱除率也越高。钙硫比达到1.8 以上，脱硫效率的提高幅度较小。

B　工艺系统自动控制

a　烟气温度控制

脱硫烟气温度的控制通过控制加入脱硫系统的增湿水的流量实现。增湿水的流量受控于入口烟气流量、入口烟气温度、脱硫设定烟气温度、脱硫运行烟气温度。通过调节加入混合器的增湿水水量使脱硫系统的运行温度维持在设定值（一般为90℃以上，主要是脱硫灰温度低、水分大时易板结，尤其是烧结烟气中含氯，形成 $CaCl_2$，更易吸潮加剧板结，所以反应温度值设定较高）。

b　循环灰的控制

循环灰给料量的控制通过控制循环灰变频给料机驱动电动机的频率实现。循环灰变频给料机的电动机频率主要受控于增湿水的工况流量，使其达到设定的循环灰水比。循环灰的湿度是通过取样测定的，一般控制在 1.5% ~ 2%。如果循环灰过湿或过干，可以适当调整脱硫运行温度。

c SO$_2$ 排放的控制

SO$_2$ 排放控制主要是通过石灰给料量的控制实现。通过调节石灰给料机电动机的频率来调节实际的石灰给料量。对进出口 SO$_2$ 浓度及烟气量进行连续监测，这些参数决定了系统脱硫吸收剂石灰的加入量。

d 石灰消化的控制

石灰的消化控制主要是控制石灰消化的温度，石灰消化的温度通过加入消化器的消化水量调节。

e 袋式除尘器的喷吹控制

袋式除尘器的喷吹控制分为脱硫运行模式和脱硫不运行模式，分别采用定时与定压差控制。两种运行模式下脉冲喷吹的设定不同，如脉冲喷吹时间、喷吹间隔时间、布袋差压设定等。

f 增压风机的控制

进入脱硫系统烟气的流量调节通过增压风机的变频控制来实现。正常运行时，部分清洁烟气再循环，进入脱硫系统的烟气流量比烧结机主抽风机前的烟气流量多 5% ~ 10%。

C 脱硫效率影响因素

脱硫效率影响因素见表 11-4。

**表 11-4 脱硫效率影响因素分析及应对措施**

| 影响因素 | 应 对 措 施 |
| --- | --- |
| 入口 SO$_2$ 浓度偏高 | 调整烧结原料 |
| 入口烟气温度低 | 调整烧结机运行，迅速提高烟气温度（不低于 115℃）。检查机头除尘器及烟道是否存在漏风现象 |
| 烧结机频繁临时停机 | 由于烧结机频繁临时停机，造成脱硫效率提升滞后，应稳定烧结生产 |
| 脱硫反应器出口温度偏高 | 检查混合器和消化器水量是否自动跟踪，如水量偏小，检查水枪及过滤网是否堵塞，并进行调整。反应器出口温度控制在 90℃ |
| 脱硫剂品质未达标 | 检查脱硫剂品质，如活性度低，会对脱硫效率产生影响，此时相应提高钙硫比。应提高脱硫剂品质 |
| 钙硫比偏低 | 钙硫比应结合脱硫效率及时进行调整，效率低时可将钙硫比设定为 1.8 ~ 2.0 |
| 进出口 CEMS 故障 | 处理仪表故障 |
| 1 号、2 号文丘里偏流严重 | 检查布袋压差，检查喷吹，排空气包内积水，检查管线是否漏气 |
| 消化器温度过高或过低 | 检查石灰供给是否正常，灰仓内是否有搭桥现象，合理调整水灰比，检查消化器桨叶是否有脱落或变形，消化器供水及喷枪工作是否正常。消化器温度控制在 100℃ 左右 |

### 11.3.1.5 使用维护要求

A 操作步骤

（1）脱硫系统启动前，首先启动空压机，检查各储气罐压力。

（2）启动流化风机，入口过滤器压降≤500Pa，流化风母管总风压满足要求，调节每根流化风分支管阀门使支管风量、风压满足要求，调节加热蒸汽使流化风温度保持在 80~110℃ 之间。

（3）检查"烟风系统"、"循环灰子系统"、"石灰给料及消化子系统"及"除灰系统"4 个顺控程序启动条件。依次启动"烟风系统"、"循环灰子系统"、"石灰给料及消化子系统"子顺控，投入"除灰系统"子顺控，脱硫系统启动完成。

B　使用维护要求

（1）系统烟温过高（反应器出口温度高于 180℃），联锁保护，增压风机跳闸。当烧结生产停抽或调整主抽风门时，要密切关注烧结烟气温度及反应器出口温度的变化。

（2）新 NID 系统投入运行、滤袋被替换或装置有较长时间（超过 4 个月）的停运时，需要对滤袋进行预涂层处理。在滤袋表面附着一层终产物灰或消石灰，在烟气通过滤袋时起到保护作用。

（3）如果消化器温度比设定温度高 10℃（设定温度 100℃），则增大"水 - 石灰比例"参数；如果消化器温度比设定温度低 10℃，则减小"水 - 石灰比例"参数。调整"水 - 石灰比例"参数时应逐步微调。

（4）定期清洗混合器、消化器喷枪。

## 11.3.1.6　工程实例

NID 技术由浙江菲达、武汉凯迪公司引进，主要用于电厂烟气脱硫。该技术在烧结工艺的应用，目前只有武钢烧结厂三烧 360m² 烧结机，其脱硫烟道（高硫段烟气）采用 NID 脱硫工艺，处理烟气量（标态）$60 \times 10^4 m^3/h$，设计入口 $SO_2$ 浓度（标态）400~1500mg/m³，2009 年 6 月投入运行。

主要设备选型如下：

混合器 2 台，进口设备，型号 4：70，宽度 4m，喷嘴数量 7，功率 30kW，转速 78r/min；

消化器 2 台，进口设备，型号 2：70，宽度 4m，喷嘴数量 1，功率 5.5 kW，转速 18r/min；

反应器 2 台，4m 宽，深度 1.65m，高约 22m；

LKPN 2-4-688-7.5 型袋式除尘器 1 台，过滤面积 16512m²，滤袋（德国汉跋公司进口）数量 5504 条，规格 φ130 × 7500，脉冲阀（进口设备）数量 256 个，滤袋允许连续使用温度 165℃，设备运行阻力小于 1600Pa；

流化风机 3 台，2 用 1 备；

水阀门架（进口设备）1 套，供混合器、消化器定量给水。

运行经验表明：脱硫效率、设备运转率可达到 90% 以上；设计允许最低反应温度设定值为 90℃；钙硫比值较高，设计值为 1.6，运行中有时手动加大石灰给料量，加大了钙硫比值，有时达 1.8~2.0；混合器、消化器、循环给料机轴头密封（现为密封风机密封）易出现轴头冒灰、轴磨损情况，阿尔斯通公司已改进该结构形式。

另外，秦皇岛首秦金属材料有限公司 2 台 150m² 烧结机，利用原首钢电力厂的 3 套 NID 脱硫设施。

## 11.3.2　循环流化床烟气脱硫工艺

循环流化床（CFB）烟气净化工艺在 20 世纪 70 年代首先用于脱除电解铝烟气中的 HF 气体，80 年代开始用于电站锅炉烟气脱硫。采用消石灰为脱硫剂，以循环流化床原理为基础，可达到湿法脱硫工艺的脱硫效率。目前，工业化应用的主要有两种工艺：德国 Lurgi 公司开发的烟气循环流化床工艺（简称 CFB），由上海龙净公司引进；德国 Wulff 公司开发的回流式烟气循环流化床工艺（简称 RCFB），由武汉凯迪公司引进。

### 11.3.2.1　工艺流程

典型循环流化床烟气脱硫工艺流程如图 11-13 所示。

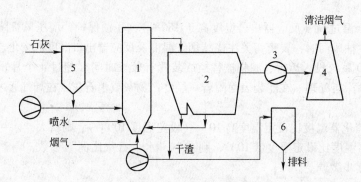

图 11-13　循环流化床烟气脱硫工艺流程

1—吸收塔（反应器）；2—电除尘器或布袋除尘器；3—引风机；4—烟囱；5—石灰储仓；6—灰仓

从烧结机主抽风机出口烟道引出的烟气，从吸收塔的底部通过文丘里管的喉管得到加速，在渐扩段与加入的吸收剂和脱硫灰混合后，形成激烈的湍动状态悬浮起来，使颗粒与烟气之间具有很大的相对滑落速度，颗粒反应界面不断摩擦、碰撞更新，极大地强化气固间的传热、传质。同时通过向吸收塔内喷雾化水，湿润颗粒表面，烟气冷却到最佳的化学反应温度，一般控制在 75 ~ 90℃。此时烟气中的 $SO_2$、$SO_3$、HCl、HF 等酸性成分被吸收除去，生成 $CaSO_3$、$CaSO_4$ 等副产物。带有大量固体颗粒的烟气从吸收塔顶部排出，然后进入除尘器中，此处烟气中大部分颗粒被分离出来，再返回流化床中循环使用，以提高吸收剂的利用率，多余的循环灰排出。脱硫烟气经过除尘器后，经风机由烟囱排入大气。

### 11.3.2.2　工艺原理

工艺原理与 NID 工艺相同，增湿的烟气与喷入的吸收剂（消石灰）强烈混合，烟气中的 $SO_2$ 和含量极少的 $SO_3$ 与 $Ca(OH)_2$ 反应生成亚硫酸钙和硫酸钙。部分亚硫酸钙与烟气中的氧生成硫酸钙。一般认为吸收剂、水、烟气同时加入流化床，会有以下主要反应发生：

$$CaO + H_2O \longrightarrow Ca(OH)_2$$

$SO_2$ 被喷入的水滴吸收：

$$SO_2 + H_2O \longrightarrow H_2SO_3$$

$Ca(OH)_2$ 与 $H_2SO_3$ 反应：

$$Ca(OH)_2 + H_2SO_3 \longrightarrow CaSO_3 \cdot \frac{1}{2}H_2O + \frac{3}{2}H_2O$$

部分 $CaSO_3 \cdot \frac{1}{2}H_2O$ 被烟气中 $O_2$ 氧化：

$$CaSO_3 \cdot \frac{1}{2}H_2O + \frac{1}{2}O_2 + \frac{3}{2}H_2O \longrightarrow CaSO_4 \cdot 2H_2O$$

由上述反应看出，在 CFB 反应器中进行的是气、液、固三相反应，反应产物将沉积在

Ca(OH)$_2$颗粒表面，必定对反应速度产生影响。但流化床中由于颗粒物在流化过程中不断摩擦，使颗粒表面形成的产物不断被剥落，未反应的 Ca(OH)$_2$ 表面就会暴露在气流中不断进行脱硫反应，因而反应速度基本上不受生成产物的影响。

烟气中 HCl、HF、CO$_2$ 等酸性气体同时被脱除，反应式如下：

$$Ca(OH)_2 + 2HCl = CaCl_2 + 2H_2O$$
$$Ca(OH)_2 + 2HF = CaF_2 + 2H_2O$$
$$Ca(OH)_2 + CO_2 = CaCO_3 + H_2O$$

为了提高吸收剂的利用及稳定流化床的运行，脱硫除尘器收集到的脱硫产物大部分循环回吸收塔进一步参加反应。由于吸收塔内具有较高颗粒的床层密度，使得床内的 Ca/S 比高达数十倍，SO$_2$ 可以得到充分反应。通过控制吸收剂的加入量以及物料与烟气的接触时间，可获得90%以上 SO$_2$ 脱除效率及较高的 SO$_3$、HCl、HF 脱除效率。同时利用流化床高比表面积的颗粒层，可以在吸收塔中添加吸附剂和脱硝剂，具有同步脱除二噁英（PCDD/Fs）和 NO$_x$ 等多种污染物，协同净化的能力。

### 11.3.2.3　主要设备

一个典型的 CFB 系统（以龙净环保的 LJS-CFB 为例）主要由脱硫塔、脱硫除尘器、脱硫灰循环系统、吸收剂制备及供应系统、脱硝添加剂供应系统（预留）、烟气系统、工艺水系统、流化风系统、脱硫灰外排系统等组成。

#### A　烟气系统

烧结机主抽风机出口抽取的烧结烟气，从底部进入脱硫塔进行脱硫，脱硫后的烟气进入脱硫除尘器，经过脱硫除尘后的清洁烟气由脱硫引风机通过烟囱排往大气，脱硫除尘后的 SO$_2$ 浓度、粉尘浓度达到环保排放要求。当脱硫系统停运时，关掉脱硫烟道风挡，打开旁路烟道风挡，使经过机头电除尘器除尘后的烟气通过旁路烟道排至烟囱，从而确保烧结机系统正常运行。

为了确保脱硫塔稳定运行，不发生塌床，必须有足够风量通过脱硫塔，为此设置清洁烟气再循环系统。当烧结生产烟气量减少时，利用脱硫风机后烟道压力高于脱硫塔前压力，打开清洁烟气控制阀，就可自动补充清洁烟气回脱硫塔，保持塔内烟气量相对稳定以及塔内物料床层稳定。

烟气出口温度高于露点温度20℃以上，因此不存在腐蚀问题，整个烟气系统均由碳钢构成，烟道、烟囱无需防腐。

#### B　脱硫塔

脱硫塔反应器为文丘里流化床空塔结构，如图 11-14 所示。设计文丘里段是为了使气流在整个吸收塔内达到合理分布，气流首先在文丘里喉部被加速。对于小流量烟气，可采用单个文丘里管（见图 11-15a）；处理大流量烟气，应采用多管文丘里管（见图 11-15b）。为适应大型化应用，吸收塔流化床的入口喉部一般采用 7 个文丘里管结构。

脱硫塔主要由进口段、下部方圆节、文丘里段、锥形段、直管段、上部方圆节、顶部方形段和出口扩大段组成，全部采用钢板焊接而成，塔内没有任何运动部件和支撑杆件。

脱硫塔进口烟道设有气流分布装置，出口扩大段设有温度、压力检测装置，以便控制脱硫塔的喷水量和物料循环量。塔底设紧急排灰装置，并设有吹扫装置防堵。

反应器烟气空塔流速一般设计为 2m/s，使塔内固体物料在烟气上升速度的作用下处于悬浮循环状态，同时适应一定范围的负荷变化。

RCFB 回流式烟气循环流化床工艺主要在脱硫塔的流场设计和塔顶结构上做了改进，在吸收塔上部出口区域布置了独创的回流板。烟气和脱硫剂颗粒在吸收塔中向上运动，同时有一部分颗粒从塔顶向下回流。这股固体回流与烟气方向相反，是一股很强的内部湍流，从而增加烟气与脱硫剂的接触时间。

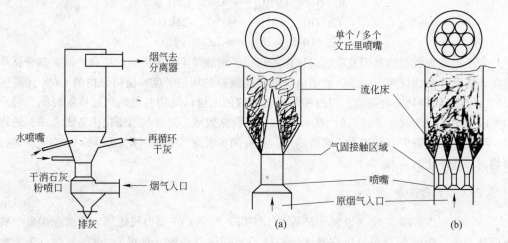

图 11-14　循环流化床脱硫塔结构示意图　　　　图 11-15　文丘里管结构示意图

### C　脱硫除尘器

脱硫除尘器可采用电除尘器或袋式除尘器，由于目前粉尘排放要求一般是低于（标态）$30mg/m^3$，因此多数采用袋式除尘器。LJS-CFB 脱硫袋式除尘器为鲁奇型低压回转脉冲袋式除尘器，设计技术特点如下：

（1）采用上进风方式，这一结构既可减小烟气的运行阻力，又可以充分利用重力，使粗颗粒的粉尘直接进入灰斗，可降低袋式除尘器入口粉尘浓度，提高滤袋的使用寿命；

（2）采用经特殊表面处理的聚苯硫醚（PPS）滤料，持续运行温度为 75～160℃，瞬间可耐 190℃；

（3）采用回转脉冲清灰方式，利用回转的清灰臂，一个滤袋单元只需一个大口径的脉冲阀，减少了脉冲阀数量，大大降低了维护工作量；

（4）喷吹气源采用罗茨风机，喷吹压力低，一般小于 0.1MPa，能耗低，对滤袋的损伤小；

（5）采用椭圆形滤袋，沿圆周辐射布置，占地少。

### D　物料循环系统

烟气循环流化床脱硫工艺的"循环"是指脱硫副产物的再循环利用，即把袋式除尘器收集的脱硫灰返回到吸收塔循环利用。其目的是使副产物中的未反应的吸收剂能持续不断参加脱硫反应，通过延长吸收剂颗粒在塔内的停留时间，以达到提高吸收剂的利用率、降低运行费用的目的；同时也是为了满足塔内流化床建立足够的床层密度的需要。只有在塔内建立了足够的床层密度，才能保证喷入的冷却水得到充分的蒸发。

物料再循环系统主要由灰斗流化槽、灰斗出口插板阀、灰斗下部流量调节阀、循环斜槽、灰斗流化风及蒸汽加热设备、斜槽流化风及蒸汽加热设备组成。

从吸收塔出来的含有较多未被反应的吸收剂的脱硫灰，被气流夹带从吸收塔顶部侧向出口排出，经脱硫袋式除尘器进行气固分离，从袋式除尘器的灰斗排出的脱硫灰大部分通过物料循环调节阀进入空气斜槽，排放至吸收塔文丘里段前变径段，循环流量调节阀主要根据吸收塔的床层压降信号进行开度调节。每个灰斗设 1 个出口，灰斗底部设有流化槽，保证灰斗内脱硫灰良好的流动性。灰斗流化风主要是由灰斗流化风机供给的，并进行加热。经袋式除尘器气固分离的脱硫灰一部分根据灰斗料位外排。

E　吸收剂制备及供应系统

吸收剂制备及供应系统是相对独立的一个分系统。采用的吸收剂为生石灰，在现场消化成消石灰进行脱硫。在生石灰仓底部设有生石灰称重计量装置及生石灰干式消化装置，将生石灰消化成消石灰送至消石灰仓。在消石灰仓底部设有消石灰均匀给料装置，根据 $SO_2$ 浓度调节给料装置转速，控制消石灰的下料量，最后通过进料空气斜槽输送至吸收塔内。

石灰干式消化系统采用卧式双轴搅拌干式消化器，工作原理为：在加入生石灰粉的同时，经计量水泵加入消化水，通过双轴桨叶搅拌使石灰粉与消化水均匀混合，消化温度保持在 100℃ 左右，使表面游离水得到有效蒸发，通过控制消化器的出口尾堰高度和注水量，调节消化石灰的品质。合乎品质的生石灰消化后，消石灰粉含水可控制在 1% 范围内，其平均粒径 10μm 左右，比表面积可达 $20m^2/g$ 以上。为使石灰消化产生的水蒸气顺畅排出，在排汽管近根部处通入热空气，在排汽管内形成热气幕，防止水蒸气携带的消石灰粉黏结在管壁上。

F　COA 脱硝剂供应系统

因目前烧结烟气未明确要求脱硝，所以此系统为预留接口，还未实际应用。COA 脱硝剂供应系统分为加料、配料、储料以及给料 4 个子系统，其中加料系统主要由斗式提升机或者皮带输送机、加料斗仓及定量给料机组成；配料系统主要由溶液搅拌罐及搅拌装置组成；储料装置主要由溶液储存罐组成；给药系统主要由水泵和喷枪组成。

粉状脱硝添加剂主料通过斗式提升机或者皮带输送机倒入加料斗中。通过加料斗底部的螺旋给料机及称重元件控制加料斗进入溶液搅拌罐中的下料量，与注入罐中的工艺水在搅拌轴的工作下充分溶解。经过一定的搅拌时间，完全溶解的脱硝添加剂溶液转入溶液存储箱，在存储箱出口设置 2 台脱硝专用水泵。吸收塔锥形段单独设置一根脱硝专用双流体喷枪，溶液存储箱中的脱硝添加剂溶液通过脱硝专用水泵由脱硝专用双流体喷枪喷入反应塔，在塔内进行脱硝反应。

G　工艺水系统

工艺水系统主要用于吸收塔烟气降温、生石灰消化及脱硫灰库增湿。

脱硫塔内烟气降温的目的是为脱硫反应创造一个良好的化学反应条件，降温水量是通过吸收塔出口温度进行控制的。降温水通过 2 台高压水泵（1 备 1 用）以 4MPa 的压力通过一根回流式喷嘴注入吸收塔内，回流式喷嘴安装于吸收塔锥形扩散段。回流式喷嘴根据吸收塔出口温度，直接调节回流调节阀的开度，以调节回流水量，从而控制吸收塔的喷水量，使吸收塔出口温度稳定控制在 75~90℃ 左右。当脱硫系统突然停止运行（如引风机突然断电）时，吸收塔内压降低到设定值，根据联锁关系，自动停止向吸收塔喷水，确保吸收塔内的物料不会出现过湿现象。

石灰消化所用的消化水则通过调频水泵及喷嘴注入干式石灰消化器，消化水量的控制由消化器内的温度控制，一般该温度控制在 100℃ 以上，以使石灰消化过量的水能得到充分的蒸发。

脱硫灰库增湿水主要通过湿式双轴搅拌机用于脱硫灰增湿外运。

H　压缩空气系统

主要供仪表、吸收塔底清灰及仓顶布袋清灰、脱硫灰气力输送用。

I　脱硫灰外排系统

一般采用气力输送方式将脱硫灰送至脱硫灰仓，通过灰库卸料设备将脱硫灰通过罐车送走。考虑脱硫灰的综合利用性及运输的方便，采用干式和湿式卸灰两种方式。脱硫灰库采用锥底钢灰库，为保证脱硫灰良好的流动性，脱硫灰库设有一台流化风机，流化风机对脱硫灰库的侧部及出料管进行流化。

### 11.3.2.4　工艺过程控制

A　主要工艺参数

影响循环流化床脱硫效率的主要因素有床层温度、钙硫比、固体颗粒物浓度、脱硫剂粒度和反应活性等。

a　固体颗粒物浓度

循环流化床具有较高的脱硫效率，其中一个重要原因就是在反应器中存在飞灰、粉尘和石灰的高浓度接触反应区。实验结果表明，随着床内固体颗粒物浓度的逐渐升高，脱硫效率随着升高。这是由于床内强烈的湍流状态以及高的颗粒循环速率提供了气液固三相连续接触面，颗粒间的碰撞使得吸收剂表面的反应产物不断脱落，新的石灰表面连续暴露在气体中，强化了床内的传质和传热。

循环流化床的气固比或固体颗粒物浓度是保证其良好运行的重要参数。在运行中调节床内气固比的方法是通过控制吸收塔压降来调节送回吸收塔的循环灰量。

b　床层温度

在循环流化床烟气脱硫工艺中，可用 CFB 出口烟气温度与相同状态下的绝热饱和温度差 $\Delta T$ 来表示床层温度的影响，脱硫效率随着 $\Delta T$ 的增大而下降。$\Delta T$ 在很大程度上决定了浆液的蒸发干燥特性和脱硫特性。一方面，$\Delta T$ 降低可使浆液液相蒸发缓慢，$SO_2$ 与 $Ca(OH)_2$ 的反应时间增大，脱硫率和钙的利用率均提高；另一方面，$\Delta T$ 过低又会引起烟气结露，易在流化床壁面沉积固态物，对反应器的腐蚀增加。可通过喷水量调节床层温度，随着喷水量的增加，可在石灰颗粒表面形成一定厚度的稳定液膜，使 $Ca(OH)_2$ 与 $SO_2$ 的反应变为快速的离子反应，从而使脱硫效率大幅度提高。但喷水量不宜过大，以流化床出口烟气温度高于绝热饱和温度 20℃ 为宜。

c　脱硫剂粒度和反应活性

一般要求 CaO 含量大于 80%，粒度小于 2mm，活性度 $T_{60} \leqslant 4min$。

d　钙硫比

脱硫效率随着钙硫比的增加而增加，但当钙硫比增加到一定值（钙硫摩尔比 1.8 ~ 2.0）时，脱硫效率的增加趋于平缓。一般 Ca/S 控制为 1.5 ~ 1.8。

B　工艺系统自动控制

LJS-FCFB 的工艺控制过程主要有 3 个控制回路：$SO_2$ 控制、吸收塔反应温度的控制、吸收塔压降控制，3 个回路相互独立，互不影响。根据进出口 $SO_2$ 浓度等来控制吸收剂的加入量，以保证达到所要求的 $SO_2$ 排放浓度；通过控制喷水量可以控制吸收塔内的反应温度在最佳反应温度（露点以上 20℃）；通过控制循环物料量控制吸收塔整体压降，以保证流化床内固体物料浓度。

### 11.3.2.5　使用维护要求

干法脱硫系统控制参数精度要求高，特别是床层压降、喷水量和布袋压差，以及循环风挡的开度控制是确保床层稳定的关键。当烧结生产出现波动，或主抽风机进行调整时，脱硫风机要及时联动调整，这对脱硫系统的操作提出了较高要求。如控制不当，则会发生脱硫塔流化床塌床事故。由于该工艺的核心是建立流化床态，因此其适宜的负荷范围在85%～100%。福建龙净公司将该工艺应用于烧结机烟气脱硫时，针对烧结烟气特点，为防止烟气"塌床"采用了清洁烟气再循环装置。当烧结机生产出现波动，入口风量减少，烟气负荷低于85%时，为了保证脱硫塔稳定运行，不发生塌床，必须有足够的风量通过脱硫塔。因此，利用脱硫风机后烟道压力高于脱硫前的压力，打开烟气控制阀，进行清洁烟气再循环，就可自动补充清洁烟气回到脱硫塔，保证脱硫塔内烟气量相对稳定，脱硫塔内的物料床层也得到稳定。

吸收塔的喷水量是非常重要的参数，需严格按照设计要求进行喷水嘴的安装，运行中需定期对喷嘴进行检查维护。

床层压降是另一个非常重要的参数。床层压降可以反应脱硫塔内流化床所含固体颗粒物量，压降越大，床层颗粒越多。在首次投入运行或大修后投入运行时，应对脱硫塔压降测试点进行校验。应通过调整脱硫剂加入量及时调整吸收塔床层压降。

### 11.3.2.6 工程实例

梅钢4、5号烧结机为$400m^2$烧结机，采用循环流化床脱硫工艺，脱硫设备与烧结机主体设备同步新建。4号烧结机脱硫2009年7月投入运行，5号烧结机脱硫2011年12月投入运行。烟气入口二氧化硫平均（标态）在$1200mg/m^3$左右，有时更高。脱硫剂原料氧化钙要求纯度90%，粒度200目以上，部分用石灰窑成品除尘灰，价格便宜，月耗量1700～2000t。袋式除尘器运行压差1000～1200Pa，塔下部有卸灰及吹灰设施，以减少积料，设置了清洁烟气再循环系统。一般月平均脱硫效率95%，同步运转率98%～99%。4号烧结机设置了二噁英处理装置，但未使用，5号烧结机未上该设施。4号烧结机脱硫塔只配置1个喷嘴，烟气温度高时，温度有时降不下来，所以5号烧结机改为2个喷嘴，对称布置。

循环流化床脱硫工艺应用实例较多，在宝钢$495m^2$、在邯钢$400m^2$、三钢$180m^2$、三钢$130+200m^2$（两机一塔）、云南红钢$260m^2$、江西新钢$360m^2$等烧结机有应用。

## 11.3.3 旋转喷雾干燥法（SDA）脱硫工艺

旋转喷雾干燥法脱硫技术是20世纪80年代迅速发展起来的一种脱硫工艺，世界第一台SDA烟气脱硫装置于1980年应用在美国一家电厂。目前该技术广泛应用于国内外的电力、冶金、化工、垃圾焚烧以及食品、制药等行业。目前国内用于烧结烟气脱硫的旋转喷雾法SDA技术从丹麦NIRO公司引进。

### 11.3.3.1 工艺原理

SDA（spray drying absorption）喷雾干燥脱硫工艺原理与NID、循环流化床脱硫工艺基本相同。它是用一定浓度的石灰浆液（$Ca(OH)_2$）经过高速旋转的雾化器，将石灰浆液雾化成$50\mu m$直径的雾滴，与进入脱硫塔的含$SO_2$及其他酸性介质的约120～180℃烟气接触，迅速完成$SO_2$及其他酸性介质与石灰浆液（$Ca(OH)_2$）的化学反应，达到脱除烟气中的$SO_2$及其他酸性介质的目的。完成酸碱中和反应的同时烟气中的热量迅速蒸发水分，实现快速脱硫和干燥脱硫副产物的过程。烟气分配的精确控制（烟气的顶部与中心分配器控制烟气流量为6：4进塔）、脱硫浆液流量和雾滴尺寸的控制确保了雾滴被转化成细小的粉体。副产物飞灰和脱硫渣从塔底部排出。已经脱硫处理的烟气挟带颗粒物进入除尘器，悬浮颗粒物从烟气中分离，净烟气通过烟囱排放。吸收塔和除尘器底部排出的干燥粉体被传送到料仓。部分脱硫灰再循环以提高脱硫剂利用率。

主要化学反应如下：

$SO_2$ 被雾滴吸收

$$SO_2 + Ca(OH)_2 \longrightarrow CaSO_3 + H_2O$$

部分 $SO_2$ 完成如下反应

$$SO_2 + \frac{1}{2}O_2 + Ca(OH)_2 \longrightarrow CaSO_4 + H_2O$$

与其他酸性物质(如 $SO_3$、HF、HCl)的反应

$$SO_3 + Ca(OH)_2 \longrightarrow CaSO_4 + H_2O$$

$$2HCl + Ca(OH)_2 \longrightarrow CaCl_2 + 2H_2O$$

$$2HF + Ca(OH)_2 \longrightarrow CaF_2 + 2H_2O$$

#### 11.3.3.2 工艺流程

SDA 脱硫工艺流程简单，吸收塔为空塔结构，工艺流程如图 11-16 所示。

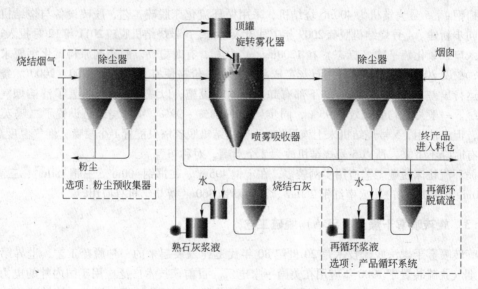

图 11-16 SDA 脱硫工艺流程图

烧结烟气由主抽风机出口烟道引出，送入旋转喷雾干燥（SDA）脱硫塔，与被雾化的石灰浆液接触，发生物理、化学反应，气体中的 $SO_2$ 及其他酸性介质被吸收净化，主要生成 $CaSO_3$ 和 $CaSO_4$。

生石灰粉定量加入消化罐并加水配制成 15% ~ 25% 的石灰浆液，石灰浆液经振动筛筛分后自流入浆液罐，浆液罐中的石灰浆液根据原烟气 $SO_2$ 浓度由石灰浆液泵定量送入置于脱硫塔顶部的浆液顶罐，顶罐内浆液自流入脱硫塔顶部雾化器，浆液经雾化器雾化成 $50\mu m$ 的雾滴，与脱硫塔内烟气接触迅速完成吸收 $SO_2$ 等酸性气体。由于石灰浆液为极细小的雾滴，增大了脱硫剂与 $SO_2$ 接触的比表面积，反应极其迅速且有极高的脱除 $SO_2$ 效率。由于喷入塔内的石灰浆液是极细的雾滴，完成反应后的脱硫产物也为极细的颗粒，因此，完成反应的同时也迅速得到干燥。

脱硫并干燥的粉状颗粒随气流进入袋式除尘器进一步净化处理，净烟气由增压风机抽引由

烟囱排入大气。除尘器收集下的粉尘定期外运。粗颗粒（石灰粉带入的泥沙或不溶性石灰石）沉入塔底定期外排。

### 11.3.3.3　工艺特点

（1）空塔结构，系统简单，运行阻力低，吸收塔的阻力约 1000Pa，能耗低，操作维护方便。

（2）脱硫效率高。SDA 工艺采用与湿法相同的机理，SDA 是将浆液雾化成极细的雾滴（平均 50μm）喷淋进烟气，极大地提高了接触的比表面积，因此，只需喷淋较少的脱硫剂即可达到较高的脱硫效率。对三氧化硫、HCl、HF 等酸性物质有接近 100% 的脱除率。

（3）合理而均匀的气流分布。吸收塔顶部及塔内中央设有烟气分配装置，确保塔内烟气流场分布，使烟气和雾化的液滴充分混合，有助于烟气与液滴间质量和热量传递，使干燥和反应条件达到最佳。

（4）浆液量自动调节。由于 SDA 雾化器是利用离心力将脱硫剂雾化成雾滴，当吸收剂供料速度随烟气流量、温度及 $SO_2$ 浓度而变化时，不会影响雾滴大小，从而确保脱硫效率不受影响。

（5）脱硫剂采用 CaO 粉加水变成 $Ca(OH)_2$ 浆液。在喷入吸收塔前将生石灰加水放热消化成 $Ca(OH)_2$ 浆液，不会出现未消化的 CaO 在除尘器内吸水、放热而导致糊袋和输灰系统卡堵现象。

（6）对烧结工况适应性强。由于烧结烟气系统负荷变化很大，其流量、温度及 $SO_2$ 浓度等都会变化，SDA 通过调节阀调节塔内脱硫剂浆液量适应烧结工况的变化。

### 11.3.3.4　主要系统或设备

#### A　脱硫塔系统

脱硫塔为空塔结构，结构示意如图 11-17 所示，脱硫塔内气流流速一般在 2m/s。大型脱硫塔配有组合式烟气分配器，分为中心烟气分配器（见图 11-18）和顶部烟气分配器（见图 11-19），具有烟气分布均匀，处理烟气量大等特点。约 60% 的烟气由顶部烟气分配器进入脱硫塔，40% 的烟气由中心烟气分配器进入脱硫塔，均匀地与雾化器形成的细小雾滴接触，可保证烟气在塔内与雾状脱硫剂充分均匀接触反应，迅速脱硫。

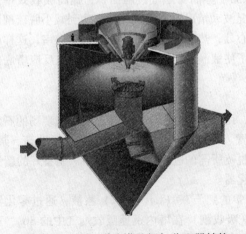

图 11-17　SDA 脱硫塔及烟气分配器结构

图 11-18　中心烟气分配器

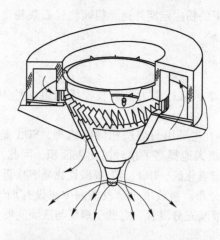

图 11-19　顶部烟气分配器

　　顶部烟气分配器（蜗壳型）可使热烟气以切向方向进入分配器，在导向板空气分散器作用下，热风能均匀螺旋式进入干燥反应室。空气分配器布置在反应器的中间。分配器通道截面随着风量的减少而变小，这样可使风道中的风速和动压基本一致。

　　脱硫塔顶还配有 SDA 工艺核心设备——雾化器，由丹麦 NIRO 公司制造，喷雾能力可达 110t/h。雾化器的雾化粒径为 50μm，大大增加了雾滴与烟气接触面积，提高吸收效率。雾化器具有极宽的给料分配调节范围，可根据工况波动情况调节喷雾能力，达到减小脱硫剂原料消耗的目的。雾化器布置在干燥反应室顶部中心处，热烟气从上部中心进入干燥室，这样可以更好地使气流分布均匀，减少粘壁。另外，为了使液滴到达反应塔壁前干燥，在反应塔底部引入了下进热风，增强传质传热效果。

　　B　石灰制浆系统

　　脱硫剂为石灰车间生产或外购的石灰粉，用吸引压送罐车气体输送至脱硫现场的石灰粉仓内存放，石灰制浆系统由石灰粉仓、振动装置、称重螺旋给料机、消化罐、振动筛、浆液罐、浆液泵、浆液管道和阀门等组成，实现烟气脱硫所需的脱硫剂制备和供给。制备好的新鲜石灰浆液由石灰浆液泵送入顶罐自流入脱硫塔雾化器。

　　脱硫过程是生石灰加水配置成 15%~25% 的熟石灰（$Ca(OH)_2$）浆液，通过雾化器雾化成 50μm 的雾滴喷入脱硫塔内，石灰浆雾滴（吸收剂）在塔内迅速吸收烟气中的 $SO_2$，达到脱除 $SO_2$ 及其他酸性介质的目的。同时，烟气热量迅速干燥喷入塔内的液滴，形成干固体粉状料。

C 循环灰制浆系统

循环灰浆液制备及供给系统，是利用袋式除尘器下收集的脱硫灰干粉再次进行混合制浆，制备的浆液供应至脱硫塔顶罐和新制备的熟石灰（Ca(OH)$_2$）浆液混合后进入雾化器喷雾脱硫，可提高脱硫效率和脱硫剂的循环高效利用。

D 输灰系统

袋式除尘器收集的脱硫灰采用机械输送方式，经除尘器灰斗下部星形卸灰阀卸至切出刮板输送机、集合刮板输送机、斗式提升机送至脱硫灰仓。脱硫灰仓下部设两路出灰，一路定期外排进行综合利用，一路供循环利用。

E 除尘器系统

在脱硫塔内完成了脱硫、干燥任务的烟气在引风机的作用下，经袋式除尘器将烟气中的含尘浓度（标态）降低至 20mg/m$^3$ 以下，经烟囱排入大气，满足环保要求。除尘器入口粉尘浓度（标态）约 10~20g/m$^3$，除尘器布袋负荷较低（大大低于循环流化床和 NID 工艺），除尘器可长期处于低阻力下运行，系统电耗降低。SDA 的高效脱硫是基于雾化器产生极细的浆液雾滴，比表面积增加，脱硫剂利用率提高，而不是基于脱硫剂大量的循环或大量的喷淋提高脱硫效率，故袋式除尘器入口粉尘浓度约 10~20g/m$^3$。选用长袋低压脉冲除尘器，过滤风速一般约为 1.0m/min。滤布可选用亚克力，经 PTFE 浸渍或覆膜。

F 烟道系统

系统根据实际情况设置入口、旁路或出口烟道挡板。除尘器入口烟道设置野风阀用以保护滤袋。在至脱硫塔入口的总烟道设置烟气流量检测，脱硫塔至除尘器间的烟道设置温度检测元件，除尘器出入口烟道设置压力检测元件。

G 增压风机

根据设计要求和现场条件，选用离心风机或轴流风机，风压约为 3500~4000Pa，正常烟气温度 70~120℃。

H 烟气在线监测系统 CEMS

脱硫装置出口、进口及旁路烟道各安装一套 CEMS 系统，分析烟气中的 SO$_2$、烟尘浓度以及含氧量、湿度、温度、流速、流量、压力等参数，具有脱硫监控和环保监测的功能，CEMS 系统与市环保局联网，需符合环保标准要求并通过环境保护部门的验收和核查。

### 11.3.3.5 工艺过程控制

A 主要工艺参数

主要工艺参数有脱硫剂性能、烟气温度、脱硫塔出口温度、浆液浓度、反应时间、钙硫比、雾滴粒径，雾滴粒径是旋转喷雾法区别于其他半干法脱硫的一个重要参数。

雾滴粒径对干燥时间和 SO$_2$ 吸收反应有关键影响。如果仅对干燥工艺而言，粒径越细越易干燥；如果仅对 SO$_2$ 吸收而言，作为气液传质的需要，大的传质表面积 SO$_2$ 吸收效果好。但对喷雾干燥脱硫反应而言，情况比较复杂，雾化粒径不能太细，也不能太大，具体原因为：从理论上分析，一方面，良好的雾化效果和极细的雾滴粒径可保证 SO$_2$ 吸收效果和雾滴的迅速干燥；但是另一方面，雾滴的粒径越细，干燥时间也就越短，脱硫吸收剂在完全反应之前已经干燥，气液反应变成了气固反应，而脱硫过程主要是离子反应，反应主要取决于是否存在水分，气固反应使脱硫效率达不到要求。因此，存在一个合理的雾化程度和合适的雾化粒径。研究表明，液滴粒径 50μm 比较适宜。

**B　工艺系统自动控制**

SDA 工艺控制简单，操作灵活。控制系统为两条：一路温度控制，通过 CEMS（烟气分析仪）测得的 $SO_2$ 浓度控制新鲜石灰浆液流量；一路是 $SO_2$ 浓度控制，通过脱硫塔出口温度值控制循环浆液量（加水量）。

### 11.3.3.6　使用维护要求

**A　脱硫系统的启动**

脱硫系统的启动顺序是：首先启动石灰消化系统，向顶部浆液罐提供合格的浆液；旋转雾化器具备进浆条件，启动雾化器冷却风机；然后吸收塔引入烟气；运转正常后，逐步将脱硫浆液送入雾化器进行脱硫。系统稳定后及时关闭旁路挡板门。

a　启动浆液系统

（1）工艺水箱进水正常，水位正常，工艺水泵运转正常；

（2）消化罐加水约 2/3 后停止，启动消化罐搅拌器，启动振动筛；

（3）均匀向消化罐进石灰，制备浆液；

（4）石灰浆液罐液位正常后，分别冲洗泵体和泵入口管，而后启动石灰浆液泵，但由关闭石灰浆液泵到顶部浆液罐的气动阀门；

（5）顶部浆液罐液位正常后适时启动顶部浆液罐搅拌器。

b　启动烟气系统

（1）检查核实其他系统设备均处于可启动的状态，确认烧结主机运行稳定正常；

（2）打开进出口挡板门；

（3）确认所有运行设备稳定、正常；

（4）启动增压风机。

c　启动雾化系统

（1）在启动烟气系统（引入烟气）前，旋转雾化器必须处于可运行状态；

（2）启动雾化器冷却风机（在吸收塔通烟气之前启动）；

（3）启动雾化器油泵，等待并校验油泵运行稳定正常；

（4）确认保护水和油冷却水能正常工作；

（5）等待所有报警都显示正常，等待 15s 启动雾化器电动机；

（6）启动保护水和油冷却水；

（7）当油温达到 40~50℃，调节冷却水调节阀以维持油温，油温不得高于 55℃；

（8）分别冲洗雾化器和顶部浆液罐出浆管口；

（9）开启石灰浆液泵到顶部浆液罐气动阀门，调整石灰浆液泵到顶部浆液罐的调节阀开度；

（10）开启顶部浆液罐到雾化器阀门，根据浆液浓度和脱硫效率要求调节排烟温度和石灰浆液流量。

运行经验：启动增压风机后，调节增压风机风门至 30% 左右，进行烘塔，观察脱硫塔温降及塔底排水，估计烘干塔需半小时，观察塔出口和除尘器入口烟气温度，至塔出口烟气温度 110~120℃，烘塔结束后，雾化器热启动，开启雾化器入口浆液调节阀。

**B　脱硫系统的运行**

（1）脱硫系统运行时，注意脱硫塔系统进出口温度、压力、烟气工艺参数的变化。当顶部烟气分配器压差大于650Pa（或设定值）时，说明中心分配器已经结垢，需停止脱硫塔运行。

（2）操作烟气系统各挡板门（如原烟气进口挡板门、净烟气出口挡板门、旁路挡板门等），应得到许可后方能操作，并随时与烧结主控室保持联系，保证烧结系统和脱硫系统安全运行。

（3）疏通石灰石下粉管或粉仓内的堵粉，要使用专用的工具，且不准用身体推、顶工具，工作时应站在专门的平台上进行，并佩带必要的防护用品，严禁站在下粉口正下方捅堵粉。

（4）石灰石旋转给料机在运行中发生卡、堵时，禁止用手直接拨动转动的链条。如应用手直接工作，应将旋转给料机停下，并做好防止转动的措施。

（5）脱硫运行注意事项：

1）雾化器检修后从人孔门观察雾化轮旋转方向逆时针正确（与电动机旋转方向顺时针相反）。密切关注雾化器各参数和现场运行情况。

2）浆液管道和设备停运后必须用水冲洗干净，包括雾化器、顶部浆液罐出浆管、泵及管道等。

3）吸收塔运行温度必须按照浆液浓度要求对应，且在75～100℃。交接班时可在顶部浆液罐检测密度确认。长时间停运后再喷浆，必须检测顶部浆液罐浆液密度，确定运行温度。

4）石灰浆液制备必须保证质量，石灰浆液保证消化温度，注意防止消化器"开锅"。

5）经常检查浆液泵密封是否正常。

6）塔底输灰系统确保完好运行。

7）严禁将工艺水泵出口的水用做其他，以免影响雾化器用水压力及流量。

8）重视控制生石灰的有效含量和粒度，以免影响浆液制备。

（6）雾化器运行注意事项：

1）雾化器放在吸收塔内，雾化器冷却风机必须运行；

2）每班必须检查雾化器冷却风机前面的过滤器是否脏堵及风机软管是否弯曲，导致冷却风量不足，如有上述情况及时通知检修清理；

3）一旦雾化器放入吸收塔内，雾化器必须尽快启动运转；

4）雾化器启动后，不要马上进浆液或冲洗水，让转轮保护水冷却其陶瓷部件（上下耐磨盘）几分钟后，再投入浆液或冲洗水；

5）保护水是在雾化轮启动成功后，即雾化器达到额定转速后，再投入运行。

C　脱硫系统的停止

（1）脱硫系统的停止顺序与启动过程相反，脱硫系统停运时，注意脱硫塔系统进出口温度、压力、烟气工艺参数的变化。

（2）进入吸收塔检查，应将吸收塔内用水冲洗干净，视情况将塔内浆液放净，检查时应采取安全措施。

（3）在脱硫装置停机期间，应对装置中的管道进行冲洗，各类箱、罐内如有浆液，其搅拌器仍应保持运行状态。

（4）排放吸收塔内浆液，各池、罐、箱内浆液以及管道内剩余浆液时，如需就地开放阀门，要戴好橡胶手套，以免腐蚀皮肤。

（5）停机顺序：

1）停雾化系统；

2）停止烟气系统；

3）通知烧结主控室；

4）停止浆液系统；

5）停止石灰浆液泵，冲洗浆液管道；

6）停止工艺水泵；

7）凡浆液罐已清空的，适时停止搅拌器。

在正常计划检修时，按 PLC 的停机程序顺序进行。若脱硫计划检修或处理一般事故，停机时间不长，则石灰浆液系统的搅拌机和浆液泵均不能停止运行，仍然进行大循环的操作，以免沉积和堵塞。脱硫停机时间较长，石灰浆液系统停机时，所有浆液应放空，并进行反冲洗。

### 11.3.3.7　工程实例

从 2008 年引入 SDA 脱硫技术以来，SDA 脱硫工艺集中使用地如鞍钢、沙钢，已上脱硫设施全部为 SDA 法。近 2 年，SDA 技术推广较快，在重钢、江苏永钢、常州中天、南京钢厂、沙钢、济钢、宝钢南通钢厂、邯钢、通钢等已经实现了稳定运行。

SDA 脱硫首先在鞍钢应用。鞍钢西区 $328m^2$ 烧结全烟气脱硫：烟气流量 $198 \times 10^4 m^3/h$（工况），烟气温度平均 $120℃$，入口 $SO_2$ 浓度（标态）平均 $850mg/m^3$，出口 $SO_2$ 排放（标态） $\leqslant 100mg/m^3$，脱硫塔直径 18.8m，是国内第一套大型烧结 SDA 系统。该项目于 2009 年 8 月 5 日开工建设，12 月 24 日热调试成功，仅用 5 个月时间。

沙钢 3 号 $360m^2$ 烧结全烟气脱硫：烟气流量 $204 \times 10^4 m^3/h$（工况），烟气温度 $110 \sim 160℃$，入口 $SO_2$ 浓度（标态）最大 $1500mg/m^3$，出口 $SO_2$ 排放（标态） $\leqslant 100mg/m^3$，脱硫塔直径 18.8m。

常州中天 $550m^2$ 烧结全烟气脱硫：烟气流量 $300 \times 10^4 m^3/h$（工况），烟气温度 $120 \sim 180℃$，入口 $SO_2$ 浓度（标态） $1120mg/m^3$，出口 $SO_2$ 排放（标态） $\leqslant 100mg/m^3$，脱硫塔直径 21.4m，是目前世界单塔直径最大的 SDA 脱硫装置，于 2013 年投入运行。

## 11.3.4　其他半干法脱硫工艺

目前，应用最为广泛的半干法脱硫工艺为 SDA 旋转喷雾法和循环流化床法。半干法脱硫工艺反应原理基本相同，一般都是使用钙基脱硫剂，但在脱硫塔结构、具体加料方式上有所区别。下面再简单介绍 2 种半干法脱硫工艺：MEROS 法和密相干塔法。

### 11.3.4.1　MEROS 法

MEROS 是奥钢联公司开发的干法废气净化工艺。其反应原理与其他钙基半干法脱硫工艺基本相同。将添加剂均匀、高速并逆流喷射到烟气中，然后利用调节反应器中的高效双流（水/压缩空气）喷嘴加湿冷却烧结烟气进行脱硫反应。主要由以下几个设备单元组成：添加剂逆流喷吹及喷射混合器、气体调节反应器（即脱硫反应塔）、脉冲喷射织物过滤器（即袋式除尘器）、灰再循环系统、增压风机和净化气体监控系统。主要是添加剂逆流喷吹设备与其他钙基半干法脱硫工艺有所区别。

在添加剂逆流喷射单元中，添加剂通过数根喷枪以超过 40m/s 的相对速度与废气流进行逆向喷吹。喷吹后，在逆气流中直接发生了大约 50% 的吸收反应，另一半吸收去除是在织物过滤器中实现的。MEROS 使用的主要脱硫剂有熟石灰和小苏打。小苏打对温度的波动适应性更强，对硫氧化物、重金属等都有更好的脱除效果，但价格相对较贵。

当有下列条件要求时，脱硫剂应首选小苏打：

（1）需要达到极高的硫氧化物脱除率；

（2）预留脱除氮氧化物的能力。

气体调节单元是通过一套专门设计的双流（水和压缩空气）喷嘴喷枪系统实现的。它可以确保产生极其细微的液滴，而且这种液滴会完全充满反应器的整个空间。气体调节单元主要有两方面的作用：一方面消除了温度峰值以保护织物过滤器滤袋；另一方面对气体进行调节以改善脱硫条件。尤其是在使用熟石灰来脱除硫氧化物时，必须将温度降到90℃左右，同时提高气体湿度，以加强化学吸收作用，充分发挥添加剂的功效。喷水量可以根据废气流的入口/出口温度测量结果准确计算。

该工艺已于2010年在马钢300m² 烧结机上使用。

### 11.3.4.2　密相干塔法

密相干塔烟气脱硫技术是由德国福汉燃烧技术股份有限公司和北京科技大学环境工程中心开发的一种脱硫技术。

密相干塔烟气脱硫也是一种钙基半干法脱硫工艺，其主要原理是利用熟石灰（$Ca(OH)_2$）吸收剂浆液，与袋式除尘器下的大量循环灰一起进入加湿器内进行均化，使混合灰的水分含量保持在3%～5%。加湿后的大量循环灰由密相干塔上部的布料器进入塔内，含水分的循环灰具有极好的反应活性，与上部进入的含二氧化硫烟气进行反应。由于含3%～5%水分的循环灰有极好的流动性，加之反应塔中设有搅拌器，所以不但能克服粘壁问题而且还能增强传质作用。最终脱硫产物由灰仓排出循环系统，通过输送装置送入废料仓。

整个工艺流程包括$SO_2$的吸收和吸收剂的循环利用两个过程。

A　$SO_2$的吸收

烟气由密相干塔上部入口进入塔内，在塔内与吸收剂进行反应，反应后的烟气由塔下部烟道出口排出，经袋式除尘器除尘后排放至大气中。

B　吸收剂的循环利用

密相干塔内落下的反应产物、袋式除尘器收集的循环灰和新吸收剂浆液在加湿器内混合均匀后，一起由提升机提升到塔上部布料器内，再次进入密相干塔进行脱硫反应。脱硫剂颗粒在搅拌器的机械力作用下，不断裸露出新表面，使脱硫反应不断充分地进行，同时可以去除HCl、HF等。

昆钢炼铁厂三烧1号烧结机、石家庄钢铁公司3号52m² 烧结机及4号68m² 烧结机等采用了该工艺。

### 11.3.5　半干法脱硫副产物利用

半干法脱硫工艺的反应原理基本相同，一般都是使用钙基脱硫剂，副产物脱硫渣主要成分相同，为硫酸钙、亚硫酸钙、未完全反应的氧化钙、氢氧化钙等，但每种成分的含量有所区别。

### 11.3.5.1　脱硫副产物的特性

烧结烟气半干法脱硫应用较广泛的工艺主要有循环流化床法、SDA旋转喷雾干燥法。随着国家对烧结烟气$SO_2$治理提出了严格要求，半干法脱硫工程正在推进，如果脱硫副产物不加以利用，或利用不合理，造成二次污染，便会直接影响半干法脱硫工艺的发展。半干法脱硫副产物脱硫渣主要成分是硫酸钙、亚硫酸钙、未完全反应的氧化钙、氢氧化钙等。其中，含硫物

相以 $CaSO_3$、$CaSO_4$ 为主，钙元素一般以未反应完全的 $Ca(OH)_2$ 和 f-CaO 的形式存在，呈碱性，pH 值在 11 以上。脱硫渣中 CaO 和 $Ca(OH)_2$ 可与空气中的 $CO_2$ 反应生成 $CaCO_3$，使脱硫渣有自硬性倾向。脱硫渣粒度较细，平均粒径约 $20\mu m$，含水率约为 1% ~ 3%。

脱硫渣的总体特点是：

（1）pH 较高，可以用来中和酸性物质；

（2）较高的自硬性倾向，可以在制品中起到骨架作用，提高制品强度；

（3）较多的钙基化合物，钙基化合物可以与 $SiO_2$、$Al_2O_3$、$Fe_2O_3$ 等活性成分进行水化反应，生成水化石榴子石和托贝莫来石，形成晶体，提供强度，钙基化合物还可以替代石灰原料等；

（4）较细的粒度。

### 11.3.5.2　脱硫副产物的利用研究

半干法脱硫渣的化学成分和矿物组成比湿法脱硫石膏复杂，因此综合利用途径和价值也有较大差别。近年来，人们一直在为半干法脱硫渣寻找合理高值化的利用途径。

**A　脱硫渣治理酸性废水的研究**

由于脱硫渣中主要成分为 $CaSO_3$、$CaSO_4$、$Ca(OH)_2$ 和 CaO，水溶液的 pH 值为 11 ~ 13。马钢集团设计研究院在对降低治理酸性废水成本的研究中，利用脱硫渣的碱性特点，根据酸碱中和的原理，对脱硫渣代替石灰与酸水中和方案进行了可行性研究，探索脱硫渣综合利用的新途径。试验脱硫渣取自循环流化床半干法工艺，酸水取自马钢南山铁矿酸水车间的酸水。试验结果表明，利用脱硫渣的碱性特点，替代石灰作为中和剂来治理酸水的方案是可行的，可节省石灰，达到了降低生产成本、提高经济效益的目的。

**B　脱硫渣用作水泥缓凝剂的研究**

目前国内外学者就脱硫灰用作水泥缓凝剂开展的研究较多，但由于脱硫灰的主要含硫矿物是亚硫酸钙而不是硫酸钙，且脱硫灰成分的波动较大，因此研究结果并不一致，甚至相互矛盾。林贤熊、傅伯和、王尧冬以及黄毅明等均针对脱硫灰渣是否能对水泥熟料起缓凝作用做了相关研究，结论都是脱硫灰渣作为水泥缓凝剂使用是可行的。王文龙研究了以亚硫酸钙为主要成分的半干法烟气脱硫产物对水泥凝结时间和抗压强度的影响，试验表明，半干法烟气脱硫灰渣可以延长硅酸盐水泥的凝结时间，缓凝效果比石膏明显，但水泥试样的抗压强度有所降低，且由于脱硫灰渣成分的波动较大，掺渣量需要及时调整。

目前，已有钢铁企业将脱硫渣掺入矿粉，能满足矿粉标准指标。影响脱硫渣在矿粉中的用量的主要原因是氯离子含量及三氧化硫含量，掺入量一般为 1% ~ 3%，但对混凝土物理力学性能及长期性能的影响需进一步研究。

对于半干法脱硫副产物的利用，已做了大量研究，且有少许小规模水泥企业开始尝试使用，但目前未形成稳定市场。

**C　脱硫渣用作路面基层材料的研究**

针对脱硫渣应用于通用水泥出现凝结时间过长的问题，以及脱硫渣中较高含量的 $SO_3$ 能生成钙矾石晶体，产生体积膨胀补偿材料收缩的特点，提出了将其应用于基层专用水泥以及水泥脱硫渣稳定碎石路面基层材料的技术设想。有结果表明脱硫渣能明显延长路面基层专用水泥的凝结时间，专用水泥的胀缩性能明显改善，专用水泥通过水化生成大量的钙矾石补偿收缩可提高自身的胀缩性能。

D　脱硫灰渣烧制硫铝酸盐水泥的研究

有研究提出用脱硫渣生产硫铝酸盐水泥。硫铝酸盐水泥是以硫酸钙和硅酸二钙为主要矿物组成的新型水泥。在熟料生产过程中利用预处理的脱硫渣替代部分生料，由于脱硫渣的比重更大，令硅酸二钙更容易生产，从而提高熟料生产率，而且还改善了熟料的球磨性质，这有利于水泥生产过程中节约能源。任丽等对脱硫渣烧制硫铝酸盐水泥在工业水泥回转窑生产线上进行了中试，结果表明脱硫渣中各成分高效地转化为硫铝酸钙和硅酸二钙，熟料的凝结时间符合国家标准，有良好的机械强度性能。这种利用技术高效、易实施并且工业可行性较高。

E　脱硫灰渣在农业上的利用研究

CFB 烧结烟气脱硫灰渣中含有较多的 K、Na、Fe、Si、Mg、Ca、S 等农业上可利用的有效元素，但 Pb、Cr 等重金属元素含量需监测。在其农业利用过程中，必须要考虑到重金属及微量放射性元素对环境的影响，保证使用的安全性及有效性。用脱硫灰渣可生产钾钙硅镁硫肥料。

在我国滩涂和盐碱地较多的地区，盐碱土问题突出，土壤含盐量高，盐碱化程度严重，绿化问题亟待解决。脱硫渣中的钙离子可以加速置换土壤中的钠，降低土壤 pH，从而达到改良碱土的作用。另外，脱硫渣含有一定量硫成分，可作为硫黄材料使用，与其他肥料同样有效。

F　用脱硫渣制作陶瓷的研究

苏达根等研究利用脱硫渣及钙质废石粉制备陶瓷，虽然制品性能合格，但在烧制过程中有 $SO_2$ 的重新逸出。

G　脱硫渣作砖的研究

马永贤进行了以脱硫灰渣、粉煤灰为主要原料，掺加一定量的激发剂、骨料，制备蒸养砖的研究，结果表明各项指标均符合 GB/T 2542—2003《砌墙砖试验方法》和 JC 239—2001《粉煤灰砖》中的标准要求。

H　脱硫渣用于生产加气混凝土的研究

单俊鸿认为脱硫渣可以替代石膏和部分粉煤灰用于生产加气混凝土，但是有其掺量限制，需要通过大量的试验确定其最佳掺量。

I　脱硫渣用于冶金助熔材料

脱硫渣中含有活性成分如 $SiO_2$、$Al_2O_3$、$Fe_2O_3$ 等，可在冶金方面得到一定的应用。陈广言等在烧结工序过程中利用脱硫渣替代部分石灰石，其混合料制粒效果改善，烧结过程透气性提高。

半干法脱硫渣的成分复杂，且脱硫产物以 $CaSO_3$ 为主，使其作为水泥混凝土原材料或建筑材料的应用受到影响。随着我国对 $CaSO_3$ 改性研究的不断深入，以及脱硫渣在资源化利用的过程中的稳定性研究的突破，使脱硫渣应用于吃灰量大的建材行业、农业、陶瓷业甚至交叉行业等将不再是梦想，半干法烟气脱硫技术的应用前景也将更加广阔。

## 11.4　干法烟气脱硫技术

干法烟气脱硫技术是指脱硫吸收和产物处理均在干态下进行。近年来，和其他烟气脱硫技术一样，干法烟气脱硫技术也发展了多种工艺，主要有以下几种：

（1）吸收剂喷射技术，如炉内喷钙、管道喷射等；

（2）电法干式脱硫技术，如电子束照射法、脉冲电晕、等离子体法；

（3）干式催化脱硫技术，如催化氧化法、催化还原法；

（4）吸附法，如活性炭法。目前，在国内烧结烟气脱硫中有工程应用的只有活性炭吸附法。

### 11.4.1 活性炭烟气脱硫技术

由含碳量高的物质经过碳化和活化制成的活性炭/焦，由于具有极丰富的孔隙构造而具有良好的吸附特性，可以脱除废气和废水中的多种有害物质，被广泛用于工业废气的净化。活性炭法烟气脱硫技术采用了活性炭这种多孔介质为脱硫剂，通过吸附作用将 $NO_x$ 和 $SO_2$ 的污染控制和硫资源的回收利用相结合，脱硫效率高，活性炭可再生重复利用。20 世纪 90 年代后，日本新建烧结机烟气脱硫的主导工艺是活性炭法。

#### 11.4.1.1 工艺流程

活性炭烧结烟气脱硫技术目前只在太钢烧结机应用。烧结主抽风机后引出的烟气经增压风机，进入吸收塔脱硫，吸收塔内设置活性炭移动层，净化的烟气排入烟囱。活性炭吸附硫氧化物后，经过输送机送至解吸塔，被加热至 450℃ 以上解吸。解吸后的活性炭经冷却再次送入吸收塔，循环使用。解吸出的 $SO_2$ 气体一般送往制酸。活性炭烧结烟气脱硫工艺流程如图 11-20 所示。

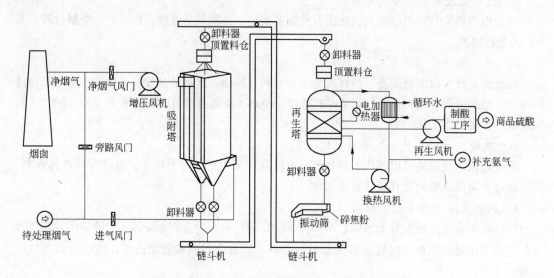

图 11-20　烧结烟气活性炭脱硫工艺流程

#### 11.4.1.2 工艺原理

活性炭法烟气脱硫包括吸附和脱附两个环节。

在吸附过程中，吸附质 $SO_2$ 依靠浓度差引起的扩散作用从烟气中进入吸附剂活性炭的孔隙，从而达到脱除 $SO_2$ 的作用。活性炭对 $SO_2$ 的吸附包括物理吸附和化学吸附。当烟气中无水蒸气和氧气存在时，仅为物理吸附，吸附量较小。当烟气中含有足量水蒸气和氧气时，活性炭法烟气脱硫是一个化学吸附和物理吸附同时存在的过程。这是由于活性炭表面具有催化作用，使吸附的 $SO_2$ 被烟气中的氧气氧化为 $SO_3$，$SO_3$ 再和水蒸气反应生成 $H_2SO_4$。此时孔隙中充满吸附质的吸附剂便失去了继续吸附的能力，必须对其进行脱附，即再生。

脱硫反应是物理吸附和化学吸附相结合的复合反应，反应式如下。

A　物理吸附

$$SO_2 \longrightarrow SO_2 (SO_2 \text{吸附在活性炭微细孔中})$$

B　化学吸附

$$SO_2 + \frac{1}{2}O_2 + H_2O \longrightarrow H_2SO_4$$

C　向硫酸盐转化（靠 $NH_3/SO_2$）

$$H_2SO_4 + NH_3 \longrightarrow NH_4HSO_4$$

$$NH_4HSO_4 + NH_3 \longrightarrow (NH_4)_2SO_4$$

D　脱硝反应

$$NO + NH_3 + \frac{1}{2}O_2 \longrightarrow N_2 + \frac{3}{2}H_2O$$

$$NO + C \longrightarrow N_2 (C \text{为活性炭表面的还原性物质})$$

脱附再生有加热和洗脱两种方式。加热法是靠外界提供的热量提高分子动能，从而使吸附质分子脱离吸附剂，在温度较高的条件下，可以完成对活性炭的深度活化，但是深度活化所需能耗大，而且会使活性炭部分烧损，且冷却过程长；洗脱法是将脱附介质通入活性炭层，利用固体表面和介质中被吸附物的浓度差进行脱附。在各种脱附方法中，技术经济性最好的是水洗脱附，水洗脱附属于洗脱法的一种，产物为稀硫酸，硫酸的浓度最高可达到 25% ~ 30%。水洗产物经文丘里洗涤器和浸没式燃烧器的提浓，可最终制得 70% 的硫酸。

活性炭法可以实现一体化联合脱除 $SO_2$、$NO_x$ 和粉尘，$SO_2$ 脱除率可达到 98% 以上，$NO_x$ 脱除率可超过 80%，同时吸收塔出口烟气粉尘含量小于 $20mg/m^3$；能除去废气中的碳氢化合物，如二噁英、重金属如汞及其他有毒物质；副产品（浓硫酸、硫酸、硫黄）可以出售；无需工艺水，避免了废水处理；净化处理后的烟气排放前不需要再进行冷却或加热，节约能源；喷射氨增加了活性焦的黏附力，造成吸附塔内气流分布的不均匀性，由于氨的存在产生对管道的堵塞、腐蚀及二次污染等问题。

### 11.4.1.3　主要设备

以太钢活性炭脱硫工艺为例，脱硫系统分为烟气系统、吸附系统、解吸系统、活性炭输送系统、活性炭补给系统。

A　烟气系统

脱硫系统阻力非常大，远大于其他湿法或半干法脱硫工艺，增压风机压力高、功率大。

B　吸附系统

吸附系统是整个工程中最重要的系统，主要设备由吸收塔、$NH_3$ 添加系统（用于脱硝）等组成。在吸收塔内设置了进出口多孔板，使烟气流速均匀，提高净化效率。吸收塔内一般设置三层活性炭移动层，便于高效脱硫脱硝。一般吸收塔是由多个相同的模块组成。一个吸收器模块是由 2 个相互对称的面板组成，每一个面板都是由活性炭床的多个小格组成的。选择适当的吸收器模块及小格的数量，就能够处理一定的废气量。废气通过入口管道被分配到每一个吸收器模块中，气体经过左右 2 个活性炭床面板时得到净化。

活性炭床是由入口和出口格栅及隔离板组成。设计这些格栅时，要防止被大颗粒和炭粉塞满。每个模块由 3 个床组成，分为前床、中间床和后床。每一个床都有辊式卸料器控制活性炭排出的数量。

辊式卸料器的特点如下：

(1) 控制活性炭的下落速度，能够确保去除污染物质的性能达到最高。

(2) 通过控制活性炭的下降速度，能够防止吸收塔的压力降升高。

C　解吸系统

吸附了硫氧化物的活性炭，经过输送机送至解吸塔，在这里活性炭从上往下运行，首先经过加热段（可通过煤气发生器将空气加热至 $400 \sim 450℃$，再通过循环风机送至加热段）被加热到450℃以上，将活性炭所吸附的物质二氧化硫解吸出来。将经过解吸后的活性炭，在冷却段中冷却到150℃以下，然后经过输送机再次送至吸附塔，循环使用。富二氧化硫气体排至后处理设施，制备硫酸或硫黄。

解吸塔主要由加热器和冷却器组成，加热器和冷却器均为多管式热交换器。在加热器中，活性炭被加热到400℃以上，被活性炭吸附的物质，经过解吸后排出，此处排出的气体被称为富二氧化硫气体。经过解吸后的活性炭，在冷却段中冷却到150℃以下。解吸塔排出的活性炭经振动筛筛分，筛上料由链式输送机运回吸收塔使用。为了保证有害气体不外泄，在解吸塔的上部和下部均安装双层旋转卸料阀。

D　活性炭输送系统

活性炭再循环通过两条链式输送机，确保活性炭在吸附塔和解吸塔之间循环使用。

E　活性炭的补给系统

活性炭在脱硫过程中会出现破损、颗粒度降低，为保证脱硫效率，需将小颗粒的炭粉排出，不断补充新的活性炭。

F　脱硝系统

主要包括氨气供应系统，液氨的卸车、蒸发、调压及与空气混合供应至吸收塔喷洒。氨气供应系统包括液氨储槽、氨气蒸发器、压缩机、氨气稀释槽、氨气调压装置、氨气与空气混合装置、配套管道系统及控制装置。外购的液氨通过槽车运到用户区，用压缩机卸到液氨储槽，经蒸发器汽化后，通过调压装置调到一定压力后送至混合单元。在混合单元设有控制阀门调节用气量及压力，设有火花捕集器防止爆炸与回火，与加压后被加热到130℃的空气混合后供给工艺系统使用。

### 11.4.1.4　工艺影响因素

A　脱硫催化剂

普通活性炭吸附容量低，吸附速度慢，处理能力小。研究表明，用聚丙烯腈纤维、沥青纤维、粘胶纤维等纤维原料经炭化、活化制备的活性炭纤维，特别是经特殊处理制得的脱硫活性炭纤维，比表面积大，微孔丰富，孔径分布窄，有较多适于吸附 $SO_2$ 的表面官能团，所以其处理能力高。

B　空速

在相同条件下，活性炭脱硫效率随空速的提高而降低。一般认为，空速对活性炭吸附能力的影响有：一方面空速高时，$SO_2$ 与活性炭表面接触不够充分，没有被充分吸附，并且化学反应时间相对较短；另一方面，活性炭对 $SO_2$ 的物理吸附靠的是分子间的范德华力形成的势能场，空速增大时，该势能场对 $SO_2$ 的捕捉能力下降，从而降低了 $SO_2$ 被吸附后进一步进行化学反应的可能性，影响脱硫效率。

C　床层温度

随着床层温度的升高，脱硫效率先增大后减小，最佳反应温度为 $50 \sim 80℃$。不同的床层温度对物理吸附和化学吸附的影响不同。床层温度低时，虽然物理吸附迅速增大，但是由于活

性炭对 $SO_2$ 的吸附中，化学吸附是主要的，物理吸附的增大对活性炭的总吸附量来说贡献不大。由于低温不利于化学吸附，导致 $SO_2$ 的转化率很低，从而总的脱硫效率低。随着温度的进一步升高，物理吸附受到抑制，从而影响化学吸附，导致转化率下降，进而脱硫率降低。

　　D　烟气氧含量

　　烟气中氧含量对反应有直接影响，当含量低于 3%，反应效率下降；当含量高于 5%，反应效率明显提高。一般烧结烟气中氧含量 15%，能够满足脱硫反应要求。

### 11.4.1.5　操作要求

　　活性炭本身是易燃物质。由于活性炭的吸附是放热反应，因此活性炭的温度将比烟气的温度高大约 5℃，当烟气系统正常运行时，活性炭氧化的热量将被烟气带走。然而，当烟气系统出现故障，例如增压风机故障，这时无法将热量带走，在吸收塔中的活性炭的温度将会持续地增高。当活性炭的温度超过 165℃ 以上时，需要关闭入口和出口的切断阀，氮气喷入吸收塔内部以防止发生火灾爆炸，此时活性炭继续下落输送到解吸塔中，解吸塔中也充满了氮气，可以灭火。

　　活性炭从吸收塔到解吸塔再到吸收塔这样循环一次，大约需一周的时间。

　　在最初运行的 3 个月中，宜将烧结烟气进吸收塔的温度控制在大约 120℃ 左右。

### 11.4.1.6　工程实例

　　太钢是目前国内唯一采用该工艺烧结烟气脱硫企业。太钢 450m² 烧结机活性炭脱硫于 2010 年 9 月投产，另一台 660m² 烧结机活性炭脱硫于 2011 年 9 月投产。

　　450m² 烧结机脱硫增压风机参数：流量 3059760m³/h（工况），全压 8000Pa，功率 8500kW，增压风机功率远大于其他脱硫工艺。主抽风机后的烟气合并后通过脱硫轴流风机进入活性炭吸收塔（有 6 个单元模块，初装活性炭约 3500t，塔体规格：长 7×6m，宽 9.28m，高 41.12m），吸附了 $SO_2$ 的活性炭经过链式输送机由吸收塔下部送入解吸塔上部，活性炭在解吸塔内将吸附的物质解吸出来，富 $SO_2$ 气体排至后续制硫酸工艺。解吸后的活性炭冷却到 150℃（配置冷却风机），经筛分后由另一条链式输送机由解吸塔下部送至吸附塔上部进料，循环使用。筛分出的小颗粒炭粉排出，需不断补充新的活性炭，补充量为 6~7t/d。

　　吸附塔内温度要求小于 165℃，实际运行温度在 140~150℃。进口烟气温度高时，开启冷风阀。若吸附塔内温度高，此时烟气走旁路，吸附塔充氮气保护，解吸塔内充氮气保护，气动阀仪表全部用氮气气源。

　　在吸附塔入口处注入氨气（现场存储液氨，氨蒸发后与空气混合稀释），液氨消耗约 2~3t/d，脱硫的同时具备一定的脱硝功能，脱硝效率 30%。若要提高脱硝效率，需增加吸附塔单元。

　　脱硫效率可控制在 95% 以上，脱硝效率一般 30%，除尘效率 80%，对二噁英的去除率较高，出口烟气二噁英（标态）经检测 TEQ 小于 0.2ng/m³。

　　活性炭/焦脱硫工艺的优点是脱硫效率高；同时可脱硝、除尘、脱二噁英；脱硫副产物可制备硫酸；不消耗水。缺点是系统安全性要求极高，对入口烟温、粉尘含量有严格要求，容易发生火灾，其次是专用活性炭/焦来源有限且价格高，运行费用较高，工程造价亦很高。受此限制，活性炭/焦脱硫在国内应用也极少，仅太钢建设有 2 套活性炭吸附脱硫工艺，运行和维护经验需进一步摸索和积累。

### 11.4.2　电子束烟气脱硫技术

电子束法烟气脱硫技术的研究工作始于 20 世纪 70 年代，经过 30 多年的研究开发，已从试验研究走向工业化应用，是一种脱硫脱硝一体化新工艺。我国自 20 世纪 80 年代中期开始电子束脱硫脱硝技术的研究，目前已在成都热电厂、杭州协联热电有限公司、北京京丰热电有限责任公司建设了产业化示范工程。电子束烟气脱硫技术在脱硫的同时实现脱硝，无温室效应气体 $CO_2$ 产生，可实现污染物资源的综合利用和硫、氮资源的循环，占地面积小，但电子束发生装置需国外进口，投资较高，且能耗较高。目前，国外已有中试规模的烧结机电子束烟气脱硫装置试运行，但国内仍处于研究阶段，在烧结烟气脱硫方面未有工程应用。

#### 11.4.2.1　过程机理

电子束氨法烟气脱硫工艺去除废气中 $SO_2$ 的过程，可分为 3 个步骤：首先是烟气在电子束照射下生成自由基，然后 $SO_2$ 在自由基的作用下被氧化成 $SO_3$，最后 $SO_3$、$SO_2$ 与添加的氨反应，生成硫酸铵。

电子束氨法脱硫主要装置为电子束发生装置，由直流高压电源、电子加速器和窗箔冷却装置组成。电子在高真空加速管中通过高电压加速，加速后的电子通过保持高真空的扫描管透射过一次窗箔和二次窗箔照射烟气。烟气接受电子束照射后，有 99% 以上电子能量被烟气中的 $N_2$、$O_2$、水蒸气和 $CO_2$ 等主要成分吸收。电子与烟气中主要成分作用，直接产生或通过电离分解产生 OH、N、O、$HO_2$、H 等自由基，能有效氧化 $SO_2$ 和 $NO_x$。

氧化 $SO_2$ 的自由基主要是 OH、O、$HO_2$，其中 $SO_2$ 与 OH 自由基的反应是最主要的。主要反应式如下：

$$烟气（O_2、H_2O） + e \longrightarrow OH + O + HO_2$$
$$SO_2 + OH \longrightarrow HSO_3$$
$$HSO_3 + O_2 \longrightarrow SO_3 + HO_2$$
$$OH + NO \longrightarrow HNO_2$$
$$OH + NO_2 \longrightarrow HNO_3$$
$$SO_2 + O \longrightarrow SO_3$$
$$SO_3 + H_2O \longrightarrow H_2SO_4$$

OH 和 O 主要由 $H_2O$、$O_2$ 受到辐射激发产生，所以烟气湿度增大有利于 OH、O 等自由基的形成并增加液相反应概率，促进气溶胶的成核、生长。气溶胶在反应器中被电子束辐照，产生大量活性基团，将烟气中的 $SO_2$ 和 $NO_x$ 氧化为高价态氧化物并生成硫酸和硝酸，最终与注入反应器的氨气反应，生成硫酸铵和硝酸铵微粒。

一般认为，烟气温度、含水量、氨投入的化学计量比及电子束投加剂量是影响电子束脱硫效率的主要因素。

#### 11.4.2.2　工艺流程

电子束脱硫技术流程：烟气降温增湿，加氨，电子束照射和副产物收集。烟气经除尘后，进入冷却塔进行调质，主要是降低其温度，提高其含水量。在冷却塔中喷射冷却水，冷却水在塔内完全被汽化，烟气含水量接近露点状态。较高含水量的烟气有助于提高烟气的脱硫脱硝效率。经调质后的烟气被送往反应器，在反应器中烟气与喷入的氨气混合，同时被电子束发生装置产生的电子束照射。烟气中的气体成分在电子束的照射下，产生活性基团，活性基团氧化烟

气中的 $SO_2$ 和 $NO_x$，生成硫酸和硝酸，在有 $H_2O$ 和氨的情况下，生成硫酸铵、硝酸铵及其复合物，以气溶胶细颗粒状悬浮于烟气中。含有硫酸铵、硝酸铵细颗粒的烟气流经副产物收集器（袋式除尘器或电除尘器），净化后烟气排入大气，副产物硫酸铵、硝酸铵回收利用。

### 11.4.2.3　主要设备

#### A　电子束发生装置

电子束发生装置由发生电子束的直流高压电源、电子加速器及窗箔冷却装置组成。电子在高真空的加速管内通过高电压加速，加速后的电子通过保持高真空的扫描管透射过一次窗箔和二次窗箔（均为 $30\sim50\mu m$ 的金属箔）照射烟气（反应器内）。窗箔冷却装置向窗箔间喷射空气进行冷却，控制因电子束透过的能量损失引起的窗箔温度上升。图 11-21 为电子束发生装置示意图。

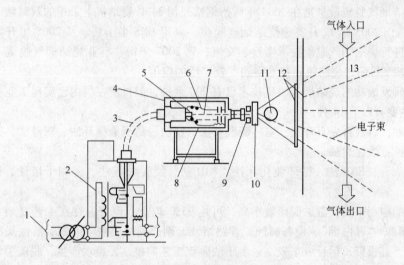

图 11-21　电子束发生装置示意图

1—主电源入口；2—整流变压器；3—高压电缆；4—绝缘盒；5—灯丝；6—加速管；7—加速电极；
8—分压电阻；9—X 扫描线圈；10—Y 扫描线圈；11—真空泵；12—照射窗；13—反应器

因电子束在反应器内产生 X 射线，故要有严格庞大的放射线防护设施，反应器四周必须设有混凝土防护墙。电子束照射产生的臭氧对装置有腐蚀，对周围环境有害。核心部件电子加速器等需进口，且电子枪灯丝使用寿命短（2 年左右），窗箔需每年更换，价格昂贵。电子束发生装置的这些特点制约了该工艺的推广应用。

#### B　冷却塔

冷却塔的作用在于将烟气冷却至适合电子束反应的温度并增大烟气湿度。冷却方式可采用完全蒸发型或水循环型，但均不产生外排水。完全蒸发型是用适量的水对烟气直接喷洒，进行冷却，喷雾水完全蒸发。水循环型是用过量水对烟气直接喷洒冷却，其中一部分进入反应器作为二次烟气冷却水用，这部分冷却水完全蒸发。

#### C　副产物收集

袋式除尘器具有较高效率，但由于副产物硫铵及硝铵的吸湿特性和微小粒径，增加了袋式除尘器的捕集难度，且由于副产物对滤袋的黏附导致系统阻力升高，难以长期连续运行。当前多采用电除尘器，使用中发生过电场电晕封闭、副产物黏附极板、极线和气流分布板。目前，副产物收集器的运行稳定性仍需要研究加以改进。

### 11.4.2.4 工程实例

在国内，电子束法目前只在电厂烟气脱硫中有应用，烧结烟气脱硫还未采用。第一家电子束烟气脱硫示范工程建于成都电厂，投资 7200 万元，1997 年投运。烟气流量（标态）$30 \times 10^4 \mathrm{m}^3/\mathrm{h}$，$SO_2$ 浓度 $1800 \times 10^{-6}$，$NO_x$ 浓度 $400 \times 10^{-6}$。主要设备有冷却塔 $\phi13 \times 47\mathrm{m}$，电子束反应器 $W4.6\mathrm{m} \times H2.5\mathrm{m} \times L13\mathrm{m}$，电子束加速器（扫描型）$800\mathrm{kV} \times 400\mathrm{mA}$，直流高压电源 $800\mathrm{kV} \times 800\mathrm{mA}$，三电场静电除尘器。设计运行能耗：液氨消耗 $650\mathrm{kg/h}$，水消耗 $16\mathrm{t/h}$，电耗 $1900\mathrm{kW/h}$，蒸汽消耗 $2\ \mathrm{t/h}$。

## 11.5 脱硫工艺比较分析

国内烧结烟气脱硫最早是在 2004 年广州钢铁公司 $24\mathrm{m}^2$ 烧结机上采用的双碱法。接着包钢 $180\mathrm{m}^2$ 烧结机于 2005 年 12 月实施烧结烟气脱硫，采用 ENS 半干法。从 2005 年开始，钢铁企业逐步开始进行烧结烟气脱硫技术考察、交流，到 2007 年钢铁行业烧结烟气脱硫工作进入实质性实施阶段。目前，烧结脱硫技术得到了较广泛的应用。

国内外研发成功的烧结烟气脱硫技术已有 200 余种，但目前在国内已实现工业化应用的不足 20 种，主要有以下 14 种。

湿法 6 种：石灰石 - 石膏法、氨 - 硫酸铵法、镁法、离子液循环法、双碱法、有机胺法。

干法 1 种：活性炭法。

半干法 7 种：ENS 法、循环流化床法、NID 法、旋转喷雾法、密相干塔法、MEROS 法、RINO 法。

从目前的应用来看，湿法脱硫效率高，可达 95% 以上，但普遍存在工艺复杂、占地面积大、"烟囱雨"、"冒白烟"、设备腐蚀、管路堵塞、副产品品质差等问题。活性炭法目前仅在太钢有应用，其投资及运行成本较高。半干法脱硫工艺简单，无废水产生，脱硫后烟温高，不需新建烟囱，但其副产物的处理一直是各钢铁行业比较关注的焦点，近年来，随着半干法脱硫应用增多，有多家单位对半干法的副产物处理进行了研究，取得了一定进展。

### 11.5.1 半干法与湿法工艺的对比分析

现将半干法与湿法工艺比较分析如下：

（1）在占地方面，大多数半干法系统简单，占地面积小。

（2）在 $SO_2$ 脱除方面，湿法脱硫效率略高于半干法，尤其对于含硫量高的烟气。

（3）在设备防腐方面，干法防腐要求低于湿法，部分工艺甚至无需防腐。而湿法工艺对防腐要求高，若材料选择不当或施工工艺不对，易造成设备腐蚀，脱硫系统无法运转。

（4）在副产物利用方面，石灰石 - 石膏法以脱硫石膏为副产物，石膏有一定的市场，但利用价值有限；氨法以硫酸铵为副产物，硫酸铵可用于化工原料，有一定经济价值；而半干法脱硫，副产物以亚硫酸钙、硫酸钙为主，综合利用难度较大，但也已取得了一定进展。

（5）在烟气加热方面，湿法排烟温度低，一般只有 50℃，且含有大量水分，如果不采用热交换器升温，将影响烟气抬升高度，在周围形成烟囱雨，并造成周围设施的腐蚀。如果采用热交换器升温，将增加大量投资，且因热交换器易腐蚀、堵塞，影响脱硫运行。半干法脱硫排烟一般不低于 $75 \sim 80℃$，无需对烟气加热。

（6）在烟囱方面，湿法烟囱内衬需作防腐处理。若是已有烧结机新建湿法脱硫，需对原有烟囱进行防腐施工才能使用，而因防腐施工工期长，要求烧结机停机时间长，所以湿法脱硫一般都是新建脱硫烟囱。而半干法脱硫烟气可直接排入原有烟囱，无需特殊处理。

（7）在废水及其他污染物方面，湿法会产生大量含有氯离子和重金属的废水，废水处理难度大。氨法一般没有浆液的外排，但会导致氯离子富集，由于氯离子对金属钝化层的腐蚀破坏作用，加剧其对塔内合金及不锈钢构件的腐蚀。石灰石 – 石膏法在脱硫的同时还产生温室气体二氧化碳。

（8）在工艺扩展性方面，大多数湿法脱硫无法脱硝、脱二噁英、重金属，即使部分具备重金属脱除功能，其脱除的有毒有害物质会进入废水。半干法几乎能 100% 脱除三氧化硫，同时具备脱除其他有毒有害物质的能力（如喷入活性炭吸附吸收）。

（9）在运营成本方面，湿法工艺略高于半干法。

半干法既有湿法脱硫反应速度快、脱硫效率高的优点，又具有干法脱硫无废水排出的特点。但此技术脱硫产物以亚硫酸钙、硫酸钙为主，副产物综合利用目前未形成规模化。

## 11.5.2　旋转喷雾法和循环流化床法脱硫工艺比较分析

旋转喷雾法和循环流化床法脱硫工艺是应用最广泛的半干法脱硫工艺。两种工艺在烧结的应用实例都比较多。循环流化床法（简称 LJS）在梅钢、宝钢、邯钢、三钢等有应用；旋转喷雾法（简称 SDA）在沙钢、鞍钢、常州中天、邯钢等有应用。LJS 和 SDA 工艺技术成熟，都可以高效脱硫，满足国家排放标准要求，均可预留添加活性炭的功能，以便将来进一步脱除二噁英等有害物质。

LJS 电耗较高，主要是该工艺设备阻力大，风机功率大；循环灰量较大，袋式除尘器负荷较大，但其采用低压回转脉冲袋式除尘器，运行阻力 1200Pa 左右，相对较小；需设置清洁烟气再循环系统来应对烧结烟气负荷变化对床层的影响，但存在塌床的风险；床层压降、布袋阻力、循环风挡的开度、风机间的匹配运行，都影响到床层的稳定，操作很关键；钙硫比（约 1.5）略大，脱硫剂消耗略大，产生渣量略大。

SDA 塔体较大，安装要求高；塔底有积渣（估计 10t/d）；SDA 毕竟有浆液，若工艺控制不好，可见腐蚀；制浆后筛出的大颗粒物料杂质、浆液排入收集箱，用抓斗抓取外运，易影响周围环境；其钙硫比（约 1.2）较小，脱硫剂消耗较小；产生渣量相对较小；工艺设备阻力相对较小，风机功率小，电耗较小。

SDA 工艺流程相对简单，对烧结烟气波动的适应性较强；系统运行阻力低，运行电耗较低；脱硫剂使用量和脱硫渣量略低于 LJS 工艺方案。LJS 工艺必须建立流化床，并需保持床层气固相的质量、温度及压力等方面的平衡，而烧结烟气的波动特性会导致塌床概率增大，操作和控制难度加大；但 LJS 通过清洁烟气再循环系统，已基本杜绝了塌床风险。

## 11.5.3　烧结烟气脱硫工艺发展趋势

理想的烧结烟气脱硫工艺应该是技术成熟可靠、风险小、投资省、运行成本低、脱硫剂来源广泛、副产品易于处理并且不会产生二次污染，能回收高质量、有广阔应用市场的脱硫副产品，占地面积小且符合循环经济理念要求。通过"高效化"、"资源化"、"综合化"，最终实现烟气脱硫成本的"经济化"目标。钢铁企业选择烧结烟气脱硫应综合考虑技术的优劣势、投资、运行成本、脱硫装置布置、副产物的综合利用、脱硫剂的来源和风险等因素，并进行技术经济综合比选，结合企业的具体情况，合理、慎重地选择烧结烟气脱硫工艺。

根据烧结烟气波动及烟气污染成分特点，以及国际社会对环境污染治理要求的变化，目前国际上烧结烟气治理以干法、半干法为主。西欧烧结厂在烧结烟气净化处理时，必须同时考虑脱硫、脱硝、除尘、去除二噁英、重金属、氯化氢、氟化氢和有机碳 VOC，因此，西欧烧结厂目前采用的均是半干法烟气脱硫。日本从 2000 年开始对二噁英进行控制以来，烧结机烟气治理均采用活性炭吸附法，而且越来越多的原有湿法工艺改造成了活性炭吸附工艺。

石灰石 – 石膏湿法脱硫技术是世界上最成熟的烟气脱硫技术，但是结合我国的实际情况，其脱硫后生成的副产品石膏在我国的市场却不大，这主要是因为我国本身是天然石膏储量大国，天然石膏价格低廉，而石灰石 – 石膏法烟气脱硫生成石膏的物理和化学性质与天然石膏相比较差。所以，目前国内的脱硫石膏价值不大，或直接抛弃，这样就造成了二次污染。氨法脱硫因存在"气溶胶"等问题，外排烟气中颗粒物浓度较高，无法达到新的环保排放标准。在脱硫塔排气筒出口有较明显的白烟"气溶胶"，一般认为是逃逸氨与烟气中的二氧化硫、三氧化硫生成亚硫酸铵雾和硫酸铵雾，这些白雾是由粒径为 $0.05 \sim 10 \mu m$ 的铵盐固体颗粒凝结而成。铵雾一旦形成，就很难除去，不但会造成新的环境污染，还会造成设备的堵塞和腐蚀，而且造成氨的浪费。由于烧结烟气中含有重金属和二噁英等污染物，给氨法脱硫副产物硫铵能否用于化肥生产带来了一定的不确定性。如某烧结氨法脱硫副产物硫酸铵的检测，铁含量 0.53%，铅含量 0.19%，其他如镉、汞、镍、砷小于 0.01%，可见有毒铅含量偏高。海水脱硫技术受地域影响较大，沿海钢铁厂可考虑海水脱硫技术的可行性。

结合我国"十二五"期间对环境保护的要求，以及国际环境保护发展趋势，我国烧结烟气脱硫技术的发展，应考虑与 $SO_2$、$NO_x$、$SO_3$、颗粒物、二噁英等多种污染物的协同控制。目前国内较有发展前景的脱硫工艺以（半）干法为主。（半）干法脱硫具有耗水、耗电量小，占地面积小和运行费用低等优点，适合于内陆型钢铁企业和缺少建设场地的老旧烧结改造。活性炭/焦干法具有脱硫、脱硝和脱二噁英等功能，副产物可再生利用，应鼓励开发具有自主知识产权的活性炭/焦干法脱硫技术，降低投资和运行费用。由于烧结烟气中成分复杂，含有重金属、二噁英、HCl、HF 等多种污染物，导致石膏、硫铵、脱硫渣等脱硫副产物的品质较差，资源化利用难度较大，甚至可能在利用过程中发生二次污染。而大多数半干法脱硫技术产生的脱硫副产物更是难以得到规模化利用。

要实现钢铁企业的"节能减排"，烧结烟气脱硫技术应与烧结烟气循环使用、余热回收等节能、环保技术有机结合起来。同时，国内的科研院所与专业环保公司要加强合作，根据我国烧结烟气的特点，对各种有成功实例的脱硫工艺进行消化吸收，并在此基础上加快开发适合我国实际情况的烧结脱硫工艺技术和设备，降低投资和运行维护费用，加紧研发脱硫副产物再利用技术。

## 11.6　烧结烟气其他污染物减排技术

在烧结过程中，发生了很多化学和物理反应，不仅会产生大量的烟粉尘（重金属）和 $SO_2$，烧结烟气中还含有 $NO_x$、$CO_2$、CO、氟化物、氯化物、二噁英（PCDD）、呋喃（PCDF）等多种气态污染物和颗粒物污染物。

### 11.6.1　烧结烟气脱硝技术

目前，烧结脱硫工作已经取得较大进展，但 $NO_x$ 污染问题尚未得到有效控制，烧结 $NO_x$ 等污染物治理目前国内尚无相应的应用实例。国家"十二五"环保规划的总体要求是到 2015 年 $SO_2$、$NO_x$ 排放量比 2010 年降低 5% ~ 10%。GB 28662—2012《钢铁烧结、球团工业大气污染物排放标准》中要求新建企业自 2012 年 10 月 1 日起，现有企业自 2015 年 1 月 1 日起，执行烧结烟气氮氧化物排放限值为 300mg/m³ 的标准，并将 $NO_x$ 排放总量作为企业环保控制指标。虽然，目前国内还未建设烧结烟气脱硝，因环保标准越来越严格，烧结烟气脱硝将势在必行。

烧结烟气中的 $NO_x$，主要是由烧结固体燃料及含铁原料中的氮和空气中的氧在高温烧结时产生的。在烧结烟气中，由原燃料生成的 $NO_x$ 约占 80%，还有部分是由燃烧的空气中氧分子和氮分子反应产生的。每生产 1t 烧结矿约产生 $NO_x$ 0.4~0.65kg，烧结烟气中 $NO_x$ 的浓度（标态）一般在 200~400mg/m³。

### 11.6.1.1　常用烟气脱硝技术概述

烟气脱硝技术按脱除原理可以分为催化分解、催化还原、非催化还原、吸收法、吸附法、电子束法等，按工作介质，可以分为干法和湿法两种。各工艺特点见表 11-5。

**表 11-5　常用烟气脱硝技术**

| 项目 | 净化方法 | | 工艺特点 | 脱硝效率 | 备注 |
|---|---|---|---|---|---|
| 干法 | 催化分解法 | | 在催化剂作用下，NO 直接分解为 $N_2$ 和 $O_2$，不需耗费氨，无二次污染。主要催化剂有过渡金属氧化物、贵金属催化剂和离子交换分子筛 | | 未工业化 |
| | 催化还原法 | 选择性催化还原法 SCR | 用 $NH_3$ 作为还原剂将 $NO_x$ 还原成 $N_2$，废气中 $O_2$ 很少与 $NH_3$ 反应，放热量少，反应温度一般在 300~400℃ | 80% | 电厂脱硫应用广泛 |
| | | 非选择性催化还原法 | $CH_4$、$H_2$、CO 及其他燃料气体作为还原剂与 $NO_x$ 催化还原反应，废气中 $O_2$ 参与反应 | 80% | |
| | 非催化还原法 | 选择性非催化还原法 SNCR | 用 $NH_3$ 作为还原剂将 $NO_x$ 还原成 $N_2$，反应温度一般在 900~1100℃ | 30%~60% | 投资较低，但对烟气温度要求高 |
| | | 非选择性非催化还原法 | $CH_4$、$H_2$、CO 等将 $NO_x$ 还原成 $N_2$ | | 投资较低 |
| | 等离子体法 | 电子束法 | 采用高能射线照射烟气产生自由基，这些自由基使 NO 转化成 $NO_2$，$NO_2$ 与加入的 $NH_3$ 反应生成 $NH_4NO_3$ | 80%~90% | 投资较高，可同时脱硫脱硝 |
| | | 气体电晕放电法 | 采用脉冲高压电源，利用气体放电产生自由基，自由基使 NO 转化成 $NO_2$，$NO_2$ 与加入的 $NH_3$ 反应生成 $NH_4NO_3$ | 80%~90% | 投资较高，可同时脱硫脱硝 |
| | 吸附法 | | 利用沸石分子筛、泥煤等吸附烟气中 NO | 80%~90% | |
| 湿法 | 水吸收法 | | 用水做吸收剂，用于气量小、脱硝效率要求低的场合 | 很低 | 投资很低 |
| | 碱溶液吸收法 | | 用 NaOH、$Ca(OH)_2$ 作为吸收剂，用于 NO 含量高、烟气量较小的场合 | 较低 | |
| | 吸收还原法 | | 将 $NO_x$ 吸收到溶液后再与 $(NH_3)_2SO_3$、$Na_2SO_3$ 等反应，将 $NO_x$ 还原成 $N_2$ | 较低 | 投资较高 |
| | 配位化合吸收法 | | 利用配位化合剂将 NO 吸收，然后将络合物加热使 NO 重新释放，回收 NO | 较低 | 未工业化 |
| | 氧化吸收法 | | 用 $HNO_3$、高锰酸钾等氧化剂将 NO 氧化成 $NO_2$，然后用碱液吸收，提高脱硝效率 | 较低 | 投资较高 |

烧结烟气脱硝目前来说是一个棘手的难题,因为烧结烟气量大,而 $NO_x$ 浓度低,但总量相对较大。如果用吸收或吸附过程脱硝,必须考虑废物最终处置的难度和费用,只有当有用组分能够回收,吸收剂或吸附剂能够再生循环使用时才可考虑选择该项技术。在等离子体法、吸附法以及湿法脱硝工艺时都可考虑脱硫脱硝一体化。

目前,烟气脱硝技术在国内有商业化应用的只有选择性催化还原法 SCR 和选择性非催化还原法 SNCR,且只在电厂脱硝工程中应用。当然,有的脱硫技术如氨法、活性炭法、电子束法,有一定的脱硝功能。电厂脱硝基本采用 SCR 选择性催化还原脱硝技术。国内烧结烟气脱硝尚未有工程应用,我国台湾地区中钢烧结厂采用 SCR 法脱硝。

### 11.6.1.2 选择性催化还原脱硝技术

选择性催化还原法(selective catalyst reduction,SCR)是指在 $O_2$ 和非均相催化剂存在条件下,用还原剂 $NH_3$ 与烟气中 $NO_x$ 反应生成无害的 $N_2$ 和水的工艺。这种工艺之所以称作选择性,是因为还原剂 $NH_3$ 优先与烟气中的 $NO_x$ 反应,而不是被烟气中的 $O_2$ 氧化。烟气中的 $O_2$ 的存在能促进反应,是反应系统中不可缺少的部分。SCR 技术已广泛应用于燃煤电厂的烟气净化中,实际脱硝效率 70% ~80%。

### 11.6.1.3 SCR 脱硝机理

SCR 脱硝的还原剂主要是氨、液氨或氨水(或由尿素水热解而成),由蒸发器蒸发后喷入系统中。在催化剂作用下,氨气将烟气中 $NO_x$ 还原成 $N_2$ 和水。主要的化学反应如下:

$$4NH_3 + 4NO + O_2 === 4N_2 + 6H_2O$$
$$4NH_3 + 2NO_2 + O_2 === 3N_2 + 6H_2O$$

由于燃烧烟气包括烧结烟气中 $NO_x$ 多数以 NO 形式存在,因而以上面第一个反应为主。该反应表明,脱除 1mol NO 需消耗 1mol 的 $NH_3$。

除上面反应,同时也有可能发生氨的直接氧化反应:

$$4NH_3 + 3O_2 === 2N_2 + 6H_2O$$
$$4NH_3 + 5O_2 === 4NO + 6H_2O$$

由于烧结烟气温度较低,一般在 100 ~150℃,而目前脱硝催化剂反应窗口温度都在 300 ~400℃,因此 SCR 系统必须要增加加热器。我国台湾地区中钢烧结机就是采用加设燃烧装置提高烟温到催化剂温度窗口,增加了能源消耗和运行费用。

### 11.6.1.4 SCR 脱硝工艺主要装置

SCR 脱硝工艺主要由以下装置组成:SCR 反应器、催化剂、氨储存制备及供应系统、氨喷射系统、稀释风机、氨/空气混合器、氨喷射格栅和吹灰系统,其示意图如图 11-22 所示(以电厂 SCR 脱硝为例)。

A SCR 反应器(含催化剂)

工业实践表明,SCR 系统对 $NO_x$ 的转化率为 60% ~90%。压力损失和催化转化器空间气速的选择是 SCR 系统设计的关键。据报道,催化转化器的压力损失介于 $(5 ~7) \times 10^2 Pa$,取决于所用催化剂的几何形状,例如平板式(具有较低的压力损失)或蜂窝式。由于催化剂的费用在 SCR 系统的总费用中占较大比例,从经济的角度出发,总希望有较大的空间气速。反应器的截面尺寸根据烟气量的大小设计,一般设计成 2 +1 层催化剂布置方式,其中上层为预留层。烟气经过与氨气均匀混合后垂直向下流经反应器,反应器入口设置气流均布装置,反应

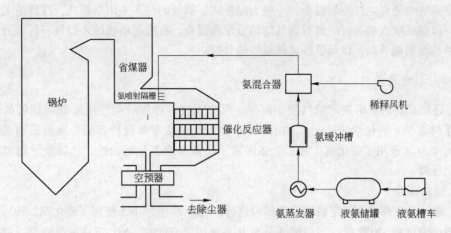

图 11-22　SCR 系统示意图

器主要由催化剂、催化剂支撑梁、反应器壳体、密封板等组成。

催化剂有贵金属和普通金属。贵金属催化剂是以 Pd 和 Pt 作为活性组分，虽然它们还原 $NO_x$ 的活性较好，但选择性不高，$NH_3$ 容易直接被 $O_2$ 氧化，且价格昂贵，工程上一般不予采用。普通催化剂催化效率不是很高，价格也较贵，要求反应温度范围为 $300 \sim 400℃$。比较常用的催化剂有氧化钒（$V_2O_5$）、钨氧化物（$WO_3$）和氧化钛（$TiO_2$）。

SCR 催化剂由陶瓷支架和活性成分（氧化钒、氧化钛，有时候还有钨氧化物）组成，现在使用的催化剂形状主要有两种：蜂窝形和板形。采用预制成型的蜂窝型陶瓷，催化剂填充在蜂窝孔中或涂刷在基质上；采用板形时在支撑材料外涂刷催化剂。吸收塔一般是垂直布置，烟气由上而下流动。催化剂布置在 2 层到 4 层（或组）催化剂床上，同时提供一个备用的催化床层。当催化剂活性降低时，在备用层中填充催化剂。持续失活后，在旋转基座上更换催化剂。反应器内布置吹灰器，定期吹灰，吹去沉积在催化床上的灰尘，一般采用蒸汽吹灰器或超声波吹灰器。

SCR 系统的性能主要由催化剂的质量和反应条件所决定。在 SCR 反应器中催化剂体积越大，$NO_x$ 的脱除率越高，同时氨的逸出量也越少，然而 SCR 工艺费用也显著增加。

在反应器内，还原剂（液氨）在催化剂的作用下与烟气中的氮氧化物反应生成无害的氮和水，从而去除烟气中的 $NO_x$。

B　氨储存制备供应系统

液氨用罐装卡车运输，以液体形态储存于氨储罐中。液态氨在注入 SCR 系统之前经由蒸发器蒸发气化，并经过缓冲罐稳压后供应反应器脱硝使用，这部分工作都是在氨储存制备供应系统内完成。

氨储存制备供应系统主要由卸料压缩机、液氨储罐、氨气蒸发槽、氨气缓冲槽及氨输送管道等，并备有氮气吹扫系统。

C　氨喷射系统

氨喷射系统包括由气化的氨与稀释空气混合，通过喷氨格栅喷入 SCR 反应器上游的烟气中。氨在空气中的体积浓度达到 16% ~ 25% 时，会形成 Ⅱ 类可燃爆炸性混合物。为保证注入烟道的氨与空气混合物的安全，除控制混合器内氨浓度远低于其爆炸下限外，还应保证氨在混合器内均匀分布，空气稀释后含 5% 氨气的混合气体喷入反应器入口烟道。氨/空气混合器是为了保证氨气与稀释空气均匀混合，一般为隔板式。氨气的注入采用格栅式，在管道上布置很多喷嘴，以保证喷入烟道内的氨与烟气均匀分配和混合。在喷射格栅的入口每一区域分配管道上设有手动流量调节阀，以调节各区域氨气的分配。

### 11.6.1.5 影响因素

$NO_x$ 还原反应的速率决定烟气脱硝效率。反应温度、停留时间、还原剂与烟气的混合程度、还原剂与 $NO_x$ 的化学计量比、逸出的 $NO_x$ 和 $NH_3$ 的浓度等设计和运行因素影响系统脱硝效率。由于 SCR 使用了催化剂，除了上述因素，还需考虑催化剂活性、选择性、稳定性和催化剂床层压降。

A　反应温度

$NO_x$ 还原反应需要在一定的温度范围内进行。在 SCR 中，由于使用了催化剂，$NO_x$ 还原反应所需要的温度较 SNCR 低。当温度低于 SCR 系统所需温度时，$NO_x$ 反应速率降低，氨逸出量增大。当温度高于 SCR 系统所需温度时，生成的 $N_2O$ 量增大，同时造成催化剂的烧结与失活。SCR 系统最佳操作温度取决于催化剂的组成和烟气的组成。对金属氧化物催化剂，其最佳操作温度一般为 300～420℃。

B　停留时间

一般而言，反应物在反应器中停留时间越长，脱硝效率越高。反应温度对所需停留时间有影响，当操作温度与最佳温度接近时，所需停留时间降低。停留时间常用烟气流速表示，烟气流速越大，停留时间越短。当增加催化剂用量时，烟气流速降低，脱硝效率提高，但费用增大。

C　$NH_3/NO$ 摩尔比

根据反应方程式，脱除 1mol NO 需消耗 1mol 的 $NH_3$，反应气体理论化学计量比为 1。由于 SCR 存在一些未反应的氨和 $SO_3$，因而不可避免生成硫酸铵等，反应式如下：

$$SO_2 + \frac{1}{2}O_2 \Longrightarrow SO_3$$

$$2NH_3 + SO_3 + H_2O \Longrightarrow (NH_4)_2SO_4$$

$$NH_3 + SO_3 + H_2O \Longrightarrow NH_4HSO_4$$

$$SO_3 + H_2O \Longrightarrow H_2SO_4$$

这些硫酸铵和硫酸氢铵是非常细的颗粒，在温度降到 230℃ 以下时会凝结黏附，沉积在催化剂及设备上，造成催化剂堵塞失活及设备的腐蚀。为了防止这种现象，SCR 的反应温度一般要高于 300℃。随着催化剂活性的降低，残留在尾气中的 $NH_3$ 慢慢增加。为减少硫酸铵带来的腐蚀与堵塞，需控制氨的浓度，实际操作的化学计量比一般小于 1。

D　催化剂失活

催化剂失活和烟气中残留的氨是与 SCR 工艺操作相关的两个关键因素。长期操作过程中催化剂"毒物"的积累是失活的主因，降低烟气的含尘量可有效地延长催化剂的寿命。由于三氧化硫的存在，所有未反应的 $NH_3$ 都将转化为硫酸盐，易于附着在催化转化器内。随着 SCR 系统运行时间的增加，催化剂活性逐渐丧失，烟气中残留的氨或者"氨泄漏"也将增加。由于 SCR 是干法技术，不会产生废水，所产生的唯一废弃物是失活催化剂，此废弃物可以由催化剂生产厂家进行回收再处理。

### 11.6.1.6 工程实例

我国台湾地区中钢在 20 世纪 90 年代已有 3 台烧结机采用了 SCR 脱硝。烧结烟气经静电除尘器处理后,进入脱硝系统,进口温度约为 90 ~ 140℃,利用空气预热器(GGH)进行热交换,将烟气温度提升至 273℃,再经由管道燃烧器加热到 320℃,然后进入脱硝反应器,利用催化剂及喷入氨气进行氮氧化物的脱除反应。经脱硝反应的烟气再进入空气预热器进行热交换,将该烟气温度降至 170℃,然后排放。GGH 配有三种方式清除积垢:蒸汽吹灰;高压水清洗;停机水清洗。催化剂设置三层,每层装有氮气吹灰。氮氧化物浓度,脱硝前为(140 ~ 180)$\times 10^{-6}$,脱销后为(30 ~ 50)$\times 10^{-6}$,脱硝效率80%。使用中发现同时也脱除了80%的二噁英。

SCR 法用于烧结烟气脱硝时运行成本较高,这是因为要将烧结烟气加热到320℃以上的脱硝反应温度,需要消耗大量的热量,运行费用较高。可以考虑用烧结机机尾烧结矿的热量(环冷余热)来加热烟气,以提高烟气温度到催化剂温度窗口。

## 11.6.2  其他脱硝新技术

烟气脱硝工程目前国内只在电厂有应用,一般为 SCR 技术,脱硝技术在烧结应用不多。当然,针对半干法脱硫工艺可增加活性炭吸附脱硝,活性炭法脱硫、氨法脱硫可同时去除部分氮氧化物。下面介绍几种脱硝工艺,为烟气脱硫脱硝一体化提供参考。

### 11.6.2.1  选择性非催化还原 SNCR 脱硝技术

选择性非催化还原(SNCR)脱除 $NO_x$ 技术是把含有 $NH_x$ 基的还原剂(如氨气、氨水或者尿素等)喷入温度为 850 ~ 1100℃ 的烟气,该还原剂迅速热分解成 $NH_3$ 和其他副产物,随后 $NH_3$ 与烟气中的 $NO_x$ 进行 SNCR 反应生成 $N_2$。其反应方程式基本与 SCR 相同。

SNCR 还原 NO 的反应对于温度条件非常敏感,温度窗口选择是 SNCR 还原 NO 效率高低的关键。一般认为理想的温度范围为 800 ~ 1100℃,并随反应器类型变化而有所不同。当反应温度低于温度窗口时,由于停留时间限制,往往使化学反应进行程度较低,反应不够彻底,从而造成 NO 还原率较低,同时未参与反应的 $NH_3$ 增加也会造成氨气泄漏。而当反应温度高于温度窗口时,$NH_3$ 的氧化反应开始起主导作用:

$$4NH_3 + 5O_2 =\!=\!= 4NO + 6H_2O$$

从而,$NH_3$ 被氧化并生成 NO,而不是还原 NO 为 $N_2$。总之,SNCR 还原 NO 的过程是上述两类反应相互竞争、共同作用的结果。如何选取合适的温度条件同时兼顾减少还原剂的泄漏成为 SNCR 技术成功应用的关键。

工业运行数据表明,SNCR 工艺的 NO 还原率较低,通常在 30% ~ 60% 的范围。单独使用 SNCR 脱硝效率低,而氨的逃逸却较高,所以单独使用 SNCR 技术的不多,绝大部分是 SNCR 与其他脱硝技术联合应用。

### 11.6.2.2  等离子体法

等离子体法分为电子束照射法和脉冲电晕等离子法,是一种同时脱硫脱硝技术。

电子束照射脱硫脱硝法工艺原理是:经调质后的烟气被送往反应器,在反应器中烟气与喷入的氨气混合,同时被加速器产生的电子束(直流高压电源产生)照射。烟气中的气体成分在电子束的照射下,产生活性基团,活性基团氧化烟气中的 $SO_2$ 和 $NO_x$,生成硫酸和硝酸,在有 $H_2O$ 和氨的情况下,生成硫酸铵、硝酸铵及其复合物。

脉冲电晕等离子体技术是在电子束法的基础上发展起来的。不同的是脉冲电晕法利用高压脉冲电源放电获得活化电子,来打断烟气气体分子的化学键从而在常温下获得非平衡等离子体，即产生大量的高能电子和 O、OH 等活性自由基，进而对工业废气中的气体分子如 $SO_2$ 和 NO 进行氧化、降解，再与注入的 $NH_3$ 产生协同效应，产生硫铵、硝铵及其复盐的微粒，进而实现脱硫脱硝和除尘一体化。脉冲电晕等离子体脱硝系统由烟气调质系统、脉冲高压电源系统、反应器系统、副产物收集系统、控制系统、氨站和辅助装置构成。除尘后的烟气，经烟气调质塔调节烟气的温度和湿度，然后流经反应器，在反应器中的脉冲电晕放电等离子体场中，烟气中的二氧化硫和氮氧化物与氨站提供的氨气发生作用，分别形成硫酸铵和硝酸铵。通过副产物收集器收集下来用作化肥，洁净的烟气从烟囱排出。目前，该技术在国内仅有工业性实验，还未有工程应用。

### 11.6.2.3　螯合剂液相络合 $NO_x$ 的微生物处理法

亚铁螯合剂络合生物脱硝技术由美国 Paques 和 Biostar 公司联合开发，称为 $BioDeNO_x$ 技术。$BioDeNO_x$ 生物脱硝系统由洗涤吸收塔和生物反应器 2 个主要部分组成。在吸收塔中，亚铁螯合剂与 NO 反应形成亚硝酰络合物，同时烟气中的 $O_2$ 会氧化 $Fe^{2+}$ 成 $Fe^{3+}$，反应式如下：

$$NO + Fe^{2+}(EDTA) \longrightarrow Fe^{2+}(EDTA)NO$$

$$2Fe^{2+}EDTA + \frac{1}{2}O_2 + 2H^+ \longrightarrow 2Fe^{3+}EDTA + H_2O$$

在生物脱硝反应器中，通过脱硝菌的新陈代谢作用将被络合的 NO 还原为 $N_2$，同时 $Fe^{3+}$ 被脱硝菌还原成 $Fe^{2+}$，使亚铁螯合剂得到再生，反应式如下：

$$6Fe^{2+}(EDTA)NO + C_2H_5OH \longrightarrow 6Fe^{2+}EDTA + 3N_2 + 2CO_2 + 3H_2O$$

$$12Fe^{3+}EDTA + C_2H_5OH + 3H_2O \longrightarrow 12Fe^{2+}EDTA + 12H^+ + 2CO_2$$

上述过程的总反应式为：

$$6NO + C_2H_5OH \longrightarrow 3N_2 + 2CO_2 + 3H_2O$$

据介绍，该法已在美国密歇根 Grand Haven 电厂建立了示范工程，其投资比 SCR 法省 80% ~90%。据称，该法可与各种现有的烟气脱硫系统相组合，实现烟气脱硫脱硝。

### 11.6.2.4　铁螯合剂液相络合—铁还原—酸吸收回收法

日本和美国从 20 世纪 70 年代开始就对液相络合法同时脱除烟气中 $SO_2$ 和 $NO_x$ 进行了大量研究。结果表明，对于亚铁氨羧螯合剂同时脱硫脱硝而言，处理过程中 $Fe^{2+}$ 很容易被烟气中的 $O_2$ 氧化为 $Fe^{3+}$，而 $Fe^{3+}$ 螯合剂与 NO 无亲和力，因此脱硝液的脱硝能力很快降低。此外，与螯合铁络合的 NO 能与溶液吸收 $SO_2$ 形成的 $SO_3^{2-}/HSO_3^-$ 发生复杂的反应，形成一系列可溶于水的氮–硫化合物、$S_2O_6^{2-}$ 和 $N_2O$ 二次气态污染物，这些液相产物在溶液中的积累，也会使脱硝液逐渐失去活性。因此，脱硝液难以再生和循环利用，这是阻碍该法进一步研究的根本原因。

马乐凡等人首次提出了 "$Fe^{2+}$ 螯合剂配位化合吸收–铁粉还原–酸吸收" 回收法脱除烟气中 $NO_x$ 的新工艺。根据过程的反应机理，结合过程的现象和操作，可将液相络合–铁粉还原–酸吸收回收法脱氮过程分为络合–铁粉还原、酸吸收和脱氮液的再生三个阶段。

　　A　第一阶段：络合—还原阶段

脱氮液中的 $Fe^{2+}EDTA$ 和溶解于其中的 NO 发生络合反应，形成亚硝酰络合物。

$$Fe^{2+}EDTA + NO \Longleftrightarrow Fe^{2+}EDTA(NO)$$

接着，混合在脱氮液中的铁粉将 $Fe^{2+}EDTA(NO)$ 还原，生成 $NH_3$ 和铁沉淀物，使 $Fe^{2+}$ EDTA 再生；同时铁粉还原 $Fe^{3+}EDTA$，保持脱氮液的活性，反应式如下：

$$2Fe^{2+}EDTA(NO) + Fe + 8H_2O + 8e \longrightarrow 2Fe^{2+}EDTA + Fe(OH)_2 + 2NH_3 + 8OH^-$$

$$4Fe^{2+}EDTA + O_2 + 4H^+ \longrightarrow 4Fe^{3+}EDTA + 2H_2O$$

$$2Fe^{3+}EDTA + Fe + 2OH^- \longrightarrow 2Fe^{2+}EDTA + Fe(OH)_2$$

$$2Fe(OH)_2 + 2H^+ + O_2 + 2e \longrightarrow 2Fe(OH)_3$$

$$2Fe(OH)_3 + Fe \longrightarrow 3Fe(OH)_2$$

**B 第二阶段：酸吸收**

在实验前期，脱氮过程中生成的氨会在脱氮液中积累，随着反应的进行，液相中氨的浓度增加，氨会越来越多地从溶液中逸出。在一定的实验条件下，当脱氮进行一定时间后，脱氮所生成的氨和从液相中逸出的氨将会达到平衡，这时，从烟气中脱除 NO 的摩尔数将等于氨的逸出摩尔数。用磷酸或硫酸吸收从脱氮液中逸出的氨，即可以制得磷酸铵或硫酸铵肥料。

硫酸吸收：

$$2NH_3 + H_2SO_4 \longrightarrow (NH_4)_2SO_4$$

磷酸吸收：

$$NH_3 + H_3PO_4 \longrightarrow NH_4H_2PO_4 \quad （当 pH 为 4.4 \sim 4.6）$$

$$2NH_3 + H_3PO_4 \longrightarrow (NH_4)_2HPO_4 \quad （当 pH 为 8 \sim 9）$$

**C 第三阶段：脱氮液的再生**

由于已反应的铁粉以 $Fe(OH)_x$ 沉淀的形式存在于脱氮液中，而且在第一阶段的反应中消耗的 $H^+$ 比 $OH^-$ 多，因此，随着脱氮过程的进行，脱氮液中的 $Fe(OH)_x$ 沉淀逐渐增加，脱氮液的 pH 逐渐升高，为了维持稳定的 $NO_x$ 脱除效率，必须对脱氮液进行再生。再生包括：从液相中去除 $Fe(OH)_x$ 沉淀和加酸调节 pH。脱氮过程中生成的 $Fe(OH)_x$ 沉淀物是 $Fe^{2+}$ 和 $Fe^{3+}$ 水合氧化物的混合物，其组成随着烟气中氧气含量而变，但不管其组成如何，该沉淀物很容易从液相中分离出来，研究表明，该沉淀经简单处理即可生产铁红颜料。目前这种脱硝工艺还没有工业化应用。

**11.6.2.5 吸收法**

氮氧化物能够被水、氢氧化物和碳酸盐溶液、硫酸、有机溶液等吸收。当用碱溶液（如 NaOH 或 $Mg(OH)_2$）吸收 $NO_x$ 时，欲完全去除 $NO_x$ 必须首先将一半以上的 NO 氧化为 $NO_2$，或者向气流中添加 $NO_2$。当 $NO/NO_2$ 比等于 1 时，吸收效果最佳。用碱溶液脱硫（如氨法脱硫）的过程已经证明，$NO_x$ 可以被碱溶液吸收。在烟气进入脱硫洗涤塔之前，烟气中的 NO 约有 10% 被氧化为 $NO_2$。经过洗涤塔大约可以去除总氮氧化物的 20%，即等摩尔的 NO 和 $NO_2$。碱溶液吸收 $NO_x$ 的反应过程可以简单地表示为：

$$2NO_2 + 2MOH \longrightarrow MNO_3 + MNO_2 + H_2O$$

$$NO + NO_2 + 2MOH \longrightarrow 2MNO_2 + H_2O$$

$$2NO_2 + Na_2CO_3 \longrightarrow NaNO_3 + NaNO_2 + CO_2$$

$$NO + NO_2 + Na_2CO_3 \longrightarrow 2NaNO_2 + CO_2$$

式中的 M 可为 $K^+$、$Na^+$、$Ca^{2+}$、$Mg^{2+}$、$NH_4^+$ 等。

用强硫酸可吸收氮氧化物，其生成物为对紫光谱敏感的亚硝基硫酸 $NOHSO_4$，后者在浓酸中是非常稳定的。反应式为：

$$NO + NO_2 + 2H_2SO_4 \longrightarrow 2NOHSO_4 + H_2O$$

烟气中的所有水分都会被浓酸吸收，吸收后的水将会使上述反应向左移动。为减少水的不良影响，系统可在较高温度下（大于115℃）操作，以使溶液中水的蒸气压等于烟气中水的分压。

此外，熔融碱类或碱性盐也可作吸收剂净化含 $NO_x$ 的尾气。

### 11.6.2.6　吸附法

吸附法既能比较彻底地消除 $NO_x$ 的污染，又能将 $NO_x$ 回收利用。常用的吸附剂为活性炭、分子筛、硅胶、含氨泥煤等。

过去已经广泛研究了利用活性炭吸附氮氧化物。与其他材料相比，活性炭具有吸附速率快和吸附容量大等优点。但是，活性炭的再生是个大问题。此外，由于大多数烟气中有氧存在，对于活性炭材料防止着火或爆炸也是一个安全问题。

氧化锰和碱化的氧化亚铁表现出了技术上的潜力，但吸附剂的磨损是主要的技术障碍，离实际应用尚有较大距离。

最近，正在开发氮氧化物和二氧化硫联合控制技术。例如，美国匹兹堡能源技术中心采用浸渍了碳酸钠的 $\gamma\text{-}Al_2O_3$ 圆球作为吸附剂，同时去除烟气中的氮氧化物和二氧化硫，处理过程包括吸附、再生等步骤，主要反应过程可表示为：

$$Na_2CO_3 + Al_2O_3 \longrightarrow 2NaAlO_2 + CO_2$$

$$2NaAlO_2 + H_2O \longrightarrow 2NaOH + Al_2O_3$$

$$2NaOH + SO_2 + \frac{1}{2}O_2 \longrightarrow Na_2SO_4 + H_2O$$

$$2NaOH + 2NO + \frac{3}{2}O_2 \longrightarrow 2NaNO_3 + H_2O$$

$$2NaOH + 2NO_2 + \frac{1}{2}O_2 \longrightarrow 2NaNO_3 + H_2O$$

采用天然气、一氧化碳可以对吸附剂进行再生，再生反应如下：

$$4Na_2SO_4 + CH_4 \longrightarrow 4Na_2SO_3 + CO_2 + 2H_2O$$

$$4Na_2SO_3 + 3CH_4 \longrightarrow 4Na_2S + 3CO_2 + 6H_2O$$

$$Al_2O_3 + Na_2SO_3 \longrightarrow 2NaAlO_2 + SO_2$$

$$Al_2O_3 + Na_2S + H_2O \longrightarrow 2NaAlO_2 + H_2S$$

该技术对烟气中二氧化硫的去除率达90%，对氮氧化物的去除率达70%～90%，但需要大量吸附剂，设备庞大，投资大，运行动力消耗也大。

### 11.6.2.7　循环流化床联合脱硫脱硝技术

循环流化床（CFB）脱硫脱硝技术，是用消石灰作为脱硫的吸收剂，氨作为脱硝的还原剂，$FeSO_4 \cdot 7H_2O$ 作为脱硝的催化剂，利用床内强烈的湍流效应和较高的循环倍率加强固体颗粒间的碰撞以及固体颗粒与烟气的接触，靠摩擦不断地从吸收剂表面去除反应产物，以暴露出新鲜的反应表面积，从而提高吸收剂的利用率。该系统已在德国投入运行，结果表明在Ca/S比为1.2～1.5、$NH_3/NO_x$ 比为0.7～1.03时，脱硫效率为97%，脱硝效率为88%。目前，循环流化床脱硫工艺已经在我国电厂和烧结厂广泛应用，但是以现有运行的技术和设施，对 $NO_x$ 脱除率极低。

龙净环保公司在以 LJS 循环流化床为核心的半干法烟气脱硫净化技术基础上，开发出协同脱硝技术——催化氧化吸收（COA）低温脱硝技术。该技术配合半干法烟气脱硫净化工艺，可成功有效地通过强氧化性添加剂将烟气中 NO 转化为 $NO_2$，并最终与钙基吸收剂反应脱除。COA 技术（低温催化氧化脱硝）的反应原理是通过脱硝添加剂的催化氧化作用，将烟气中难溶于水的 NO 部分转化成 $NO_2$，再利用吸收剂消石灰在吸收塔内与 NO 和 $NO_2$ 反应脱除。脱硝的添加剂包含主料和辅料两部分，主料是催化氧化的主要成分，辅料则用于加强添加剂的氧化效果，有助于延长氧化剂的作用时间，同时对 $SO_2$、重金属（特别是汞）、二噁英等污染物的脱除具有极大的促进作用。采用 COA 技术（低温催化氧化脱硝）进行强化，可实现脱硫脱硝一体化的集成。2012 年初，在宝钢一烧结 $495m^2$ LJS 脱硫系统进行了协同脱硝提效试验，实现了 $NO_x$ 脱除效率 40%。

### 11.6.2.8　氧化吸收法

NO 除生成络合物外，无论在水中或碱液中都几乎不被吸收。在低浓度下，NO 的氧化速率是非常缓慢的，因此，NO 的氧化速率是吸收法脱除 $NO_x$ 总速度的决定因素。为了加速 NO 的氧化，可采用催化氧化和直接氧化。而氧化剂有气相氧化剂和液相氧化剂。气相氧化剂有 $O_3$、$ClO_2$、$Cl_2$ 等；液相氧化剂有 $KMnO_4$、$NaClO_2$、$NaClO$、$H_2O_2$ 等。NO 的氧化常与碱液吸收法配合使用，即用催化氧化或氧化剂将废气中的 NO 氧化后用碱液回收 $NO_x$。因氧化剂价格较贵，运行成本较高，国内工程应用较少，在烧结烟气脱硝目前更是没有应用。

### 11.6.2.9　其他脱硝工艺

近期国内外研究开发了一系列其他烟气脱硝技术，如生化脱硝法、微波法、液膜法等。

A　生化脱硝法

该法的基本原理是适宜的脱氮菌在有外加碳源的情况下，将 $NO_x$ 还原为最基本的无害 $N_2$，而脱氮菌本身得以成长繁殖。其中 $NO_2$ 先溶于水形成 $NO_3^-$ 及 $NO_2^-$，再被生物还原为 $N_2$；而 NO 则是被吸附在微生物表面后直接被生物还原为 $N_2$。目前，国内外该方面的研究主要针对 $NO_x$ 中不易溶于水的 NO，可归为硝化处理、反硝化处理和真菌处理三类。以生物脱硝同液体吸收法联用对模拟烟气进行脱硝研究，在 55℃、烟气流量 650L/h 时，以 $Fe^{3+}$/EDTA 为吸收液，对于 $500mg/m^3$ NO 和 3.3% $O_2$ 混合气体的脱硝率可达 80% 以上。该项技术设备要求简单，投资及运行费用低且无二次污染，因而成为世界各国工业废气净化的热点课题之一。

B　微波脱硝法

微波脱硝技术是近年来随着微波电子工业的发展而产生的新型烟气脱硝技术之一。微波辅助催化分解技术是利用微波诱导活性炭、沸石等催化剂，使 $NO_x$ 直接分解为 $N_2$ 和 $CO_2$ 或水，并可使 NO 分解反应温度显著降低。目前以几种炭为吸附剂进行了微波辅助脱除 $NO_x$ 的研究，表明炭的表面积由 $100m^2/g$ 增加至 $800m^2/g$，微波处理提高了炭对 $NO_x$ 的吸附能力，在氧气和水蒸气存在下，对 $NO_x$ 的脱除能力可达 90% 以上。

C　液膜脱硝法

液膜脱硝法最早是由美国能源部 Pittsburgh 能源技术中心（PETC）开发的，液膜为含水液体，置于两组多微孔憎水的中空纤维管之间，构成渗透器，这种结构可以消除操作中时干时湿的不稳定态，利用液体对气体的选择性吸收，使低浓度的气体在液相中富集。用于净化烟气的液膜不仅需要有较好的选择性，而且对气体还必须具有良好的渗透性。采用中空纤维含浸液膜渗透器研究表明，纯水、$NaHSO_4$ 和 $NaHSO_3$ 水溶液、$Fe^{3+}$/EDTA 及 $Fe^{2+}$/EDTA 水溶液、环丁砜或环丁烯砜等液膜对烟气中 $SO_2$ 和 $NO_x$ 均能有效脱除，其中 $Fe^{3+}$/EDTA 对 $SO_2$ 和 $NO_x$ 的脱除率分别可达 70%～90% 和 50%～75%，反应在 25℃ 和 70℃ 时均能有效进行。美国、加拿大、日本等国都对液膜法进行了大量的研究。

"十二五"规划确定了在"十二五"期间，对烧结烟气除进行脱硫处理，同时还要进行脱硝试点。烧结烟气脱硝工艺目前尚不成熟，主要借鉴火电燃煤锅炉烟气脱硝工艺进行研发和应用。烧结烟气的温度约 80～180℃，目前相对成熟的两种脱硝工艺要求的脱硝温度范围约为 300～400℃（SCR）和 850～1100℃（SNCR）。烧结烟气脱硝必须对烟气进行加热升温，或者结合烧结工艺选择适宜的温度窗口（如开发低温催化剂）。

我国台湾地区中钢公司 3 台烧结机投运了 SCR 工艺（先脱硝后脱硫），采用双效触媒剂，其主要成分为氧化钒（$V_2O_5$）、钨氧化物（$WO_3$）和氧化钛（$TiO_2$）。据报道，在 300℃ 左右的反应温度范围内，脱硝和分解二噁英的效率皆可达 80%。

活性炭吸附法工艺是先脱硫后脱硝，在活性炭存在下喷氨进行脱硝，脱硝效率约 30%（根据太钢使用情况）。据介绍，若要提高脱硝效率，还需另增加吸附单元。活性炭吸附法脱硫脱硝，投资大，运行费用高，限制了其推广。对烧结烟气是先脱硫还是先脱硝，要根据已有脱硫工艺或新建脱硫工艺等现场条件以及投资、运行成本等进行综合考虑。在烧结现场已有烟气除尘、烟气余热回收、烟气脱硫等装置条件下，如何开展烟气脱硝工作，需要深入研究脱硝工艺的"切入点"。利用现有脱硫设施结合其他脱硝技术，如氧化法、低温催化剂法、等离子体法、吸附法以及湿法脱硝工艺时都可考虑脱硫脱硝一体化。

### 11.6.3　氟化物、二噁英减排技术

烧结烟气中氟的主要存在形态为氟化氢（HF）、四氟化硅（$SiF_4$）和四氟化碳（$CF_4$）以及少量的含氟粉尘。氟化物对人、动物的毒害作用很强，氟化氢对人体的危害比 $SO_2$ 大 20 倍，对植物的危害比 $SO_2$ 大 10～100 倍。氟化氢可在环境中积蓄，通过食物影响人体和动物，造成骨骼、牙齿病变，骨质疏松、变形。但同时氟作为重要的化工原料，应用广泛，因此，加强对含氟烟气的净化、回收利用具有深远意义。

二噁英类（PCDD/Fs）是毒性很强的一类三环芳香族有机化合物，存在众多异构体/同类物，非常稳定，极难溶于水，具有高熔点和高沸点，分解温度 700℃，吸附性强，易吸附在细颗粒上。研究表明，二噁英在环境中有很强的"持久性"，难以被生物降解，可能以数百年的时间存在于环境中。因此存在各种机会被人体所吸收，二噁英微量摄入人身不会立即引起病变，但由于其稳定性极强，一旦摄入不易排出，这种有毒成分的蓄积，最终对人身造成危害。

#### 11.6.3.1　烟气中氟的脱除

从目前国内的情况看，氟化物只在部分高氟地区的烧结（球团）设备排放较高，氟化物的排放主要来源于矿石中氟的含量（含磷丰富的矿石中含有大量的氟化物）以及烧结矿的碱度，碱度的提高可使得氟化物的排放有所减少。氟化物的排放量为 1.3～3.2g/t 烧结矿或 0.6～1.5mg/$m^3$ 烟气量（用 2100$m^3$/t 烧结矿换算）。

通过分析性质，氟化氢（HF）和四氟化硅（$SiF_4$）很容易被水和碱性物质（石灰乳、烧碱、纯碱、氨水等）采用湿法净化工艺脱除。根据吸收剂不同又将湿法净化工艺分为水吸收法和碱吸收法。净化氟化物废气的另一个主要方法为干式吸附。废气中的氟化氢或四氟化硅被吸附下来，生成氟的化合物仅仅吸附在吸附剂表面，吸附剂再生后可循环使用。

### 11.6.3.2 含氟烟气的干法净化工艺

干式吸附工艺净化烟气就是利用固体吸附剂吸附气体物质而完成净化烟气的目的。通常采用碱性氧化物作吸附剂，利用其固体表面的物理或化学吸附作用，将烟气中 HF、$SiF_4$、$SO_2$ 等污染物吸附在固体表面，而后利用除尘技术使之从烟气中除去。可采用 $Al_2O_3$、$Fe_2O_3$、CaO、$CaCO_3$ 等作吸附剂。

20 世纪 60 年代，世界上开始使用 $Al_2O_3$ 作为电解铝生产过程中产生的含 HF 废气的吸附剂。可以说，在铝工业中干法净化处理含氟废气已得到了普及。钢铁企业用干法净化处理含氟烟气，在包钢得到了应用，包钢烧结烟气中含氟高，其用 $Al_2O_3$ 作吸附剂，吸氟效率可达 95% 以上。净化原理为：

$$Al_2O_3 + 6HF \longrightarrow 2AlF_3 + 3H_2O$$

$Al_2O_3$ 的吸附主要是化学吸附，同时伴有物理吸附，吸附的结果是在氧化铝表面生成化合物氟化铝。吸附后的含氟氧化铝在旋风分离器中被分离出来，在分离中进一步完成吸附过程，最后经袋式除尘器分离干净。干法吸附工艺净化含氟烟气产生的氟化物可回收利用，吸附剂价廉易得、工艺简单、操作方便、无需再生、净化效率高。不存在含氟废水，避免了设备的结垢、腐蚀。相对而言，干法净化基建费用和运行费用较低，可适用各种气候条件，特别是北方冬季，不存在保温防冻问题。

### 11.6.3.3 含氟烟气的碱吸收法净化工艺

最常用的碱性物质是 $Na_2CO_3$、石灰乳。

A 石灰乳吸收净化原理

用石灰乳作吸收剂净化含氟废气生产 $CaF_2$ 等废渣，废渣可采用抛弃法，也可经过滤、干燥后作橡胶或塑料的填料。反应式为：

$$3SiF_4 + 2H_2O \longrightarrow 2H_2SiF_6 + SiO_2$$
$$H_2SiF_6 + 3Ca(OH)_2 \longrightarrow 3CaF_2 + SiO_2 + 4H_2O$$
$$2HF + Ca(OH)_2 \longrightarrow CaF_2 + 2H_2O$$

该方法适用于烟气量较小、含氟低、回收氟有困难的情况。

B $Na_2CO_3$ 吸收制取冰晶石

含氟烟气经除尘后，送入吸收塔底部，与 $Na_2CO_3$ 溶液在塔内逆流接触，烟气中的 HF 与碱反应生成 NaF，吸收脱氟后的气体经除雾后排放。反应式为：

$$2HF + Na_2CO_3 \longrightarrow 2NaF + CO_2 + H_2O$$

在吸收过程中加入偏铝酸钠即生成 $Na_3AlF_6$，反应式为：

$$6NaF + 2CO_2 + NaAlO_2 \longrightarrow Na_3AlF_6 + 2Na_2CO_3$$

合成后的冰晶石母液经沉降后，上层次晶石絮凝物经过滤后送往回转窑干燥脱水即得成品。碱性除氟效率高，但结垢问题较难解决。

一般烧结烟气中含氟低，脱硫工艺脱除二氧化硫的同时可去除 HF。湿法脱硫如氨法，其塔内浆液中含有氟离子，就是洗涤了烟气中的 HF，若用玻璃鳞片防腐，还应考虑氟离子对玻璃的影响，对玻璃鳞片防腐层的破坏。

另外，烧结烟气中含有一定量的氯化物，脱硫工艺脱除二氧化硫的同时也可去除氯化物。对于钙基半干法脱硫，副产物脱硫渣中含有一定量约 1% ~2% 的氯元素，脱硫渣综合利用需考虑该成分的影响。湿法脱硫如氨法，其塔内浆液中含有氯离子，高浓度氯离子对不锈钢金属的腐蚀严重。当浆液中氯离子富集浓度高时，最简单经济的方法，可把抛去的浆液喷入干燥器烘干或直接喷洒到干灰渣、烧结矿。

### 11.6.3.4　烟气中二噁英的脱除

根据二噁英的物理性质，150℃以下很容易吸附在细小颗粒物上，可以通过高效除尘或喷吸附剂等措施使其得到高效净化。

PCDD/Fs 是在烧结床本身形成的，大概是在火焰锋前缘，因为热气渗入到烧结床，而且火焰传播的破坏，也就是不稳定状态的操作，导致排放出更多的 PCDD/Fs。解决的办法是在进行烧结流程时使以下几方面尽可能保持一致：烧结速度，烧结床成分（特别是氯化物料的最小量输入要保持一致），烧结床高度，添加物的使用（如生石灰和轧钢皮的含油量控制在 <1% 的水平），保持烧结带、管道和 ESP 的气密性，尽可能减少操作中的空气进入。

减排途径首先应从减少 PCDD/Fs 生成量入手，在烧结（球团）工序中，二噁英主要来源于含油轧钢皮，特别是氯化物原料的热反应过程。通过选用低氯化物原料、轧钢皮除油以及废气循环的措施可有效降低废气中二噁英的排放浓度，而且不需要昂贵的气体清洗装置。

另外，低温条件下（200℃以下）PCDD/Fs 大部分都以固态形式吸附在烟尘表面，而且主要吸附在微细的颗粒上。湿法除尘对 PCDD/Fs 的净化效率为 65% ~ 85%，静电除尘器则要低一些（国内某钢铁企业烧结机三电场静电除尘器实测平均净化效率为 50.7%），而袋式除尘器一般可以达到 75% ~ 90% 或更高。烧结烟气脱硫对 PCDD/Fs 具有明显的减排效果，主要是脱硫以后细颗烟尘排放浓度可以大幅度降低。此外，烧结烟气脱硝对 PCDD/Fs 也具有明显的减排效果，可能是催化氧化对 PCDD/Fs 的降解作用。

利用 PCDD/Fs 可被多孔物质（如活性炭、焦炭、褐煤等）吸附的特性对其进行物理吸附（国外已广泛采用），一般有携流式、移动床和固定床三种形式。用褐煤作吸附剂可使烧结废气中 PCDD/Fs 最终排放量降低 80% 左右，欧洲多家钢厂实测减排效果为 70%。使用焦炉褐煤粉末作吸附剂和袋式除尘，PCDD/Fs 排放量可减少 98%、排放浓度（标态）可低至 0.1ng - TEQ/m$^3$。半干法脱硫工艺如循环流化床、旋转喷雾法、MEROS 法，增加活性炭喷入口，都可去除烟气中二噁英，但脱硫渣中含有吸附了二噁英的活性炭，如何处理脱硫渣，还是一个需要解决的技术难题。

## 11.6.4　烟气中有害物的综合脱除技术

根据新的排放标准和国家环保要求，必须进行烧结烟气联合脱除 $SO_2$、$NO_x$ 和二噁英等多种污染因子的工艺系统开发。烧结烟气同时脱硫脱硝、脱二噁英一体化技术将成为环境保护的重点发展项目。

（1）使用半干法钙基脱硫设施先行脱硫，再利用脱硝、脱二噁英工艺技术脱除 $NO_x$ 和二噁英。脱硝、脱二噁英工艺系统包括：反应器；活性焦输送和喷射系统、循环利用系统；氨气供应和喷入系统等。借助催化剂实现对 $NO_x$ 的还原，生成氮气和水；借助吸附剂吸附烟气中的二噁英，其特征是：活性炭既作为烟气脱硝的催化剂，又作为烟气脱二噁英的吸附剂，在同一个工艺系统中脱除 $NO_x$ 和二噁英。烟气净化副产物做无害化处理，消除二次污染。

（2）我国台湾中钢在 20 世纪 90 年代已有 3 台烧结机采用了 SCR 脱硝。使用中发现同时可脱除 80% 的二噁英。也可先采用半干法脱硫，然后采用 SCR 进行脱硝。

（3）活性炭脱硫在太钢成功应用，增加脱硝单元，可提高脱硝效果，但该工艺投资和运行成本较高。

利用现有脱硫设施结合其他脱硝技术，例如氧化法、低温催化剂法，在技术和设备方面开展尝试和应用，是比较适合中国国情的。如脱硝系统采用过氧化氢等作为氧化剂，它在一定温度下受激活产生高活性氢氧自由基，使得烟气中的 NO 被氧化成 $NO_2$，在湿式脱硫洗涤装置中与碱性物质反应生成 $NO_3^-$ 而被吸收去除，实现湿法脱硫同步脱硝。

烧结机烟气循环是指从烟气总管抽出部分烟气或从部分特定风箱抽取烟气循环到烧结机台车上部用作助燃空气。烧结工序 $NO_x$ 的减排除了烟气循环之外，还没有更有效、更实用而且又比较经济的技术方法。如果能将部分烧结烟气循环用作烧结助燃空气，不仅可以利用这部分烧结废气的显热和废气中的可燃成分，而且还可以减少脱硫烟气量，提高脱硫效率，$NO_x$、PCDD/Fs 都可以减少。循环部分烟气中的 PCDD/Fs、CO 可以全部被烧掉，$NO_x$ 可以被烧结机料床上的某些物质分解，固体燃料的消耗量也可以降低，对 $CO_2$ 也具有一定的减排效果。

单一的减排技术不仅投资巨大，而且减排效果也不一定理想，而采用烟气循环技术，不仅仅只是污染物的减排，而且还可以节能，降低烧结生产成本。由于总废气量的减少，也降低了后续烟气脱硫装置的投资和运行成本，同时又提高了脱硫效率，有着广阔的发展前景。

## 复习思考题

11-1　简述烧结烟气的特点。

11-2　烧结脱硫工艺分哪三大类？

11-3　湿法脱硫主要代表工艺有哪些，半干法脱硫主要代表工艺有哪些？

11-4　影响 NID 脱硫工艺过程的主要参数有哪些，NID 脱硫对生石灰品质有何要求，NID 脱硫效率的影响因素有哪些？

11-5　氨法脱硫工艺原理是什么，其主要设备及各自的功能是什么？

11-6　氨法脱硫塔浆液的密度、pH 值、液位如何控制？

11-7　卸氨作业安全操作要求有哪些？

11-8　SDA 旋转喷雾法脱硫工艺原理是什么？简述 SDA 旋转喷雾法脱硫工艺流程。

11-9　SDA 旋转喷雾法脱硫主要设备及各自的功能是什么？简述 SDA 旋转喷雾法脱硫的操作步骤。简述 SDA 旋转喷雾法脱硫雾化器的主要故障原因及处理方法。

11-10　CFB 循环流化床法脱硫工艺原理是什么？简述 CFB 循环流化床法脱硫工艺流程。

11-11　CFB 循环流化床法脱硫主要设备及各自的功能是什么？

11-12　简述影响 CFB 循环流化床法脱硫效率的主要因素。使用维护过程中具体要求是什么？

11-13　简述半干法脱硫灰渣的成分及用途。

11-14　活性炭法脱硫工艺原理是什么？简述其脱硫工艺流程。

11-15　活性炭法脱硫主要设备及各自的功能是什么？影响活性炭法脱硫效率的主要因素有哪些？

11-16　活性炭法脱硫工艺在操作过程中的主要要求有哪些？

11-17　分析比较半干法与湿法脱硫的异同点；分析比较 SDA 与 CFB 各自的优缺点。

11-18　简述常用的脱硝技术工作原理及各自的工艺特点。

11-19　简述烟气中氟及二噁英的脱除工艺。

# 12　烧结废水处理

　　水（$H_2O$）是由氢和氧两种元素组成的无机物，在常温常压下为无色无味的透明液体。在自然界，纯水是非常罕见的，水通常多是酸、碱、盐等物质的溶液，习惯上仍然把这种水溶液称为水。纯水可以用铂或石英器皿经过几次蒸馏取得，当然，这也只是相对意义上纯水，不可能绝对没有杂质。水是一种可以在液态、气态和固态之间转化的物质，固态的水称为冰，气态的称为水蒸气。

　　准可用水是指在可用水中随时能供植物使用的那部分水，一般认为土壤中 50% 的水为准可用水；可饮用水是指可以不经处理、直接供给人体饮用的水，但随着工业的发展和人类活动的不断增加，全球可饮用水资源越来越稀少。人类的生活和生产活动使水改变了原来的属性，从而产生了大量"废水"。

## 12.1　废水及治理

　　废水是指在人类生活和生产活动中受到污染，改变了原来的性质的水。在实际应用中"废水"和"污水"两个术语的用法比较混乱。就科学概念而言，"废水"是指废弃外排的水，强调其"废弃"的一面；"污水"是指被脏物污染的水，强调其"脏污"的一面。但是，有相当数量的生产排水并不脏（如冷却水等），因而用"废水"一词统称所有的废水比较合适。在水质污浊的情况下，两种术语可以通用。根据废水的来源，可分为生活污水和工业废水两大类。

### 12.1.1　废水水质指标

　　废水中的污染物质种类很多。根据废水对环境污染所造成的危害不同，可把污染物划分为固体污染物、有机污染物、油类污染物、有毒污染物、生物污染物、酸碱污染物、营养物质污染物及感官污染物等。这些污染物对水的污染程度用水质指标来表示。水质指标可以概括分为物理指标、化学指标和生物指标。

#### 12.1.1.1　物理指标

　　A　固体物质

　　废水中的固体物质包括悬浮固体和溶解固体两类。悬浮固体是指悬浮于水中的固体物质。在水质分析中，将水样过滤，凡不能通过过滤器的固体颗粒物称为悬浮固体。悬浮固体也称悬浮物质或悬浮物，通常用 SS 表示，是反映废水中固体物质含量的一个常用的重要水质指标，单位为 mg/L。

　　溶解固体也称为溶解物，是指溶于水的各种无机物质和有机物质的总和。在水质分析中，是指将水样过滤后，将滤液蒸干得到的固体物质。

　　溶解物质与悬浮固体两者之和称为总固体。在水质分析中，总固体是将水样在一定温度下蒸干后所残余的固体物质总量，也称蒸发残余物。

B 浊度

水的浊度是一种表示水样的透光性能的指标，是由于水中泥沙、黏土、微生物等细微无机物和有机物及其他悬浮物使通过水样的光线被散射或吸收而不能直接穿透所造成的，一般以每升蒸馏水中含有 $1mgSiO_2$（或硅藻土）时对特定光源透过所发生障碍程度为 1 个浊度的标准，称为杰克逊度，以 JTU 表示。浊度计是利用水中悬浮杂质对光具有散射作用的原理制成的，其测得的浊度是散射浊度单位，以 NTU 表示。

C 臭和味

臭和味是判断水质优劣的感官指标之一。洁净的水是没有气味的，受到污染后会产生各种臭味。常见的水臭味有霉烂臭味、粪便臭味、汽油臭味、臭蛋味、氯气味等。臭味的表示方法现行是用文字描述臭的种类，用强、弱等字样表示臭的程度。比较准确的定量方法是臭阈值法，即用无臭水将待测水样稀释到接近无臭程度的稀释倍数表示臭的强度。

D 温度

温度也是一项重要指标。水温的变化对废水生物处理有很大影响，水温通常用刻度为 0.1℃ 的温度计测定。深水可用倒置温度计，用热敏电阻温度计能快速而准确地测定温度。水温要在现场测定。

E 色泽和色度

色泽是指废水的颜色种类，通常用文字描述，如废水呈深蓝色、棕黄色、浅绿色、暗红色等。色度是指废水所呈现的颜色深浅程度。

色度有两种表示方法：一是采用铂钴标准比色法，规定在 1L 水中含有氯铂酸钾（$K_2PtCl_6$）2.49mg 及氯化钴（$CoCl_2 \cdot 6H_2O$）2.00mg 时，也就是在 1L 水中含有铂 1mg 及钴 0.5mg 时所产生的颜色深浅为 1 度；二是采用稀释倍数法，即将废水用水稀释到接近无色时的稀释倍数。

F 电导率

水中因存在离子会产生导电现象。电导是电阻的倒数。单位距离上的电导称为电导率。电导率表示水中电离性物质的总数，间接表示了水中溶解盐的含量。电导率的大小同溶于水中的物质浓度、活度和温度有关。电导率用 $\kappa$ 表示，单位为 S/cm 或 $1/(\Omega \cdot cm)$。

### 12.1.1.2 化学指标

A 生化需氧量

生化需氧量（全称生物化学需氧量，习惯上用英文缩写"BOD"表示）是指在温度、时间都一定的条件下，微生物在分解、氧化水中有机物的过程中所消耗的溶解氧量，其单位为 mg/L 或 $kg/m^3$。

微生物在分解有机物过程中，分解作用的速度和程度与温度和时间有直接关系。BOD 值越大，说明水中有机物含量越高，所以，BOD 是反映水中有机物含量的最主要水质指标。BOD 小于 1mg/L 表示水体清洁，大于 3~4mg/L 表示水已受到有机物的污染。

以 BOD 作为有机物的浓度指标，也存在以下缺陷：

（1）测定时间过长，难以及时指导生产实践；

（2）如果污水中难以生物降解的有机物浓度较高，BOD 测定的结果误差较大；

（3）某些工业废水不含微生物生长所需的营养物质，或者含有抑制微生物生长的有毒有害物质，影响测定结果。

为了克服上述缺点，可采用化学需氧量指标。

**B　化学需氧量**

化学需氧量（也称化学耗氧量，习惯上用英文缩写"COD"表示）是指在一定条件下，用强氧化剂氧化废水中的有机物质所消耗的氧量。常用的氧化剂有重铬酸钾和高锰酸钾。我国规定的废水检验标准采用重铬酸钾作为氧化剂，在酸性条件下进行测定，所以有时记作"$COD_{Cr}$"，一般简写为COD，单位为mg/L。

**C　总需氧量**

总需氧量TOD是指水中还原性物质在高温下燃烧后变成稳定的氧化物时所需要的氧量，单位为mg/L。TOD值可以反映出水中几乎全部有机物（包括C、H、O、N、P、S等成分）经燃烧后变成$CO_2$、$H_2O$、$NO_x$、$SO_2$等所需要消耗的氧量。此指标的测定与BOD、COD的测定相比更为快速简便，其结果也比COD更接近于理论需氧量。

**D　总有机碳**

总有机碳（TOC）是间接表示水中有机物含量的一种综合指标，其显示的数据是污水中有机物的总含碳量，单位以碳（C）的mg/L来表示。一般城市污水的TOC可达200mg/L，工业污水的TOC范围较宽，最高的可达几万mg/L，污水经过二级处理后的TOC一般小于50mg/L。

**E　总氮TN、氨氮$NH_3$-N、凯氏氮TKN**

（1）总氮TN。为水中有机氮、氨氮和总氧化氮（亚硝酸氮及硝酸氮）的总和。

（2）氨氮$NH_3$-N。氨氮是水中以$NH_3$和$NH_4^+$形式存在的氮，它是有机氮化物氧化分解的第一步产物。氨氮不仅会促使水体中的藻类繁殖，而且游离的$NH_3$对鱼类有很强的毒性，浓度在0.2~2.0mg/L可致鱼类死亡。

（3）凯氏氮TKN。是氨氮和有机氮的综合。测定TKN及$NH_3$-N，两者之差即为有机氮。

**F　总磷TP**

总磷是污水中各类有机磷和无机磷的总和。与总氮相似，磷也属植物性营养物质，是导致水体富营养化的主要物质，受到人们关注，成为一项重要的水质指标。

**G　pH值**

酸度和碱度是污水的重要污染指标，用pH值来表示。它对保护环境、污水处理及水工构筑物都有影响，一般生活污水呈中性或弱碱性，工业污水多呈酸性或者强碱性。城市污水的pH值呈中性，一般为6.5~7.5。pH值的测定通常根据电化学原理采用玻璃电极法，也可用比色法。

应该指出，pH值不是一个定量的指标，不能说明废水中呈酸性（或呈碱性）的物质的数量。

**H　非金属无机物质**

（1）氰化物（CN）。氰化物是剧毒物质，急性中毒时抑制细胞呼吸，造成人体组织严重缺氧，对人的致死量为0.05~0.12g。

（2）砷（As）。砷是对人体毒性作用比较严重的有毒物质之一。砷化物在污水中存在形式有无机砷化物（如亚砷酸盐、砷酸盐）以及有机砷（如三甲基砷）。

我国饮用水标准规定，砷含量不应大于0.04mg/L，农田灌溉标准是不高于0.05mg/L，渔业用水不超过0.1mg/L。

**I　重金属**

重金属指原子序数在21~83之间或相对密度大于4的金属，其中汞（Hg）、镉（Cd）、铬

（Cr）、铅（Pb）毒性最大，危害也大。

（1）汞（Hg）是对人体毒害作用比较严重的物质。我国饮用水、农田灌溉水都要求汞的含量不得超过 0.001mg/L，渔业用水要求更为严格，不得超过 0.0005mg/L。

（2）镉（Cd）是一种比较广泛的污染物质。每人每日允许摄入的镉量为 0.057~0.071mg。我国饮用水标准规定镉的含量不大于 0.01mg/L，农业用水与渔业用水标准则规定要小于 0.005mg/L。

（3）铬（Cr）是一种比较普遍的污染物。六价铬是卫生标准中的重要指标，饮用水中的浓度不得超过 0.05mg/L，农业灌溉用水与渔业用水应小于 0.1mg/L。

（4）铅（Pb）对人体是积累性毒物。我国饮用水、渔业用水及农田灌溉用水都要求铅的含量小于 0.01mg/L。

J　酚

酚是常见的有机毒物。酚是芳香烃苯环上的氢原子被羟基（-OH）取代生成的化合物，按照苯环上羟基数目不同，分为一元酚、二元酚、多元酚等。又可按照能否与水蒸气一起挥发而分为挥发酚和不挥发酚。

### 12.1.1.3　微生物指标

污水生物性质的检测指标有大肠菌群数（或称大肠菌群值）、大肠菌群指数、病毒及细菌总数。

A　大肠菌群数（大肠菌群值）与大肠菌群指数

大肠菌群数（大肠菌群值）是每升水样中所含有的大肠菌群数目，以个/L 计；大肠菌群指数是查出 1 个大肠菌群所需要的最少水量，以毫升（mL）计。可见大肠菌群数与大肠菌群指数互为倒数。

常采用大肠菌群数作为污水被粪便污染程度的卫生指标。水中存在大肠菌，就表明受到粪便的污染，并可能存在病原菌。

B　病毒

污水中已被检出的病毒有 100 多种。检出大肠菌群，可以表明肠道病原菌可能存在，但不能表明是否存在病毒及其他病原菌（如炭疽杆菌），因此还需要检验病毒指标。病毒的检验方法目前主要有数量测定法与蚀斑测定法两种。

C　细菌总数

细菌总数是大肠菌群数、病原菌、病毒及其他细菌数的总和，以每毫升水样中的细菌菌落总数表示，细菌总数愈多，表示病原菌与病毒存在的可能性愈大，因此用大肠菌群数、病毒及细菌总数 3 个卫生指标来评价污水受生物污染的严重程度比较全面。

### 12.1.2　生活污水常规处理技术

生活污水是指人类在日常生活中使用过的，并被生活废料所污染的水，主要包括粪便水、洗浴水、洗涤水和冲洗水等，含有较多的有机物，如蛋白质、动植物脂肪、碳水化合物和氨氮等，还含有肥皂和洗涤剂以及病原微生物、寄生虫卵等。这类污水需要经过处理后才能排入自然水体或再利用。

污水处理技术，就是采用各种方法将污水中所含有的污染物分离出来，或将其转化为无害和稳定的物质，从而使污水得到净化。

12.1.2.1　污水处理方法的分类

现代的污水处理技术，按其作用原理，可分为物理法、化学法和生物法三类。

A　物理法

污水的物理处理法，就是利用物理作用，分离污水中主要呈悬浮状态的污染物质，在处理过程中不改变其化学性质，其主要处理技术有以下几种。

a　沉淀（重力分离）

利用污水中的悬浮物和水比重不同的原理，借重力沉降（或上浮）作用，使其从水中分离出来。沉淀处理设备有沉砂池、沉淀池及隔油池等。

b　筛滤（截留）

利用筛滤介质截留污水中的悬浮物。筛滤介质有钢条、筛网、砂、布、塑料、微孔管等。属于筛滤处理的设备有隔栅、微滤机、砂滤池、真空滤机、压滤机（后两种多用于污泥脱水）等。

c　气浮

此法是将空气打入污水中，并使其以微小气泡的形式由水中析出，污水中比重近于水的微小颗粒状的污染物质（如浮化油等）黏附到空气泡上，并随气泡上升至水面，形成泡沫浮渣而去除。根据空气打入方式的不同，气浮处理设备有加压溶气气浮法、叶轮气浮法和射流气浮法等。为了提高气浮效果，有时需向污水中投加混凝剂。

d　反渗透

用一种特殊的半透膜，在一定的压力下，将水分子压过去，溶解于水中的污染物质被膜截留，污水被浓缩，被压透过膜的水就是处理过的水。制作半透膜的材料有醋酸纤维素、磺化聚苯醚等有机高分子物质，操作压力一般为 $30 \sim 50 kg/cm^2$。

反渗透法是膜分离技术的一种，属于膜分离技术的还有电渗析、渗析等。

B　化学法

污水的化学处理法，就是利用化学反应作用来分离、回收污水中的污染物，或使其转化为无害的物质。化学处理法主要有以下几种。

a　混凝法

水中的呈胶体状态的污染物质，通常都带有负电荷，胶体颗粒之间互相排斥形成稳定的混合液，若向水中投加带有相反电荷的电解质（即混凝剂），可使污水中的胶体颗粒改变原有特性呈电中性，失去稳定性，并在分子引力作用下，凝聚成大颗粒下沉，这种方法用于处理含油废水、染色废水、洗毛废水等。常用的混凝剂有硫酸铝、碱式氯化铝、硫酸亚铁、三氯化铁等。

b　中和法

用于处理酸性废水或碱性废水。向酸性废水中投加碱性物质如石灰、氢氧化钠、石灰石等，使废水变为中性。对碱性废水可吹入含有 $CO_2$ 的烟道气进行中和，也可用其他酸性物质进行中和。

c　氧化还原法

废水中呈溶解状态的有机或无机污染物，在投加氧化剂或还原剂后，由于电子的迁移，而发生氧化或还原作用，使其转变为无害的物质。常用的氧化剂有空气、漂白粉、氯气、臭氧等，氧化法多用于处理含酚、氰废水。常用的还原剂则有铁屑、硫酸亚铁等，还原法多用于处理含铬、含汞废水。

d 电解法

在废水中插入电极并通入电流，则在阴极板上接受电子，在阳极板上放出电子。在水的电解过程中，在阳极上产生氧气，在阴极上产生氢气。上述的综合过程使阳极上发生氧化作用，阴极上发生还原作用。目前，电解法主要用于含铬及含氰废水处理。

e 吸附法

将污水通过固体吸附剂，使废水中的溶解性有机或无机污染物吸附到吸附剂上，常用的吸附剂为活性炭，此法可吸附废水中的酚、铬、汞、氰等有毒物质，此法还有脱色、脱臭等作用，一般也可用于深度处理。

离子交换法也属于吸附法，只是在吸附过程中，吸附剂每吸附一个离子，同时也放出一个等当量的离子。

f 电渗析法

通过一种电子交换膜，在直流电的作用下，废水中的离子朝相反电荷的极板方向迁移，阳离子能穿透阳离子交换膜，但会被阴离子交换膜所阻；同样，阴离子能穿透阴离子交换膜，但会被阳离子交换膜所阻。污水通过由阴阳离子交换膜所组成的电渗析器时，污水中的阴阳离子就可以得到分离，达到浓缩和处理的目的。此法可用于酸性废水回收、含氰废水处理等。

属于化学法处理技术的还有汽提法、吹脱法和萃取法等。

C 生物法

污水的生物处理法，就是利用微生物新陈代谢功能，使污水中呈溶解和胶体状态的有机污染物被降解并转化为无害的物质，使污水得以净化，属于生物处理法的工艺主要有以下几种。

a 活性污泥法

这是当前使用最广泛的一种生物处理法，原理是将空气连续鼓入曝气池的污水中，经过一段时间后，水中即形成有巨量好氧性微生物的絮凝体——活性污泥，活性污泥能够吸附水中的有机物，生活在活性污泥上的微生物以有机物为食料，获得能量并不断生长增殖，有机物被去除，污水得以净化。

b 生物膜法

让污水连续流经固体填料（碎石、炉渣或塑料蜂窝），在填料上形成污泥状的生物膜，生物膜上繁殖着大量的微生物，能够起到与活性污泥同样的净化作用，吸附和降解水中的有机污染物，从填料上脱落下来的衰死的生物膜随污水流入沉淀池，经沉淀水被澄清净化。

生物膜法有多种处理构筑物，如生物滤池、生物转盘、生物接触氧化以及生物流化床等。利用厌氧微生物新陈代谢功能净化污水的是厌氧生物处理法，这种方法主要用于处理高浓度的有机性污水和沉淀池沉淀的污泥。

### 12.1.2.2 污水处理流程

生活污水中的污染物质是多种多样的，不能预期只用一种方法就能够把所有的污染物质去除殆尽，一种污水往往需要通过几种方法组成的处理系统，才能满足处理标准。

按处理程度划分，污水处理可分为一级、二级和三级。一级处理的内容是去除污水中呈悬浮状态的固体污染物质，物理处理法中的大部分只能完成一级处理的要求。经过一级处理后的污水，BOD 只去除 30% 左右，仍不宜排放，还必须进行二级处理，因此，针对二级处理来说，一级处理又属于预处理。

二级处理的主要任务是大幅度地去除污水中呈胶体和溶解状态的有机性污染物质（即 BOD 物质），去除率可达到 90% 以上，处理后水中的 BOD 含量可能降到 20～30mg/L，生物处理的各种方法，只要运行正常都能够达到这种要求，一般地说，经过二级处理后，污水已具备排放水体的标准。

一级和二级处理法，是城市生活污水经常采用的，因此又称为常规处理法。

三级处理的目的在于进一步去除二级处理未能去除的污染物质，其中包括微生物未能降解的有机物和磷、氮等能够导致水体富营养化的可溶性无机物质。三级处理所使用的处理法是多种多样的，其中有生物脱氮法、混凝沉淀法、砂滤、活性炭过滤以及离子交换和电渗析等。通过三级处理，BOD 含量能够从 20～30mg/L 降至 5mg/L 以下，能够去除大部分的氮和磷。

三级处理是深度处理的同义词，但二者又不完全相同。三级处理是在常规处理之后，为了从污水中去除某种特定的污染物质，如磷、氮等而增加的一项处理工艺。至于深度处理则往往是以污水回收、再次复用为目的而在常规处理后增加的处理工艺或系统。污水复用范围很广，从工业复用到民用充作饮用水，对复用水水质的要求也不尽相同，一般深度处理指那些对水质要求较高而采用的处理工艺，如活性炭过滤、反渗透以及电渗析等。

污泥是污水处理的副产品，也是必然的产物，如从沉淀池排出的沉淀污泥、从生物处理系统排出的剩余污泥等。这些污泥如不加以妥善处理，就会造成二次污染。

由生活污水产生的污泥都含有大量的有机物，富有肥效，可以利用，但其中还含有各种细菌和寄生虫卵，因此，在使用前应当进行处理，处理的目的在于更有效地进行利用，消除其中能够恶化环境、危害人们健康的因素，处理的方法主要是厌氧消化，在厌氧消化过程中产生大量的消化气（即沼气），沼气是宝贵的能源，可广为利用。消化后的污泥含水率仍然很高，不易长途输送和使用，因此，还需进行脱水、干化等后续处理。

污水处理流程的组合，一般应遵循先易后难、先简后繁的规律，即首先去除大块垃圾和漂浮物质，然后再依次去除悬浮固体、胶体物质及溶解性物质，亦即首先使用物理法，然后再使用化学法和生物处理法。

对于某种污水，采取由哪几种处理方法组成的处理系统，要根据污水的水质、水量、回收其中有用物质的可能性和经济性、排放水体的具体规定等，通过调查、研究和经济性比较后决定，必要时还应当进行一定的科学试验，调查研究和科学试验是确定处理流程的重要步骤。

### 12.1.3　工业废水的特种处理法

工业废水是在工业生产过程被使用过，为工业物料所污染、且污染物已无回收价值，在质量上已不符合生产工艺要求，必须要从生产系统中排出的水。

由于生产类别、工艺过程和使用原料不同，工业废水的水质繁杂多样。其分类方法很多，但总的可分为生产污水和生产废水两类。生产污水是指在生产过程中形成并被生产原料、半成品或成品等废料所污染的水，也包括热污染（指生产过程中产生的、水温超过 60℃ 的水）的水；生产废水是指在生产过程中形成，但未直接参与生产工艺，未被生产原料、半成品或成品污染或只是温度稍有上升的水。生产污水需要进行净化处理，生产废水不需要净化处理或仅需作简单的处理，如冷却处理、沉淀处理等。烧结生产过程中不产生生产污水，仅产生生产废水。

先前所述的生活污水的常规处理法，也适用于水质与生活污水相类似的工业废水，但由于工业废水类型繁多，成分也极其复杂，其中有很多是不能通过自然沉淀分离的微细悬浮颗粒、乳化物、难于或不能为生物降解的有机物以及无机有毒有害物质，对这一类污染物应采用化学法、物理化学法和特殊的物理方法进行处理，以下仅简单介绍此类工业废水的特种处理法。

### 12.1.3.1 均和调节

从废水的来源来看，特别是工业企业，其排出废水的水质和水量一般是不均衡的，甚至在一日内或每班之间都可能有很大的变化，这种变化对废水处理设备，特别是生物处理设备正常发挥其净化功能是不利的，甚至设施还可能遭到破坏。在这种情况下，经常采取的措施是在废水处理系统之前，设均和调节池，用以进行水量的调节和水质的均和，以保证废水处理的正常进行，此外，调节池还可以起到储存事故排水的作用。

调节池的形式和容量大小，因工业生产的类型、特征和对均和要求的不同而异。如废水的水质变化不大，对处理没有影响，而只是需要在水量上有所储存，这时只需要设置有足够容量的水池，作为水量调节之用，储存盈余，补充短缺，使后续处理设备在运行时间内能够得到均衡的进水量，保证正常工作。因此水量调节池，在设计上只考虑足够的池容，而不拘形状，也无须特殊设备。

如果水质有很大的变化，则为了使废水在水质浓度和组分上的变化得到均衡，减轻由于水质变化对处理设备的冲击影响，不仅要设置有足够容积的调节池，而且在水池构造和功能上还需考虑达到在水池调节周期内不同时间进出水水质均和的措施，以便使不同时段流入池内的废水都能达到完全混合的要求。

### 12.1.3.2 除油

#### A 含油废水的污染特性

废水中的油类污染物质，广义上包括天然石油和石油产品、固体燃料热加工过程产生的焦油和焦油分馏物，也包括食用的动植物油和羊毛脂肪类，以及机械切削乳化液和其他用油工艺随水流失的杂油等。但就产生的废水水量之大、对水体污染的广泛性和严重性来看，以含石油和焦油废水为最。

废水中所含油类物质的相对密度多数小于1，如石油和石油产品的相对密度一般为0.73~0.94。有的油类物质相对密度大于1，如重焦油的相对密度可达1.1。含油废水中的主要类别如下：

(1) 油品在废水中分散的颗粒较大，粒径大于$100\mu m$，称为浮油（在含油废水中，这种油占水中总含油量的60%~80%，是主要部分，易于从废水中分离出来）。

(2) 油品在废水中分散的粒径很小，呈乳化状态，称为乳化油，不易从废水中分离出来。

(3) 小部分油品呈溶解状态，称为溶解油，溶解度为5~15mg/L。

含油废水处理的重点是去除浮油和乳化油。浮油易于上浮，可以通过隔油池回收利用，乳化油比较稳定，不易上浮，常用浮选、过滤、混凝、粗粒化等方法去除。

#### B 隔油池

隔油池是用自然上浮法分离、去除含油废水中可浮油的处理构筑物，其常用的形式有平流式隔油池、斜板式隔油池。

### 12.1.3.3 气浮

#### A 气浮的基本原理

气浮处理法就是向废水中通入空气，并以微小气泡形式从水中析出成为载体，使废水中的乳化油、微小悬浮颗粒等污染物质黏附在气泡上，随气泡一起上浮到水面，形成泡沫——气、水、颗粒（油）三相混合体，通过收集泡沫或浮渣达到分离杂质、净化废水的目的。气浮法主要用于处理废水中靠自然沉降或上浮难以去除的乳化油或相对密度接近 1 的微小悬浮颗粒。

B　气浮方法及设备

废水处理中采用的气浮法，按水中气泡产生的方法可分为散气气浮法、溶气气浮法和电解气浮法三类。

（1）散气气浮法。利用机械剪切力，将混合于水中的空气粉碎成细小的气泡以进行气浮的方法。按粉碎气泡方法的不同，散气气浮又分为水泵吸水管吸气气浮、射流气浮、扩散板曝气气浮以及叶轮气浮四种。

（2）溶气气浮法。空气在一定压力的作用下溶解于水中，并达到过饱和状态，然后再突然使废水减到常压，这时溶解于水中的空气便以微小气泡的形式从水中逸出。溶气气浮形成的气泡粒度很小，另外，在溶气气浮法操作过程中，气泡与废水的接触时间还可以人为地加以控制。因此，溶气气浮的净化效果较高，在废水处理中，特别是对含油废水的处理取得了广泛的应用。

（3）电解气浮法。对废水进行电解，这时在阴极产生大量的氢气泡，氢气泡的直径很小，仅有 $20 \sim 100\mu m$，它们起着气浮剂的作用。废水中的悬浮颗粒黏附在氢气泡上，随其上浮，从而达到了净化废水的目的。与此同时，在阳极上电离形成的氢氧化物起着混凝剂的作用，有助于废水中的污染物上浮或下沉。

电解气浮法的优点是：能产生大量小气泡，在利用可溶性阳极时，气浮过程和混凝过程结合进行，装置构造简单。

电解气浮法除用于固液分离外，还有降低 BOD、氧化、脱色和杀菌作用，对废水负荷变化适应性强，生成污泥量小，占地少，不产生噪声。电解气浮装置可分为竖流式和平流式两种。

## 12.1.3.4　离心分离

A　离心分离的原理

物体高速旋转，产生离心力场，在离心力场的各质点都将承受大出其本身重力若干倍的离心力，其大小取决于该质点的质量。废水的离心分离法是指利用离心力去除废水中悬浮颗粒的方法。

使含有悬浮颗粒固体（或乳状油）的废水高速旋转，由于悬浮固体和废水的质量不同，受到的离心力也不同，质量大的悬浮固体被甩到废水的外侧，这样可使悬浮固体、废水分别通过各自的出口排出，悬浮固体被分离，废水得以净化。

B　离心分离设备

按离心力产生的方式，离心分离设备可分为如下两种类型：由水流本身旋转产生离心力的旋流分离器；由设备旋转同时也带动液体旋转产生离心力的离心分离机。

## 12.1.3.5　过滤

过滤是利用过滤材料分离废水中杂质的一种技术，根据过滤材料不同，过滤可分为颗粒材料过滤和多孔材料过滤两大类。废水处理中采用滤池，目的是处理废水中的微细悬浮物质，一般作为保护设备，用于活性炭吸附或离子交换设备之前。某些炼油厂，在含油废水经气浮或混凝沉淀后，再通过滤池作进一步处理，然后复用。

A　工作原理

滤池的过滤作用是通过以下两个过程完成的。

a　机械隔滤作用

滤料层由大小不同的滤料颗粒组成，其间有很多孔隙，好像一个"筛子"，当废水通过滤料时，比孔隙大的悬浮颗粒首先被截留在孔隙中，于是滤料颗粒间孔隙越来越小，以后进入的较小悬浮颗粒也相继被截留下来，使废水得到净化。

b　吸附、接触凝聚作用

废水通过滤料层的过程中，要经过弯弯曲曲的水流通道，悬浮颗粒与滤料的接触机会很多，在接触的时候，由于相互间分子作用力的结果，出现吸附和接触凝聚作用，尤其是过滤前投加了絮凝剂时，接触凝聚作用更为突出。滤料颗粒越小，吸附和接触凝聚的效果也越好。

B　滤池的类型

滤池的形式很多，按滤速大小可分为慢滤池、快滤池和高速滤池；按水流过滤层的方向可分为上向流、下向流、双向流等；按滤料种类可分为砂滤池、煤滤池、煤－砂滤池等；按滤料层数可分为单层滤池、双层滤池和多层滤池；按水流性质可分为压力滤池和重力滤池；按进出水及反冲洗的供给和排出方式，可分为普通滤池、虹吸滤池、无阀滤池等。

### 12.1.3.6　中和

酸性和碱性工业废水来源广泛，如化工厂、化纤厂、电镀厂、煤加工厂及金属酸洗车间等都会排出酸性废水，印染厂、金属加工厂、炼油厂、造纸厂等会排出碱性废水，废水中除含酸或碱外，还可能含有酸式盐、碱式盐以及其他的无机和有机等物质。

A　中和法分类

酸性废水的中和方法可分为酸性废水与碱性废水互相中和、药剂中和及过滤中和三种方法。碱性废水的中和方法可分为碱性废水与酸性废水互相中和、药剂中和等。

选择中和方法时应考虑下列因素：

(1) 含酸或含碱废水所含酸类或碱类的性质、浓度、水量及其变化规律。

(2) 首先应寻找能就地取材的酸性或碱性废料，并尽可能加以利用。

(3) 本地区中和药剂和滤料（如石灰石、白云石等）的供应情况。

(4) 接纳废水水体性质，城市下水道能容纳废水的条件，后续处理（如生物处理）对 pH 值的要求等。

B　中和剂

酸性废水中和处理采用的中和剂有石灰、石灰石、白云石、苏打、苛性钠等；碱性废水中和处理则通常采用盐酸和硫酸。

苏打（$Na_2CO_3$）和苛性钠（$NaOH$）具有组成均匀、易于储存和投加、反应迅速、易溶于水而且溶解度较高的优点，但是由于价格较贵，通常很少采用。石灰来源广泛，价格便宜，所以采用更广。

石灰石、白云石（$MgCO_3 \cdot CaCO_3$）系石料，在产地使用是便宜的。除了劳动卫生条件比石灰好外，其他情况和石灰相同。

### 12.1.3.7　混凝

混凝的过程即向水中投加混凝剂，使水中难以沉降的颗粒互相聚合增大，直至能自然沉淀或通过过滤分离。混凝法是废水处理中常采用的方法，可以用来降低废水的浊度和色度，去除多种高分子有机物、某些重金属和放射性物质。此外，混凝法还能改善污泥的脱水性能。

A　混凝原理

水处理中的混凝现象比较复杂。不同种类混凝剂以及不同的水质条件,混凝剂作用机理都有所不同。许多年来,水处理专家们从铝盐和铁盐混凝现象开始,对混凝剂作用机理进行不断研究,理论也获得不断发展。DLVO 理论的提出,使胶体稳定性及在一定条件下胶体凝聚的研究取得了巨大进展。但 DLVO 理论并不能全面解释水处理的一切混凝现象。当前,看法比较一致的是,混凝剂对水中胶体粒子的混凝作用有三种:电性中和、吸附架桥和卷扫作用。这三种作用究竟以何者为主,取决于混凝剂种类和投加量,水中胶体粒子的性质、含量以及水的 pH 等。这三种作用有时会同时发生,有时仅其中 1 ~ 2 种机理起作用。目前,这三种作用机理尚限于定性描述,今后的研究目标将以定量计算为主。实际上,定量描述的研究近年来也已开始。

B　废水处理中常用的混凝剂

按照所加药剂在混凝过程中所起的作用,混凝剂可分为凝聚剂和絮凝剂两类,分别起胶粒脱稳和结成絮体的作用。硫酸铝、三氯化铁等传统混凝剂,实际上属于凝聚剂,采用这类凝聚剂时,在混凝的絮凝阶段往往自动出现尺寸足够大、容易沉淀的絮体,因而不需另加絮凝剂。有些混凝剂,特别是合成聚合物,它们往往不只起絮凝剂的作用,而且起凝聚剂和絮凝剂的双重作用。

混凝剂可分为无机混凝剂、有机混凝剂和微生物混凝剂,其中微生物混凝剂是现代生物学与水处理技术相结合的产物,是当前混凝剂研究和发展的一个重要方向。

## 12.1.3.8　氧化还原

利用溶解于废水中的有毒有害物质在氧化还原反应中能被氧化或还原的性质,把它转化为无毒无害的新物质,这种方法称为氧化还原法。氧化还原法的工艺过程及设备比较简单,通常只需一个反应池,投药混合并发生反应即可。

根据有毒物质在氧化还原反应中能被氧化或还原的不同,废水的氧化还原法又可分为氧化法和还原法两大类。在废水处理中常用的氧化剂有空气中的氧、纯氧、臭氧、氯气、漂白粉、次氯酸钠、三氯化铁等;常用的还原剂有硫酸亚铁、亚硫酸盐、氯化亚铁、铁屑、锌粉、二氧化硫、硼氢化钠等。

氧化和还原反应是相互依存的,在化学反应中,原子或离子失去电子称为氧化,接受电子称为还原。得到电子的物质称为氧化剂,失去电子的物质称为还原剂。

还原法主要有金属还原法和药剂还原法,常规的氧化法主要有药剂氧化法和臭氧氧化法。近年来,国内外又发展了一些高级氧化新技术,主要有湿式氧化法、Fenton 试剂及类 Fenton 试剂氧化法和超临界水氧化技术。

## 12.1.3.9　电解

电解质溶液在电流作用下进行电化学反应,把电能转化为化学能的过程称为电解。与电源正极相连的电极把电子转送给电源,称为电解槽的阳极。废水进行电解时,废水中的有毒有害物质在阳极和阴极进行氧化还原反应,结果产生新物质,这些新物质在电解过程中或沉淀于电极表面或沉淀在槽中或生成气体从水中逸出,从而降低废水中有毒有害物质的浓度。像这样利用电解的原理来处理废水中有毒有害物质的方法,称为电解法。

## 12.1.3.10　膜分离法

A　膜分离法概述

利用隔膜使溶剂(通常是水)同溶质或颗粒分离的方法称为膜分离法。用隔膜分离溶液时，使溶质通过膜的方法称为渗析，使溶剂通过膜的方法称为渗透。膜分离法有以下特点：

（1）在膜分离过程中，不发生相变化，能量的转化效率高；

（2）一般不需要投加其他物质，可节省原材料和化学药品；

（3）膜分离过程中，分离和浓缩同时进行，这样能回收有价值的物质；

（4）根据膜的选择透过性和膜孔径的大小，可将不同粒径的物质分开，这些物质得到净化而又不改变其原有的属性；

（5）膜分离过程，不会破坏对热敏感和热不稳定的物质，可在常温下得到分离；

（6）膜分离法适应性强，操作及维护方便，易于实现自动化控制。

B　膜分离法分类

根据溶质或溶剂透过膜的推动力不同，膜分离法可分为三类。

（1）以浓度差为推动力的方法有渗析和自然渗透；

（2）以电动势为推动力的方法有电渗析和电渗透；

（3）以压力差为推动力的方法有压渗析和反渗透、超滤、微孔过滤。

其中常用的是电渗析、反渗透和超滤，其次是渗析和微孔过滤。

## 12.2　烧结生产废水

### 12.2.1　生产废水来源

烧结工序生活污水量一般按生活给水量的90%计算，生活污水由于量少，一般经排水管网收集后，集中输送到污水站一并处理。处理方法为广泛使用的"物理好氧生物处理法"，前面已介绍，这里不再赘述。小规模烧结工序生活污水经除油池、化粪池等处理后再排入雨水管网中。我国大多数烧结工序均采取雨（污）水合流制排水系统。

烧结工序（含原料场）在生产过程中并不产生废水，其生产废水主要来自湿式除尘器产生的废水（目前已较少使用）、冲洗地坪产生的废水和循环水系统的排污水。废水量一般等于给水量，其一般经地沟、泵坑等，用排污泵经压力管道或渠道输送到废水处理构筑物中。有的烧结工序上述四种废水兼有，有的只有一到两种废水，一般情况下，烧结工序有循环水系统的排污水和冲洗地坪两种排水，冲洗地坪排水的主要污染物是悬浮物，而设备冷却废水仅是水温的升高，并无其他污染物产生。因此，烧结（球团、原料场）废水中的主要污染因子为悬浮物。

### 12.2.2　生产废水特性

A　烧结工序生产废水量较少，但水量波动幅度较大

水量大小因烧结工序规模而异，通常最大时水量在 $50 \sim 140 \mathrm{m}^3/\mathrm{h}$，而平均水量只有 $10 \sim 30 \mathrm{m}^3/\mathrm{h}$。主要是冲洗地坪集中废水。

B　废水水质以挟带固体悬浮物为主，其含量为 0.5% ~ 5%，pH 为 10 ~ 13

废水中固体物主要成分是烧结混合矿料，有铁粉、焦粉、碳酸钙、镁、硅和硫等，其中铁的含量近40%，某烧结工序废水中的固体物含量见表12-1。

表 12-1　某烧结工序废水中的固体物各物质含量

| 固体物名称 | TFe | SiO$_2$ | Al$_2$O$_3$ | CaO | MgO | C | 其他 |
|---|---|---|---|---|---|---|---|
| 占比率/% | 39.50 | 6.24 | 2.22 | 11.54 | 1.85 | 13.39 | 25.36 |

C　废水中固体物的综合密度一般为 $2.8 \sim 3.4 t/m^3$

除尘与冲洗地坪综合废水固体物粒径小于 0.074mm 的占 90% 左右，见表 12-2；冲洗地坪废水固体物的粒径小于 0.074mm 的占 6% 左右，见表 12-3。

**表 12-2　混合废水粒径组成**

| 粒度/μm | 0 ~ 10 | 10 ~ 20 | 20 ~ 37 | 37 ~ 74 | >74 | 备　注 |
|---|---|---|---|---|---|---|
| 组成/% | 2.88 | 9.86 | 23.30 | 53.30 | 10.66 | 浓度5% |

**表 12-3　冲洗废水粒径组成**

| 粒度/μm | ≥1000 | 1000 ~ 500 | 500 ~ 74 | 74 ~ 37 | <37 | 备　注 |
|---|---|---|---|---|---|---|
| 组成/% | 1.65 | 4.15 | 33.75 | 24.51 | 35.54 | 浓度4% |

D　废水中固体的沉降性能，因废水来源不同而不同

单独的冲洗地坪废水沉淀浓缩性能好，通常 20min 的沉淀时间能保证溢流水中的悬浮物浓度 <200mg/L。但单独除尘废水沉淀效果要差得多，其原因是固体物粒径细，且含有不易沉降、密度较轻的悬浮物。表 12-4 为不同颗粒粒径的沉降速度。

**表 12-4　冲洗废水沉降速度**

| 粒度/μm | 20 | 15 | 10 | 备　注 |
|---|---|---|---|---|
| 沉降速度/mm · s⁻¹ | 0.67 | 0.42 | 0.17 | |

## 12.3　烧结废水处理

用各种方法（物理的、化学的或者生物的处理方法）将废水中所含有的污染物分离出来或将其转化为无害物，从而使废水得到净化的过程，即为废水处理。

### 12.3.1　废水处理工艺

#### 12.3.1.1　废水处理要求

烧结工序处理生产废水的目的是既要循环使用处理后的水，又要回收废水中的固体物（简称矿泥）。废水处理的浊度要求 ≤200mg/L，从环境保护和节约水资源的需要，不能排放，必须循环使用。而一般通过沉淀池或浓缩池的处理溢流水水质即可达到浊循环使用要求（补充部分新水）。

烧结废水中的矿泥含铁量高，是宝贵的矿物资源和财富，弃之可惜，且又污染环境。某烧结工序通过矿泥回收，三年内即收回其废水处理设施的投资费用。矿泥回收为生产废水处理的主要目的。矿泥回收一般有以下三种方式：

（1）当没有水封拉链或浓泥斗时，矿泥回收到返矿皮带混入返矿中，要求矿泥的含水率不能太高（≤30%），不能在皮带上流动或影响混合矿的效果。

（2）矿泥（含水率70% ~ 90%）作为一次混合机的部分添加水，直接加入到混合机工艺中回收。

（3）经过脱水，将矿泥（含水率18%左右）送到原料场回收。

### 12.3.1.2 废水处理工艺

烧结生产废水处理工艺流程要同时考虑对废水的回用和对矿泥的回收，因此，烧结工序设置生产废水处理设施具有重要的环境效益、经济效益和社会效益。以下简单介绍几种常用的废水处理工艺流程。

A "沉淀—干化"处理工艺

机械抓斗平流沉淀池与干化场相结合的废水处理工艺流程即为"沉淀—干化"流程，如图 12-1 所示。其技术特点是并列设置两格或多格平流沉淀池，废水经沉淀澄清后循环使用，矿泥用机械抓斗先放置附近干化场脱水，再运到原料场回收。但干化效果受气候影响较大，卫生环境差，易造成二次污染。

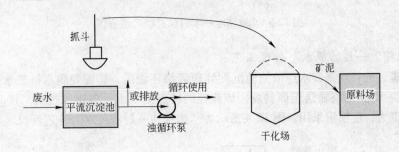

图 12-1 沉淀—干化流程图

B "浓缩池—浓泥斗"处理工艺

该处理流程以浓缩池来保证回收水水质，以浓泥斗（或双浓泥斗）来提高矿泥的浓度，然后将矿泥排到皮带机上回收。缺点是浓泥斗排泥不畅，排泥浓度不均，有时失控，影响皮带机的运转。目前，用高浓度、低流量的螺杆泵来代替浓泥斗，可大大改进排泥效果。图 12-2 所示为"浓缩池—浓泥斗"流程。

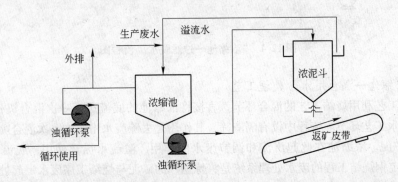

图 12-2 "浓缩池—浓泥斗"流程图

C "浓缩池—水封拉链机"处理工艺

该处理工艺的特点是废水经浓缩池沉淀处理后循环使用，底流矿泥自流或用渣浆泵送入主厂房内的水封拉链机，然后将矿泥拉到返矿皮带上。其处理系统简单，管理环节少，运行费用低。但主要缺点是从水封拉链机排出的泥矿浓度比较低，含水比较多，容易在返矿皮带上产生溢流，影响回收效果。图 12-3 所示为"浓缩池—水封拉链机"流程。

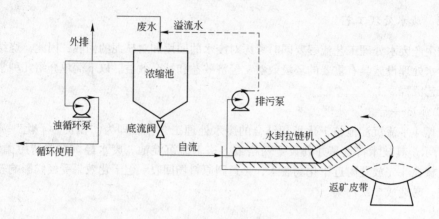

图 12-3　"浓缩池—水封拉链机"流程图

D　"浓缩池—过滤脱水"处理工艺

该处理工艺的特点是废水经浓缩池沉淀处理后循环使用。矿泥经脱水机脱水（一般采用真空过滤机脱水），最终输送至原料场。该流程的特点是脱水设备难以过关，且流程较复杂，操作管理难度大，应慎重采用。图 12-4 所示为"浓缩池—过滤脱水"工艺流程。

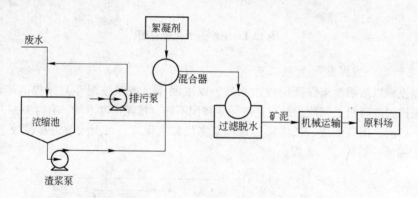

图 12-4　"浓缩池—过滤脱水"流程图

E　"浓缩池—混合用水"处理工艺

该处理工艺利用烧结工艺的混合环节，直接将浓缩池的底流送至一次混合机作为添加水，减少矿泥脱水工艺环节。流程中设有隔渣筛，其作用是去除废水中影响一次混合喷水的粗粒径（>1mm）矿泥。浓缩池在此起沉淀和调节废水的作用，溢流水循环使用，底流浓度控制在20%左右。宝钢烧结工程的废水处理系统是将炼钢厂的矿泥与烧结工序废水一起处理，采用类似于图 12-5 所示的处理流程，已运行 7 年多，系统运行正常。

F　"冲洗废水—浓缩池、除尘废水—混合机用水"处理工艺

该流程是把除尘废水（不易沉淀）与冲洗废水分开处理。除尘废水通过搅拌槽后直接作为一次混合机添加水（浓度≤10%），除尘废水流量较均匀，浓度变化不大，且为粉状细颗粒，无粗颗粒，作为一次混合机的添加水较为理想。冲洗废水经浓缩池后，底流采用螺杆泵送至返矿皮带回收，螺杆泵可以输送高浓度（70%左右）低流量的矿泥，有效地解决了浓缩池排泥不畅或放到返矿皮带上矿泥太稀影响回收效果的问题。浓缩池的溢流水再循环使用到除尘

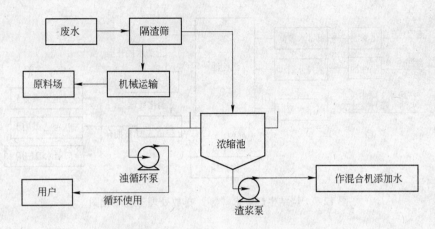

图 12-5　"浓缩池—混合用水"流程图

器和冲洗用水中，加上无除尘废水进入浓缩池，废水沉淀效果好。浓缩池溢流水水质较好，浊循环水达到良性循环的目的。

　　采用废水作为一次混合机添加水的处理流程，其废水投加量一定要小于一次混合机的最小需水量，并为恒量投加。此外，还需设一根清水加水管同时工作，并在清水管上进行一次混合机添加水量的调节控制。图 12-6 所示为处理工艺的流程图。

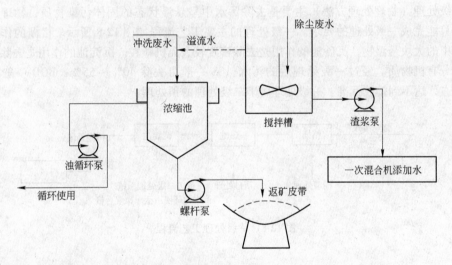

图 12-6　"冲洗废水—浓缩池、除尘废水—混合机用水"流程图

　　G　烧结生产废水"零"排放处理工艺

　　有些烧结工序因位置、距离等原因，厂区排水系统不能纳入钢铁总厂的集中污水处理系统中，可采用将生活污水经化粪池、隔油池简单处理后排入雨水管网中，厂区冲洗废水、除尘废水和水池溢流水等也流入排水管网中，最终汇聚到一个沉淀池里，上清水经泵抽升至生物滤塔，经厌氧菌消化处理后汇入清水池中，再由泵抽升至各用户，从而实现废水"零"排放。图 12-7 为处理工艺流程图。

　　生产实践证明，烧结废水处理流程必须可靠、简单、易行。其处理工艺还要根据烧结工序的规模、废水处理量的大小、废水的主要来源、废水的主要特性等因素，因地制宜地确定。

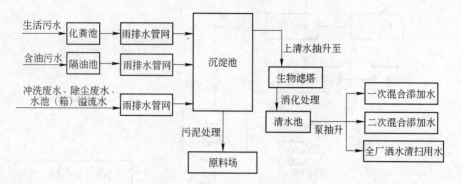

图 12-7　烧结生产废水"零"排放处理工艺流程图

### 12.3.2　烧结废水的综合处理工艺

烧结生产运行过程中，不仅有上述所讲的生产废水，还有来源于食堂、澡堂、洗衣间、卫生间、开水房等和职工生活息息相关的生活污水。主要包括粪便水、洗浴水和冲洗水等。生产废水和生活污水常共用一个排水系统，很难将彼此分开。因此，综合治理就显得尤为重要。

#### 12.3.2.1　一级处理

一级处理（物理处理方法）主要是去除污水中呈悬浮状态的固体污染物质，物理处理法大部分只能完成一级处理的要求。一级处理的主要工艺流程如图 12-8 所示。格栅的作用是去除污水中的大块悬浮物，沉砂池的作用是去除密度较大无机颗粒。沉淀池的作用是去除无机颗粒和部分有机物质。经过一级处理后的污水，SS 一般可去除 40% ~ 55%，BOD 一般可去除 30% 左右，达不到排放标准。一级处理属于二级处理的预处理。

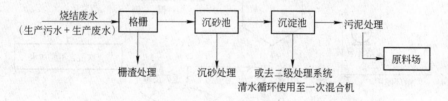

图 12-8　一级处理工艺流程

#### 12.3.2.2　二级处理

二级处理（生物处理法）是在一级处理的基础上增加生化处理方法，其目的主要是去除水中呈胶体和溶解状态的有机污染物质（BOD、COD 物质）。二级处理采用的生物方法主要有活性污泥法和生物膜法，其中采用较多的是活性污泥法。经过二级处理，烧结废水中有机物的去除率可达 90% 以上，是污水处理的主要工艺，应用非常广泛。图 12-9 所示为二级处理的典型工艺。

#### 12.3.2.3　三级处理

在一级、二级处理后，进一步深度处理难降解的有机物及磷和氮等能够导致水体富营养化

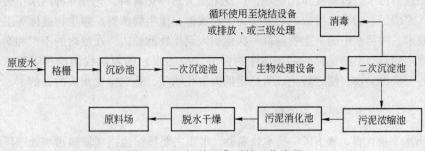

图 12-9 二级处理典型的工艺流程

的可溶性化合物。主要方法有生物脱氮除磷法、混凝沉淀法、砂滤法、活性炭吸附法、离子交换法和电渗析法等。三级处理是深度处理的同义词，但两者又不完全相同，三级处理常用于二级处理之后，而深度处理则以污水回收、再用为目的，是在一级或二级处理后增加的处理工艺。

污水深度处理工艺方案取决于二级出水水质及再生利用水水质要求，其基本工艺有如下4种：

（1）二级处理→消毒；

（2）二级处理→过滤→消毒；

（3）二级处理→混凝→沉淀（澄清、气浮）→过滤→消毒；

（4）二级处理→微孔过滤→消毒。

根据烧结工序对再用水水质的要求，通常采用一级处理法即可满足要求，若需将水回用至设备系统循环利用则需采用二级处理法（二级处理国内烧结工序较少使用）。

## 12.4 废水处理新工艺

随着我国水资源的日益匮乏和环境污染面临的巨大压力，对新水的消耗量和污水排放指标的监管会越来越严，对冶金企业烧结工序而言，未来需不断探索和采用一些新的适用烧结废水处理的新工艺，以跟上时代的步伐，为烧结节能减排贡献一份力量。以下仅介绍几种投资省、占地少、运行成本低的适合烧结废水处理的新技术。

### 12.4.1 STCC 污水处理及深度净化技术

目前，我国城市生活污水处理技术基本可分为活性污泥法和生物膜法两大类，这些技术均需将污水集中收集，通过泵站输送到远离市区的污水厂，因此污水收集管网和泵站的建设费用远高于建厂的投资费用，且长期运行维护费用庞大，使许多经济条件较差、管网铺设困难的中小城镇不堪重负，导致污水处理建设滞后。

STCC 生活污水处理新技术，以其占地少、结构形式灵活、运行成本较低等优势，特别适合烧结工序、中小城镇等小型生活污水的处理。

#### 12.4.1.1 STCC 污水处理技术的原理

STCC 污水处理及深度净化技术，其中，ST 代表标准 Standard，第一个 C 代表组合 combination，第二个 C 代表炭 charcoal，全文意即标准化组合的、以炭系材料生物滤池为核心的污水处理及深度净化技术。简单来说，就是模仿大自然在物质循环过程中的自净功能，采用自然生物净化的原理对污水进行高度净化处理，广泛采用天然净化材料，充分发挥污水中微生物不同组群优势，完成污水的净化澄清。它主要由生物滤池、微生物菌群、微生物载体等组成。通过人工强化技术，将污水中的微生物菌群一次性引入到生物滤池内，在池内的不饱和炭载体上逐渐形成菌群生物膜和生物链群，利用微生物菌群（生物膜）的新陈代谢作用吸附、消化、分解污水中的有机污染物，使之转化成为稳定的无害化物质，达到净化水质的目的。

### 12.4.1.2　STCC 污水处理技术的特点

（1）出水水质优良。经 STCC 技术处理后，水质主要指标达到《城镇污水处理厂污染物排放标准》一级 A 标准、达到国家《地表水环境质量标准》（GB 3838—2002）Ⅳ类指标。

（2）运行成本低廉。采用相同曝气技术，在相同规模条件下，其运行成本可比一般污水处理法低 10% ~ 15%。

（3）结构形式灵活。埋于地下，占地面积小，据测算，STCC 污水处理工程面积仅占同样规模、采用活性污泥法的污水处理厂面积的一半，可针对不同污染源就近进行污水处理。

（4）污泥产生量极少，无臭气和噪声。由于 STCC 工程全封闭运行，没有臭气和噪声，而且整套装置产生的污泥量很少，在日处理量 1 万吨以下生活污水的规模条件下，利用 STCC 技术产生的污泥只占普通活性污泥法的 1/10，大大缓解了一般污水处理技术所带来的污泥处置问题。

（5）运行稳定，维护方便。

## 12.4.2　CCB 导流曝气生物滤池污水处理技术

导流曝气生物滤池（简称 CCB）处理技术的主要特点是使污水在同一个处理池内，完成曝气→沉淀→二次曝气→二次沉淀等过程，解决其他污水处理需要 4 个池子才能完成的工艺流程，特别是在连续进水条件下，实现进水→曝气→沉淀→出水的间歇曝气，同时实现污泥回流，整个运行没有闲置，其优点较其他污水处理方法更为突出，处理效果尤为显著。CCB 污水处理方法是 AB 法、SBR 法、A₂O 法、接触氧化法、两曝两沉法及间歇曝气法等污水处理设备的更新换代产品。2009 年 11 月，被国家科技部列为"创新项目"。

## 12.4.3　光触媒、波触媒、双触媒污水净化技术

### 12.4.3.1　光触媒污水处理技术

光触媒污水净化设备根据光化学和无声放电原理，采用无声放电技术，制取大量活性氧，在辐射光照作用下，产生游离氧离子。氧离子与水反应生成 OH 离子，同时还产生其他激态物质和自由基，加速链接反应，反应速率比臭氧提高 5 倍，能有效去除污水中 BOD、COD、SS 等多种理化指标的含量，而且还能杀灭污水中的各种细菌病毒，处理后的效果优于国家标准，可达到中水回用标准。

### 12.4.3.2　波触媒污水处理技术

波触媒污水净化设备根据高频声化学法和无声放电原理，促使活性氧充分分散与溶解，大大减少活性氧的投加量，并同时提高其氧化能力，进而借助物化作用强化活性氧的分解，产生大量的自由基，废水中的污染物亦可直接在产生的高温高压"空化"中分解。因此波触媒污水净化设备的氧化能力的强化作用不只是"高频声化学法"和"无声放电法"两者的简单相

加，而是质的飞跃，能有效去除污水中 BOD、COD、SS 等多种理化指标的含量。

### 12.4.3.3　双触媒污水净化技术

双触媒污水净化设备充分借鉴了光化学法、高频声化学法和无声放电法三者的设计手法，使活性氧失去一个电子，生成极高的氧化电位，与有机污染物发生链式快速反应，致使废水中的有害物质无选择地氧化成 $CO_2$、$H_2O$ 或矿物盐，并能卓有成效地脱色、脱氮、除磷，其氧化能力是臭氧的 10 倍，新建污水处理工程采用该设备，可大大节省占地面积和一次性投资以及运行费用，是目前最理想的废水净化工艺。

**复习思考题**

12-1　烧结用水有哪些种类？

12-2　烧结节水新设备、新工艺有哪几种？

12-3　废水有哪些水质指标？

12-4　生活污水的常规处理方法有几种，各有什么特点？

12-5　工业废水的特种处理方法有哪些？

12-6　烧结生产废水的特性是什么，常用的烧结废水处理工艺流程有哪些？

12-7　烧结废水的综合处理工艺有几种，各有什么特点？

12-8　废水处理有哪些新工艺？

# 13　烧结噪声治理

## 13.1　噪声

我们处在一个有声的环境中，声音作为信息，对传递人们的思想和感情起着非常重要的作用。然而有些声音却干扰人们的工作、学习和休息，影响人们的身心健康。如各种车辆通行时嘈杂的声音，压缩机的进、排气声音等。这些声音人们是不需要的，甚至是厌恶的。

从声学上讲，人们不需要的声音被称为噪声；从物理的角度来定义，无规律、不协调的声音，即频率和声强都不同的声波杂乱组合被称为噪声；从环境保护的角度看，环境噪声是指在工业生产、建筑施工、交通运输和社会生活中产生的人们不需要的、令人厌恶的、对人类生活和工作有不良影响的声音，如工厂中各种鼓风机、发动机、球磨机、粉碎机等发出的声音等。噪声不仅有其客观的物理特性，还依赖于主观感觉的评定。

### 13.1.1　噪声的特性

#### 13.1.1.1　产生

噪声和声音有共同的特性，均来源于物体的振动。例如，敲锣时，会听到锣声，此时如果用手去摸锣面，就会感到锣面的振动，如果用手按住锣面不让它振动，锣声就会消失。这就说明锣声是锣面振动引起的，它属于机械运动。在许多情况下，声音是由机械振动产生的。能够发声的物体称为声源。声源可以是固体振动造成的，也可以是液体、气体振动引起的，如风机的进气和排气、锅炉的排气等产生的噪声，就是高速气流与周围静止空气相互作用引起空气振动的结果。

#### 13.1.1.2　声音的传播

物体振动发出的声音要通过中间介质才能传播出去，送到人耳，使人感觉到有声的存在。那么声音是怎样通过介质把振动的能量传播出去呢？

以敲锣为例，当人们用锣锤敲击锣面时，锣面向内外运动，向内运行时，靠近锣面的空气介质受到压缩，导致空气密度加大；当锣面向外运动时，这部分空气介质体积增加、密度减小，这样往复运动，使靠近锣面的空气时密时疏，带动邻近空气由近及远依次推动起来，这一密一疏的空气层就形成了传播的声波，声波作用于人耳鼓膜使之振动，刺激内耳的听觉神经，就产生了声音的感觉。

声音在介质中传播只是运动的形式，介质本身并不被传走，只是在它平衡的位置来回振动。声音传播就是物体振动形式的传播，故声音亦称为声波。产生声波的振动源为声源。介质中有声波存在的区域称为声场。声波传播的方向称为声线。

声音不仅在空气中可以传播，在水、钢铁、混凝土等固体中也可以传播。不同的介质有不同的声速。声速的大小与介质有关，而与声源无关。

声波在传播过程中，经常遇到障碍物、不均匀介质和不同介质，它们都会使声波反射、折射、散射、绕射和干涉等。

A 反射和折射

当声波从介质1中入射到与另一种介质2的分界面时，在分界面上一部分会反射回介质1中，其余的部分穿过分界面，在介质2中继续向前传播，前者是反射现象，后者是折射现象。

在噪声控制工程中，经常利用不同材料具有的不同特性，使声波在不同材料的界面上产生反射，从而达到控制噪声传播的目的。

B 声波的散射、绕射、干涉

声波传播过程中，若遇到的障碍物两面较粗糙或者障碍物的大小与波长差不多，当声波入射时，就产生各个方向的反射，这种现象称为散射。

声波传播过程中，遇到障碍物或孔洞时，会产生绕射现象，即传播方向发生改变。绕射现象与声波的频率、波长及物体的尺寸有关，当声波频率低、波长较长、障碍物尺寸比波长小很多时，声波将绕过障碍物继续向前传播。如果障碍物上有小孔洞，声波仍能透过小孔扩散向前传播。

在噪声控制中，尤其要注意低频声的绕射。在设计隔声屏时，高度、宽度要合理；设计隔声间时，一定要做到密闭，门、窗的缝隙要用橡胶条密封，以免声音绕射及透声，降低隔声效果。

当几个声源发出的声波在同一种介质中传播时，它们可能在空间某点上相遇，相遇点处质点的振动是各波引起振动的合成。有些波相互加强，有些波相互减弱，这种在传播过程中相互抵消或加强的现象，称为声波的干涉。

### 13.1.1.3 衰减特性

声波在任何声场中传播都会有衰减。原因有两点：一是由于声波在声场传播过程中，波前的面积随着传播距离的增加面不断扩大，声能逐渐扩散，使声强随着离声源距离的增加而衰减，这种衰减称为扩散衰减；二是声波在介质中传播时，由于介质的内摩擦、黏滞性、导热性等特性使声能不断被介质吸收转化为其他形式的能量，使声强逐渐衰减，这种衰减称为吸收衰减。

声源的形状和大小不同时，其衰减的快慢不一样，通常根据声源的形状和大小，可将声源分为三类：点声源、线声源、面声源。

## 13.1.2 噪声的来源及分类

噪声的分类方法较多，通常是根据声源的不同划分为三类：交通噪声、工业噪声及生活噪声。

交通噪声主要是由交通工具在运行时发出来的，如汽车、飞机等在运行中都会发出交通噪声，载重汽车、公共汽车等重型车辆产生的噪声在89~92dB，轿车、吉普车等轻型车辆噪声约有82~85dB，车速越快，噪声越大。工业噪声主要来自生产中各种机械振动、摩擦、撞击以及气流扰动，其影响虽然不及交通运输大，但对局部地区的污染却比交通运输严重得多。生活噪声主要指街道和建筑物内部各种生活设施、人群活动等产生的声音，如居室中，儿童哭闹、大声播放收音机、电视及音响设备等，这些噪声一般在80dB以下，对人没有直接生理危害，但都能干扰人们交谈、工作和休息。

工业噪声是在工业生产如钢铁生产中产生的由于机械设备运转所发出的声音。按声源特性又可分为空气动力性噪声、机械噪声和电磁噪声。

烧结工序的主要噪声来源有破碎机、筛分机、抽风机、空气压缩机、皮带运输机等机器设备运行产生的机械噪声。还有余热锅炉、余热发电设备等因蒸汽放散产生的空气动力性噪声。

### 13.1.3　噪声的危害

噪声作为一种环境污染源，其对生物和人类的影响已经引起人们高度重视。随着生产技术的迅速发展，噪声干扰范围之广，危害之深有增无减，噪声已被认为是仅次于大气污染和水污染的第三大公害。

总的来说，噪声对人体的影响和危害是多方面的，概括起来，强烈的噪声可引起耳聋，诱发出各种疾病，影响人们的休息和工作，干扰语言交流和通信，掩蔽安全信号，造成生产事故，降低生产效率，影响设备正常工作，甚至造成破坏。

#### 13.1.3.1　对人类健康状况的影响

噪声对人体的危害最直接是听力损害。对听觉的影响，是以人耳暴露在噪声环境前后的听觉度来衡量的，这种变化称为听力损失。人短期处于噪声环境时，可能会产生短暂的听力下降，经过一段时间后听力可以恢复，这种变化也可称为听觉疲劳，在听觉疲劳时，听觉器官并未受到器质性损害。如果人们长期在强烈的噪声环境中工作，日积月累，内耳不断受噪声刺激，恢复不到暴露前的听觉，便可发生器质性病变，成为永久性听力损害，这就是噪声性耳聋。

一般听力损失在20dB以内，对生活和工作不会有什么影响。表13-1按照听力损失的大小，对耳聋性程度进行了分组。

表 13-1　听力损失级别

| 级别 | 听觉损失程度 | 听力损失平均值/dB | 对谈话的听觉能力 |
| --- | --- | --- | --- |
| A | 正常（损害不明显） | <25 | 可听清低声谈话 |
| B | 轻度（稍有损伤） | 25～40 | 听不清低声谈话 |
| C | 中度（中等程度损伤） | 40～55 | 听不清普通谈话 |
| D | 高度（损伤明显） | 55～70 | 听不清大声谈话 |
| E | 重度（严重损伤） | 70～90 | 听不到大声谈话 |
| F | 最重度（几乎耳聋） | >90 | 很难听到声音 |

噪声性耳聋与噪声的强度、频率及噪声的作用时间长短有关。

噪声性耳聋有两个特点，一是除了高强噪声外，一般噪声性耳聋都需要一个持续的累积过程，发病率与持续作业时间有关，这也是人们对噪声污染忽视的原因之一；二是噪声性耳聋是不能治愈的，因此，有人把噪声污染比喻成慢性毒药。

噪声作用于人的大脑中枢，可引起头痛、脑胀、耳鸣、多梦、失眠、记忆力减退，造成全身乏力。

睡眠是人们生存必不可少的。人们在安静的环境下睡眠，它能使人的大脑得到休息，从而消除疲劳和恢复体力。环境噪声会影响人的睡眠质量，强烈的噪声甚至使人不能入睡或从睡眠中被惊醒，心烦意乱。当睡眠被干扰后，工作效率和健康都会受到影响。长期的噪声干扰会使人产生失眠、疲劳无力、记忆力衰退、神经衰弱症等疾病。

噪声对人的消化系统等产生影响。噪声会引起消化不良、食欲不振、恶心呕吐，从而使胃病、高血压、动脉硬化及冠心病等发病率提高，老年体弱者对噪声干扰更为敏感，因而受其影响更大。

### 13.1.3.2　对人类日常生活和工作的影响

在噪声较高的环境下工作，会使人感觉烦恼、疲劳和不安等，注意力分散，容易出现差错，降低工作效率。噪声还能掩蔽安全信号，比如报警信号和车辆行驶信号，在噪声的混杂干扰下人们不易觉察，从而容易造成工伤事故。

噪声除了对人们的健康、工作、学习、生产有危害和影响外，对动物也有危害，对建筑物及机械设备都有不同程度的损害，使其遭到破坏的实例也屡见不鲜。

### 13.1.3.3　职业性噪声聋

工业企业可能产生噪声暴露的作业场所非常普遍，噪声的主要来源是各种各样的机电设备，特别是动力设备，长期接触噪声的职工可能会受到职业性噪声的侵害。

噪声对人体的危害主要表现为靶器官效应和非靶器官效应两个方面。其中，靶器官效应是指噪声对听觉器官的致病作用，而非靶器官效应则是指噪声对人体听觉系统以外其他器官或系统的作用和影响。噪声的靶器官效应一般分为听觉疲劳和听力损伤两类。听觉疲劳又称暂时性听阈位移，是指在一定强度噪声的作用下，人耳听觉机能暂时性下降，经一段时间的休息听觉机能可以得到恢复的现象。听觉机能恢复所需的时间与噪声暴露的时间、强度、频率以及是否使用了特定药物和个体差异等因素有关。噪声的靶器官效应主要指噪声暴露导致的耳聋，又称听力损伤、永久性听阈位移或噪声性耳聋，实践中可见突发性和渐进性的两类。突发性听力损伤即爆震性耳聋，常发生在短时间暴露在120dB以上的强噪声环境时，主要病理表现有鼓膜破裂、听骨断裂、内耳损伤性变化、听觉皮质损伤等。职业场合渐进性听力损伤较为多见，因与长期的职业性噪声暴露有关，通常称为职业性噪声聋。职业性噪声聋与噪声的暴露时间、暴露强度密切相关；长期反复接受较强噪声，听觉疲劳来不及恢复，就极易导致噪声聋。

国际标准化组织关于轻度噪声聋的定义是：在中心频率为500Hz、1000Hz和2000Hz三个倍频程范围，听阈上升的平均值在25dB以上，相当于在安静的环境中语言交流开始发生轻度障碍的情况。听力损伤的特点主要是持续渐进性、潜伏期长、低毒性、不可逆性等。

噪声的非靶器官效应指噪声对其他系统或器官的危害，也可称为噪声的听觉外效应。除了听觉系统外，噪声主要影响神经、心血管和消化系统。

## 13.2　噪声的评价及标准

### 13.2.1　评价

在噪声的物理量度中，声压和声压级是评价噪声强度的常用量，声压级越高，噪声越强，声压级越低，噪声越弱。但人耳对噪声的感觉，不仅与噪声的声压级有关，而且还与噪声的频率、持续时间等因素有关。为了反映噪声的这些复杂因素对人的主观影响程度，就需要有一个对噪声的评价指标。

### 13.2.1.1　A声级

为了方便，同时要使声音与人耳听觉感受近似一致，通常我们使用A声级和连续A声级来对噪声做主观评价。

在噪声测试仪器中，利用模拟人的听觉的某些特性，对不同频率的声压级予以增减，以便直接读出主观反映人耳对噪声的感觉数值来，这种通过频率计权的网络读出的声级，称为计权声级，A 声级则是指通过 A 计权网络测得的声压级。

A 声级的测量结果与人耳对噪声的主观感受近似一致，即为对高频敏感，对低频不敏感。A 声级越高，人越觉得吵闹，A 声级同人耳的损伤程度也对应得较合理，即 A 声级越高，损伤越严重。因此 A 声级是目前评价噪声的主要指标，已被广泛应用。但 A 声级不能全面反映噪声源的频谱特性，对于稳态连续噪声的评价，用 A 声级就能较好地反映人耳对噪声强度与频率的主观感受，但对于随时间变化而变化的非稳态噪声就不合适了。

### 13.2.1.2　等效连续 A 声级

为了准确说明在不同连续工作时间、不同 A 声级的噪声源的情况下，遭受噪声影响的大小，引入了等效连续 A 声级的概念，其定义为：在声场中的某定点位置，取一段时间内能量平均的方法，将间歇暴露的几个不同的 A 声级噪声，用一个在相同时间内声能与之相等的连续稳定的 A 声级来表示该段时间内噪声的大小，这种声级称为等效连续 A 声级。

A 声级和等效连续 A 声级作为噪声的评价标准，是对噪声的所有频率的综合反映，它很容易测量，所以国内外普遍将 A 声级作为噪声的评价标准。

常见声源的 A 声级见表 13-2。

表 13-2　常见声源的 A 声级

| 声　源 | 主观感受 | A 声级/dB |
|---|---|---|
| 轻声耳语 | 安　静 | 20～30 |
| 静夜、图书馆 | 安　静 | 30～40 |
| 普通房间、吹风机 | 较　静 | 40～60 |
| 普通谈话声、小空调声 | 较　静 | 60～70 |
| 大声说话、较吵街道、缝纫机 | 较　吵 | 70～80 |
| 吵闹的街道、公共汽车、空压机站 | 较　吵 | 80～90 |
| 很吵的马路、载重汽车、推土机、压路机 | 很　吵 | 90～100 |
| 织布机、大型鼓风机、电锯 | 很　吵 | 100～110 |
| 柴油发动机、球磨机、凿岩机 | 耳　痛 | 110～120 |
| 风铆、螺旋桨飞机、高射机枪 | 耳　痛 | 130～140 |
| 风洞、喷气式飞机、大炮 | 无法忍受 | 140～150 |
| 火箭、导弹 | 无法忍受 | 150～160 |

## 13.2.2　噪声的标准

噪声的标准一般分为三类：一是人的听力和健康保护标准；二是环境噪声允许标准；三是机电设备及其他产品的噪声控制标准。

### 13.2.2.1　听力保护标准

为保护人体健康，防止职业性噪声聋的发生，1971 年国际标准化组织（ISO）公布的噪声允许标准规定：为了保护人们的听力和健康，规定每天工作 8 小时，允许等效连续 A 声级为

85~90dB，时间减半，允许噪声提高3dB，例如，按噪声标准，每天工作8小时，允许噪声为90dB（A），那么，每天累积时间减至4小时，允许噪声可提高到93 dB（A），每天工作2小时，允许噪声为96 dB（A），但最高不得超过115dB。

2007 年 4 月 12 日由中华人民共和国卫生部发布，2007 年 11 月 1 日执行的《工作场所有害因素职业接触限值　第 2 部分：物理因素（GBZ2.2—2007)》规定了工作场所噪声职业接触限值标准，见表13-3。

**表 13-3　工作场所噪声职业接触限值**

| 接触时间 | 接触限值/dB(A) | 备　注 |
|---|---|---|
| 每周工作 5 天，每天工作 8h | 85 | 非稳态噪声计算 8h 等效声级 |
| 每周工作 5 天，每天工作不足 8h | 85 | 计算 8h 等效声级 |
| 每周工作不足 5 天 | 85 | 计算 40h 等效声级 |

根据《工作场所有害因素职业接触限值　第 2 部分：物理因素》对相关噪声测量及标准的定义，稳态噪声是指，在测量时间内，被测声源的声级起伏 < 3 dB（A）的噪声。非稳态噪声是指，在测量时间内，被测声源的声级起伏 ≥ 3 dB（A）的噪声。按额定 8h 工作日规格化的等效连续 A 声级，（8h 等效声级）是指将一天实际工作时间内接触的噪声强度等效为工作 8h 的等效声级。按每周额定 40h 工作日规格化的等效连续 A 声级（40h 等效声级），是指非每周 5 天工作制的特殊工作场所接触的噪声声级等效为工作 40h 的等效声级。

### 13.2.2.2　环境区域噪声标准

2008 年 10 月 1 日起执行的《声环境质量标准》，适用于所有区域环境质量评价与管理。

按区域的使用功能特点和环境质量的要求，声功能区分为以下五种类型。

0 类声环境功能区：指康复疗养等特别需要安静的区域。

1 类声环境功能区：指以居民住宅、医疗卫生、文化教育、科研设计、行政办公为主要功能，需要安静的区域。

2 类声环境功能区：指以商业金融、集市贸易为主要功能，或者居住、商业、工业混杂，需要维护住宅安静的区域。

3 类声环境功能区：是指以工业生产、仓储物流为主要功能，需要防止工业噪声对周围环境产生严重影响的区域。

4 类声环境功能区：指交通干线两侧一定距离之内，需要防止交通噪声对周围环境产生严重影响的区域，包括公路、内河航道两侧区域、铁路干线两侧区域等。

### 13.2.2.3　厂界环境噪声排放标准

国家环保部 2008 年 8 月 19 日颁布了《工业企业厂界环境噪声排放标准》（GB 12348—2008)，该标准自 2008 年 10 月 1 日起实施。

标准中定义：工业企业厂界环境噪声是指在工业生产活动中使用固定设备等产生的、在厂界处进行测量和控制的干扰周围生活环境的声音。厂界是指由法律文书（如土地使用证、房产证、租赁合同等）中确定的业主所拥有使用权（或所有权）的场所或建筑物边界。各种产生噪声的固定设备的厂界为其实际占地的边界。

该标准规定的厂界环境噪声排放限值见表13-4。

表 13-4　厂界环境噪声排放限值　　　（等效声级 Leq/dB(A)）

| 厂界外声环境功能区类别 | 时　段 | |
| --- | --- | --- |
| | 昼间（6：00～22：00） | 夜间（22：00～6：00） |
| 0 | 50 | 40 |
| 1 | 55 | 45 |
| 2 | 60 | 50 |
| 3 | 65 | 55 |
| 4 | 70 | 55 |

## 13.3　噪声控制的一般原则

　　噪声危害的模式为声源→声场→接收者，因此，控制噪声要全面考虑声源、声场和接收者三个基本环节组成的声学系统，也就是说噪声控制一般从三个方面考虑：噪声源的控制，传播途径的控制，接受者的防护。

### 13.3.1　噪声源的控制

　　一切向周围辐射噪声的振动物体都被称为噪声源。噪声源的类型较多，有固体的，即机械性噪声；还有流体的，即空气、水、油的动力性噪声；另外，机械设备中，常将由电磁应力作用引起振动的辐射噪声称为电磁噪声。在机械设备中，这三种噪声往往混杂在一起，有时以机械性噪声为主，有时又以流体动力性噪声或电磁噪声为主。因此，机械设备产生的噪声概括为流体动力性噪声、机械性噪声和电磁噪声。

　　在噪声源处降低噪声是噪声控制的最有效的方法。通过研制和选择低噪声设备，改进生产工艺，提高机械零部件的加工精度和装配技术，合理选择材料等，都可以达到从噪声源处控制噪声的目的。

#### 13.3.1.1　合理选择材料

　　一般金属材料，如钢铁、铜、铝等，它们内阻尼较小，消耗振动能量较少，因此，凡用这些材料制成的零部件，在振动力的作用下，在构件表面会辐射较强的噪声，而采用消耗能量大的高分子材料或高阻尼合金就不同了，因此，在制造机械零部件或一些工具时，采用减振合金代替一般钢铁等金属材料，就可以获得降低噪声的效果。

#### 13.3.1.2　减少振动力

　　在机械设备工作过程中，应尽量减小或避免运行的零部件的冲击和碰撞。要使运动的零部件连续运动来代替不连续运动；减少运动部件质量及碰撞速度；采用冲击隔离，降低振动力。

　　尽量提高机械和运动部件的平衡精度。减少不平衡离心惯性力及往复惯性力，从而减少振动力，使机械运转平稳、降低噪声。

#### 13.3.1.3　改进工艺和操作方法

　　应改进工艺和操作方法，从噪声源上降低噪声。如用低噪声焊接代替高噪声焊接，用液压代替高噪声的锤打等。

#### 13.3.1.4 提高运动零部件间的接触性能

应尽量提高零部件加工精度及表面精度，选择合适的配合，控制运动零部件间的间隙，要有良好的润滑，减小摩擦，平时注意检修。

### 13.3.2 传播途径的控制

由于目前的技术水平、经济条件等方面原因，无法把噪声源的噪声降到人们满意的程度，可以考虑在噪声传播途径上控制噪声。

在总体设计上采用"闹静分开"的原则是控制噪声传播的有效措施。例如，在新城镇、产业开发区的规划时，将机关、学校、科研院所与闹市区分开；闹市区与居民区分开；工厂与居民区分开；工厂的高噪声车间与办公室、宿舍分开，高噪声的机器与低噪声的机器分开。这样利用噪声自然衰减的特性，减少噪声污染面，还可因地制宜，利用地形、地物，如山丘、土坡或已有的建筑设施来降低噪声作用。另外，绿化不但能改善环境，而且具有降噪作用。种植不同种类树木，使其疏密及高低合理配置，可达到良好的降噪效果。

当利用上述方法仍达不到降噪要求时，就需要在传播途径上直接采取声学措施，包括吸声、隔声、减振消声等常用噪声控制技术。

表 13-5 列出了几种常用的噪声控制措施的降噪原理与应用范围。

**表 13-5　常用噪声控制措施的降噪原理与应用范围**

| 措施种类 | 降噪原理 | 应用范围 | 减噪效果/dB(A) |
|---|---|---|---|
| 吸声 | 在室内的天花板或墙面上布置吸声材料或吸声结构，使噪声碰到吸声材料或结构后，其中一部分被吸收，使混响减弱，从而降低室内总噪声 | 车间内噪声设备多且分散 | 4~10 |
| 隔声 | 利用屏障物的存在引起声能降低达到降低噪声的目的。屏障物称为隔声结构或隔声构件 | 车间工人多，噪声设备少，用隔声罩，反之，用隔声间；二者均不行，用隔声屏 | 10~40 |
| 消声器 | 利用阻性、抗性、小孔喷注和多孔扩散等原理，消减气流噪声 | 气动设备的空气动力性噪声，各类放空排气噪声 | 15~40 |
| 隔振 | 把具有振动的设备，原与地板刚性接触改为弹性接触，隔绝固体声传播，如隔振基础、隔振器 | 设备振动厉害，固体介质传播远，干扰居民 | 5~25 |
| 减振(阻尼) | 利用内摩擦、耗能大的阻尼材料，涂抹在振动构件表面，减少振动 | 机械设备外壳、管道振动噪声严重 | 5~15 |

### 13.3.3 噪声接受点采取防护措施

控制噪声的最后一环是接受点的防护，即个人防护。在其他技术措施不能有效控制噪声时，或者只有少数人在吵闹环境下工作，个人防护乃是一种既经济又实用的有效方法。

#### 13.3.3.1 听觉和头部的防护

对听觉和头部的防护主要是耳塞、耳罩、头盔和防声棉等。防护用品的特点及应用的场合见表 13-6。

**表 13-6　防护用品特点及应用场合**

| 类型 | 材 质 | 特 点 | 应用场合 |
|---|---|---|---|
| 防声耳塞 | 软橡胶、软塑料、超细玻璃棉 | 对高、中频声隔声量可达 25~40dB，对低频声隔声量约为 13~15dB | 用于金属冷加工、高速机组运行车间、烧结机平台、抽风机室等岗位的操作人员 |
| 防声耳罩 | 由内衬材料带柔软垫圈的硬质吸声材料构成 | 对高频隔声量达 30 dB，对低频隔声量达 15dB | 通风机、内燃机及多种风动工具、铆焊、冲压冷作钣金工等操作人员 |
| 防声头盔 | 软式由人造草帽和耳罩组成，硬式由玻璃钢和耳罩组成 | 隔声量大；能防冲击波、保护头部；不透热；不方便 | 适于变噪声场所和需要隔声、防振、防寒、防外伤的场合 |
| 防声棉 | 纤维直径为 1~3μm 细玻璃棉 | 经化学处理后，外形不定，使用时用手捏成锥形塞入耳道即可；隔声量为 15~20dB | 任何场合均可使用 |

烧结工序中，最高分贝的噪声可能出现在余热利用中，当余热锅炉产生的蒸汽向大气放散时，若放散点未采取消声措施，其噪声值可高达 120dB 左右，除佩戴防声耳塞或耳罩，此时人还应当远离放散点。

振动筛、抽风机室、烧结机平台噪声最高可达 85~90dB，接触此类噪声时，应佩戴防声耳塞或耳罩。

#### 13.3.3.2　胸部防护

当噪声超过 140dB 以上，不但对听觉、头部有严重的危害，而且对胸部、腹部各器官也有极严重的危害，尤其对心脏。因此，在极强噪声的环境下，要考虑人们的胸部防护。

防护衣是由玻璃钢或铝板，内衬多孔吸声材料制作的，可以防噪声、防冲击声波，以达到对胸、腹部的保护。

### 13.3.4　噪声控制的工作程序

在实际工作中噪声控制一般可分为两类情况：一类是现有的企业噪声超过国家有关标准，需采取噪声控制措施；另一类是新建、扩建和改建的企业，在规划、设计时就应考虑噪声的污染情况，以便确定合理的噪声控制方案，减少噪声污染。

噪声控制的一般程序如下：

(1) 调查、测试噪声污染情况。在确定噪声控制方案之前，应到噪声污染的现场，调查主要噪声源及其产生的原因，了解噪声传播途径，走访噪声的受害者。进行噪声测量，由测得的结果绘制噪声的分布图，在厂区及居民区的地图上用不同的等声级曲线表示。

(2) 确定减噪量。把现场测得的噪声数据与噪声标准（包括国家标准、部颁标准及地方和企业标准）进行比较，确定所需降低噪声的数值，即噪声级和各频带声压级应降低的分贝数。

(3) 确定噪声控制方案。在确定噪声控制方案时，首先应详细了解机械设备的运行工作情况，所拟订的方案，对机械设备的正常工作、生产工艺和技术操作是否有影响，坚决防止所确定的噪声控制措施妨碍、甚至破坏正常的生产程序。确定方案时，要因地制宜，既经济又合理，切实可行。控制措施可以是综合噪声控制技术，也可以是单项的。要抓住主要的噪声源，否则，很难取得良好的噪声控制效果。

（4）降噪效果的鉴定与评价。在实施噪声控制措施后，应及时进行降噪效果的技术鉴定或工程验收工作，如未达到预期效果，应及时查找原因，根据实际情况补加新的措施，直至达到预期的效果。

## 13.4  噪声治理措施

根据不同的声源特点，需采取不同的治理措施，目前主要的治理措施有吸声、隔声、消声及减振等。

### 13.4.1  吸声降噪措施

当声波进入吸声材料孔隙后，立即引起孔隙中的空气和材料的细小纤维振动。由于摩擦和黏滞阻力，声能转变为热能，被吸收和耗散掉，因此，吸声材料大多松软多孔，表面孔与孔之间互相贯通，并深入到材料的内层，这些贯通孔与外围连通。吸声材料的吸声机理如图13-1所示。

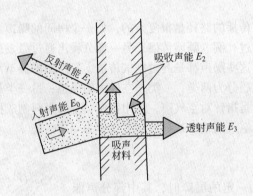

图 13-1  吸声材料的吸声示意图

由图13-1可看出，当声波遇到室内墙面、天花板等镶嵌的吸声材料时，一部分声能被反射回去，一部分声能向材料内部传播并被吸收，另一部分声能透过材料继续传播。入射的声能被反射得越少，材料的吸声能力越好。

吸声设施设计要综合考虑：
（1）根据噪声频谱特性选择合适吸声系数的吸声材料；
（2）设计合适吸声结构形式，并使其厚度适当；
（3）增设空腔结构，增大吸声面积。

#### 13.4.1.1  使用吸声材料

使用吸声材料是进行吸声降噪最常用的措施。工程上应用最多效果最好的材料多为多孔性材料，主要有矿渣棉、玻璃棉、泡沫塑料、毛毡等。多孔性材料用于吸声降噪，是由于声波透射入多孔材料后，进入多孔材料的部分引起吸声材料内部的空气振动，使一部分声能转化为热能，同时声波在多孔性吸声材料内部经过进一步衰减，剩下的只是小部分能量，大部分能量则被多孔性材料吸收损耗掉了。

吸声材料的吸声性能主要与多孔性材料的厚度、密度或孔隙率，材料的流阻、温度、湿度相关。

#### 13.4.1.2　采用吸声结构

为了克服多孔性材料对高频吸声性能好，对低频吸声性能差的不足，通常使用吸声结构达到吸声降噪的目的。常用的吸声结构有空气层吸声结构，薄膜、薄板共振吸声结构，穿孔吸声结构及微穿孔吸声结构等。

空气层吸声结构是指多孔吸声材料后面留有一定厚度的空气层，使多孔材料离其后面的刚性安装壁有一定的距离，形成空气层，从而使材料的吸声系数有所提高，特别是在不增加材料厚度的条件下，提高低频的吸声性能。薄板（膜）共振吸声结构、穿孔吸声结构和微穿孔吸声结构的共同点为将一块板的四周固定在框架上，再将该结构固定在天花板或墙壁上，由板与板后的空气层形成一个振动系统。当声波反射到板上时，便引起板及孔中空气柱的振动，从而消耗大量声能达到降噪目的。这三种结构的不同点在于板的材料及是否穿孔。前两者适用于吸收中、低频声，后者还可以吸收高频声，性能更优良。

### 13.4.2　隔声降噪措施

在实际生产中，噪声传播的路径是很复杂的，如一个房间的噪声源向另一个房间传播，其传播路径是，部分噪声通过孔洞、隔墙传播，另一部分噪声通过激发房间围护结构产生振动等方式传入邻近房间，所有这些噪声都是经过空气传播，噪声源的振动沿房间结构传播开来，形成固体声，因此，隔声问题分为两类：一类是空气声的隔绝；另一类是固体声的隔绝。一般情况下，我们所说的隔声，是指针对空气声，采用密实、重的材料制成构件加以阻挡或将噪声封闭在一个空间使其与周围空气隔绝，这种控制方式称为隔声措施。

#### 13.4.2.1　隔声原理

声波传播过程中遇到一定的屏障时，其中部分声能被屏障物反射回去，部分声能被屏障物吸收，只有部分声能可以透过屏障辐射到另一个空间去。由于反射和吸收的结果，导致透射声能只是入射声能一部分，从而降低了噪声的传播。隔声降噪即利用屏障物的存在引起声能降低达到降低噪声的目的。该屏障物称为隔声结构或隔声构件。隔声原理示意如图 13-2 所示。

隔声构件的隔声性能与隔声构件的材料、结构和声波的频率有关。

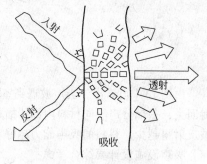

图 13-2　隔声原理示意图

#### 13.4.2.2　隔声构件

隔声构件有单层均质墙、多层均质墙和复合结构墙。

单层均质密实的隔声构件受声波作用后，其隔声性能一般由构件（砖墙、混凝土墙、金属板、木板）的面密度、板的劲度、材料的内阻尼、声波的频率决定。在入射声波的不同频率范围，可能某一因素起主导作用。

要想提高单层隔声量，就必须增加构件的面密度或增加构件的厚度，这样构件可能显得笨重，也不经济。在工程实验中，人们发现，如果把单层结构分成两层或多层，并在各层之间留有一定厚度的空气层，或在空气层中填充一些吸声材料，隔声效果就比单层实心结构要好。

双层结构之所以比重量相等的单层结构隔声量要高，主要原因是由于双层之间空气层（吸声材料），对受声波激发振动的结构有缓冲作用或附加吸声作用，使声能得到很大的衰减后再传到第二层结构的表面上，所以，总的隔声量就提高了。

在双层墙间填充吸声材料，可使隔声量提高 5 ~ 8dB。在单层均质结构的基础上复合某种吸声材料和阻尼材料，利用它们引起的衰减减轻均质结构的振动和辐射，可进一步提高隔声的性能，这种结构称为轻质复合结构。

### 13.4.2.3 隔声结构

**A 隔声间**

隔声间是由不同构件组成的具有良好隔声性能的房间。隔声间的结构根据实际情况形状多异，有封闭和半封闭式两种。隔声间的四壁及房顶应用砖、混凝土、木板、塑料板或金属制成，并在内壁黏附吸声材料层。其门、窗应根据需要设计成层数不定的多层复合结构，其围墙可以做成带有空气层的双层结构。隔声间一般设置在强噪声车间的控制室、观察室、声源集中的风机房、高压水泵房等，可以给工作人员提供一个比较安静的环境。封闭式隔声间的隔声为 20 ~ 50dB，局部敞开式隔声间的隔声量一般不超过 10 ~ 15 dB。

**B 隔声罩**

隔声罩是将噪声源封闭在一个相对小的空间内以减少向周围辐射的罩状壳体，一般采用钢板壳体，内涂沥青、橡胶等黏性阻尼材料并覆以吸声材料。隔声罩的隔声量一般可达 20 ~ 50dB，其大小取决于罩壁材料本身的隔声量及内壁的吸声系统。隔声罩可以根据需要留有观察窗、活动门及散热消声通道等，可做成固定型和活动型两种。

**C 隔声屏障**

隔声屏障是设在声源与接收点之间的屏障板，一般用于车间或办公室内、道路两侧。隔声屏障的隔声原理是将高频率的声波反射回去，使屏障后形成"声影区"，在声影区内噪声明显降低，对低频率声隔声效果差。隔声屏障使用得当，可降低机器附近区域噪声 10dB 左右。

值得注意的是：隔声材料与吸声材料是两个完全不同的概念。吸声是依靠组成材料的多孔性、柔软性，使入射的声波在材料的细孔中将机械能转化为热能而将声能消耗掉。它要求吸声材料的表面上反射的声能越少越好。而隔声则是靠材料的密实性、坚实性，使声波在隔声结构上反射，它要求透过隔声结构的声能越少越好。因此在工程实际应用中，决不能把吸声材料与隔声材料混淆用错，否则既不合理，也不经济，更重要的是达不到预计的噪声控制效果。

### 13.4.3 消声器的工作原理

消声器是一种阻止声波传播而允许气流通过使噪声衰减的装置，安装在气流通过的管道中或进、排气口上，可有效降低空气动力噪声。

消声器的种类很多，按消声原理大致分为阻性消声器、抗性消声器、阻抗复合性消声器、微穿孔板消声器、喷注耗散型消声器等。表 13-7 介绍了常用消声器的消声原理及特点。

**表 13-7　常用消声器消声原理及应用特点**

| 消声器类型 | 消声原理 | 应用特点 | 结构形式 |
|---|---|---|---|
| 阻性消声器 | 在空气通过的途径上固定多孔性材料，材料相当于电学中的电阻；利用多孔性材料对声波的摩擦和阻尼作用将声能转化成热能，达到消声的目的 | 适用于消除中、高频率噪声，在高温、高速、含蒸汽、含尘、含油雾、有腐蚀性气体中使用寿命短；消声频带范围较宽，常用于控制风机内进排气噪声 | 将吸声材料固定在气流通过的管道内壁或按一定的方式在管道中排列起来便构成阻性消声器；结构形式有单通道直管式、片式、折板式、弯头式和迷宫式 |
| 抗性消声器 | 通过改变声波在传播过程中的声阻抗特性，利用声波的反射和干涉效应等阻碍声波能量向外传播 | 适用于消除低、中频率窄带噪声，常用于内燃机排气噪声 | 在管道上接截面突变的管段或旁接共振腔构件或抗性消声器；其结构形式有扩张室和共振腔两大类 |
| 阻抗复合消声器 | 兼利用阻性和抗性消声器的消声原理 | 适用于高、中、低频宽频带噪声，消声效果好，达 20dB 以上，常用于各种风机和空压机上 | 利用既有抗性又有抗性的元件构成，如微穿孔板消声器 |
| 喷注耗散型消声器 | 利用小孔、节流元件或引射掺入冷空气等装置，将压力气体放散噪声（即喷注噪声）从声源降低来达到消声的目的 | 适用于各种排气、放气的高强噪声源，如火电厂的锅炉排气、炼铁厂的高炉放气以及各种风动工具的排放等，消声量可达到 30 ~ 40dB | 结构形式主要有小孔消声器、多孔消声器、节流降压消声器等 |

### 13.4.4　隔振与阻尼减振

振动是噪声的主要来源，声源激发固体构件振动并以弹性波的形式进行传播，且在传播过程中向外辐射出噪声。这种由声源引起固体振动产生的、通过固体传播的噪声称固体噪声，其危害程度要远大于在空气中传播的噪声。控制固体噪声的方法有隔振与减振技术、吸振技术、消振和修改结构等。对于由基础向外传递振动的固体噪声可采取隔振方法加以控制，而对于机组表面向外辐射的噪声可以利用阻尼减振的办法加以控制。

#### 13.4.4.1　振动的危害

**A　振动对机械设备的危害**

在工业生产中，机械设备运转发生的振动大多是有害的。振动使机械设备本身疲劳和磨损，从而缩短机械设备的使用寿命，甚至使机械设备中的构件发生刚度和强度破坏，而且振动辐射强烈的噪声会严重污染环境。

**B　振动对人体健康的影响**

人体各器官都有其固有的频率，如人全身约为 6Hz，腹腔约为 8Hz，胸腔约为 2 ~ 12Hz，头部为 17 ~ 25Hz。当身体各部分固有频率与外界传来的振动频率一致和接近时，就会引起器官的共振，此时，器官受到影响和危害最大。一般情况的低频振动（30Hz 以下），常引起头晕，手肘、肩关节发生异变；中频（30 ~ 100Hz）和高频（100Hz 以上）振动，常引起骨关节异变和血管痉挛。由此可看出，振动频率对人体的影响和危害起主导作用；此外，振动的幅度和加速度、振动作用于人体的时间以及振动环境中人的体位和姿势等都起作用。长期在强烈振动环境中工作的人员，会患振动职业病。其症状一般是手麻、手无力、关节痛、白指、白手，并有头晕、头痛、耳鸣、周身不适等，重症者手指变形、下肢冠状翅膀和脑血管扩张，引起阵发性脑晕、半晕厥状态以及丧失劳动能力及生产处理能力。除此之外，振动还能造成听力损害。当振动频率在 125~250Hz 时，长时间的振动能导致语言听力下降。

　　C　振动的评价

　　评价振动对人体的影响是比较复杂的，人体对振动的感觉比对噪声的感觉复杂很多，人对噪声的感觉一般是通过耳朵来感受的，而振动则由全身各部分感觉。对同样一种振动，人的体位不同（如站、坐、卧），则感觉不一样。同时，由于不同器官接受振动（如手、脚等），感觉也不同。工业振动对听觉造成的损伤与噪声造成的听力损伤不同，噪声性损伤以高频3000~4000Hz 段为主，振动性听力损伤是以低频 125~250Hz 为主。在工业实际中，振动与噪声常常是同时作用于人体的。

　　根据振动强弱对人体的影响，大致有以下 3 种情况。

　　(1) 振动的"感觉阈"。人体刚能感觉到的振动信息，就是通常所说的"感觉阈"，大多数人对这种振动是可以容忍的。

　　(2) 振动的"不舒适阈"。振动的强度增大到一定程度，人就会感觉到不舒服，做出讨厌的反应，这就是不舒适阈。"不舒适"是一种心理反应，是大脑对振动信号的一种判断，并没有产生生理的影响。

　　(3) 振动的"疲劳阈"。振动的强度进一步加强，达到某种程度时，人们对振动的感觉就由"不舒服"进入到"疲劳阈"。

　　烧结工序中，产生振动的主要设备有振动筛、抽风机、烧结机台车、四辊破碎机等。

### 13.4.4.2　隔振原理

　　在工程实际中，振动现象是不可避免的。所谓隔振，就是将振动源与地基或需要防振的物体之间用弹性元件和阻尼件进行连接，以隔绝或减弱振动能量的传递，达到降噪的目的。

　　A　隔振方法

　　隔振分主动隔振和被动隔振两种：主动隔振是将振源与支承振源的基础隔离开来，如将电动机与地基之间用橡胶块隔开，以减少电动机传给地基上的振动；被动隔振是将防振的物体单独与振源隔开，如在精密仪器的底下垫上橡胶垫或泡沫塑料。

　　B　隔振材料与设施

　　机械设备和基础之间应选择合理的隔振材料或隔振装置，防止振动的能量以噪声的形式向外传递。作为隔振材料和隔振装置必须具备支承机械设备动力负载和良好的弹性恢复这两方面的性能。工程上常采用的隔振材料和装置主要有钢弹簧、橡胶、软木、玻璃纤维板、毛毡类等，此外空气弹簧、液体弹簧也开始应用。目前，使用最为广泛的是金属弹簧和剪切橡胶。但空气弹簧的隔振效率最高，发展前景乐观。

### 13.4.4.3　阻尼减振与阻尼材料

　　在工程中，常见一些动力机械的外罩、管道等，它们大多是金属薄板制成的，这些薄板受到激振后，能辐射出强烈的噪声。这类由金属薄板结构振动引起的噪声称为结构噪声。同时，这些薄板又将机械设备的噪声或气流噪声辐射出来，所以不宜采用隔声罩，因为隔声罩的壁壳受激振后也会辐射噪声，有时不仅起不到隔振的作用，反而因为增加了噪声的辐射面积而使噪声变得更加强烈。

　　控制结构噪声一般有两种方法：一是在尽量减少噪声辐射面，去掉不必要的金属板面的基础上，利用材料阻尼，即在金属结构上涂喷一层阻尼材料，抑制结构振动减少噪声，这种措施称为阻尼减振。第二种则是非材料阻尼，如固体摩擦阻尼器、液体摩擦器、电磁阻尼器及吸振器等。

**A　阻尼减振原理**

阻尼减振降噪的原理：一是增加材料自身的阻尼内耗机械振动的能量，使其转化为分子无规则运动的热能，以减少噪声的辐射；二是当仅靠材料自身的内耗、阻尼效果不够理想时，采用外加阻尼层的办法来减少噪声的辐射。

**B　阻尼材料**

应根据不同的用途，使用不同性能的阻尼材料，常用的有：防振隔热阻尼浆（用于高温潮湿环境）、软木防振隔热阻尼浆（用于 80～150℃ 的环境）、沥青阻尼浆（使用范围广）、丁腈胶与丁基胶阻尼材料（适用于精密仪器及设备）。

需要说明的是，阻尼减振与隔振在性质上是不同，减振是在振动源上采取措施，直接减弱振动源；而隔振措施并不一定要求减弱振动源本身，而只是把振动加以隔离，使振动不易传递到需要控制的部位。减振和隔振可以同时应用，也可以单独应用。

# 13.5　烧结工序噪声治理技术

随着钢铁工业的发展，在噪声防治方面，多种防噪措施都被各个生产环节采用，使得噪声污染得到了一定程度上的控制。但是钢铁生产的特点决定了噪声是不可避免的。烧结生产中由于其机械设备体积大、功率高、作业面大，导致其产生的噪声辐射面大、噪声大、噪声的频带宽、波动范围大，声源处还常伴有高温烟气。因此，烧结工序噪声控制工程量大，治理难度也高。

## 13.5.1　烧结工序噪声控制措施

在烧结生产中，各工序产生的噪声性质不太一致，治理手段各不相同，表 13-8 从噪声源角度出发，介绍烧结各工序噪声类型、特征及应采取的噪声控制措施。

**表 13-8　烧结工序各设备噪声的类型、特征及其控制措施**

| 噪声源 | 噪声类型及特征 | 采取的降噪措施 |
|---|---|---|
| 风机 | 1. 风机噪声主要是气体流动过程中所产生的噪声，它是由于气体非稳定流动，即气体的扰动，气体与气体及气体与物体相互作用产生的噪声。它所产生的是旋转噪声和涡流噪声。<br>2. 其次还有机械噪声和电磁噪声等。<br>3. 风机噪声一般在 110dB（A）左右 | 风机噪声的治理主要是在传播途径上进行控制：采用安装消声器，装隔声罩，吸声、减振等。<br>1. 控制风机的空气动力性噪声最有效的措施是在风机的进出气口安装消声器。风机安装消声器有两种情况：当向需要控制强噪声的区域送风时，可仅在风机出口管道上安装消声器；对送风区域无噪声要求、抽风区域有要求时，可仅在风机进口管道上安装消声器；如果都有要求，则应在进出口管道上都要安装消声器。<br>2. 风机噪声不但沿管道气流传播，而且能透过机壳和管道向外辐射噪声，因此当环境噪声标准要求较高时，需安装密闭式机组隔声罩，并加装通风散热装置。<br>3. 综合治理措施：结合现场情况，选用高效低噪声风机，如风机运行功率为接近工况条件及最高效率工况点；在通风系统设计时，应尽量减小管路长度，适当降低管道风速，不留太多的风机压力余量，选用低转速风机，少设弯头和阀门等；风机进出口与管道连接处，应安装柔性接管，风机基础采用弹性基础隔振等；还可将整个风机房封闭在隔声间内，使其噪声传不出去，同时也可考虑采用阻尼材料，包裹机壳及管道 |

| 噪声源 | 噪声类型及特征 | 采取的降噪措施 |
| --- | --- | --- |
| 空压机 | 1. 空压机主要是进、排气口辐射的空气动力性噪声。空压机进气口及排气口噪声均是由于气流在进、排气管内的压力脉动形成的。排气噪声较进气噪声弱，所以空压机的空气动力性噪声一般是以进气噪声为主。<br>2. 机械运动部件产生的机械性噪声（如构件的撞击、摩擦、活塞的振动、门阀的冲击等）和驱动电动机噪声等。<br>3. 空压机噪声一般在 90 ~ 110 dB（A）。且为低频噪声，它严重危害周围环境 | 1. 进气口安装消声器是解决进气口噪声最有效的手段，一般可将进气口引到车间外部，再加装消声器。主要是采用文氏管消声器，这种消声器对低频噪声的消声效果好。<br>2. 空压机装隔声罩：在噪声环境要求较高的场合，对于空气动力性噪声，仅在进气口安装消声器是不能满足降噪要求的，还必须对机壳机械构件辐射的噪声采取加装隔声罩的措施，对隔声罩的设计要保证其密闭性，同时为了检修方便，隔声罩可设计成可拆式、留检修门及观察窗，同时安装通风散热装置。<br>3. 储气罐的噪声控制：空压机不断地将压缩气体输送到储气罐内，罐内压缩空气在气流脉动的作用下，产生强烈振动噪声，治理这种噪声，除采用隔声方法外，还可在储气罐内悬挂吸声体，利用吸声体的吸声作用，阻碍振动，达到吸声降噪的目的。<br>4. 综合控制方案：在有空压机站的情况下，有多台空压机同时工作，一般不采用单台设备进气口加装消声器的方法，而是在空压机站内采用吸声、隔声、建隔声间等降噪措施。隔声间主要是指在空压机站内建造相对安静的小房子，以供操作和休息用 |
| 电动机 | 电动机是驱动各种机械的设备，如空压机、风机、烧结机、泵等，它们都配用电动机作为驱动。其噪声一般由三个部分组成。<br>1. 空气动力性噪声：为主要噪声源，它的产生机理与风机的空气动力性噪声相似，其强度与叶片的数量、尺寸、形状及转速有关。<br>2. 机械性噪声：包括电动机转子不平衡引起的低频声、轴承摩擦和装配误差引起的高频声、结构共振产生的噪声等。<br>3. 电磁噪声：是由于电动机空隙中磁场脉动、定子与转子之间交变电磁引力、磁致伸缩引起电动机结构振动而产生的倍频声 | 1. 合理设计电动机结构：在电动机设计时，对电磁设计、机械设计进行改进，同时，对风扇叶片的形状及尺寸、通风口的形状和大小、风道的形状进行合理的设计，这些方法可从噪声源上降低噪声，是非常有效可行的。<br>2. 在降低机械噪声时，主要是提高轴承的质量、装配水平，减小公差等。<br>3. 电动机在安装时，应放置稳固，其地脚螺栓无松动现象；电动机的防护罩及盖板安装适当，无松动、刮擦主机的现象，否则均会产生刺耳的噪声。<br>4. 加装消声器：在电动机靠近出入风口处加装消声器，是控制噪声最有效的方法。消声器的空气阻力要小，安装消声器后不影响电动机的冷却散热，使电动机的温升控制在允许范围内，消声器要体积小、重量轻，便于安装和拆卸等。消声器大体分为两种，一是冷却风机加装消声器；一是进出气处加装消声器。<br>5. 采用全封闭隔声罩、消声坑：对于大型电动机，在降噪要求很大的情况下，可采用全封闭隔声罩，即将整个电动机都罩下来，在隔声罩上开进、排气口，并安装进、排气口消声器，隔声罩外壳用钢板制成，内衬吸声材料。为满足电动机的散热要求，隔声罩内壁与电动机外缘净间距在 70 ~ 100mm，这样有利于气流流动，不易产生涡流噪声。<br>也可考虑地坑法消除噪声，即将电动机及设备放置在防水的混凝土坑中。<br>无论采取哪种方法，均要注意电动机的温升控制在允许的范围内 |
| 破碎机 | 噪声由撞击、摩擦产生，属高频噪声，噪声的大小，主要取决于所破碎物料的物理特性，如物料硬度不同，它的噪声则不同，破碎机空转时的噪声比工作时大约低 20dB（A）。<br>其工作时噪声一般为 95 ~ 105dB（A） | 1. 设置隔声室或远距离操作；<br>2. 在进出料口安装消声器，可降低噪声达 30dB（A）；<br>3. 在破碎机与机座之间安装弹性衬垫，或者在机架外壳、基座及进料漏斗的振动表面涂敷阻尼材料可一定程度地降低噪声 |
| 整粒筛分机 | 由箱体与流嘴侧壁振动产生的低中频噪声、金属筛振动产生的高频噪声 | 减少振动器转速，减少机器振动，在振动器外壳与筛分机机架之间装减振器等可明显降低噪声；在筛箱壁上加筋，采用橡胶筛，在筛上和流嘴内表面衬耐磨橡胶层降噪 |

### 13.5.2　烧结工序噪声控制工程实例

某钢铁公司烧结厂，距离厂区周围的民居较近，厂界噪声无法达到《工业企业厂界环境噪声排放标准》的三类标准，必须进行降噪治理。因此在近几年的时间内，分阶段对大部分产生噪声的设备进行了噪声综合治理。

#### 13.5.2.1　确定厂区内所有声源点

首先对厂区内各运行设备的噪声情况进行了监测，确定需要治理的所有声源点。

产生噪声的主要设备设施有：胶带运输机及胶带运输机转运站、四辊破碎机、熔剂筛、混合机，以及厂区内的主抽风机、烧结机、环冷风机、空压机、成品振动筛、除尘风机、余热蒸汽放散等，这些设备运行过程产生的噪声相互叠加，共同造成了厂界噪声值的超标准。

#### 13.5.2.2　测定声源点噪声声功率，确定降噪方案

测定各设备的声功率等级，再根据噪声源具体测量的数值进行数据分析。如测得熔剂破碎室噪声值高达 90dB（A），以此噪声源为例，根据厂区目前情况，经声学处理及传播衰减后，其声波到达厂界时，声压级必须低于 55dB（A）的厂界限值标准，比照噪声评价数曲线，分析噪声的具体超标频段，采取针对各频段区域具体的控制措施，如针对不同的频谱特征选配吸声材料，低频噪声突出的声源点加设阻尼结构等。然后还要根据声源点设备的特点，制定综合的降噪方案。

#### 13.5.2.3　采用隔声措施

**A　采用隔声罩**

对胶带运输机的传动设备（电动机、减速机）设置隔声罩。隔声罩体设有隔声门，方便设备巡检时观察其运行情况；考虑到夏季传动设备的降温问题，在隔声罩上设置了小型风机（带消声器）以抽风降温；考虑到检修的方便，隔声罩四周用螺栓固定，方便检修时拆卸，检修后恢复。

采用均质单层板的隔声罩体结构如图 13-3 所示。

经过测算，这种隔声罩主体的理论隔声量可以达到 35dB 以上，满足降噪效果要求。

**B　采用隔声墙体**

对破碎间、筛分室、抽风机室等使用隔声罩后，若仍无法达到降噪要求的，还需对其厂房的墙体及顶棚进行隔声处理，进行隔声降噪，图 13-4 为隔声墙体、顶棚结构图。

经测算，隔声墙体的隔声量可达 40dB（A）。因为考虑承重的问题，吊顶相对墙面厚度有所减少，但吊顶的构件理论隔声量也达到 25dB（A）以上，可以满足设计方案的降噪要求。

**C　设置隔声窗**

对于采光有要求的厂房，可采用隔声窗降噪。隔声窗用折弯槽钢作为采光窗的周边框架，并在槽钢内侧填充吸声材料作为双层玻璃之间的吸声结构。采用 $\delta = 5mm$ 厚玻璃作为玻璃窗外层，内层采用 $\delta = 6mm$ 厚的玻璃，双层玻璃中间形成一个 90mm 厚的隔声结构。这种双层采光玻璃隔声窗构件的理论隔声量大于 35dB（A），可满足设计方案的降噪要求。隔声窗结构如图 13-5 所示。

**D　采用隔声门结构**

需要开门的建构筑物应对门进行隔声处理，常见隔声门分为单开门、双开门、子门，其大

小规格不一。内部结构基本一致，如图 13-6 所示。

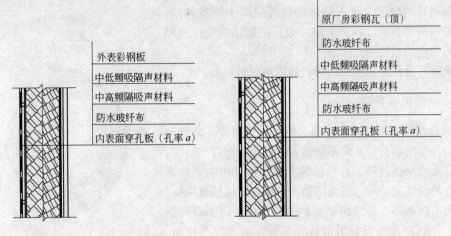

图 13-3　隔声罩结构图　　　　　　　图 13-4　隔声墙体、顶棚结构图

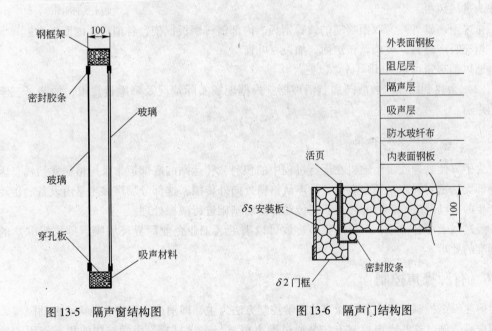

图 13-5　隔声窗结构图　　　　　　　图 13-6　隔声门结构图

E　采用管道阻尼隔声包扎

对抽风机、除尘风机的管道等声源点，采用阻尼板层覆于管道壁外（阻尼材料根据分析出的噪声振动频谱配制）方式降噪。阻尼材料上加盖对中高频段吸声性能较强的离心玻璃棉。由于该管道存在低频噪声，普通管道包扎方式对低频噪声的控制非常有限，所以还需要增设阻尼材料进行隔声包扎，最后用镀锌板作为管道包覆的外壳护面板，这种方式隔声量可达到30dB 以上。如图 13-7 所示。

**13.5.2.4　采用隔声屏障**

针对无法密闭的建构筑物，如胶带运输机通廊沿线、转运站、振动筛等建构筑物的皮带进

出口、混合机等，无法采用隔声罩及隔声墙体等密闭手段，
可采用隔声屏障设施，阻断噪声向外传播。

　　根据现场的情况，隔声屏障的设置应高于厂界外墙，
另立钢架结构和基础。隔声屏障一般采用钢结构立柱和隔
声材料相结合的结构形式。

　　隔声材料通常使用钢板内衬岩棉或玻璃钢材质。

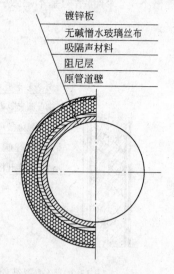

　　　　镀锌板
　　　　无碱憎水玻璃丝布
　　　　吸隔声材料
　　　　阻尼层
　　　　原管道壁

图 13-7　管道阻尼隔声
包扎结构图

### 13.5.2.5　采用消声器

　　（1）建构筑物密封后，应当采用进排风装置，降低设
备运行时产生的温升，从而不影响设备的正常运行。

　　设计中采用强进风、自然排风方案：排风用的消声器
接口装百叶窗或防护网，进风的消声器接口对接轴流风机。

　　进风消声器外壳为双面喷塑的镀锌钢板，内部镀锌钢
板框架、各消声片内面板为镀锌穿孔板，填充吸声材料，
玻璃丝布护面。各处进风口上需配备进风消声器，轴流风
机作为进风风机。

　　排风消声器外壳为双面喷塑的镀锌钢板，内部镀锌钢板框架、各消声片内面板为镀锌穿孔
板，填充吸声材料，玻璃丝布护面，加设百叶窗。

　　通风消声量可达 30dB（A）以上。

　　（2）余热利用蒸汽放散阀加装消声器：根据现场实际情况及降噪量要求，加装了三至四
节消声器。

### 13.5.2.6　采用减振的措施

　　为了方便处理胶带运输机在运行过程中的积料，转运站的底部通常采用格栅式结构，因此
在底部无法密封隔声，还会有部分噪声从格栅处向外传播，这部分噪声多半是由设备的传动部
分产生的振动造成的，因此还需要对传动部分的基础进行减振处理。

　　经过以上综合治理，厂界的噪声排放可以满足《工业企业厂界环境噪声排放标准》的三
类标准的要求。

## 13.6　有源噪声控制

　　前述噪声控制技术主要以噪声的声学控制方法为主，即消声、隔声、吸声、振动隔离、阻
尼减振等措施。这些噪声控制方法是通过噪声声波与声学材料、声学结构的相互作用消耗声
能，以期达到降低噪声的目的，称为被动式控制方法，也称为无源噪声控制方法。这些传统的
噪声控制方法对低频噪声控制效果不佳，目前出现了一种噪声控制新技术，称为有源噪声
控制。

### 13.6.1　理论基础

　　声波具有干涉性的特点，当几个声源发出的声波在同一种介质中传播时，它们可能在空间
某点上相遇，相遇后形成的声波有些得到相互加强，有些会相互减弱，这就是有源噪声控制的
理论基础。

　　早在 1933 年和 1936 年，德国物理学家分别向德国和美国的专利当局提出专利申请，名称

为"消除声音振荡的过程"。在这项专利中，利用人们熟知的声学现象，揭示了两列频率相同、相位差固定的声波，叠加后会产生相加性或相消性干涉，致使声能增强或减弱，从而可以利用声波的相消性干涉来消除噪声，这项专利是有源噪声控制的开始。在该项技术中，使用扬声器向要控制的声源点发出声音，其声波频率与声源点声波的频率相叠加，从而使这个频率在扬声器下游获得抵消。

要获得好的抵消效果，必须满足两个要求：一是精确确定从噪声源点位置传播至干涉声源（扬声器）位置所需的时间；二是扬声器要具备良好的幅频和相频特性，而在当时的电子技术水平的局限下，这一设想很难成为现实。

### 13.6.2  有源噪声控制的发展

随着科学技术的不断发展，20 世纪 80 年代开始，有源噪声控制系统中的控制电路，逐步由模拟电路发展到了通过一种控制器使其特性可随时间变化的自适应有源控制系统。

模拟控制电源的缺点是：待抵消的噪声（称为初级噪声）特性几乎总是时变的；控制系统（控制器、初级传感器和误差传感器）传递函数、消声空间中的一些非可控参数，如介质物理参数等，经常随时间发生变化，基于上述要求，控制器传递函数应具有时变特性，而模拟电路难以满足。对于复杂的初级声源，以及谋求扩大消声空间时，均要求采用多通道系统，即系统中包含多个次级声源和误差传感器，这种控制器的传递函数十分复杂，用模拟电路难以实现。

自适应有源噪声控制的主要研究内容包括：控制方式，前馈控制和反馈控制的选择；次级声反馈的影响及其解决方法；次级通路，主要是指次级源到误差传感器之间的声传递通路，传递函数对系统性能的影响；次级通路传递函数的自适应建模；单通道自适应有源控制算法瞬态和稳态性能分析；多通道自适应算法性能及快速实现；不同目标函数下自适应算法的改进；自适应滤波的硬件实现。上述研究内容完全是从信号与系统的观点来处理控制器的相关问题。

近年来，人们尝试用经典或现代控制的方法研究有源控制问题，所构造的控制器能够适应广泛的环境。

### 13.6.3  有源噪声控制方式

#### 13.6.3.1  有源声控制

有源噪声控制中的次级声源一般为扬声器。这种有源控制的方式又称为有源声控制，也称为"以声消声"。有源声控制的应用场合一般包括：管道声场，自由声场，如旷野中的变压器噪声、电站噪声、交通噪声、抽风机等机械设备向空中辐射的噪声，等等；封闭空间声场，如飞机、船舶舱室、办公室、工作间的噪声声场等。

#### 13.6.3.2  有源力控制

大部分噪声是由于结构振动辐射引起的，一般情况下，要取得满意的降噪效果，次级声源的数目要与结构振动的类型相匹配，如果结构振动复杂，用点声源控制辐射就异常复杂，治理结果就不能令人满意。科学家开展了用次级力源控制结构声辐射的研究，这种方法称为结构声有源控制，或称为有源力控制。

无论是有源声控制还是有源力控制，整个有源噪声控制都包含了次级源（次级声源或次级力源）、误差传感器和控制器这三个基本要素。一般而言，为了扩大消声空间、提高控制效果，这种系统总是多通道的，也就是系统中包含多个次级源和误差传感器。一个有源噪声控制系统包括两部分：控制器和电声部分。

目前，国内外众多研究者数十年来努力的目标就在于发展一种成熟的、可广泛应用噪声控制工程的新技术，而有源噪声控制的应用是这项研究历经多年不衰、蓬勃发展的源泉所在，国外也有些工程应用的实例。

当然，有源噪声控制不是无所不能的，它只是在一些特殊的场合，针对特殊的初级噪声才能有效果。目前来看，它只能作为传统噪声控制技术的低频补充，实际应用时，通常需要与传统噪声控制相结合，取长补短。

## 复习思考题

13-1　举例说明声音是如何产生的？声音在传播过程中有哪些特点？

13-2　声波在传播过程中为什么会衰减？

13-3　噪声的来源主要分为哪几类，工业噪声是如何产生的，烧结工序的噪声主要来自哪些设备的运行？

13-4　噪声对人体的危害主要表现在哪几个方面，振动有哪些危害？

13-5　人们常用什么指标来判断噪声的高低，噪声的排放标准有哪几类，各自的国家标准是什么？

13-6　简述噪声控制的一般原则及控制方法。

13-7　在噪声治理措施中，简述吸声、隔声、消声、隔振与阻尼减振各自的工艺原理。

13-8　简述烧结工序中各设备噪声的特点及控制措施。

# 14　环境监测技术

　　"监测"一词的含义可理解为监视、测定、监控等，因此环境监测就是通过对影响环境质量因素的代表值的测定，确定环境质量（或污染程度）及其变化趋势。随着工业和科学的发展，监测含义的内容也扩展了，由工业污染源的监测逐步发展到对大环境的监测，监测对象不仅是影响环境质量的污染因子，还延伸到对生物、生态变化的监测。

## 14.1　环境监测概论

　　环境监测的过程一般为：现场调查→监测计划设计→优化布点→样品采集→运送保存→分析测试→数据处理→综合评价等。从信息捕集角度看，环境监测是环境信息的捕获→传递→解析→综合的过程。只有在对监测信息进行解析、综合的基础上，才能全面、客观、准确地揭示监测数据的内涵，对环境质量及其变化做出正确的评价。

　　环境监测的对象包括：反映环境质量变化的各种自然因素；对人类活动与环境有影响的各种人为因素；对环境造成污染危害的各种成分。

　　对于烧结环境监测，主要是监测其污染源污染物的排放情况。

### 14.1.1　环境监测

　　环境监测的目的是准确及时、全面地反映环境质量现状及发展趋势，为环境管理、污染源控制、环境规划等提供科学依据。环境监测可按其监测目的或监测介质对象进行分类。

#### 14.1.1.1　环境监测目的

　　环境监测的目的具体可归纳为以下几点：

　　（1）根据环境质量标准，评价环境质量；

　　（2）根据污染特点、分布情况和环境条件，追踪寻找污染源，提供污染变化趋势，为实现监督管理、控制污染提供依据；

　　（3）收集本底数据，积累长期监测资料，为研究环境容量、实施总量控制、目标管理、预测预报环境质量提供数据；

　　（4）为保护人类健康、保护环境，合理使用自然资源、制定环境法规、标准、规划等服务。

#### 14.1.1.2　环境监测分类

　　A　按监测目的分类

　　a　监视性监测（又称为例行监测或常规监测）

　　监视性监测是对指定的有关项目进行定期的、长时间的监测，以确定环境质量及污染源状况，评价控制措施的效果，衡量环境标准实施情况和环境保护工作的进展。这是监测工作中量最大、面最广的工作。

　　监视性监测包括对污染源的监督监测（污染物浓度、排放总量、污染趋势等）和环境质量监测（所在地区的空气、水质、噪声、固体废物等监督监测）。烧结环境监测，主要是对污染源的监督监测。

　　b　特定目的监测（又称为特例监测）

　　根据特定的目的监测可分为以下 4 种：

　　（1）污染事故监测。在发生污染事故，特别是突发性环境污染事故时进行的应急监测，往往需要在最短的时间内确定污染物的种类；对环境和人类的危害；污染因子扩散方向、速度和危及范围；控制的方式、方法；为控制和消除污染提供依据，供管理者决策。这类监测常采用流动监测（车、船等）、简易监测、低空航测和遥感等手段。

　　（2）仲裁监测。主要针对污染事故纠纷、环境法执行过程中产生的矛盾进行监测。仲裁监测应由国家指定的、具有质量认证资质的部门进行，以提供具有法律责任的数据（公证数据），供执法部门、司法部门仲裁。

　　（3）考核验证监测。包括对环境监测技术人员和环境保护工作人员的业务考核、上岗培训考核；环境检测方法验证和污染治理项目竣工时的验收监测等。

　　（4）咨询服务监测。为政府部门、科研机构、生产单位提供的服务性监测。例如，建设新企业应进行环境影响评价时，需要按评价要求进行监测；政府或单位开发某地区时，其环境质量是否符合开发要求应予测定。

　　c　研究性监测（又称科研监测）

　　研究性监测是针对特定目的科学研究而进行的高层次的监测。例如，环境本底的监测及研究；有毒有害物质对从业人员的影响研究；新污染因子的监测方法；痕量甚至超痕量污染物的分析方法研究；样品复杂、干扰严重样品的监测方法研究；为监测工作本身服务的科研工作的监测，如统一方法、标准分析方法的研究，标准物质的研制等。

　　B　按监测介质对象分类

　　按监测介质对象分类，监测可分为水质监测、空气监测、土壤监测、固体废物监测、生物监测、生态监测、噪声和振动监测、电磁辐射监测、放射性监测、热监测、光监测、卫生（病原体、病毒、寄生虫等）监测等。

　　此外，也可按专业部门进行分类，如气象监测、卫生监测和资源监测等。

## 14.1.2　环境监测的特点及技术

　　环境监测技术经过几十年的发展，日趋成熟。

### 14.1.2.1　环境监测的发展

　　（1）被动监测（污染监测阶段）。20 世纪 50 年代开始发展起来的对痕量环境污染物进行分析监测。

　　（2）主动监测（目的监测）。20 世纪 70 年代，使用化学、物理、生物手段对污染进行监测。

　　（3）自动监测（污染防治监测阶段）。应用自动连续监测系统。对企业主要固定污染源一般要求安装在线监测系统，如在烧结机头、机尾烟气排放口安装监测系统等。

### 14.1.2.2　环境监测的特点

　　环境监测就其对象、手段、时间和空间的多变性、污染组分的复杂性，可归纳为以下几方面。

A　环境监测的综合性

环境监测的综合性表现在以下几个方面：

（1）监测手段。包括物理、化学、生物、物理化学、生物化学等一切可以表征环境质量的方法。

（2）监测对象。包括空气、水体、土壤、固体废物、生物等，只有对这些客体进行综合分析，才能确切描述环境质量状况。

（3）监测数据的处理。对监测数据进行统计、综合分析时，需涉及该地区自然和社会各方面的情况，因此，必须综合考虑，正确阐述数据的内涵。

B　环境监测的连续性

由于环境污染具有的时间和时空性等特点，需要长期、连续监测才能反映污染变化规律，预测变化趋势。

C　环境监测的追踪性

环境监测是一个复杂而又有联系的系统，任何一步的差错都可能导致整个监测过程的失败。特别是区域性的大型监测，由于参与人员众多、实验室和仪器不同，必然会存在技术和管理水平的不同。为使监测数据具有可比性、代表性和完整性，需要建立环境监测的质量保证体系，以对监测量值追踪体系予以监督。

### 14.1.2.3　监测技术

监测技术包括采样技术、测试技术和数据处理技术，下面以污染物的测试技术为重点进行概述。

A　化学、物理技术

目前，对环境样品中污染物的成分、状态与结构的分析，多采用化学分析方法和仪器分析方法。如重量法常用作残渣、降尘、油类、硫酸盐等的测定，容量分析被广泛用于水中酸度、碱度、化学需氧量、溶解氧、硫化物、氰化物的测定。

仪器分析是以物理和物理化学方法为基础的分析方法。它包括光谱分析法（可见分光光度法、紫外分光光度法、红外光谱法、原子吸收光谱法、原子发射光谱法、X射线荧光分析法、荧光分析法、化学发光分析法等）；色谱分析法（气相色谱法、高效液相色谱法、薄层色谱法、离子色谱法、色谱—质谱联用技术）；电化学分析法（极谱法、溶出伏安法、电导分析法、电位分析法、离子选择电极法、库仑分析法）等。仪器分析方法被广泛用于对环境中污染物进行定性和定量的测定。如分光光度法常用于大部分金属、无机非金属的测定；气相色谱法常用于有机物的测定；对于污染物状态和结构的分析常采用紫外光谱、红外光谱、质谱及核磁共振等技术。

B　生物技术

这是利用植物和动物在污染环境中所产生的各种反映信息来判断环境质量的方法，是一种最直接、综合的方法。生物监测包括生物体内污染物含量的测定；观察生物在环境中受伤害症状；生物的生理生化反应；生物群落结构和种类变化等，以此来判断环境质量。例如，利用某些对特定污染物敏感的植物或动物（指示生物）在环境中受伤害的症状，可以对空气或水的污染做出定性和定量的判断。

## 14.2　大气污染物监测

烧结产生的主要污染物都为大气污染物，如粉尘、二氧化硫、氮氧化物以及二噁英、氟化物等，所以主要叙述大气污染物监测内容。

## 14.2.1　监测方法及程序

制定大气污染监测方案的程序，首先要根据监测目的进行调查研究，收集必要的基础资料，然后经过综合分析，确定监测项目，设计布点网络，选定采样频率、采样方法和监测技术，建立质量保证程序和措施，提出监测结果报告要求及进度计划等。

### 14.2.1.1　监测的目的

大气污染监测的目的：

(1) 判断空气质量是否符合空气质量标准；

(2) 判断污染源造成的污染影响，为确定控制和防治对策提供依据；

(3) 评价治理设施的效果；

(4) 收集和积累空气污染监测数据，结合流行性疾病的调查等，为空气质量标准的制定或修改提供资料；

(5) 为研究空气扩散模式和污染浓度的预测预报提供数据。

### 14.2.1.2　调研及收集资料

需要调研及收集的资料：

(1) 污染源分布及排放情况；

(2) 气象资料；

(3) 地形资料；

(4) 土地利用和功能分区情况；

(5) 人口分布及人群健康情况；

(6) 收集监测区域以往的大气监测资料。

### 14.2.1.3　确定监测项目

存在于大气中的污染物质多种多样，一般选择那些危害大、涉及范围广、测定方法成熟，并有标准可比的项目进行监测。

我国目前要求的大气常规监测项目主要有：$SO_2$、TSP、$NO_x$、$NO_2$、硫酸盐化速率、灰尘自然沉降量等，另外对大气降水还须监测 pH 值和电导率。

### 14.2.1.4　监测网点的布设

监测网点的布设方法有经验法、统计法和模式法等，在一般监测工作中，常用经验法。

A　布置采样点的原则

(1) 采样点的位置应包括整个监测地区的高、中和低浓度三种不同的地方；

(2) 在污染源比较集中，主导风向比较明显的情况下，污染源的下风方向为主要监测范围，应布设较多的采样点，上风方向布设较少的采样点作为对照；

(3) 工业比较集中的城区和工矿区，采样点的数目要多些，郊区和农村可少些；

(4) 人口密度大的地方采样点的数目要多些，人口密度小的地方可少些；

(5) 超标地区采样点的数目要多些，未超标地区可少些。

布点前先要对欲监测地区的工业布局、污染源的分布情况、气象条件、地形地貌以及人口密度等作必要的调查。

B　布置采样点的方法

(1) 扇形布点法：如图 14-1 所示。

(2) 放射式（同心圆）布点法：如图 14-2 所示。

(3) 网格布点法：如图 14-3 所示。

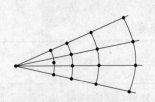 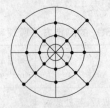 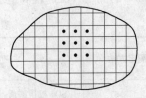

图 14-1　扇形布点法　　　　图 14-2　同心圆布点法　　　　图 14-3　网格布点法

(4) 按功能区划分的布点方法：多用于区域性常规监测。

C　采样点的数目

我国对大气环境污染例行监测采样点规定的设置数目应根据市区人口总数不同而设置。

### 14.2.1.5　采样时间及频率

A　采样时间

采样时间指每次采样从开始到结束所经历的时间。采样时间又分为短期采样、长期采样（烧结机头、机尾烟气排放一般装有连续自动采样监测设备）、间歇性采样。

B　采样频率

采样频率指在一个时段内的采样次数,主要取决于大气污染物的时间分布规律,而大气污染物的时间分布又与气象条件有关。取样时间包括小时平均、日平均、月平均、季平均、年平均等。

### 14.2.1.6　空气样品的采集方法

采集空气样品的方法可归纳为直接采样法和富集(浓缩)采样法。选择采样方法的根据:污染物在大气中的存在状态;污染物浓度的高低;污染物的物理、化学性质;分析方法的灵敏度。

### 14.2.1.7　采样记录

(1) 所采集样品被测污染物的名称及编号;

(2) 采样地点和采样时间;

(3) 采样流量、采样体积及采样时的温度和大气压力;

(4) 采样仪器、吸收液及采样时天气状况及周围情况;

(5) 采样者、审核者姓名。

## 14.2.2　主要污染物的监测

### 14.2.2.1　二氧化硫、氮氧化物的测定

A　二氧化硫

a　二氧化硫采样及样品保存

短时间采样：根据空气中二氧化硫浓度的高低，采用内装 10mL 吸收液的 U 形多孔板吸收

管，以 0.5L/min 的流量采样。采样时吸收液温度的最佳范围在 23~29℃。

24h 连续采样：用内装 50mL 吸收液的多孔板吸收瓶，以 0.2~0.3L/min 的流量连续采样 24h。

样品运输和储存过程中应避光保存。

b　测定方法

$SO_2$ 的测定方法原理和适用范围见表 14-1。

**表 14-1　$SO_2$ 的测定方法原理和适用范围**

| 测定方法 | 原　　理 | 测定范围 /mg·m⁻³ | 特　　点 |
|---|---|---|---|
| 盐酸副玫瑰苯胺分光光度法 | $SO_2$ 被甲醛缓冲溶液吸收后，与盐酸副玫瑰苯胺作用，生成紫红色化合物，根据颜色深浅，在 570nm 分光光度法测定 | 2.5~500 | 对 $SO_2$ 吸收效率高、稳定性好。此法不要求很低的试剂空白，可使未经提纯的 PRA 配溶液 |
| 过氧化氢—高氯酸钡—钍试剂法 | 废气中 $SO_2$ 经 $H_2O_2$ 溶液吸收，生成 $H_2SO_4$ 溶液，用 NaOH 调节 pH = 3.5，以钍试剂做指示剂，用高氯酸钡滴定，使溶液由橙黄色至微红色不变为止 | 30~5000 | 此法准确度和精密度较好，分析操作比较简单和快速。测量范围广，高氯酸钡和 $H_2SO_4$ 标准溶液稳定 |
| 碘量法 | 废气中 $SO_2$ 被氨基磺酸铵和硫酸铵混合液吸收，用碘标准溶液滴定 | 140~5700 | 此法较简单快速，准确度和精密度较差，对气样的吸收不稳定，吸收率不很高 |
| 定电位电解法 | 待测气体通过渗透膜进入电解槽，在高于 $SO_2$ 标准氧化电位的规定外加电压作用下，使电解液中扩散吸收的发生氧化作用，同时产生相应的极限扩散电流与 $SO_2$ 浓度成正比 | 5~2000 | 此法使用定电位电解检测仪，操作简单快速，如气样中 HF、$H_2S$ 浓度较高或含量太大时不宜采用此法 |

四氯汞盐 – 盐酸副玫瑰苯胺分光光度法（GB 8970—88）

甲醛吸收 – 副玫瑰苯胺分光光度法（GB/T 15262—94）

钍试剂法（国际标准化组织（ISO）推荐的标准方法）：大气中的 $SO_2$ 用过氧化氢溶液吸收并氧化为硫酸。硫酸根离子与过量的高氯酸钡反应，生成硫酸钡沉淀，剩余钡离子与钍试剂作用生成钍试剂—钡络合物（紫红色）。根据颜色深浅，间接进行定量测定。

定电位电解法（HJ/T 57—2000）

B　氮氧化物

测定方法：盐酸萘乙二胺比色法（GB 8969—88）；化学发光法；原电池库仑法。

### 14.2.2.2　颗粒污染物的测定

A　TSP 的测定

a　采样

大流量采样器（1.1~1.7m³/min）：由滤料采样夹、抽气风机、流量记录仪、计时器及控制系统、壳体等组成。

中流量采样器：（50~150L/min）：由采样夹、流量计、采样管及采样泵等组成。我国规定采样夹有效直径为 80mm 或 100mm。当用有效直径 80mm 滤膜采样时，采气流量控制在 7.2~9.6m³/h；用 100mm 滤膜采样时，流量控制在 11.3~15m³/h。

b 测定

GB/T 15432—1995 中测定总悬浮颗粒物的方法，适合于大流量或中流量总悬浮颗粒物的测定。

测定原理为用抽气动力抽取一定体积的空气通过滤膜，空气中的悬浮颗粒物被阻留在滤膜上，根据采样前后滤膜重量之差及采样体积，即可计算 TSP 的质量浓度。滤膜经处理后，可进行化学组分分析。

$$TSP = \frac{W}{Q_n \cdot t} \quad (mg/m^3) \tag{14-1}$$

式中　$W$——阻留在滤膜上的 TSP 重量，mg；

　　　$Q_n$——标准状态下的采样流量，$m^3/min$；

　　　$t$——采样时间，min。

注意事项：

（1）使用的每张玻璃纤维滤膜在使用前均需用 X 光片机进行光照检查，不得使用有针孔或任何缺陷的滤膜采样。

（2）应用孔板校准器或标准流量计对采样器流量进行校准。

（3）将采样状态下的流量转化成标准状态下的流量。

B　可吸入颗粒物的测定（PM10）

a　重量法

采样器应装有分离大于 10μm 颗粒物的装置（称为分尘器或切割器）。分尘器有旋风式、向心式、多层薄板式、撞击式等多种。采样后用重量法测定。

b　压电晶体差频法

测定过程：气样经大粒子切割器剔除大颗粒物，PM10 颗粒进入测量气室。测量气室是由高压放电针、石英谐振器电极构成的静电采样器，气样中的 PM10 因高压电晕放电作用带上负电荷，继之在带正电的石英谐振器电极表面放电并沉积，除尘后的气样流经参比室内的石英谐振器排出。因参比石英谐振器没有集尘作用，当没有气样进入仪器时，两谐振器固有振荡频率相同，其差值为 0，无信号送入电子处理系统，数显屏幕上显示 0。当有气样进入仪器时，则测量石英谐振器因集尘而质量增加，使其振荡频率降低，两振荡器频率之差经信号处理系统转换成 PM10 浓度并在数显屏幕上显示，如图 14-4 所示。测量石英谐振器集尘越多，振荡频率降低也越多，二者之间有线性关系。

C　自然降尘的测定

自然降尘简称降尘，系指大气中自然降落于地面上的颗粒物，其粒径多在 10μm 以上。自然降尘的能力虽主要取决于自身重量及粒度大小，但风力、降水、地形等自然因素也起着一定的作用，把自然降尘和非自然降尘区分开是很困难的。降尘是大气污染的参考性指标。

在降尘的测定中，除测定降尘量外，有时还需测定降尘中的可燃性物质、水溶性物质、非水溶性物质、灰分以及某些化学组分，如硫酸盐、硝酸盐、氯化物、焦油等。通过这些物质的测定，可以分析判断污染因子、污染范围和程度等。

a　采样（湿法）

在一定大小的圆筒形玻璃（或塑料、瓷、不锈钢）缸中加入一定量的水，放置在距地面 5～15m，附近无高大建筑物及局部污染源的地方（如空旷的屋顶上），采样口距基础面 1.5m 以上，以避免顶面扬尘的影响。夏季需加入少量硫酸铜溶液，以抑制微生物及藻类的生长；冰

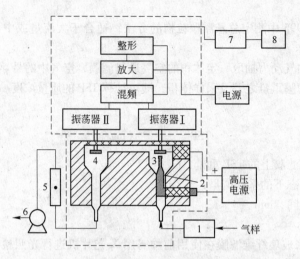

图 14-4　石英晶体 PM10 测定仪工作原理

1—大粒子切割器；2—放电针；3—测量石英谐振器；4—参比石英谐振器；5—流量计；
6—抽气泵；7—浓度计算器；8—显示器

冻季节需加入适量乙醇或乙二醇，以免结冰。采样时间为 30±2 天，多雨季节注意及时更换集尘缸，防止水满溢出。

　　b　灰尘自然沉降量的测定

　　采样结束后，剔除集尘器中的树叶、小虫等异物，其余部分定量转移，加热蒸发，烘至恒重，按重量法计算降尘量大小。

## 14.2.3　污染源监测

　　空气污染源包括固定污染源和流动源。固定污染源又分为有组织排放源和无组织排放源。固定污染源指烟道、烟囱及排气筒等。它们排放的废气中既包含固态的烟尘和粉尘，也包含气态和气溶胶态的多种有害物质。流动污染源指汽车、火车、飞机、轮船等交通运输工具排放的废气，含有一氧化碳、氮氧化物、碳氢化合物、烟尘等。

　　企业污染源监测一般只指固定污染源监测。

### 14.2.3.1　监测目的

　　监测目的：检查污染源排放废气中的有害物质是否符合排放标准的要求；评价净化装置的性能和运行情况及污染防治措施的效果；为大气质量管理与评价提供依据。

　　监测要求：生产设备处于正常运转状态下；对因生产过程引起排放情况变化的污染源，应根据其变化的特点和周期进行系统监测；用现行监测方法中推荐的标准状态（温度为 0℃，大气压力为 101.3kPa）下的干气体表示。

　　监测内容：废气排放量（m³/h）、污染物质的排放浓度（mg/m³）及排放速率（kg/h）。

### 14.2.3.2　采样点的布设

　　A　采样位置

　　采样位置应选在气流分布均匀的平直管段上，避开弯头、变径管、三通及阀门等容易产生涡流的阻力构件。一般优先考虑垂直管道。

按烟气流向，采样位置应设置在阻力构件下游方向大于 6 倍直径处，或上游方向大于 3 倍直径处。对矩形烟道，其当量直径 $D = 2AB/(A + B)$，式中 $A$、$B$ 为边长。管道中气流速度最好在 5m/s 以上。

B　采样点数目

因烟道内同一断面上各点的气流速度和烟尘浓度分布通常是不均匀的，因此，必须按照一定的原则进行多点采样。采样点的位置和数目主要根据烟道断面的形状、尺寸大小和流速分布情况确定。

a　圆形烟道

在选定的采样断面上设 2 个相互垂直的采样孔。按图 14-5 所示的方法将烟道断面分成一定数量的同心等面积圆环，沿着两个采样孔中心线设 4 个采样点。若采样断面上气流速度较均匀，可设一个采样孔，采样点数减半。当烟道直径小于 0.3m，且流速均匀时，可在烟道中心设一个采样点。不同直径圆形烟道的等面积环数、采样点数及采样点距烟道内壁的距离见表 14 - 2。

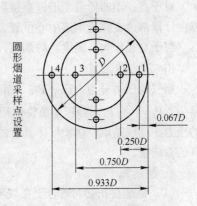

图 14-5　圆形烟道采样点设置

表 14 - 2　圆形烟道的圆环数和各测点距烟道内壁的距离

| 烟道直径 /m | 分环数 /个 | 采样点距烟道内壁的距离（以烟道直径为距离 1） | | | | | | | | | |
|---|---|---|---|---|---|---|---|---|---|---|---|
| | | 1 | 2 | 3 | 4 | 5 | 6 | 7 | 8 | 9 | 10 |
| <0.6 | 1 | 0.146 | 0.853 | | | | | | | | |
| 0.5 ~ 1 | 2 | 0.067 | 0.250 | 0.750 | 0.933 | | | | | | |
| 1 ~ 2 | 3 | 0.044 | 0.146 | 0.294 | 0.706 | 0.853 | 0.956 | | | | |
| 2 ~ 3 | 4 | 0.033 | 0.105 | 0.195 | 0.321 | 0.679 | 0.805 | 0.895 | 0.967 | | |
| 3 ~ 5 | 5 | 0.022 | 0.082 | 0.145 | 0.227 | 0.344 | 0.656 | 0.773 | 0.855 | 0.918 | 0.978 |

b　矩形烟道

将矩形烟道的断面划分成若干个等面积的小矩形，每个小矩形的中心即为测点的位置，如图 14-6 所示。小矩形块的数目即为测定点数，可根据烟道断面面积按表 14-3 决定。

表 14 - 3　矩形烟道的分块和测点数

| 烟道断面积/m² | 测点数 |
|---|---|
| <0.1 | 1 |
| 0.1 ~ 0.5 | 1 ~ 4 |
| 0.5 ~ 1.0 | 4 ~ 6 |
| 1.0 ~ 4.0 | 6 ~ 9 |
| 4.0 ~ 9.0 | 9 ~ 16 |
| >9.0 | ≤20 |

图 14-6　矩形烟道采样点布设

c　拱形烟道

上部半圆形，下部为矩形，可分别按圆形和矩形烟道布点方法确定测点位置及数目。

### 14.2.3.3 参数的测定

烟道排气的体积、烟气的基本参数，也是计算烟气流速、颗粒物及有害物质浓度的依据。

**A　温度的测定**

对于直径小的低温烟道，直接用水银温度计的球部插入烟道中心进行测定。测量时，应将温度计球部放在靠近烟道中心位置，读数时不要将温度计抽出烟道外。

对于直径较大、温度高的烟道，要用热电偶测温毫伏计进行测定。

**B　压力的测定**

烟气的压力分为全压（$P_t$）、静压（$P_s$）和动压（$P_v$）。在管道中任意一点上，三者的关系为：$P_t = P_s + P_v$。静压是单位体积气体所具有的势能，表现为气体在各个方向上作用于器壁的压力。动压是单位体积气体具有的动能，是使气体流动的压力。全压是气体在管道中流动具有的总能量。

**a　测压管**

（1）标准皮托管。适合于在较清洁的管道中使用或作为校正其他皮托管时使用。标准皮托管的结构见图14-7。皮托管是一个具有90°转弯的双层同心不锈钢管。测量端口与内管相通的为全压测孔，在管壁上靠近管口的一圈小孔为静压测孔，测量时管口面向气流，标准皮托管有较高的测量精度。

（2）S形皮托管。适合于含尘量较大的烟道中使用，结构见图14-8。这种皮托管由2根同样的不锈钢管组成，它的测量端有2个大小相等、方向相反的开口，测量烟气压力时，一个开口面向气流，接受气流的全压，另一个开口背向气流，接受气流的静压。由于气体绕流的影响，由背向气流开口测得的静压比实际值小，所以S形皮托管在使用之前要用标准皮托管进行校正。S形皮托管要根据烟道直径大小选用不同的规格。

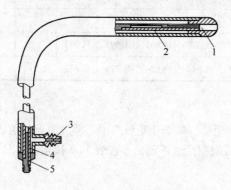

图14-7　标准皮托管

1—全压测孔；2—静压测孔；3—静压管
接口；4—全压管；5—全压管接口

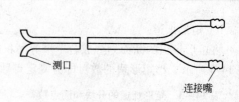

图14-8　S形皮托管

**b　压力计**

U形管压力计：是一个内装工作液体的U形玻璃管，测压时将两端或一端与测压系统连接，用于测量烟气的全压和静压。常用的测压液体有水、酒精和汞，可视被测压力大小选用。

倾斜式微压计：见图14-9，一端为截面积（$F$）较大的容器，另一端为截面积（$f$）很小的玻璃管，内装工作液体，用于微小压力的测量，测得的压力由式（14-2）计算：

$$p = \rho g l \left( \sin\alpha + \frac{f}{F} \right) \qquad (14\text{-}2)$$

式中　$p$——测得的压力，Pa；

　　　$\rho$——工作液体的密度，kg/m³；

　　　$l$——斜管中液柱的长度，m；

　　　$\alpha$——斜管与水平面的夹角，(°)。

　　$f/F$ 比值很小，可忽略不计，所以式（14-2）可简化为

$$p = \rho g l \sin\alpha$$

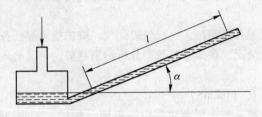

图 14-9　倾斜式微压计

#### 14.2.3.4　含尘浓度的测定

抽取一定体积烟气通过已知重量的捕尘装置，根据捕尘装置采样前后的重量差和采样体积，计算排气中烟尘浓度。

A　采样装置

一般由采样管、冷凝干燥器、流量计、抽气泵等组成，其中冷凝器是用来除去烟气中大部分水蒸气，干燥器是用来进一步干燥气样，而且这两者还可以保护流量计和抽气泵不受水蒸气和腐蚀性气体的影响，简化测定结果的计算。

B　采样方法

测定排气烟尘浓度必须采用等速采样法，即烟气进入采样嘴的速度应等于采样点的烟气流速。若采样速度 $V_n$ 大于采样点的气体流速 $V_s$ 时，则测定结果偏低。若采样速度小于采样点的气体流速时，则使测定结果偏高。

#### 14.2.3.5　烟气二氧化硫、氮氧化物的测定

固定污染源二氧化硫、氮氧化物的测定一般采用气体分析仪，如紫外差分光谱分析仪、红外气体分析仪，其原理是依据不同的原子、分子对红外和紫外光谱吸收特定的波长，获得气体的连续吸收光谱信息，据此计算被测气体浓度。

#### 14.2.3.6　烟气其他污染物的测定

2012 年颁布的 GB 28662—2012《钢铁烧结、球团工业大气污染物排放标准》中新增污染物项目氟化物和二噁英，对烧结厂的污染监测提出了新的要求。

二噁英的测定采用同位素稀释高分辨气相色谱－高分辨质谱法（《环境空气和废气二噁英类的测定　同位素稀释高分辨气相色谱－高分辨质谱法》HJ 77.2—2008），用于固定源排放废气中二噁英污染物的采样、样品处理及其定性和定量分析。烟气中氟化物的测定采用离子选择电极法（《大气固定污染源氟化物的测定　离子选择电极法》HJ/T 67—2001）。

#### 14.2.3.7　企业环境在线自动监测系统

##### A　自动监测系统简介

企业环境自动监测系统的主要任务是连续或间歇地监测固定污染源向环境排放的污染物浓度及总量，达到从源头控制污染的目的，这是改善和提高环境质量最有效的手段。系统由污染物监测子系统、数据采集与处理子系统、信息传输系统及监测管理中心组成。

烧结厂污染源自动监测包括废气（主要是烟气）监测、噪声监测以及厂区周围环境质量监测。信息传输可采用有线和无线两种方式，将监测数据以模拟或数字形式传送给监测管理中心，监测管理中心将厂内、厂外各监测点传送来的各种监测数据显示、记录，进行处理，编制环境质量报告。

每天应有维护人员巡视各监测站，执行仪表调校、维护检修等任务。监测管理中心管理人员应随时观察系统的运行情况，根据监测数据分析污染趋势，一旦出现异常情况，迅速研究和采取控制污染的措施。

##### B　连续自动监测系统（CEMS）

烟气排放连续监测系统是指连续测定固定污染源（锅炉、工业炉窑、焚烧炉等）排放烟气中污染物浓度和排放率的全部设备。它由烟气样品采集、参量测定、数据采集和处理三部分组成，可对烟气中污染物浓度和排放率进行连续、实时跟踪测定，如图 14-10 所示。为规范烟气监测工作，在国家环保总局推荐的标准（HJ/T 75—2001）中对该系统设备安装、参数测定及质量保证等方面的技术要求都作了规定。

烟气样品采集部分由采样器及预处理装置组成。参数测定包括颗粒物（或烟尘）、主要气态污染物及状态参数连续测定，其测定方法见表 14-4。

**表 14-4　烟气主要参数连续测定方法**

| 测定参数 | 测　定　方　法 |
| --- | --- |
| 温度 | 热电偶或热电阻测温仪法 |
| 压力 | 压力传感器测压仪法 |
| 流速 | 皮托管测速仪法或热平衡测速仪、超声波测速仪法 |
| 含湿量 | 湿度传感器法或氧传感器法 |
| 颗粒物 | 不透明度测尘仪法或向后散射测尘仪法、β射线测尘仪法 |
| 二氧化硫 | 非分散红外吸收测定仪或紫外吸收测定仪、紫外线荧光测定仪法、定电位电解测定仪法 |
| 氮氧化物 | 非分散红外吸收测定仪或紫外吸收测定仪、化学发光测定仪法、定电位电解测定仪法 |

##### C　监控系统

对于排放烟气中污染物的监控，可以采用通过对污染物排放浓度的监测，系统给出排放浓度参数，通过与设定参数的比较，对污染物去除参数进行调整，使污染物排放指标接近设定指标的自动控制系统。

在氨法烟气脱硫系统中，由烟气出口检测装置将排放 $SO_2$ 浓度指标以 $0 \sim 20mA$ 的信号传递给控制系统，系统经过设定排放浓度与实际排放浓度的比较后，将指令传递给氨水给水泵运转控制系统，子系统按指令对变频装 $SO_2$ 的频率进行调整，氨水给水泵的转速随之变化，最终控制氨水量，达到控制和稳定烟气中 $SO_2$ 排放浓度的目的。采用自动监控系统（见图 14-10）能有效减少脱硫剂的消耗，稳定烟气中 $SO_2$ 排放量。

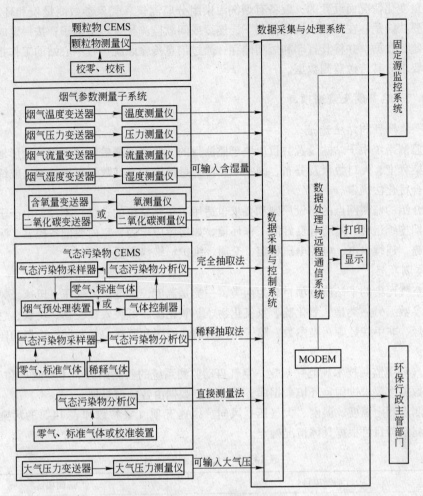

图 14-10　烟气排放连续监测系统示意图

## 14.2.4　空气污染连续自动监测

随着人们对于环境质量要求越来越高，对于空气质量的关注度越来越高，空气污染连续自动检测技术和设备得到了广泛应用。

### 14.2.4.1　系统的组成及功能

空气污染连续自动监测系统由一个中心站、若干个子站和信息传输系统组成。中心站配备有功能齐全、储存容量大的计算机，收发传输信息的无线电台和打印、绘图、显示等辅助设备，其主要功能是：向各子站发送各种工作指令，管理子站的工作；定时收集各子站的监测数据，并进行数据处理和统计检验；打印各种报表，绘制污染分布图；将各种监测数据储存到磁盘上建立数据库，以便随时检索或调用；当发现污染指数超标时，向有关污染源行政管理部门发出警报，以便采取相应的对策。子站分为两类：一类是为评价地区整体污染状况设置的，装备有污染物质自动监测仪、气象参数测量仪和环境微机等；另一类是为掌握污染源排放污染物浓度及总量变化情况而设置的，装备有烟气污染组分监测仪、气象参数测量仪和环境微机等。子站的主要功能是：在环境微机的控制下，连续或间歇监测预定污染因子；按一定时间间隔采集和处理监测数据，并将其打印和短期储存；通过信息传输系统接收中心站的工作指令，并按中心站的要求向其传送监测数据。

### 14.2.4.2　子站布设及监测项目

**A　子站数目和站位选址**

自动监测系统中子站的设置数目取决于监测目的、监测网覆盖区域面积、地形地貌、气象条件、污染程度、人口数量及分布、国家的经济力量等因素，其数目可用经验法或统计法、模式法、综合优化法确定。

前面介绍的监测网点的布设原则和要求也适用于子站站位的选择，不过，由于子站内的监测仪器长期连续运转，需要有良好的工作环境，如房屋应牢固，室内要配备控温、除湿、除尘设备或设施，连续供电，电源电压稳定，交通、维护、维修方便等。

**B　监测项目**

监测空气污染的子站监测项目分为两类，一类是温度、湿度、大气压、风速、风向及日照量等气象参数，另一类是二氧化硫、氮氧化物、一氧化碳、可吸入颗粒物、臭氧、总碳氢化合物、甲烷烃、非甲烷烃等污染参数。随子站代表的功能区和所在位置不同，选择的监测参数也有差异。

我国《环境监测技术规范》规定，空气自动监测系统的监测站分为Ⅰ类测点和Ⅱ类测点。Ⅰ类测点数据按要求进国家环境数据库，Ⅱ类测点数据由各省市管理。

Ⅰ类测点测定温度、湿度、大气压、风向、风速五项气象参数和表 14-5 的污染参数。Ⅱ类测点的测定项目可根据具体情况确定。

表 14 – 5　Ⅰ类点测定项目

| 必测项目 | 选测项目 |
| --- | --- |
| 二氧化硫 | 臭氧 |
| 氮氧化物 | 总碳氢化合物 |
| 可吸入颗粒物或总悬浮颗粒物 | |
| 一氧化碳 | |

### 14.2.4.3　子站内的仪器装备

子站内装备有自动采样和预处理系统、污染物自动监测仪器及其校准设备、气象参数测量仪器、环境微机及其外围设备、信息收发及传输系统等。

采样系统可采用集中采样和单机分别采样两种方式。集中采样是在每个子站设一总采气管，由引风机将空气样品吸入，各仪器的采样管均从这一采样管中分别采样，但总悬浮颗粒物或可吸入颗粒物应单独采样。单独采样系指各监测仪器分别用采样泵采集空气样品。实际工作中，多将这两种方式结合使用。

校准系统包括校正污染监测仪器零点、量程的零气源和标准气气源（如标准气发生器、标准气钢瓶）、校准流量计等。在环境微机和控制器的控制下，每隔一定时间（如 8 小时或 24 小时）依次将零点气和标准气输入各监测仪器进行校准。校准完毕，环境微机给出零值和跨度值报告。

空气污染自动监测仪器是获取准确污染信息的关键设备，必须具备连续运行能力强、灵敏、准确、可靠等性能。如二氧化硫监测仪、氧化物监测仪、臭氧监测仪、一氧化碳监测仪、总烃监测仪、可吸入颗粒物（PM10、飘尘）监测仪等。

#### 14.2.4.4　空气污染监测车

空气污染监测车是装备有采样系统、污染物自动监测仪器、气象参数观测仪器、数据处理装置及其他辅助设备的汽车。它是一种流动监测站，也是地面空气自动监测系统的补充，可以随时开到发生污染事故的现场或可疑点采样测定，以便及时掌握污染情况，采取有效措施。

监测车内的采样管由车顶伸出，下部装有轴流式风机，以将气样抽进采样管供给各监测仪器。可吸入颗粒物监测仪的气样由另一单独采样管供给。装备的监测仪器有：$SO_2$、$NO_x$、$O_3$、CO、PM10 等自动监测仪和空气质量专用色谱仪（可测定总烃、甲烷等）；测量风向、风速、气压、温度、湿度等参数的小型气象仪。数据处理装置包括专用微机和显示、记录、打印设备，用于进行程序控制、收集数据、信号处理、数据处理和显示、记录、打印测定结果。辅助设备有标准气源、载气源、稳压电源、空调器和配电系统等。

## 14.3　水质监测

水质监测单位必须具备环境监测的资质，通过采用科学的方法，准确地监测水质，满足人们对舒适生活和和谐环境的要求。

结合烧结废水排放特点，简单介绍废水水质的监测方法。

### 14.3.1　废水检测指标

废水检测指标包括以下几个方面：

（1）物理指标，包括固体物质（残渣）、浊度、臭和味、温度、色泽和色度、电导率；

（2）化学指标，包括生化需氧量 BOD、化学需氧量 COD、总需氧量 TOD、总有机碳 TOC、总氮 TN、氨氮 $NH_3-N$、凯氏氮 TKN、总磷 TP、pH；

（3）非金属无机物质，包括氰化物（CN）、砷（As）；

（4）重金属，包括汞（Hg）、镉（Cd）、铬（Cr）、铅（Pb）；

（5）微生物指标，包括大肠菌群数（大肠菌群值）与大肠菌群指数、病毒、细菌总数。

### 14.3.2　检测方法

#### 14.3.2.1　物理指标检测

A　残渣

残渣是表征水中溶解性物质和不溶性物质含量的指标。

a　总残渣

水或废水在一定的温度下蒸发、烘干后剩余的物质，包括总可滤残渣和总不可滤残渣。

测定方法：取适量（50mL）振荡均匀的水样于称至恒重的蒸发皿中，在蒸汽浴或水浴上蒸干，移入 102～105℃烘箱中烘至恒重，增加的重量即为总残渣。

$$总残渣(mg/L) = [(A-B) \times 1000 \times 1000]/V$$

式中　$A$——总残渣和蒸发皿质量，g；

　　　$B$——蒸发皿质量，g；

　　　$V$——水样体积，mL。

　　b　总不可滤残渣（悬浮物 SS）

　　总不可滤残渣又称悬浮物（SS）。它是决定工业废水和生活污水能否直接排入公共水域或必须处理到何种程度才能排入水体的重要条件之一。主要包括不溶于水的泥沙、各种污染物、微生物及难溶无机物等。直接测量法是：选择一定型号的滤纸烘干至恒重，取一定量的（50mL）水样过滤，再将滤纸及其残渣烘干至恒重，二者之差即为悬浮物质量，再除以水样的体积，单位为 mg/L。

　　c　总可滤残渣

　　将过滤后的水样放在称至恒重的蒸发皿内蒸干，再在一定温度下烘至恒重，所增加的重量即为总可滤残渣。

　　B　色度

　　水的颜色可分为真色和表色两种，真色是指去除悬浮物后水的颜色；表色是没有去除悬浮物的水所具有的颜色。水的色度一般是针对真色而言。

　　测定水的色度的方法有两种。一种是铂钴比色法，是用氯铂酸钾与氯化钴（或重铬酸钾与硫酸钴）配成标准色列，再与水样进行目视比色，确定水样的色度。该方法适用于较清洁的、带有黄色色调的天然水和饮用水的测定。另一种是稀释倍数法，该方法适用于受工业废水污染的地面水和工业废水颜色的测定。测定时，先用文字描述水样颜色的种类和深浅程度，如深蓝色、棕黄色、暗黑色等；然后取一定量水样，用蒸馏水稀释到刚好看不到颜色，用稀释倍数表示该水样的色度。两种方法应独立使用，一般没有可比性。

　　C　透明度

　　透明度是指水样的澄清程度。测定方法有铅字法、塞氏盘法、十字法。

　　铅字法是将振荡均匀的水样快速倒入透明度计筒内，检验人员从透明度计的筒口垂直向下观察，缓慢放出水样，至刚好能清楚辨认其底部铅字的水样高度即为该水的透明度。大于30cm 为透明水。该法主观影响较大，测时应取平均值。适用于天然水或处理后的水。

　　塞氏盘法是采用塞氏盘来测定，塞氏盘为直径 200mm，黑白各半的圆盘，将其背光平放入水，逐渐下沉，以刚好看不到它时的水深表示透明度，以 cm 为单位。

　　十字法是在内径为 30mm，长为 0.5m 或 1.0m，具刻度的玻璃筒底部放一白瓷片，上有宽度为 1mm 黑色十字和四个直径为 1mm 的黑点，将混匀的水样倒入筒内，从筒下部徐徐放水，直至明显看到十字，而看不到黑点为止。大于 1m 算透明。

　　D　臭

　　测定臭的方法一般用定性描述法。取 100mL 水样于 250mL 锥形瓶中，检验人员依靠自己的嗅觉，分别在 20℃ 和煮沸稍冷后闻其臭，用适当的词语描述其臭特征，并按（臭强度等级表）划分的等级报告臭强度。

　　E　电导率

　　用电导仪或电导率仪测定。水的电导率与其所含无机酸、碱、盐的量有一定关系。当它们浓度较低时，电导率随浓度增大而增加。该指标常用于推测水中离子的总浓度或含盐量。

　　F　水温

　　常用的测量仪器有水温计、深水温度计、颠倒温度计和热敏电阻温度计。

　　温度计法的测量范围为 −6～41℃。用于表层水温度的测量。

颠倒温度计法用于测量深层水温度，一般装在颠倒采水器上使用。

G 浑浊度

浊度的测定方法有三种，分别为目视比浊法、分光光度法、浊度仪法。

目视比浊法是将水样与用硅藻土配制的标准浊度溶液进行比较。适用于饮用水、水源水等低浊度水的测定，最低检测浊度为 1 度。

分光光度法是将一定量硫酸肼与 6 - 次甲基四胺聚合，生成白色高分子聚合物，作为浊度标准溶液，在一定条件下与水样浊度比较。该法适用于天然水、饮用水及高浊度水的测定，最低检测浊度为 3 度。

H 总硬度

硬度的测定采用 EDTA 滴定法。

### 14.3.2.2 金属化合物测定

测定水体中金属化合物（如汞、镉、铬、铅、铜、锌、镍、钡、钒等），目前广泛采用的方法有分光光度法、原子吸收分光光度法、容量法。

A 汞

仪表厂、食盐电解、贵金属冶炼、军工等工业废水中的汞是水体中汞污染的来源。国家标准规定，总汞的测定采用冷原子吸收分光光度法和高锰酸钾 - 过硫酸钾消解双硫腙分光光度法。

测定方法见《水质 总汞的测定 冷原子吸收分光光度法》（GB 7468—87）和《水质 总汞的测定 高锰酸钾 - 过硫酸钾消解法 双硫腙分光光度法》（GB 4769—87）等。

B 镉

镉的主要污染源是电镀、采矿、染料、电池和化学工业等排放的废水。

测定镉的方法为原子吸收分光光度法（AAs），此方法可同时测定 Cu、Pb、Zn、Cd 等元素，测定快速，干扰少，应用范围广，可在同一试样中分别测定多种元素。测定时可采用直接吸入、萃取或离子交换富集后再吸入或石墨炉原子化等方法。

C 铅

铅的主要污染源是蓄电池、冶炼、五金、机械、涂料和电镀工业部门的排放废水。

测定水体中铅的方法与测定镉的方法相同。广泛采用原子吸收分光光度法和双硫腙分光光度法，也可以用阳极溶出伏安法和示波极谱法。

D 铜

铜的主要污染源是电镀、冶炼、五金加工、矿山开采、石油化工和化学工业等部门排放的废水。铜对排水管网和净化工程也有影响，主要是腐蚀和使沉淀池运转效率降低。

铜的测定主要有二乙氨基二硫代甲酸钠（DDTC）萃取分光光度法和新亚铜灵萃取分光光度法。萃取分光光度法的最低检测浓度为 0.01mg/L，测定上限可达 2.0mg/L。已用于地面水和工业废水中铜的测定。用新亚铜灵测定铜，具有灵敏度高，选择性好等优点。适用于地面水、生活污水和工业废水的测定。

E 锌

锌的主要污染源是电镀、冶金、颜料及化工等部门的排放废水。

锌的测定方法常用的有原子吸收分光光度法、双硫腙分光光度法、阳极溶出伏安法和示波极谱法。火焰原子吸收分光光度法测定锌，简便快速、灵敏度较高、干扰少，适用于各种水体。双硫腙分光光度法适用于天然水和轻度污染的地面水中锌的测定。

F　铬

铬的工业污染源主要来自铬矿石的加工、金属表面处理、皮革加工、印染、照相材料、皮革鞣制等行业。铬是水质污染控制的一项重要指标。饮用水标准限值为≤0.05mg/L。

铬的测定方法有二苯碳酰二肼分光光度法（适用于铬含量较少时）和硫酸亚铁铵滴定法。

### 14.3.2.3　非金属无机物砷的检测

测定水体中砷的方法有新银盐分光光度法、二乙基二硫代氨基甲酸银分光光度法和原子吸收分光光度法等。

新银盐分光光度法（硼氰化钾－硝酸银分光光度法）原理是硼氰化钾在酸性溶液中产生新生态氢，将水样中无机砷还原为砷化氢气体，以 $HNO_3$—$AgNO_3$—聚乙烯醇—乙醇溶液吸收，则砷化氢将吸收液中的银离子还原为单质胶态银，使溶液显黄色，其颜色强度与生成氢化物的量成正比，于400nm处测其吸光度，比色测定。

二乙氨基二硫代甲酸银分光光度法是指在碘化钾、酸性氯化亚锡作用下，五价砷被还原为三价砷，并与新生态氢（由锌与酸作用产生）反应，生成气态砷化氢（胂），被吸收于二乙氨基二硫代甲酸银（AgDDC）—三乙醇胺的三氯甲烷溶液中，生成红色的胶体银，在510nm波长处，以三氯甲烷为参比测其经空白校正后的吸光度，用标准曲线法定量。

### 14.3.2.4　含氮化合物测定

含氮化合物包括氨氮、亚硝酸盐氮、硝酸盐氮、有机氮和总氮。其测定方法分别如下。

A　氨氮

测定水中氨氮的方法有纳氏试剂分光光度法、水杨酸－次氯酸盐分光光度法、电极法和容量法。

水样有色或浑浊及含其他干扰物质会影响测定，需进行预处理。对较清洁的水，可采用絮凝沉淀法消除干扰；对污染严重的水或废水应采用蒸馏法。

纳氏试剂分光光度法是在水样中加入碘化汞和碘化钾的强碱溶液（纳氏试剂），与氨反应生成黄棕色胶态化合物，此颜色在较宽的波长范围内具有强烈吸收，通常使用410~425nm范围波长光比色定量。本法最低检出浓度0.025mg/L；测定上限为2mg/L。

电极法是采用氨气敏复合电极用 pH 计测水的电动势，从而推出水样中氨氮的浓度。

B　亚硝酸盐氮

可采用 N—(1—萘基)—乙二胺分光光度法和离子色谱法测定。

N—(1—萘基)—乙二胺分光光度法又叫重氮偶合比色法，其原理为：在 pH 为 0.8 ± 0.3 的酸性介质中，亚硝酸盐与对氨基苯磺酰胺生成重氮盐，再与 N—(1—萘基)—乙二胺偶联生成红色染料，于 540nm 处进行比色测定。该方法最低检出浓度：0.003mg/L；测定上限：0.20mg/L。

C　硝酸盐氮

水中硝酸盐的测定方法有：酚二磺酸分光光度法、镉柱还原法、戴氏合金还原法、离子色谱法、紫外分光光度法和离子选择电极法等。

酚二磺酸分光光度法是指硝酸盐在无水存在情况下与酚二磺酸反应，生成硝基二磺酸酚，于碱性溶液中又生成黄色的化合物，在410nm处测其吸光度。此法测量范围广，显色稳定，适用于测定饮用水、地下水、清洁地面水中的硝酸盐氮。最低检出浓度为0.02mg/L，测定上限为 2.0mg/L。

镉柱还原法是在一定条件下，将水样通过镉还原柱，使硝酸盐还原为亚硝酸盐，然后用 N—(1—萘基)—乙二胺分光光度法测定。由测得的总亚硝酸盐氮减去不经还原水样所含亚硝酸盐氮即为硝酸盐氮含量。此法适用于测定硝酸盐氮含量较低的饮用水、清洁地面水和地下水。测定范围为 0.01～0.4mg/L。

戴氏合金法是水样在热碱性介质中，硝酸盐被戴氏合金还原为氨，经蒸馏，馏出液以硼酸溶液吸收后，用纳氏试剂分光光度法测定，含量较高时，用酸碱滴定法测定。本法操作较烦琐，适用于测定硝酸盐氮大于 2mg/L 的水样。其最大优点是可以测定带深色的严重污染的水及含大量有机物或无机盐的废水中的硝酸盐氮。

紫外分光光度法适用于清洁地表水和未受明显污染的地下水中硝酸盐氮的测定，其最低检出浓度为 0.08mg/L，测定上限为 4mg/L。硝酸根离子对 220nm 波长光有特征吸收，与其标准溶液对该波长光的吸收程度比较定量。此方法简便快速，但对含有机物、表面活性剂、亚硝酸盐、六价铬、溴化物、碳酸氢盐和碳酸盐的水样，需进行预处理。

D　凯氏氮

凯氏氮的测定要点是取适量水样于凯氏烧瓶中，加入浓硫酸和催化剂（硫酸钾）加热消解，将有机氮转变为氨氮，然后在碱性介质中蒸馏出氨，用硼酸溶液吸收，以分光光度法或滴定法测定氨氮含量。

E　总氮

测定方法有加和法、过硫酸钾氧化–紫外分光光度法、仪器测定法（燃烧法）。

加和法是分别测定有机氮、氨氮、亚硝酸盐氮和硝酸盐氮的量，然后加和之。

过硫酸钾氧化–紫外分光光度法是在水样中加入碱性过硫酸钾溶液，于过热水蒸气中将大部分有机氮化合物及氨氮、亚硝酸盐氮氧化成硝酸盐，再用紫外分光光度法测定硝酸盐氮含量，即为总氮含量。

仪器测定法（燃烧法）是用专门的总氮测定仪进行，快速方便。

### 14.3.2.5　非含氮化学指标测定

A　总磷

磷的测定方法有钼锑抗分光光度法和氯化亚锡分光光度法。

钼锑抗分光光度法是指在酸性条件下，正磷酸盐与钼酸铵、酒石酸锑氧钾反应，生成磷钼杂多酸，被抗坏血酸还原，生成磷钼蓝，于 700nm 波长处进行比色分析。可适用于测定地表水、生活污水及某些工业废水的正磷酸盐分析。检出限为 0.01～0.6mg/L。

氯化亚锡分光光度法是指在酸性条件下，正磷酸盐与钼酸铵反应，生成磷钼杂多酸，加入还原剂氯化亚锡后，转变成磷钼蓝，于 700nm 波长处进行比色分析。适用于测定地表水中正磷酸盐的测定。检出限为 0.025～0.6mg/L。

B　硫化物

测定水中硫化物的方法有对氨基二甲基苯胺分光光度法、碘量法、电位滴定法、离子色谱法、极谱法、库仑滴定法、比浊法等。以前三种方法应用较广泛。

C　化学需氧量 COD

测定方法有重铬酸钾法和库仑滴定法。库仑滴定法应用范围比较广泛，可用于地表水和污水的测定。

重铬酸钾法是在强酸性溶液中，用重铬酸钾将水中的还原性物质（主要是有机物）氧化，过量的重铬酸钾以试亚铁灵作指示剂，用硫酸亚铁铵溶液回滴，根据所消耗的重铬酸钾量算出水样中的化学需氧量，以氧的 mg/L 表示。

库仑滴定法采用 $K_2Cr_2O_7$ 为氧化剂，在 10.2mol/L $H_2SO_4$ 介质中回流 15min 消化水解，消化后，剩余的 $K_2Cr_2O_7$ 用电解产生的 $Fe^{2+}$ 作为库仑滴定剂进行滴定。该法应用范围比较广泛，可用于地表水和污水的测定。

D　生化需氧量 BOD

测定方法有五天培养法（20℃）和 BOD 测定仪测定。

五天培养法是指水样经稀释后，在 (20±1)℃ 条件下培养 5 天，求出培养前后水样中溶解氧含量，二者的差值为 BOD5。若水样 5 日生化需氧量未超过 7mg/L，则不必进行稀释，可直接测定。

E　溶解氧（DO）

溶解于水中的分子态氧称为溶解氧。水中溶解氧的含量与大气压力、水温及含盐量等因素有关。清洁地表水溶解氧接近饱和。当有大量藻类繁殖时，溶解氧可能过饱和。当水体受到有机物质、无机还原物质污染时，会使溶解氧含量降低，甚至趋于 0，此时厌氧细菌繁殖活跃，水质恶化。

其测定方法有碘量法和溶解氧电极法。

碘量法的原理是氧在碱性溶液中使二价锰氧化成四价锰，而四价锰在酸溶液中使 $I^-$ 氧化成 $I_2$，释放出来的碘量 = 水中的溶解氧量，碘用 $Na_2S_2O_3$ 测定。

溶解氧电极法的原理是将 2 个金属电极浸没在一个电解质溶液中，电极和电解质溶液装在一个用氧半透膜（仅氧和其他一些气体可以通过）包围的容器内。当外加电压时，产生电极反应产生一个扩散电流。该扩散电流在一定温度下与水中氧的浓度成正比。

F　总需氧量 TOD

用 TOD 测定仪测定。

用 TOD 测定仪测定 TOD 的原理是，将一定量水样注入装有铂催化剂的石英燃烧管，通入含已知氧浓度的载气（$N_2$）作为原料气，则水样中的还原性物质在 900℃ 下被瞬间燃烧氧化。测定燃烧前后原料气中氧浓度的减少量，便可求得水样的总需氧量值。

G　总有机碳（TOC）

现在广泛应用的测定方法是燃烧氧化—非色散红外吸收法。

其测定原理是将一定量水样注入高温炉内的石英管，在 900～950℃ 下，以铂和三氧化钴或三氧化二铬为催化剂，使有机物燃烧裂解转化为二氧化碳，然后用红外线气体分析仪测定 $CO_2$ 含量，从而确定水样中碳的含量。

H　pH

pH 是最常用的水质指标之一。天然水的 pH 多在 6～9 范围内；饮用水在 6.5～8.5 之间；某些工业用水的 pH 必须保持在 7.0～8.5 之间，以防止金属设备和管道被腐蚀。

pH 的测定方法有比色法和玻璃电极法。

比色法是将已知 pH 的缓冲溶液加入适当的指示剂制成标准色液，并封装在小安瓿瓶内，测量时取与缓冲溶液同量的水样，加入与标准系列同样的指示剂，然后进行比较，以确定水样 pH。此法简便易行，但不适用于有色、浑浊、含较高游离氨、氧化剂和还原剂的水样。

玻璃电极法是以饱和甘汞电极为参比，以 pH 玻璃电极为指示电极组成原电池，在 25℃

下，每变化 1 个 PH 单位，电位差变化 59.1mV，将电压表的刻度变为 pH 刻度，便可直接读出溶液 pH 值，温度差异可通过仪器上补偿装置进行校正。

Ⅰ　挥发酚

挥发酚类的测定方法有容量法、分光光度法、色谱法等。尤以 4—氨基安替比林分光光度法应用最广，对高浓度含酚废水可采用溴化容量法。

溴化容测定原理是在含过量溴（由溴酸钾和 KBr 产生）的溶液中，酚与溴反应生成三溴酚，进一步生成溴代三溴酚。剩余的溴与 KI 作用放出游离碘，与此同时，溴代三溴酚也与 KI 反应生成游离碘，用硫代硫酸钠标准溶液滴定释出的游离碘，并根据其耗量，计算出以苯酚计的挥发酚含量。

### 14.3.3　烧结废水检测

烧结厂（含原料场）在生产过程中并不产生废水，其生产废水主要来自湿式除尘器产生的废水，冲洗地坪、设备产生的废水和循环水系统的排污水，水中主要是含铁尘泥等悬浮物，对水质危害较小。对于钢铁联合企业，烧结排水水质一般未做单独检测，大多数烧结厂均采取雨（污）水合流制排水系统，或排入企业总排口经处理后排放。根据《钢铁工业水污染物排放标准 GB13455—2012》，对于钢铁非联合企业，烧结水污染物项目包括 pH、悬浮物、化学需氧量、石油类、总砷、总铅，其浓度测定方法标准及排放限值见表 14-6。

**表 14-6　水污染物浓度测定方法标准**

| 污染物项目 | 方法标准名称 | 方法标准编号 | 特别排放限值 |
|---|---|---|---|
| pH 值 | 水质 pH 值的测定　玻璃电极法 | GB/T 6920—1986 | 6~9 |
| 悬浮物 | 水质 悬浮物的测定　重量法 | GB/T 11901—1989 | 20mg/L |
| 化学需氧量 | 水质 化学需氧量的测定<br>重铬酸钾法/快速消解分光光度法 | GB/T 11914—1989<br>HJ/T 399—2007 | 30mg/L |
| 石油类 | 水质 石油类和植物油的测定　红外光度法 | GB/T 16488—1996 | 1mg/L |
| 总砷 | 水质 总砷的测定　二乙基二硫代氨基甲酸银分光光度法 | GB/T 7485—1987 | 0.1mg/L |
| 总铅 | 水质 铜、锌、铅、镉的测定　原子吸收分光光度法 | GB/T 7475—1987 | 0.1mg/L |

## 14.4　噪声监测

### 14.4.1　噪声的测量仪器

要搞清楚环境噪声的大小，以便采取有效的控制手段，首先就应该采用先进的测量仪器、可靠的测量方法对噪声级的大小、声源状况等进行测量，获得最精确的数据。噪声测量的仪器种类很多，目前最基本、最常用的噪声测量仪器是声级计、频率分析仪、自动记录仪、磁带记录仪等。

#### 14.4.1.1　声级计

声级计是一种能够把工业噪声、生活噪声和交通噪声等，按人耳听觉特性近似地测定其噪声级的仪器。声级计一般由传声器、前置放大器、衰减器、计权网络、检波器、指示表头和电源等组成，其工作原理是：由传声器将声音转换成电信号，再由前置放大器变换阻抗，使传声器与衰减器匹配。放大器将输出信号加到计权网络，对信号进行频率计权，然后再经衰减器及放大器将信号放大到一定的幅值，送到有效值检波器，在指示表头上给出噪声声级的数值。

声级计一般分为普通声级计和精密声级计。普通声级计的测量误差约为 ±3dB，精密声级计约为 ±1dB。

### 14.4.1.2　频率分析仪

频率分析仪是用来测量噪声频谱的仪器。它主要由两大部分组成，一部分是测量放大器，另一部分是滤波器。测量放大器的原理大致与声级计相同，不同的是测量放大器可以直接测量声压、峰值、平均值等。一个滤波器只允许一定频率范围的波通过，超出该频率范围的下限或上限的信号将受到极大衰减。不同的滤波器与放大器配置，将构成不同的频率分析器，亦称频谱仪。

### 14.4.1.3　自动记录仪

在现场噪声测量中，为了快速、准确、详细地分析噪声源的特性，常把频谱分析仪与自动记录仪连用，自动记录仪将噪声的频谱记录在坐标纸上。

### 14.4.1.4　磁带记录仪

在现场噪声测量中，如果没有频谱仪和自动记录仪时，可用磁带记录仪（录音机）将噪声信号记录下来，以便在实验室用适当仪器对噪声信号进行频率分析。

### 14.4.1.5　数据自动采集和信号分析系统

随着计算机技术的发展，数据自动采集和信号分析系统应运而生，实现了数据自动采集、记录、处理、显示、分析、复制等动静态测试过程的一体化处理，能够完成振动、噪声、应力、应变、温度、压力等物理量的测试分析，实现磁带记录、示波显示、波形和频谱分析、瞬态记录分析、信号处理、模态分析、故障诊断、噪声分析、数字滤波等多种仪器功能，而且速度快、效率高、精确度好。

## 14.4.2　噪声的测量方法

噪声的测量一般可归纳为两类：第一类是对噪声源所辐射的噪声大小和特性的确定；第二类是评价噪声对人们的工作、学习、身心健康的影响。噪声测量方法的选择，要根据噪声的特性和声源的特性、环境的类型以及测量的精度要求来确定。

### 14.4.2.1　噪声源辐射噪声大小及特性的测量

通用的噪声测量方法，按测量环境、所需的仪器设备和工作量大小分为概算法、工程法、精密法。

**A　概算法**

这种方法要求最少的时间和设备，对测试环境要求不高，它可用于相同声源特性之间的比较，但该方法精确度不高。

B 工程法

测量的量除了声压级、声级外，还要测量频带声压级，并可以计算声功率级。一般用于噪声治理、采取降低机械设备噪声的工程措施。

C 精密法

此方法可以精确地确定声源的声功率级，还可确定脉冲噪声的特性及声源指向特性。

### 14.4.2.2 现场噪声的测量

A 工业企业机械设备噪声的测量

各种机械设备的噪声测量必须按照国家标准、部颁标准、行业管理规范进行。一般情况下，对机械设备，通常取距设备表面 1m 处为测点，如设备的尺寸小，则距离取 0.5m，测点应在不同的方位上选取数个。

B 车间、厂区和厂界的噪声测量

车间噪声的测量是在正常工作时，将传声器设置在操作人员的人耳位置或工作人员经常活动的范围内，以人耳高度为准（取正 1.5m）选择测点。当车间内各点处声级差小于 3dB，只需取 1～3 个测点；当车间内各点处声级差别较大时，则可将车间分为几个区域，使任意 2 个区域的声级差不小于 3dB，而各区域内的声级差小于 3dB 时，每个区域可选 1～3 个测点进行测量。

厂区噪声测量是指在车间及作业场所外的环境噪声测量。一般选择在厂周围距墙 2m 处的地方，测点选在对厂区环境影响较严重、人们经常活动的地方。

厂界噪声测量一般选择在厂界围墙外 1m 处的地方。根据工业企业噪声源、周围噪声敏感建筑物的布局以及毗邻的区域类别，在工业企业厂界布设多个测点。

## 复习思考题

14-1 什么是环境监测，环境监测的过程及监测对象是什么？

14-2 依据环境监测的目的，环境监测分为哪几类，环境监测有哪些特点？

14-3 大气污染物的监测程序及目的是什么，监测网点的布设方法主要有哪几种？

14-4 简述 $SO_2$ 的测定方法、原理及各自的特点。

14-5 在颗粒物的测定中，大流量采样器由哪几个部分组成，测定原理及计算公式是什么，需要注意哪些方面？

14-6 什么是连续自动监测系统（CEMS），它由哪几个部分组成？

14-7 空气连续在线监测系统的组成及功能是什么？

14-8 废水的检测指标包括哪几个方面？

14-9 噪声监测中，最常用的测定仪器有哪些？

# 第 IV 篇

# 节能减排法律法规及标准

为实现节约能源，保护环境，国家先后出台了很多节能减排法律法规和标准。与烧结工序节能减排相关的法律法规及标准摘录如下。

# 15　节约能源的法律法规

## 15.1　《中华人民共和国节约能源法》

《中华人民共和国节约能源法》由中华人民共和国第十届全国人民代表大会常务委员会第三十次会议于 2007 年 10 月 28 日修订通过，自 2008 年 4 月 1 日起施行。

以下为与烧结工序有关的条款：

**第二十五条**　用能单位应当建立节能目标责任制，对节能工作取得成绩的集体、个人给予奖励。

**第二十六条**　用能单位应当定期开展节能教育和岗位节能培训。

**第二十七条**　用能单位应当加强能源计量管理，按照规定配备和使用经依法检定合格的能源计量器具。

用能单位应当建立能源消费统计和能源利用状况分析制度，对各类能源的消费实行分类计量和统计，并确保能源消费统计数据真实、完整。

**第二十八条**　能源生产经营单位不得向本单位职工无偿提供能源。任何单位不得对能源消费实行包费制。

**第五十三条**　重点用能单位应当每年向管理节能工作的部门报送上年度的能源利用状况报告。能源利用状况包括能源消费情况、能源利用效率、节能目标完成情况和节能效益分析、节能措施等内容。

**第五十四条**　管理节能工作的部门应当对重点用能单位报送的能源利用状况报告进行审查。对节能管理制度不健全、节能措施不落实、能源利用效率低的重点用能单位，管理节能工作的部门应当开展现场调查，组织实施用能设备能源效率检测，责令实施能源审计，并提出书面整改要求，限期整改。

**第五十五条**　重点用能单位应当设立能源管理岗位，在具有节能专业知识、实际经验以及中级以上技术职称的人员中聘任能源管理负责人，并报管理节能工作的部门和有关部门备案。

能源管理负责人负责组织对本单位用能状况进行分析、评价，组织编写本单位能源利用状况报告，提出本单位节能工作的改进措施并组织实施。

能源管理负责人应当接受节能培训。

## 15.2 《中华人民共和国循环经济促进法》

《中华人民共和国循环经济促进法》由中华人民共和国第十一届全国人民代表大会常务委员会第四次会议于 2008 年 8 月 29 日通过，自 2009 年 1 月 1 日起施行。

以下为与烧结工序相关的条款：

**第九条**　企业事业单位应当建立健全管理制度，采取措施，降低资源消耗，减少废物的产生量和排放量，提高废物的再利用和资源化水平。

**第十条**　公民应当增强节约资源和保护环境意识，合理消费，节约资源。

**第十六条**　国家对钢铁、有色金属、煤炭、电力、石油加工、化工、建材、建筑、造纸、印染等行业年综合能源消费量、用水量超过国家规定总量的重点企业，实行能耗、水耗的重点监督管理制度。

**第二十条**　工业企业应当采用先进或者适用的节水技术、工艺和设备，制定并实施节水计划，加强节水管理，对生产用水进行全过程控制。

工业企业应当加强用水计量管理，配备和使用合格的用水计量器具，建立水耗统计和用水状况分析制度。

新建、改建、扩建建设项目，应当配套建设节水设施。节水设施应当与主体工程同时设计、同时施工、同时投产使用。

**第三十条**　企业应当按照国家规定，对生产过程中产生的粉煤灰、煤矸石、尾矿、废石、废料、废气等工业废物进行综合利用。

**第三十一条**　企业应当发展串联用水系统和循环用水系统，提高水的重复利用率。

**第三十二条**　企业应当采用先进或者适用的回收技术、工艺和设备，对生产过程中产生的余热、余压等进行综合利用。

建设利用余热、余压、煤层气以及煤矸石、煤泥、垃圾等低热值燃料的并网发电项目，应当依照法律和国务院的规定取得行政许可或者报送备案。电网企业应当按照国家规定，与综合利用资源发电的企业签订并网协议，提供上网服务，并全额收购并网发电项目的上网电量。

企业事业单位应当对在循环经济发展中做出突出贡献的集体和个人给予表彰和奖励。

# 16　污染减排的法律法规

## 16.1　《中华人民共和国宪法》

1982 年 12 月 4 日第五届全国人民代表大会第五次会议通过，1982 年 12 月 4 日全国人民代表大会公告公布施行。

根据 1988 年 4 月 12 日第七届全国人民代表大会第一次会议通过的《中华人民共和国宪法修正案》、1993 年 3 月 29 日第八届全国人民代表大会第一次会议通过的《中华人民共和国宪法修正案》、1999 年 3 月 15 日第九届全国人民代表大会第二次会议通过的《中华人民共和国宪法修正案》和 2004 年 3 月 14 日第十届全国人民代表大会第二次会议通过的《中华人民共和国宪法修正案》修正。

与烧结工序有关的条款摘录如下：

第九条第二款：国家保障自然资源的合理利用，保护珍贵的动物和植物。禁止任何组织和个人用任何手段侵占或者破坏自然资源。

第二十六条：国家保护和改善生活环境和生态环境，防治污染和其他公害。

## 16.2　《中华人民共和国刑法》

《中华人民共和国刑法》由中华人民共和国第八届全国人民代表大会第五次会议于 1997 年 3 月 14 日修订，自 1997 年 10 月 1 日起施行。

本刑法内容已经根据 1999 年 12 月 25 日中华人民共和国刑法修正案，2001 年 8 月 31 日中华人民共和国刑法修正案（二），2001 年 12 月 29 日中华人民共和国刑法修正案（三），2002 年 12 月 28 日中华人民共和国刑法修正案（四），2005 年 2 月 28 日中华人民共和国刑法修正案（五），2006 年 6 月 29 日中华人民共和国刑法修正案（六），2009 年 2 月 28 日中华人民共和国刑法修正案（七），2011 年 2 月 25 日中华人民共和国刑法修正案（八）修正。

以下为与烧结工序有关的条款：

第三百三十八条　违反国家规定，排放、倾倒或者处置有放射性的废物、含传染病病原体的废物、有毒物质或者其他有害物质，严重污染环境的，处三年以下有期徒刑或者拘役，并处或者单处罚金；后果特别严重的，处三年以上七年以下有期徒刑，并处罚金。

## 16.3　《最高人民法院、最高人民检察院关于办理环境污染刑事案件适用法律若干问题的解释》

《最高人民法院、最高人民检察院关于办理环境污染刑事案件适用法律若干问题的解释》已于 2013 年 6 月 8 日由最高人民法院审判委员会第 1581 次会议、2013 年 6 月 8 日由最高人民检察院第十二届检察委员会第 7 次会议通过，自 2013 年 6 月 19 日起施行。

以下为与烧结工序有关的条款：

第一条　实施刑法第三百三十八条规定的行为，具有下列情形之一的，应当认定为"严重污染环境"：

（二）非法排放、倾倒、处置危险废物三吨以上的；

（三）非法排放含重金属、持久性有机污染物等严重危害环境、损害人体健康的污染物超过国家污染物排放标准或者省、自治区、直辖市人民政府根据法律授权制定的污染物排放标准三倍以上的。

**第四条**　实施刑法第三百三十八条、第三百三十九条规定的犯罪行为，具有下列情形之一的，应当酌情从重处罚：

（二）闲置、拆除污染防治设施或者使污染防治设施不正常运行的；

**第七条**　行为人明知他人无经营许可证或者超出经营许可范围，向其提供或者委托其收集、贮存、利用、处置危险废物，严重污染环境的，以污染环境罪的共同犯罪论处。

**第十条**　下列物质应当认定为"有毒物质"：

（一）危险废物，包括列入国家危险废物名录的废物，以及根据国家规定的危险废物鉴别标准和鉴别方法认定的具有危险特性的废物；

（三）含有铅、汞、镉、铬等重金属的物质。

**第十二条**　本解释发布实施后，《最高人民法院关于审理环境污染刑事案件具体应用法律若干问题的解释》（法释〔2006〕4号）同时废止；之前发布的司法解释和规范性文件与本解释不一致的，以本解释为准。

## 16.4　《中华人民共和国环境保护法》

《中华人民共和国环境保护法》由中华人民共和国第十二届全国人民代表大会常务委员会第八次会议于2014年4月24日修订通过，自2015年1月1日起施行。该环境保护法属最新版，将对我国今后一段时间的环境保护具有指导意义。

以下为与烧结工序有关的条款：

**第六条**　一切单位和个人都有保护环境的义务。

企业事业单位和其他生产经营者应当防止、减少环境污染和生态破坏，对所造成的损害依法承担责任。

**第十七条**　国家建立、健全环境监测制度。国务院环境保护主管部门制定监测规范，会同有关部门组织监测网络，统一规划国家环境质量监测站（点）的设置，建立监测数据共享机制，加强对环境监测的管理。

**第十九条**　编制有关开发利用规划，建设对环境有影响的项目，应当依法进行环境影响评价。

未依法进行环境影响评价的开发利用规划，不得组织实施；未依法进行环境影响评价的建设项目，不得开工建设。

**第二十二条**　企业事业单位和其他生产经营者，在污染物排放符合法定要求的基础上，进一步减少污染物排放的，人民政府应当依法采取财政、税收、价格、政府采购等方面的政策和措施予以鼓励和支持。

**第二十五条**　企业事业单位和其他生产经营者违反法律法规规定排放污染物，造成或者可能造成严重污染的，县级以上人民政府环境保护主管部门和其他负有环境保护监督管理职责的部门，可以查封、扣押造成污染物排放的设施、设备。

**第四十条**　国家促进清洁生产和资源循环利用。

企业应当优先使用清洁能源，采用资源利用率高、污染物排放量少的工艺、设备以及废弃物综合利用技术和污染物无害化处理技术，减少污染物的产生。

**第四十一条**　建设项目中防治污染的设施，应当与主体工程同时设计、同时施工、同时投产使用。防治污染的设施应当符合经批准的环境影响评价文件的要求，不得擅自拆除或者闲置。

**第四十二条**　排放污染物的企业事业单位和其他生产经营者，应当采取措施，防治在生产建设或者其他活动中产生的废气、废水、废渣、医疗废物、粉尘、恶臭气体、放射性物质以及噪声、振动、光辐射、电磁辐射等对环境的污染和危害。

排放污染物的企业事业单位，应当建立环境保护责任制度，明确单位负责人和相关人员的责任。

重点排污单位应当按照国家有关规定和监测规范安装使用监测设备，保证监测设备正常运行，保存原始监测记录。

严禁通过暗管、渗井、渗坑、灌注或者篡改、伪造监测数据，或者不正常运行防治污染设施等逃避监管的方式违法排放污染物。

**第四十三条**　排放污染物的企业事业单位和其他生产经营者，应当按照国家有关规定缴纳排污费。排污费应当全部专项用于环境污染防治，任何单位和个人不得截留、挤占或者挪作他用。

**第四十四条**　国家实行重点污染物排放总量控制制度。重点污染物排放总量控制指标由国务院下达，省、自治区、直辖市人民政府分解落实。企业事业单位在执行国家和地方污染物排放标准的同时，应当遵守分解落实到本单位的重点污染物排放总量控制指标。

对超过国家重点污染物排放总量控制指标或者未完成国家确定的环境质量目标的地区，省级以上人民政府环境保护主管部门应当暂停审批其新增重点污染物排放总量的建设项目环境影响评价文件。

**第四十五条**　国家依照法律规定实行排污许可管理制度。

实行排污许可管理的企业事业单位和其他生产经营者应当按照排污许可证的要求排放污染物；未取得排污许可证的，不得排放污染物。

**第四十六条**　国家对严重污染环境的工艺、设备和产品实行淘汰制度。任何单位和个人不得生产、销售或者转移、使用严重污染环境的工艺、设备和产品。

**第四十七条**　各级人民政府及其有关部门和企业事业单位，应当依照《中华人民共和国突发事件应对法》的规定，做好突发环境事件的风险控制、应急准备、应急处置和事后恢复等工作。

企业事业单位应当按照国家有关规定制定突发环境事件应急预案，报环境保护主管部门和有关部门备案。在发生或者可能发生突发环境事件时，企业事业单位应当立即采取措施处理，及时通报可能受到危害的单位和居民，并向环境保护主管部门和有关部门报告。

**第五十五条**　重点排污单位应当如实向社会公开其主要污染物的名称、排放方式、排放浓度和总量、超标排放情况，以及防治污染设施的建设和运行情况，接受社会监督。

**第五十六条**　对依法应当编制环境影响报告书的建设项目，建设单位应当在编制时向可能受影响的公众说明情况，充分征求意见。

**第五十七条**　公民、法人和其他组织发现任何单位和个人有污染环境和破坏生态行为的，有权向环境保护主管部门或者其他负有环境保护监督管理职责的部门举报。

**第五十九条**　企业事业单位和其他生产经营者违法排放污染物，受到罚款处罚，被责令改正，拒不改正的，依法作出处罚决定的行政机关可以自责令改正之日的次日起，按照原处罚数额按日连续处罚。

**第六十条**　企业事业单位和其他生产经营者超过污染物排放标准或者超过重点污染物排放总量控制指标排放污染物的，县级以上人民政府环境保护主管部门可以责令其采取限制生产、停产整治等措施；情节严重的，报经有批准权的人民政府批准，责令停业、关闭。

**第六十一条**　建设单位未依法提交建设项目环境影响评价文件或者环境影响评价文件未经批准，擅自开工建设的，由负有环境保护监督管理职责的部门责令停止建设，处以罚款，并可以责令恢复原状。

**第六十三条**　企业事业单位和其他生产经营者有下列行为之一，尚不构成犯罪的，除依照有关法律法规规定予以处罚外，由县级以上人民政府环境保护主管部门或者其他有关部门将案件移送公安机关，对其直接负责的主管人员和其他直接责任人员，处十日以上十五日以下拘留；情节较轻的，处五日以上十日以下拘留：

（一）建设项目未依法进行环境影响评价，被责令停止建设，拒不执行的；

（二）违反法律规定，未取得排污许可证排放污染物，被责令停止排污，拒不执行的；

（三）通过暗管、渗井、渗坑、灌注或者篡改、伪造监测数据，或者不正常运行防治污染设施等逃避监管的方式违法排放污染物的。

**第六十四条**　因污染环境和破坏生态造成损害的，应当依照《中华人民共和国侵权责任法》的有关规定承担侵权责任。

**第六十五条**　环境影响评价机构、环境监测机构以及从事环境监测设备和防治污染设施维护、运营的机构，在有关环境服务活动中弄虚作假，对造成的环境污染和生态破坏负有责任的，除依照有关法律法规规定予以处罚外，还应当与造成环境污染和生态破坏的其他责任者承担连带责任。

**第六十六条**　提起环境损害赔偿诉讼的时效期间为三年，从当事人知道或者应当知道其受到损害时起计算。

## 16.5　《中华人民共和国环境影响评价法》

《中华人民共和国环境影响评价法》由中华人民共和国第九届全国人民代表大会常务委员会第三十次会议于 2002 年 10 月 28 日通过，自 2003 年 9 月 1 日起施行。

以下为与烧结工序有关的条款：

**第十六条**　国家根据建设项目对环境的影响程度，对建设项目的环境影响评价实行分类管理。

建设单位应当按照下列规定组织编制环境影响报告书、环境影响报告表或者填报环境影响登记表（以下统称环境影响评价文件）：

（一）可能造成重大环境影响的，应当编制环境影响报告书，对产生的环境影响进行全面评价；

（二）可能造成轻度环境影响的，应当编制环境影响报告表，对产生的环境影响进行分析或者专项评价；

（三）对环境影响很小、不需要进行环境影响评价的，应当填报环境影响登记表。

建设项目的环境影响评价分类管理名录，由国务院环境保护行政主管部门制定并公布。

**第十七条**　建设项目的环境影响报告书应当包括下列内容：

（一）建设项目概况；

（二）建设项目周围环境现状；

（三）建设项目对环境可能造成影响的分析、预测和评估；

（四）建设项目环境保护措施及其技术、经济论证；

（五）建设项目对环境影响的经济损益分析；

（六）对建设项目实施环境监测的建议；

（七）环境影响评价的结论。

环境影响报告表和环境影响登记表的内容和格式，由国务院环境保护行政主管部门制定。

**第二十四条**　建设项目的环境影响评价文件经批准后，建设项目的性质、规模、地点、采用的生产工艺或者防治污染、防止生态破坏的措施发生重大变动的，建设单位应当重新报批建设项目的环境影响评价文件。

建设项目的环境影响评价文件自批准之日起超过五年，方决定该项目开工建设的，其环境影响评价文件应当报原审批部门重新审核；原审批部门应当自收到建设项目环境影响评价文件之日起十日内，将审核意见书面通知建设单位。

**第二十五条**　建设项目的环境影响评价文件未经法律规定的审批部门审查或者审查后未予批准的，该项目审批部门不得批准其建设，建设单位不得开工建设。

**第二十六条**　建设项目建设过程中，建设单位应当同时实施环境影响报告书、环境影响报告表以及环境影响评价文件审批部门审批意见中提出的环境保护对策措施。

**第二十七条**　在项目建设、运行过程中产生不符合经审批的环境影响评价文件的情形的，建设单位应当组织环境影响的后评价，采取改进措施，并报原环境影响评价文件审批部门和建设项目审批部门备案；原环境影响评价文件审批部门也可以责成建设单位进行环境影响的后评价，采取改进措施。

**第二十八条**　环境保护行政主管部门应当对建设项目投入生产或者使用后所产生的环境影响进行跟踪检查，对造成严重环境污染或者生态破坏的，应当查清原因、查明责任。

## 16.6　《中华人民共和国大气污染防治法》

《中华人民共和国大气污染防治法》由中华人民共和国第九届全国人民代表大会常务委员会第十五次会议于 2000 年 4 月 29 日修订通过，自 2000 年 9 月 1 日起施行。

以下为与烧结工序有关的条款：

**第五条**　任何单位和个人都有保护大气环境的义务，并有权对污染大气环境的单位和个人进行检举和控告。

**第十一条**　新建、扩建、改建向大气排放污染物的项目，必须遵守国家有关建设项目环境保护管理的规定。

建设项目的环境影响报告书，必须对建设项目可能产生的大气污染和对生态环境的影响作出评价，规定防治措施，并按照规定的程序报环境保护行政主管部门审查批准。

建设项目投入生产或者使用之前，其大气污染防治设施必须经过环境保护行政主管部门验收，达不到国家有关建设项目环境保护管理规定的要求的建设项目，不得投入生产或者使用。

**第十二条**　向大气排放污染物的单位，必须按照国务院环境保护行政主管部门的规定向所在地的环境保护行政主管部门申报拥有的污染物排放设施、处理设施和在正常作业条件下排放污染物的种类、数量、浓度，并提供防治大气污染方面的有关技术资料。

前款规定的排污单位排放大气污染物的种类、数量、浓度有重大改变的，应当及时申报；其大气污染物处理设施必须保持正常使用，拆除或者闲置大气污染物处理设施的，必须事先报经所在地的县级以上地方人民政府环境保护行政主管部门批准。

有大气污染物总量控制任务的企业事业单位，必须按照核定的主要大气污染物排放总量和许可证规定的排放条件排放污染物。

**第十九条**    企业应当优先采用能源利用效率高、污染物排放量少的清洁生产工艺，减少大气污染物的产生。

国家对严重污染大气环境的落后生产工艺和严重污染大气环境的落后设备实行淘汰制度。

**第二十条**    单位因发生事故或者其他突然性事件，排放和泄漏有毒有害气体和放射性物质，造成或者可能造成大气污染事故、危害人体健康的，必须立即采取防治大气污染危害的应急措施，通报可能受到大气污染危害的单位和居民，并报告当地环境保护行政主管部门，接受调查处理。

**第二十一条**    环境保护行政主管部门和其他监督管理部门有权对管辖范围内的排污单位进行现场检查，被检查单位必须如实反映情况，提供必要的资料。

**第三十条**    新建、扩建排放二氧化硫的火电厂和其他大中型企业，超过规定的污染物排放标准或者总量控制指标的，必须建设配套脱硫、除尘装置或者采取其他控制二氧化硫排放、除尘的措施。

**第三十六条**    向大气排放粉尘的排污单位，必须采取除尘措施。

严格限制向大气排放含有毒物质的废气和粉尘；确需排放的，必须经过净化处理，不超过规定的排放标准。

**第四十二条**    运输、装卸、贮存能够散发有毒有害气体或者粉尘物质的，必须采取密闭措施或者其他防护措施。

## 16.7  《中华人民共和国水污染防治法》

《中华人民共和国水污染防治法》由中华人民共和国第十届全国人民代表大会常务委员会第三十二次会议于 2008 年 2 月 28 日修订通过，自 2008 年 6 月 1 日起施行。

以下为与烧结工序有关的条款：

**第九条**    排放水污染物，不得超过国家或者地方规定的水污染物排放标准和重点水污染物排放总量控制指标。

**第十条**    任何单位和个人都有义务保护水环境，并有权对污染损害水环境的行为进行检举。

**第十七条**    新建、改建、扩建直接或者间接向水体排放污染物的建设项目和其他水上设施，应当依法进行环境影响评价。

建设项目的水污染防治设施，应当与主体工程同时设计、同时施工、同时投入使用。水污染防治设施应当经过环境保护主管部门验收，验收不合格的，该建设项目不得投入生产或者使用。

**第二十九条**    禁止向水体排放油类、酸液、碱液或者剧毒废液。禁止在水体清洗装贮过油类或者有毒污染物的车辆和容器。

**第三十条**    禁止向水体排放、倾倒放射性固体废物或者含有高放射性和中放射性物质的废水。

## 16.8  《中华人民共和国环境噪声防治法》

1996 年 10 月 29 日第八届全国人民代表大会常务委员会第二十二次会议通过，本法自 1997 年 3 月 1 日起施行。1989 年 9 月 26 日国务院发布的《中华人民共和国环境噪声污染防治条例》同时废止。

以下为与烧结工序有关的条款：

**第七条** 任何单位和个人都有保护声环境的义务，并有权对造成环境噪声污染的单位和个人进行检举和控告。

**第十三条** 新建、改建、扩建的建设项目，必须遵守国家有关建设项目环境保护管理的规定。

建设项目可能产生环境噪声污染的，建设单位必须提出环境影响报告书，规定环境噪声污染的防治措施，并按照国家规定的程序报环境保护行政主管部门批准。

环境影响报告书中，应当有该建设项目所在地单位和居民的意见。

**第十四条** 建设项目的环境噪声污染防治设施必须与主体工程同时设计、同时施工、同时投产使用。建设项目在投入生产或者使用之前，其环境噪声污染防治设施必须经原审批环境影响报告书的环境保护行政主管部门验收；达不到国家规定要求的，该建设项目不得投入生产或者使用。

**第十五条** 产生环境噪声污染的企业事业单位，必须保持防治环境噪声污染的设施的正常使用；拆除或者闲置环境噪声污染防治设施的，必须事先报经所在地的县级以上地方人民政府环境保护行政主管部门批准。

**第十六条** 产生环境噪声污染的单位，应当采取措施进行治理，并按照国家规定缴纳超标准排污费。

**第二十三条** 在城市范围内向周围生活环境排放工业噪声，应当符合国家规定的工业企业厂界环境噪声排放标准。

**第二十五条** 产生环境噪声污染的工业企业，应当采取有效措施，减轻噪声对周围生活环境的影响。

## 16.9 《中华人民共和国固体废物污染环境防治法》

《中华人民共和国固体废物污染环境防治法》已由中华人民共和国第十届全国人民代表大会常务委员会第十三次会议于 2004 年 12 月 29 日修订通过，自 2005 年 4 月 1 日起施行。

以下为与烧结工序有关的条款：

**第十四条** 建设项目的环境影响评价文件确定需要配套建设的固体废物污染环境防治设施，必须与主体工程同时设计、同时施工、同时投入使用。固体废物污染环境防治设施必须经原审批环境影响评价文件的环境保护行政主管部门验收合格后，该建设项目方可投入生产或者使用。对固体废物污染环境防治设施的验收应当与对主体工程的验收同时进行。

**第十五条** 县级以上人民政府环境保护行政主管部门和其他固体废物污染环境防治工作的监督管理部门，有权依据各自的职责对管辖范围内与固体废物污染环境防治有关的单位进行现场检查。被检查的单位应当如实反映情况，提供必要的资料。检查机关应当为被检查的单位保守技术秘密和业务秘密。

**第十七条** 收集、贮存、运输、利用、处置固体废物的单位和个人，必须采取防扬散、防流失、防渗漏或者其他防止污染环境的措施；不得擅自倾倒、堆放、丢弃、遗撒固体废物。

禁止任何单位或者个人向江河、湖泊、运河、渠道、水库及其最高水位线以下的滩地和岸坡等法律、法规规定禁止倾倒、堆放废弃物的地点倾倒、堆放固体废物。

**第二十三条** 转移固体废物出省、自治区、直辖市行政区域贮存、处置的，应当向固体废物移出地的省、自治区、直辖市人民政府环境保护行政主管部门提出申请。移出地的省、自治区、直辖市人民政府环境保护行政主管部门应当商经接受地的省、自治区、直辖市人民政府环境保护行政主管部门同意后，方可批准转移该固体废物出省、自治区、直辖市行政区域。未经批准的，不得转移。

**第三十条**　产生工业固体废物的单位应当建立、健全污染环境防治责任制度，采取防治工业固体废物污染环境的措施。

**第三十一条**　企业事业单位应当合理选择和利用原材料、能源和其他资源，采用先进的生产工艺和设备，减少工业固体废物产生量，降低工业固体废物的危害性。

**第三十二条**　国家实行工业固体废物申报登记制度。

产生工业固体废物的单位必须按照国务院环境保护行政主管部门的规定，向所在地县级以上地方人民政府环境保护行政主管部门提供工业固体废物的种类、产生量、流向、贮存、处置等有关资料。

前款规定的申报事项有重大改变的，应当及时申报。

**第三十七条**　拆解、利用、处置废弃电器产品和废弃机动车船，应当遵守有关法律、法规的规定，采取措施，防止污染环境。

**第五十二条**　对危险废物的容器和包装物以及收集、贮存、运输、处置危险废物的设施、场所，必须设置危险废物识别标志。

**第五十五条**　产生危险废物的单位，必须按照国家有关规定处置危险废物，不得擅自倾倒、堆放；不处置的，由所在地县级以上地方人民政府环境保护行政主管部门责令限期改正；逾期不处置或者处置不符合国家有关规定的，由所在地县级以上地方人民政府环境保护行政主管部门指定单位按照国家有关规定代为处置，处置费用由产生危险废物的单位承担。

**第五十八条**　收集、贮存危险废物，必须按照危险废物特性分类进行。禁止混合收集、贮存、运输、处置性质不相容而未经安全性处置的危险废物。

贮存危险废物必须采取符合国家环境保护标准的防护措施，并不得超过一年；确需延长期限的，必须报经原批准经营许可证的环境保护行政主管部门批准；法律、行政法规另有规定的除外。

禁止将危险废物混入非危险废物中贮存。

**第五十九条**　转移危险废物的，必须按照国家有关规定填写危险废物转移联单，并向危险废物移出地设区的市级以上地方人民政府环境保护行政主管部门提出申请。移出地设区的市级以上地方人民政府环境保护行政主管部门应当商经接受地设区的市级以上地方人民政府环境保护行政主管部门同意后，方可批准转移该危险废物。未经批准的，不得转移。

转移危险废物途经移出地、接受地以外行政区域的，危险废物移出地设区的市级以上地方人民政府环境保护行政主管部门应当及时通知沿途经过的设区的市级以上地方人民政府环境保护行政主管部门。

**第六十条**　运输危险废物，必须采取防止污染环境的措施，并遵守国家有关危险货物运输管理的规定。

禁止将危险废物与旅客在同一运输工具上载运。

**第六十一条**　收集、贮存、运输、处置危险废物的场所、设施、设备和容器、包装物及其他物品转作他用时，必须经过消除污染的处理，方可使用。

**第六十二条**　产生、收集、贮存、运输、利用、处置危险废物的单位，应当制定意外事故的防范措施和应急预案，并向所在地县级以上地方人民政府环境保护行政主管部门备案；环境保护行政主管部门应当进行检查。

## 16.10  《钢铁烧结、球团工业大气污染物排放标准》GB 28662—2012

本标准由环境保护部 2012 年 6 月 15 日批准,自 2012 年 10 月 1 日起实施。

自本标准实施之日起,钢铁烧结及球团生产企业大气污染物排放控制执行本标准的规定,不再执行《大气污染物综合排放标准》(GB 16297—1996)和《工业炉窑大气污染物排放标准》(GB 9078—1996)中的相关规定。

温度为 273.15K,压力为 101325Pa 时的状态为标准状态。本标准规定的大气污染物排放浓度均以标准状态下的干气体为基准。

以下为标准摘录:

### 16.10.1  适用范围

本标准规定了钢铁烧结及球团生产企业或生产设施的大气污染物排放限值、监测和监控要求,以及标准的实施与监督等相关规定。

本标准适用于现有钢铁烧结及球团生产企业或生产设施的大气污染物排放管理,以及钢铁烧结及球团工业建设项目的环境影响评价、环境保护设施设计、竣工环境保护验收及其投产后的大气污染物排放管理。

### 16.10.2  大气污染物排放控制要求

(1)自 2012 年 10 月 1 日起至 2014 年 12 月 31 日止,现有企业执行表 1(本书未列,后同)规定的大气污染物排放限值。

(2)自 2015 年 1 月 1 日起,现有企业执行表 2 规定的大气污染物排放限值。

(3)自 2012 年 10 月 1 日起,新建企业执行表 2 规定的大气污染物排放限值。

表 2  新建企业大气污染物排放浓度限值  单位:mg/m³(二噁英类除外)

| 生产工序或设施 | 污染物项目 | 限值 | 污染物排放监控位置 |
|---|---|---|---|
| 烧结机<br>球团焙烧设备 | 颗粒物 | 50 | 车间或生产设施排气筒 |
| | 二氧化硫 | 200 | |
| | 氮氧化物(以 $NO_2$ 计) | 300 | |
| | 氟化物(以 F 计) | 4.0 | |
| | 二噁英类(ng-TEQ/m³) | 0.5 | |
| 烧结机机尾<br>带式焙烧机机尾<br>其他生产设备 | 颗粒物 | 30 | |

注:表中二噁英为多氯代二苯并-对-二噁英(PCDDs)和多氯代二苯并呋喃(PCDFs)的统称。其单位中 TEQ 指毒性当量:即各二噁英类同类物浓度折算为相当于 2,3,7,8-四氯代二苯并—对-二噁英毒性的等价浓度,毒性当量浓度为实测浓度与该异构体的毒性当量因子(TEF)的乘积。

(4)根据环境保护工作的要求,在国土开发密度已经较高、环境承载能力开始减弱,或环境容量较小、生态环境脆弱,容易发生严重环境污染问题而需要采取特别保护措施的地区,应严格控制企业的污染物排放行为，在上述地区的企业执行表 3 规定的大气污染物特别排放限值。

执行大气污染物特别排放限值的地域范围、时间，由国务院环境保护行政主管部门或省级人民政府规定。

**表 3　大气污染物特别限值**　　单位：mg/m³（二噁英类除外）

| 生产工序或设施 | 污染物项目 | 限值 | 污染物排放监控位置 |
|---|---|---|---|
| 烧结机<br>球团焙烧设备 | 颗粒物 | 40 | 车间或生产设施排气筒 |
| | 二氧化硫 | 180 | |
| | 氮氧化物（以 NO₂ 计） | 300 | |
| | 氟化物（以 F 计） | 4.0 | |
| | 二噁英类（ng – TEQ/m³） | 0.5 | |
| 烧结机机尾<br>带式焙烧机机尾<br>其他生产设备 | 颗粒物 | 20 | |

（5）企业颗粒物无组织排放执行表 4 规定的限值。

**表 4　现有和新建企业颗粒物无组织排放浓度限值**　　单位：mg/m³

| 序号 | 无组织排放源 | 限值 |
|---|---|---|
| 1 | 有厂房生产车间 | 8.0 |
| 2 | 无完整厂房车间 | 5.0 |

（6）在现有企业生产、建设项目竣工环保验收及其后的生产过程中，负责监管的环境保护行政主管部门，应对周围居住、教学、医疗等用途的敏感区域环境空气质量进行监测。建设项目的具体监控范围为环境影响评价确定的周围敏感区域；未进行过环境影响评价的现有企业，监控范围由负责监管的环境保护行政主管部门，根据企业排污的特点和规律及当地的自然、气象条件等因素，参照相关环境影响评价技术导则确定。地方政府应对本辖区环境质量负责，采取措施确保环境状况符合环境质量标准要求。

（7）产生大气污染物的生产工艺装置必须设立局部气体收集系统和集中净化处理装置，达标排放。所有排气筒高度应不低于 15m。排气筒周围半径 200m 范围内有建筑物时，排气筒高度还应高出最高建筑物 3m 以上。

（8）在国家未规定生产单位产品基准排气量之前，以实测浓度作为判定大气污染物排放是否达标的依据。

## 16.10.3　大气污染物监测要求

（1）对企业排放废气的采样应根据监测污染物的种类，在规定的污染物排放监控位置进行，有废气处理设施的，应在该设施后监控。在污染物排放监控位置须设置永久性排污口标志。

（2）新建企业和现有企业安装污染物排放自动监控设备的要求，按有关法律和《污染源自动监控管理办法》的规定执行。

（3）对企业污染物排放情况进行监测的频次、采样时间等要求，按国家有关污染源监测技术规范的规定执行。二噁英类指标每年监测一次。

（4）排气筒中大气污染物的监测采样按 GB/T 16157、HJ/T 397 规定执行。

（5）大气污染物无组织排放的采样点设在生产厂房门窗、屋顶、气楼等排放口处，并选浓度最大值。若无组织排放源是露天或有顶无围墙，监测点应选在距烟（粉）尘排放源 5m，最低高度 1.5m 处任意点，并选浓度最大值。无组织排放监控点的采样，采用任何连续 1h 的采样计平均值，或在任何 1h 内，以等时间间隔采集 4 个样品计平均值。

（6）企业应按照有关法律和《环境监测管理办法》的规定，对排污状况进行监测，并保存原始监测记录。

（7）对大气污染物排放浓度的测定采用表 5 所列的方法标准。

## 16.11　《钢铁工业水污染物排放标准》 GB 13456—2012

本标准由环境保护部 2012 年 6 月 15 日批准，自 2012 年 10 月 1 日起实施。自本标准实施之日起，《钢铁工业水污染物排放标准》（GB 13456—1992）同时废止。

以下为标准摘录：

### 16.11.1　适用范围

本标准规定了钢铁生产企业或生产设施水污染物排放限值、监测和监控要求，以及标准的实施与监督等相关规定。

本标准适用于现有钢铁生产企业或生产设施的水污染物排放管理。

本标准适用于对钢铁工业建设项目的环境影响评价、环境保护设施设计、竣工环境保护验收及其投产后的水污染物排放管理。

本标准不适用于钢铁生产企业中铁矿采选废水、焦化废水和铁合金废水的排放管理。

本标准适用于法律允许的污染物排放行为。新设立污染源的选址和特殊保护区域内现有污染源的管理，按照《中华人民共和国大气污染防治法》、《中华人民共和国水污染防治法》、《中华人民共和国海洋环境保护法》、《中华人民共和国固体废物污染环境防治法》、《中华人民共和国环境影响评价法》等法律、法规、规章的相关规定执行。

本标准规定的水污染物排放控制要求适用于企业直接或间接向其法定边界外排放水污染物的行为。

### 16.11.2　术语和定义

#### 16.11.2.1　钢铁联合企业

指拥有钢铁工业的基本生产过程的钢铁企业，至少包含炼铁、炼钢和轧钢等生产工序。

#### 16.11.2.2　钢铁非联合企业

指除钢铁联合企业外，含一个或两个及以上钢铁工业生产工序的企业。

#### 16.11.2.3　直接排放

指排污单位直接向环境排放水污染物的行为。

#### 16.11.2.4　间接排放

指排污单位向公共污水处理系统排放水污染物的行为。

#### 16.11.2.5　排水量

指生产设施或企业向企业法定边界以外排放的废水的量，包括与生产有直接或间接关系的各种外排废水（如厂区生活污水、冷却废水、厂区锅炉和电站排水等）。

#### 16.11.2.6　单位产品基准排水量

指用于核定水污染物排放浓度而规定的生产单位产品的废水排放量上限值。

### 16.11.3　水污染物排放控制要求

（1）自 2012 年 10 月 1 日起至 2014 年 12 月 31 日止，现有企业执行表 1 规定的水污染物排放限值。

（2）自 2015 年 1 月 1 日起，现有企业执行表 2 规定的水污染物排放限值。

（3）自 2012 年 10 月 1 日起，新建企业执行表 2 规定的水污染物排放限值。

表 2　新建企业水污染物排放浓度限值及单位产品基准排水量　单位：mg/m³（pH 值除外）

| 序号 | 污染物项目 | 限 值 | | | 污染物排放监控位置 |
| --- | --- | --- | --- | --- | --- |
| | | 联合钢铁企业 | 非联合钢铁企业烧结（球团） | 间接排放 | |
| | | 直接排放 | | | |
| 1 | pH 值 | 6~9 | 6~9 | 6~9 | 企业废水总排放口 |
| 2 | 悬浮物 | 30 | 30 | 100 | |
| 3 | 化学需氧量（$COD_{cr}$） | 50 | 50 | 200 | |
| 4 | 石油类 | 3.0 | 3.0 | 10 | |
| 5 | 总砷 | 0.5 | 0.5 | 0.5 | 车间或生产设施排放口 |
| 6 | 总铅 | 1.0 | 1.0 | 1.0 | |
| 单位产品基准排水量（3m³/t） | | 1.8 | 0.5 | | 排水量计量位置与污染物监控位置相同 |

注：a 排放废水 pH 值小于 7 时执行本标准；

　　b 联合钢铁企业产品以粗钢计。

（4）根据环境保护工作的要求，在国土开发密度已经较高、环境承载能力开始减弱，或环境容量较小、生态环境脆弱，容易发生严重环境污染问题而需要采取特别保护措施的地区，应严格控制企业的污染物排放行为，在上述地区的企业执行表 3 规定的水污染物特别排放限值。

执行水污染物特别排放限值的地域范围、时间，由国务院环境保护行政主管部门或省级人民政府规定。

**表 3　水污染物特别排放限值**　　　　单位：mg/m³（pH 值除外）

| 序号 | 污染物项目 | 限　值 | | | 污染物排放监控位置 |
|---|---|---|---|---|---|
| | | 联合钢铁企业 | 非联合钢铁企业烧结（球团） | 间接排放 | |
| | | 直接排放 | | | |
| 1 | pH 值 | 6～9 | 6～9 | 6～9 | 企业废水总排放口 |
| 2 | 悬浮物 | 20 | 20 | 30 | |
| 3 | 化学需氧量（COD$_{cr}$） | 30 | 30 | 200 | |
| 4 | 石油类 | 1.0 | 1.0 | 3 | |
| 5 | 总砷 | 0.1 | 0.1 | 0.1 | 车间或生产设施排放口 |
| 6 | 总铅 | 0.1 | 0.1 | 0.1 | |
| | 单位产品基准排水量（3m³/t） | 1.2 | 0.05 | | 排水量计量位置与污染物监控位置相同 |

注：a 排放废水 pH 值小于 7 时执行本标准；

　　b 联合钢铁企业产品以粗钢计。

（5）水污染物排放浓度限值适用于单位产品实际排水量不高于单位产品基准排水量的情况。若单位产品实际排水量超过单位产品基准排水量，须按公式（1）将实测水污染物浓度换算为水污染物基准水量排放浓度，并以水污染物基准水量排放浓度作为判定排放是否达标的依据。产品产量和排水量统计周期为一个工作日。

在企业的生产设施为两种及以上工序或同时生产两种及以上产品，可适用不同排放控制要求或不同行业国家污染物排放标准时，且生产设施产生的污水混合处理排放的情况下，应执行排放标准中规定的最严格的浓度限值，并按公式（1）换算水污染物基准水量排放浓度。

$$\rho_{基} = \frac{Q_{总}}{\sum Y_i Q_{i基}} \times \rho_{实} \tag{1}$$

式中　$\rho_{基}$——水污染物基准排放浓度，mg/L；

　　　$Q_{总}$——实测排放总量，m³；

　　　$Y_i$——第 $i$ 种产品产量，t；

　　　$Q_{i基}$——第 $i$ 种产品基准排水量，m³/t；

　　　$\rho_{实}$——实测水污染物浓度，mg/L。

若 $Q_{总}$ 与 $\sum Y_i Q_{i基}$ 的比值小于 1，则以水污染实测浓度作为判定排放量是否达标的依据。

## 16.11.4　水污染物监测要求

（1）对企业排放废水的采样，应根据监测污染物的种类，在规定的污染物排放监控位置进行。

有废水处理设施的，应在处理设施后监控。在污染物排放监控位置须设置永久性排污口标志。

（2）新建企业和现有企业安装污染物排放自动监控设备的要求，按有关法律和《污染源自动监控管理办法》的规定执行。

（3）对企业污染物排放情况进行监测的频次、采样时间等要求，按国家有关污染源监测技术规范的规定执行。

（4）企业产品产量的核定，以法定报表为依据。

（5）企业应按照有关法律和《环境监测管理办法》的规定，对排污状况进行监测，并保存原始监测记录。

（6）对企业排放水污染物浓度的测定采用表 4 所列的方法标准。

## 16.12　《工业企业厂界环境噪声排放标准》GB 12348—2008

本标准由环境保护部 2008 年 8 月 19 日批准，自 2008 年 10 月 1 日起实施。

自本标准实施之日起，《工业企业厂界噪声标准》（GB 12348—90）、《工业企业厂界噪声测量方法》（GB 12349—90）废止。

以下为标准摘录：

### 16.12.1　适用范围

本标准规定了工业企业和固定设备厂界环境噪声排放限值及其测量方法。

本标准适用于工业企业噪声排放的管理、评价及控制。机关、事业单位、团体等对外环境排放噪声的单位也按本标准执行。

### 16.12.2　环境噪声排放限值

#### 16.12.2.1　厂界环境噪声排放限值

（1）工业企业厂界环境噪声不得超过表 1 规定的排放限值。

**表1　工业企业厂界环境噪声排放限值/dB（A）**

| 厂界外声环境功能区类别 | 时　段 | |
|:---:|:---:|:---:|
| | 昼　间 | 夜　间 |
| 0 | 50 | 40 |
| 1 | 55 | 45 |
| 2 | 60 | 50 |
| 3 | 65 | 55 |
| 4 | 70 | 55 |

（2）夜间频发噪声的最大声级超过限值的幅度不得高于 10dB（A）。

（3）夜间偶发噪声的最大声级超过限值的幅度不得高于 15dB（A）。

（4）工业企业若位于未划分声环境功能区的区域，当厂界外有噪声敏感建筑物时，由当地县级以上人民政府参照 GB 3096 和 GB/T 15190 的规定厂界外区域的声环境质量要求，并执行相应的厂界环境噪声排放限值。

（5）当厂界与噪声敏感建筑距离小于 1m 时，厂界环境噪声应在噪声敏感建筑物的室内测量，并将表 1 中相应的限值减 10dB（A）作为评价依据。

#### 16.12.2.2　结构传播固定设备室内噪声排放限值

当固定设备排放的噪声通过建筑物结构传播至噪声敏感建筑物室内时，噪声敏感建筑物室内等效声级不得超过表2的限值。

**表2 结构传播固定设备室内噪声排放限值（等效声级）／dB（A）**

| 房间类型<br>噪声敏感建筑<br>物所处环境功能区类别 时段 | A类 | | B类 | |
|---|---|---|---|---|
| | 昼 间 | 夜 间 | 昼 间 | 夜 间 |
| 0 | 40 | 30 | 40 | 30 |
| 1 | 40 | 30 | 45 | 35 |
| 2、3、4 | 45 | 35 | 50 | 40 |

说明：A类房间—指以睡眠为目的，需要保证夜间安静的房间，包括住宅卧室、医院病房、宾馆客房等。

B类房间—指主要在昼间使用、需要保证思考与精神集中、正常讲话不被干扰的房间，包括学校教室、会议室、办公室、住宅中卧室以外的其他房间等。

# 17　清洁生产法律法规及标准

## 17.1　《中华人民共和国清洁生产促进法》

《全国人民代表大会常务委员会关于修改〈中华人民共和国清洁生产促进法〉的决定》已由中华人民共和国第十一届全国人民代表大会常务委员会第二十五次会议于2012年2月29日通过，自2012年7月1日起施行。

以下为与烧结工序有关的条款：

**第十八条**　新建、改建和扩建项目应当进行环境影响评价，对原料使用、资源消耗、资源综合利用以及污染物产生与处置等进行分析论证，优先采用资源利用率高以及污染物产生量少的清洁生产技术、工艺和设备。

**第十九条**　企业在进行技术改造过程中，应当采取以下清洁生产措施：

（一）采用无毒、无害或者低毒、低害的原料，替代毒性大、危害严重的原料；

（二）采用资源利用率高、污染物产生量少的工艺和设备，替代资源利用率低、污染物产生量多的工艺和设备；

（三）对生产过程中产生的废物、废水和余热等进行综合利用或者循环使用；

（四）采用能够达到国家或者地方规定的污染物排放标准和污染物排放总量控制指标的污染防治技术。

**第二十六条**　企业应当在经济技术可行的条件下对生产和服务过程中产生的废物、余热等自行回收利用或者转让给有条件的其他企业和个人利用。

**第二十八条**　企业应当对生产和服务过程中的资源消耗以及废物的产生情况进行监测，并根据需要对生产和服务实施清洁生产审核。

污染物排放超过国家和地方规定的排放标准或者超过经有关地方人民政府核定的污染物排放总量控制指标的企业，应当实施清洁生产审核。

**第三十条**　企业可以根据自愿原则，按照国家有关环境管理体系认证的规定，向国家认证认可监督管理部门授权的认证机构提出认证申请，通过环境管理体系认证，提高清洁生产水平。

## 17.2　《钢铁行业清洁生产评价指标体系》

中华人民共和国环境保护部曾于2008年4月发布了《清洁生产标准　钢铁行业（烧结）》HJ/T 426—2008、《清洁生产标准　钢铁行业（炼铁）》等钢铁行业各工序的清洁生产标准。

2014年，国家发展和改革委员会、环境保护部、工业和信息化部又联合发布了《钢铁行业清洁生产评价指标体系》，并于2014年4月1日起执行。

《钢铁行业清洁生产评价指标体系》将钢铁行业所有工序的清洁生产标准融为一体。

钢铁行业的清洁生产水平是指钢铁企业采用的生产工艺、技术、装备，生产钢铁产品以及通过生产与环保组织管理，在企业钢铁生产过程中对资源与能源消耗、污染物产生与排放控制、废弃物循环利用与综合利用等方面所达到的水平程度。

本指标体系将清洁生产指标分为六类，即生产工艺装备指标、节能减排装备指标、资源与能源利用指标、产品特征指标、污染物排放控制指标、清洁生产管理指标。

以下为《钢铁行业清洁生产评价指标体系》中的相关术语和定义：

污染物排放控制指标：是指单位钢铁产品生产（或加工）过程中，污染物的排放量。

管理指标：是指企业实施清洁生产应满足国家和钢铁行业相关管理规定要求的指标，包括：产业政策符合性、达标排放、总量控制、环境污染事故预防、建立环境管理体系、开展节能减排活动、开展清洁生产审核活动等。

一级指标权重值：指衡量各一级评价指标在清洁生产评价体系中重要程度的值。

二级指标分权重值：指衡量二级指标在企业生产过程中对清洁生产水平影响大小程度的值。

二级指标基准值分级：根据清洁生产需要，为评判钢铁企业清洁生产水平将二级指标基准值划分为三个不同的级别，分别代表国际清洁生产领先水平、国内清洁生产先进水平和国内清洁生产一般水平。

限定性指标：指对清洁生产有重大影响或者法律法规明确规定必须严格执行、在对钢铁企业进行清洁生产水平评定时必须首先满足的先决指标。本体系将限定性指标确定为：炼铁工序能耗、生产用新鲜水量、产业政策符合性、达标排放、总量控制、环境污染事故预防等6项指标。

《钢铁行业清洁生产评价指标体系》中对烧结工序中的相关指标做出如下规定：

| 一级指标项 | 二级指标项 | | | |
| --- | --- | --- | --- | --- |
| | 指标项 | Ⅰ级基准值 | Ⅱ级基准值 | Ⅲ级基准值 |
| 生产工艺装备及技术 | 烧结机装备配置率 | 300m² 及以上烧结机装备配置率≥60% | 200m² 及以上烧结机装备配置率≥60% | 180m² 及以上烧结机装备配置率≥60% |
| 节能减排装备及技术 | 原料场污染控制技术 | 原料场实现全封闭、大型机械化技术 | 原料场实现防尘网、大型机械化技术 | |
| | 小球烧结技术及厚料层操作 | 采用小球烧结技术及厚料层操作（料层厚≥600mm） | 采用小球烧结技术及厚料层操作（料层厚≥500mm） | 采用小球烧结技术及厚料层操作（料层厚≥400mm） |
| | 烧结余热回收利用装备 | 建有余热回收利用装置，余热回收量≥10kgce/t 矿 | 建有余热回收利用装置，余热回收量≥8kgce/t 矿 | 建有余热回收利用装置，余热回收量≥6kgce/t 矿 |
| | 烧结烟气综合净化技术 | 采用烧结机头脱硫、脱硝、脱二噁英及重金属的烟气综合净化技术 | 采用烧结机头脱硫、脱硝烟气综合净化技术 | 采用烧结机头脱硫烟气净化技术 |
| | 全厂区污水集中处理设施 | 设有全厂区集中污水处理系统，总回用水量≥80%，其中深度处理水量不低于总回用水量的50% | 设有全厂区集中污水处理系统，总回用水量≥80%，其中深度处理水量不低于总回用水量的30% | 设有全厂区集中污水处理系统，总回用水量≥80% |
| 资源与能源消耗 | 烧结工序能耗/kgce·t 矿⁻¹ | ≤50 | ≤53 | ≤56 |
| | 生产用新鲜水量/m³ 水·t 钢⁻¹ | ≤3.5 | ≤3.8 | ≤4.1 |
| | 二次能源发电量占总耗电量比率/% | ≥45 | ≥35 | ≥25 |

续表

| 一级指<br>标项 | 二级指标项 | | | |
|---|---|---|---|---|
| | 指标项 | Ⅰ级基准值 | Ⅱ级基准值 | Ⅲ级基准值 |
| 污染物<br>排放<br>控制 | 颗粒物排放量<br>/kg·t$^{-1}$ | ≤0.60 | ≤0.80 | ≤1.0 |
| | SO$_2$排放量<br>/kg·t$^{-1}$ | ≤0.8 | ≤1.2 | ≤1.6 |
| | NO$_x$(以NO$_2$计)<br>排放量/kg·t钢$^{-1}$ | ≤0.9 | ≤1.2 | ≤1.8 |
| 资源综<br>合利用 | 生产水重复利<br>用率/% | ≥97 | ≥96 | ≥95 |
| | 脱硫副产物利<br>用率/% | ≥90 | ≥70 | ≥50 |
| 清<br>洁<br>生<br>产<br>管<br>理 | 产业政策符合性 | 未采用国家明令禁止和淘汰的生产工艺、装备,未生产国家明令禁止的产品 | | |
| | 达标排放 | 企业污染物排放浓度满足国家及地方政府相关规定要求 | | |
| | 总量控制 | 企业污染排放总量及能源消耗总量满足国家及地方政府相关规定要求 | | |
| | 环境污染事故<br>预防 | 按照国家相关规定要求,建立健全环境管理制度及污染事故防范措施,杜绝重大环境污染事故发生 | | |
| | 建立健全环境管<br>理体系 | 建立有GB/T 24001环境管理体系,并取得认证,能有效运行;全部完成年度环境目标、指标和环境管理方案,并达到环境持续改进的要求;环境管理手册、程序文件及作业文件齐备、有效 | 建立有GB/T 24001环境管理体系,并取得认证,能有效运行;完成年度环境目标、指标和环境管理方案≥80%,并达到环境持续改进的要求;环境管理手册、程序文件及作业文件齐备、有效 | 建立有GB/T 24001环境管理体系,并取得认证,能有效运行;全部完成年度环境目标、指标和环境管理方案≥60%,并达到环境持续改进的要求;环境管理手册、程序文件及作业文件齐备、有效 |
| | 危险废物安全<br>处置 | 建有相关管理制度,台账记录,转移联单齐全。无害化处理后综合利用率≥80% | 建有相关管理制度,台账记录,转移联单齐全。无害化处理后综合利用率≥70% | 建有相关管理制度,台账记录,转移联单齐全。无害化处理后综合利用率≥50% |
| | 清洁生产组织机<br>构及管理制度 | 建有专门负责清洁生产的领导机构,各成员单位及主管人员职责分工明确;有健全的清洁生产管理制度和奖励管理办法,有执行情况检查记录;制定有清洁生产工作规划和年度工作计划,对规划、计划提出的目标、指标、清洁生产方案认真组织落实;目标、指标、方案实施率≥80% | 建有专门负责清洁生产的领导机构,各成员单位及主管人员职责分工明确;有健全的清洁生产管理制度和奖励管理办法,有执行情况检查记录;制定有清洁生产工作规划和年度工作计划,对规划、计划提出的目标、指标、清洁生产方案认真组织落实;目标、指标、方案实施率≥70% | 建有兼职负责清洁生产的领导机构,各成员单位及主管人员职责分工明确;有健全的清洁生产管理制度和奖励管理办法,有执行情况检查记录;制定有清洁生产工作规划和年度工作计划,对规划、计划提出的目标、指标、清洁生产方案认真组织落实;目标、指标、方案实施率≥60% |
| | 清洁生产审核<br>活动 | 按政府规定要求,制订有清洁生产审核工作计划,对钢铁生产全流程(全工序)定期开展清洁生产审核活动,中、高费实施方案≥80%,节能、降耗、减污取得显著成效 | 按政府规定要求,制定有清洁生产审核工作计划,对钢铁生产全流程(全工序)定期开展清洁生产审核活动,中、高费实施方案≥60%,节能、降耗、减污取得明显成效 | 按政府规定要求,制定有清洁生产审核工作计划,对钢铁生产流程中部分生产工序定期开展清洁生产审核活动,中、高费实施方案≥50%,节能、降耗、减污取得明显成效 |

| 一级指标项 | 二级指标项 | | | |
| --- | --- | --- | --- | --- |
| | 指标项 | Ⅰ级基准值 | Ⅱ级基准值 | Ⅲ级基准值 |
| 清洁生产管理 | 能源管理机构、管理制度、能源管控中心 | 有健全的能源管理机构、管理制度,各成员单位及主管人员职责分工明确,并有效发挥作用;建立有能源管理体系并有效运行;建立有能源管控中心,制定有企业用能和节能发展规划,年度管控目标完成率≥90% | 有健全的能源管理机构、管理制度,各成员单位及主管人员职责分工明确,并有效发挥作用;制定有能源管理规划和年度工作计划并组织落实;建立有能源管控中心,制定有企业用能和节能发展规划,年度管控目标完成率≥80% | 有健全的能源管理机构和管理制度,各成员单位及主管人员职责分工明确,并有效发挥作用;制定有能源管理年度工作计划,制定有企业用能和节能发展规划,年度管控目标完成率≥70% |
| | 开展节能活动 | 按国家规定要求,组织开展节能评估与能源审计工作,从结构节能、管理节能、技术节能三个方面挖掘节能潜力,实施节能改造项目完成率为100%,节能任务达到国家要求 | 按国家规定要求,组织开展节能评估与能源审计工作,从结构节能、管理节能、技术节能三个方面挖掘节能潜力,实施节能改造项目完成率为≥70%,节能任务达到国家要求 | 按国家规定要求,组织开展节能评估与能源审计工作,从结构节能、管理节能、技术节能三个方面挖掘节能潜力,实施节能改造项目完成率为≥50%,节能任务达到国家要求 |

# 参 考 文 献

[1] 肖扬. 烧结生产技术 [M]. 北京：冶金工业出版社，2013.

[2] 肖扬. 烧结生产设备使用与维护 [M]. 北京：冶金工业出版社，2012.

[3] 王绍文. 冶金工业节能与余热利用技术指南 [M]. 北京：冶金工业出版社，2010.

[4] 李光强. 钢铁冶金的环保与节能 [M]. 2 版. 北京：冶金工业出版社，2010.

[5] 王为术. 节能与节能技术 [M]. 北京：中国水利水电出版社，2012.

[6] 天津市节能协会、天津市能源管理职业培训学校. 电气节能技术 [M]. 北京：中国电力出版社，2013.

[7] 李亚峰. 废水处理实用技术及运行管理 [M]. 北京：化学工业出版社，2013.

[8] 王笏曹. 钢铁工业给水排水设计手册 [M]. 北京：冶金工业出版社，2002.

[9] 冯俊小. 能源与环境 [M]. 2 版. 北京：冶金工业出版社，2011.

[10] 王蒙. 青钢煤气、空气双预热点火系统改造 [J]. 山东冶金，2012，34 (5).

[11] 李益慎. 烧结点火炉的演变及发展趋势 [J]. 钢铁研究，1987 (4) (总第 45 期).

[12] 常玉洁. 烧结点火炉的设计与应用 [J]. 工业炉，2003 年第 25 卷第 1 期.

[13] 孙有根. 钢铁行业烧结余热发电技术 [C]. 全国化工设计技术中心站 2007 年会论文集，2007.

[14] 沈东. 安阳烧结环冷机余热发电工程 [J]. 能源工程，2009 (3).

[15] 王珂. 莱钢烧结厂 265m$^2$ 烧结机系统环冷烟气的余热利用 [J]. 烧结球团，2007 (4).

[16] 卢红军. 烧结余热的基本特点及对烧结余热发电的影响 [J]. 烧结球团，2008 (2).

[17] 王兆鹏. 烧结余热回收发电现状及发展趋势 [J]. 烧结球团，2008 (1).

[18] 赵斌. 烧结余热集成回收与梯级利用发电技术研究 [J]. 烧结球团，2009 (8).

[19] 毛艳丽. 烧结主排烟气减排与余热高效回收技术 [C]. 中国钢铁 2011 年会论文集，2011.

[20] 刘后启. 电收尘器 [M]. 北京：中国建筑工业出版社，1987.

[21] 王纯. 除尘设备手册 [M]. 北京：化学工业出版社，2009.

[22] 李景龙，马云. 清洁生产审核与节能减排实践 [M]. 北京：中国建材工业出版社，2009.

[23] 周新祥. 噪声控制技术及其新进展 [M]. 北京：冶金工业出版社，2007.

# 冶金工业出版社部分图书推荐

| 书 名 | 作 者 | 定价(元) |
|---|---|---|
| 能源与环境（本科国规教材） | 冯俊小 主编 | 35.00 |
| 钢铁冶金原理（第4版）（本科教材） | 黄希祜 编 | 82.00 |
| 冶金与材料热力学（本科教材） | 李文超 等编 | 65.00 |
| 冶金热工基础（本科教材） | 朱光俊 主编 | 36.00 |
| 钢铁冶金原燃料及辅助材料（本科教材） | 储满生 主编 | 59.00 |
| 钢铁冶金学（炼铁部分）（第3版）（本科教材） | 王筱留 主编 | 60.00 |
| 现代冶金工艺学（钢铁冶金卷）（本科国规教材） | 朱苗勇 主编 | 49.00 |
| 钢铁冶金学教程（本科教材） | 包燕平 等编 | 49.00 |
| 炼铁学（本科教材） | 梁中渝 主编 | 45.00 |
| 炼钢学（本科教材） | 雷亚 等编 | 42.00 |
| 炉外精炼教程（本科教材） | 高泽平 主编 | 40.00 |
| 连续铸钢（本科教材） | 贺道中 主编 | 30.00 |
| 冶金设备及自动化（本科教材） | 王立萍 等编 | 29.00 |
| 炼铁厂设计原理（本科教材） | 万新 主编 | 38.00 |
| 炼钢厂设计原理（本科教材） | 王令福 主编 | 29.00 |
| 铁矿粉烧结原理与工艺（本科教材） | 龙红明 编 | 28.00 |
| 物理化学（高职高专教材） | 邓基芹 主编 | 28.00 |
| 无机化学（高职高专教材） | 邓基芹 主编 | 36.00 |
| 煤化学（高职高专教材） | 邓基芹 主编 | 25.00 |
| 冶金专业英语（第2版）（高职高专国规教材） | 侯向东 主编 | 36.00 |
| 冶金原理（高职高专教材） | 卢宇飞 主编 | 36.00 |
| 冶金基础知识（高职高专教材） | 丁亚茹 主编 | 36.00 |
| 金属材料及热处理（高职高专教材） | 王悦祥 等编 | 35.00 |
| 烧结矿与球团矿生产（高职高专教材） | 王悦祥 主编 | 29.00 |
| 烧结矿与球团矿生产实训 | 吕晓芳 等编 | 36.00 |
| 炼铁技术（高职高专教材） | 卢宇飞 主编 | 29.00 |
| 炼铁工艺及设备（高职高专教材） | 郑金星 主编 | 49.00 |
| 高炉冶炼操作与控制（高职高专教材） | 侯向东 主编 | 49.00 |
| 高炉炼铁设备（高职高专教材） | 王宏启 主编 | 36.00 |
| 高炉炼铁生产实训（高职高专教材） | 高岗强 等编 | 35.00 |
| 铁合金生产工艺与设备（第2版）（高职高专教材） | 刘卫 主编 | 39.00 |
| 炼钢工艺及设备（高职高专教材） | 郑金星 等编 | 49.00 |
| 连续铸钢操作与控制（高职高专教材） | 冯捷 等编 | 39.00 |
| 矿热炉控制与操作（第2版）（高职高专教材） | 石富 主编 | 39.00 |
| 稀土冶金技术（第2版）（高职高专教材） | 石富 主编 | 39.00 |